U0653141

高等学校新工科公共课系列教材

机械制图与CAD

（含习题集）

（第二版）

西安电子科技大学工程制图与计算机绘图教研组　编著

杜淑幸　主编

西安电子科技大学出版社

内 容 简 介

本书是作者根据教育部工程图学教学指导委员会制定的"普通高等院校工程图学课程教学基本要求",结合多年教学经验和教学研究成果,采用最新的国家制图标准编写而成的。

本书关于图学内容的介绍系统全面,并采用模块化方法集中介绍了计算机辅助设计(CAD)的相关知识。

全书分上、下两篇,共14章。上篇为机械制图(一),共9章,内容包括制图的基本知识,投影法及点、直线、平面的投影,几何元素间的相对位置,曲线与曲面,立体及截交线,两立体相交(相贯线),组合体,轴测图,机件的各种表达方法。下篇为机械制图(二),共5章,内容包括标准件与常用件,零件图,装配图,机器测绘,计算机辅助设计(CAD)。为配合教学,本书还配有典型实用的习题集。

本书可作为高等工科学校机械类、近机械类等专业的基础课教材,也可供各类专科院校相关专业学生及相关工程技术人员使用。

图书在版编目(CIP)数据

机械制图与CAD：含习题集 / 杜淑幸主编. -- 2版. -- 西安：西安电子科技大学出版社,2025. 4. -- ISBN 978-7-5606-7102-4

Ⅰ. TH126

中国国家版本馆 CIP 数据核字第 2025DL9512 号

策　　划　李惠萍
责任编辑　李惠萍
出版发行　西安电子科技大学出版社(西安市太白南路2号)
电　　话　(029)88202421　88201467　　　邮　　编　710071
网　　址　www.xduph.com　　　　　　电子邮箱　xdupfxb001@163.com
经　　销　新华书店
印刷单位　广东虎彩云印刷有限公司
版　　次　2025年4月第2版　2025年4月第1版
开　　本　787毫米×1092毫米　1/16　印张 44.5
字　　数　834千字
定　　价　113.00元
ISBN 978-7-5606-7102-4

XDUP 7404002-1

＊＊＊如有印装问题可调换＊＊＊

前　言

本书为高等学校机械设计制造及自动化专业的专业基础课教材，是根据教育部工程图学教学指导委员会制定的"普通高等院校工程图学课程教学基本要求"编写而成的。本书适用于高等学校机械类、近机械类各专业教学和自学。

本书自 2010 年出版以来，受到了广大师生的好评，同时也收到了读者有益的建议。然而，随着我国制造业的快速发展、标准体系的不断完善、数字化设计制造以及教育信息化发展新趋向的出现，本书第一版在一定程度上已无法满足教学需求。因此，作者基于读者的意见反馈，对第一版进行了如下修订：

（1）结合教育信息化的发展新趋向，将本书修订为新形态教材。作者精心制作了大量视频资源，特别是对重要章节和大量作业都配备了视频资源，读者可在出版社网站下载、观看，也可扫描书中的二维码查看。

（2）根据近年来发布的新机械制图国家标准，对相应章节进行了修订，如第 1 章、第 10 章、第 11 章、第 12 章。

（3）结合智能制造对设计表达的数字化要求，对第 14 章进行了全面更新，特别是基于 PTC 软件升级，将三维建模软件 Pro/Engineer 修订为 Creo 软件。

本书由杜淑幸担任主编，具体编写分工如下：张志华编写第 1 章，杜敬利编写第 2 章，王云超编写第 3 章，杜淑幸编写第 4 章，严惠娥编写第 5 章，程培涛编写第 6 章，杜淑幸编写第 7 章，秦萌编写第 8 章，刘小院编写第 9 章，亿珍珍、程培涛编写第 10 章，张建国、连培园编写第 11 章，赵泽、严惠娥编写第 12 章，史宝全编写第 13 章，杜淑幸、刘小院编写第 14 章。

本次修订得到了西安电子科技大学教务处、出版社、机电工程学院的大力支持，研究生王培澍在资料搜集和 CAD 制图方面也做了大量工作，在此一并表示诚挚的感谢。另外，在修订过程中，编著者参考了国内外的同类著作及教材，在此向相关作者也一并表示诚挚的感谢。

限于编著者的经验和水平，书中难免存在不妥之处，敬请读者批评指正。

编著者

2024 年 9 月

目 录

上篇　机械制图（一）

下篇　机械制图(二)

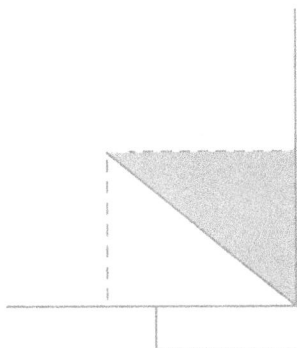

绪　论

一、本课程的研究对象

在未来全数字化设计制造时代，三维数据模型必将取代二维工程图样，成为产品设计制造的唯一依据，但在当前的工业生产中，大部分机器、仪表和设备主要还是按照工程图样进行生产的。

工程图样是基于投影原理、制图标准以及有关规定所绘制的能正确表达产品对象结构形状、尺寸大小和技术要求的技术性文件，它是表达设计意图、交流设计思想、组织加工生产的主要工具，被称为工程界的语言。每个工程技术人员必须具备绘制和阅读工程图样的能力。机械制图就是一门讲授如何利用投影法的基本原理绘制和阅读工程图样的课程，它是高等工科院校培养高级工程技术人才必修的技术基础课程。

同时，随着计算机技术的迅猛发展，计算机辅助设计已经渗入到各行各业，工程技术人员也应顺应时代发展需求，了解计算机辅助设计的基本知识，掌握计算机绘图、三维几何建模等数字化设计手段和技能。

二、本课程的主要任务

(1) 学习投影法(主要是正投影法)的基本原理及应用。

(2) 学会利用投影法绘制和阅读机械图样(如零件图、装配图等)。

(3) 掌握手绘和计算机绘制机械图样的基本方法，具备初步的三维几何建模能力。

(4) 培养空间思维能力和设计构型能力。

(5) 培养工程意识和贯彻国家制图标准的工程素养。

(6) 培养严谨认真、一丝不苟的"工匠"精神。

三、本课程的学习方法

本课程是一门理论与实践并重的技术基础课，学生在学习时应注意以下几点：

(1) 图学内容系统完整，知识点环环相扣，因此应重视基础理论和基本原理的学习。

(2) 注重理论联系实际，认真开展作业实践。平时多想、多看、多画，反复实践，逐步提高空间思维能力和设计构型能力。

(3) 掌握正确的作图方法，提高绘图技能；增强 CAD 绘图和三维建模的能力，提高作图效率。

（4）严格遵守国家制图标准和相关规定，培养良好的工程意识和工程素养。学习时切忌急躁、马虎，应养成认真负责、精益求精的良好作风。

上篇　机械制图（一）

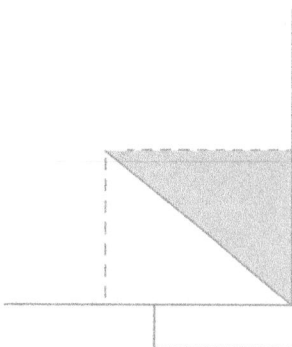

第1章 制图的基本知识

工程图样是产品设计、制造、装配、检验等过程中的重要技术资料，是设计者表达设计思想和进行技术交流的工具，是工程界的一种语言。我国国家标准(简称"国标"，其代号为"GB"。GB分为两类：一类是GB，为国家要求强制性执行的标准；一类是GB/T，为国家要求参照执行的标准)对工程图样的各项内容作了统一规定，要求有关部门遵照执行。有关制图的标准有：由国家质量技术监督局发布的国家标准《技术制图》《机械制图》等。《技术制图》标准普遍适用于工程界各种专业技术图样，《机械制图》标准适用于机械制图。

本章以摘要的形式介绍国家标准对图样的格式、内容和表示方法的一些基本规定，并简要介绍常用绘图工具、仪器的正确使用方法和基本作图方法。

1.1 国家标准的基本规定

1.1.1 图纸幅面及格式(GB/T 14689—2008)

1. 图纸幅面尺寸

绘制工程图样时，优先采用表1-1所规定的基本幅面。必要时，允许选用加长幅面，但加长幅面的尺寸必须是由基本幅面的短边成整数倍增加后得出的。例如，A3×3的幅面尺寸($B \times L$)为420×891。

表 1-1　基本幅面尺寸　　　　　　(单位：mm)

幅面代号	A0	A1	A2	A3	A4
$B \times L$	841×1189	594×841	420×594	297×420	210×297
e	20			10	
c	10			5	
a	25				

2. 图框格式

绘图时，在图纸上必须用粗实线画出图框。其格式分为留装订边和不留装订边两种，但同一产品的图样只能采用一种格式。留有装订边的图纸,其图框格式如图1-1、图1-2所示。不留装订边的图纸,其图框格式如图1-3、图1-4所示。图纸根据图样的具体情况可以横放,也可以竖放。

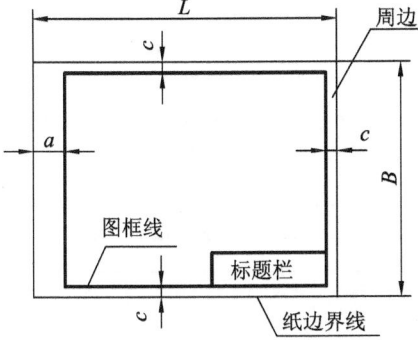

图1-1 A3横放(有装订边)

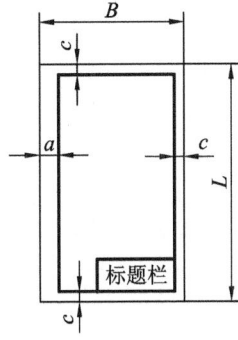

图1-2 A4竖放(有装订边)

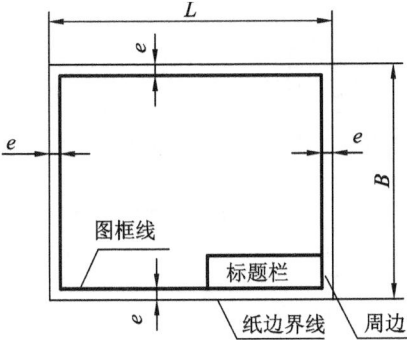

图1-3 A3横放(无装订边)

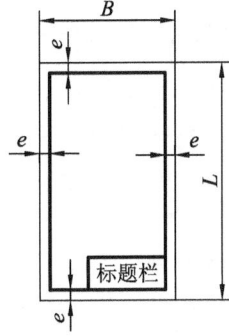

图1-4 A4竖放(无装订边)

3. 标题栏

每张图纸上都必须画出标题栏。标题栏应位于图纸的右下角,其文字方向为看图方向,如图1-1～图1-4所示。

学生制图作业中,标题栏可以自定,建议采用图1-5所示的零件图标题栏格式和图1-6所示的装配图标题栏及明细表格式。

图1-5 零件图标题栏

4. 对中符号

为了使图样复制和缩微摄影时定位方便,可在图纸各边长的中点处分别画出对中符

图 1-6　装配图标题栏及明细表

号。对中符号用粗实线绘制,线宽不小于 0.5 mm,长度从纸边界开始至伸入图框内约 5 mm,如图 1-7 所示。

1.1.2　比例(GB/T 14690—1993)

比例是指图中图形与其实物相应要素的线性尺寸之比。比值为 1 的比例(即 1∶1)称为原值比例;比值大于 1 的比例(如 2∶1 等)称为放大比例;比值小于 1 的比例(如 1∶5 等)称为缩小比例。

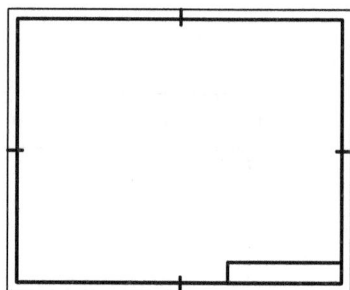

图 1-7　图纸对中符号

由于机件大小及其结构复杂程度的不同,在按比例绘制图样时,应选用表 1-2 规定系列中的比例;必要时,也允许选用表 1-3 中的比例。建议优先选用 1∶1 的原值比例,以便于直接从图中看到实物的真实大小。

表 1-2　规定的绘图比例系列(1)

种　类	比　　　　例		
原值比例	1∶1		
放大比例	$5∶1$ $5×10^n∶1$	$2∶1$ $2×10^n∶1$	$1×10^n∶1$
缩小比例	$1∶2$ $1∶2×10^n$	$1∶5$ $1∶5×10^n$	$1∶10$ $1∶1×10^n$

注:n 为正整数。

表 1-3　规定的绘图比例系列(2)

种　类	比　　　　例				
放大比例	$4∶1$　　$2.5∶1$ $4×10^n∶1$　$2.5×10^n∶1$				
缩小比例	$1∶1.5$ $1∶1.5×10^n$	$1∶2.5$ $1∶2.5×10^n$	$1∶3$ $1∶3×10^n$	$1∶4$ $1∶4×10^n$	$1∶6$ $1∶6×10^n$

注:n 为正整数。

绘制同一机件的各个视图时一般应采用相同的比例，并在标题栏的"比例"一栏中填写所用的比例，如 2∶1。当机件的某部位上有较小或比较复杂的结构需要用不同比例绘制时，应在视图名称的下方或右侧标注比例，如：

$$\frac{C}{1:2} \qquad \frac{A\ 向}{1:200} \qquad \frac{B—B}{2.5:1}$$

当图形中孔的直径或薄片的厚度小于 2 mm，或者斜度较小时，可不按比例而夸大画出。但需要注意的是，无论图样采用放大还是缩小比例绘制，标注尺寸时，须按机件的实际尺寸标注。

1.1.3　字体（GB/T 14691—1993）

工程图样中除有表达机件形状的图形外，还有用于说明机件的大小、技术要求和其他内容的文字和数字。国家标准对字体做了如下规定：

（1）书写字体必须做到字体工整、笔画清晰、间隔均匀、排列整齐。

（2）字体高度代表字体的号数。字体高度（用 h 表示）的公称尺寸系列（单位为 mm）为 1.8，2.5，3.5，5，7，10，14，20。如需要书写更大的字，其字体高度应按 $\sqrt{2}$ 的比率递增。

（3）汉字应写成长仿宋体字，并采用国家正式公布的简化字。汉字的高度 h 不应小于 3.5 mm，其字宽一般为 $h/\sqrt{2}$。

（4）字母和数字分 A 型和 B 型。A 型字体的笔画宽度为字高（h）的 1/14，B 型字体的笔画宽度为字高（h）的 1/10。在同一图样上，只允许选用一种型式的字体。

（5）字母和数字可写成斜体或直体（本书外文字母一般采用斜体）。斜体字字头向右倾斜，与水平基准线成 75°。但是量的单位、符号一定是直体。

（6）用作指数、分数、极限偏差、注脚等的数字或字母，一般采用小一号的字体。

下面给出字体书写示例。

常用不同大小的长仿宋体汉字示例如下：

10 号字

字体工整　笔画清晰

间隔均匀　排列整齐

7 号字

横平竖直注意起落结构均匀填满方格

5 号字

技术制图机械电子汽车航空土木建筑矿山井坑

3.5 号字

土木建筑矿山井坑纺织服装螺纹齿轮端子接线

拉丁字母的大、小写斜体字母示例如下：

大写斜体

ABCDEFGHIJKLMN

OPQRSTUVWXYZ

小写斜体

abcdefghijklmn

opqrstuvwxyz

阿拉伯数字书写示例如下：

0123456789

罗马数字书写示例如下：

I II III IV V VI

VII VIII IX X

希腊字母的大、小写斜体字母书写示例如下：

大写斜体   小写斜体

Δ Π Φ   δ π φ

字体综合应用举例如下：

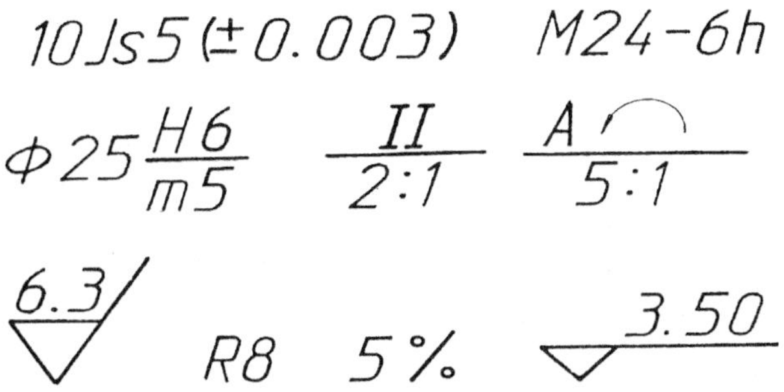

$10Js5(\pm0.003)$ $M24-6h$

$\phi25\dfrac{H6}{m5}$ $\dfrac{II}{2:1}$ $\dfrac{A}{5:1}$

$\dfrac{6.3}{\bigtriangledown}$ $R8$ 5% $\underline{3.50}$

1.1.4 图线（GB/T 4457.4—2002）

1. 图线型式及应用

表1-4列出了各种图线的名称、型式、代号、宽度以及应用。各种图线在图形上的应用如图1-8所示。

表1-4 线型、代号、宽度以及应用

序号	名称	图线型式及代号	图线宽度	一般应用
1	粗实线	———————— A	d	A1 可见棱边线及可见轮廓线（图1-8(a)） A2 相贯线（图1-8(b)） A3 螺纹牙顶线（图1-8(a)） A4 螺纹长度终止线 A5 剖切符号用线
2	细实线	———————— B	$d/2$	B1 尺寸界线及尺寸线（图1-8(a)） B2 过渡线（图1-8(b)） B3 剖面线（图1-8(a)） B4 重合断面的轮廓线（图1-8(a)） B5 指引线和基准线 B6 螺纹牙底线 B7 表示平面的对角线 B8 投影线
3	波浪线	～～～～ C	$d/2$	C1 断裂处的边界线（图1-8(a)） C2 视图与剖视图的分界线（图1-8(a)）
4	双折线	—／＼／＼— D	$d/2$	D 断裂处的边界线（图1-8(a)）
5	细虚线	– – – – – – E	$d/2$	E 不可见轮廓线及不可见棱边线（图1-8(a)）
6	粗虚线	▬ ▬ ▬ ▬ ▬ F	d	F 允许表面处理的表示线（图1-8(c)）

序号	名称	图线型式及代号	图线宽度	一 般 应 用
7	细点画线	—— · —— · —— · —— G	$d/2$	G1　轴线(图1-8(b)) G2　对称中心线(图1-8(a)) G3　孔系分布的中心线 G4　分度圆(线) G5　剖切线
8	粗点画线	▬ ▬ · ▬ ▬ · ▬ ▬ J	d	J　限定范围表示线
9	细双点画线	—— · · —— · · —— K	$d/2$	K1　相邻辅助零件的轮廓线 　　(图1-8(a)) K2　可动零件的极限位置的轮廓线 　　(图1-8(a)) K3　轨迹线(图1-8(a)) K4　中断线

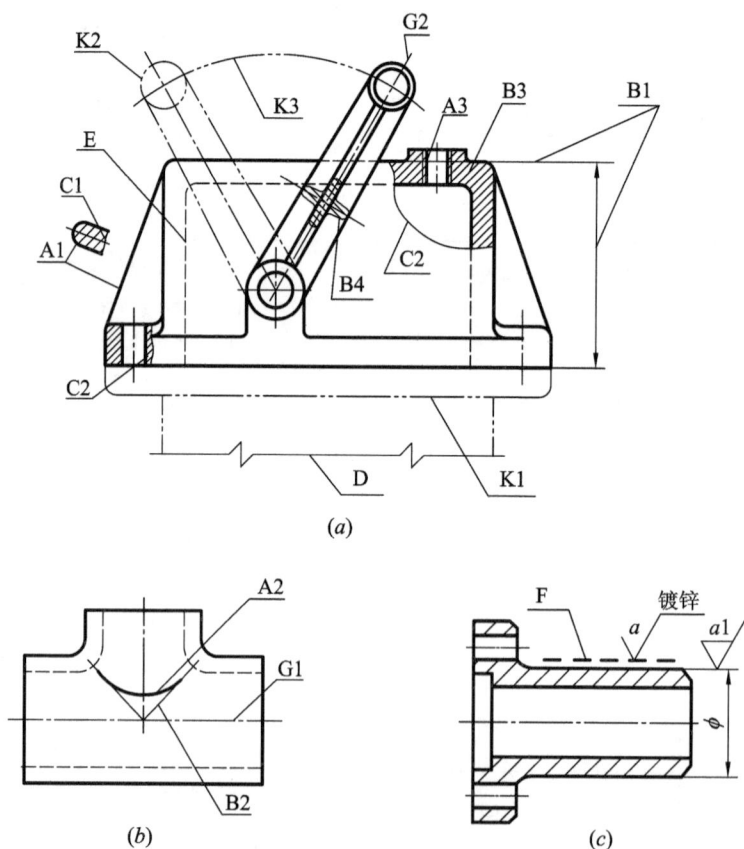

(a)

(b)

(c)

图1-8　图形上各种图形应用示例

2. 图线的画法

（1）在机械图样中采用粗、细两种线宽，它们之间的比例为 2∶1。粗线的宽度（单位为 mm）在以下组别中选取：0.13、0.18、0.25、0.35、0.5、0.7、1、1.4、2。其中，0.5、0.7 为优先采用的图线组别。绘图时，图线的宽度应根据图样的类型、尺寸大小和复杂程度在组别中选择，组别数据的公比为 $1∶\sqrt{2}(\approx 1∶1.4)$。

（2）在同一图样中，同类图线的宽度应一致。同类线型（如细虚线、细点画线、细双点画线）的线段长度和间隔应大致相等，建议在图 1-9 所示的范围内选取。

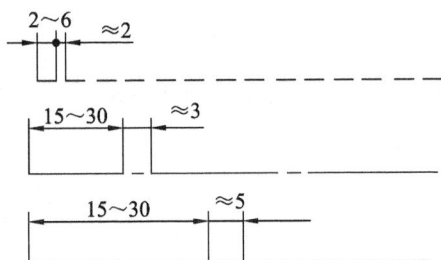

图 1-9　细虚线、细点画线及细双点画线的规格

（3）细点画线和细双点画线的两端应为线段。彼此相交以及与细虚线或其他图线相交处都应为线段，而不应是间隔。当细虚线是实线的延长线时，相接处应留出空隙，如图 1-10 所示。

（4）对称图形的对称中心线应超出其轮廓线 2~3 mm，如图 1-11（a）所示。在较小的图形上绘制点画线或双点画线有困难时，可用细实线来代替，如图 1-11（b）所示。

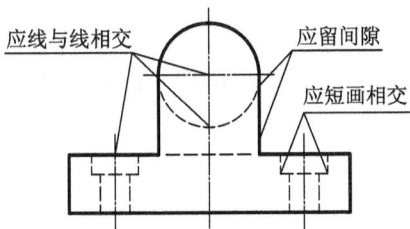

图 1-10　细虚线、细点画线等在相交处的画法

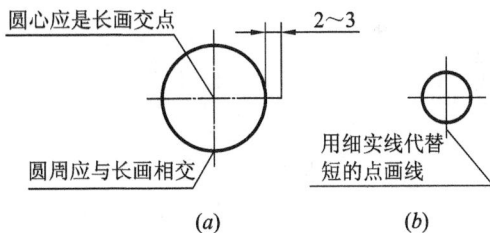

图 1-11　中心线的画法

（5）两平行线（包括剖面线）之间的距离应不小于图线的两倍宽度，其最小距离不得小于 0.7 mm。

1.1.5　剖面符号（GB/T 4457.5—2013）

在剖视图和断面图上，为了分清机件的实体部分和空心部分，国标规定被切到的实体部分应画上剖面符号，不同的材料应采用不同的剖面符号。金属材料的剖面符号是一系列彼此平行、间隔均匀且与水平线成 45° 的细实线，通常称为剖面线。在同一金属零件的图中，剖视图、断面图的剖面线的方向、间隔均应相同。工程上几种常用材料的剖面符号如表 1-5 所示。

表 1-5 材料的剖面符号

金属材料(已有规定剖面符号者除外)		玻璃及供观察用的其他透明材料		型砂、填砂、粉末冶金、砂轮、陶瓷刀片、硬质合金刀片等	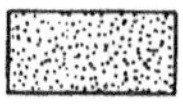
非金属材料(已有规定剖面符号者除外)		液体	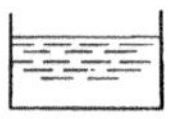	混凝土	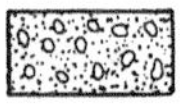
线圈绕组元件	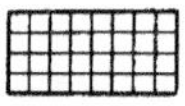	木材	纵断面	钢筋混凝土	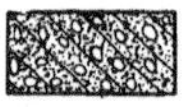
转子、电枢、变压器和电阻器等的叠钢片			横断面	砖	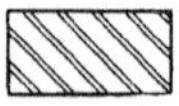
格网(筛网、过滤网等)		木质胶合板(不分层数)		基础周围的泥土	

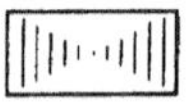

1.1.6 尺寸注法(GB/T 4458.4—2003)

图样上的图形只能表达机件的形状,机件的大小需通过标注尺寸才能确定。国标规定了标注尺寸的规则和方法,在画图时必须严格遵守,否则会引起混乱,给生产带来困难和损失。

1. 基本规则

(1)机件的真实大小以图样上所注的尺寸数值为依据,与图形的大小及绘图的准确度无关。

(2)图样(包括技术要求和其他说明)中的尺寸,以毫米为单位时,不需标注单位符号(或名称),如果采用其他单位,则必须注出。

(3)机件的每一尺寸,一般只标注一次,并应标注在表示该结构最清晰的图形上。

(4)图样中所标注的尺寸是该机件的最后完工尺寸,否则应另加说明。

2. 尺寸要素

图样中的尺寸由尺寸界线、尺寸线、尺寸数字和尺寸终端四个要素组成。

1)尺寸界线

尺寸界线表示尺寸的范围,用细实线绘制。如图 1-12(a)所示,尺寸界线一般由图形的轮廓线、轴线或对称中心线引出,也可用轮廓线、轴线或对称中心线作尺寸界线。尺寸界线一般应与尺寸线垂直,并超出尺寸线末端约 2~3 mm。

2)尺寸线

尺寸线表示尺寸度量的方向。如图 1-12(a)所示,尺寸线必须用细实线单独绘制,不能用其他图线代替、重合或画在其延长线上。标注线性尺寸时,尺寸线必须与所标注的线段平行。当有几条互相平行的尺寸线时,大尺寸线要注在小尺寸的外侧,以免尺寸线与尺寸界线相交。在圆及圆弧上标注尺寸时，尺寸线一般应通过圆心。

3）尺寸数字

尺寸数字表示尺寸的大小。沿看图方向，尺寸数字一般标注在尺寸线的上方或中断处（仅限垂直尺寸和倾斜尺寸的标注），当位置不够时，也可标注在外面或引出来标注，如图1-12(a)所示。

4）尺寸终端

尺寸终端表示尺寸的起讫。尺寸线的终端应画箭头（或斜线）。箭头和斜线的形式如图1-12(b)所示。机械图样中，一般采用箭头形式。箭头宽度d与粗实线等宽，箭头长度约是其宽度的6倍（或大于6倍），箭头应指到尺寸界线。在同一图纸上，所有尺寸箭头的大小应基本相等。

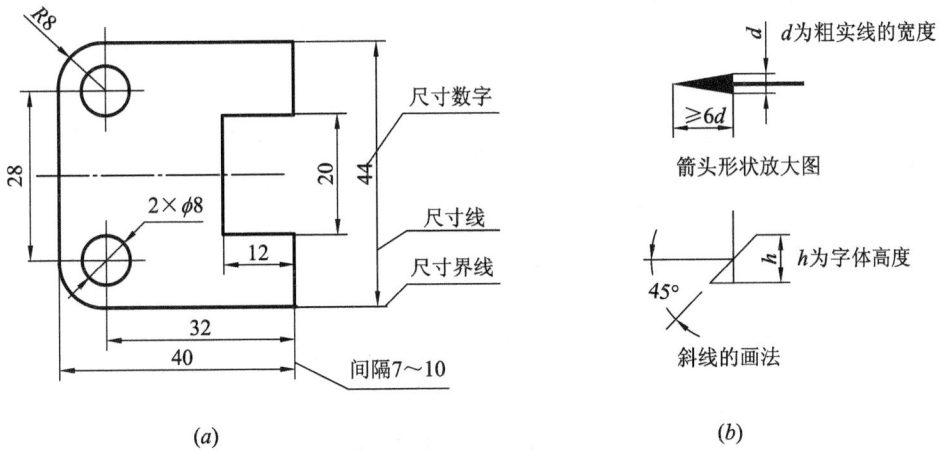

图1-12 尺寸要素

3. 常用的尺寸注法

1）线性尺寸注法

标注线性尺寸数字时，规定要顺着尺寸线的方向写，如图1-13(a)所示。水平尺寸的数字字头朝上，垂直尺寸的数字字头朝左，倾斜尺寸的数字应取字头偏上，并尽量避免在与垂直中心线成30°角范围内标注尺寸，当无法避免时，可按图1-13(b)所示注法标注。

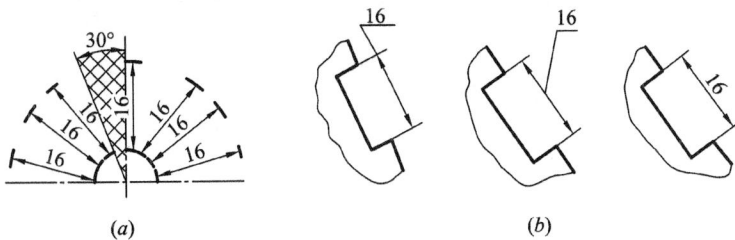

图1-13 线性尺寸的数字方向

2）角度尺寸注法

尺寸界线沿径向引出，尺寸线画成圆弧，圆心是角的顶点。尺寸数字一般应水平书写在尺寸线的中断处，必要时也可写在上方或外面，还可引出标注，如图1-14所示。

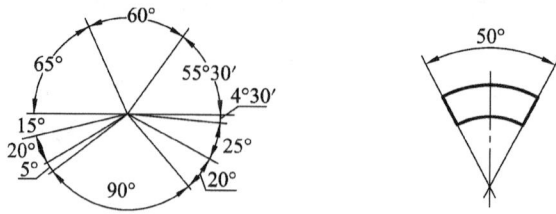

图 1-14 角度尺寸注法

3）圆和圆弧的尺寸注法

如图 1-15(a)所示，圆或大于半圆的圆弧应标注直径，在尺寸数字前加注字符"ϕ"，尺寸线一般应通过圆心。如图 1-15(b)所示，等于或小于半圆的圆弧应标注半径，在尺寸数字前加注符号"R"。当半径过大或在图纸范围内无法标出其圆心位置时，可按图 1-16(a)的形式标注；若不需标出圆心位置时，可按图 1-16(b)的形式标注。

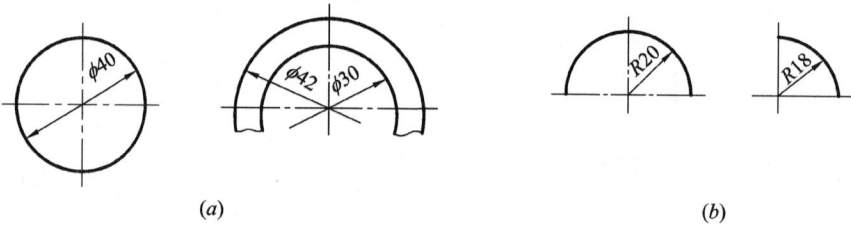

(a)   (b)

图 1-15　圆尺寸注法

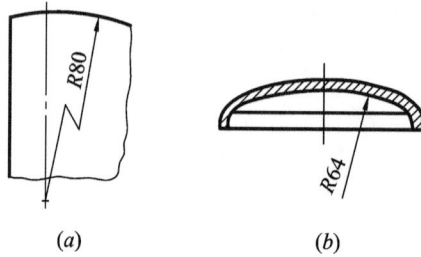

(a)   (b)

图 1-16　大圆弧尺寸注法

4）球面尺寸注法

如图 1-17 所示，标注球面的直径或半径时，应在"ϕ"或"R"前加注"S"。

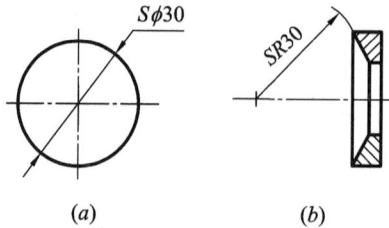

(a)   (b)

图 1-17　球面尺寸注法

5）小尺寸注法

如图 1-18 所示，对于较小的尺寸，没有足够位置画箭头或写数字时，箭头可画在外面或引出标注。当遇到连续几个小尺寸时，允许用圆点或斜线代替箭头。

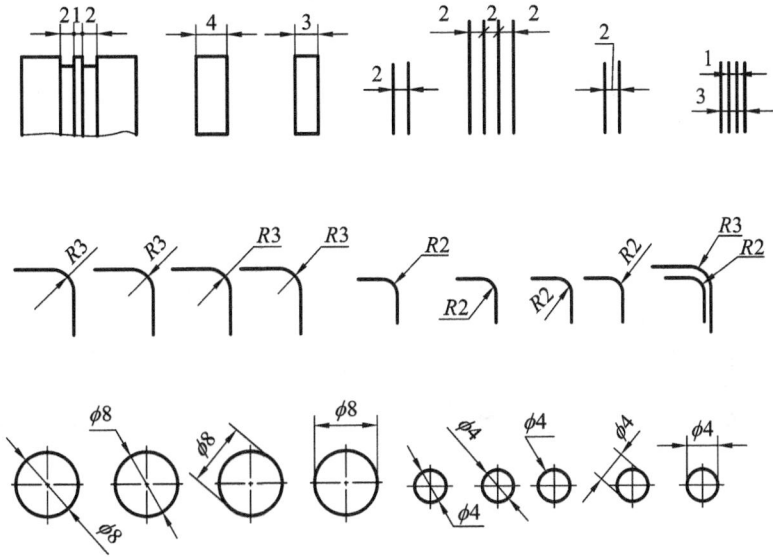

图 1-18　小尺寸注法

6) 弧长和弦长尺寸注法

如图 1-19(a)所示，标注弦长尺寸时，尺寸界线应平行于弦的垂直平分线，尺寸线应垂直于所注弦的垂直平分线；如图 1-19(b)所示，标注弧长尺寸时，尺寸界线应平行于该弧所对圆心角的角平分线，尺寸线应平行于所注的弧，尺寸数字左方应加注符号"⌒"；但当弧度较大时，可沿径向引出，如图 1-19(c)所示。

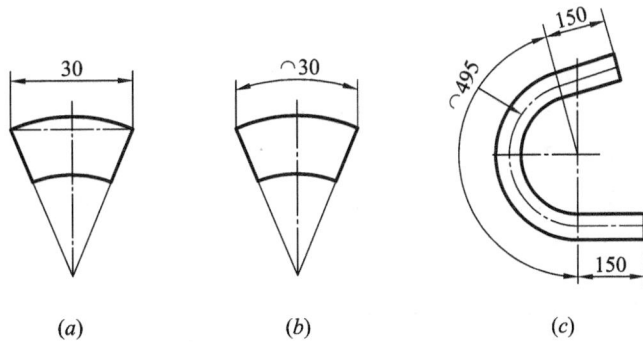

(a)　　　　　　　　(b)　　　　　　　　(c)

图 1-19　弦长和弧长尺寸注法

7) 光滑过渡处的尺寸注法

如图 1-20 所示，在光滑过渡处标注尺寸时，必须用细实线将轮廓线延长，并从它们

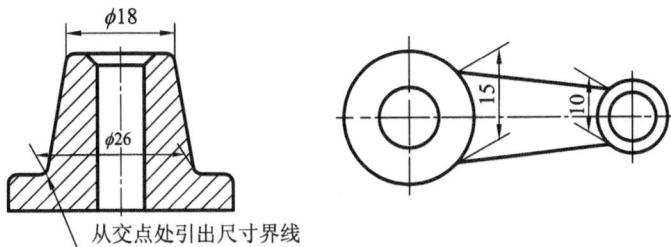

从交点处引出尺寸界线

图 1-20　光滑过渡处的尺寸注法

的交点处引出尺寸界线。为使图形清晰，尺寸界线允许倾斜于尺寸线。

8) 正方形结构的尺寸注法

如图 1-21 所示，标注横断面为正方形结构的尺寸时，可在正方形边长数字前加注符号"□"或用 14×14 代替□14。

9) 薄板零件厚度的注法

如图 1-22 所示，标注薄板零件厚度时，可在尺寸数字前加注符号"t"。

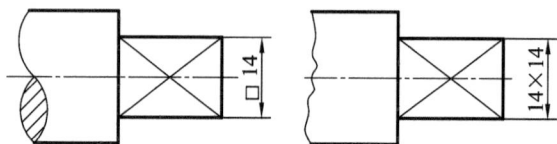

图 1-21　正方形结构的尺寸注法

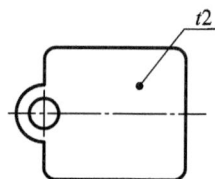

图 1-22　薄板零件厚度的注法

10) 斜度和锥度的注法

斜度和锥度的注法如图 1-23(a)、(b)所示。斜度和锥度的符号如图 1-23(c)、(d)所示，其符号的线宽为 $h/10$(h 为字的高度)，符号的方向应与斜度、锥度的方向一致。

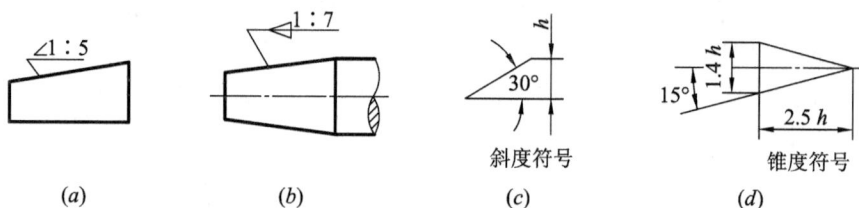

图 1-23　斜度和锥度的注法

11) 对称机件的尺寸注法

当对称机件的图形只画出一半或略大于一半时，尺寸线应略超出对称中心线或断裂处的边界，此时仅在尺寸线的一端画出箭头，如图 1-24 所示。

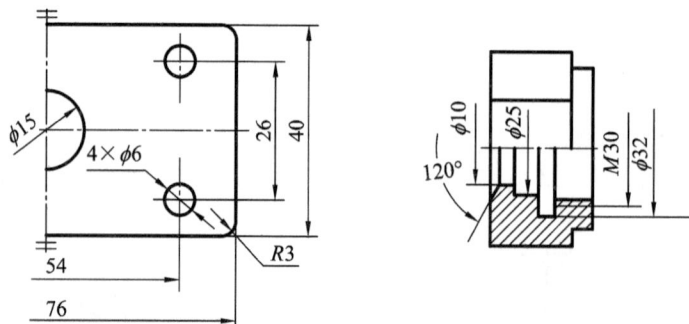

图 1-24　对称机件的尺寸注法

1.2 绘图工具及其使用方法

只有正确合理地使用绘图工具，才能提高绘图质量和绘图效率。本节主要介绍常用绘图工具及其使用方法。

1.2.1 铅笔

铅笔是手工绘图的主要工具。铅笔的铅芯按其软硬程度分为 B、HB 和 H。H 前的数字数值越大，说明铅芯越硬；B 前的数字数值越大，说明铅芯越软。打底稿时可选用 HB~H；写字时可选用 HB；加深时可选用 HB~B；加深圆弧时，圆规的铅芯可选用 B。削铅笔时应从无标记的一端开始，以便保留标记。铅芯露出长度一般以 6~10 mm 为宜。铅笔的磨削如图 1-25 所示。

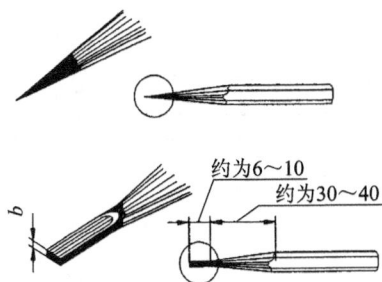

图 1-25 铅笔的磨削

1.2.2 图板

图板用作绘图的垫板，一般为矩形木板。绘图前先将图纸用胶带纸固定在图板上，图板的侧面为引导丁字尺移动的导边，如图 1-26(a)所示。使用图板时必须维护板面平坦，导边平直，不使其受潮、受热。

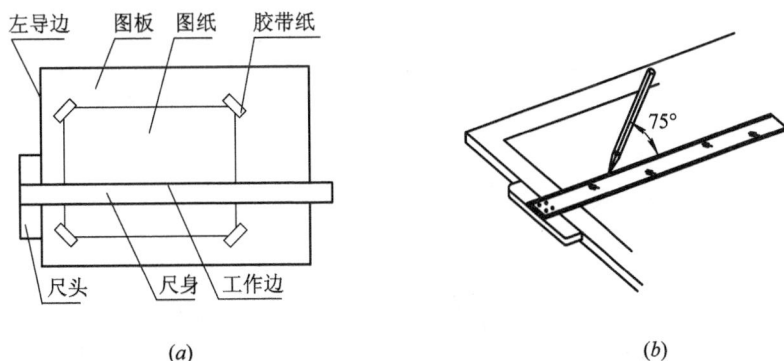

(a)   (b)

图 1-26 图板与丁字尺的使用

1.2.3 丁字尺

丁字尺由尺身与尺头互相垂直固定在一起，呈"丁"字形，它主要用于画水平线和作三角板移动的导边。使用时，尺头必须紧靠图板的左侧边。画水平线时铅笔沿尺身的工作边自左向右移动，同时铅笔与前进方向成75°左右的斜角，如图1-26(b)所示。

1.2.4 三角板

三角板有45°及30°、60°的直角三角形两块。三角板经常与丁字尺配合使用，可绘制垂直线以及30°、45°、60°角和与水平线成15°倍角的直线，如图1-27(a)、(b)所示。两块三角板配合使用时，也可绘制其他角度的垂直或平行线，如图1-27(c)所示。

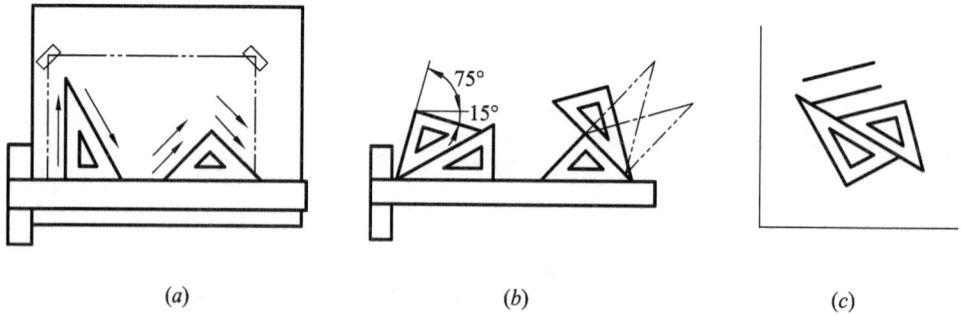

(a) (b) (c)

图1-27 三角板的使用

1.2.5 曲线板

曲线板用于绘制非圆曲线。曲线绘制的方法和步骤如图1-28所示。作图时，先徒手将曲线上的一系列点轻轻连成一条光滑曲线，然后从一端开始，找出曲线板上与该曲线吻合的一段，沿曲线板画出这段线，用同样方法逐段绘制，直至最后一段。需注意的是前后衔接的线段应有一小段重合，这样才能保证所绘曲线光滑。

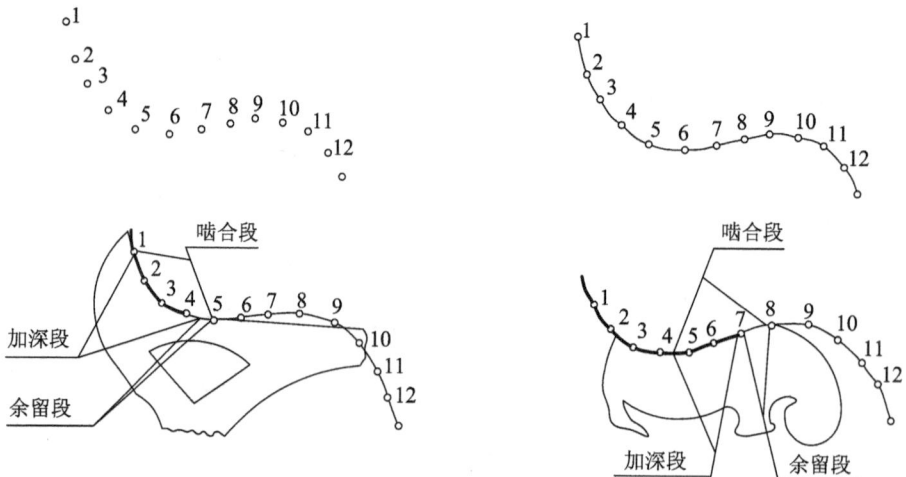

图1-28 曲线板的使用

1.2.6 分规

分规是用来量取或等分线段的工具。分规两腿并拢后，其尖端应对齐(图 1-29(a))。从比例尺上量取长度时，切忌用针尖刺入尺面(图 1-29(b))。当量取若干段相等线段时，可令两个针尖交替地作为旋转中心，使分规沿不同方向旋转前进(图 1-29(c))。当等分一线段时，先估计一等份的长度 l 并进行试分。若盈余(或不足)为 b，再用 $l+b/n$(或 $l-b/n$)进行试分。一般试分 2~3 次即可完成(图 1-30)。

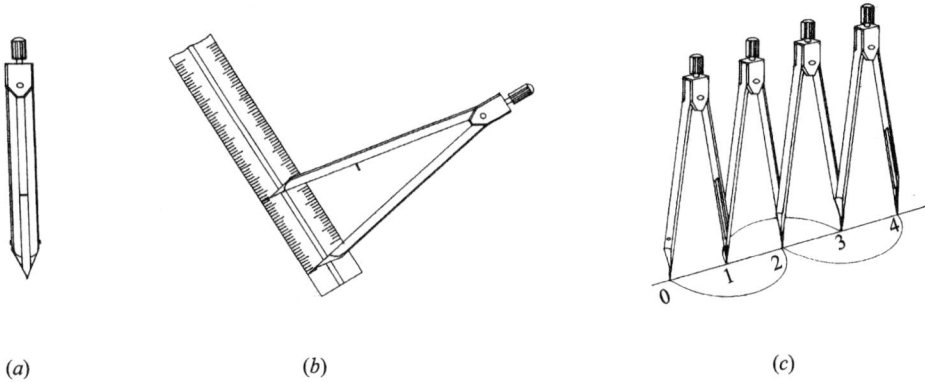

| (a) | (b) | (c) |

图 1-29 分规

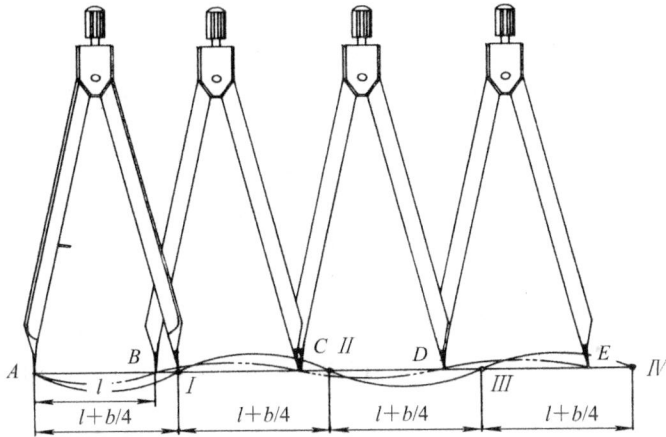

图 1-30 用分规等分线段

1.2.7 圆规

圆规是画圆或圆弧的工具。其中一条腿带有肘形关节(图 1-31(a))，端部插孔内可装接各种插腿或附件。画铅笔图时，装入铅笔插腿；画墨线图时，换装鸭嘴笔插腿；若用圆规代替分规使用时，还可换装钢针插腿(图 1-31(b))。如果圆的半径过大，则可在肘形关节插孔内装接延伸杆(图 1-31(c))，然后在延伸杆插孔内装接插腿。画小圆时宜采用弹簧圆规或点圆规，如图 1-32 所示。

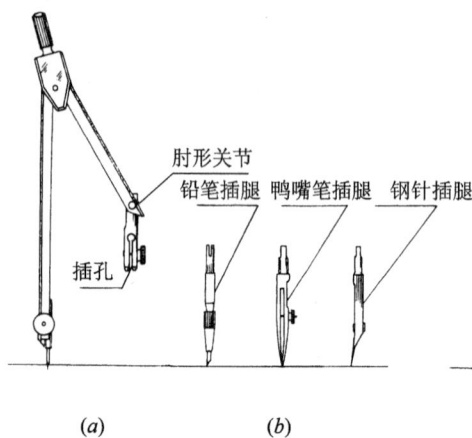

图 1-31 圆规

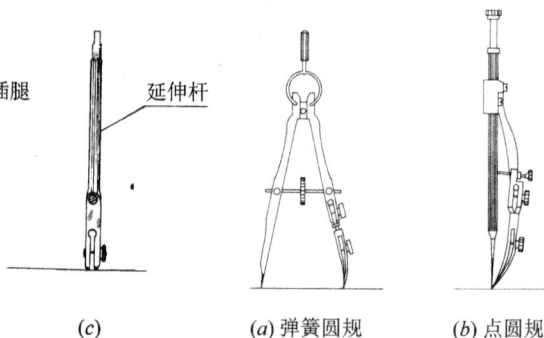

图 1-32 画小圆的圆规

圆规的两脚并拢后，其针尖应略长于铅芯或鸭嘴笔尖端。使用前，应将钢针与铅芯调整成与纸面垂直。画图时，圆规两腿所在的平面应稍向旋转方向倾斜，并要用力均匀，转动平稳。

1.3 常用的几何作图方法

无论零件的结构多么复杂，其图样都是由若干几何图形组成的。本节主要介绍制图过程中常遇到的锥度、斜度、正多边形、非圆曲线以及圆弧连接等的作图方法。

1.3.1 锥度与斜度

1. 锥度

如图 1-33(a)所示，正圆锥的底圆直径 D 与其高度 L 之比称为锥度，即锥度 $=D:L=1:(L/D)$。对于正圆锥台来说，其锥度是指两底圆直径之差与圆锥台高度之比，即锥度 $=(D-d):l=1:[l/(D-d)]$。在图样上通常采用"$\triangleright 1:n$"的形式来标注锥度，其中 $n=L/D$ 或 $n=l/(D-d)$。

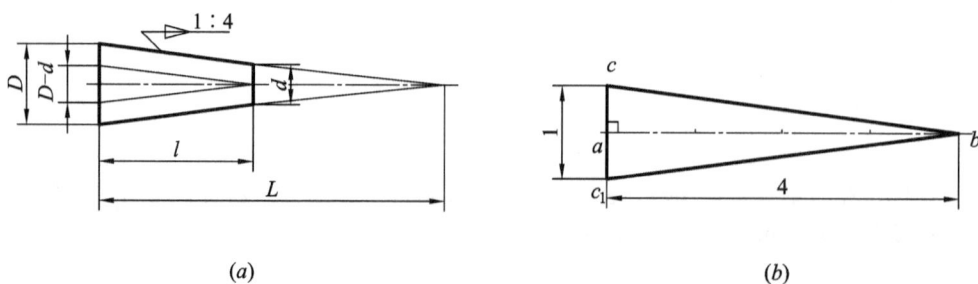

图 1-33 锥度画法

下面以锥度 1：4 为例，说明其作图步骤（图 1-33(b)）：

(1) 作轴线 ab，自 a 向右任取 4 等份得点 b；

(2) 作 $ac\perp ab$，并取 $ac=ac_1=1/2$ 等份，得点 c、c_1；

(3) 连接 bc、bc_1 即得锥度 1：4 的直线，且所有与 bc、bc_1 平行的线其锥度均为 1：4。

2. 斜度

一直线（或平面）相对于另一直线（或平面）的倾斜程度称为斜度。斜度的大小用二直线间夹角的正切（或二平面间平面角的正切）来表示。在图样上用"∠ 1：n"的形式来标注斜度。图 1-34(a) 所示的斜度＝$H/L=(H-h)/l=1:5$，其作图方法如图 1-34(b) 所示。

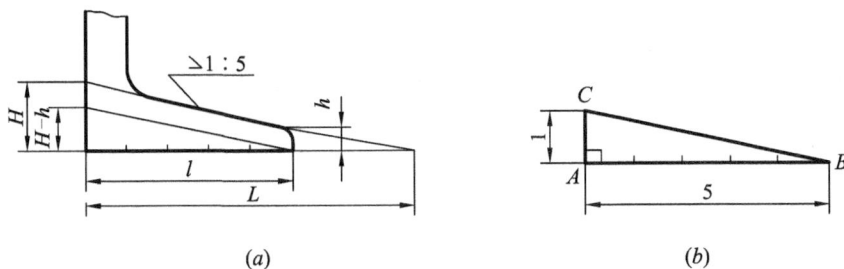

图 1-34　斜度画法

1.3.2　正多边形

1. 正六边形的画法

若已知正六边形的外接圆直径为 D，一顶点为 A，其画法如图 1-35 所示。图 1-35(a)、(b) 所示是根据正六边形外角为 60°作图的；图 1-35(c) 所示是根据正六边形边长等于其外接圆半径作图的。

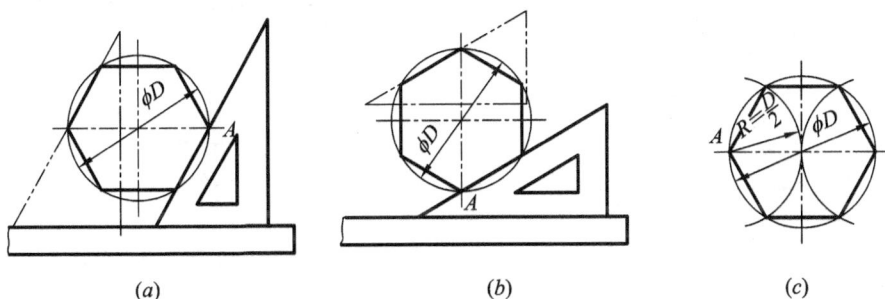

图 1-35　正六边形的画法

2. 正五边形的画法

若已知正五边形的外接圆半径 R 及一顶点 A，其作图步骤如图 1-36 所示。其中，(a) 图以 B 为圆心，$R=OB$ 为半径作弧得 P、Q 两点，连接 P、Q 与 OB，相交得中点 M；(b) 图以 M 为圆心、MA 为半径作弧，与 OB 延长线交于点 N，得到正五边形的边长；(c) 图以 AN 为边长、A 为起点等分圆，并连接各等分点，得到正五边形。

(a) 求 OB 中点 M   (b) 求正五边形边长 AN   (c) 求五边形其余四点

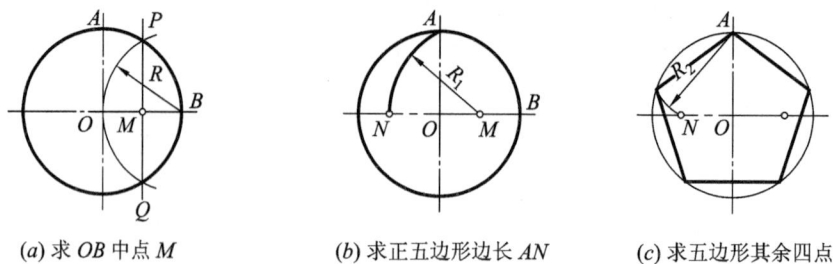

图 1-36　正五边形的画法

1.3.3　非圆曲线

非圆曲线是指曲线上各点的曲率半径不相同、不能用圆规准确绘制的一类曲线。

1. 椭圆

椭圆的画法很多，这里介绍两种根据椭圆长、短轴画椭圆的方法（设椭圆长轴为 $2a$，短轴为 $2b$，长轴方向为 AB，短轴方向为 CD）。

1）精确画法（图 1-37）

（1）以 O 为圆心，分别以 a、b 为半径作同心圆。

（2）过圆心 O 任意作一直线，与大圆交于 M 点，与小圆交于 N 点；过点 M 作短轴的平行线 MK，过点 N 作长轴的平行线 NK，此两直线的交点 K 即为椭圆上一点。

（3）用上述方法求出椭圆上一系列点，用曲线板光滑连接各点即得椭圆。

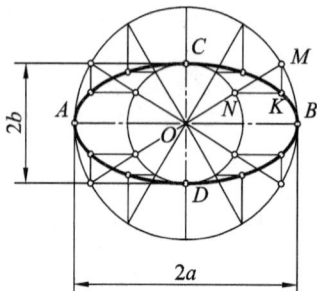

图 1-37　椭圆精确画法   图 1-38　椭圆近似画法

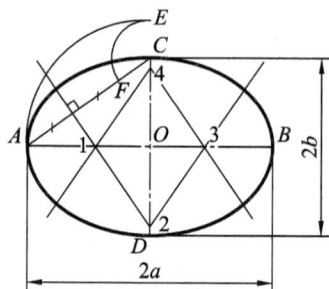

2）近似画法（图 1-38）

（1）连接长、短轴的端点 A、C，并以 O 为圆心、长半轴 a 为半径作弧 $\overset{\frown}{AE}$。

（2）以短轴端点 C 为圆心，以长半轴和短半轴之差 CE 为半径作弧 $\overset{\frown}{EF}$，使之与 AC 相交得点 F。

（3）作 AF 的中垂线，与长半轴交于点 1，与短半轴交于点 2，并作出点 1、2 关于中心 O 的对称点 3、4。

（4）分别以点 2、4 为圆心，以 $C2$（或 $D4$）为半径作弧；以点 1、3 为圆心，以 $A1$（或 $B3$）为半径作弧，即得近似椭圆。

2. 抛物线

已知抛物线的两切线，求作抛物线。将已知两切线分成相同等份，连接各对应点。这些线均为抛物线的切线，作它们的包络线即得所求的抛物线（图1-39）。

3. 圆的渐开线

圆的渐开线广泛用于齿轮的齿廓曲线。当一直线在圆周上作纯滚动时，直线上一点的运动轨迹即为该圆的渐开线（图1-40(a)）。渐开线的画法如图1-40(b)所示。

（1）画出基圆，并将基圆分为 n 等份，图中 $n=12$。

（2）由等分点1起，自各等分点向同一方向作圆的切线，并依次在各切线上量取一段长度，其长度分别等于基圆周展开长度 πD 的 $1/n$，$2/n$，…，n/n，得点 I，II，III 等，此即渐开线上的点；依次光滑连接各点，即得圆的渐开线。

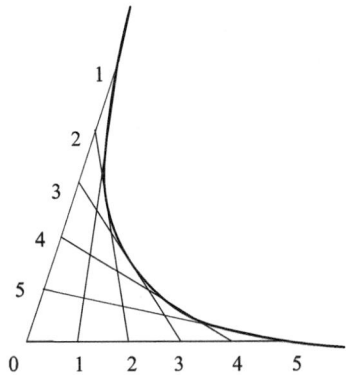

图1-39 抛物线画法

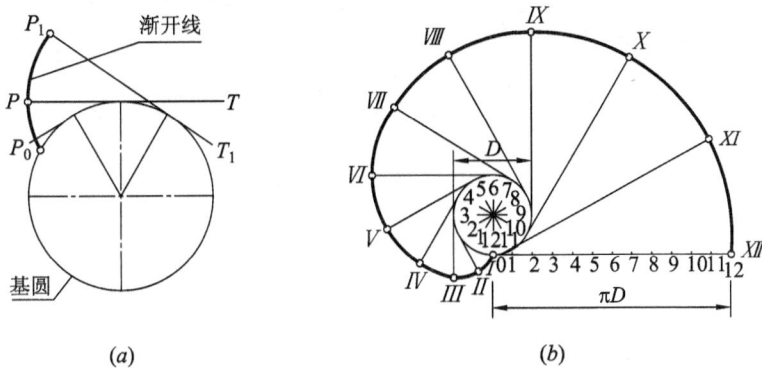

图1-40 圆的渐开线

4. 阿基米德涡线

当一动点沿一直线作等速移动的同时，该直线又绕线上一定点 O 在一平面内作等速旋转，动点运动的轨迹就是阿基米德涡线。直线每旋转一周，动点在直线上移动的距离称为导程，用字母 S 表示。

阿基米德涡线在凸轮设计、车床卡盘设计、涡旋弹簧、螺纹、蜗杆设计中应用较多。阿基米德涡线画法如图1-41所示。

（1）以 O 为圆心、导程 S 为半径画圆。

（2）将圆周和导程各分为相同的 n 等份，图中 $n=8$。

图1-41 阿基米德涡线画法

（3）在等分圆周的各条辐射线上，以 O 为圆心作各同心圆弧，并与相应数字的半径相交，得交点 A，B，C，…，此即阿基米德涡线上的点；依次光滑连接各点，即得阿基米德涡线。

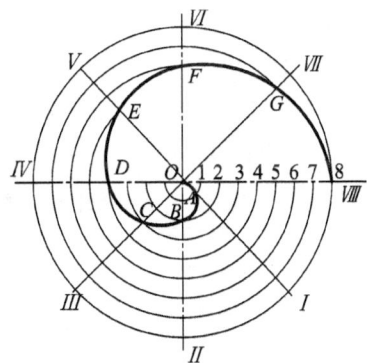

5. 摆线

当一动圆沿一条线作纯滚动时，动圆上任一点的轨迹称为摆线。引导动圆滚动的线称为导线。当动圆沿直导线滚动时形成平摆线；当导线为圆，动圆在导圆上作外切滚动时形成外摆线，作内切滚动时形成内摆线。以外摆线为例（设动圆半径为 r，导圆半径为 R），其画法如图 1-42 所示。

（1）以 O 为圆心、R 为半径作导圆弧 $\widehat{AA_{12}}$，并令 $\widehat{AA_{12}} = 2\pi r$；

（2）将导圆弧和动圆作相同的 n 等份，图中 $n = 12$，过各等分点与 O 连成射线；

（3）以 O 为圆心、$r + R$ 为半径作弧，交各射线于点 O_0，O_1，O_2，…，O_{12}；

（4）过 O_0 作一动圆，以 O 为圆心，过动圆上各等分点 1，2，…作辅助圆弧；

（5）分别以 O_1，O_2，…，O_{12} 为圆心、r 为半径画圆，与相应的辅助圆弧交于点 A，A_1，A_2，…，A_{12}，依次光滑连接各点，即得外摆线。

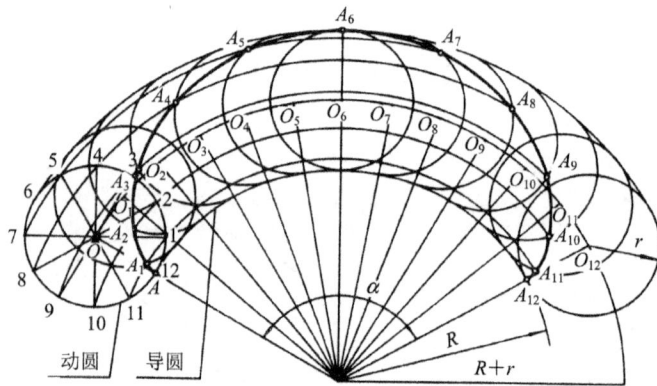

图 1-42　外摆线的画法

1.3.4　圆弧连接

绘制平面图形时，经常会遇到如图 1-43 所示的直线和圆弧、圆弧和圆弧光滑连接的情况。光滑连接也称相切连接，其切点称为连接点。当用一圆弧连接两已知线段时，该圆弧称为连接弧，连接弧的半径称为连接半径。画连接弧时，主要是确定连接弧的圆心和连接点。

根据初等几何学中的切线性质和两圆相切定理可知：

（1）由已知点 P 向已知圆 O_1 作切线时，其切点必为以 O_1P 为直径的圆与已知圆的交点 A、B（图 1-44）。连接 PA、PB，即得自点 P 向该圆所作之切线。

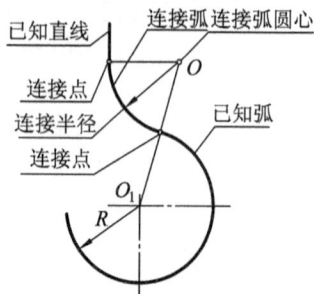

图 1-43　圆弧连接

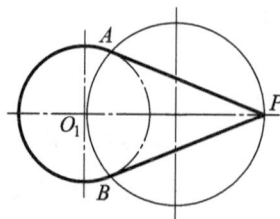

图 1-44　由圆外一点向圆作切线

（2）与已知直线 I（图 1-45）相切的圆弧（半径为 R），其圆心轨迹是直线 II。直线 II 与

直线 I 平行，且相距为 R。若在直线 II 上任选一点 O 作为连接弧的圆心，则自 O 向已知直线 I 作垂线，垂足 K 即为连接点。

(3) 与半径为 R_1、圆心为 O_1 的已知弧相切的圆弧（半径为 R），其圆心 O 的轨迹为已知弧的同心圆，该圆的半径随两圆外切或内切而定：当两圆外切时（图 1-46(a)），其半径 $OO_1 = R + R_1$；内切时（图 1-46(b)），其半径 $OO_1 = R_1 - R$。两圆心的连线或其延长线与已知弧的交点 K 即为连接点。

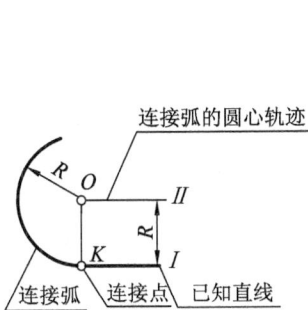

图 1-45 圆弧与已知直线相切   图 1-46 圆弧与已知弧相切

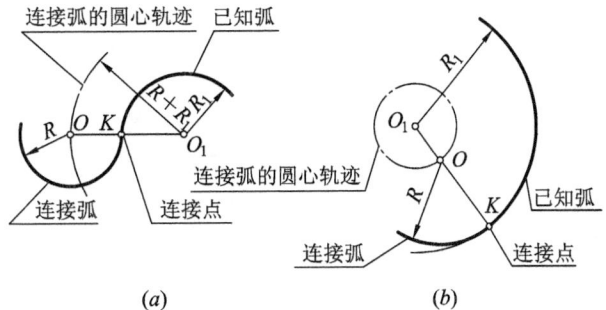

下面举例说明平面图形中常用的几种连接作图方法。

【例 1-1】 用已知半径为 R 的圆弧连接两相交直线段 ab 和 bc（图 1-47）。

解 (1) 在距已知两直线为 R 处，分别作两已知直线的平行线，其交点 O 即为连接弧的圆心。

(2) 自 O 点分别向两已知直线作垂线，其垂足 g、f 即为两个连接点。

(3) 以 O 为圆心、R 为半径作出连接弧 $\overset{\frown}{gf}$。

【例 1-2】 用已知半径为 R 的圆弧连接直线段 ab 和圆心为 O_1、半径 R_1 的圆弧（图 1-48(a)）。

解 (1) 以 O_1 为圆心、$R_1 + R$ 为半径作圆弧，该弧与距直线段 ab 为 R 的平行直线相交于点 O，点 O 即为连接弧的圆心（图 1-48(a)）。

(2) 连接 OO_1 交已知圆弧于点 c，自 O 向 ab 作垂线得垂足 d，点 c、d 即为连接点（见图 1-48(b)）。

(3) 以 O 为圆心、R 为半径作出连接弧 $\overset{\frown}{cd}$。

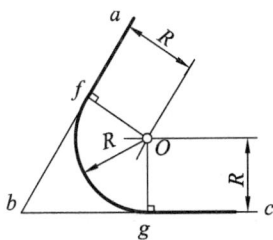

(a) 求连接圆弧   (b) 求连接点，并连接弧

图 1-47 用圆弧连接两相交直线段   图 1-48 用圆弧连接一直线段和圆弧

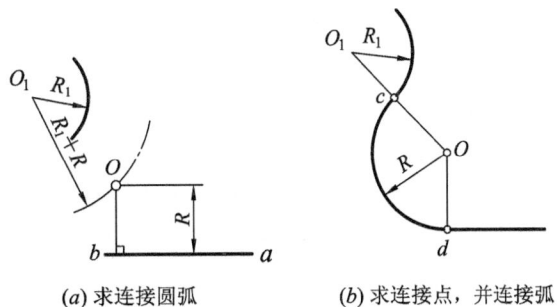

【例 1 − 3】 用已知半径为 R 的圆弧连接两已知圆弧。

解 本例解有三种情况，即外连接（图 1 − 49）、内连接（图 1 − 50）和混合连接（图 1 − 51）。现以混合连接为例，说明其作图步骤。

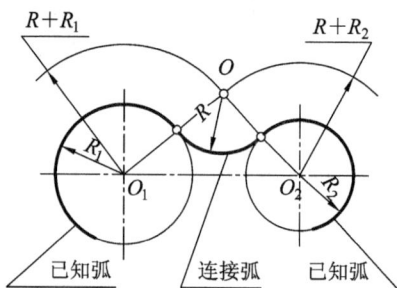

图 1 − 49 外连接

（1）以 O_1 为圆心、$R_1 + R$ 为半径作圆弧，再以 O_2 为圆心、$R - R_2$ 为半径作圆弧，所作两弧的交点 O 即为连接弧的圆心；

（2）连接 OO_1、OO_2 并延长 OO_2，分别与两已知圆弧相交，其交点 m、n 即为连接点；

（3）以 O 为圆心、R 为半径作出连接弧 $\overset{\frown}{mn}$。

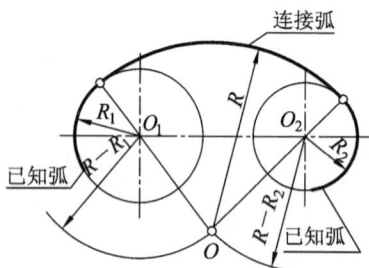

图 1 − 50 内连接

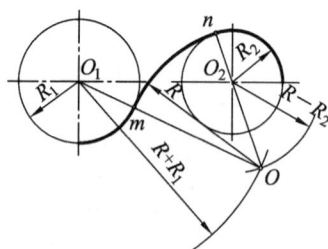

图 1 − 51 混合连接

1.4 平面图形的尺寸分析及作图

平面图形的形状、大小及各线段之间的相对位置均由标注的尺寸决定。因此绘制平面图形时，应首先分析图样中所注尺寸是否齐全，有无多余或自相矛盾之处，然后根据所注尺寸，对各线段进行分类，以便确定作图的先后顺序。

1.4.1 平面图形的尺寸分析

尺寸根据在平面图形中所起的作用，可分为定位尺寸和定形尺寸两种。

1. 定位尺寸

决定各线段或完整图形要素之间相对位置的尺寸称为定位尺寸。如图 1 − 52 所示，12、18 为 $\phi10$ 圆和两小圆（$\phi5$）在长度方向的定位尺寸，10 为两个小圆 $\phi5$ 在宽度方向的定位尺寸。

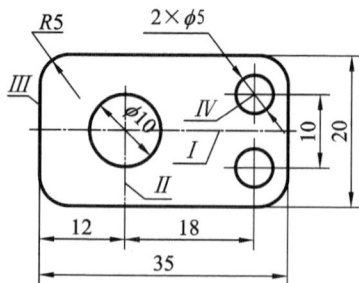

图 1 − 52 尺寸分析

标注尺寸时，需选好尺寸基准。尺寸基准是标注尺寸的起点。平面图形中一般选择圆的中心线、图形的主要轮廓线等作为尺寸基准。对于对称图形，一般选择对称中心线作为尺寸基准，如图 1 − 52 中的对称中心线 *I* 、中心线 *II* 、轮廓线 *III* 和圆心 *IV* 等。

通常，平面图形需要两个方向的定位尺寸。若某一结构处在图形的对称线上，则可不标注该方向的定位尺寸，如图 1 − 53 和图 1 − 54 所示。

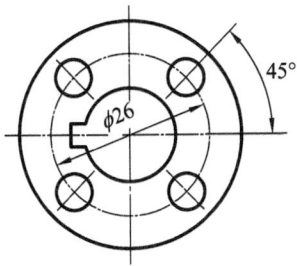

图 1-53 定位尺寸

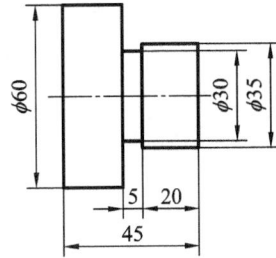

图 1-54 兼有定形、定位作用的尺寸

2. 定形尺寸

决定图形形状和大小的尺寸称为定形尺寸。一般地,圆和圆弧的直径或半径、多边形的边长和顶角大小都是定形尺寸,如图 1-52 中的 $\phi10$、$\phi5$、$R5$、35、20 等。当然,直径、半径和角度也可以作为定位尺寸,如图 1-53 中的 $\phi26$ 和 45°。

有时一个尺寸可以兼有定形和定位两种作用。例如图 1-54 中的尺寸 20 既是右边矩形的定形尺寸,又是中间矩形的定位尺寸。

1.4.2 平面图形的线段分析

根据所注尺寸的数量,平面图形的线段可分为三类。

1. 已知线段

凡定形尺寸和定位尺寸全部注出的线段称为已知线段。如图 1-55(b)所示的右侧圆弧 $R26$,其定位基准为 I、II,定位尺寸为 0(因圆心位于二基准线交点上)。又如圆弧 $R17$,其定位基准为 II、III,定位尺寸为 $R56$ 和 27。

2. 连接线段

凡只注出定形尺寸而未注出定位尺寸的线段(纯粹起连接作用的线段,其定形尺寸也不注出),称为连接线段。连接线段的位置应根据它与相邻线段的连接关系,经过几何作图来确定,如图 1-55(b)中的圆弧 $R40$、$R12$ 和直线段 M 等。

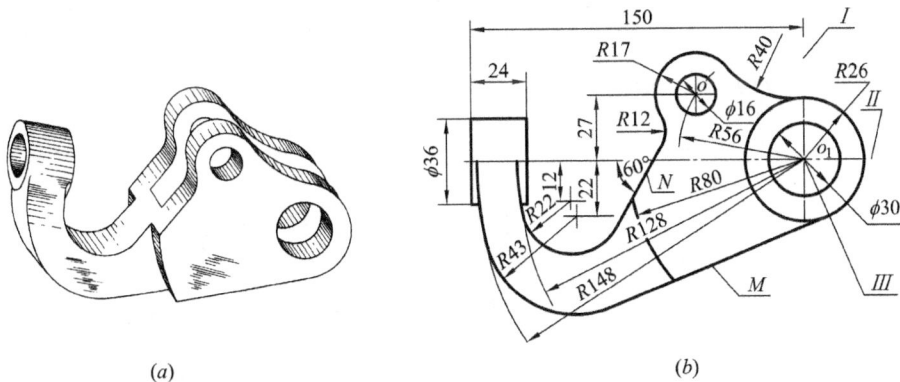

(a)   (b)

图 1-55 线段分析

3. 中间线段

凡注有定形尺寸和不完全的定位尺寸的线段称为中间线段。如图 1-55(b)中的圆弧

$R22$ 仅有定位尺寸 12，圆弧 $R43$ 仅有定位尺寸 22 等。显然，中间线段的位置也要依靠它与相邻线段的连接关系，经过几何作图确定。

绘制平面图形时，在作出主要尺寸基准线之后，应首先画出已知线段，然后画出中间线段，最后画出连接线段。

1.4.3 平面图形作图举例

图 1-56 所示为一手柄的平面图形，其作图步骤如下：

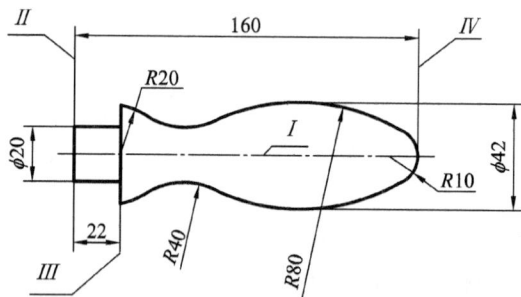

图 1-56 手柄的平面图形

1）分析

该图形的水平对称中心线 I（轴线）是高度方向的尺寸基准，其端面 III 是长度方向的尺寸基准，由 III 确定端面 II，再由 II 确定 IV。

由图 1-56 可以看出，该图形由两个封闭线框组成。其中：注有尺寸 $\phi20$、22、$R20$、$R10$ 的均为已知线段；注有 $R80$ 的圆弧为中间线段；注有 $R40$ 的圆弧为连接线段。

2）作图

手柄作图步骤如图 1-57 所示。

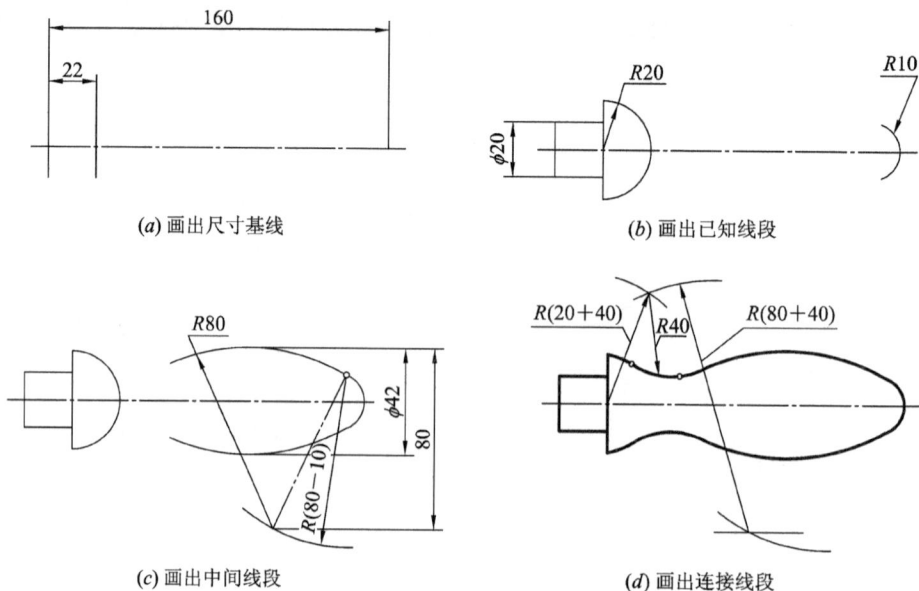

(a) 画出尺寸基线

(b) 画出已知线段

(c) 画出中间线段

(d) 画出连接线段

图 1-57 手柄作图步骤

本 章 小 结

（1）熟悉和遵守国家标准《技术制图》和《机械制图》中的有关基本规定，但无需死记硬背。绘图时，多查阅、多参考，养成良好的习惯。

（2）正确熟练地掌握绘图工具和绘图仪器的使用方法，是提高绘图质量和速度的重要方面。学习制图标准和进行绘图基本练习时，应注意通过绘图实践逐步掌握并不断地总结经验，打好工程技术人员的基本功。

（3）本章介绍的多边形、锥度、斜度和各种非圆曲线的画法均基于初等几何中的有关定理，应熟练掌握。

（4）平面图形的绘制及尺寸标注是绘制机械图样的基础。为便于作图和标注尺寸，应首先了解其形成原因——构形分析，然后对图形进行几何分析，在此基础上拟定科学合理的作图步骤，标注平面图形的尺寸。

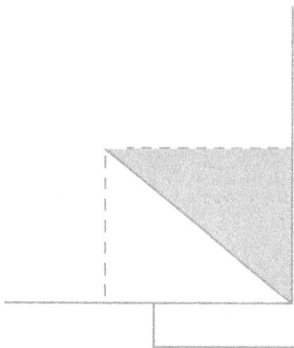

第2章 投影法及点、直线、平面的投影

机械图样是根据投影法绘制的。由于点、线、面是构成空间物体的基本元素，因此本章在介绍投影法基本知识的基础之上，介绍点、直线、平面的投影特性。

2.1 投影法基本知识

2.1.1 投影法

如图 2-1(a)所示，物体在光线的照射下，会在地面或墙面上产生影子。将这一自然现象进行几何抽象便得到了投影法，如图 2-1(b)，其中，a 称为空间点 A 在投影面 P 上的投影，S 称为投影中心，平面 P 称为投影面，SA 为投影线。这种按几何法将空间物体表示在平面上的方法称为投影法。

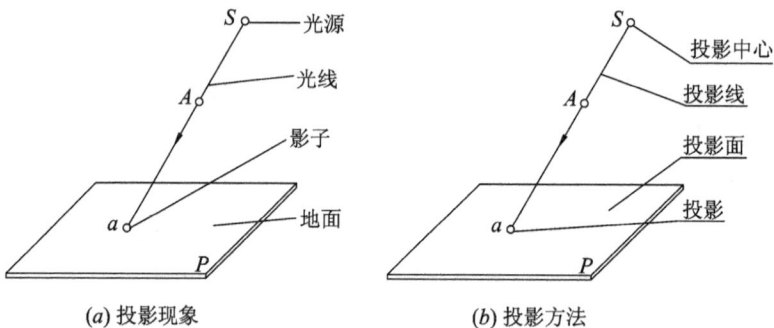

(a) 投影现象   (b) 投影方法

图 2-1 投影法

要作出物体在投影面上的投影，实质上就是作出组成该物体的点、直线、平面的投影线与投影面的一系列交点和交线。

2.1.2 投影法分类

投影法分为两类：中心投影法和平行投影法。

1. 中心投影法

当投影中心距离投影面有限远，所有投影线都汇交于一点(即投影中心)时，这种投影法称为中心投影法,如图 2-2(a)所示。

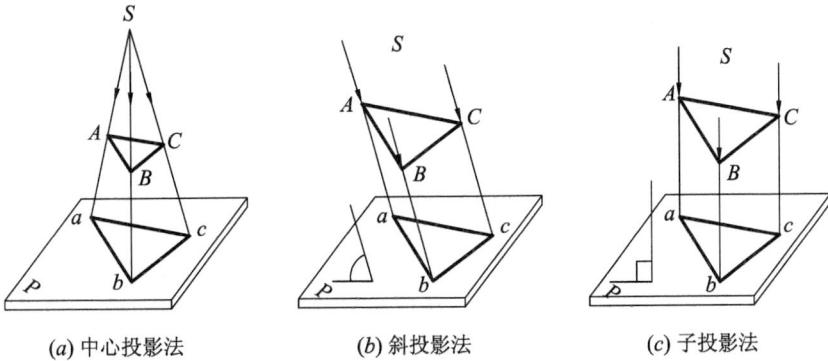

(a) 中心投影法　　　　　(b) 斜投影法　　　　　(c) 子投影法

图 2-2　投影法的分类

2. 平行投影法

当投影中心距离投影面无穷远时,所有投影线相互平行,这种投影法称为平行投影法。

根据投影线与投影面的倾角不同,平行投影法又分为斜投影法和正投影法。投影线不垂直于投影面的平行投影法称为斜投影法,如图 2-2(b)所示。投影线垂直于投影面的平行投影法称为正投影法,如图 2-2(c)所示。

2.1.3　投影的基本性质

无论是平行投影法还是中心投影法,均具有如下 4 种基本性质。

1. 同素性

如图 2-3 所示,在一般情况下,点、直线的投影仍为点、直线,该性质被称为同素性。

2. 从属性

空间点在直线上,其投影仍在该直线的同面投影上,该性质被称为从属性,如图 2-2 所示。

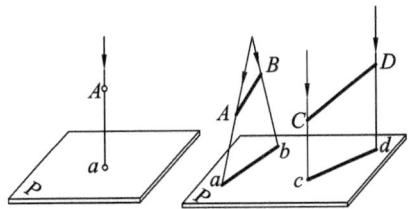

图 2-3　投影的同素性

3. 积聚性

当直线或平面与投影方向平行时,其投影分别积聚为一个点或一条直线,该性质被称为积聚性。如图 2-4 所示,直线 *AB* 积聚成一点 *a*(*b*),△*CDE* 积聚成一条直线 *cde*。

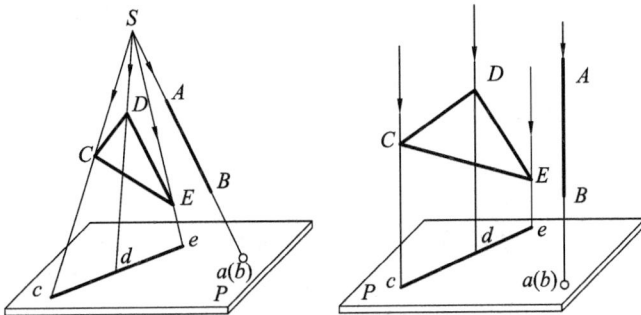

图 2-4　投影的积聚性

4. 类似性

与投影方向不平行的任何平面图形，其投影与原图形类似，该性质被称为类似性。如图2-5所示，三角形的投影仍为三角形，四边形的投影还是四边形。

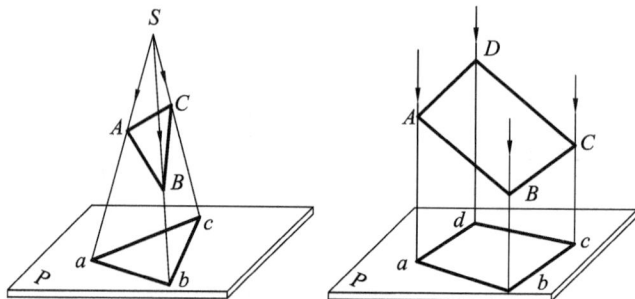

图2-5 投影的类似性

平行投影法除了具备上述基本性质外，还具有以下性质：

1. 实形性

平行于投影面的直线、平面，其投影反映该直线的实长或平面的实形，如图2-6所示。

2. 定比性

点分直线之比等于点的投影分直线的同面投影之比。如图2-7所示，$AC : CB = ac : cb$。

3. 平行性

当空间两直线平行时，它们的同面投影也平行，且两直线的投影之比等于其长度之比。如图2-8所示，$AB /\!/ CD$，则 $ab /\!/ cd$，且 $AB : CD = ab : cd$。

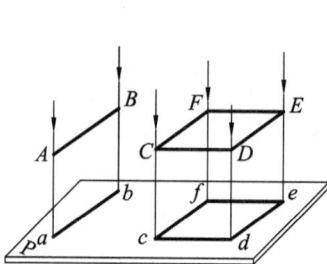

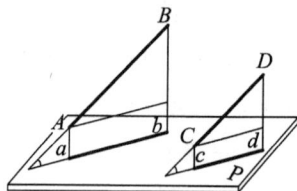

图2-6 平行投影的实形性　　图2-7 平行投影的定比性　　图2-8 平行投影的平行性

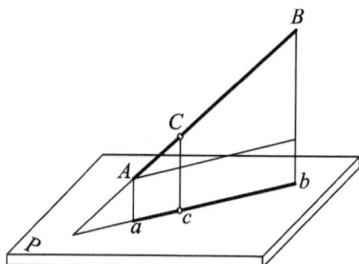

由上述性质可以看出，采用平行投影法，尤其正投影法绘制物体的投影图，度量性好，制图方便，因而机械图样通常都采用正投影法绘制。

2.1.4　工程中常用的图示方法

1. 透视图

如图2-9所示，透视图是根据中心投影法绘制的图样。透视图立体感强，常用于绘制建筑物和机电产品的效果图，在方案设计、项目审批或招、投标时使用。但这种图样尺规作图复杂，度量性差。

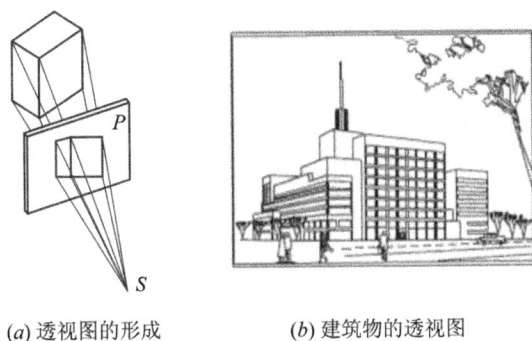

(a) 透视图的形成   (b) 建筑物的透视图

图 2-9　透视图

2. 轴测图

如图 2-10 所示，轴测图是根据平行投影法绘制的具有一定立体感的图样。轴测图的真实感、逼真性不如透视图，但作图比透视图简单，度量性较好，常作为一种辅助性图样。

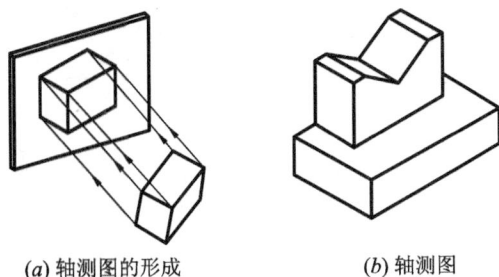

(a) 轴测图的形成   (b) 轴测图

图 2-10　轴测图

3. 正投影图

正投影图是根据正投影法将物体向多个投影面投射后所得到的图形。正投影图能准确地表达物体的形状和大小，作图简单，主要应用于机械图样的表达。但其缺点是直观性差，需要经过专门的学习训练才可以掌握。正投影图是本书重点学习的内容。

为叙述方便，本书后面将"正投影法"简称为"投影法"，将"正投影"简称为"投影"。

2.2　点　的　投　影

当空间两点 A 和 B 位于同一条投影线上时，它们在投影面上的投影 a 和 b 重合为一点，如图 2-11 所示，显然，点的单面投影无法确定其空间位置，要解决这个问题必须采用多面投影。

2.2.1　点在三面投影体系中的投影

1. 三投影面体系

如图 2-12(a)所示，设立三个相互垂直的投影

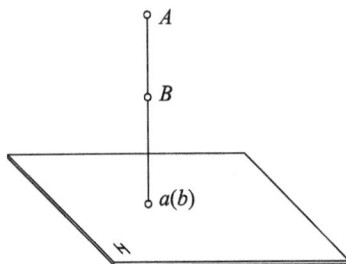

图 2-11　点的投影

面即可建立三投影面体系。其中，水平放置的投影面称为水平投影面，用 H 表示；正对观察者放置的投影面称为正立投影面，用 V 表示；与 H 面和 V 面都垂直的投影面称为侧立投影面，用 W 表示。V 面与 H 面的交线称为 OX 轴，H 面与 W 面的交线称为 OY 轴，V 面与 W 面的交线称为 OZ 轴。三投影轴垂直相交于 O 点，该点称为投影原点。三个分段投影面将空间分为八个分角，其排列顺序如图 2-12(a) 所示。我国国家标准《技术制图》《机械制图》规定，将机件放在第一分角进行投影，即采用第一分角。国际上也有采用第三分角的。

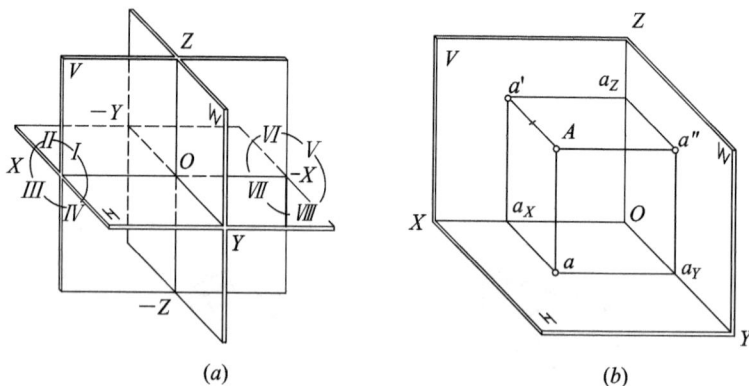

图 2-12 三投影面体系

2. 点的三面投影

如图 2-12(b) 所示，设空间点 A 位于三投影面体系的第一分角中，由点 A 分别向 V、H、W 面作垂线 Aa'、Aa 和 Aa''，其垂足 a'、a 和 a'' 即为空间点 A 在三个投影面中的投影。其中，a' 为点 A 的正面投影，a 为点 A 的水平投影，a'' 为点 A 的侧面投影。投影法中规定，空间点用大写的英文字母表示，投影用相应的小写字母表示，并用上角标来区分不同投影面的投影。

3. 三投影面体系的展开

如图 2-12(b) 所示，点 A 的三面投影 a'、a、a'' 分别位于相互垂直的三个平面上，实际作图时是将点的投影表示在同一平面上。为此规定保持 V 面不动，将 H 面绕 OX 轴向下旋转到与 V 面重合，同时将 W 面绕 OZ 轴旋转到与 V 面重合，如图 2-13(a) 所示。这样即可得到如图 2-13(b) 所示的三面投影图。

值得注意的是，由于在三投影面体系展开的过程中 V 面保持不动，所以 OX 与 OZ 轴的位置不变，而 OY 轴被一分为二，OY 轴一方面随着 H 面旋转到与 OZ 轴负向重合，称为 Y_H 轴，另一方面又随 W 面旋转到与 OX 轴负向重合，称为 Y_W 轴，如图 2-13(b) 所示。与此对应，点 a_Y 因此而分为 $a_{Y_H} \in H$ 和 $a_{Y_W} \in W$。但必须明确，OY_H 与 OY_W 在空间对应同一投影轴 OY。另外，因为平面是无限的，在实际画图时，不画出投影面的边框。

4. 点的投影规律

由图 2-13 可以看出，点的三面投影具有如下规律：

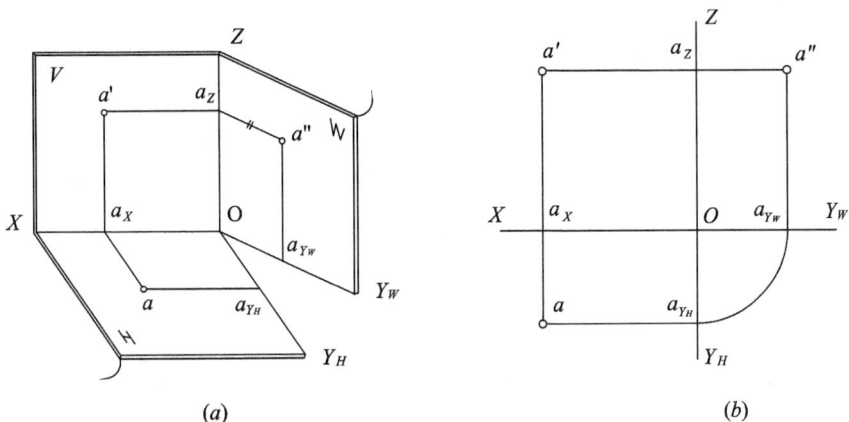

(a)
(b)

图 2-13　点的三面投影

（1）点 A 的水平投影 a 与正面投影 a' 的连线垂直于 OX 轴，即 $aa' \perp OX$；

（2）点 A 的正面投影 a' 和侧面投影 a'' 的连线垂直于 OZ 轴，即 $a'a'' \perp OZ$；

（3）点 A 的水平投影 a 到 OX 轴的距离 aa_X 等于点 A 的侧面投影 a'' 到 OZ 轴的距离，即 $aa_X = a''a_Z$。

2.2.2　点的三面投影与点的直角坐标的关系

由图 2-14 可以看出，如果将三投影面体系看作是笛卡尔直角坐标系，则投影原点对应于坐标系原点，投影轴对应于坐标轴，这样空间点的位置可以用坐标 (x, y, z) 表示，它分别表示了空间点 A 到 W、V 和 H 投影面的距离。即

点 A 到 W 面的距离 $Aa'' = aa_Y = a'a_Z = a_XO = x$；

点 A 到 V 面的距离 $Aa' = aa_X = a''a_Z = a_YO = y$；

点 A 到 H 面的距离 $Aa = a'a_X = a''a_Y = a_ZO = z$。

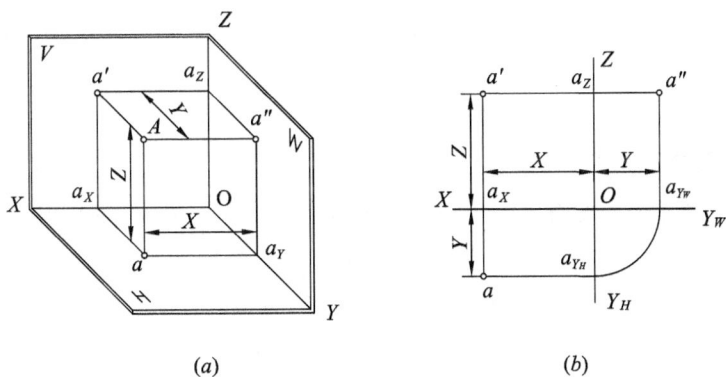

(a)
(b)

图 2-14　点的投影与直角坐标的关系

空间点 A 的位置可由它的坐标 (x, y, z) 唯一确定，点 A 的三面投影 (a', a, a'') 与其坐标之间有如下关系：

水平投影 a 可由 x、y 两坐标确定，即 $a(x, y)$；

正面投影 a' 可由 x，z 两坐标确定，即 $a'(x, z)$；

侧面投影 a'' 可由 y，z 两坐标确定，即 $a''(y, z)$。

每个投影面都可看作坐标面，每个坐标面都是由两个坐标轴决定的，所以空间点在任意一个投影面上的投影，只能反映其两个坐标，而任意两个投影面上的投影即可确定点的空间位置。也就是说，若已知点的任意两个投影，则必能作出点的第三投影。

2.2.3　空间点的相对位置

1. 空间两点的相对位置

空间两点的相对位置是指两点的上下、左右和前后关系。在投影图中根据两点的各个同面投影（即在同一投影面上的投影）之间的坐标关系，即可判断出空间两点的相对位置。因为在投影图中，空间两点的相对位置是由它们的各个同面投影所反映出的坐标差来确定的。

沿 OX 方向区分左右关系，X 坐标大者为左，反之为右；沿 OY 方向区分前后关系，Y 坐标大者为前，反之为后；沿 OZ 方向区分上下关系，Z 坐标大者为上，反之为下。由此可知，图 2-15 中的点 A 与点 B 的空间位置：点 A 在点 B 的左 $(x_a > x_b)$、前 $(y_a > y_b)$、下 $(z_a < z_b)$ 方，而点 B 则在点 A 的右、后、上方。

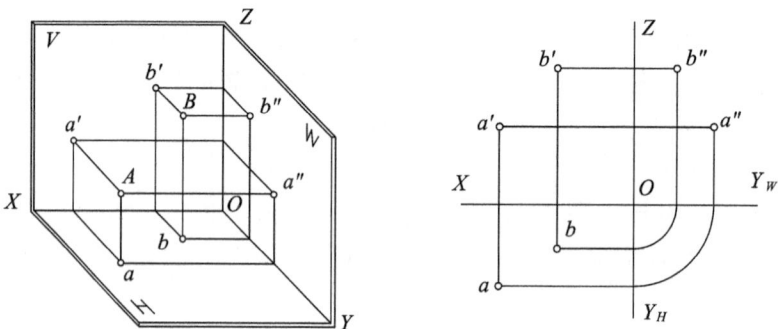

图 2-15　空间两点的位置关系

2. 重影点及其可见性

如图 2-16 所示，点 E 和点 F 的 x 和 z 坐标相同，而 y 坐标不同，由于点 E 的 y 坐标大，可知点 E 位于点 F 的正前方，即点 E 和点 F 位于同一条对 V 面的投影线上，它们的正面投影重合在一起，故点 E 和点 F 称为对 V 面的重影点。由此可知，一对有两个坐标分别相同的点必然有一组同面投影重合。比如点 C 和 D 的 x、y 坐标相同，z 坐标不同，它们的水平投影重合，称为对 H 面的重影点。

由于重影点有一面投影重合，在空间必有一点遮住了另一点，比如点 E 和点 F 为对 V 面的重影点，如沿 V 面投影线方向观察，点 E 的 y 坐标大于点 F 的 y 坐标，所以点 E 遮住了点 F，即点 E 的正面投影可见，点 F 的正面投影不可见，但其水平投影均可见。被遮住的点一般要在同面投影符号上加圆括号，以区别其可见性，如 (f')。

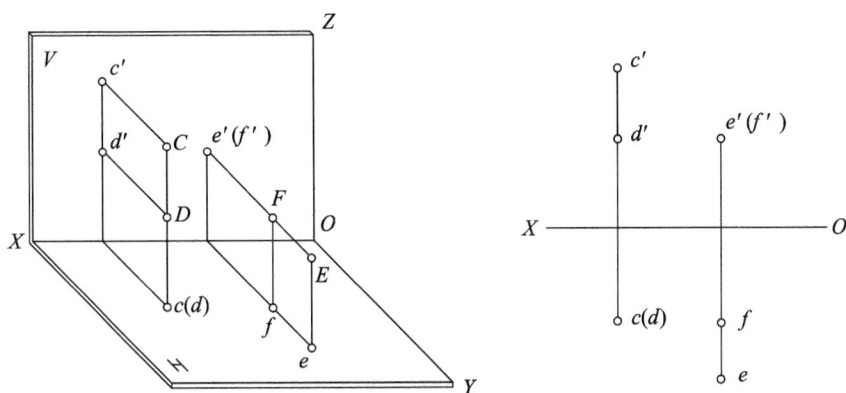

图 2-16　重影点及其可见性

【例 2-1】　已知点 A(15，16，12)，求作点 A 的三面投影。

解　由于点 A 的三个坐标值已知，且均为正值，可以确定点 A 在第一分角内，其作图步骤如下：

（1）先画出投影轴并加以标记，再自原点 O 沿 OX 轴向左量取 $x=15$，得点 a_X，如图 2-17(a)所示；

（2）过 a_X 作 OX 轴的垂线，由 a_X 沿垂线向下（即 OY_H 方向）量取 $y=16$，得到水平投影 a，沿 OZ 方向向上量取 12 得到正面投影 a'，如图 2-17(b)所示。

（3）由 a' 向 OZ 轴作垂线，垂足为点 a_Z，再由 a_Z 沿此垂线向右量取 $y=16$，得到侧面投影 a''。也可以由点的投影规律作出侧面投影 a''，其过程为：过水平投影 a 作 OX 轴的平行线，交 OY_H 轴于点 a_{Y_H}，再以点 O 为圆心，以 Oa_{Y_H} 为半径画圆弧交 OY_W 轴于点 a_{Y_W}，然后过点 a_{Y_W} 作 OY_W 轴的垂线并与 $a'a_Z$ 的延长线相交，交点即为点 A 的侧面投影 a''，如图 2-17(c)所示。

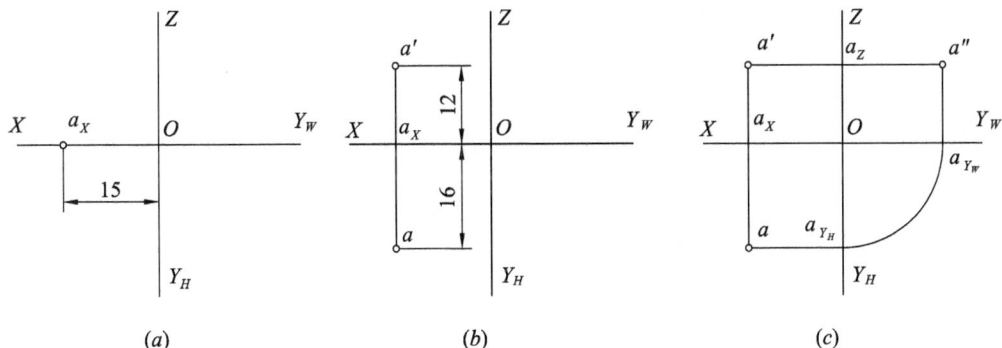

图 2-17　求作点的三面投影

【例 2-2】　如图 2-18(a)所示，已知点 A 的正面投影 a' 和侧面投影 a''，求其水平投影 a。

解　（1）由点 a' 作垂直于 OX 轴的直线，点 A 的水平投影 a 一定在此直线上。

（2）由点 a'' 作 OY_W 的垂线，垂足为点 a_{Y_W}，再以原点 O 为圆心，以 Oa_{Y_W} 为半径画圆

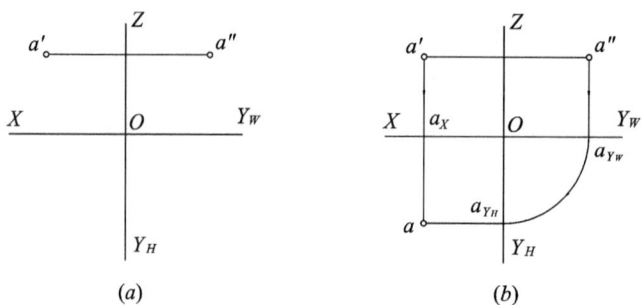

图 2 - 18 求点的第三投影

弧，与 OY_H 轴交于 a_{Y_H}，然后由点 a_{Y_H} 作 X 轴的平行线。

（3）求出前面所作两条直线的交点，即为所求的水平投影 a。

【例 2 - 3】 画出点的立体图（如图 2 - 19 所示）。

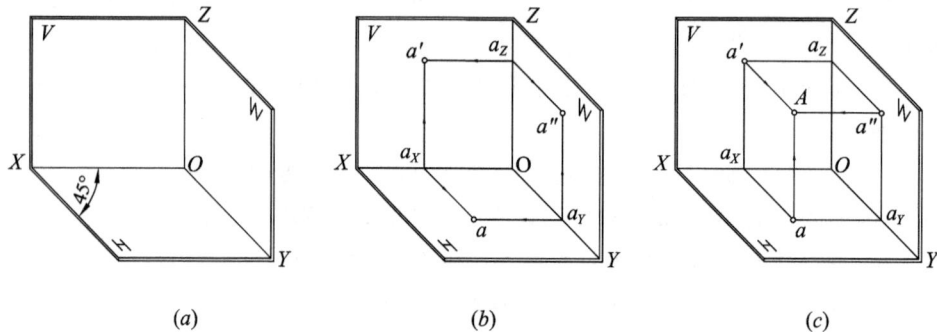

图 2 - 19 点的立体图画法

解 （1）作出轴测轴和投影面。使 OX 水平，$OZ \perp OX$，OY 平分 $\angle XOZ$。OX 向左，OZ 向上，OY 向前。将 V 面画成矩形，H、W 面画成 $45°$ 的平行四边形，表示 H、V、W 面的投影面边框可以用粗实线绘制，如图 2 - 19(a) 所示。

（2）作点的轴测投影。按 1∶1 比例沿各轴测轴量取 x、y、z 坐标值得到 a_X、a_Y、a_Z，如图 2 - 19(b) 所示。过 a_X、a_Y、a_Z 分别作各轴的平行线，得到点 A 的三面投影 a、a'、a''。

（3）作出空间点 A。过 a 作 $aA /\!/ OZ$，过 a' 作 $a'A /\!/ OY$，过 a'' 作 $a''A /\!/ OX$，所作三条直线的交点即为空间点 A，如图 2 - 19(c) 所示。

2.3 直 线 的 投 影

2.3.1 直线的投影作图

两点可以唯一确定一条直线，因此绘制直线的三面投影，就是作出直线上任意两点的三面投影，然后用直线连接两点的同面投影，即为该直线的三面投影，如图 2 - 20 所示。

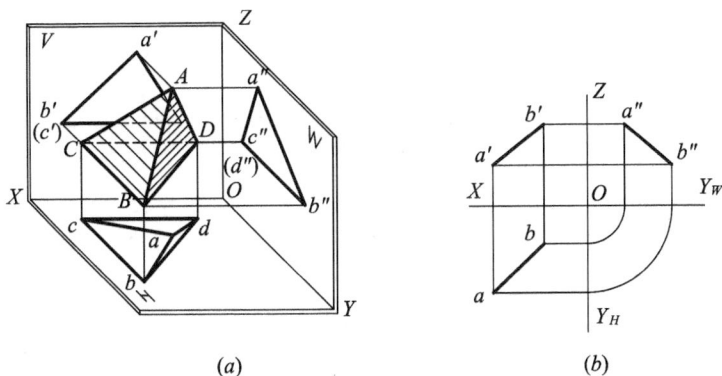

(a) (b)

图 2-20　直线的投影

2.3.2　各种位置直线的投影特性

直线对投影面的相对位置有3种：

(1) 投影面垂直线：垂直于某一投影面，同时与另外两个投影面平行的直线，如图 2-20(a)中的直线 BC($\perp V$ 面)。

(2) 投影面平行线：平行于某一投影面，且与另两个投影面倾斜的直线，如图 2-20(a)的直线 BD ($\parallel H$ 面)。

(3) 一般位置直线：与三个投影面都倾斜的直线，如图 2-20(a)的直线 AB、AC。

投影面垂直线、投影面平行线又称为特殊位置直线。在三投影面体系中，空间直线与投影面 H、V 和 W 之间的倾角分别用 α、β、γ 表示，如图2-21所示。

直线对投影面的相对位置不同，其投影特性也不相同。下面将分别介绍不同位置直线的投影特性。

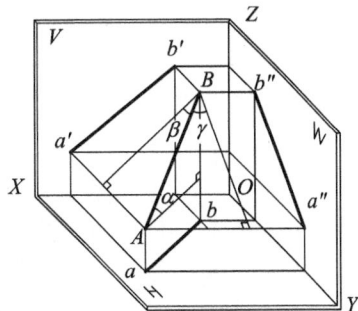

图 2-21　直线与投影面的倾角

1. 投影面垂直线

投影面垂直线分为三类：垂直于水平投影面 H 的直线称为铅垂线；垂直于正立投影面 V 的直线称为正垂线；垂直于侧立投影面 W 的直线称为侧垂线。

现以图 2-22(a)所示物体上的铅垂线 AB 为例，分析其投影特性。

(1) 水平投影：由于直线 AB 垂直于 H 面，A、B 两点在 H 面上的投影重合，即 AB 直线上各点的水平投影重合在一点上，所以直线 AB 的水平投影积聚为一点。

(2) 正面投影：由于直线 AB 垂直于 H 面，故必垂直于 OX 轴和 OY 轴，同时必平行于 V 面和 W 面，所以其正面投影垂直于 OX 轴，即 $a'b' \perp OX$，并且 $a'b'$ 反映 AB 实长，即 $a'b'=AB$。

(3) 侧面投影：由上所述，$a''b'' \perp OY_W$，$a''b''=AB$。

直线与各投影面的夹角分别为 $\alpha=90°$，$\beta=\gamma=0°$。

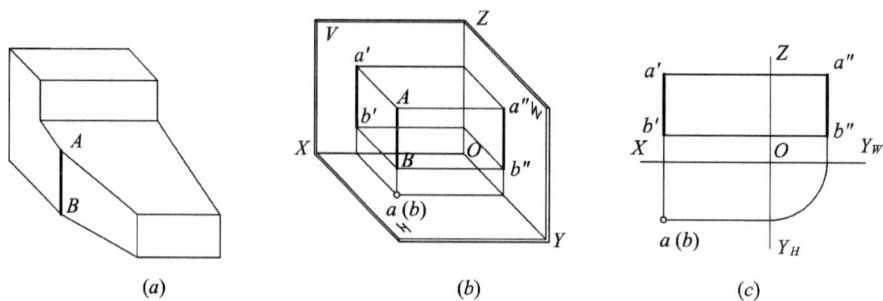

图 2-22　铅垂线的投影

正垂线和侧垂线的投影特性见表 2-1。

表 2-1　正垂线、侧垂线的投影特性

种类	轴　测　图	投　影　图
正垂线		
	投影特性：正面投影 $a'c'$ 积聚为一点；$ac \perp OX$，$a''c'' \perp OZ$；$ac = a''c'' = AC$	
侧垂线		
	投影特性：侧面投影 $a''d''$ 积聚为一点；$ad \perp OY_H$，$a'd' \perp OZ$；$ad = a'd' = AD$	

2. 投影面的平行线

投影面平行线分为三类：平行于水平投影面 H 的直线称为水平线；平行于正立投影面 V 的直线称为正平线；平行于侧立投影面 W 的直线称为侧平线。

现以图 2-23 所示物体上的水平线 AB 为例，讨论其投影特性。

（1）水平投影：由于水平线平行于水平投影面 H，如图 2-23(b) 所示，四边形 $ABba$ 为一矩形，因此水平线的水平投影反映了该直线的实际长度，即 $ab = AB$。同时 ab 与 OX 轴和 OY_H 轴的夹角反映了空间直线 AB 相对于 V 面和 W 面的倾角 β 和 γ。水平线对 H 面的倾角 α 为 $0°$。

（2）正面投影和侧面投影：由于水平线上各点的 z 坐标都相等，其正面投影 $a'b'$ 和侧面投影 $a''b''$ 上各点的 z 坐标也相等，因而水平线的正面投影 $a'b'$ 平行于 OX 轴，侧面投影 $a''b''$ 平行于 OY_W 轴。

(a) (b) (c)

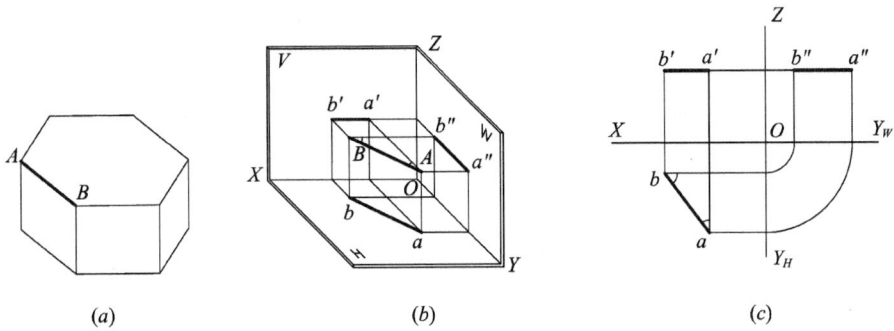

图 2-23 水平线的投影

正平线及侧平线的投影特性在表 2-2 中给出。

表 2-2 正平线、侧平线的投影特性

种类	轴 测 图	投 影 图
正平线		
	投影特性：正面投影 $a'c'=AC$，反映倾角 α，γ；$ac /\!/ OX$，$a''c'' /\!/ OZ$	
侧平线		
	投影特性：侧面投影 $a''d''=AD$，反映倾角 α，β；$ad /\!/ OY_H$，$a'd' /\!/ OZ$	

3. 一般位置直线

与三个投影面中的任一投影面既不平行也不垂直的直线被称为一般位置直线，如图 2-24 所示。

由图 2-24 可知，直线 AB 在各投影面上的投影长度分别为 $ab=AB \cos\alpha$，$a'b'=AB \cos\beta$，$a''b''=AB \cos\gamma$，因 α、β 和 γ 均不等于零，故可得出一般位置直线的投影特性：

（1）一般位置直线的三面投影均倾斜于投影轴，且均小于该直线对应的实际长度。

（2）一般位置直线的三面投影与相应投影轴的夹角不能反映出空间该直线对各投影面的倾角 α、β 和 γ。

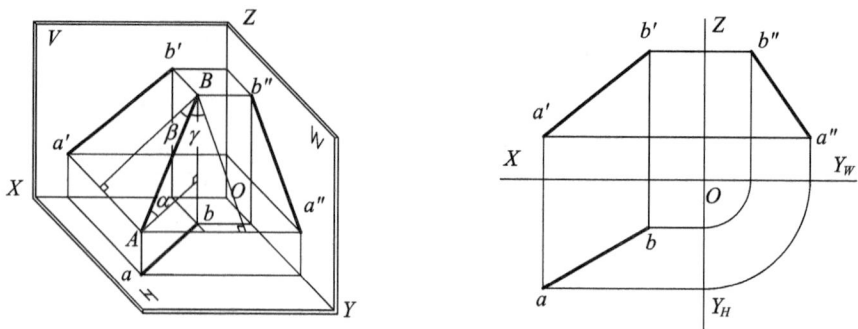

图 2-24 一般位置直线

一般位置直线的实长及对投影面的倾角，可以通过下面的直角三角形法求得。

图 2-25（a）所示为一般位置直线 AB，其水平投影为 ab，与水平投影面 H 的倾角为 α。在垂直于 H 面的平面 $ABba$ 上，过点 B 作直线 $BA_1 // ab$，则△AA_1B 为一直角三角形。在该直角三角形上可以看出，直角边 $A_1B = ab$，即等于直线 AB 的水平投影；另一直角边 $AA_1 = z_A - z_B$，即等于直线 AB 两端点的 z 坐标之差；斜边 AB 即为直线 AB 的实长，且 $\angle ABA_1 = \alpha$，即等于直线 AB 对 H 面的倾角。

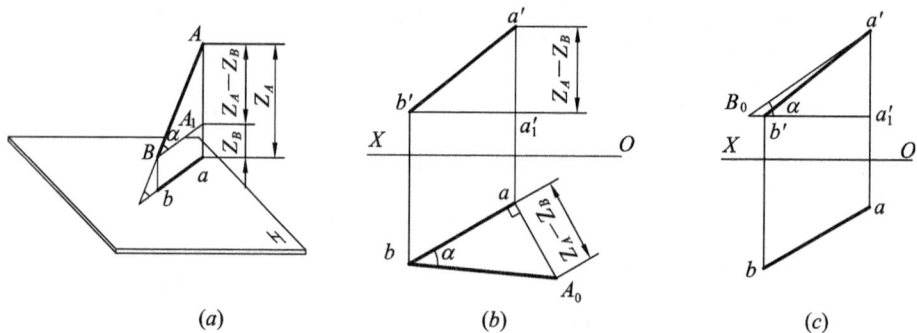

图 2-25　求一般位置直线的实长和倾角 α 的直角三角形法

作图时，可利用直线的水平投影和两端点的 z 坐标之差分别作为直角边画一直角三角形，此时，直角三角形的斜边就是直线的实长，斜边与直线水平投影之间的夹角即为该直线对 H 面的倾角 α。这种用直角三角形求一般位置直线实长和倾角的作图方法称为直角三角形法。

由上述分析，下面结合图 2-25 所示的直线 AB 的两面投影，求作 AB 实长和倾角 α：

（1）利用水平投影 ab，在水平投影上作图（图 2-25(b)）。

① 过 b' 作 OX 轴的平行线，交投影线 aa' 于点 a_1'，$a'a_1' = z_A - z_B$；过 a（或 b）作 ab 的垂线，在垂线上量取 $aA_0 = z_A - z_B$；

② 连接 A_0b 即为直线 AB 的实长。同时，水平投影 ab 与斜边 A_0b 的夹角即为 α 角。

（2）利用正面投影，在正面投影上作图（图 2-25(c)）。

① 过 b' 作 OX 轴的平行线，交投影线 aa' 于点 a_1'，$a'a_1' = z_A - z_B$；自 a_1' 点在该平行线上量取 $a_1'B_0 = ab$，得到点 B_0；

② 连接 $a'B_0$ 即为直线 AB 的实长。同时，直角 $a_1'B_0$ 与斜边 B_0b' 的夹角即为 α 角。

需要指出，直线与投影面的倾角就是空间直线与其相应投影之间的夹角，因此利用直线的水平投影和 z 坐标之差可以求出直线实长与 α 角；利用直线的正面投影和 y 坐标之差可以求出直线实长与 β 角；利用直线的侧面投影和 z 坐标之差可以求出直线实长与 γ 角。

2.3.3 两直线的相对位置及其投影特性

空间两直线的相对位置有三种：平行、相交、交叉。平行、相交两直线称为共面直线，交叉两直线称为异面直线。下面分别讨论它们的投影特性。

1. 两直线平行

从平行投影的基本性质可知，若空间两直线平行，则其同面投影必平行，且两直线同面投影长度之比等于两直线实长之比。反之，若两直线的各同面投影平行，且各同面投影长度之比等于两直线实长之比，则两直线在空间平行。

如图 2-26 所示，空间两直线 $AB /\!/ CD$，则 $ab /\!/ cd$、$a'b' /\!/ c'd'$、$a''b'' /\!/ c''d''$，且 $AB : CD = ab : cd = a'b' : c'd' = a''b'' : c''d''$。

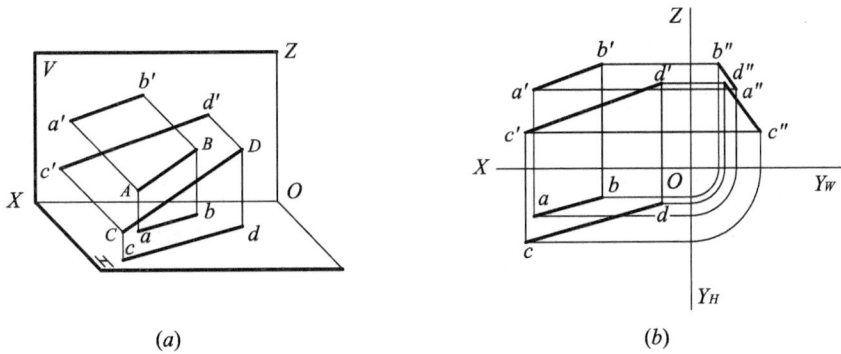

图 2-26 平行两直线的投影

【例 2-4】 如图 2-27(a)所示，判断直线 AB 和 CD 是否平行。

分析 由于 AB 和 CD 为两条特殊位置直线（侧平线），因此不可能仅通过其在 H、V 两面的投影进行判断，一种方法可通过作出其第三面投影进行判断。

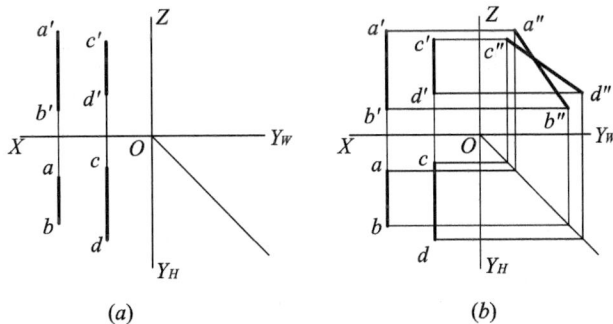

图 2-27 判断两直线是否平行

解 分别作出 AB、CD 在 W 面的投影 $a''b''$、$c''d''$。如图 2-27(b)所示，显然 $a''b''$、$c''d'$

不平行，故 AB 与 CD 两直线在空间不平行。

请读者思考，能否可以利用两面投影平行且投影长度对应成比例来判断直线 AB 和 CD 是否平行？

2. 两直线相交

如图 2-28 所示，直线 AB 与 CD 相交于 K 点，由于交点 K 为两直线的共有点，因此在投影图中 $a'b'$ 与 $c'd'$、ab 和 cd 也一定相交，而且它们的交点 K 的投影 k' 与 k 必然符合投影规律。因此可以得出：如果空间两直线相交，则它们的同面投影必相交，且两直线的各同面投影交点符合投影规律。

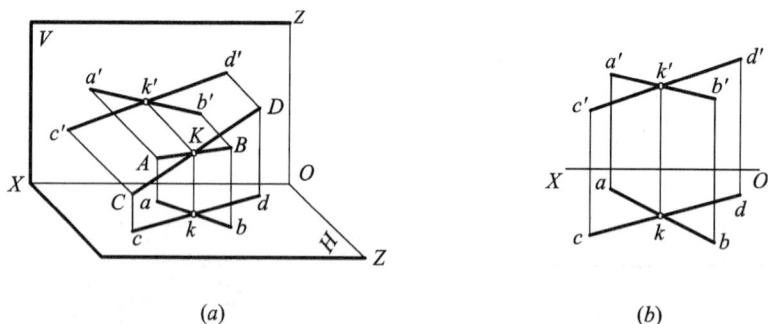

图 2-28　直线与直线相交

一般情况下，判断空间两直线是否相交，只需分析两条直线的任意两个同面投影是否相交就可作出正确的判断。但当两直线中有一直线平行于某投影面时，则需对直线所平行的投影面进行分析检查，才能作出正确的判断。

【例 2-5】　如图 2-29(a)所示，判断直线 AB、CD 是否相交。

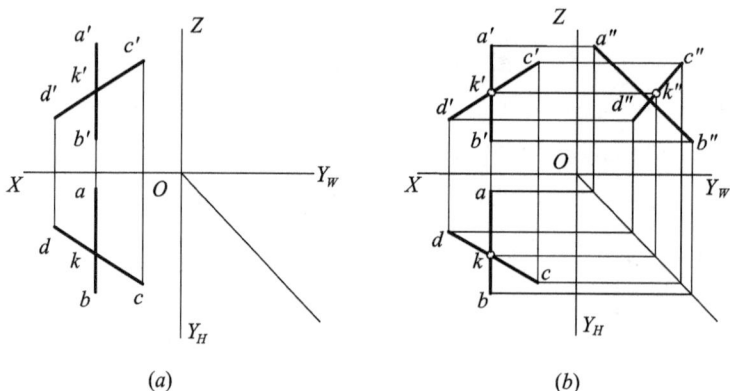

图 2-29　判断两直线是否相交

解　由于直线 AB 是侧平线，故不能只看在 H、V 面投影，必须作出直线 AB 和 CD 的侧面投影进行判断。如图 2-29(b)所示，虽然它们的 W 面投影也相交，但其交点不符合投影规律，故两直线 AB 与 CD 空间不相交。另外，也可运用点在直线上的定比性来进行判断(可不作出侧面投影)：由于 $a'k' : k'b' \neq ak : kb$，故 K 点不是直线 AB 与 CD 的公共点，所以直线 AB 与直线 CD 不相交。

【例 2-6】　如图 2-30(a)所示，过 A 点作直线 AF 使与直线 BC、ED 都相交。

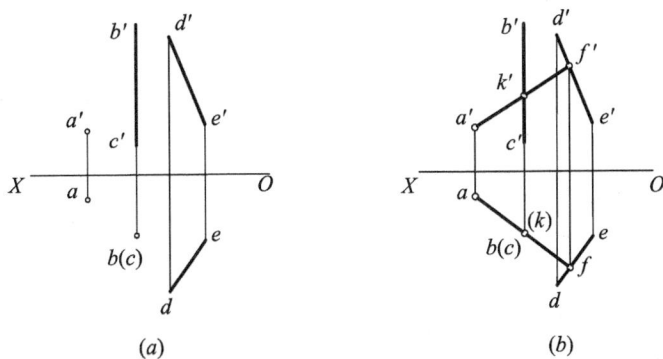

图 2-30 过一点作直线与另两直线相交

分析 因直线 BC 为铅垂线，其水平投影积聚为一点，故直线 AF 与直线 BC 交点的水平投影必在直线 BC 的水平投影 $b(c)$ 上，因此 AF 的水平投影必通过 $b(c)$。

解 （1）过 a、$b(c)$ 作直线与 ed 相交于 f 点。

（2）过 f 点作 OX 轴垂线，与 $e'd'$ 相交于 f' 点。

（3）连接 $a'f'$ 与 $b'c'$ 并相交于 k' 点，在 $b(c)$ 处标出 k，则 af、$a'f'$ 即为所求。

3. 两直线交叉

既不相交也不平行的两直线称为交叉两直线。

如图 2-31 所示的两直线，其投影既不符合平行两直线的投影特性，也不符合相交两直线的投影特性。交叉两直线有时可能有一组或两组同面投影平行，但两直线的其余投影必不平行，如图 2-27 和图 2-31(a) 所示；交叉两直线还可能有三个投影面的同面投影都相交，如图 2-31(b) 所示，但交点必定不符合投影规律，投影交点是两直线对投影面的重影点。利用重影点可以方便判断两直线的空间相对位置。

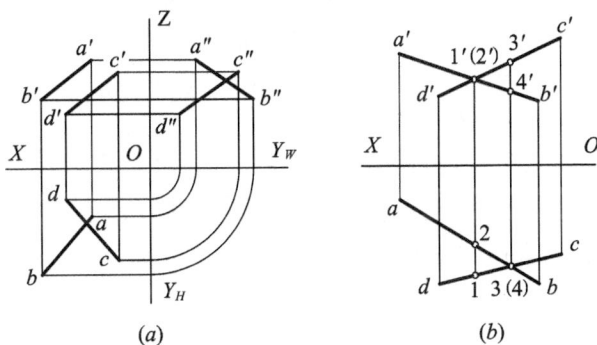

图 2-31 交叉两直线

4. 两直线垂直(直角投影定理)

如图 2-32(a) 所示，AB、BC 两直线垂直相交，其中 BC 为一般位置直线，AB 为水平线。因为 AB 垂直于平面 $BCcb$，又 ab 平行于 AB，所以 ab 垂直于平面 $BCcb$，故 ab 垂直 bc。其投影图如图 2-32(b)、(c) 所示。

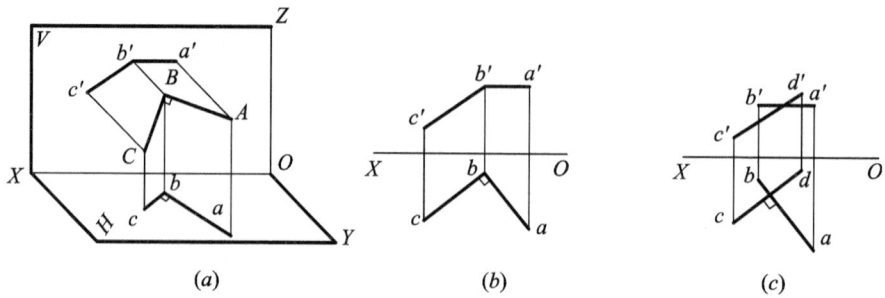

图 2-32 垂直两直线

由以上讨论可以得出：如果两直线垂直（垂直交叉或者垂直相交），其中一条直线是某投影面的平行线，则两直线在该投影面上的投影垂直。反之，如果两直线的投影在某个投影面上垂直，其中一条直线是该投影面的平行线，则两直线在空间垂直。这种投影特性称之为直角投影定理。

【例 2-7】 如图 2-33(a)所示，求点 C 到水平线 AB 的距离。

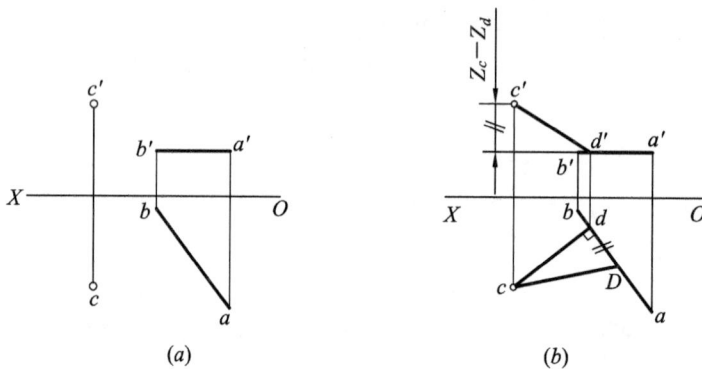

图 2-33 求点到直线的距离

分析 求点到直线的距离，即过该点作直线的垂线求得交点（垂足）即可。由于直线 AB 是水平线，根据直角投影定理，在水平投影面上反映直角，即可作垂线求得交点（垂足）的相应投影，再根据直角三角形法，求得实长。

解 （1）过 c 作 $cd \perp ab$ 得交点 d，由 d 作出正面投影 d'；

（2）连接 c' 和 d'，则 $c'd'$、cd 即为垂线 CD 的两面投影；

（3）用直角三角形法求得 C 与直线 AB 之间的真实距离 cD。

2.4 平 面 的 投 影

2.4.1 平面的表示法

1. 几何元素表示法

由初等几何可知，下列任意一组几何元素均可确定一空间平面，在投影图上，可以用其中任意一组几何元素的投影来表示平面：

（1）不在同一条直线上的三点（图 2-34(a)）；

（2）一直线和直线外一点（图 2-34(b)）；

（3）两条相交直线（图 2-34(c)）；

（4）两条平行直线（图 2-34(d)）；

（5）任意的平面图形（即平面的有限部分，如平面上的三角形、圆或其他封闭图形）（图 2-34(e)）。

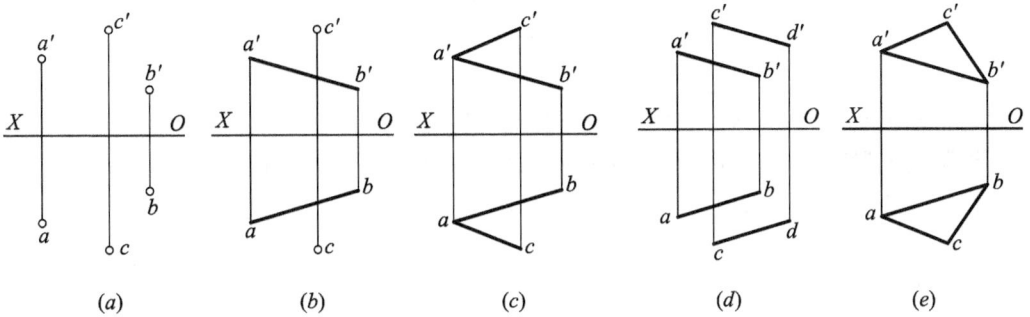

图 2-34　平面的几何元素表示法

用这些几何元素表示的平面，虽然表示形式不同，但却能表示空间同一平面，它们之间是可以相互转换的，例如用直线连接图 2-34(a) 中的 A、B 两点，即可得到图 2-34(b)；若进一步连接 A、C 两点，便可转变为图 2-34(c)；若过图 2-34(b) 中的点 C 作直线 CD 平行于 AB，则又可转变为图 2-34(d)。因此可以用上述任意一组几何元素的投影表示平面的投影。

2. 迹线表示法

平面与投影面的交线称为平面的迹线。如图 2-35 所示，平面 P 与 H 面的交线称为水平迹线，用 P_H 表示；平面 P 与 V 面的交线称为正面迹线，用 P_V 表示；平面 P 与 W 面的交线称为侧面迹线，用 P_W 表示。平面与投影轴的交点，即两条迹线的交点称为迹线的集合点。如 P_H 和 P_V 交于 OX 轴上的点 P_X，P_H 和 P_W 交于 OY 轴上的点 P_Y，P_V 和 P_W 交于

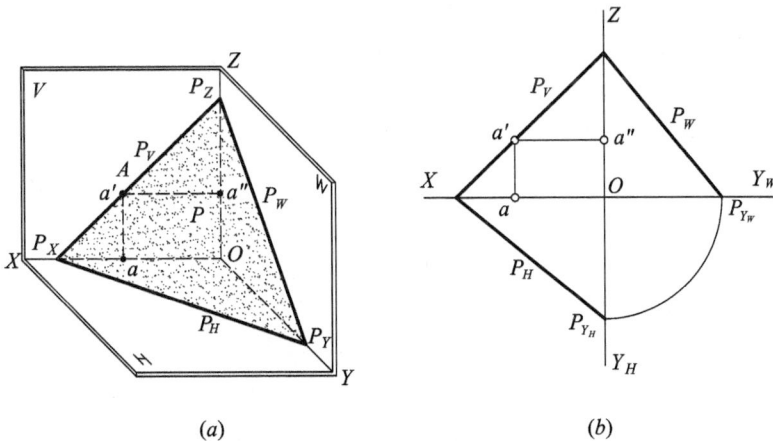

图 2-35　用迹线表示的平面

OZ 轴上的点 P_Z。

由于迹线既在投影面上，又在空间平面上，所以迹线的一个投影必与其自身重合，另两个投影与相应的投影轴重合。用迹线表示平面时，通常只画出与迹线本身重合的那个投影，其余两投影省略不画，如图 2-35(b) 所示。

为叙述方便，将用几何元素表示的平面称为非迹线平面，用迹线表示的平面称为迹线平面。实质上后者可以认为是前者的特殊情况。如图 2-35(a) 所示的平面 P 是一个三边位于不同投影面上的平面三角形。

2.4.2 各种位置平面的投影特性

在三投影面体系中，平面对投影面的相对位置可以分为三种：

投影面平行面——平行于一个投影面，同时与另外两个投影面垂直的平面；

投影面垂直面——垂直于一个投影面，并与另外两个投影面倾斜的平面；

一般位置平面——与三个投影面都倾斜的平面。

空间平面与水平投影面 H、正立投影面 V 和侧立投影面 W 的夹角分别用字母 α、β 和 γ 来表示。

1. 投影面平行面

根据所平行的投影面不同，投影面平行面可分为三类：平行于水平投影面 H 的平面，称为水平面；平行于正立投影面 V 的平面，称为正平面；平行于侧立投影面 W 的平面，称为侧平面。

现以水平面为例，分析其投影特性，如图 2-36 所示。

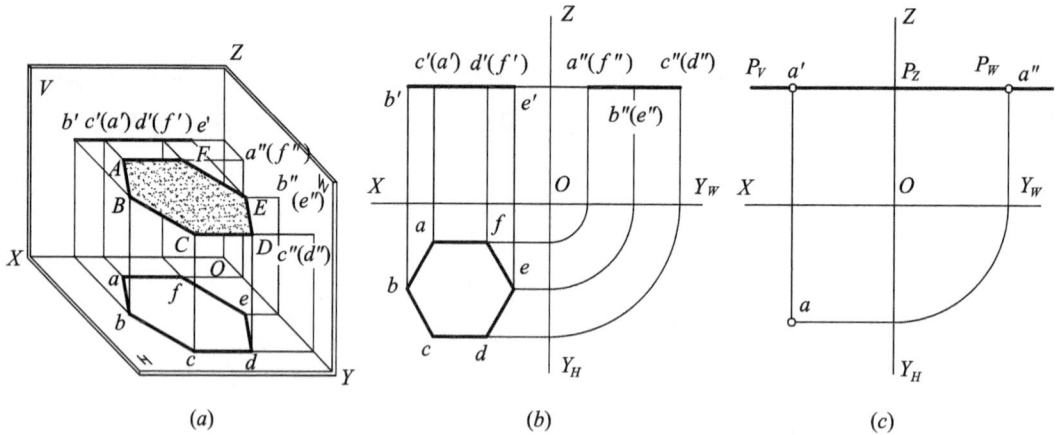

图 2-36 水平面的投影

（1）水平投影：因水平面平行于水平投影面，故水平投影反映了该平面的实形。用迹线表示时，水平面无水平迹线。

（2）正面投影和侧面投影：正面投影和侧面投影均积聚为直线，分别平行于 OX 轴和 OY_W 轴。用迹线表示时，该水平面的正面迹线 $P_v /\!/ OX$，侧面迹线 $P_w /\!/ OY_W$。

因为水平面同时垂直于 V 面和 W 面，故它对三个投影面的夹角分别为：$\alpha = 0°$，$\beta = 90°$，$\gamma = 90°$。

正平面和侧平面的投影特性与此类似，可参考表 2-3。

表 2-3 投影面平行面的投影特性

种类	轴测图	投影图	投影特性
正平面	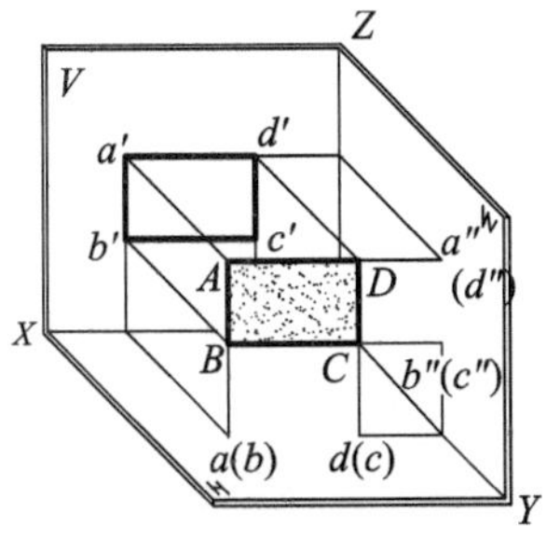	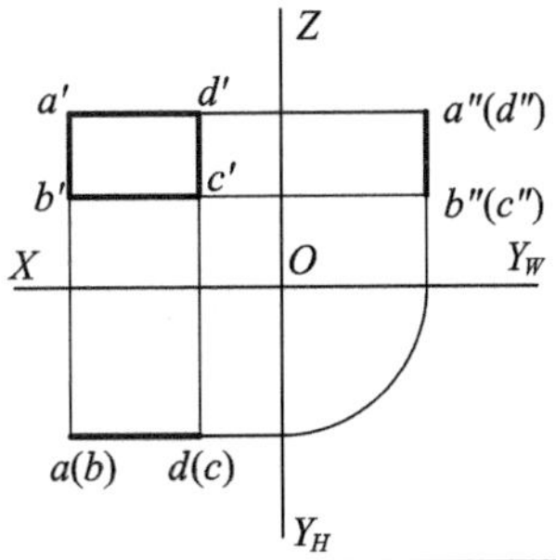	1. 正面投影反映实形； 2. 水平投影和侧面投影均积聚成直线，且分别平行于 OX 轴和 OZ 轴； 3. 没有 P_V，$P_H /\!/ OX$ 轴，$P_W /\!/ OZ$ 轴。
侧平面	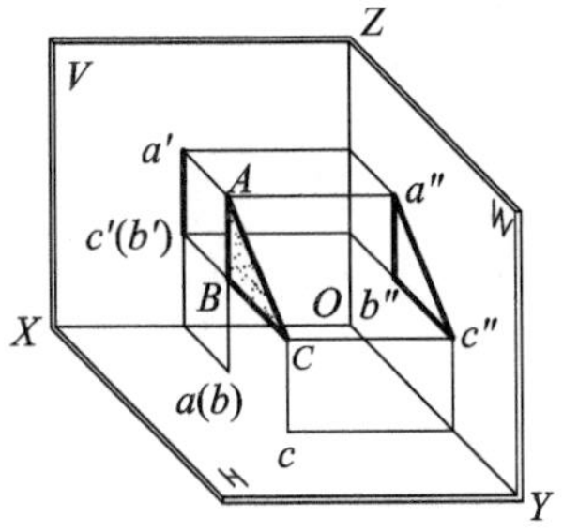	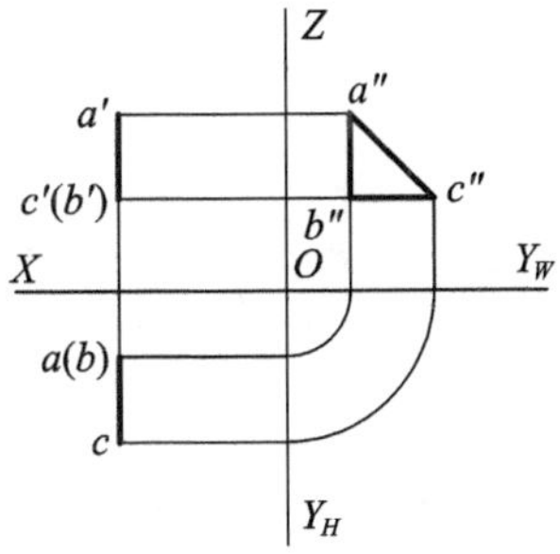	1. 侧面投影反映实形； 2. 水平投影和正面投影均积聚成直线，且分别平行于 OY_H 轴和 OZ 轴； 3. 没有 P_W，$P_H /\!/ OY_H$ 轴，$P_V /\!/ OZ$ 轴。

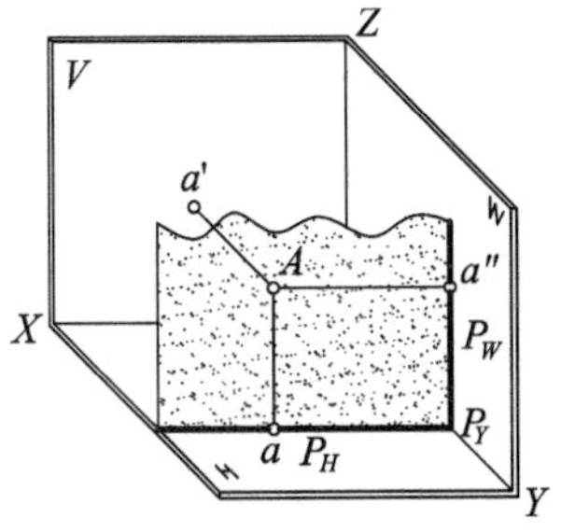

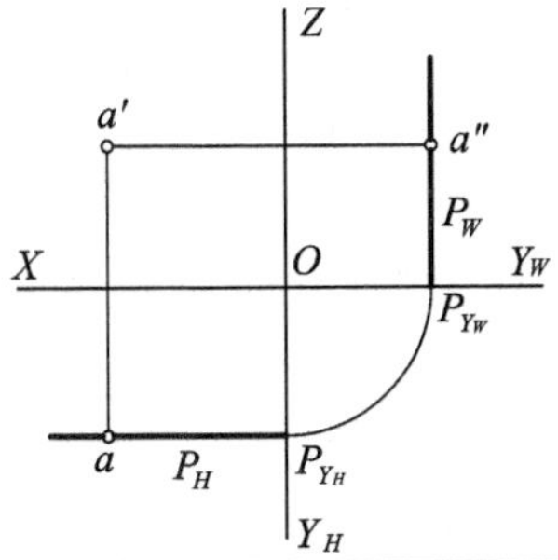

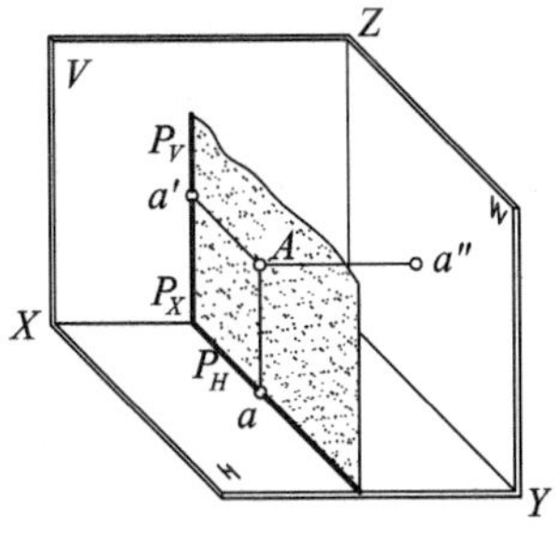

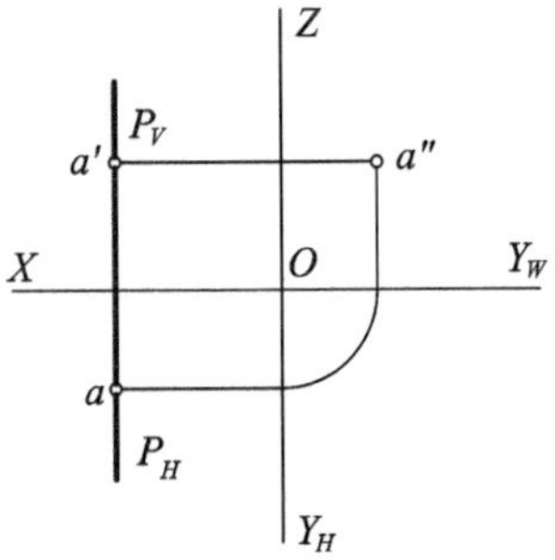

2. 投影面垂直面

投影面垂直面根据垂直的投影面不同，可分为三种：垂直于 H 面的平面，称为铅垂面；垂直于 V 面的平面，称为正垂面；垂直于 W 面的平面，称为侧垂面。

现以铅垂面为例，分析其投影特性，如图 2-37 所示。

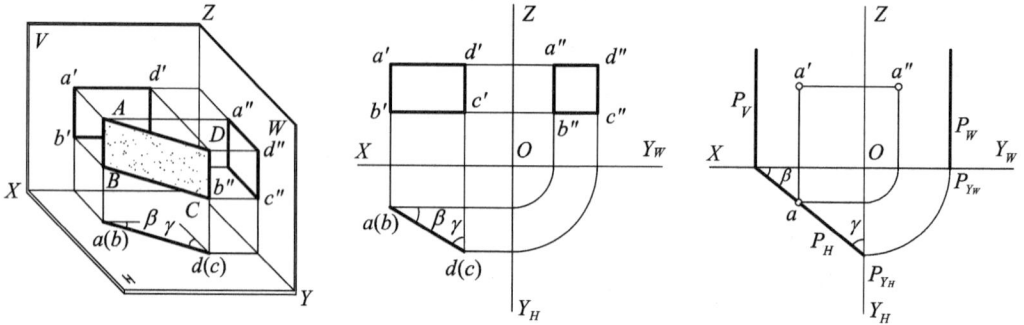

图 2-37　铅垂面的投影

（1）水平投影：由于铅垂面垂直于 H 面，所以其水平投影积聚为一条直线，即平面内所有的点和线的水平投影均在此直线上。该直线与 OX 轴及 OY_H 轴的夹角分别反映了平面与 V 面和 W 面的夹角 β 及 γ。铅垂面的水平迹线与平面的积聚性投影重合，对 OX 轴及 OY_H 轴都倾斜。

（2）正面投影和侧面投影：铅垂面的正面投影和侧面投影均是平面图形的类似形。铅垂面的正面迹线和侧面迹线分别垂直于 OX 轴及 OY_W 轴。

正垂面和侧垂面具有类似的投影特性，可参考表 2-4。

表 2-4　正垂面、侧垂面的投影特性

种类	轴　测　图	投　影　图	投影特性
正垂面			1. 正面投影积聚为直线，反映正垂面与投影面的夹角 α 和 γ； 2. 水平投影和侧面投影均为平面的类似图形； 3. $P_H \perp OX$ 轴，$P_W \perp OZ$ 轴，P_V 具有积聚性。

种类	轴 测 图	投 影 图	投 影 特 性
侧垂面			1. 侧面投影积聚为直线，反映侧垂面与投影面的夹角 α 和 β； 2. 水平投影和正面投影均为平面的类似图形； 3. $P_V \perp OZ$ 轴，$P_H \perp OY_H$ 轴，P_W 具有积聚性。

3. 一般位置平面

一般位置平面相对于三个投影面都是倾斜的，如图 2-38(a) 所示，它的三面投影既不反映平面的实形，又无积聚性，而是平面的类似图形，同时各投影也不反映该平面相对于各投影面的倾角 α、β 和 γ，如图 2-38(b) 所示。当用迹线表示时，它的三条迹线都与投影轴倾斜，如图 2-38(c) 所示。

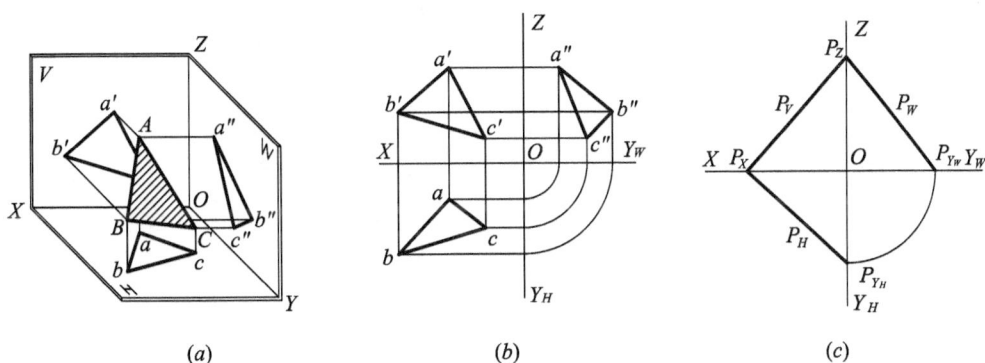

图 2-38 一般位置平面的投影

2.4.3 平面上的点和直线

1. 在平面上取点、直线

根据初等几何知识可知，点在平面上的几何条件是：点在该平面的任意一条直线上。因此在平面上取点，一般情况下先在平面上作一条辅助直线，然后在直线上取点。

直线在平面上的几何条件是：

(1) 直线通过平面上两已知点；

(2) 过平面上一点作平面上一条直线的平行线，则此直线必在该平面上。

如图 2-39(a)所示，两直线 AB、BC 确定一平面 P，在两直线上分别取点 M 和 N，则过 M、N 两点的直线必位于平面 P 上；如图 2-39(b)所示，两相交直线 DE、EF 确定一个平面 Q，过 DE 上的点 M 作 EF 的平行线 MK，则直线 MK 必在平面 Q 上。反之，也可以根据上述原理判断一条直线是否在平面上。

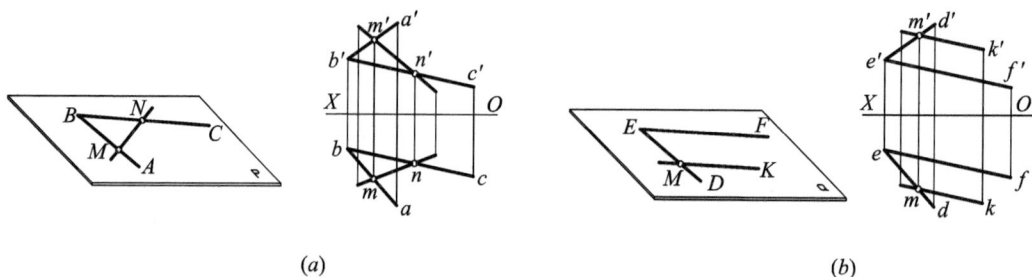

(a)   (b)

图 2-39 平面上取直线(两点法)

【例 2-8】 如图 2-40 所示，已知△ABC 的两面投影以及平面上一点 D 的正面投影 d'，试作点 D 的水平投影。

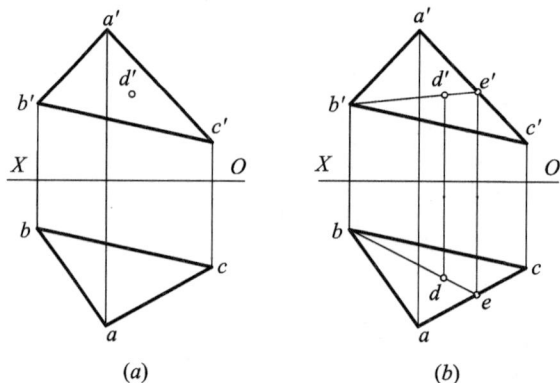

(a)   (b)

图 2-40 求平面上点的投影

解 作图步骤如下：

(1) 连接正面投影 b' 和 d'，延长交 $a'c'$ 于 e'；

(2) 作点 E 的水平投影 e，e 在 ac 上，连接 b、e 两点；

(3) 由 d' 作出点 D 的水平投影 d，d 在 be 上。

【例 2-9】 如图 2-41(a)所示，已知平面四边形 $ABCD$ 的水平投影 $abcd$ 及 AB、BC 两边的正面投影 $a'b'$、$b'c'$，完成四边形的正面投影。

解 四边形的四个顶点位于同一个平面上，现已知其三个顶点 A、B、C 的投影，故本题实质上是已知△ABC 平面上的一点 D 的水平投影 d，求作其正面投影 d'。作图步骤如图 2-41(b)所示。

(1) 连接 ac 和 bd，交点为 e；

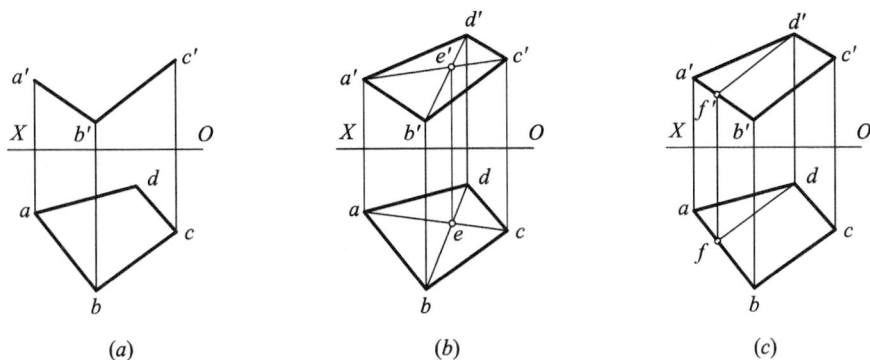

图 2-41 完成平面四边形的投影

（2）作点 E 的正面投影 e'，连接 b'、e'，则 d' 在直线 $b'e'$ 上；

（3）延长 $b'e'$，由点的投影规律作出 d'。

本题也可过点 D 作 BC 边的平行线 DF，作图时可先在水平投影上作 df∥bc，如图 2-41(c)所示，然后作 $d'f'$∥$b'c'$，再由 d 求得 d'。

【例 2-10】　图 2-42(a)中，判断点 D 和 E 是否在两相交直线 AB、BC 所确定的平面上。

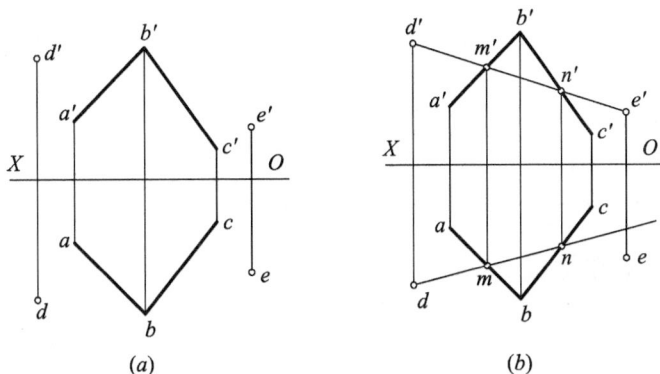

图 2-42　判断点是否在平面上

解　如图 2-42(b)所示，在两相交直线所确定的平面上作辅助线 MN，使其正面投影 m'、n' 通过 d'、e'（或水平投影通过 d、e），然后作出辅助线 MN 的水平投影 mn（或正面投影 $m'n'$）。若直线 mn 通过点 d 和 e（或 $m'n'$ 通过点 d' 和 e'），则点 D、E 在已知平面上；否则不在该平面上。由图 2-42(b)可知，点 D 在该平面上，而点 E 不在。

2. 包含点或直线作平面

（1）包含一般位置直线可作一般位置平面、投影面垂直面，但不能作投影面平行面，因为一般位置直线的三个投影都不平行于投影轴，不符合投影面平行面上任一直线均应平行于某一投影面这一特性。

（2）包含投影面平行线可作投影面的平行面、垂直面和一般位置平面，但却有一定的限制条件。例如，包含正平线可作正平面，但不能作水平面和侧平面，这是因为正平线不满足平行 H 面或 W 面这一基本条件。

（3）包含投影面垂直线可作投影面的垂直面、平行面，但不能作一般位置平面，这是因为投影面垂直线的某一投影具有积聚性，而一般位置平面则无此特性。即使包含投影面垂直线作投影面的垂直面和平行面时也应视具体情况而定。例如，包含铅垂线只能作铅垂面、正平面和侧平面，不能作其他平面。

（4）包含空间一点可作无数多个平面，如果加上其他限制条件，则可作有限个平面。作图时可先过已知点任作一直线，再利用上述方法包含直线作平面。

【例 2-11】 如图 2-43(a）所示，过已知点 A 作正垂面，使 $\alpha=30°$。

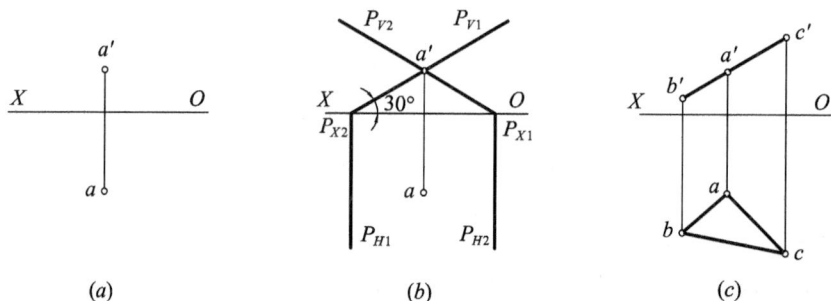

图 2-43　过点 A 作正垂面与 H 面成 30°角

解　（1）作迹线平面。如图 2-43(b）所示，过 a' 作正垂面的正面迹线 P_V，使其与 OX 轴的夹角为 30°。水平迹线 P_H 通过迹线的集合点 P_X 并与 OX 轴垂直。该题有两解 P_{V1} 和 P_{V2}。

（2）作非迹线平面。用 $\triangle ABC$ 表示该平面，点 A 为三角形的顶点，三角形的正面投影积聚为直线，且与 OX 轴的夹角为 30°，水平投影为三角形，但其位置并不唯一确定，如图 2-43(c）所示。本题有两解，图中仅给出了其中的一个。

2.4.4　平面上的特殊位置直线

平面上有两种倾角比较特殊的直线，一种倾角为 0，一种倾角最大，它们分别是投影面的平行线和对投影面的最大斜度线。

1. 平面上的投影面平行线

平面上的投影面平行线有三种：平行于 H 面的称为面内的水平线，平行于 V 面的称为面内的正平线，平行于 W 面的称为面内的侧平线，如图 2-44(a）所示。

平面上的投影面平行线既符合投影面平行线的投影特性，又满足直线在平面上的条件。

现以平面上的水平线为例。如图 2-44(b）所示，在 $\triangle ABC$ 内作一水平线 MN。因其是水平线，故 $m'n'\ /\!/\ OX$，由于 $MN\in\triangle ABC$，即 $M\in\triangle ABC$，$N\in\triangle ABC$，所以先由正面投影求得 $m'n'$，再由从属关系求出水平投影 mn。

如图 2-44(c）所示，在迹线表示的一般位置平面 P 内作一条水平线 MN，且正面迹点 K 必位于 P_V 上。MN 是 P 面内的水平线，P_H 也是 P 面内的水平线，同一平面内的水平线相互平行。作图时先在正面投影上作出 $m'n'$，并延长与 P_V 交于点 K，由 k' 求出 k，再过 k 作 $mn\ /\!/\ P_H$。

由此也可以得到平面上正平线、侧平线，在此不再赘述。

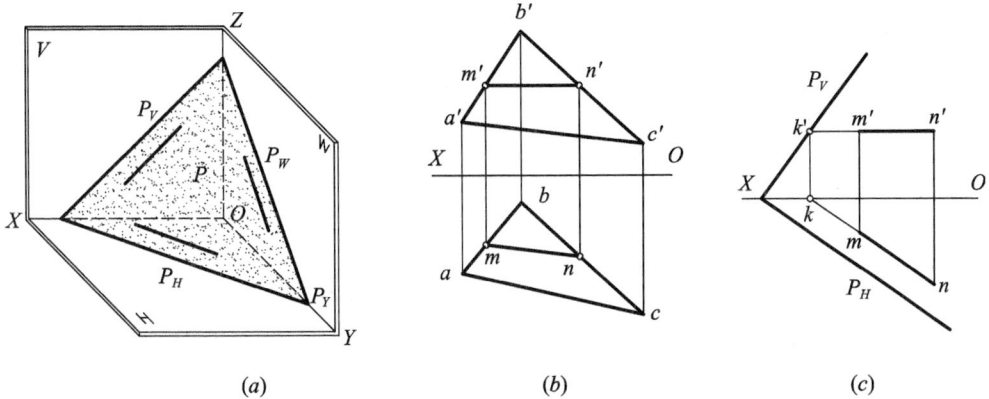

(a) (b) (c)

图 2-44 平面内的投影面平行线

2. 平面上的最大斜度线

平面上相对投影面倾角最大的直线称为最大斜度线。利用它可以求出平面相对投影面的倾角。

平面上的最大斜度线是指既在平面上又垂直于该平面上投影面平行线的直线。如图 2-45 所示，最大斜度线有三种：平面上垂直于该平面水平线的直线，称为对 H 面的最大斜度线；平面上垂直于该平面正平线的直线，称为对 V 面的最大斜度线；平面上垂直于该平面侧平线的直线，称为对 W 面的最大斜度线。

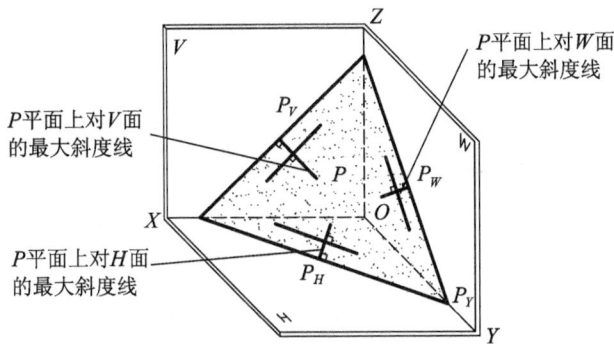

图 2-45 平面内的最大斜度线

现以平面 P 上对 H 面的最大斜度线（图 2-46）为例进行说明。

图 2-46 中，P 为一般位置平面，P_H 为其水平迹线。在平面 P 上自点 N 向 P_H 作垂线 NM（垂足为 M）和一斜线 NM_1，两直线与 H 面的夹角分别为 α 和 α_1。此时两直线与它们的水平投影及投影线 Nn 构成两直角三角形。由于长度 $NM_1 > NM$，故 $\alpha > \alpha_1$。由此可知，在平面 P 内过任一点 N 所作的直线中，以垂直于 P_H 的直线与 H 面的夹角 α 为最大角，直线 NM 称为平面 P 上对 H 面的最

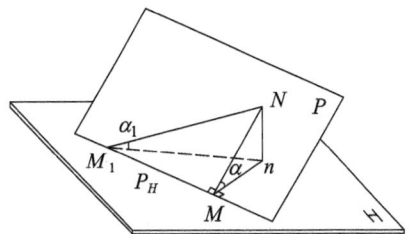

图 2-46 平面内对 H 面的最大斜度线

大斜度线。

　　利用平面上的最大斜度线和前面介绍的直角三角形法，可方便求出该平面对投影面的倾角。

本 章 小 结

　　本章首先介绍了投影法以及投影法的分类、性质和应用，其中正投影法是绘制机械图样的主要方法；其次介绍了点、直线和平面的投影，它们是立体投影的基础。点的投影规律、不同位置直线、平面的投影特性等应系统掌握。

　　点、直线与平面之间的从属关系是在平面上求解点、直线的依据，请理解和正确应用下列关系：

　　（1）点在直线上，直线在平面上，则点在该平面上；

　　（2）直线过平面上两点，则直线在该平面上；

　　（3）直线过平面上一点且平行于平面上某一直线，则直线在该平面上。

　　另外，还需重点掌握以下几个方法：

　　（1）直角三角形法。它是求一般位置直线实长和与投影面倾角的基本方法。

　　（2）直角投影定理。它是分析判断两直线垂直与否的基本原理。

　　（3）平面上的平行线、平面上的最大斜度线。它们是平面上倾角特殊的两种直线，利用它们可以求一般位置平面与投影面的倾角。

第3章 几何元素间的相对位置

几何元素间的相对位置,就是指直线与平面、平面与平面之间的平行、相交、垂直的相互位置关系。本章重点介绍这些相互关系的投影作图方法。其次还要介绍通过改变空间几何元素对投影面的相对位置,从而使解决空间问题得到简化的投影变换方法。

3.1 平 行 关 系

3.1.1 直线与平面平行

由初等几何可知,若直线平行于平面上某一直线,则该直线与平面平行。反之,若直线与平面平行,则在该平面上必定可作一直线平行于该直线。

如图 3-1 所示,直线 AB 平行于平面 P 上的直线 CD,故直线 AB 平行于平面 P。根据平行两直线的投影特性,便可以在投影图上判别直线与平面是否平行,并解决有关直线与平面平行的作图问题。对于特殊位置平面,如图 3-2 中的铅垂面,因其有一个具有积聚性的投影,因此通过观察其积聚性投影是否与直线的同面投影平行,就可直接判断出平面与直线是否平行。

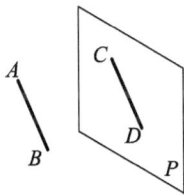

图 3-1 直线平行于平面

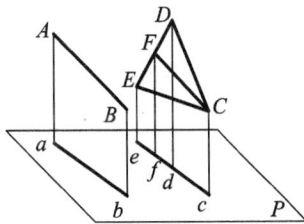

图 3-2 直线平行于特殊平面

【例 3-1】 如图 3-3(a)所示,判断直线 DE 是否平行于平面 ABC。

分析 欲判别直线与平面是否平行,就应判断在平面上可否作一条与该直线平行的直线。

解 如图 3-3(b)所示,作图步骤如下:

(1) 过水平投影 b 作直线 $b1$ 平行于 ed,与 ac 交于 1 点;

(2) 作出点 I 的正面投影 $1'$,连接 $b'1'$;

（3）由于 $b'1' /\!/ e'd'$，因此直线 DE 平行于平面 ABC。

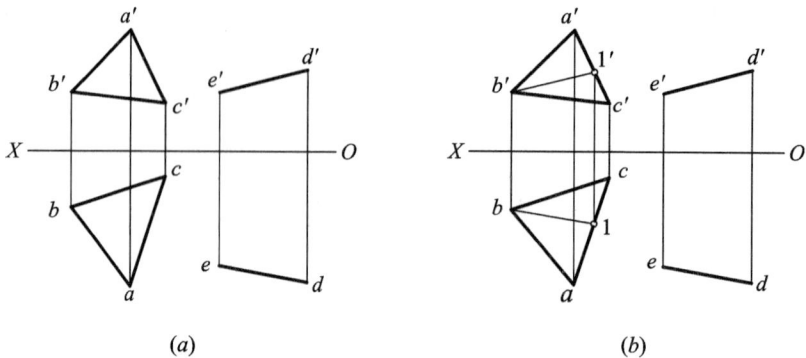

图 3-3　判别直线平行于平面

【例 3-2】　如图 3-4(a)所示，已知直线 DE 和直线外一点 A 的两面投影，试过点 A 作平面平行于 DE。

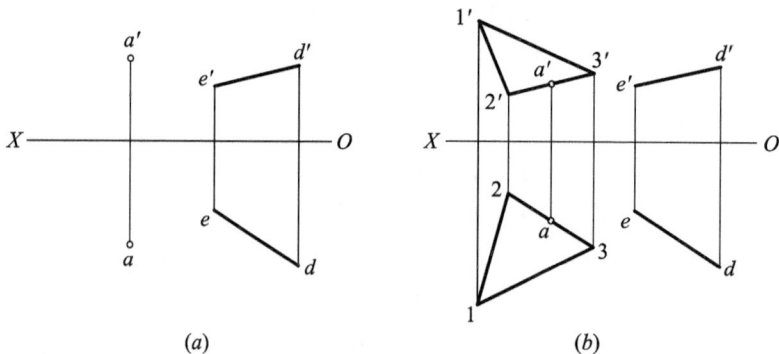

图 3-4　过点作平面平行于直线

分析　只要过已知点 A 作直线平行于 DE，则包含该直线的任何平面均与该直线平行。

解　如图 3-4(b)所示，作图步骤如下：

（1）过水平投影 a 作直线 $23 /\!/ ed$，过正面投影 a' 作直线 $2'3' /\!/ e'd'$；

（2）作出点 I 的投影 $1'$ 和 1；

（3）连接 $2'1'$、$3'1'$、21、31，便作出了一个过点 A 且平行于 DE 的平面。

【例 3-3】　如图 3-5(a)所示，已知点 D 和平面 ABC 的两面投影，试作一条正平线 DE 且平行于平面 ABC。

分析　要保证所作直线平行于已知平面，必须使所作直线平行于已知平面上的直线，题目要求所作直线还应是正平线，故必须使所作直线平行于已知平面上的正平线。

解　如图 3-5(b)所示，其作图步骤如下：

（1）在平面 ABC 上作正平线 $C\,I$；

（2）过点 D 作 $C\,I /\!/ DE$，即 DE 为所求直线。

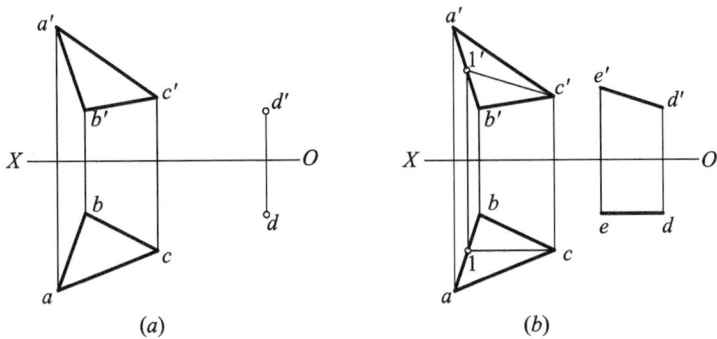

图 3-5 作正平线平行于已知平面

3.1.2 平面与平面平行

由初等几何可知，若一平面上的两相交直线对应地平行于另一平面上的两相交直线，则两平面相互平行。

如图 3-6(b) 所示，平面 ABC 上的水平线 $C\,II$ 和平面 DEF 上的水平线 $D\,III$ 平行，平面 ABC 上的正平线 $B\,I$ 和平面 DEF 上的正平线 DE 平行，并且水平线和正平线相交，因此可判断平面 ABC 与平面 DEF 平行。

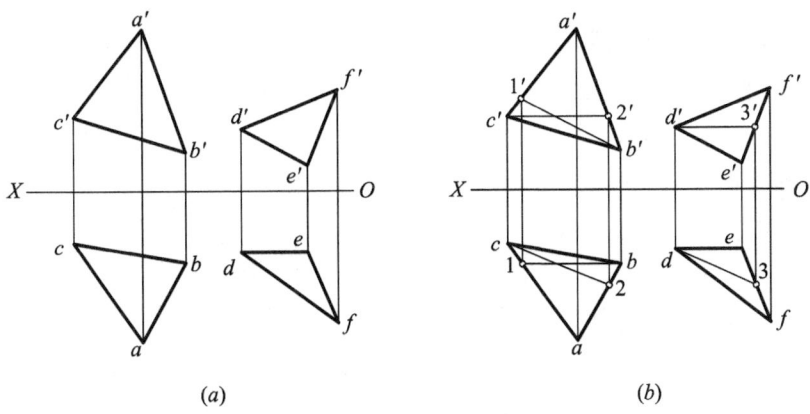

图 3-6 两平面平行

【例 3-4】 如图 3-7 所示，已知平面 $ABCD$ 和平面外一点 E 的两面投影，试过点 E 作平面平行于平面 $ABCD$。

分析 要保证所作平面平行于平面 $ABCD$，必须作出一对相交直线与已知平面 $ABCD$ 平行。如图 3-7(b) 所示，为作图方便，可过点 E 作相交直线分别与平面 $ABCD$ 上的 CD 和 AD 平行。

解 其作图步骤如下：

(1) 过点 E 作直线 EF 平行于 AD；

(2) 过点 F 作直线 FG 平行于 CD；

(3) 连接 E 和 G，即得到平面 EFG 平行于平面 $ABCD$。

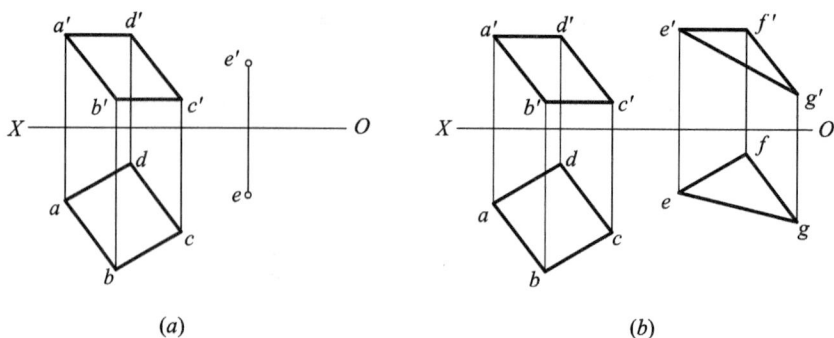

(a)   (b)

图 3-7 过点作平面的平行面

3.2 相 交 关 系

直线与平面、平面与平面如不平行,则一定相交。本节主要介绍直线与平面相交的交点、两平面相交的交线的投影作图方法。作图时,为了加强图形的清晰性,需判断可见性,常将被一平面挡住的直线或挡住的平面轮廓线画成细虚线。

3.2.1 直线与平面相交

直线与平面相交,其交点是直线与平面的共有点,也是直线可见和不可见的分界点。

1. 一般位置直线与特殊位置平面相交

【例3-5】 如图3-8(a)所示,已知铅垂面 ACD 和一般位置直线 EF 的两面投影,求其交点的两面投影。

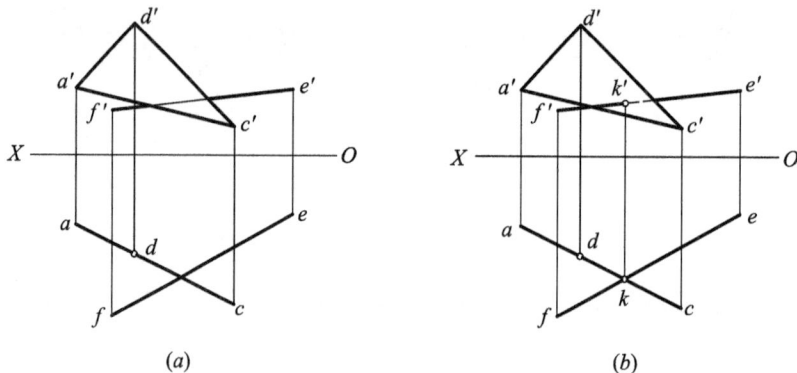

(a)   (b)

图 3-8 一般位置直线与特殊位置平面相交

分析 因为铅垂面 ACD 的水平投影积聚为一条直线,因此交点 K 的水平投影 k 必在平面 ACD 的积聚性投影 ac 上。同时交点也在直线 EF 上,故交点 K 的水平投影 k 在直线 ac 与直线 ef 的相交处,继而可直接作出点 K 的正面投影 k'。

判断投影的可见性。由于铅垂面 ACD 的水平投影具有积聚性,故不必判断平面与直线水平投影的可见性。对于其正面投影,直线 EF 有一部分被平面 ACD 遮挡,交点 K 是直线可见部分和不可见部分的分界点。从水平投影知,平面 ACD 的积聚性投影将直线 EF

分成前后两段，fk 在 ak 前方，FK 段没有被平面 ACD 遮挡，因此，用粗实线画出其正面投影，并用细虚线画出 KE 段不可见部分。

解 如图 3-8(b)所示，其作图步骤如下：

(1) 根据交点 K 的共有性，在水平投影上直接找到交点的一个投影 k；

(2) 根据交点 K 在直线上，过水平投影 k 向上作 OX 轴的垂线，与 $f'e'$ 交于 k'；

(3) 判断可见性，表示出可见和不可见部分。

2. 特殊位置直线与一般位置平面相交

【例 3-6】 如图 3-9(a)所示，已知正垂线 EF 和一般位置平面 ACD 的两面投影，求其交点的两面投影。

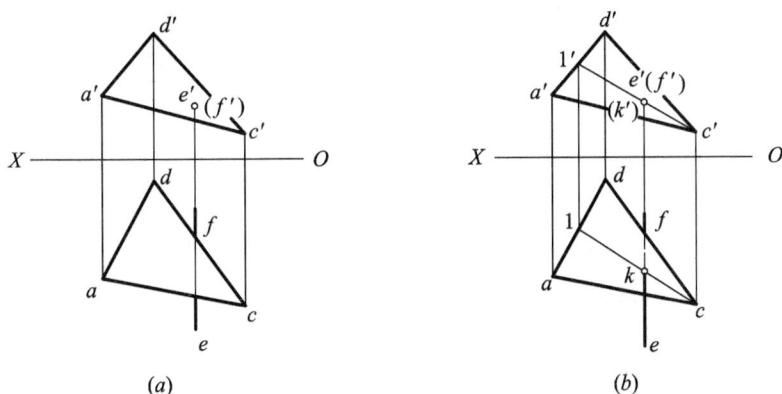

图 3-9 特殊位置直线与一般位置平面相交

分析 因为正垂线 EF 的正面投影积聚为一点，而交点 K 为共有点，故交点 K 的正面投影 k' 必在直线的积聚性投影上，可直接得到 k'。交点又在平面 ACD 上，可通过在平面 ACD 上作辅助线的方法，作出交点 K 的水平投影 k。由于正垂线 EF 在正面积聚，可不必判断可见性。在水平投影上，直线 EF 有一部分被平面 ACD 遮挡，交点 K 是直线可见部分和不可见部分的分界点。从正面投影知，直线段 FK 在平面 ACD 的下方(也可用重影点法比较交叉直线段 FK 与 CD 的上下位置来间接判断)，因此直线段 FK 的水平投影不可见部分应用虚线画出。直线段 KE 的水平投影可见，应用粗实线画出。

解 如图 3-9(b)所示，其作图步骤如下：

(1) 根据交点 K 的共有性，在直线的积聚性投影上直接找到交点的正面投影 k'；

(2) 根据交点 K 在平面上，过正面投影 k' 和 c' 作直线交于 $a'd'$ 与 $1'$；

(3) 过 $1'$ 作 OX 轴的垂线得到 1。过 k' 作 OX 轴的垂线得到 k；

(4) 判断可见性，表示出可见和不可见部分。

3. 一般位置直线与一般位置平面相交

【例 3-7】 如图 3-10(a)所示，已知一般位置平面 ACD 和一般直线 EF 的投影，求其交点的投影。

分析 因为平面 ACD 和直线 EF 都为一般位置，投影无积聚性，因此不能直接在投影上找到交点的任何一个投影。但可包含直线作一辅助平面，如铅垂面，该铅垂面与已知一般位置平面的交线可以利用积聚性求出，此交线和已知直线都在辅助铅垂面上，便可求出两者交点，此交点即为欲求交点。

平面 ACD 和直线 EF 的投影均无积聚性，所以两面投影都要判断可见性。判断直线正面投影可见性时，可比较交点一侧直线段 KE 与对应平面 ACD 的边 CD 的前后位置，即可判断直线段 KE 与对应平面 ACD 部分的可见性。比较直线段 KE 与 CD 的前后位置时可利用其上的一对重影点 III 和 IV 的前后位置确定。

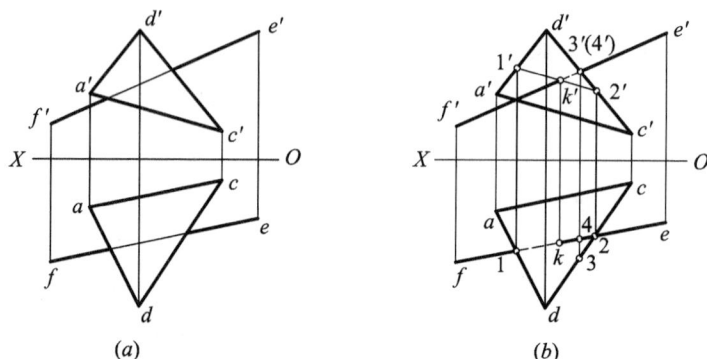

图 3-10　一般位置直线与一般位置平面相交

解　如图 3-10(b) 所示，其作图步骤如下：

(1) 包含直线 EF 作辅助铅垂面，利用其积聚性求得其与平面 ACD 的交线 $I\,II$；

(2) 求作交线 $I\,II$ 与直线 EF 的交点 K，$1'2'$ 与 $e'f'$ 的交点即为交点的正面投影 k'，过 k' 向下作 OX 轴的垂线与 12 相交，得到水平投影 k；

(3) 判断可见性。利用重影点 III 和 IV 来比较 CD 和 EK 的前后位置，显然 CD 在前，可判断出正面投影上 EK 有一部分被平面 ACD 遮挡，因此画细虚线。同理可判断水平投影的可见性。

3.2.2　平面与平面相交

两平面相交，其交线是两平面的共有点集合，也是平面可见和不可见的分界线。

1. 一般位置平面与特殊位置平面相交

【例 3-8】　如图 3-11(a) 所示，已知一般位置平面 ACD 和铅垂面 $EFGH$ 的两面投影，求其交线的两面投影。

分析　因为铅垂面 $EFGH$ 的水平投影积聚为一条直线，故交线的水平投影 12 必在平面 $EFGH$ 的积聚性投影上，又在一般位置平面 ACD 上，因此点 1 在直线 ad 上，点 2 在直线 cd 上，进而作出其正面投影 $1'2'$。由于铅垂面 $EFGH$ 的水平投影具有积聚性，可不必判断平面 ACD 在水平投影面上的可见性。而在正面投影上，铅垂面 $EFGH$ 与平面 ACD 互相遮挡，交线 $I\,II$ 是直线可见部分和不可见部分的分界线。从水平投影知，铅垂面 $EFGH$ 积聚性投影将平面 ACD 的水平投影分成前后两部分，前面的部分 $D\,I\,II$ 在正面的投影可见，并把平面 $EFGH$ 的一小部分遮挡住，因此 $g'h'$ 有一小段不可见。同理可分析 $CA\,I\,II$ 部分与平面 $EFGH$ 相互遮挡的关系。

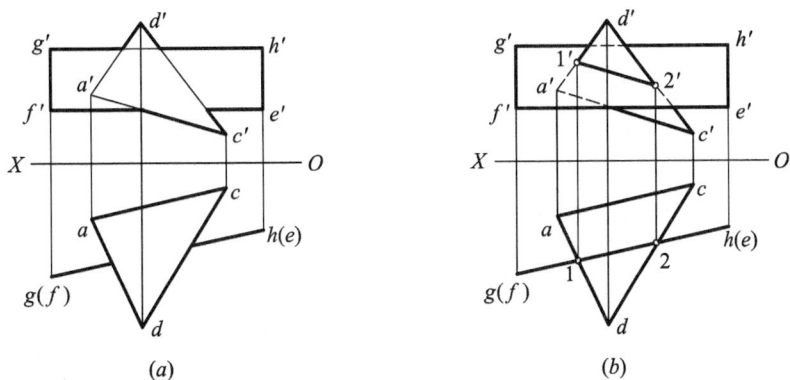

(a)　　　　　　　　　　　(b)

图 3-11　一般位置平面与特殊位置平面相交

解　如图 3-11(b)所示，其作图步骤如下：

(1) 根据交线的共有性，在平面 $EFGH$ 的积聚性投影上直接找到交线的一个投影 12；

(2) 根据交线在平面 ACD 上，由水平投影 12 直接得到 $1'2'$；

(3) 利用积聚性投影判断可见性，表示可见和不可见部分。

2. 一般位置平面与一般位置平面相交

【**例 3-9**】　如图 3-12(a)所示，已知一般位置平面 ABC 与一般位置平面 DEF 相交，求作交线的投影。

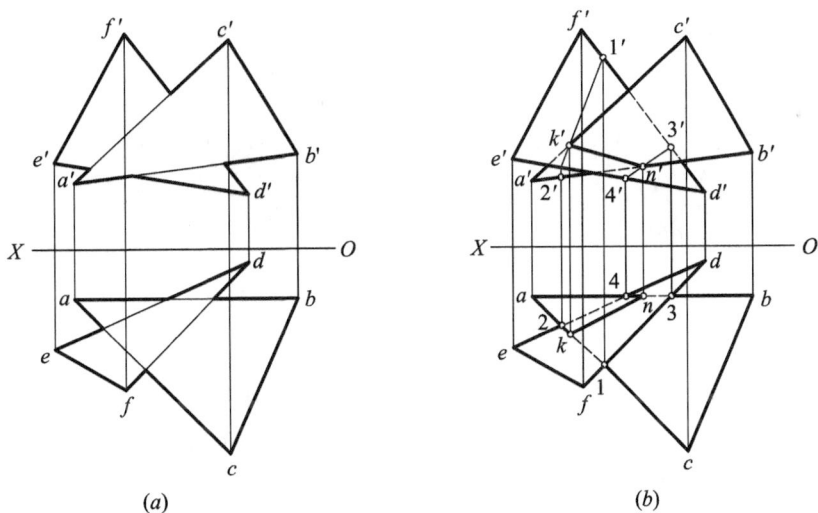

(a)　　　　　　　　　　　(b)

图 3-12　作一般位置平面与一般位置平面的交线

分析　因为平面 ABC 和平面 DEF 都为一般位置平面，投影无积聚性，因此不能直接在投影上找到交线的投影。两点确定一条直线，所以可先作出交线上的两点。为此，可分别求作平面 ABC 上两直线 AB、AC 与平面 DEF 的交点，其作图方法与一般位置平面与一般位置直线相交的方法相同。

平面 ACD 和平面 DEF 的投影无积聚性，所以两面投影都要求判断其可见性。交线为可见与不可见的分界线，只需判断交线一侧平面的可见性，另一侧可见性也就相应确定，然后利用重影点判断其他直线的可见性。

解 如图 3-12(b)所示，其作图步骤如下：

（1）作直线 AB 与平面 DEF 的交点 N 的投影；

（2）作直线 AC 与平面 DEF 的交点 K 的投影；

（3）连接两交点 N 和 K 的同面投影；

（4）判断平面 ACD 和平面 DEF 的遮挡关系，用相应的线型连线。

3.3 垂 直 关 系

3.3.1 直线与平面垂直

由初等几何可知，如果一直线垂直于平面，则它必垂直于平面上所有直线，由此可以得出直线垂直于平面的判定定理：如果一直线垂直于平面上的两条相交直线，则此直线必垂直于该平面。

【例 3-10】 如图 3-13(a)所示，已知一般位置平面 ABC 和其外一点 D 的投影，试过点 D 作已知平面的垂线。

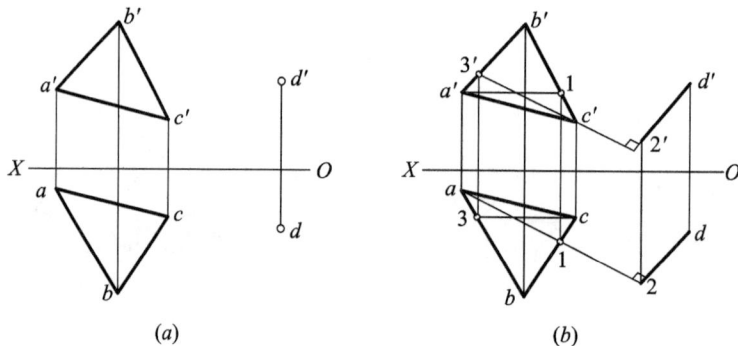

图 3-13 过点作直线垂直于平面

分析 根据直角投影定理，若一直线垂直于一平面，则该直线正面投影垂直于该平面内正平线的正面投影；该直线水平投影垂直于该平面内水平线的水平投影。

解 如图 3-13(b)所示，其作图步骤如下：

（1）在平面 ABC 上作水平线 $A\text{I}$ 和正平线 $C\text{III}$ 的对应投影；

（2）过 d 作 $a1$ 的垂线 $d2$，过 d' 作 $c'3'$ 的垂线 $d'2'$；

（3）$D\text{II}$ 即所求直线。

【例 3-11】 如图 3-14(a)所示，已知直线 EF 和其外一点 A 的投影，试过点 A 作已知直线的垂面。

分析 若一直线垂直于一平面，由直角投影定理，可过点 A 作水平线和正平线分别与 EF 垂直，此两条相交直线所表示的平面即为所求平面。

解 作图方法如图 3-14(b)所示。

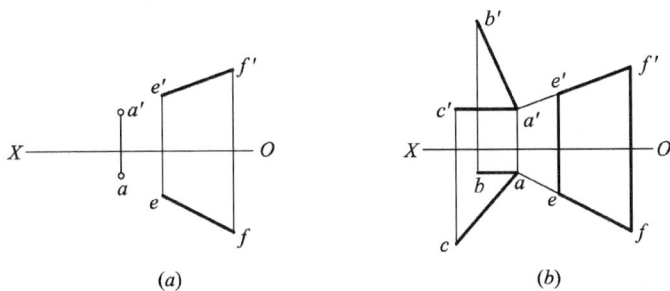

(a)   (b)

图 3 - 14   过点作平面垂直于直线

【例 3 - 12】   如图 3 - 15(a)所示，已知一直角边为 AB 的直角三角形 ABC 的正面投影，试完成其水平投影。

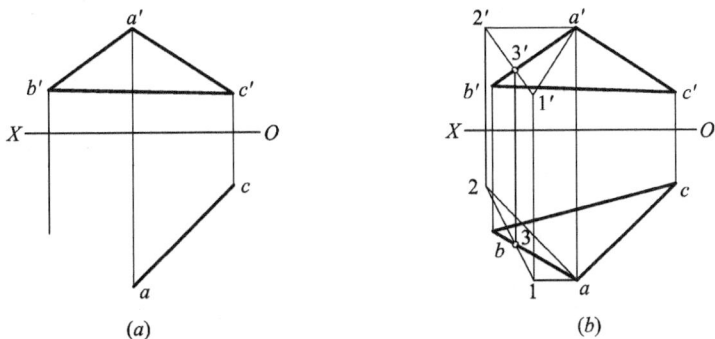

(a)   (b)

图 3 - 15   作直线与直线垂直

分析   因为 AB 垂直于 AC，所以 AB 必在过点 A 且与 AC 垂直的平面上，所以可先过点 A 作 AC 的垂面，再在此垂面上确定 AB 的位置。

解   如图 3 - 15(b)所示，其作图步骤如下：

(1) 过 A 作 AC 的垂面 A I II；

(2) 在垂面 A I II 上求作 B。

3.3.2   平面与平面垂直

根据初等几何可知，如果一直线垂直于一平面，则包含此直线的所有平面都垂直于该平面。因此如果两平面相互垂直，必能在其中一平面上作出一条直线与另一平面垂直。

如图 3 - 16(a)所示，要判别所示的两平面是否垂直，则可试着在平面 EDF 上作出一

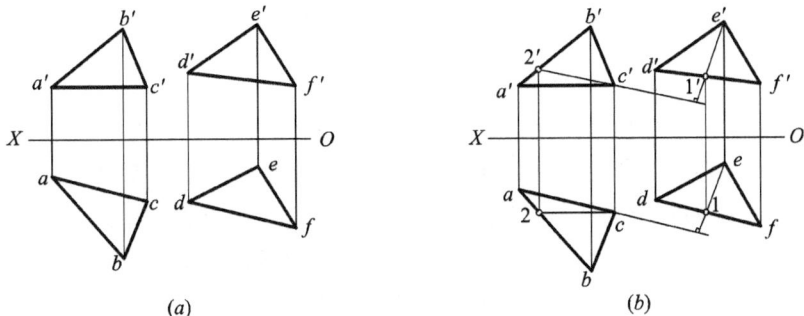

(a)   (b)

图 3 - 16   判断两平面垂直

条直线垂直于平面 ABC，若能作出，此两平面相互垂直。如图 3-16(b)所示，直线 $EⅠ$ 垂直于平面 ABC，因此平面 ABC 和平面 EDF 相互垂直。

【例 3-13】 如图 3-17(a)所示，已知直线 DE 和平面 ABC 的投影，求作过已知直线 DE 与已知平面 ABC 垂直的平面。

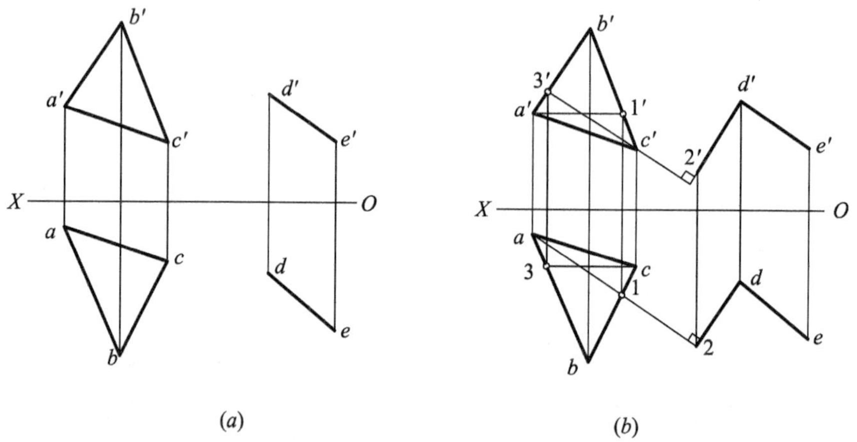

(a) (b)

图 3-17　作已知平面的垂面

解　若两平面相互垂直，则一平面通过另一平面的垂线，因此可过直线 DE 上点 D 作平面 ABC 的垂线 $DⅡ$，相交直线 DE 和 $DⅡ$ 所确定的平面即为所求作平面。作图方法如图 3-17(b)所示。

3.4　投影变换

当直线或平面与投影面处于特殊位置时，在投影图上可以反映出某些真实情况，如实长、实形或倾角等，而一般位置的直线或平面却没有此投影特性。另外，对于求解直线与平面的交点、两平面的交线、点到平面的距离等问题，当直线或平面处于特殊位置时，解题相对容易，因此，如果能将直线和平面由一般位置变换成特殊位置，无疑是简化求解问题的一种方法。投影变换就是研究如何改变空间几何元素对投影间的相对位置，从而达到简化解题目的方法。

常用的投影变换方法有两种：变换投影面法（简称换面法）和旋转法。两种变换目的相同，只是变换的对象不同。本节主要介绍变换投影面法，即换面法。

3.4.1　换面法

所谓换面法，就是保持空间几何元素的位置不动，用一个新的投影面替换原有的投影面，使空间几何元素相对新的投影面处于有利于解题的特殊位置。如图 3-18 所示，铅垂面 $\triangle ABC$ 在 V、H 两投影面体系（简称 V/H 体系）中的两个投影都不反映实形。若取一平行 $\triangle ABC$ 且垂直于 H 面的 V_1 面来替换 V 面，则 V_1 面和 H 面将构成新的两投影面体系 V_1/H。在新的体系中，$\triangle ABC$ 对 V_1 面的投影 $a_1'b_1'c_1'$ 将反映 $\triangle ABC$ 的实形。

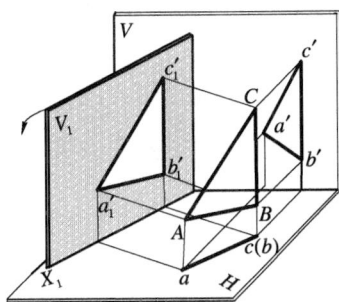

图 3-18 换面法

在上述变换过程中，H 面称为不变投影面，原 V 面称为旧投影面，V_1 面称为新投影面。原投影轴 X 称为旧轴，V_1 面和 H 面的交线 X_1 称为新轴。$a'b'c'$ 称为旧投影，abc 称为不变投影，$a_1'b_1'c_1'$ 称为新投影。

需要注意的是，新投影面不能任意选择，它必须符合两个基本条件：

（1）新投影面必须垂直于任一原投影面，以构成新的两投影面体系；

（2）新投影面必须使空间几何元素处在有利于解题的位置。

3.4.2 换面法的投影规律

点是最基本的几何元素，下面以点为例来分析点在新、旧投影之间的变换关系。

图 3-19(a)中，点 A 在 V/H 体系中的两个投影为 a、a'，现在如要变换点 A 的正面投影，可根据需要选取一铅垂面 V_1 来替换 V 面，作为新的正立投影面，它与 H 面形成新的两投影面体系 V_1/H。由点 A 向 V_1 面作垂线，其垂足 a_1' 即为点 A 的新正面投影。令 V_1 面绕新轴 X_1 旋转到与 H 面重合，则 a 和 a_1' 两点一定在 X_1 轴的同一垂线上，即 $aa_1' \perp X_1$。由于 V/H 体系和 V_1/H 体系具有公共的 H 面，即在变换过程中，点 A 与 H 面的相对位置仍保持不变，因此点 A 到 H 面的距离（即点 A 的 z 坐标）在变换前后两个体系中都是相同的，即 $a'a_x = a_1'a_{x1}$。

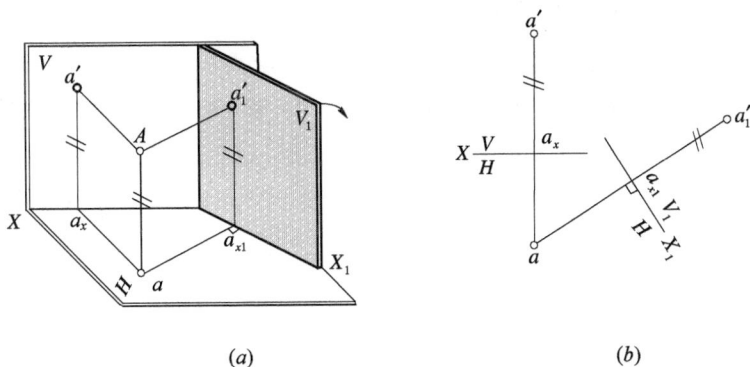

(a) (b)

图 3-19 变换点 A 的正面投影

根据上述分析，在投影图上，可按下述步骤作图（如图 3-19(b)所示）：

（1）在适当位置取新轴 X_1；

(2) 由点 a 向 X_1 轴作垂线，使与 X_1 轴相交于点 a_{x1}；

(3) 在此垂线上取一点 a_1'，使 $a_1'a_{x1} = a'a_x$，点 a_1' 即为点 A 的新投影。

图 3-20 表示了点 A 由 V/H 体系变换成 V/H_1 体系的过程，即用新的投影面 H_1 来替换 H 面。其作图方法与图 3-19 类似。由于 a 和 a_1 的 y 坐标相同，即 $a_1a_{x1} = aa_x$，据此便可确定点 A 的新投影 a_1。

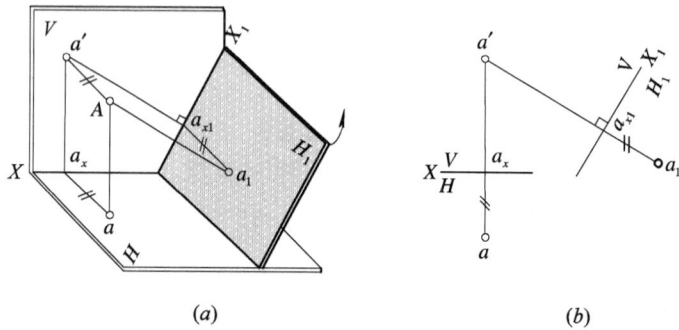

(a)　　　　　(b)

图 3-20　变换点 A 的水平投影

由上可知，无论变换点 A 的正面投影或水平投影，点在新、旧两投影面体系中的投影具有如下投影规律：

(1) 新投影与不变投影之间的连线始终垂直于新轴(如 $a_1'a \perp X_1$，$a_1a' \perp X_1$)；

(2) 新投影到新轴的距离等于旧投影到旧轴的距离(如 $a_1'a_{x1} = a'a_x$，$a_1a_{x1} = aa_x$)。

在上述变换 V 面和 H 面时，只是用一个新投影面来替换原来两个投影面中的一个即完成解题，因此称为一次变换投影面(简称一次换面)。根据几何元素所处的空间位置和解题要求，有时需要变换两次或多次投影面。

3.4.3　一次变换投影面

应用一次换面可以解决下面四种基本作图问题。

1. 将一般位置直线变换成新投影面的平行线

如图 3-21 所示，AB 为一般位置直线，若要将它变换成新投影面平行线，可选新投影面 V_1 代替 V 面，使 V_1 面既平行直线 AB 又垂直于 H 面。这时 AB 在 V_1/H 体系中成为新的正平线。由于正平线的水平投影平行于投影轴，所以新轴一定平行于直线的水平投影 ab。作图时，可在投影图的适当位置作 X_1 轴平行 ab。然后分别求出直线 AB 两端点的新正面投影 a_1' 和 b_1'。连接 a_1' 和 b_1' 即为直线 AB 的新正面投影。由于直线在 V_1/H 体系中平行于 V_1 面，所以 $a_1'b_1'$ 反映 AB 的实长，$a_1'b_1'$ 与新轴 V_1 的夹角反映 AB 对 H 面的倾角 α，如图 3-21(b) 所示。

同理，也可以用新投影面 H_1 代替 H 面，如图 3-21(c) 所示，使一般位置直线 AB 变换成 H_1 面的平行线，即水平线。作图时，首先在适当位置作新轴 X_1 平行于 $a'b'$，然后求作 AB 在 V/H_1 体系中的新投影 a_1b_1。此时 a_1b_1 反映直线 AB 的实长，而 a_1b_1 与新轴 X_1 的夹角则为直线 AB 对 V 面的倾角 β。

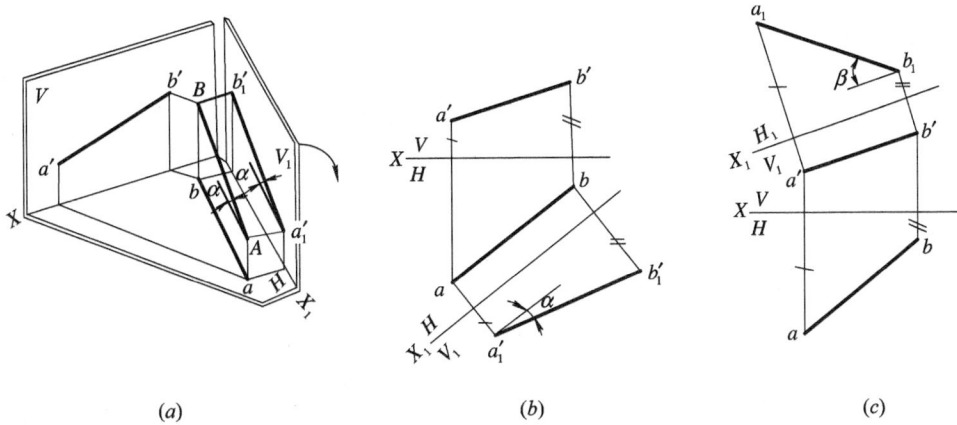

(a) (b) (c)

图 3-21 一般位置直线变换成新投影面的平行线

2. 将投影面平行线变换成新投影面的垂直线

如图 3-22 所示，AB 为正平线，若要将它变换成新投影面的垂直线，则新投影面必须建立在 V 面上，使 H_1 面垂直于直线 AB 和 V 面。此时在 V/H_1 体系中，直线 AB 将变成新的铅垂线。由于铅垂线的正面投影垂直于投影轴，所以新轴 X_1 必垂直于 $a'b'$。作图时，先在适当位置作新轴 X_1 垂直于 $a'b'$，然后利用 a、b 到 X 轴的距离，求得 AB 在 H_1 面上的新投影 a_1b_1（积聚为一点），如图 3-22(b)所示。

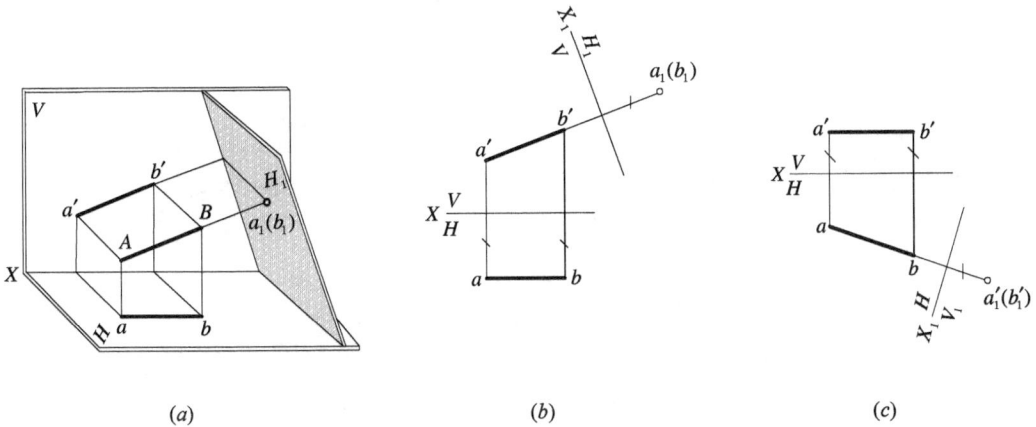

(a) (b) (c)

图 3-22 将投影面平行线变换成新投影面的垂直线

如图 3-22(c)所示，是将水平线 AB 变换成新投影面 V_1 的垂直线，其作图方法与图 3-22(b)类似。

3. 将投影面垂直面变换成新投影面的平行面

在图 3-23(a)中，$\triangle ABC$ 为一铅垂面，若建立一新投影面 V_1 与 $\triangle ABC$ 平行，则 V_1 面一定垂直于 H 面。这时在 V_1/H 体系中，$\triangle ABC$ 变成新的正平面。由于正平面的水平投影平行于投影轴，所以新轴 X_1 必平行于 abc。作图时，先在适当位置作新轴 X_1 平行于 abc，然后求出 $\triangle ABC$ 的新投影 $a_1'b_1'c_1'$。此时 $a_1'b_1'c_1'$ 即反映 $\triangle ABC$ 的实形，如图 3-23(b)所示。图 3-23(c) 所示是将正垂面 △ABC 变换成新投影面 H_1 的水平面，其作图方法与图 3-23(b) 类似。

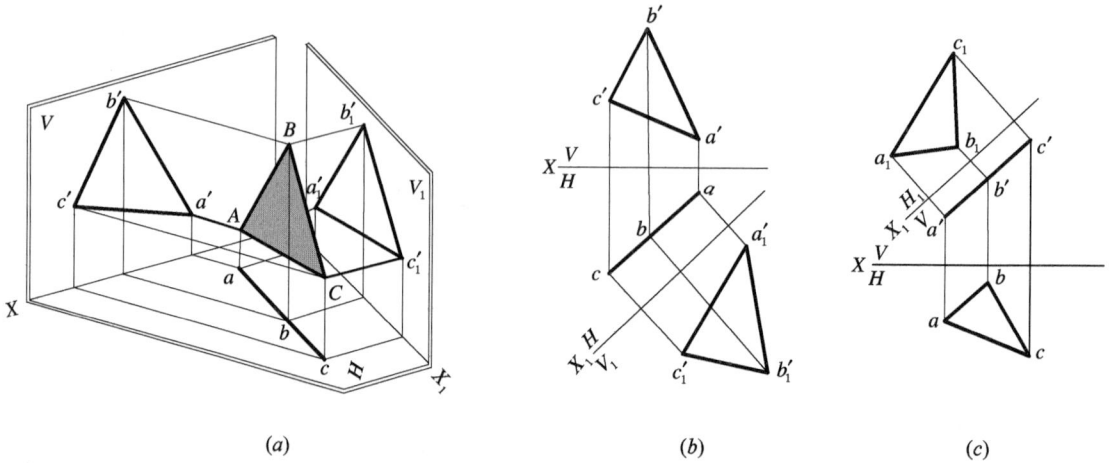

图 3-23　将投影面垂直面变换成新投影的平行面

4. 将一般位置平面变换成新投影面的垂直面

图 3-24(a) 所示的 △ABC 在 V/H 体系中为一般位置平面，欲变换成新投影面的垂直面，必须作一新投影面垂直于 △ABC。

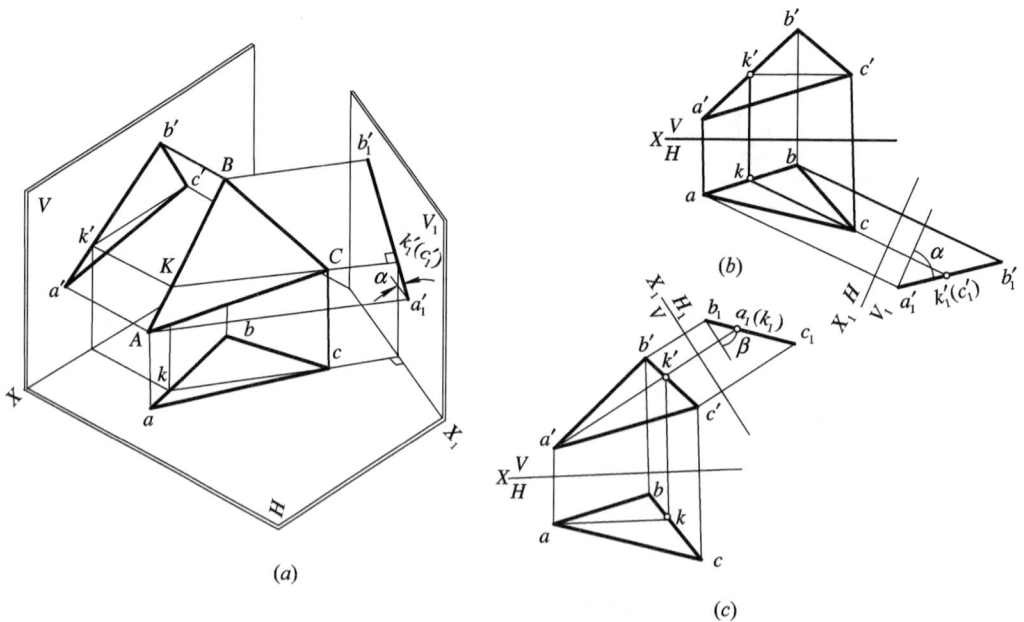

图 3-24　将一位置平面交换为投影面的垂直面

根据两平面垂直定理可知，新投影面只要垂直于 △ABC 上一直线，则 △ABC 即垂直于该投影面。为此可在 △ABC 上任取一投影面平行线作为辅助线，例如取一水平线 CK，

再作 V_1 面垂直于 CK，则 V_1 面即可满足既垂直于 H 面又垂直于△ABC 的要求。如图 3-24(b)所示，作图时，先在△ABC 上作一水平线 CK(ck，$c'k'$)，然后取新轴 X_1 垂直于 ck，并求出△ABC 的新正面投影 $a_1'b_1'c_1'$。由于△ABC 在 V_1/H 体系中已成为新投影面的垂直面，所以 $a_1'b_1'c_1'$ 必积聚成一直线，且该直线与新轴 X_1 的夹角反映△ABC 对 H 面的倾角 α。

同理，欲将一般位置平面变换成 H_1 的垂直面，则需要在△ABC 上作一正平线 AK，并取 H_1 面垂直于该正平线，其投影图如图 3-24(c)所示。

若平面以迹线表示，则同样可用上述方法将一般位置平面变换成投影面的垂直面。如图 3-25 所示，在平面 P 上任取一条水平线 AN，作新轴 X_1 垂直于 an（或 P_H），求出 $n_1'(a_1')$。P_H 与 X_1 的交点 P_{X1} 为平面 P 在 V_1/H 体系中的迹线集合点。因为平面 P 在 V_1/H 体系中为新的正垂面，其正面迹线具有积聚性，所以连接 P_{X1} 和 $n_1'(a_1')$ 即得平面 P 在 V_1 面上的迹线 P_{V1}。显然，P_{V1} 与 X_1 轴的夹角反映平面 P 对 H 面的倾角 α。

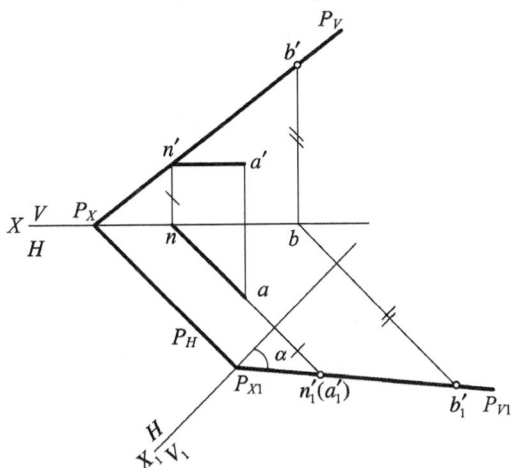

图 3-25　一般位置的迹线平面变换为垂直面

由于 P_{V1} 具有积聚性，因而可在 P_V 上任取一点 B(b，b')，并求出 b_1'，连接 P_{X1} 和 b_1'，同样也可求得 P_{V1}。

3.4.4　二次变换投影面

点在换面时的投影规律，适用于一次换面，也适用于二次或多次换面。如图 3-26 所示，在进行第二次换面时，新投影面 H_2 应垂直于 V_1，形成 V_1/H_2 体系。此时，X_2 为新轴，X_1 为旧轴。H_2 为新投影面，H 为旧投影面，V_1 为不变投影面。a_2 为新投影，a 为旧投影，a_1' 为不变投影。由于在第二次变换过程中，点 A 相对于 V_1 面的位置不变，故 $a_2a_{x2}=aa_{x1}$，仍然反映新投影到新轴的距离等于旧投影到旧轴的距离这一变换规律。

图 3-26 所示为点在 V/H 体系中经过两次换面的投影情况，其变换次序是：V/H→V_1/H→V_1/H_2。显然，变换次序也可按 V/H→V/H_1→V_2/H_1 的方式进行。但应注意，V 面和 H 面必须交替进行变换。应用二次换面可以解决以下的作图问题。

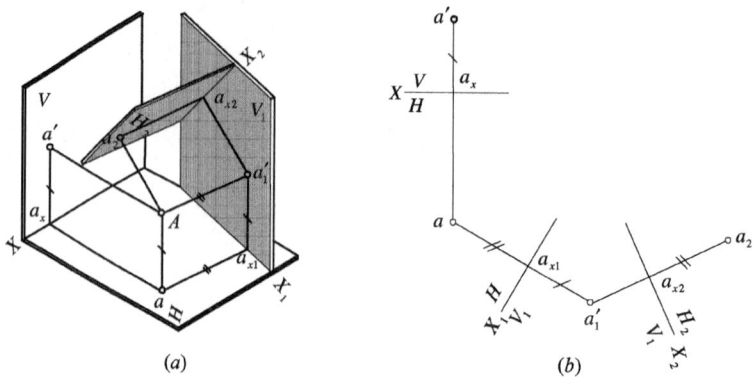

(a)   (b)

图 3-26　点的两次变换

1. 将一般位置直线变换成新投影面的垂直线

欲将一般位置直线 AB 变换成新投影面的垂直线，则必须使新投影面垂直于直线 AB。现因 AB 为一般位置直线，垂直于 AB 的平面必为一般位置平面，它与原有的任一投影面都不能构成互相垂直的两投影面体系，因此，要解决这一问题需进行两次换面。首先将直线 AB 变换成投影面平行线，然后再变换成另一投影面的垂直线，如图 3-27(a)所示。

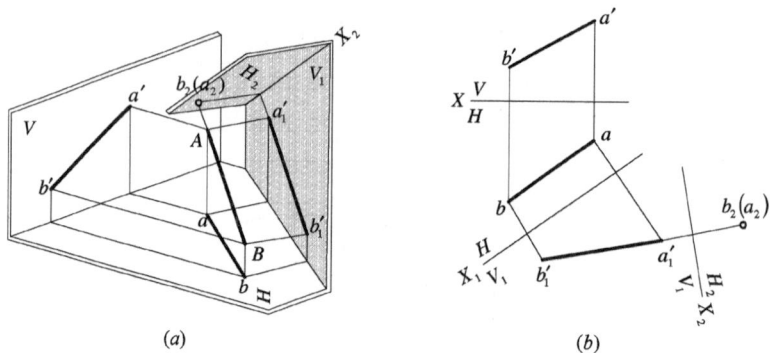

(a)   (b)

图 3-27　一般位置直线变换为 H_2 面的垂直线

作图步骤如图 3-27(b)所示，先取 X_1 轴平行于 ab，经一次换面后，将 AB 变换成 V_1 面的平行线，然后再取 X_2 轴垂直于 $a_1'b_1'$，经第二次换面后，直线 AB 在 V_1/H_2 体系中即变换成 H_2 面的垂直线。

图 3-28 为先变换 H 面，再变换 V 面，使直线 AB 成为 V_2 面的垂直线的情况。

2. 将一般位置平面变换成新投影面的平行面

欲将一般位置平面（如图 3-29 中的△ABC）变换成新投影面的平行面，一次换面不能达到目的。这是因为直接取一平行于△ABC 的平面为新投影面，则该投影面仍为一般位置平面，不能与原投影面构成互相垂直的两投影面体系。因此，解决这一问题必须经过两次

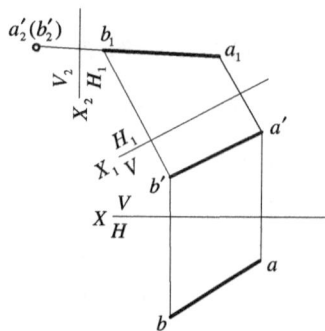

图 3-28　一般位置直线变换为
V_2 面的垂直线

换面：首先将△ABC变换成新投影面的垂直面，然后将投影面垂直面变换成另一新投影面的平行面，其作图步骤如图 3 - 29 所示，其中 3 - 29(a)是将其变换为 H_2 面的平行面，图 3 - 29(b)是将其变换为 V_2 面的平行面。

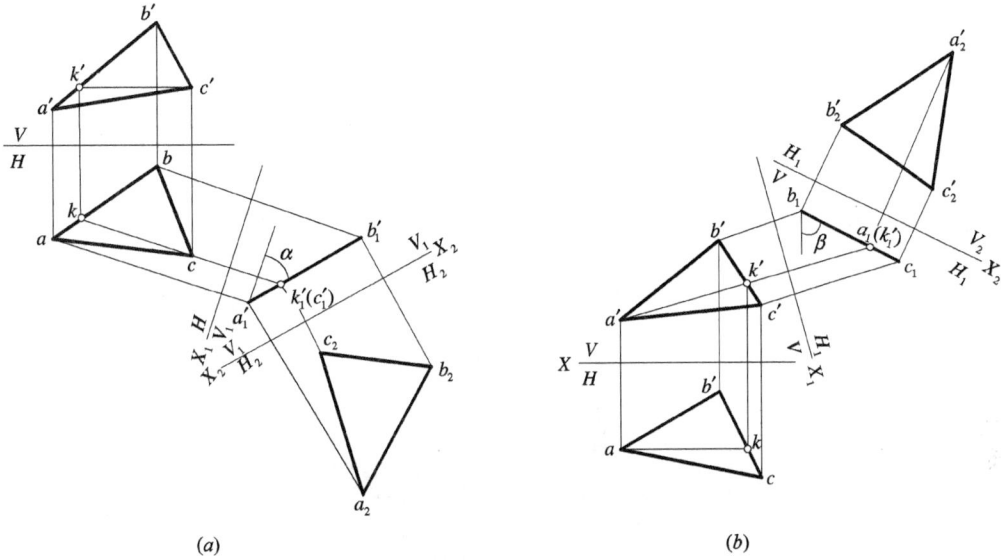

图 3 - 29　一般位置平面变换为投影面平行面

【例 3 - 14】　图 3 - 30(b)所示为一定位块，求 $ABCD$ 与 $CDEF$ 两梯形平面的夹角 θ。

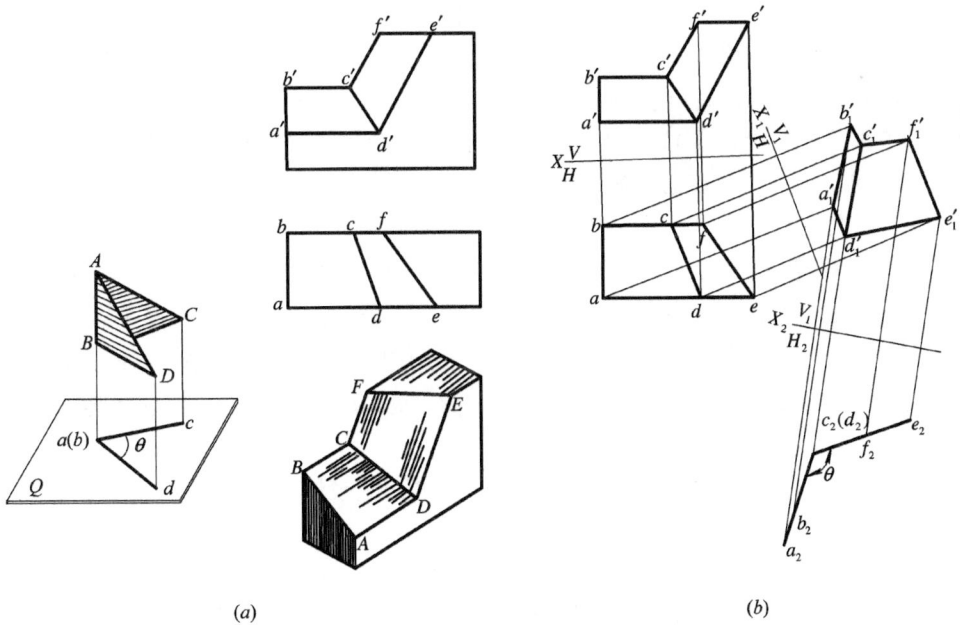

图 3 - 30　定位块

解　观察图 3 - 30(a)，如果两平面同时垂直于 Q 面，则它们在 Q 面上的投影都将积聚为直线，此时两直线间的夹角即为两平面间的真实夹角 θ。欲使两平面同时变换为新投影面的垂直面，必须将两平面的交线变换为新投影面的垂直线。从图 3 - 30(b)中可知，

$ABCD$ 与 $CDEF$ 两梯形平面的交线 CD 系一般位置直线，故需要经过两次换面。其作图步骤如下：

（1）第一次换面：将交线 CD 变换为新投影面的平行线。为此取 $X_1 /\!/ cd$，并作出两梯形平面上各顶点的新投影 a_1'、b_1'、c_1'、d_1'、e_1'、f_1'。

（2）第二次换面：将交线 CD 由投影面平行线变换为投影面垂直线。为此取 $X_2 \perp c_1'd_1'$（此时旧轴应为 X_1），并作出两梯形平面上各顶点在第二次变换后的新投影 a_2、b_2、c_2、d_2、e_2、f_2。经两次换面后，平面 $ABCD$ 和 $CDEF$ 的新投影 $a_2b_2c_2d_2$ 和 $c_2d_2e_2f_2$ 均积聚为直线，此二直线的夹角即为所求两平面的夹角 θ。

【例 3 - 15】 图 3 - 31 所示为一支座的轴测图，试画出其投影图。

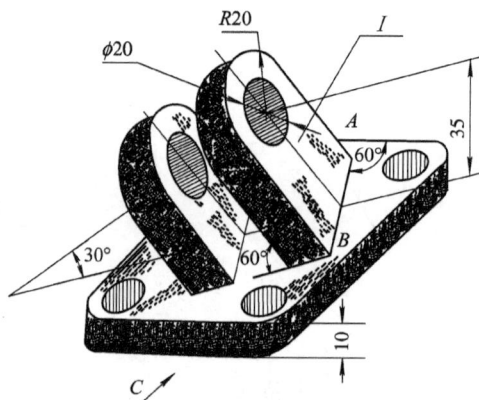

图 3 - 31　支座的轴测图

解　该零件由两部分组成，即双耳片和底板。耳片表面 I 为一般位置平面，其投影较为复杂。若将底板水平放置（使其底面位于 H 面内），以 C 向作为正面投影方向（底板与 V 面的距离根据作图需要确定），则 I 面与投影面的相对位置已经确定。现在要解决的问题是如何画出其水平投影和正面投影。

I 面的已知条件如图 3 - 32(a) 所示，该平面与底板上表面的交线 AB 为一水平线，长度为 40 mm，AB 与 V 面的夹角 $\beta=60°$。进行第一次换面时，取 $X_1 \perp ab$，得 $a_1'(b_1')$ 即将 AB 变为投影面垂直线，这时 I 面在 V_1/H 体系中必为正垂面。又因 I 面与底板上表面的夹角 $\alpha=60°$，可过 a_1' 作直线 $a_1'd_1'$，即 I 面的积聚性投影。为了反映 I 面实形，再取 $X_2/a_1'd_1'$，进行第二次换面，并根据 I 面的形状尺寸（$R20$、$\phi20$ 及 I 面上孔的中心到底板距离 35），便可画出 I 面的实形。

如图 3 - 32(b) 所示，在 V_1/H_2 体系中，I 面的两个投影均属已知，此时可根据 V_1/H 与 V_1/H_2 两体系中投影间的变换关系，将 I 面返回到 H 面，求出其水平投影。I 面上的圆在 H 面上的投影为椭圆，其长轴在过圆心 C 且平行 AB 的水平线上，即水平投影平行于 ab，且等于圆的直径；短轴与长轴垂直（即在对 H 面的最大斜度线上），并利用 H_2 面上反映实形的投影返回求出其端点的水平投影。完成水平投影后，再按 V_1/H 与 V/H 两体系间的投影关系，求作面 I 的正面投影。在正面投影中，椭圆长轴在过圆心 C 的正平线 EF 上（点 E 在 AB 上，点 F 在 EC 的延长线上），长轴的正面投影与 $e'f'$ 重合，长度等于圆的直径；短轴与长轴垂直（即在对 V 面的最大斜度线上）。长短轴求出以后，可再求作若干一般点，并用曲线板连接即为圆的两投影。

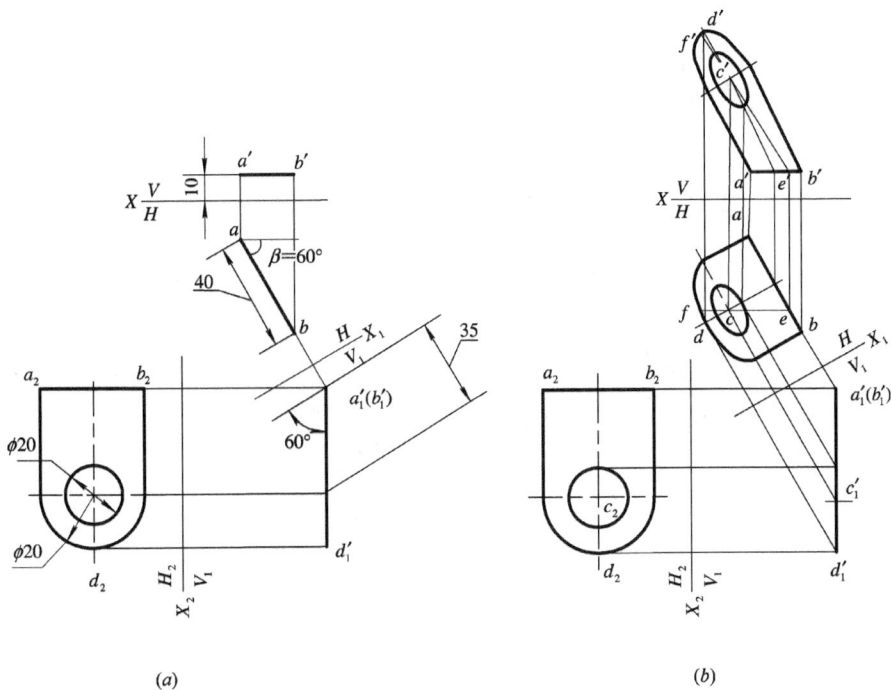

(a)   (b)

图 3-32 支座投影图作图步骤(一)

用同样的方法可求出与 I 面平行的各平面的投影，最后完成零件的各投影，如图 3-33 所示。

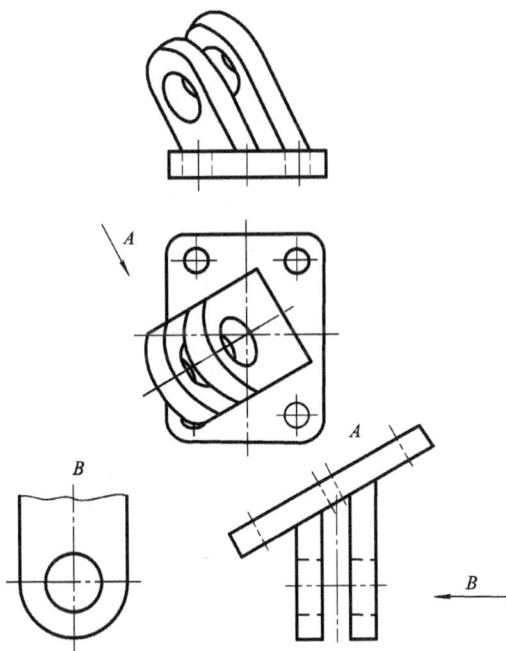

图 3-33 支座投影图作图步骤(二)

【例 3-16】 图 3-34(a)给出了交叉两输油管轴线 AB 与 CD 的位置，现要在两管之间用一根最短的管子将它们连接起来，求连接点的位置及连接管的长度。

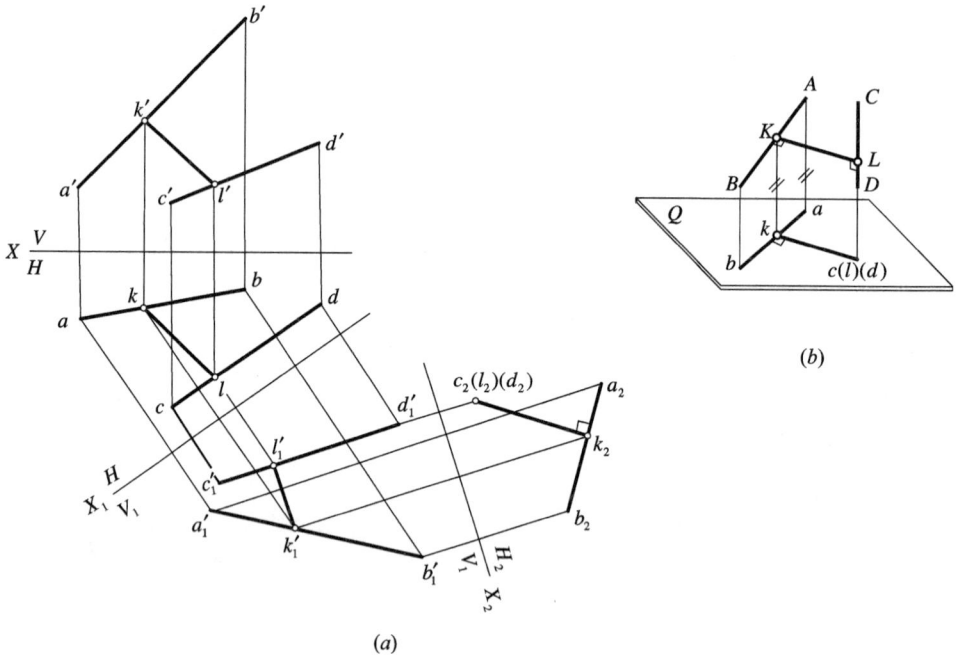

图 3-34　交叉两输油管投影图作图步骤（直线法）

解　两输油管轴线 AB、CD 是交叉两直线，它们之间的最短距离为其公垂线。因此，本题可归结为求交叉两直线的公垂线。下面介绍两种作图方法。

1）直线法

观察图 3-34(b)，若将两交叉直线之一（如 CD）变为新投影面的垂直线，则公垂线 KL 必平行于新投影面，其新投影反映实长，且与另一直线在新投影面上的投影反映直角。其作图步骤如下：

（1）先将直线 CD 在 V_1/H 体系中变为 V_1 面的平行线，再在 V_1/H_2 体系中变为 H_2 面的垂直线，此时 CD 直线的投影积聚为一点，直线 AB 也随之作相应的变换。

（2）过 $c_2(d_2)$ 作 $k_2l_2 \perp a_2b_2$（$k_1'l_1' // X_2$），k_2l_2 即为公垂线 KL 在 H_2 面上的投影。然后返回求出 KL 在 H、V 面上的投影（kl、$k'l'$）。K 及 L 为两油管间距离最短的连接点，k_2l_2 即为连接管的实长。

2）平面法

观察图 3-35(a)，若将两交叉直线 AB、CD 经过投影变换，使其同时平行于一个新投影面 Q。此时二直线之公垂线 KL 必然垂直于 Q 面，连接点 K、L 在 Q 面上的投影位置为两交叉直线对 Q 面的重影点的位置，而公垂线的实长必在与 Q 面垂直的投影面上反映出来。

为使两交叉直线同时平行于一个投影面，可通过二直线之一（例如 CD），作一直线 $CE // AB$，则 CD 和 CE 所确定的平面 $\triangle CDE$ 必与 AB 平行（图 3-35(b)）。经过两次变换，可使 $\triangle CDE$ 平行于新投影面 H_2（AB 也作相应的变换）。此时在 V_1/H_2 体系中，AB 与 CD 同时平行于 H_2 面，因而在 H_2 面上两直线的重影点 $l_2(k_2)$ 即为公垂线的一个投影，将该投影返回即可确定公垂线的位置；另一投影 $k_1'l_1'$（在 V_1 面上）则反映公垂线 KL 的实长。此公垂线在 V_1/H 体系中为 V_1 面之平行线（因 K、L 两点到 V_1 面的距离相等），故 $kl /\!/ X_1$，且 $k_1'l_1'$ 与 X_1 的夹角反映公垂线对 H 面的倾角 α。将 K、L 返回到 V/H 体系中，即为所求公垂线的投影 $KL(kl, k'l')$。

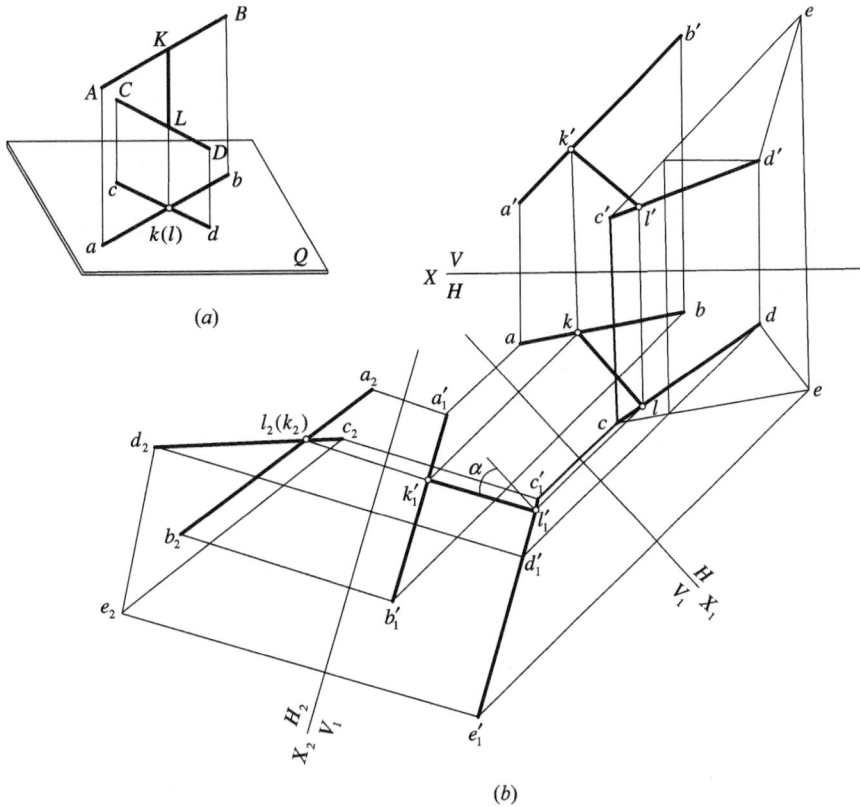

图 3-35 交叉两输油管投影图作图步骤（平面法）

由上述分析可以看出，当交叉两直线的公共平行面垂直于投影面 V_1 时，它们在 V_1 面上的投影必相互平行。在这两个平行投影间不仅可反映公垂线的实长，而且还可反映交叉两直线之间与 H 面成任一角度的连线的距离。亦即若给定 α 角数值（给定连接管对 H 面的方向），则交叉两直线间沿给定方向上两点的距离便可按此法求得。例如，欲用一根与 H 面成 $60°$ 倾角的管子连接 AB 和 CD 两管，可按图 3-36 所示，将两管一次换面后，使 $a_1'b_1' /\!/ c_1'd_1'$。为了确定新轴 X_2 的方向，先任作一条与 X_1 轴成 $60°$ 角的辅助线，然后引 X_2 轴与该直线垂直。求出交叉两直线在 H_2 面上的新投影，其重影点 $g_2(f_2)$ 即为连接管 FG 在 H_2 面上的投影，FG 在 V_1 面上的投影 $f_1'g_1'$ 必反映实长。显然，FG 在 V_1/H 体系中是既平行于 V_1 面又与 H 面成 $60°$ 角的最短线段。

在上述变换过程中，主要是确定 X_1、X_2 轴的方向，从而找出 AB 和 CD 在 H_2 面上的重影点，故点 E 可不必变换。同理，如果在 V/H 体系中，已知连接管轴线对 V 面的倾角 β，亦可按上述方法求出交叉两直线沿给定方向上两点间的距离。

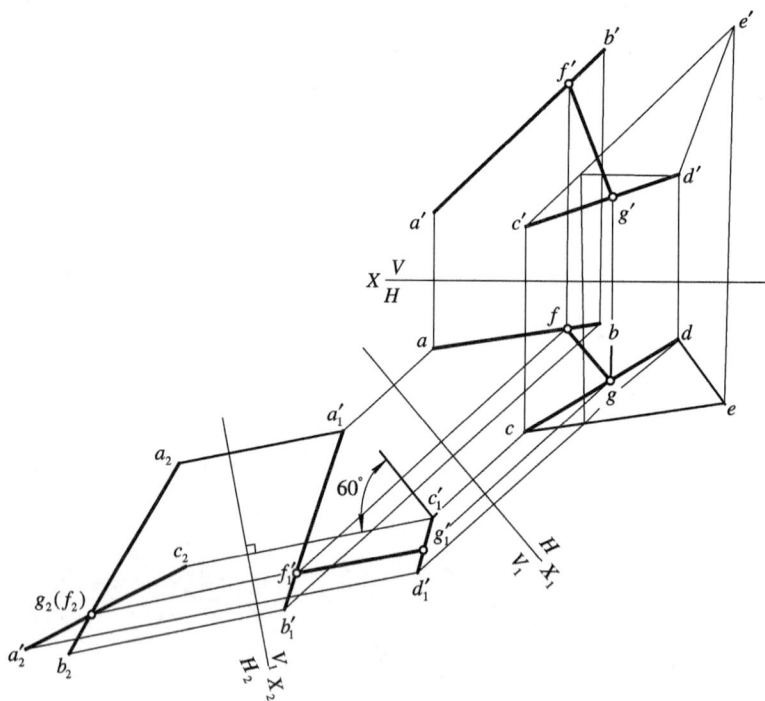

图 3-36　交叉两输油管连接投影图

本章小结

　　本章在学完单一几何元素（点、线、面）投影的基础上，进一步根据初等几何的有关知识，研究几何元素间相对位置关系（平行、相交、垂直）的几何条件及其投影作图方法。

　　在线面几种位置关系中，相交关系是本章的重点内容之一，应熟练掌握。求出线面交点或面面交线后应注意判断相应几何元素的可见性。

　　对于换面法，应重点掌握换面法的作图规律，并学会利用换面法解决一些几何作图问题。

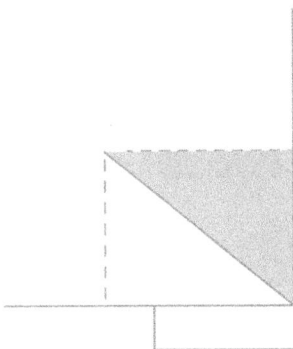

第4章 曲线与曲面

除了直线、平面外，曲线、曲面也是构成零件表面的重要几何元素。图 4-1 所示的零件，其主要工作面就是曲线、曲面，这些曲线、曲面直接影响到零件的工作性能、强度和加工方法，因此从设计和制造工艺角度出发，了解曲线、曲面的形成规律和几何性质，并掌握它们的投影特性和图示方法是十分必要的。

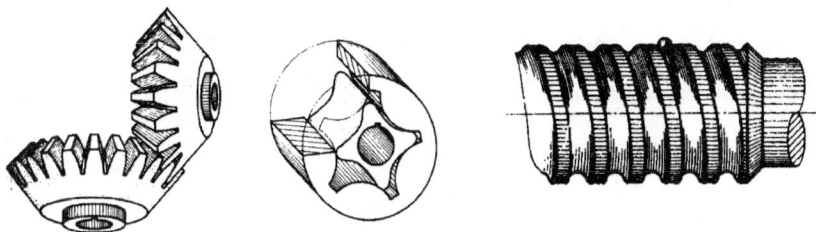

图 4-1 曲面零件

4.1 曲　　线

4.1.1 曲线的形成与分类

1. 曲线的形成

点作连续改动方向运动时的轨迹称为曲线，如图 4-2(a) 所示。曲线也可以是平面与曲面、曲面与曲面的交线，如图 4-2(b) 所示。直线是曲线的一种特殊情况。

2. 曲线的分类

按照动点运动时有无规律，曲线分为规则曲线与不规则曲线。规则曲线是指可以用曲线方程来表达的曲线，如圆锥曲线、渐开线、摆线及圆柱螺旋线等；不规则曲线是指不能用曲线方程表达的曲线，如 Bézier 曲线、B 样条曲线等。

按照曲线上各点是否在同一平面内，曲线又可分为平面曲线和空间曲线。平面曲线是指曲线上所有点均在同一平面内的曲线，如圆、椭圆、双曲线、渐开线、阿基米德涡线等；空间曲线是指任意连接四个点不在同一平面的曲线，如螺旋线等。

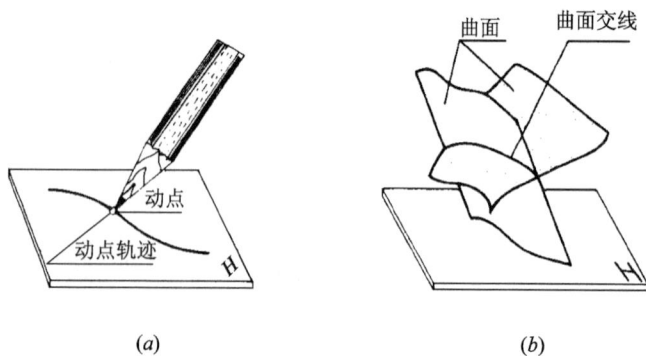

图 4 - 2　曲线的形成

4.1.2　曲线的投影及投影特性

1. 曲线的投影

曲线是一系列连续点的集合，因此绘制曲线投影时，只要作出曲线上一系列点的投影，并把它们的同面投影依次光滑地连接起来，即得到曲线的投影，如图 4 - 3 所示。

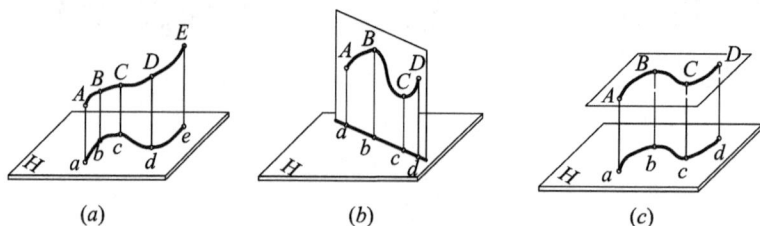

图 4 - 3　曲线的投影

2. 曲线的投影特性

（1）一般情况下，曲线的投影仍是曲线。如图 4 - 3(a) 所示，由于通过曲线上的投影线形成一个垂直于投影面的曲面，该曲面与投影面的交线仍是曲线。对于空间曲线，则需要两面和两面以上的投影确定它的形状。

（2）特殊情况下，平面曲线的投影可能是直线段或反映实形。当平面曲线所在的平面垂直于投影面时，它在该投影面上的投影为直线段，如图 4 - 3(b) 所示；当平面曲线所在平面平行于投影面时，它在该投影面上的投影反映实形，如图 4 - 3(c) 所示。空间曲线在任何情况下的投影都不可能积聚为直线段或反映实形。

（3）曲线上某一点的切线，它的投影与该投影的同面投影仍相切，且切点不变，如图 4 - 4(b) 所示的曲线上过 M 点的切线。

（4）平面曲线上某些特殊点投影后仍保持原有性质。平面曲线上的特殊点可分为两类：

① 曲线本身的特殊点。如图 4 - 4 所示的二重点 L、拐点 M、尖点 N，这类特殊点是曲

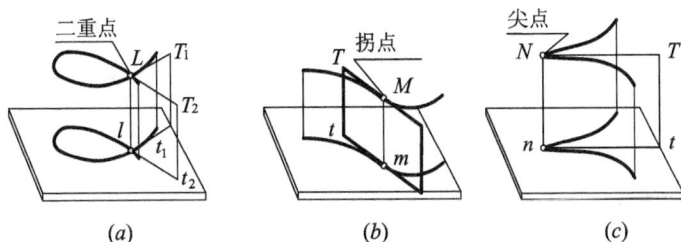

图 4-4 平面曲线上奇异点的投影

线固有的,与曲线对投影面的相对位置无关,其投影依然保持原有性质。

② 曲线对投影面的特殊点。这类特殊点是指曲线上距离投影面最远和最近的点,即曲线上坐标值最大和最小的点。如图 4-5 所示椭圆的两面投影,它距 H 面最远和最近的点必为曲线与水平面 P_1、P_2 的切点,其中 z 值最大的点为最高点 I 点,z 值最小的点为最低点 II 点;距 W 面最远和最近的点必为曲线与侧平面 S_1、S_2 的切点,其中 x 值最大的点为最左点 III 点,x 值最小的点为最右点 IV 点;距 V 面最远和最近的点必为曲线与正平面 Q_1、Q_2 的切点,其中 y 值最大的点为最前点 V 点,y 值最小的点为最后点 VI 点。显然,曲线对投影面的特殊点在曲线上的位置不是固定的,它将随曲线相对于投影面的位置变化而改变。绘制曲线的投影时,应先求出这些特殊点的投影。

必须注意,空间曲线上对某投影面的重影点,并非曲线本身的特殊点。

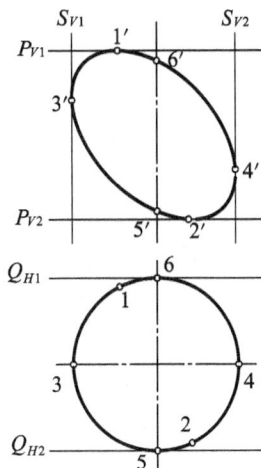

图 4-5 曲线对投影面的特殊点

4.1.3 螺旋线

螺旋线是工程上应用最多的规则空间曲线,它分为圆柱螺旋线、圆锥螺旋线,其中圆柱螺旋线的用途最广泛。

1. 圆柱螺旋线

1)圆柱螺旋线的形成

圆柱螺旋线就是圆柱表面上的一动点绕圆柱的轴线作等速回转运动,同时沿圆柱的轴线方向作等速直线运动,此动点的运动轨迹便为圆柱螺旋线。如图 4-6(a)所示,点 A 的轨迹即为圆柱螺旋线。点 A 旋转一周沿轴向移动的距离(如 AB)称为导程,用 S 表示。由于动点的旋转方向不同,圆柱螺旋线分为右旋圆柱螺旋线和左旋圆柱螺旋线。当圆柱的轴线为铅垂线时,若螺旋线的可见部分自左向右上升,则称为右旋圆柱螺旋线,如图 4-6(a)所示;若自右向左上升,则称为左旋圆柱螺旋线,如图 4-6(b)所示。

在圆柱形零件上车制螺纹时,零件等速转动,车刀等速移动,刀尖在圆柱表面上即车出圆柱螺旋线螺纹,如图 4-6(c)所示。

圆柱的直径、导程和旋向是形成圆柱螺旋线的三个基本要素。改变圆柱螺旋线的基本要素,就可以得到不同的圆柱螺旋线。

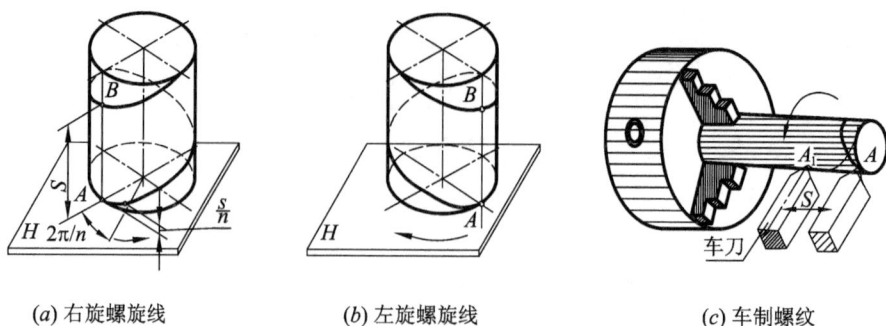

(a) 右旋螺旋线　　　(b) 左旋螺旋线　　　(c) 车制螺纹

图 4 - 6　圆柱螺旋线的形成

2）圆柱螺旋线的投影作图

如图 4 - 7(a) 所示，圆柱的轴线为铅垂线，直径为 D，导程为 S，点 A 是起点的右旋圆柱螺旋线，其投影作图步骤如下：

（1）作出直径为 D、高为 S 的圆柱面的两面投影，然后将水平投影（圆）和正面投影上的导程分成相同的等份，图中为 12 等分。

（2）由圆周上各等分点引竖直线，与导程上相应各等分点所作的水平线相交，交点 a'，a'_1，a'_2，…，a'_{12} 即为螺旋线上各点的正面投影。

（3）依次将 a'，a'_1，a'_2，…，a'_{12} 各点连成光滑曲线，即得到螺旋线的正面投影。在可见圆柱面上的螺旋线是可见的，其投影画成粗实线，在不可见圆柱面上的螺旋线是不可见的，其投影画成细虚线。

圆柱螺旋线的正面投影是正弦曲线，水平投影是圆。

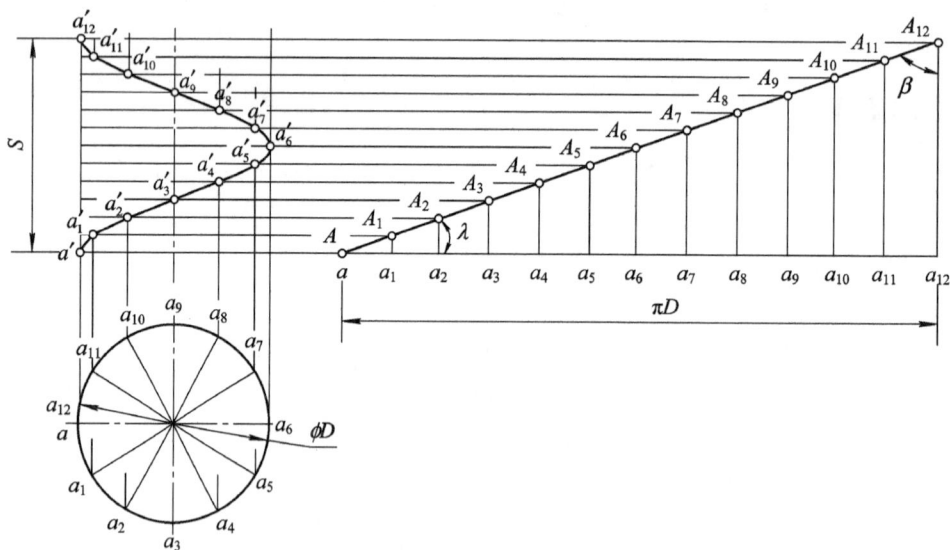

图 4 - 7　圆柱螺旋线的投影作图

3）圆柱螺旋线的基本性质

（1）图 4 - 7(b) 所示是圆柱面的展开图。根据圆柱螺旋线的形成规律，螺旋线的展开图是一直线，该直线为直角三角形的斜边，底边为圆柱面的圆周周长 πD，高为螺旋线的导程 S，直角三角形斜边与底边的夹角 λ 称为螺旋线的升角，它的余角 β 称为螺旋角。对于同一条螺旋线，λ、β 角是常数。且有

$$\tan\lambda = \frac{S}{\pi D}$$

$$AA_{12} = \sqrt{S^2 + (\pi D)^2}$$

式中，AA_{12} 是一个导程内螺旋线的展开长度。

由于螺旋线展开图为直线，而任意两点又以直线为最短，故可推知，圆柱表面上任意两点间的距离，除其连线为直线和圆弧外，应以螺旋线为最短。

（2）轴线直立的圆柱螺旋线上各点的切线与水平面的倾角等于该螺旋线的升角 λ，如图 4-8 所示，且各切线的水平迹点的连线为一渐开线，渐开线的迹圆即该螺旋线的水平投影。

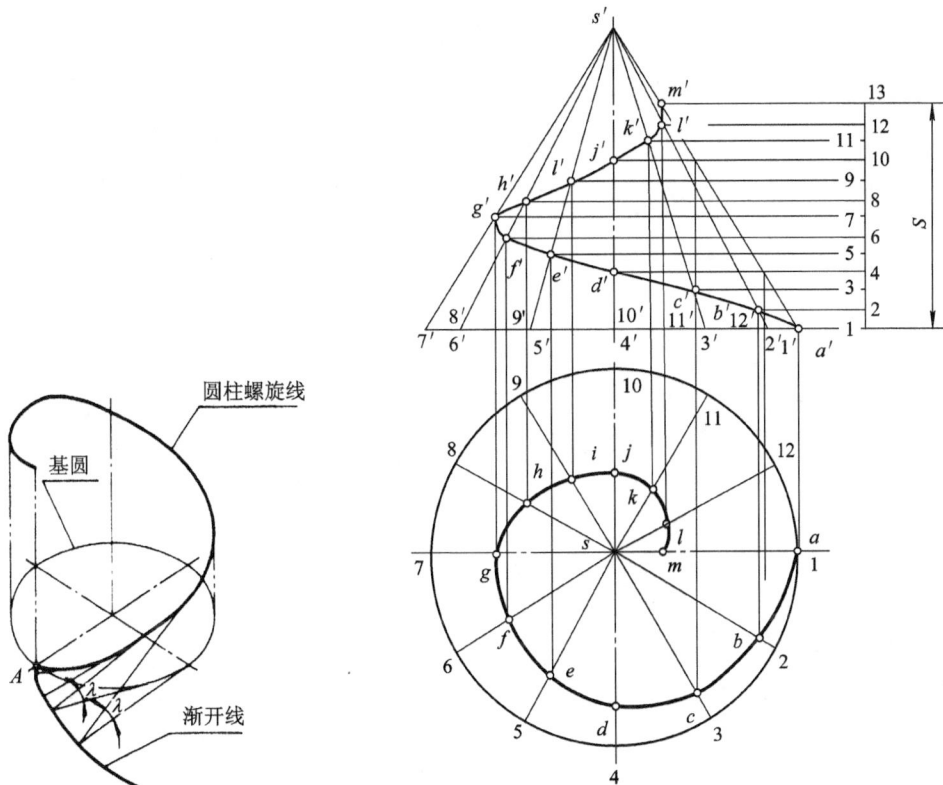

图 4-8　螺旋线的切线　　　　　　　　　图 4-9　圆锥螺旋线

2. 圆锥螺旋线

沿着圆锥表面运动的点，当其轴向位移与相应的角位移成定比时，其轨迹为圆锥螺旋线。

图 4-9 为左旋圆锥螺旋线的投影图。首先将已知导程分成若干份（图中为 12 等份）。

然后将圆锥底圆的水平投影圆分成相同等份，作出各分点所引素线的正面投影及水平投影。从正面投影中导程的各分点引平行于 OX 轴的直线与相应素线相交得 a'、b'、…各点，再求出其水平投影，光滑地连接同面投影点，则得圆锥螺旋线的两投影。其正面投影为一条振幅逐渐减小的正弦曲线，其水平投影为一条阿基米德螺旋线。

4.1.4　Bézier 曲线

Bézier 曲线是一种用参数曲线段逼近折线多边形的不规则曲线，其形状主要取决于特征点位置。这种曲线构造直观，使用方便，在产品造型中应用广泛。

1. Bézier 曲线的定义

给定空间 $n+1$ 个向量(或 $n+1$ 个特征点)$P_i(i=0，1，2，…，n)$，称 n 次参数曲线段

$$P(t) = \sum_{i=0}^{n} P_i B_{i,n}(t) \qquad t \in [0，1]$$

为 n 次 Bézier 曲线。其中 $B_{i,n}(t)$ 为 Bernstein 基函数，其表达式为

$$B_{i,n}(t) = \frac{n!}{i!(n-i)!} t^i (1-t)^{n-i}$$

P_i 称为特征点(控制点)，其连线称为特征多边形。

若给定空间 3 个点 P_0、P_1、P_2，n 为 2，可构成如图 4-10(a)所示的二次 Bézier 曲线；若给定空间 4 个点 P_0、P_1、P_2、P_3，n 为 3，可构成如图 4-10(b)所示的三次 Bézier 曲线。工程中最常用的是二次和三次 Bézier 曲线。

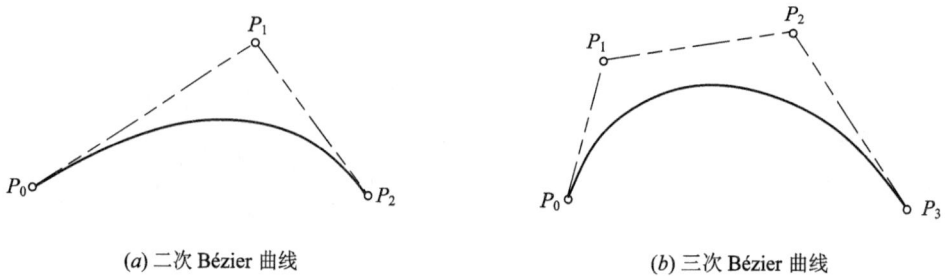

(a) 二次 Bézier 曲线　　　　　　　　　(b) 三次 Bézier 曲线

图 4-10　Bézier 曲线

2. Bézier 曲线的作图方法

如图 4-10 所示，Bézier 曲线总是通过第一个和最后一个控制点，曲线在起始点处与前两个控制点的连线相切，曲线终点处与最后两个控制点的连线相切。图 4-11、图 4-12 分别为二次 Bézier 曲线和三次 Bézier 曲线的几何作图过程。

求 n 次 Bézier 曲线上参数为 t 的点 $P(t)$，必须求相应的 $n-1$ 次 Bézier 曲线上参数为 t 的点；求 $n-1$ 次 Bézier 曲线上参数为 t 的点，必须求 $n-2$ 次曲线上的点；直到求二次曲线上的点必须求一次曲线上的点。而一次 Bézier 曲线就是控制多边形的某一条边，求一次 Bézier 曲线上参数为 t 的点就是求 $t:(1-t)$ 的定比分割点。

虽然手工绘制 Bézier 曲线相对计算机编程绘制复杂，但掌握基本的作图方法，有利于在产品设计中构思自由曲线的造型。

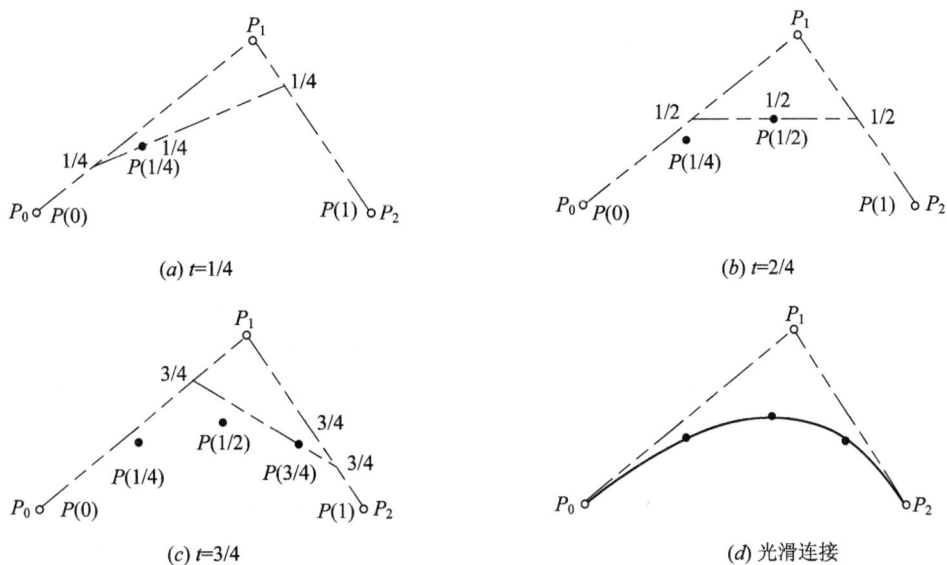

(a) t=1/4

(b) t=2/4

(c) t=3/4

(d) 光滑连接

图 4-11　二次 Bézier 曲线的作图过程（n=2）

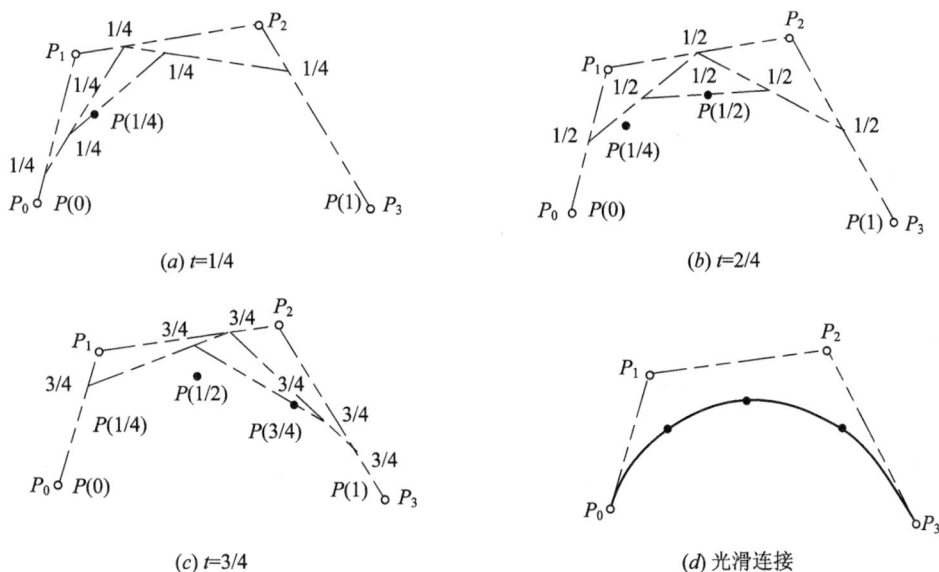

(a) t=1/4

(b) t=2/4

(c) t=3/4

(d) 光滑连接

图 4-12　三次 Bézier 曲线的作图过程（n=3）

4.1.5　B样条曲线

所谓样条曲线，就是指由若干个 n 次曲线段连接而成的拟合曲线，在每段的连接处满足 $n-1$ 阶导数连续。B样条曲线是受到 Bézier 方法的启示而发展起来的样条曲线。

根据 B 样条曲线所采用的基函数不同，B 样条曲线分为很多种，有均匀 B 样条、非均匀 B 样条、均匀有理 B 样条、非均匀有理 B 样条，目前先进 CAD/CAM 系统都采用非均匀有理 B 样条。均匀 B 样条曲线函数由于采用等距参数节点，因此形成的 B 样条曲线简单、直观、易用，使之在汽车车身设计、飞机表面设计以及船体设计中有着广泛的应用。下面主要介绍均匀 B 样条曲线。

1. B 样条曲线的定义

给定 $m+n+1$ 个空间向量(或 $m+n+1$ 个特征点)P_k($k=0,1,2,\cdots,m+n+1$)，称 n 次参数曲线

$$B_{i,n}(t) = \sum_{l=0}^{n} P_{i+l} F_{l,n}(t) \qquad t \in [0,1]$$

为 n 次 B 样条第 i 段曲线($i=0,1,2,\cdots,m$)，它的全体称为 n 次 B 样条曲线。

如图 4-13 所示，由控制点 P_1，P_2，P_3，$\cdots$，P_7 的连线构成的折线段称为 B 样条的特征多边形。当 $m=3$、$n=3$ 时，这 7 个控制特征点决定了 4 段($m+1$)三次 B 样条曲线段，它们的全体叫作三次 B 样条曲线。工程中常用的是二次、三次 B 样条曲线。

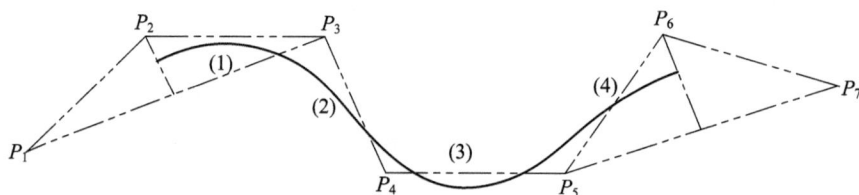

图 4-13 由 4 段三次 B 样条曲线段构成的 B 样条曲线

2. B 样条曲线的性质

1) 连续性

n 次 B 样条曲线在连接处达到 $n-1$ 次连续。如常用的三次 B 样条在连接处达到二阶导数连续。

2) 局部性

由 B 样条曲线定义可知，改动特征多边形的一个顶点，只影响以该点为中心的邻近 $n+1$ 段曲线。此性质有利于对曲线的局部修改。

3) 直观性

B 样条曲线形状取决于特征多边形，且与特征多边形逼近，因此根据特征多边形可以推知 B 样条曲线的形状和走向。

4) 凸包性

B 样条曲线落在由特征多边形构成的凸包之中。

5) 保凸性

如果特征多边形为凸，则 B 样条曲线也为凸。

3. B 样条曲线的作图方法

二次 B 样条曲线段由图 4-14(a)所示的 P_0、P_1、P_2 特征多边形所确定，该线段的起点 $B(0)$ 在控制多边形 P_0P_1 边的中点，$B(1)$ 在 P_1P_2 边的中点，曲线分别和端点所在的边相切。

三次 B 样条曲线段由图 4-14(b)所示的 P_0、P_1、P_2、P_3 特征多边形所确定，其起点 $B(0)$ 在 $\triangle P_0P_1P_2$ 的中线上，并且距 P_1 点 1/3 处，$B'(0) /\!/ P_0P_2$。终点 $B(1)$ 在 $\triangle P_1P_2P_3$ 的中线上，并且距 P_2 点 1/3 处，$B'(1) /\!/ P_1P_3$。

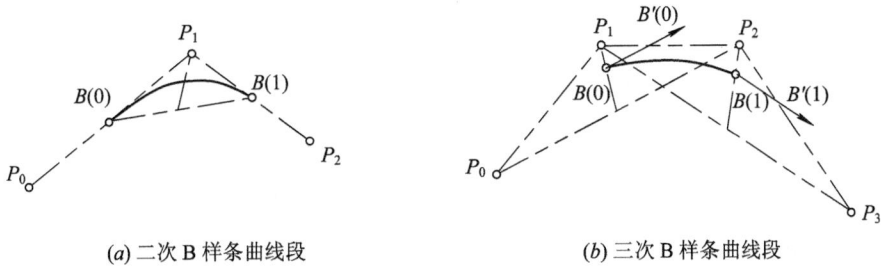

(a) 二次 B 样条曲线段   (b) 三次 B 样条曲线段

图 4 - 14 B 样条曲线段

由 n 个顶点构造的 B 样条曲线，则是由 m 个 B 样条曲线段构成，即在第一个 B 样条曲线段基础上逐步外延顶点，每外延一个顶点，就增加一个 B 样条曲线段，连接处自然达到 $n-1$ 次连续。

B 样条曲线作图简便，具体作图过程可参考图 4 - 13。

4.2 曲   面

4.2.1 曲面的形成和分类

1. 曲面的形成

曲面是一条母线（动线）在空间连续运动的轨迹。母线在运动过程中，处于曲面上任一位置时被称为该曲面的素线。规则曲面是指母线作规则运动形成的曲面。如图 4 - 15 中，母线 AA_1 沿曲线 $ABCD$ 运动且始终保持与定直线 MN 平行，则母线 AA_1 运动时形成的曲面为规则曲面。在形成规则曲面的过程中，控制母线运动而本身不动的点、线和面分别称为导点、导线和导面，它们是形成曲面时的基本几何元素。不规则曲面是指母线作不规则运动形成的曲面。本节主要介绍规则曲面。

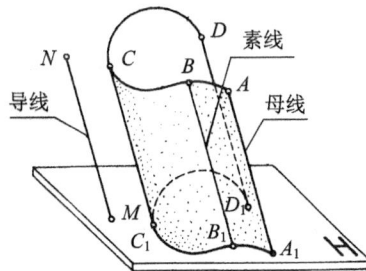

图 4 - 15 曲面的形成

2. 曲面的分类

根据母线的形状不同，曲面分为直线面与曲线面。直线面是指母线在运动过程中不改变其形状或大小而形成的定线曲面，如各种曲线回转面和曲柱面；曲线面是指母线在运动中不断按一定规律改变其形状或大小而形成的变线曲面，如图 4 - 16(j)所示的羊角曲面。所有曲线面都属于不可展曲面。

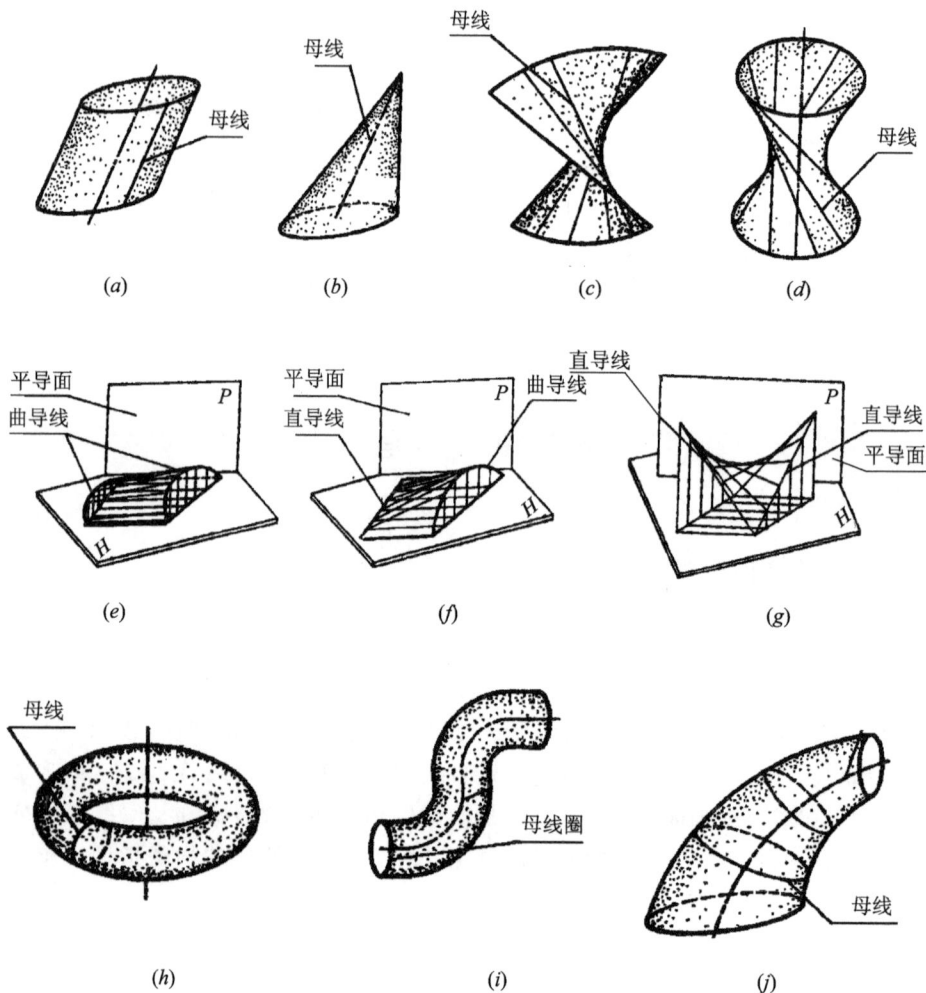

图 4 - 16 常见曲面

4.2.2 曲面的表示法

表示曲面时，需要画出决定该曲面几何性质的各个几何元素，如母线、导线、导面的投影。此外，为清楚地表达曲面，还要画出曲面各投影的轮廓线（外形线），以决定曲面的范围。曲面对某投影面的轮廓线，也是对该投影面的可见性分界线。对于比较复杂的曲面，还应画出曲面上某些素线或截交线。下面介绍工程上几种常见曲面表示法。

1. 曲面边界线表示法

除球面、环面等封闭曲面外，多数曲面都是可以无限扩大的。为了表示曲面的有限范围，一般利用曲面上起始和终止位置的素线及其母线端点的轨迹曲线，如图 4 - 17(b)中

aa_1 和 dd_1 以及 $abced$ 和 $a_1b_1c_1e_1d_1$ 等对曲面的范围加以限制。这些限制曲面范围的线就是曲面本身的边界线。在具体零件上，曲面的边界线往往表现为曲面与其相邻表面的交线，如图 4-18(a) 所示。

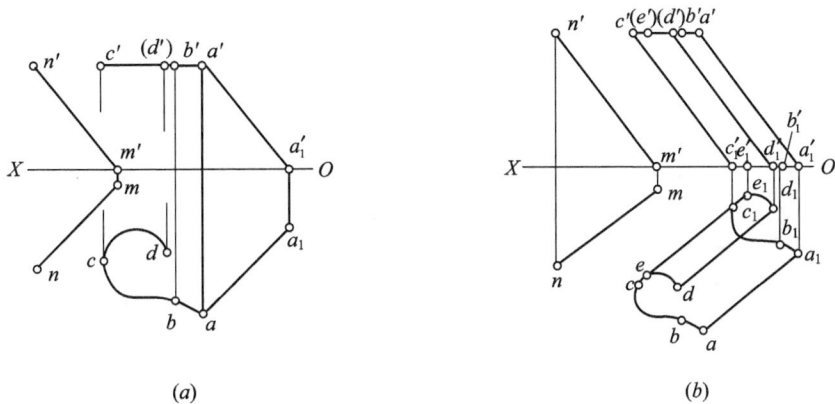

图 4-17 曲面的表示法

2. 曲面轮廓线的表示法

将曲面向某投影面投影时，曲面与投影线有一系列切点，这些切点的连线（直线或曲面）称为曲面对该投影面的轮廓线。如果该轮廓线又是曲面的一条素线，则称它为轮廓素线。画图时，对某一投影面的轮廓线，只需画出它在该投影面上的投影，其余投影不必画出。此外，曲面对某投影面的轮廓线也是曲面对该投影面的可见性分界线，如图 4-18(b) 所示。对于复杂曲面，还应根据需要画出若干素线的投影。

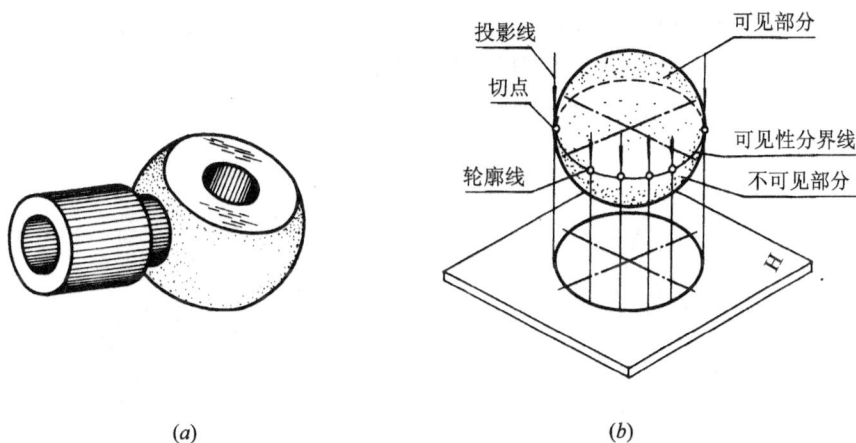

图 4-18 曲面的轮廓线

4.2.3 回转面

回转面是工程上和日常生活中最常见的一种曲面。

1. 回转面的形成与分类

母线绕一固定轴旋转所形成的曲面称为回转面。当母线为直线时,形成直线回转面,如图4-19所示。当母线为曲线时,形成曲线回转面,如球面、圆环面等,如图4-20所示。

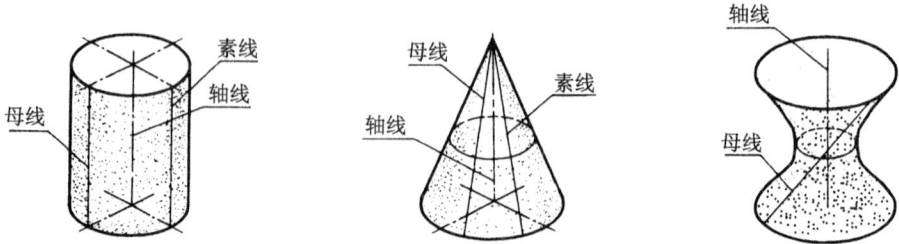

图4-19 直线回转面

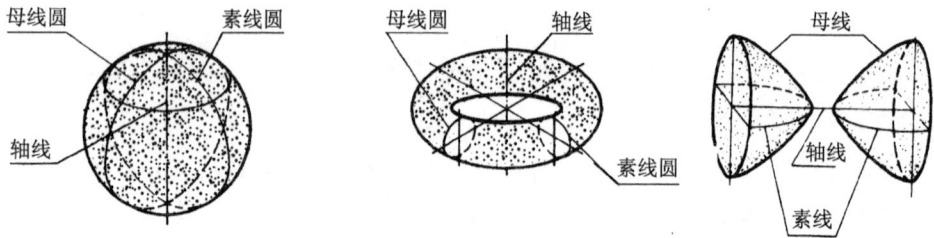

图4-20 曲线回转面

2. 回转面的基本性质

(1)如图4-21(a)所示,在回转面母线上,任意一个点C运动的轨迹是一个垂直于回转轴的圆周,这个圆称为纬圆。纬圆的半径为母线上的点C到轴线的距离。在与回转轴线垂直的投影面上,所有纬圆的投影均为圆。利用回转面上这一特点,可以容易求出回转面上点的投影。

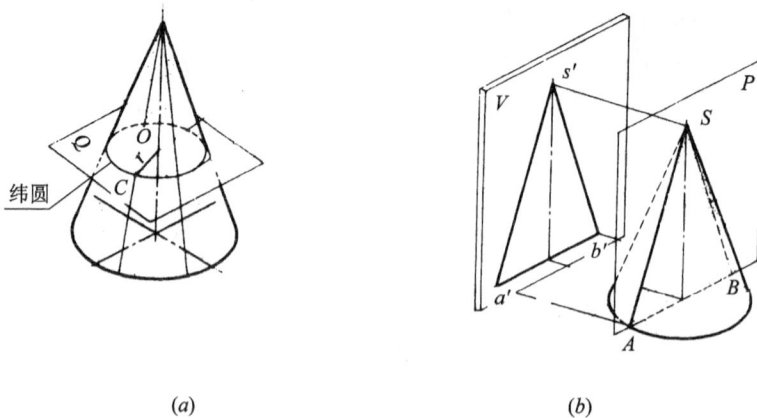

(a)   (b)

图4-21 回转面的性质

（2）当用包含轴线的平面截切回转面时，平面与回转面的交线是两条素线。当该平面平行于某投影时，这两条素线为回转面对该投影面的可见性分界线，如图4-21(b)所示，即回转面对该投影面的外形轮廓线，它在该投影面上的投影反映回转面母线的实形以及母线与轴线的相对位置。

4.2.4 螺旋面

螺旋面在工程上应用相当广泛，如螺钉、蜗轮蜗杆、螺旋弹簧等都是以螺旋面作为主要工作面的。

1. 螺旋面的形成和分类

螺旋面以螺旋线及其轴线为导线，当母线沿着这两条导线移动而同时又与该轴线相交成一定角度时形成的曲面称为螺旋面。显然，母线上所有点均作导程相等（半径可能不同）的螺旋运动。螺旋面的母线可以是直线，也可以是曲线。若母线为直线，则形成直线螺旋面；若母线为曲线，则形成曲线螺旋面。

在直线螺旋面中，若直母线与轴线相交成90°角，所得曲面称为正螺旋面，如图4-22所示。若直母线始终与轴线所成的角度不等于90°，且夹角不变，则形成斜螺旋面。由于垂直于轴线的平面与斜螺旋面的交线为阿基米德涡线，故斜螺旋面又称为阿基米德螺旋面，如图4-23所示的梯形螺纹的工作面。若直母线始终与轴线交叉，且切于一圆柱螺旋线，

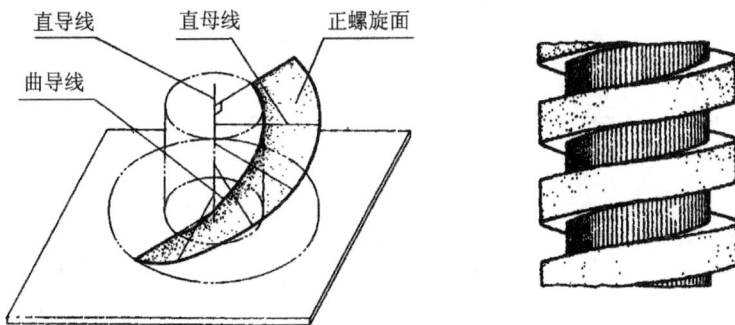

图4-22 正螺旋面

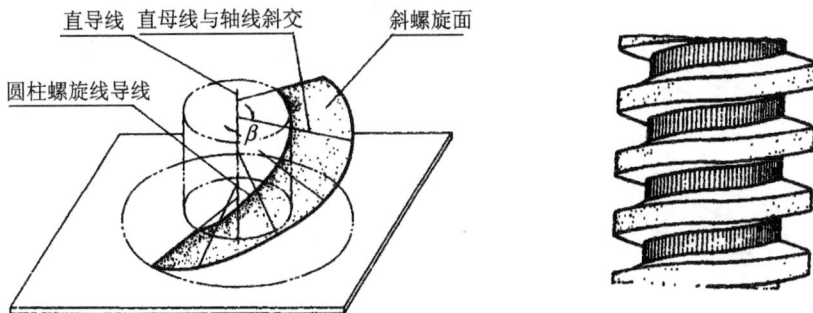

图4-23 斜螺旋面

则形成渐开线螺旋面(因垂直于轴线的平面与该曲面的交线为渐开线),如图 4-24 所示的斜齿圆柱齿轮的齿面。

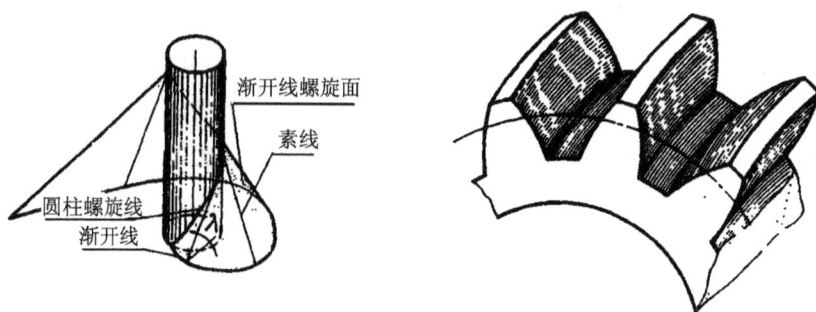

图 4-24　渐开线螺旋面

2. 螺旋面的画法

螺旋面的画法与圆柱螺旋线基本相同。绘制螺旋面的投影时,首先画出母线端点所形成的螺旋线的投影;然后根据母线每转过 $360°/n$ 角必定移动 S/n 的距离这一规律(其中 n 为偶数,S 为导程),画出一系列素线的投影;最后根据需要,在与轴线平行的投影面上,作出系列素线投影的包络线,作为螺旋面对该投影面轮廓线的投影。

1)正螺旋面

图 4-25(a)表示一正螺旋面。母线 A_0B_0 的一个端点 A_0 沿着圆柱螺旋线运动,且始终与轴线垂直。当 A_0 运动到 A_1 时,母线上各点如 B_0 也转过同一角度,且上升相同高度移动到 B_1 点。母线上运动的各点轨迹是半径不等的,但与 A_0 点有相同导程的螺旋线。

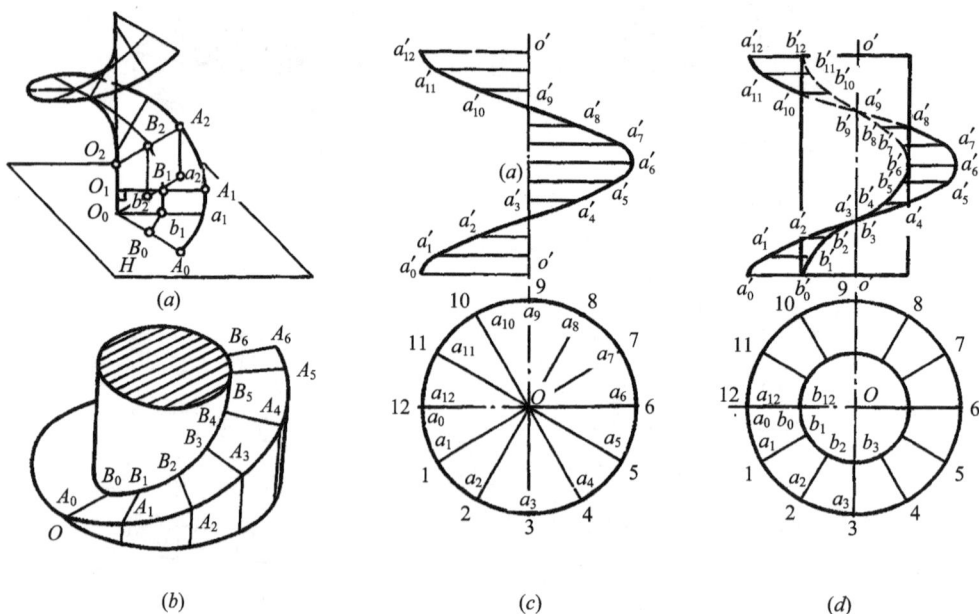

图 4-25　正螺旋面的投影

图 4-25(c)为正螺旋面的投影图。因为正螺旋面的轴线为一铅垂线,而其素线与轴线垂直,因此各素线均为水平线。根据直角投影定理,各素线的正面投影一定垂直于轴线的正面投影,即平行于 X 轴,而各素线的水平投影则交于圆心。为了清晰表示螺旋面,除画出螺旋线外,一般还要画出一系列素线的投影。

图 4-25(b)表示正螺旋面中部有一同轴小圆柱体(轴芯)。由于母线运动时,母线上的各点运动轨迹都是相同导程的螺旋线,所以此小圆柱与正螺旋面的交线也是一条具有同一导程的螺旋线。图 4-25(d)为有轴芯的正螺旋面投影图。

2) 斜螺旋面

首先画出导线(圆柱螺旋线)的投影,如图 4-26(a)所示,然后作出一根平行于 V 面的素线,此时素线的正面投影与轴线的正面投影的夹角反映 λ 角的真实大小,而水平投影平行于 OX 轴。其余素线则按照螺旋面形成的原理作出。作出各素线投影后,在沿各素线投影的外侧,用粗实线画出斜螺旋面的投影轮廓线,即得到斜螺旋面的投影图,如图 4-26(b)所示。

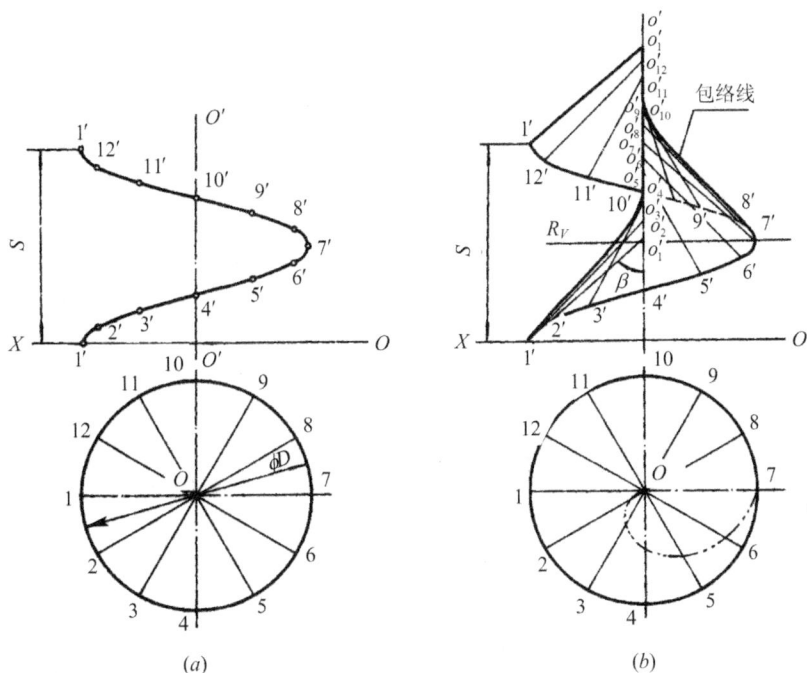

图 4-26 斜螺旋面的投影

在图 4-26(b)的水平投影中,双点画线表示了斜螺旋面与垂直于其轴线的平面 R 相交所得的交线(阿基米德螺旋线)的水平投影。

本 章 小 结

本章重点介绍曲线、曲面的几何性质以及其基本的投影知识,为绘制和阅读带有曲面的零件提供必要的帮助。

曲线是构成曲面的基本几何元素。对于曲线，应了解和熟悉各种不同类型曲线的性质、投影作图方法。在作曲线投影时，应注意曲线上特殊点的投影，以保证作图的准确性。

对于各种曲面，注意掌握表示曲面的方法，即要表示出确定该曲面的几何要素，如母线、导面、导线、导点等，一般为了明显起见，有时还需要画出各投影的轮廓线。其中熟悉各类曲面的形成方式，是正确掌握曲面投影作图的关键。

螺旋线和螺旋面属于相对复杂的曲线、曲面，它们是后面带有螺旋线特征的零件（如弹簧、螺纹等）的基础。

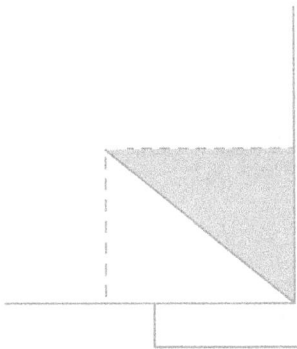

第5章 立体及截交线

工程构件或机械零件都是由各种各样的三维实体构成的，不管这些实体的结构、形状多么复杂，都可以看作是由一些基本立体按一定方式组合而成的。

基本立体是指由若干表面围成的相对简单的实体。根据组成基本立体的表面性质不同，基本立体分为平面立体和曲面立体。其中表面均为平面的立体称为平面立体，如棱锥体、棱柱体等；表面为曲面或曲面与平面共同围成的则称为曲面立体，如球体、圆柱体、圆锥体等。立体表面上两平面之间或平面与曲面之间的交线称为棱线，各棱线的交点称为顶点。表示立体就是画出立体的表面、棱线（轮廓线）以及顶点的投影。本章在点、直线、平面、曲线和曲面投影的基础上，主要研究基本立体以及带有切口立体（截交线）的投影作图方法。另外还简要介绍直线与立体相交（贯穿点）的投影作图方法。

5.1 立体的三视图

5.1.1 三视图的形成

将立体向多面投影体系的投影面作正投影得到的图形称为视图。如图 $5-1(a)$ 所示的是三投影面体系，其中立体在 V 面的投影称为主视图，在 H 面的投影称为俯视图，在 W 面的投影称为左视图。将投影面展开后，省略投影轴，得到图 $5-1(b)$ 所示的图就称为立体

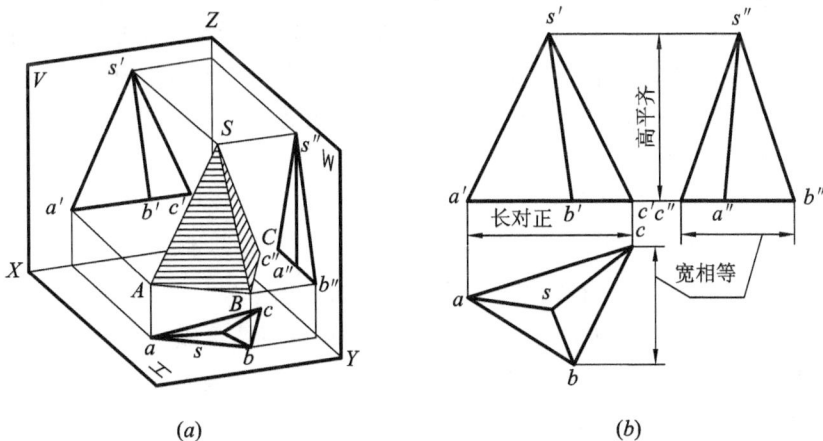

(a)　　　　　　　　　　　　　(b)

图 5-1　三棱锥的三视图

的三视图。

画立体三视图时，应注意：

（1）立体为回转体或其投影图对称时，用细点画线表示轴线和对称中心线。

（2）可见轮廓线画成粗实线，不可见轮廓线画成细虚线。当细虚线与粗实线重合时，只画粗实线。当细点画线与细虚线重合时，只画细虚线。

5.1.2　三视图的投影规律

三视图和三面投影图本质是相同的，只是绘制三视图时省去了投影轴，因此画图时必须依然保持三投影间的投影规律。若约定 X 向的尺寸为"长"，Y 向的尺寸为"宽"，Z 向的尺寸为"高"，则三视图的投影规律为：

主视图与俯视图"长对正"，主视图与左视图"高平齐"，俯视图与左视图"宽相等"。

各视图中，主视图反映了立体的上下和左右位置；俯视图反映了立体的前后和左右位置；左视图反应了立体的前后和上下位置。

画立体的三视图时，为了尽量反映立体表面的实形和便于作图，常将立体底面、对称平面（或轴线）放置成平行或垂直于某一投影面。

5.2　平 面 立 体

5.2.1　平面立体的表示法

由于组成平面立体的各表面都是平面，因此表示平面立体投影时，只需画出立体上棱线及其交点的投影。作图时，弄清平面立体上各平面和棱线与投影面的相对位置，明确它们的投影特性，便于简化作图。常见的平面立体有棱锥和棱柱两种。

【例 5-1】　图 5-1(a)所示的三棱锥底面△ABC∥H 面，画出其三视图。

解　根据投影规律，绘出三棱锥底面△ABC、顶点 S 以及棱线 SA、SB、SC 的三个投影，判别可见性，即可得出三棱锥的三视图，如图 5-1(b)所示。

由图 5-1(b)可以看出，投影的外形轮廓线总是可见的。而判别投影中外形轮廓线以内直线的可见性，可根据线面相对位置确定。如水平投影外形轮廓线内的三条线 sa、sb、sc，可从图 5-1(b)的正面投影看，棱锥的三个棱面都高于底面，均是可见的，所以水平投影都画成粗实线。又如 SB 棱线在棱锥正面投影外形轮廓线 SA、SC 的前方，是可见的，故正面投影 $s'b'$ 画成粗实线。

【例 5-2】　图 5-2 所示为斜三棱柱的三视图，分析各线段的可见性。

解　因投影的外形轮廓线总是可见的，故主视图中主要判别 $c'c_1'$ 是否可见；左视图中主要判别 $a''a_1''$ 是否可见；在俯视图中，主要判别点 a_1（aa_1、b_1a_1、c_1a_1 三线的交点）是否可见，如点 a_1 不可见，则 aa_1、b_1a_1、c_1a_1 均不可见。从主视图可以看出，点 A_1 为底面上的点，被其他棱面遮挡，故 a_1 不可见，因此，aa_1、b_1a_1、c_1a_1 均画成细虚线。也可利用两交叉直线的重影点来判断每一投影轮廓线以内的直线的可见性。如 aa_1 的可见性，可利用 BC 和 AA_1 两条棱线上对 H 面的重影点 I 、II 来判断，因 I z＞II z，故 aa_1 不可见。包含 AA_1

的两个棱面□AA_1BB_1、□AA_1CC_1的水平投影也为不可见。$c'c_1'$、$a''a_1''$的可见性读者自行分析。

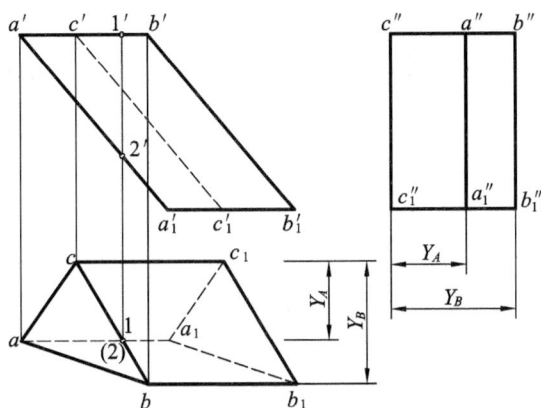

图 5-2 斜三棱柱的三视图

综上两例可以看出，平面立体的视图是通过棱线的投影来表示的，故平面立体表面在投影时的可见性是由其棱线投影的可见性来确定的。

棱线投影可见性的判别原则可归纳如下：

(1) 各投影中的外形轮廓线总是可见的，并且是可见棱面与不可见棱面的分界线。

(2) 各投影中在外形轮廓线范围内的直线的可见性，可按上下、左右、前后是否遮挡或交叉直线重影点的可见性进行判别(图 5-2)。

(3) 各投影的外形轮廓线内，如有多条直线交于一点，若交点可见，则各直线均可见，否则各直线均不可见(图 5-2中的水平投影)。

(4) 各投影中，若立体上某平面可见，则该平面上点、线的投影均可见；若立体上某条棱线可见，则该棱线上点的投影亦可见。若某一棱线的投影不可见，则以此棱线为交线的两棱面的投影也不可见。

5.2.2 平面立体表面上的点和直线

平面立体各表面都是平面，因此在平面立体表面上取点和线，其实质就是在平面内取点和线。关键是先根据已知条件，分析清楚点或线属于平面立体表面的哪个平面上。同时注意这些点或线的投影必在该平面的同面投影内，且它们的可见性与该平面的可见性相同。

【例 5-3】 如图 5-3 所示，已知三棱锥表面上 K 点的正面投影和 MN 线段的水平投影 mn，求作它们的其余投影。

解 (1) 由点 K 的正面投影 k'(可见)可知，点 K 在三棱锥的 SBC 表面上，通过 K 点在 SBC 上作辅助线 $S\ I$，即可作出点 K 的另外两个投影。在侧面投影上，因 SBC 表面不可见，故 k'' 也不可见，水平投影 k 可见。

(2) 由直线 MN 的水平投影 mn 可知，其中，M 点在三棱锥的棱 SA 上，N 点在三棱锥表面 SAB 上。分别作出 M、N 点的正面投影和水平投影，用直线连接其同面投影即可。因表面 SAB 的三面投影均可见，所以 MN 的三面投影也都可见。

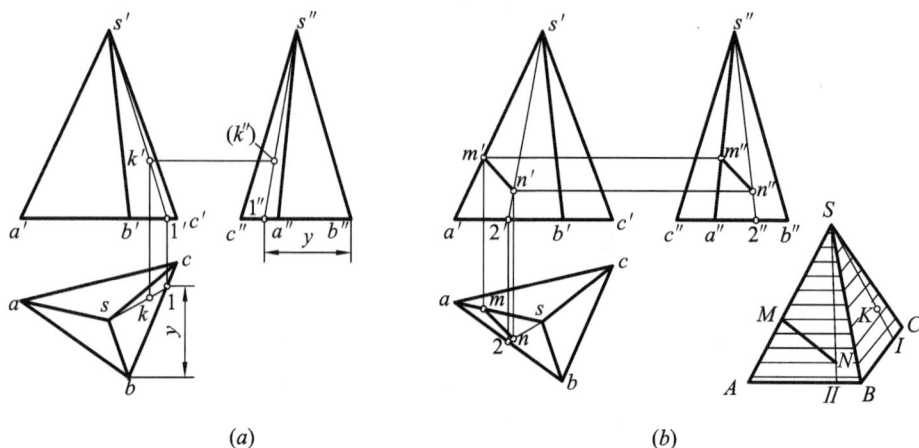

(a) (b)

图 5-3   平面立体表面上取点、直线

5.3   回 转 体

5.3.1   回转体的形成

回转体是常见的曲面立体。将母线(直线或曲线)绕轴线旋转即形成回转面。由回转面或者回转面和平面围成的立体称为回转体。工程上用得最多的回转体是圆柱体、圆锥体、球体和圆环体(见图 5-4)。

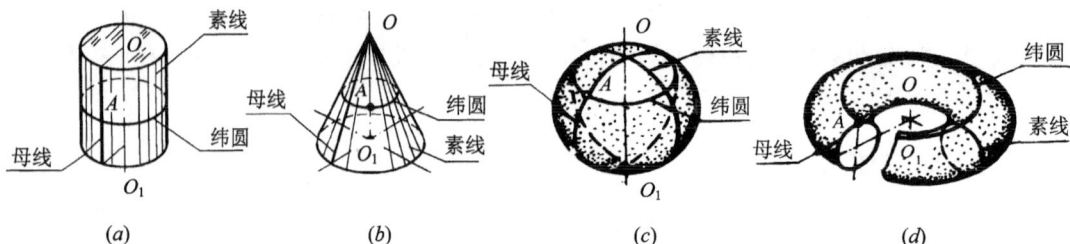

(a) (b) (c) (d)

图 5-4   常见回转面和回转体

母线在旋转时的任一位置称为素线,母线上任一点的轨迹称为纬圆(或者回转圆),纬圆所在的平面必垂直于轴线。

5.3.2   回转体的三视图及其表面上的点和线

1. 圆柱体

1) 圆柱体的三视图

圆柱体由圆柱面和上、下底平面围成。图 5-5(a)所示为轴线垂直于 H 面的圆柱体,图 5-5(b)为该圆柱体的三视图。

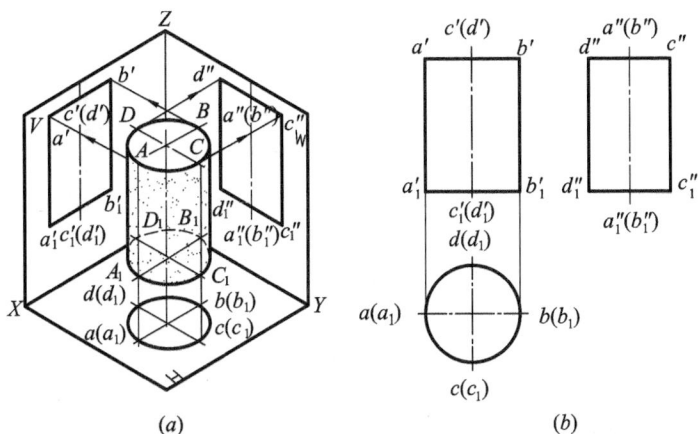

图 5 - 5　圆柱体的三视图

由于圆柱体轴线垂直于 H 面，圆柱面上的所有素线都是铅垂线，因此圆柱面的水平投影积聚为一圆周，顶面、底面平行于 H 面，故圆柱体的俯视图为圆；圆柱体的主视图为一矩形。矩形的上、下底边为圆柱顶面、底面的积聚性投影，矩形的两侧边 $a'a_1'$、$b'b_1'$ 是圆柱面上最左、最右两条素线 AA_1、BB_1 的正面投影，是正面投影的转向轮廓素线；圆柱体的左视图也为一矩形。矩形的上、下底边是圆柱顶面、底面的积聚性投影，矩形的两侧边 $c''c_1''$、$d''d_1''$ 是圆柱面上最前、最后两条素线 CC_1、DD_1 的侧面投影，是侧面投影的转向轮廓素线。

2）可见性

以图 5 - 5 所示为例，主视图的可见性，以正面投影转向轮廓素线为分界线，转向轮廓素线之前的半个圆柱面为可见，后半个圆柱面为不可见；左视图的可见性，以侧面投影转向轮廓素线为分界线，转向轮廓素线之左的半个圆柱面为可见，之右的半个圆柱面为不可见；对于俯视图，只有顶面可见。

画圆柱体的视图时，应先画轴线及中心线，接着画反映圆实形的投影，然后再画其他两个投影。

3）圆柱体表面上的点和线

在圆柱体表面上求作点的投影，就是根据已知投影，分析该点在圆柱体表面所处的位置，并利用圆柱面对某一投影面的积聚性和点的投影规律，求得点的其余投影。所求点的可见性，取决于该点所在圆柱体表面的可见性。

在圆柱体表面上求作线的投影，应首先分析线的空间形状，然后求作组成线的若干点的投影，最后判别可见性，连接得到线的投影。

【例 5 - 4】　已知圆柱体表面上的点 E 和线段 EH 的正面投影 e'、$e'h'$，求它们的其余两投影（图 5 - 6）。

解　因圆柱的轴线垂直于 H 面，其俯视图具有积聚性。

图 5 - 6(a)中，根据点 E 的正面投影 e' 可见，则由 e' 直接在前半圆周上作出水平投影 e，根据点的投影规律可求出点 E 的侧面投影 e''。因点 E 在右半圆柱面上，故 e'' 不可见。

图 5 - 6(b)中，根据圆柱面的形成原理，EH 线段既不是直线也不是圆弧（是一段椭圆弧）。作 EH 的投影时，须作出它上面的一系列点的投影，然后用曲线光滑连接各点的同面

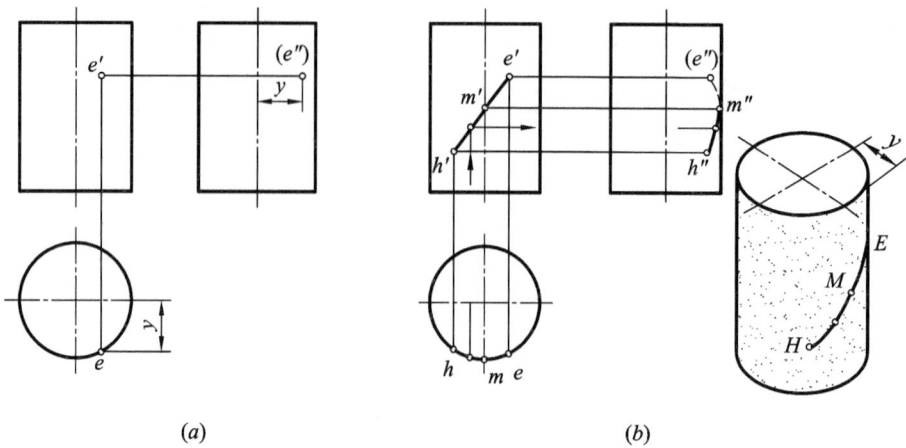

图 5-6　圆柱体表面上取点、线

投影即可。图中 EH 的水平投影与圆柱面的水平投影重合，侧面投影用光滑的曲线连接，其中线段跨过圆柱面转向轮廓素线的点（如 M）的投影必须作出，它是线段侧面投影可见与不可见的分界点。

2. 圆锥体

1）圆锥体的三视图

圆锥体由圆锥面和底面围成，图 5-7(a)所示圆锥体的轴线与 H 面垂直。图 5-7(b)为该圆锥体的三视图。

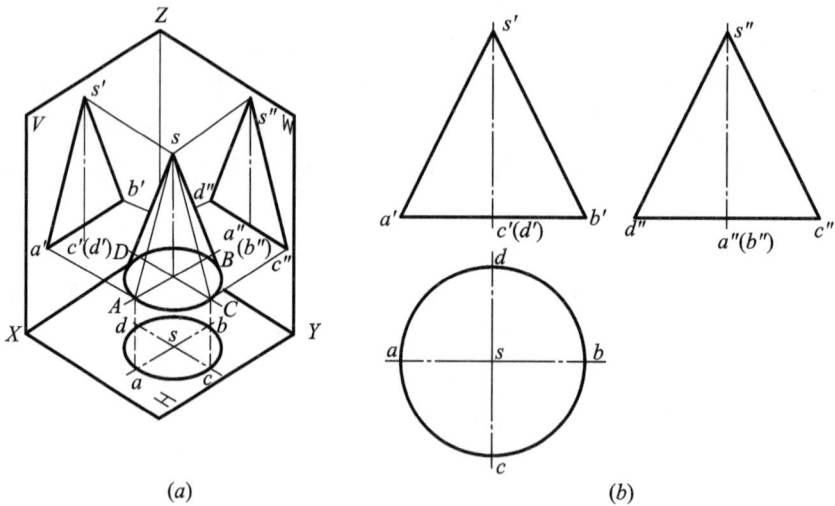

图 5-7　圆锥体的三视图

由于圆锥体轴线垂直于 H 面，其俯视图为一圆，它既是底面（实形）的投影，也是圆锥面的投影（没有积聚性）；主视图为一等腰三角形，其底边是底面的积聚性投影，两腰 $s'a'$、$s'b'$ 是最左与最右两条素线 SA、SB 的正面投影，也是主视图的转向轮廓素线；左视图也为等腰三角形，底边是底面的积聚性投影，两腰 $s''c''$、$s''d''$ 是最前与最后两条素线 SC、SD 的侧面投影，也是左视图的转向轮廓素线。同样注意用细点画线画出轴线和中心线的投影。

2）可见性

在图5-7(b)所示的俯视图中，圆锥面的投影可见，底面的投影不可见；主视图的可见性，以正面投影转向轮廓素线分界，转向轮廓素线之前的半个圆锥面为可见，后半个圆锥面为不可见；左视图的可见性，以侧面投影转向轮廓素线分界，转向轮廓素线之左的半个圆锥面为可见，右半个圆锥面不可见。

3）圆锥体表面上的点与线

因为圆锥面的几个投影都无积聚性，所以在圆锥面上取点时，需要借助圆锥面上的辅助线，即圆锥面上素线（素线法）或纬圆（纬圆法）求得点的其余投影。

【例5-5】 已知圆锥体表面上点 F 的水平投影 f 和线段 FH 的正面投影 $f'h'$，求它们的其余两投影（图5-8）。

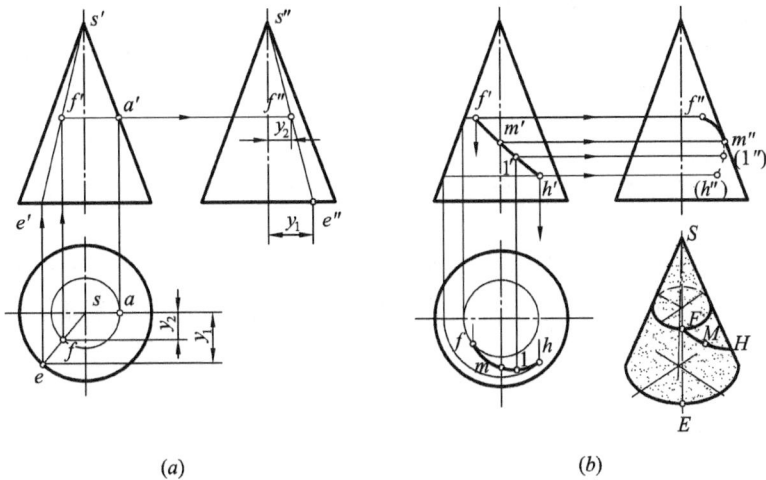

(a)   (b)

图5-8 圆锥体表面上的点与线

解 根据已知条件，点 F 位于主视图转向轮廓素线之前的左半部。利用素线法或纬圆法均可求解。作图步骤如下：

（1）素线法：作图方法见图5-8(a)，连接 sf，与底面圆周交于 e，SE 即为过点 F 的素线；求出 $s'e'$ 及 $s''e''$，根据从属性，即可在其上定出 f' 和 f''。

（2）纬圆法：作图方法见图5-8(a)，以 s 为中心，sf 为半径作圆，此即过点 F 的纬圆的水平投影（水平圆），此圆与圆锥面的正面投影转向轮廓素线交于点 A，由点 A 的水平投影 a 定出其正面投影 a'，即可作出此纬圆的正面及侧面投影，并可在其上定出 f' 及 f''。

需注意的是，圆锥面上的线除了素线和平行于投影面的圆弧之外，所有其他的线都必须作出线段上一系列点的投影。如图5-8(b)所示，图中点 M 必须作出，因为它是左视图的转向轮廓素线上的点，是曲线段可见与不可见的分界点。除了图中标出的三个特殊点外，还应作出若干一般点如 I 的投影，以便光滑连接得到曲线的投影。

3. 圆球体

1）圆球体的三视图

圆球体由球面围成，如图5-9(a)所示。圆球的三个视图都是圆，其直径都等于球的直径，如图5-9(b)所示。需要注意是，这三个圆分别是正面投影、水平投影、侧面投影转向轮廓素线的投影。球的正面投影转向轮廓素线为平行于 V 面的球面上的最大圆 A 的正面投影 a'，其他两投影与相应圆的中心线重合。球的水平投影、侧面投影转向轮廓素线请读者自行分析，可参见图 $5-9(b)$。

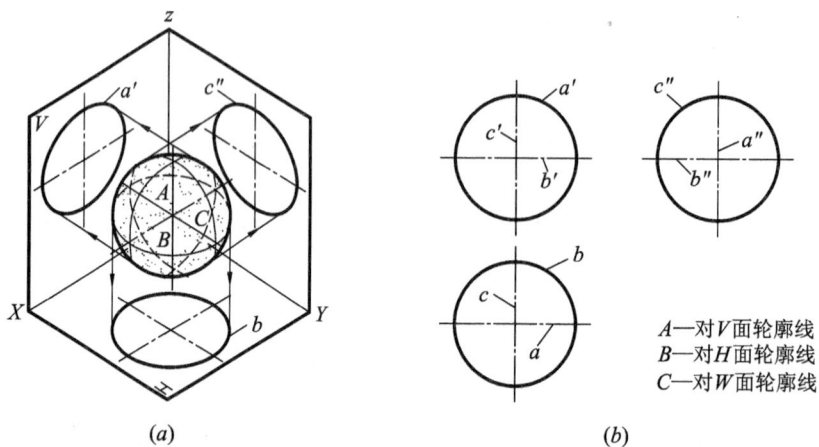

图 5-9 圆球体的三视图

2）可见性

球体主视图的可见性，以正面投影转向轮廓素线分界，转向轮廓素线之前的半个圆球面为可见，后半个圆球面为不可见；俯视图的可见性，以水平投影转向轮廓素线分界，转向轮廓素线之上的半个圆球面为可见，之下的半个圆球面为不可见；左视图的可见性，以侧面投影转向轮廓素线分界，转向轮廓素线之左的半个圆球面为可见，之右的半个圆球面为不可见。

3）球体表面上的点与线

欲求球体表面上的点，重要的是根据已知投影，分析该点在圆球体表面上的所处位置，再过该点在球面上作辅助纬圆（正平圆、水平圆或侧平圆），以求得点的其余投影。

【例 5-6】 已知圆球体表面上点 E 的水平投影 e 和线段 EH 的水平投影 eh，求它们的其余两投影（图 5-10）。

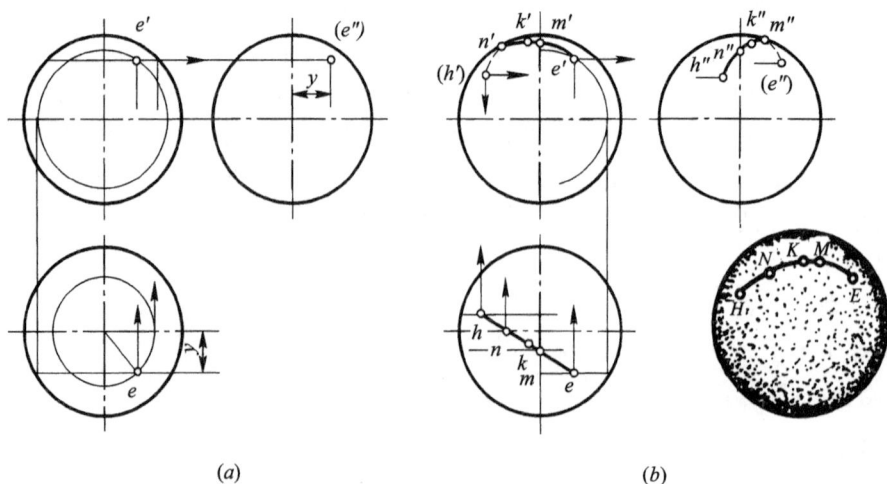

图 5-10 球体表面上取点、线

解 （1）根据点 E 的水平投影可见，知点 E 位于球体的上半部，其求解需作辅助的水平圆。过 E 在球面上作辅助的水平纬圆，其水平投影是以 oe 为半径的圆。该圆与正面（或者侧面）投影转向轮廓素线的交点确定了该圆正面（或者侧面）投影的位置，其投影均积聚为直线，根据从属性，即可作出 e' 及 e''（见图 5-10(a)）。同样，也可以通过点 E 在球面上作辅助的正平纬圆或辅助的侧平纬圆求解。

（2）在球面上取线时，除了所取线段为平行圆弧外，其他的曲线段要作出线段上的一系列点的投影，然后用曲线依次连接各点的同面投影，并判别可见性。如图 5-10(b)所示。图中 N 点和 M 点的投影必须作出，因为它们分别是线段 EH 的正面投影和侧面投影可见与不可见的分界点。

4. 圆环体

1）圆环体的三视图

圆环体由圆环面围成，如图 5-11(a)所示。图 5-11(b)所示为轴线垂直于 H 面的圆环体的三视图。

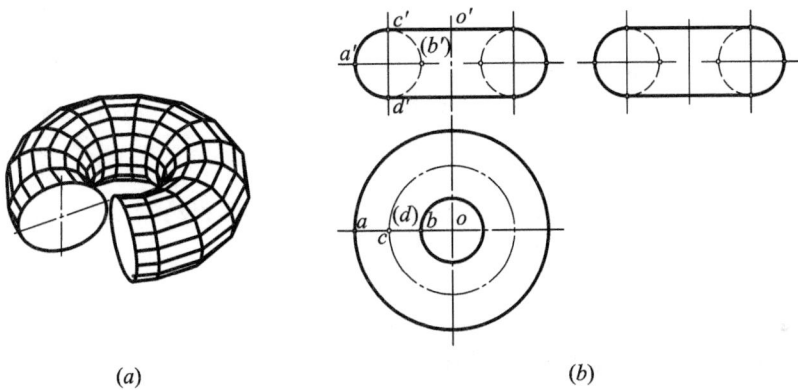

图 5-11 圆环体的三视图

俯视图中的粗实线圆是圆环面上最大纬圆和最小纬圆的水平投影，也是圆环体水平投影转向轮廓素线。用细点画线表示的圆是母线圆圆心轨迹的投影。

主视图中左边的小圆反映母线圆 $ABCD$ 的实形。粗实线的半圆弧 $d'a'c'$ 是外环面正面投影转向轮廓素线；细虚线的半圆弧 $c'b'd'$ 为内环面正面投影转向轮廓素线。两个小圆的上、下两条公切线是内、外环面分界处的圆的正面投影。圆环体的左视图读者可自行分析。

2）可见性

如图 5-11(b)所示，俯视图的可见性，以水平投影转向轮廓素线分界，转向轮廓素线之上的半个环面为可见，之下的半个环面为不可见；主视图的可见性，以外环面正面投影转向轮廓素线分界，转向轮廓素线之前的半个外环面为可见，之后的半个外环面与内环面不可见。

3）圆环体表面上的点与线

求作圆环体表面上的点，通过该点在圆环体表面上作辅助线（与投影面平行的圆）来完成。圆环体表面上求作线的投影与圆柱体类似。

【**例 5-7**】 已知圆环体表面上点 A、B 的正面投影 a'、b'，求其水平投影（图 5-12）。

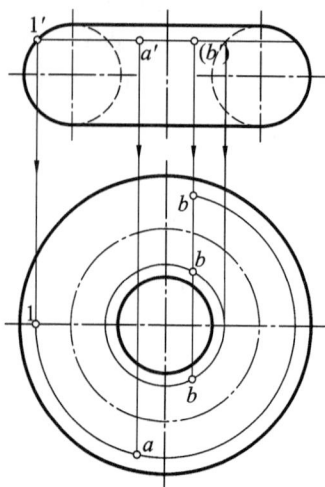

图 5 - 12　圆环体表面上取点

解　根据已知条件，因 a' 可见，点 A 应在前半外环面上，a 点有唯一解；b' 不可见，点 B 可能在内环面上，也可能在后半环面上，故 b 有三解。可利用过点 A 或点 B 作水平圆求得 a、b。因点 A 和点 B 均在水平投影转向轮廓素线之上的半个环面，故其水平投影都可见。

5.4　带有切口的立体（截交线）

在机器零件中，有很多零件是由平面截切基本立体而形成的。通常将截切立体的平面称为截切平面，截切平面与立体的交线称为截交线，截交线所围成的平面图形称为截断面，立体被截切平面切出的口子称为切口。画图时，为清楚地表达零件的形状，必须正确画出截交线即切口的投影。

立体分为平面立体与曲面立体，而截切平面与立体又有各种不同的相对位置，所以截交线的形状也各种各样，但任何截交线都具有以下两个基本特性：

（1）由于立体都有一定的范围，所以截交线一定是封闭的平面图形；

（2）既然截交线是立体表面与截切平面的交线，那么截交线上的点就是立体表面与截切平面的共有点。

本节主要介绍带切口立体的表示法，即截交线的投影作图方法。

5.4.1　平面立体的截交线

截切平面截切平面立体，截交线是封闭的平面多边形。截交线的求解有两种方法：一是求出相交的各棱线与截切平面的交点，并判别投影的可见性，然后依次相连；另一种是求出平面立体上参与相交的各棱面与截切平面的交线。具体作图时，可根据已知条件，以作图简便为原则，任选其中一种方法或两种方法结合使用。

【例 5 - 8】　用正垂面 P 截去三棱锥的上部，求截交线的投影和截断面的实形（图5 - 13(a)）。

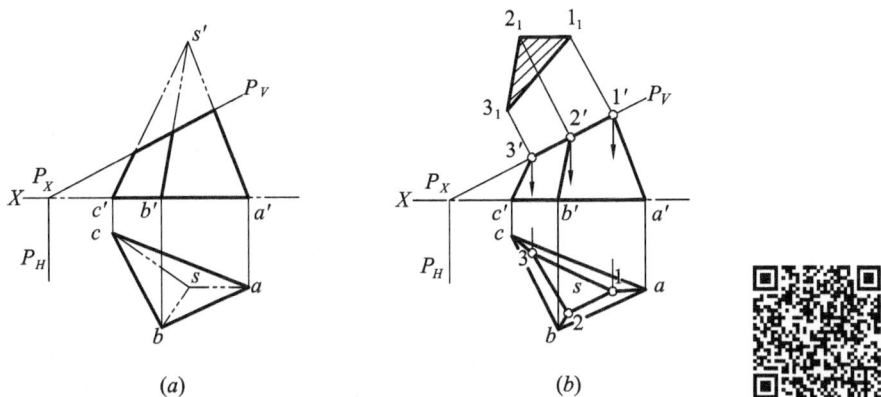

图 5-13　三棱锥与正垂面相交

解　由图 5-13(a)可知，截切平面 P 与三棱锥的三个棱面都相交，截交线为三角形，用求棱线与截切平面交点的方法求解。由于截切平面 P 是正垂面，故截交线的正面投影重合在正垂面的正面迹线上，迹线 P_V 与 $s'a'$、$s'b'$、$s'c'$ 的交点即为截交线各顶点的正面投影 $1'$、$2'$、$3'$。根据点在直线上的投影规律，即可作出截交线各顶点的水平投影 1、2、3 及侧面投影。用直线依次连接各点的同面投影即得所求截交线的投影，最后判别可见性。

截断面的实形，可用投影变换的方法求得。此题中由于截断面为正垂面，其实形用一次换面法即可求解（可参见图 5-13(b)）。

【例 5-9】　已知带切口四棱锥台的正面投影，完成其水平投影及侧面投影（图 5-14(a)）。

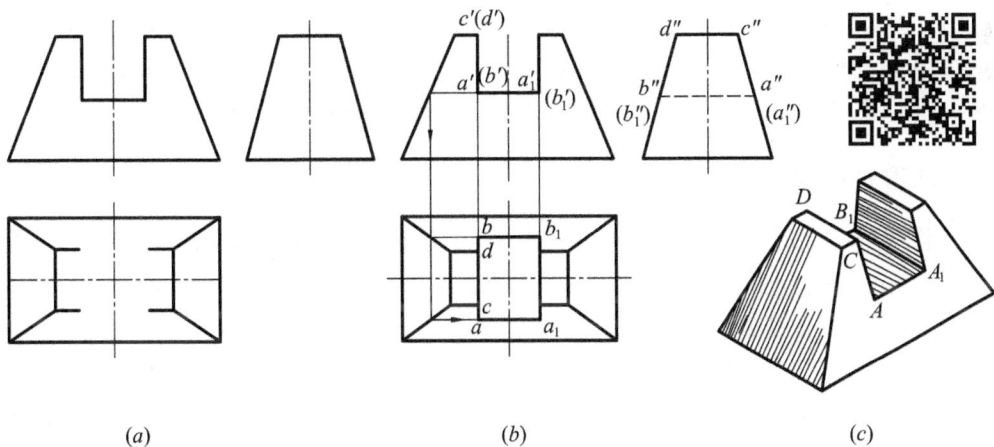

图 5-14　四棱锥台的切口

解　图 5-14(a)所示的切口，可看做是由一个水平面和两个侧平面截切后形成，故分别求出各截切平面的截交线即可。

投影作图如图 5-14(b)所示。若水平面与四棱锥台完全截交，则截交线为矩形，截交线顶点即为水平面与各棱线的交点。因水平面仅截棱台的中间部分，故截交线仅有中间部分线段。水平截切平面的侧面投影不可见，两个侧平面截切四棱锥台的截交线的水平投影均积聚成一直线段，即图中 ab 和 a_1b_1。连接有关线段，即完成切口的投影。

【例 5-10】 完成带切口正四棱锥的水平投影及侧面投影(图 5-15(a))。

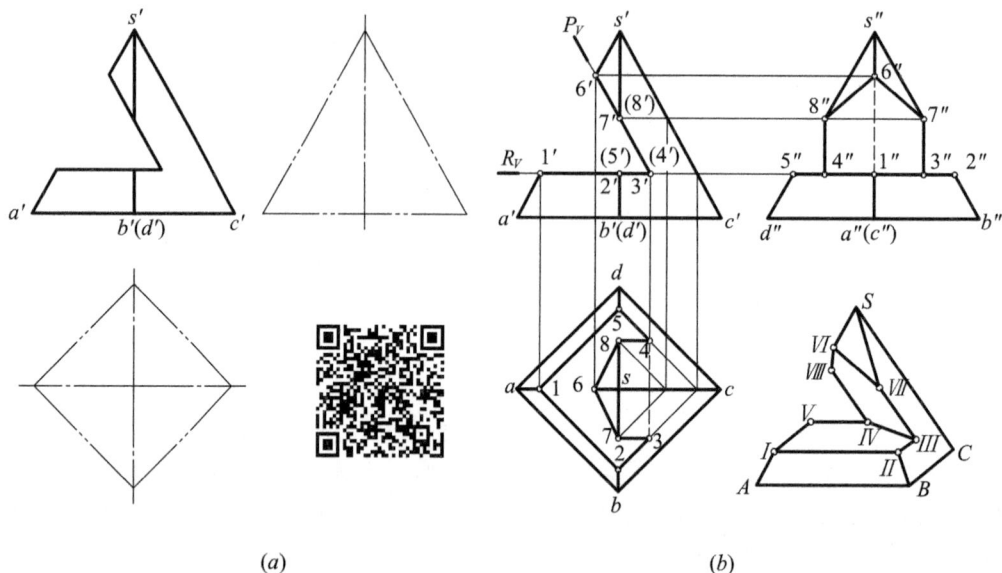

图 5-15 带切口的正四棱锥

解 从给出的正面投影可知，切口是由水平面 R 和正垂面 P 共同切割四棱锥而成。四棱锥与平面 R 的截交线为各边与底边平行的正方形；与平面 P 的截交线为五边形，其中Ⅲ Ⅶ、Ⅳ Ⅷ两边与棱线 SC 平行。SC 棱不参与相交。

投影作图如图 5-15(b)所示。由 $1'$ 直接求得水平投影 1，过 1 作底边的平行线即可求得Ⅱ、Ⅲ、Ⅳ、Ⅴ的水平投影，进而求得其侧面投影。由Ⅵ、Ⅶ、Ⅷ三点的正面投影 $6'$、$7'$、$8'$ 可知，它们分别属于 SA、SB、SD 棱线上的点，根据点、线的从属关系，可直接求出它们的侧面投影，再求得其水平投影。连接有关线段，即完成切口的投影。

5.4.2 回转体的截交线

平面与回转体相交，截交线通常是一条封闭的平面曲线，特殊情况也可能是由直线和曲线或完全由直线所围成的平面图形。截交线的形状取决于回转体表面的性质和截切平面与回转体的相对位置关系。

根据截交线的性质，截交线上的点是截切平面与立体表面的共有点，所以求作回转体的截交线可归结为求截切平面与回转体表面共有点的问题。其共有点可以通过回转体表面上取素线或纬圆，然后作出素线或纬圆与截切平面的交点来求得。

求曲面立体截交线的一般步骤是：

（1）根据截切平面和曲面立体的特点及其相对位置关系，分析截交线的形状和投影特性；

（2）依次作出截交线上的特殊点(最高、最低点,最左、最右点,最前、最后点,可见性分界点)、一般点的各个投影；

（3）判别截交线在各投影中的可见性，依次连接各点；

（4）补画曲面立体被截切后保留的其他轮廓线投影。

1. 平面与圆柱体相交

根据截切平面与圆柱体相对位置的不同，平面截切圆柱所得截交线有椭圆、圆或矩形三种情况，如表 5 - 1 所示。

表 5 - 1　圆柱体的截交线

截切平面	倾斜于圆柱体轴线	垂直于圆柱体轴线	平行于圆柱体轴线
截交线	椭　　圆	圆	矩　　形
轴测图			
投影图			

【例 5 - 11】　求正垂面截切圆柱体的截交线（图 5 - 16）。

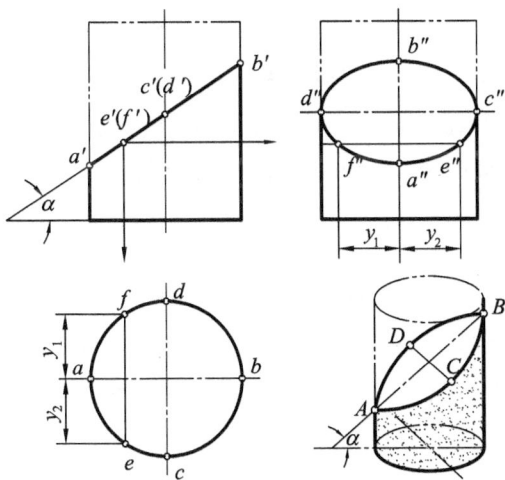

图 5 - 16　正垂面截切圆柱体

解 因圆柱轴线垂直于 H 面，其俯视图有积聚性。截切平面 P 是正垂面，与圆柱轴线斜交，截交线应为椭圆。其正面投影与 P 面的具有积聚性的正面投影重合，是一段直线；其水平投影与圆柱面的具有积聚性的投影重合，是一个圆。这表明截交线的两个投影已知，故用正面、水平投影可求其侧面投影。由于交线可看做是一系列点的集合，故作出其上一系列点的投影，然后依次用曲线光滑相连即可得出截交线的投影。

作图步骤如下：

（1）作截交线上的特殊点。如图 5-16 上的 A 点（最低点、最左点、椭圆长轴端点）、B 点（最高点、最右点、椭圆长轴端点）、C 点（最前点、椭圆短轴端点）、D 点（最后点、椭圆短轴端点）。

（2）作截交线上的一般点。如图中的 E、F 点，按照立体表面上取点可求得其他投影。

（3）判定可见性，用曲线光滑连接各点的侧面投影。

需要指出的是，当截切平面与圆柱轴线夹角为 $45°$ 时，$a''b'' = c''d''$，侧面投影为圆。

【例 5-12】 求作图 5-17(a)所示套筒上部切口的投影。

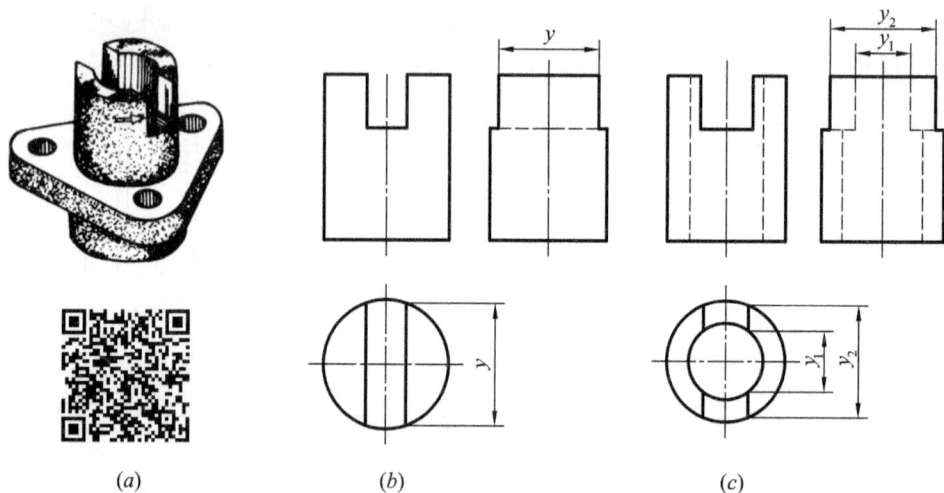

图 5-17 求套筒上部切口的投影

解 由表 5-1 可知，圆柱面被平行于轴线和垂直于轴线的平面截切后，截交线分别为直线和圆弧。由于套筒的内外圆柱面均被截切，因而切口部分内外圆柱面均有直线和圆弧的截交线产生。

图 5-17(b)所示为实心圆柱体切口的投影：在侧面投影上，圆柱面最前和最后轮廓素线在切口内的部分被切掉，截交线（直线）向轴线方向"退缩"。

图 5-17(c)所示为圆柱筒切口的投影：其内圆柱面的正面投影和侧面投影的转向轮廓素线画成细虚线，在侧面投影上，侧平面与水平面的交线在圆筒厚度（实体）方向上应画出一段细虚线。

2. 平面与圆锥体相交

根据截切平面与圆锥体相对位置的不同，平面截切圆锥所得的截交线有圆、椭圆、抛物线、双曲线及相交两直线五种情况，如表 5-2 所示。

表 5-2　圆锥体的截交线

截切平面	垂直于轴线 $\theta=0°$	与所有素线相交 $\theta<\alpha$	平行于一条素线 $\theta=\alpha$	平行于轴线（或平行于两条素数） $\theta=90°$（或 $\theta>\alpha$）	通过锥项
截交线	圆	椭圆	抛物线	双曲线	相交两直线（连同与锥底面的交线为三角形）
轴测图					
投影图					

【例 5-13】　求正垂面截切圆锥后的水平投影和侧面投影（图 5-18(a)）。

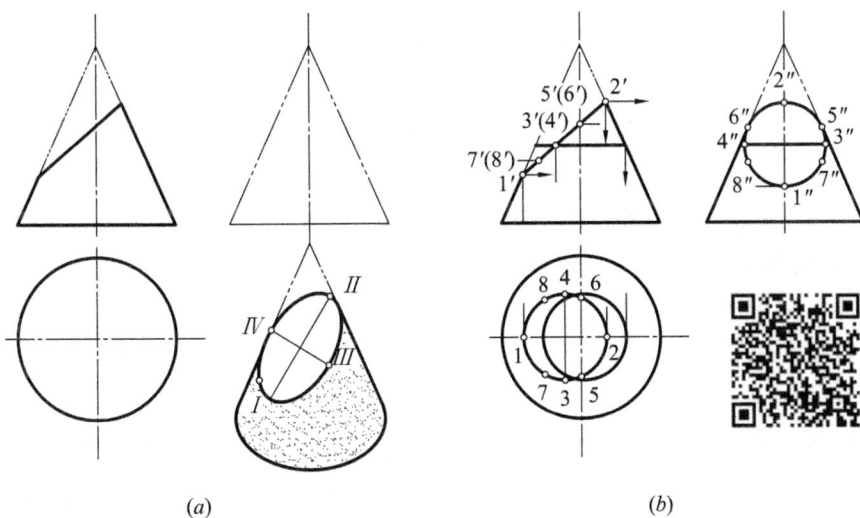

(a)　　　　　　　　　　　　(b)

图 5-18　正垂面截切圆锥体

解　由图 5-18(a)可知，截切平面为正垂面，与圆锥轴线倾斜并与所有素线相交，故截交线为椭圆。其正面投影与截切平面的正面投影重合，积聚为直线，水平投影、侧面投影是椭圆。作图步骤如下：

（1）求特殊点 I、II、III、IV、V、VI 的投影。其中点 I、II 为椭圆长轴的端点，且处在圆锥面的正面轮廓素线上，III、IV 点为椭圆短轴的端点，其正面投影重影成一点，且平分 $1'2'$，V、VI 点分别在圆锥面的侧面轮廓素线上。III、IV 点的水平投影与侧面投影可用辅助的纬圆法或素线法作出，图中采用纬圆法。

（2）作一般点。如图 VII、VIII 点所示，用纬圆法求出。

（3）判别可见性，光滑连接各点的同面投影。截交线的水平投影及侧面投影均可见（图 5-18(b)）。

如果截切平面是一般位置平面，可采用换面法，将截切平面变换为垂直面来求解。

【例 5-14】　求图 5-19(a) 所示的圆锥体切口的投影。

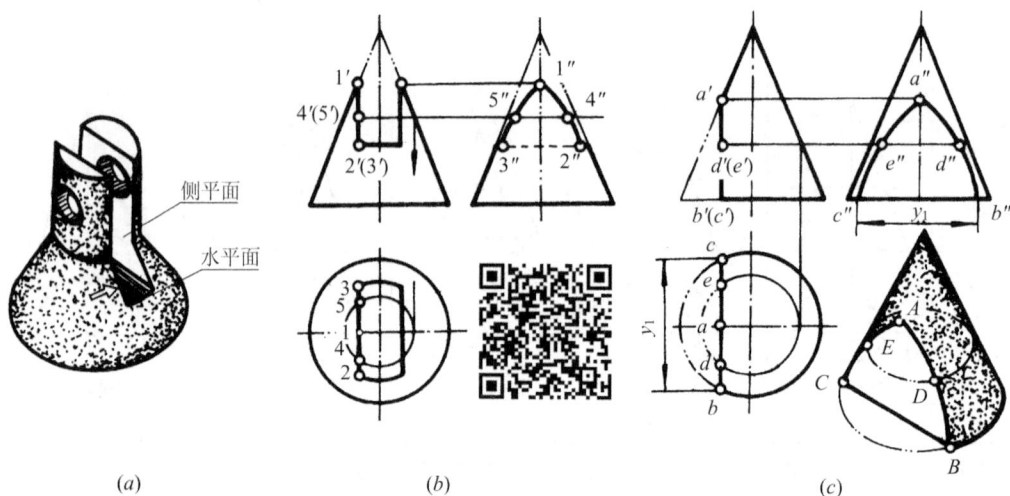

图 5-19　圆锥切口的投影

解　由图 5-19(b) 所示的正面投影可知，圆锥体切口由左、右两侧平面和一个水平面截切而成。由表 5-2 可知，侧平面截切圆锥面的截交线为双曲线，水平面截切圆锥面的截交线为圆。侧平面与圆锥面的截交线投影作图如图 5-19(c) 所示：截交线的侧面投影反映实形（双曲线），水平投影积聚为直线。其中 A、B、C 是截交线上的特殊点，其投影必须作出，D、E 是截交线上的一般点，图中用纬圆法作出了它们的投影。

在图 5-19(b) 中，水平截切平面与圆锥面的截交线的水平投影为前、后两段圆弧，其中 II、III 两点为两类截交线的交点，称为截交线的结合点。侧面投影线段 $2''3''$ 不可见。

3. 平面与球体相交

平面与球体相交，无论平面位置如何，其截交线总是圆。但由于截切平面对投影面的位置不同，所得截交线（圆）的投影却不同。当截切平面垂直某一投影面时，圆在此投影面上的投影为一直线；当截切平面平行某一投影面时，圆在此投影面上的投影为反映实形的圆；当截切平面倾斜某一投影面时，圆在此投影面上的投影为椭圆，如表 5-3 所示。

表 5 - 3 球体的截交线

截切平面	与球交于任意位置			
轴测图				
投影图				

【例 5 - 15】 求作正垂面与球体的截交线(图 5 - 20)。

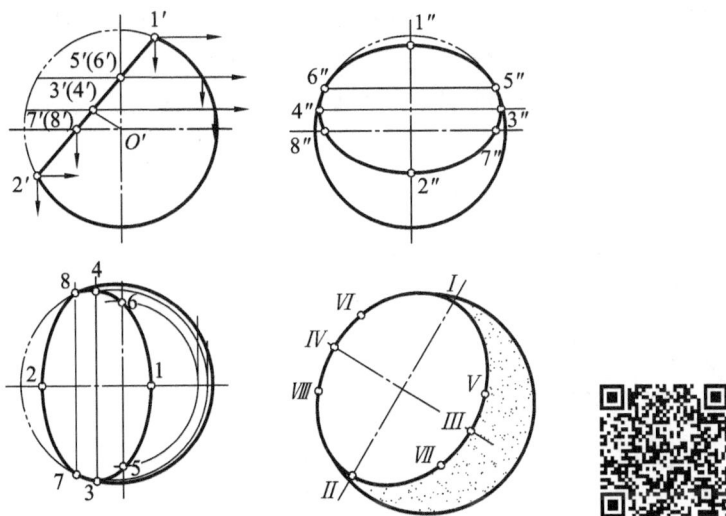

图 5 - 20 正垂面截切球体

解 由于截切平面为正垂面,所以截交线(圆)的正面投影重影为一直线段,水平投影和侧面投影均为椭圆。作图步骤如下:

(1) 求特殊点。

① 求椭圆长、短轴的端点。点 I 、II 的水平投影 1、2 和侧面投影 $1''$、$2''$ 分别为水平投影和侧面投影椭圆短轴的端点;过球心的正面投影 o' 向 $1'2'$ 作垂线,垂足为 $1'2'$ 的中点,此点即为椭圆长轴两端点的正面投影 $3'$、$4'$,根据球体表面取点的方法即可求出其水平投影 3、4 和侧面投影 $3''$、$4''$。

② 求转向轮廓素线上的点。球面上对侧立投影面的转向轮廓素线与截切平面的交点

V、VI，对水平面的转向轮廓素线与截切平面的交点VII、VIII，这些点均可利用各转向轮廓素线的投影直接求得。

（2）用辅助平面法作出中间点。（图中未画出）。

（3）光滑连接各点的同面投影即为所求。

在球体的各视图中，应擦去转向轮廓素线被切去的部分。

【例 5 - 16】 已知带切口半球的正面投影，完成其水平和侧面投影（图 5 - 21）。

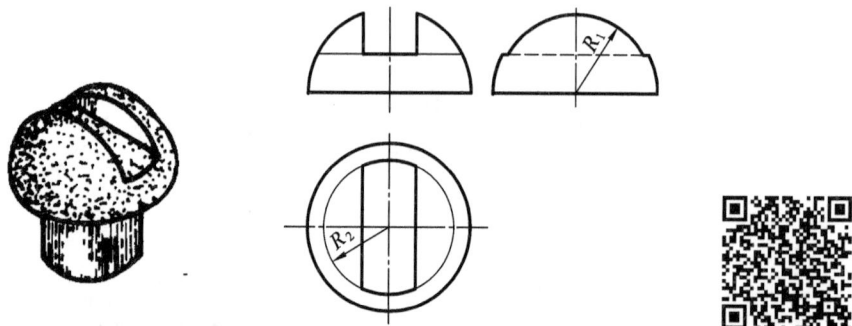

图 5 - 21 带切口的半球

解 切口是由一个水平面和两个侧平面切割形成的，故水平面与球面的截交线（圆弧）的水平投影反映实形，其侧面投影积聚为一条直线；侧平面与球面的截交线（圆弧）的侧面投影反映实形，水平投影均积聚为直线；水平面与两个侧平面的交线是两条正垂线。投影作图如图 5 - 21 所示。

【例 5 - 17】 求作正平面与回转体的截交线（图 5 - 22）。

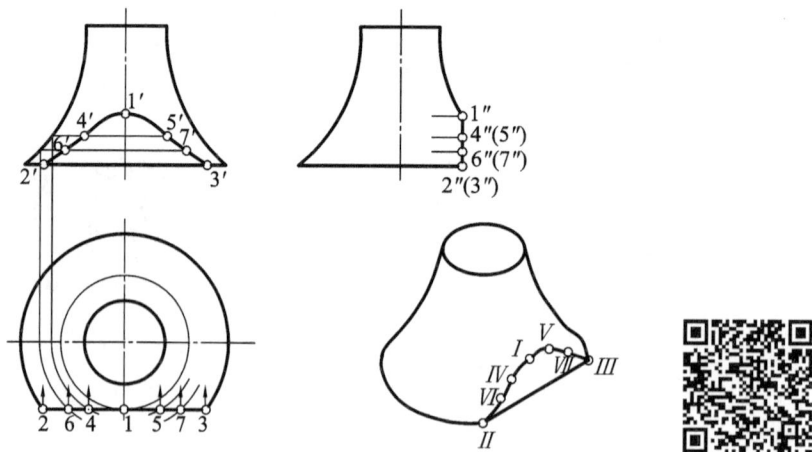

图 5 - 22 正平面截切回转体

解 由于截切平面为正平面，所以截交线的水平投影和侧面投影分别积聚成直线；正面投影为平面曲线，且反映实形。作图步骤如下：

（1）求特殊点。辅助圆中与正平面相切的圆为最小圆，切点为最高点I，最大辅助圆即底圆，与正平面相交于II、III，为最低点，也为最左、最右两点。

（2）求一般点。在最高点和最低点之间作辅助水平圆，求出点IV、V、VI和VII。

（3）依次光滑连接这些点的正面投影，即得截交线的正面投影。

4. 平面与组合回转体相交

以上所讨论的截交线，都是单一形体被一个或几个截切平面截切而得到的。但在实际零件上，有时会遇到多个形体组成的组合回转体被一个或几个截切平面截切的情况，这时截交线的求法与上述方法基本相同，其不同处是需先对组合回转体进行形体分析。分析该组合回转体是由哪些基本形体组成，并确定它们的相对位置和范围，再分别求出截切平面与各形体的截交线。

【例 5-18】 求机床顶尖的截交线投影（图 5-23（a））。

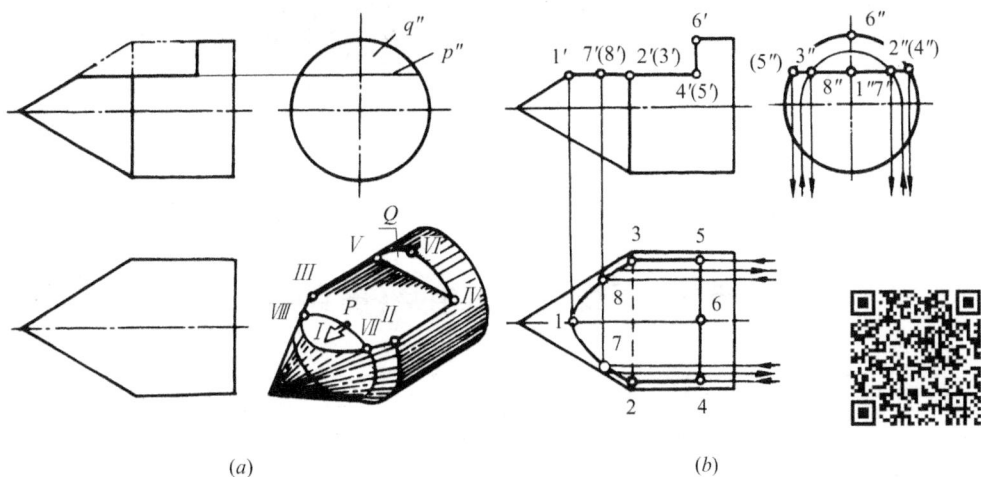

图 5-23　机床顶尖的截交线

解 由图 5-23（a）可看出，机床顶尖由圆锥与圆柱组合而成，且被水平面 P 和侧平面 Q 所截切。水平面 P 同时截切圆锥和圆柱，其中截切圆锥的截交线为双曲线，截切圆柱的截交线为两条直线。II、III 点是双曲线和直线两类截交线的结合点，也是圆锥与圆柱交线圆上的点。侧平面截切圆柱的截交线为圆（一段圆弧）。图 5-23（b）示出了其截交线的投影及作图过程。

【例 5-19】 求连杆头部的截交线投影（图 5-24）。

解 如图 5-24 所示，连杆的头部是由球面、环面及圆柱面组成的。球面和环面的分界线为经过切点 A 的侧平圆，环面与圆柱面的分界线为经过切点 B 的侧平面。由于截切平面为正平圆，截交线的水平投影和侧面投影均重影为直线段，而本例只需求作截交线的正面投影。作图步骤如下：

（1）截切平面与球的截交线为半径等于 R 的圆，其正面投影反映实形，且画到分界线的点 $1'$ 处为止。截切平面与环面的截交线为一平面曲线，通过水平投影可直接得到它的最右点 II（2，$2'$，$2''$）；

（2）用辅助侧平面在点 I 和 II 之间求出若干一般点。图中用辅助平面 P 求出点 III（3，$3'$，$3''$）；

（3）依次光滑连接这些点的正面投影。

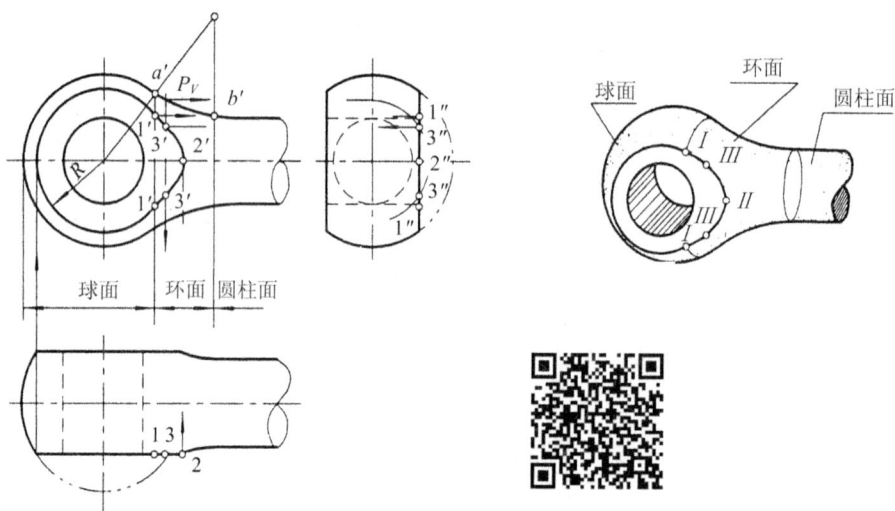

图 5 - 24　连杆头部的截交线

5.5　直线与立体相交(贯穿点)

直线与立体表面的交点称为贯穿点，如图 5 - 25 所示。一般情况下，贯穿点是成对存在的，一个为穿入点，一个为穿出点。贯穿点既在立体表面上又在直线上，是立体表面与直线的共有点。因此，求直线对立体贯穿点的方法同求直线与平面交点的方法类似，都是求线、面的共有点问题。

需要注意的是，求出贯穿点后，还应根据直线与立体的相对位置关系，判别直线的可见性。直线贯穿于立体内部的部分不画出。

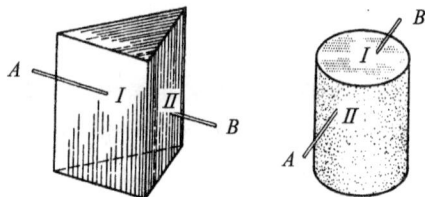

图 5 - 25　直线与立体相交

5.5.1　利用积聚性求贯穿点

若立体表面或直线的投影具有积聚性时，则可以直接利用有积聚性的投影求出贯穿点的一个投影，通过该投影可方便地求出其他投影。

【例 5 - 20】　求直线 AB 与三棱柱的贯穿点(图 5 - 26)。

解　三棱柱棱面的水平投影具有积聚性，上下底面的正面投影具有积聚性。利用积聚性投影可直接求出贯穿点。作图步骤如下：

(1) 求贯穿点。从水平投影可知直线 AB 与三棱柱的 DE 棱面和 DF 棱面的积聚投影分别相交于 m 和 n，它们就是直线 AB 与三棱柱的贯穿点 M 和 N 的水平投影，利用从属关系即可求得贯穿点的正面投影 m′ 和 n′。

(2) 判别可见性。贯穿点是否可见，要看该点所在的表面是否可见。因为点 M 所在的棱面的正面投影可见,故 m' 可见;点 N 所在的棱面的正面投影不可见,所以 n' 不可见。

(3)补画投影图。将直线的投影分别画至贯穿点的投影,AB 的正面投影被遮挡的部分用细虚线画至 n'(图5-26)。

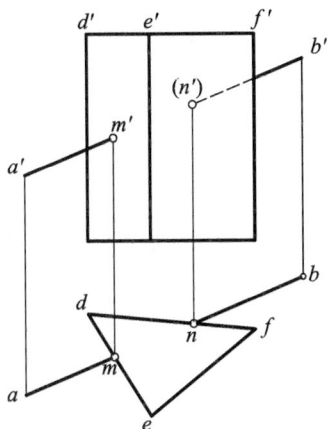

图 5-26　直线与三棱柱相交　　　　　图 5-27　直线与圆柱相交

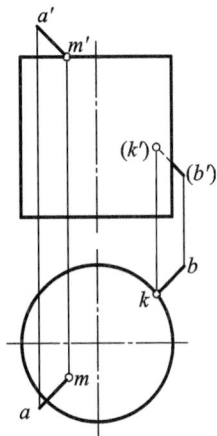

【例 5-21】　求直线 AB 与圆柱的贯穿点(图 5-27)。

解　因圆柱轴线垂直于水平面,故其水平投影有积聚性。圆柱的上、下底圆为水平面,其正面投影具有积聚性。作图步骤如下:

(1)求贯穿点。AB 直线的水平投影 ab 与圆柱面水平投影(积聚为圆)之交点 k 即为贯穿点 K 的水平投影,利用从属关系可直接在 $a'b'$ 上得出点 K 的正面投影 k'。AB 直线的正面投影 $a'b'$ 与圆柱上顶面的正面投影(积聚为直线)之交点 m' 即为另一贯穿点 M 的正面投影,并由其可确定出水平投影 m。

(2)判别可见性。因为点 K 位于后半个圆柱面上,故正面投影 k' 不可见。

(3)补画投影图。将 AB 直线的正面投影 $a'b'$ 与圆柱正面投影重合部分画成细虚线至 k',其余均画成粗实线。两贯穿点之间不画线。

5.5.2　用求线面交点的方法求贯穿点

如果直线或立体表面的投影无积聚性,则求贯穿点的方法类似于求直线与一般位置平面交点的方法。即经过以下三个步骤:

(1)包含直线作一辅助平面;

(2)求辅助平面与该立体表面的截交线;

(3)求截交线与该直线的交点,即为所求贯穿点。

显然,当求直线对回转体的贯穿点时,应使所选用的辅助平面截切立体所得截交线的投影简单易画(如直线或圆)。

【例 5-22】　已知圆锥与直线 AB 相交,求其贯穿点(图 5-28(a))。

解　首先分析在包含直线 AB 的平面中选取何种位置平面为辅助平面,方可截圆锥所得截交线的投影为直线或圆。从平面截切圆锥所得截交线的各种情况可知,若包含 AB 作正垂面,截交线是椭圆;作铅垂面,截交线是双曲线;只有包含 AB 并过锥顶 S 作倾斜平面

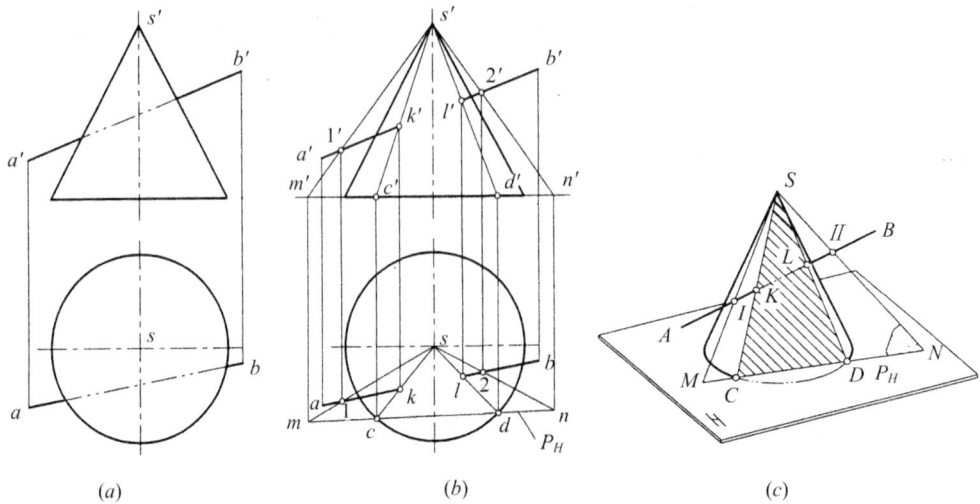

图 5-28 直线与圆锥相交

截圆锥方得两条直线，如图 5-28(c)所示。为作图方便，应选择过锥顶 S 的倾斜平面为辅助平面。其作图步骤如下：

(1) 作辅助平面。包含 AB 及锥顶 S 作辅助平面 P。先在直线 AB 上任取两点 I、II (图 5-28(b))，该平面可转换为以 SI($s1$，$s'1'$)、SII($s2$，$s'2'$)二相交直线表示的平面。延长 SI、SII 与 H 面相交于迹点 M(m，m')、N(n，n')，连 mn 得 P_H，是辅助平面 P 的水平迹线。

(2) 求截交线。锥底在 H 面上，H 面投影的圆即是锥面的水平迹线。因此 mn 与底圆的 H 面投影相交于点 C(c，c')及点 D(d，d')，并分别与锥顶 S(s，s')相连，即得截交线 SC(sc，$s'c'$)和 SD(sd，$s'd'$)。

(3) 求贯穿点。截交线 SC、SD 与直线 AB 的交点 K(k，k')及 L(l，l')，即为所求的贯穿点(图 5-28(b)、(c))。

(4) 判别可见性，完成直线的投影。

【例 5-23】 已知直线与球相交，求其贯穿点(图 5-29(a))。

解 如果过已知直线 AB 作垂直于投影面的辅助平面，则此辅助平面与球的截交线虽是一圆，但它在其他投影面上的投影却是椭圆，不便于作图。为此，可利用换面法求其实形来解决。

作图步骤如下：

(1) 投影变换。设一平行于直线 AB 的新投影面 V_1($O_1X_1 /\!/ ab$)，求出球心 O 和直线 AB 在新投影面上的投影 o_1' 和 $a_1'b_1'$(图 5-29(b))。

(2) 作辅助平面。包含 AB 作平行于 V_1 面的辅助平面 R(图 5-29(b))。

(3) 求截交线。辅助平面 R 与球的截交线是一个圆，其 V_1 面投影反映圆的实形。

(4) 求贯穿点。在 V_1 投影中，截交线的投影圆 o_1' 与 $a_1'b_1'$ 的交点 k_1'、l_1' 即为贯穿点在 V_1 面的投影。返回到原投影体系中，即可确定贯穿点 K(k，k')、L(l，l')。

(5) 判别可见性，完成直线的各投影(图 5-29(b))。

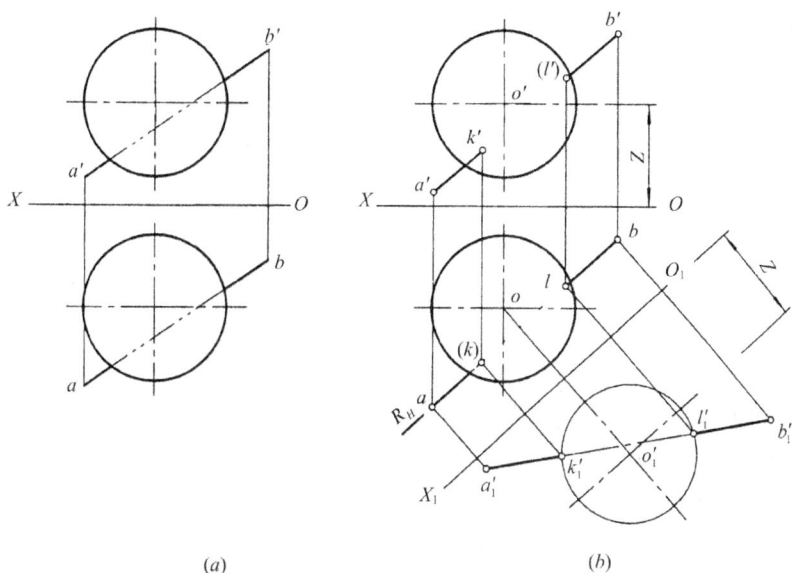

图 5-29　直线与球体相交

本 章 小 结

立体分为平面立体与曲面立体。立体的三视图应遵循"长对正、高平齐、宽相等"的投影规律。本章需要掌握的要点是：

(1) 三视图的表示法。平面立体的三视图，就是画出组成立体的各平面，即棱线(轮廓线)和顶点的投影，并判别棱线投影的可见性；曲面立体应重点掌握圆柱体、圆锥体、球体等三视图的表示法以及各自的投影性质。

(2) 立体表面的点和线。平面立体表面上取点、线和平面上取点、线的方法相同，关键是要判定所求的点、线在哪个平面上；回转体表面上取点、线，要根据回转体的特点，采用相应的方法求解。比如，圆柱体表面上取点、线，是利用积聚性求解；圆锥体表面上取点、线，是通过在圆锥面上作辅助的素线或纬圆来求解；球体表面上取点、线，是在球面上作出辅助的纬圆(水平圆、正平圆或侧平圆)作为辅助线来求解。

(3) 截交线的投影作图。平面截切平面立体，截交线是封闭的平面多边形。截交线的求解有两种方法：一是求出被截切的各棱线与截切平面的交点，并判别投影的可见性，然后依次相连；另一种是求出平面立体上参与相交的各棱面与截切平面的交线。

平面与回转体相交，截交线通常是一条封闭的平面曲线，特殊情况也可能是由直线和曲线或完全由直线所围成的平面图形。学习中，要求熟记表 5-1、表 5-2、表 5-3 的内容。求回转体截交线的作图步骤如下：

① 判定截交线的形状及投影特性；

② 作特殊点；

③ 在特殊点之间，利用立体表面上取点的方法作出一定数量的一般点；

④ 判别可见性，然后依次光滑连接各点的同面投影。

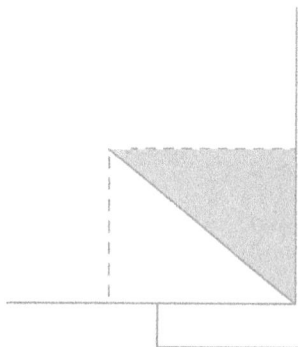

第6章 两立体相交(相贯线)

机器零件通常是由多个立体组合而成的。相贯线就是指立体与立体表面相交所产生的交线。如图6-1箭头所指的交线就是两立体表面相交的相贯线。相贯线的投影作图是完成零件形状表达的重要基础。

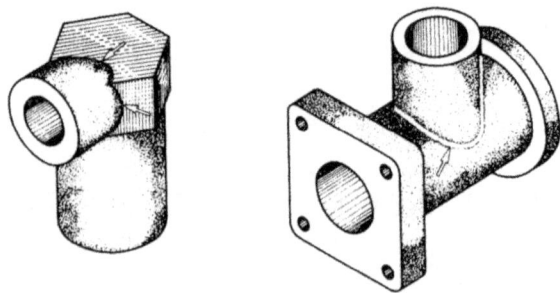

图6-1 进气阀壳体和三通管的相贯线

相贯线随着立体的形状、大小及其相对位置的不同而不同。相贯线具有以下基本性质:

(1) 相贯线是相贯两立体表面的共有点集合。

(2) 由于立体占有一定的空间范围,因此相贯线一般是封闭的空间曲线。特殊情况下,相贯线是平面曲线或直线。

为研究方便,这里将立体与立体相交分为三种情况:两平面立体相交,平面立体与曲面立体相交,两曲面立体相交。两平面立体相交所形成的相贯线实质上是由组成平面立体的各个平面之间的交线组成的,因此可利用求平面交线的方法求得,在此不再赘述。本章主要介绍后两种情况下的相贯线。

6.1 平面立体与曲面立体相交

平面立体与曲面立体相交,其相贯线是平面立体上参与相贯的各平面与曲面立体表面相交而得到的各段截交线的组合,各段截交线的连接点则是平面立体的棱线与曲面立体表面的贯穿点,因此求平面立体与曲面立体相交的相贯线,就转化为求截交线和贯穿点的问题。

【例6-1】 求作四棱柱与圆柱相交的相贯线(图6-2)。

图6-2 四棱柱与圆柱相交

解 (1)空间及投影分析。如图6-2所示,四棱柱与圆柱相交,相贯线为左右对称的两段封闭图形。四棱柱的四个棱面(前后两个正平面、上下两个水平面)分别与圆柱面相交。其中:前后两个正平面与圆柱的轴线平行,截交线是圆柱面的两条素线;上下两个水平面与圆柱的轴线垂直,截交线为两段圆弧。将这些截交线连接起来,即得所求相贯线。

(2)投影作图。相贯线的水平投影重影在圆弧 $ace(bdf)$ 上,侧面投影重影在四棱柱的侧面投影(矩形)上。利用点的投影规律,作出相贯线的正面投影。

图6-3是圆柱体中间贯穿一方形孔的情况。其相贯线仍可看成四棱柱与圆柱相交,相贯线的作法同例6-1。其主视图和俯视图上的虚线分别表示四棱柱孔的上下两个棱面、前后两个棱面的积聚性投影。

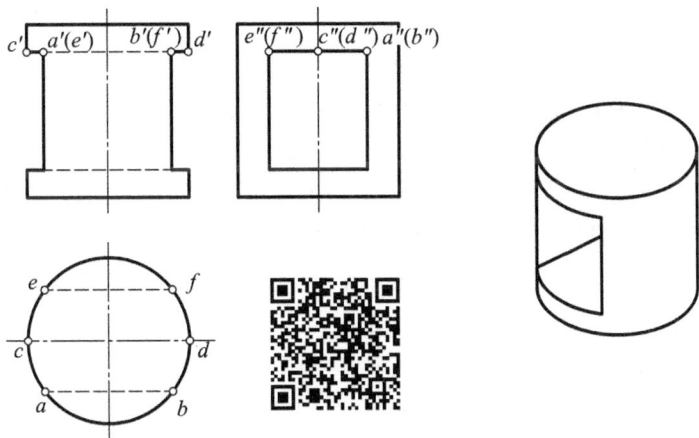

图6-3 圆柱体中间贯穿一方形孔

【例6-2】 求作六棱柱与圆锥相交的相贯线(图6-4)。

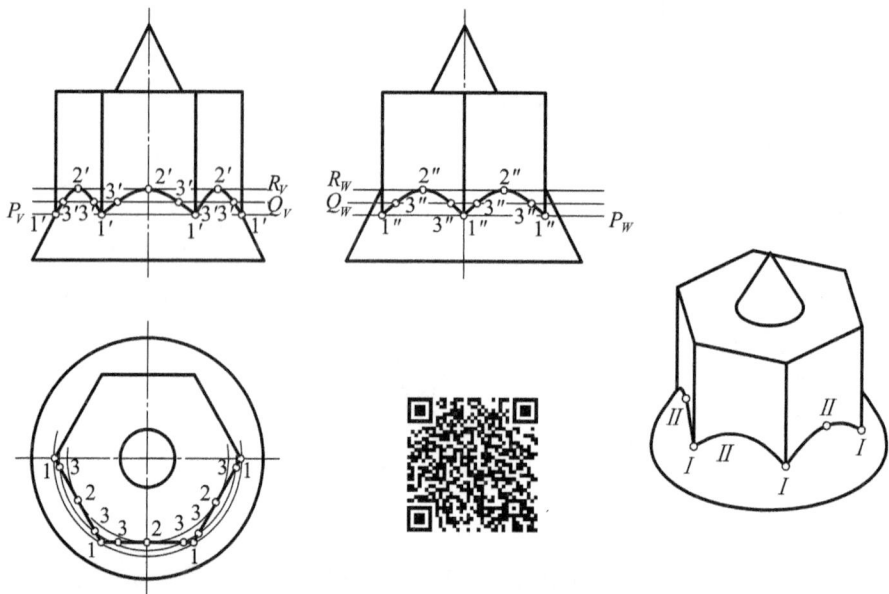

图 6-4 六棱柱与圆锥相交

解 （1）空间及投影分析。圆锥垂直穿过六棱柱顶面，因此六棱柱的顶面与圆锥面的交线为一个圆，此即第一条相贯线；六棱柱的六个棱面均平行于圆锥的轴线且与圆锥相交，其截交线是双曲线，所以相贯线是由六段双曲线组成的封闭的空间曲线，此即第二条相贯线。第一条相贯线为水平圆，水平投影反映实形（图中已画出），正面投影和侧面投影重影为一直线段。对于第二条相贯线，由于六棱柱的水平投影具有积聚性，故相贯线的水平投影重影在六棱柱各棱面的水平投影上，只需求出相贯线的正面投影和侧面投影。

（2）投影作图。

① 求特殊点。由水平投影中正六边形的外接圆可定出每段双曲线的最低点I（1，1′，1″）（即结合点）；由水平投影中正六边形的内切圆可定出每段双曲线的最高点II（2，2′，2″），然后利用纬圆法求得I、II 的其余投影，如图 6-4 所示。

② 求一般点。在双曲线的最高点与最低点之间，用纬圆法（或素线法）可求出一般点III的正面投影 3′和侧面投影 3″。

③ 光滑连接并判别可见性。相贯线左右、前后对称，故其正面投影和侧面投影均可见，分别光滑连接正面投影 1′3′2′、侧面投影 1″3″2″。

④ 完成立体轮廓线。圆锥主视图上左右转向轮廓素线和左视图上前后转向轮廓素线部分融入六棱柱中，融入部分不画其轮廓线。

【例 6-3】 求作三棱柱与半球相交的相贯线（图 6-5）。

解 （1）空间及投影分析。组成三棱柱的三个棱面与圆球相交，其截交线都是圆，故相贯线是由三段圆弧组成的空间曲线。由于三个棱面垂直于 H 面，因此三棱柱的水平投影具有积聚性，故相贯线的水平投影与之重合，只需求出相贯线的正面投影和侧面投影。棱面 R 是正平面，故其与圆球相交的截交线正面投影反映实形，侧面投影积聚为一直线段；棱面 P、Q 是铅垂面，故其与圆球相交的截交线正面投影与侧面投影均是椭圆弧。因棱面

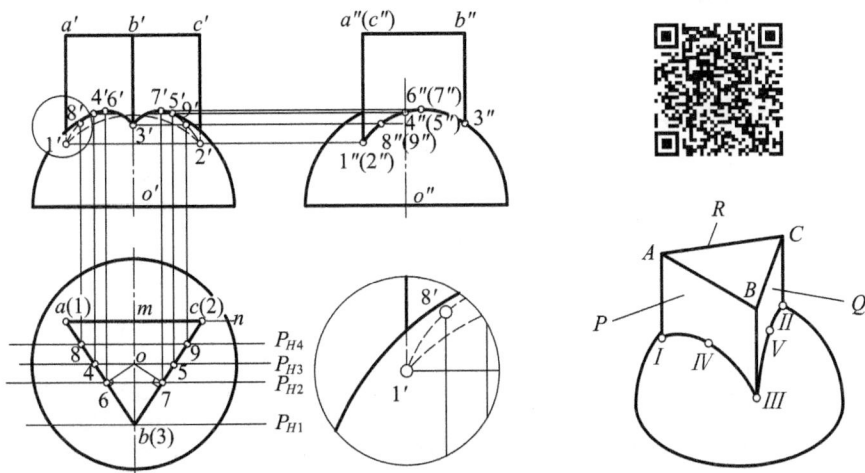

图 6-5 三棱柱与半球相交

P 和 Q 左右对称于半球的轴线，故其与圆球相交的截交线的侧面投影重合。

（2）投影作图。

① 求棱面 R 与球面的交线。将棱面 R 扩大，使其水平投影与半球水平投影外形线相交于点 n。在正面投影中，以 o' 为圆心、mn 为半径画圆，该圆与棱线相交，得到交点 $1'$、$2'$。圆弧 $1'2'$ 即为棱面 R 与半球交线（圆弧）的正面投影。其侧面投影与棱面 $a''c''$ 重合。

② 求棱面 P、Q 与球的交线。

a. 求特殊点。棱线 $B\text{Ⅲ}$ 的贯穿点Ⅲ的侧面投影 $3''$ 是该棱线的侧面投影与半球左视转向轮廓素线的侧面投影的交点，继而可求出水平投影 3 和正面投影 $3'$。相贯线的正面投影可见与不可见的分界点Ⅳ、Ⅴ在半球的主视转向轮廓素线上，可作辅助正平面 P_{H3} 求得正面投影 $4'$、$5'$，对应作出侧面投影 $4''$、$5''$；对于相贯线上的最高点（即相贯线上离球顶最近的点）Ⅵ、Ⅶ点，可首先在水平投影中自 o 分别向 ab、bc 引垂直线得交点 6、7，再作辅助Ⅳ平面 P_{H2}，求得正面投影 $6'$、$7'$ 和侧面投影 $6''$、$7''$，如图 6-5 所示。

b. 求一般点。为使所画曲线准确，在适当位置处，再求若干一般点，如图 6-5 所示的Ⅷ、Ⅸ。

c. 光滑连接并判别可见性。相对某一投影面来说，两立体表面上都可见的点才可见，否则为不可见。因棱面 R 的正面投影不可见，故圆弧 $1'2'$ 画成细虚线。$4'$、$5'$ 是棱面交线正面投影可见与不可见的分界点，即椭圆弧 $3'6'4'$、$3'7'5'$ 可见，画成粗实线；椭圆弧 $4'8'1'$、$5'9'2'$ 不可见，画成细虚线。侧面投影因相贯线左右对称，故画成粗实线。

d. 完成立体轮廓线。如图 6-5 所示，半球的主视图转向轮廓素线画至其终止点 $4'$、$5'$ 处，左视图转向轮廓素线画至 R 面的侧面投影与 $3''$ 处，全部可见。将棱线 $A\text{Ⅰ}$、$B\text{Ⅲ}$、$C\text{Ⅱ}$ 的正面投影和侧面投影画至各自的终点处。注意正面投影图中，被半球遮住的部分为不可见（参看放大图）。

6.2 两曲面立体相交

一般情况下，两曲面立体相交，其相贯线为封闭的空间曲线，在特殊情况下，可能是平面曲线或直线。求作两曲面立体相交的相贯线实质上就是求两立体表面的共有点。本节主要介绍常见的回转体相交的相贯线作图方法。

6.2.1　利用积聚性求作相贯线

若两立体的投影具有积聚性，则其相交的相贯线必重影在两立体的积聚投影上（如两个圆柱体相交）。此时相贯线的两个投影已知，只需依据投影关系求出相贯线的其他投影。

【例 6-4】　已知两圆柱体轴线正交，求作其相贯线的投影（图 6-6）。

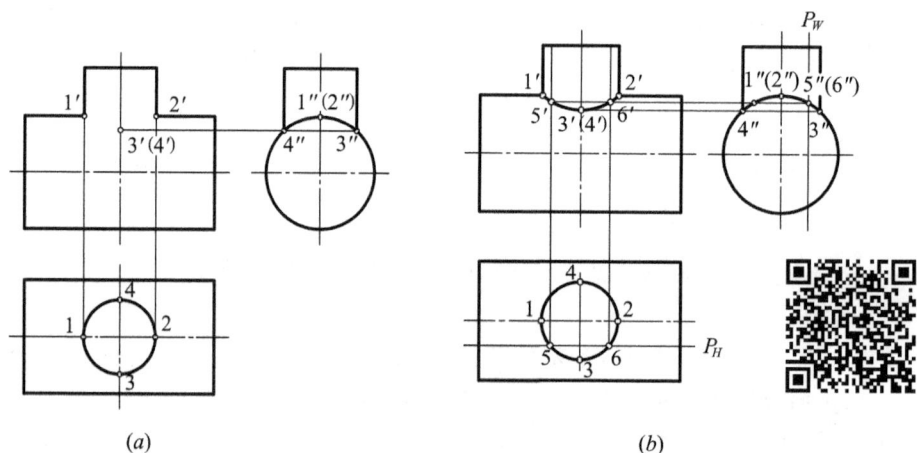

图 6-6　轴线正交的两圆柱体相交

解　（1）空间及投影分析。两圆柱的轴线垂直相交，因此相贯线是一条封闭的空间曲线，且前后和左右均对称。

由于小圆柱面的水平投影具有积聚性（积聚为一个圆），因此相贯线的水平投影重影在该圆上；同理，相贯线的侧面投影重影在大圆柱侧面投影的一段圆弧上。于是，本问题归结为已知相贯线的水平投影和侧面投影，求作它的正面投影。

（2）投影作图。

① 求特殊点。如图 6-6(a)所示，在相贯线的水平投影上，确定出最左点 I、最右点 II、最前点 III、最后点 IV 的水平投影 1、2、3、4，再在相贯线的侧面投影上相应地作出 1″、2″、3″、4″。根据点的投影规律，作出 1′、2′、3′、4′。显然，I、II 和 III、IV 分别也是相贯线上的最高、最低点。

② 求一般点。如图 6-6(b)所示，在相贯线的侧面投影上，取左右对称的一般点 V、VI 投影 5″、6″，根据投影规律，在相贯线的水平投影上作出 5、6，继而作出 5′、6′。依照此方法，可作出若干一般点的投影。

③ 光滑连接并判别可见性。相贯线的正面投影，前半部分 1′5′3′6′2′ 可见，画粗实线；后半部分与前半部分重合，无需画出。

零件中最常见的是轴线垂直相交的两圆柱体（孔）相交，它们的相贯线一般有三种形式：

（1）两个圆柱体相交。如图 6-7(a)所示，相贯线是上下对称的两条封闭的空间曲线。

（2）圆柱体与圆柱孔相交。如图 6-7(b)所示，主视图和左视图上的虚线部分是圆柱孔的轮廓素线投影。

（3）圆柱孔与圆柱孔相交。如图 6-7(c)所示，其相贯线是上下对称的两条封闭的空间曲线，还有用细虚线表示的转向轮廓素线的投影。

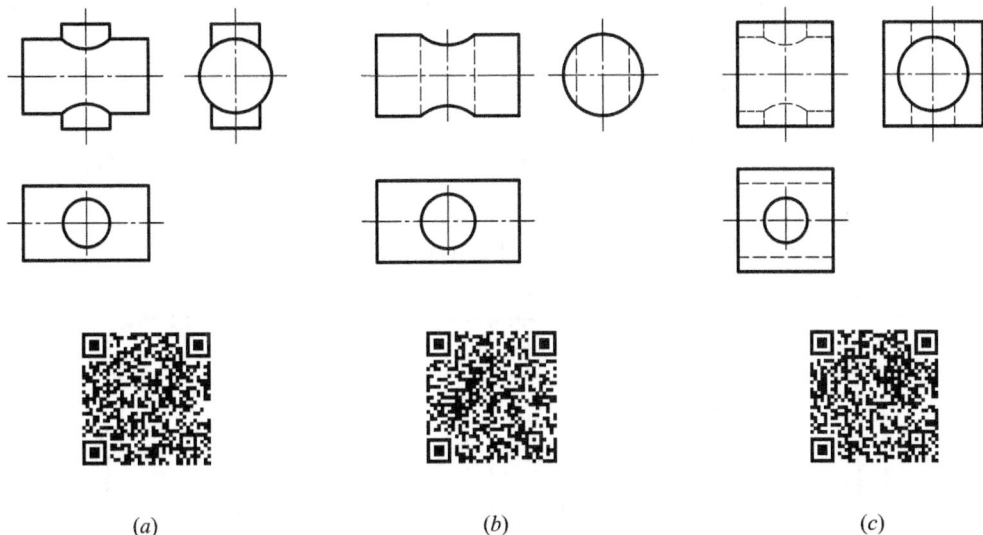

(a)   (b)   (c)

图 6-7 轴线垂直的两圆柱体(孔)相交

【例 6-5】 求作图 6-8 所示的两圆柱体相交的相贯线。

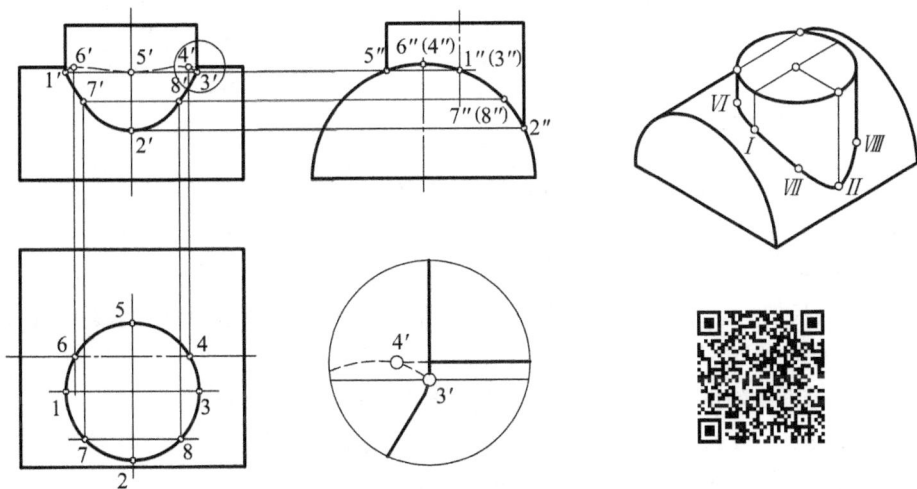

图 6-8 轴线正交的两圆柱体相交

解 （1）空间及投影分析。两圆柱的轴线正交，直立圆柱的水平投影具有积聚性（圆），相贯线的水平投影必然重影在该圆上；同理，相贯线的侧面投影也积聚在大圆柱的侧面投影圆弧（公共部分）上。因此，相贯线的水平投影和侧面投影已知，只需求出其正面投影。

（2）投影作图。

① 求特殊点。如图 6-8 所示，I、III 位于直立小圆柱体的主视图转向轮廓素线上，II、V 位于其左视图的转向轮廓素线上，IV、VI 位于水平圆柱的主视图转向轮廓素线上。根据点的投

影规律，由这些点的水平投影和侧面投影，便可求出其正面投影 1′、2′、3′、4′、5′、6′。

② 求一般点。由点Ⅶ、Ⅷ的水平投影 7、8，根据投影关系求出其侧面投影 7″、8″及其正面投影 7′、8′。

③ 光滑连接并判别可见性。Ⅰ、Ⅶ、Ⅱ、Ⅷ、Ⅲ位于两圆柱的前半部分，对于正面投影，1′、3′是可见性分界点，故 1′7′2′8′3′用粗实线画出，3′4′5′6′1′用虚线画出。连接时注意，在 1′、3′处相贯线的投影与直立小圆柱的主视图转向轮廓素线相切，在 4′、6′处相贯线的投影与水平圆柱的主视图转向轮廓素线相切（参看图 6-8 中的放大图）。

④ 完成立体轮廓线。直立小圆柱的主视图转向轮廓素线画至 1′、3′；水平圆柱的主视图转向轮廓素线画至 4′、6′，其中一部分被直立小圆柱遮住，用虚线画出。

【例 6-6】 结合例 6-5 求作两相交圆柱体的相贯线（图 6-9）。

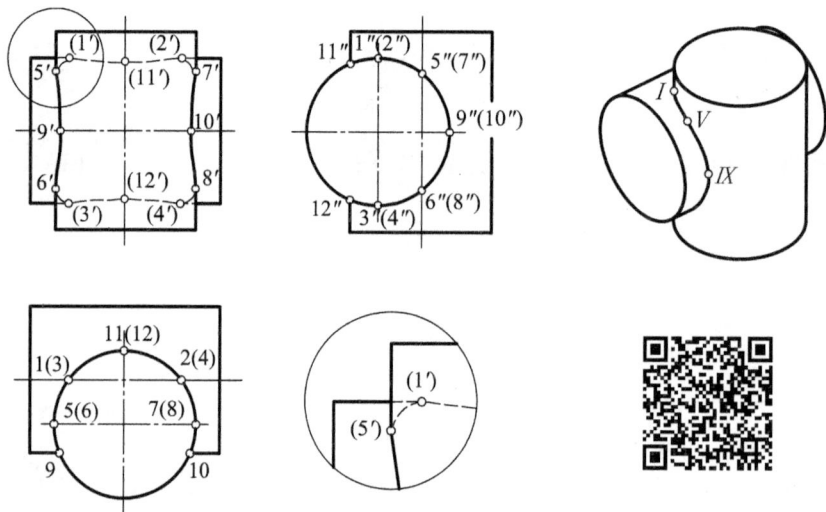

图 6-9 两圆柱体相交

解 图 6-9 中所示的点都是特殊点，这些点决定着相贯线的范围、可见性、投影形状等。如Ⅰ、Ⅱ是最高点，Ⅲ、Ⅳ是最低点，Ⅴ、Ⅵ是最左点，Ⅶ、Ⅷ是最右点，Ⅸ、Ⅹ是最前点，Ⅺ、Ⅻ是最后点。通过水平投影可直接得到最前点Ⅸ、Ⅹ，通过侧面投影可直接得到最后点Ⅺ、Ⅻ。作图过程略。

综合以上相贯线作图方法，求解相贯线投影的一般步骤可总结如下：

（1）分析两个立体的形状、大小和相对位置，并分析相贯线的大致形状及其投影性质；

（2）求相贯线的特殊点（最左、最右、最前、最后、最低、最高的点，包括相对投影面的可见性分界点）；

（3）求一般点；

（4）依次光滑连接相贯线上各点的同面投影，并判别可见性；

（5）补画完整立体表面的轮廓线投影。

6.2.2 利用辅助平面法求作相贯线

利用辅助平面法求相贯线的基本原理是：作一辅助平面，使该辅助平面与两回转体都相交,求出辅助平面与两回转体的截交线,截交线的交点就是两立体表面的共有点,即相贯线上的点。同时由于该点也在辅助平面上,故辅助平面法也称"三面共点法"。

为了简化作图,选择辅助平面时,应使辅助平面与两相交立体表面所产生的截交线最为简单,如圆、直线等。辅助平面尽可能选择为特殊位置平面,如投影面的平行面,如图6-10所示。

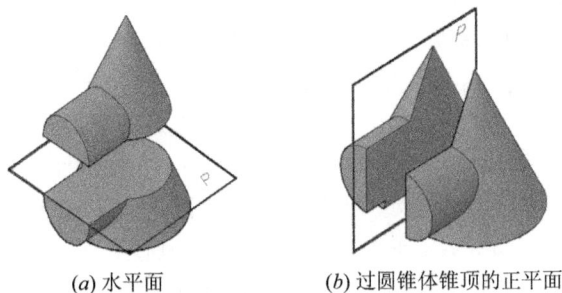

(a) 水平面　　　　　　(b) 过圆锥体锥顶的正平面

图6-10　选择辅助平面

【例6-7】　求作圆柱与圆锥相交的相贯线(图6-11(a))。

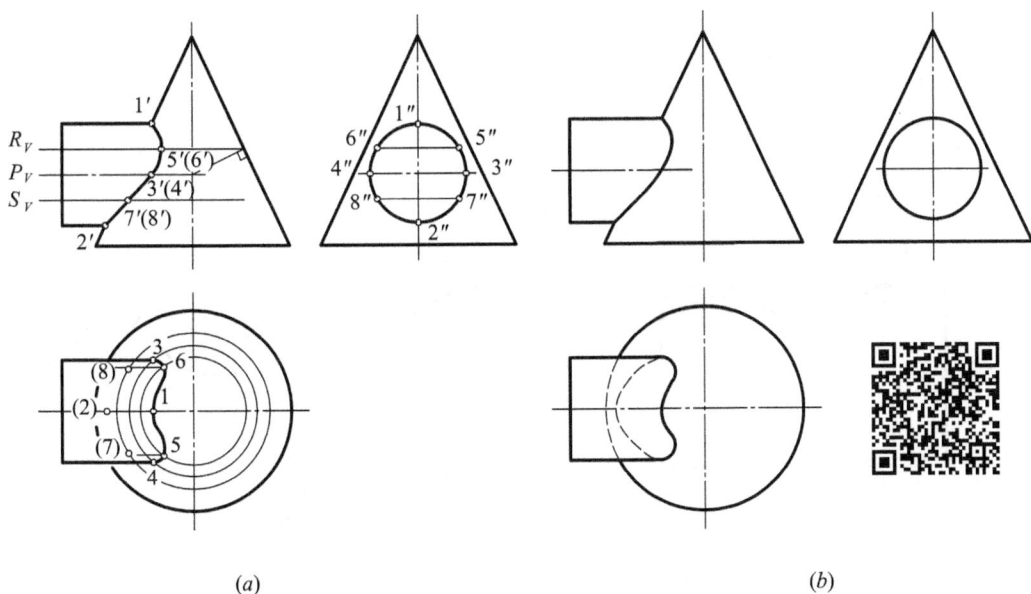

(a)　　　　　　　　　　(b)

图6-11　圆柱与圆锥相交

解　(1)空间及投影分析。由图6-10可知,圆柱与圆锥相交的相贯线是一条前后对称的封闭空间曲线。由于圆柱体的侧面投影具有积聚性(圆),故相贯线的侧面投影必重影在该圆上,其正面投影和水平投影需利用辅助平面法求得。为了使辅助平面与圆柱面、圆锥面相交得到的截交线同时最为简单,需选择水平面和过锥顶的正平面作为辅助平面。

(2)投影作图(图6-11(a))。

① 求特殊点。

a. 最高点I、最低点II。如图6-11(a)所示,$1'$、$2'$在圆柱和圆锥主视图转向轮廓素线的交点处,利用投影规律求出 1、2。也可利用作通过锥顶的正平面求解。

b. 最前点 III 和最后点 IV。过圆柱体轴线作水平面 P_V,与圆柱面相交得到最前、最后的转向轮廓素线,与圆锥面相交得到水平圆,二者水平投影的交点即是 3 和 4。由 3、4 分别作出 3′、4′(相互重合)和 3″、4″。

c. 最右点 V、VI。可通过主视图上两立体的轴线交点向圆锥素线作垂线来确定辅助水平面 R_V 的位置(在该位置上求得的相贯线点为相贯线的最右点,读者可参考后面介绍的辅助球面法)。辅助水平面 R_V 截切圆柱体的截交线是矩形,截切圆锥体的截交线是水平圆,二者水平投影的交点为 5、6,继而求出 5′、6′(相互重合)和 5″、6″。

② 求一般点。作水平面 S_V,求出一般点 VII 点和 VIII 点的三面投影(方法同最右点)。

③ 光滑连接并判别可见性。只有同时位于两个立体可见表面上的相贯线,其投影才可见,可以判断出:水平投影 36154 可见,47283 不可见;正面投影 1′5′3′7′2′ 可见,2′8′4′6′1′ 不可见,且与 1′5′3′7′2′ 重合,如图 6-11(b)所示。

从例 6-7 可以看出,在许多情况下,辅助平面的选择可以是多种,具体使用时应根据立体表面的几何性质及辅助平面的选择原则进行分析,以使作图简便,且使作出的相贯线相对准确。

【例 6-8】 已知两圆柱轴线斜交,求作其相贯线(图 6-12)。

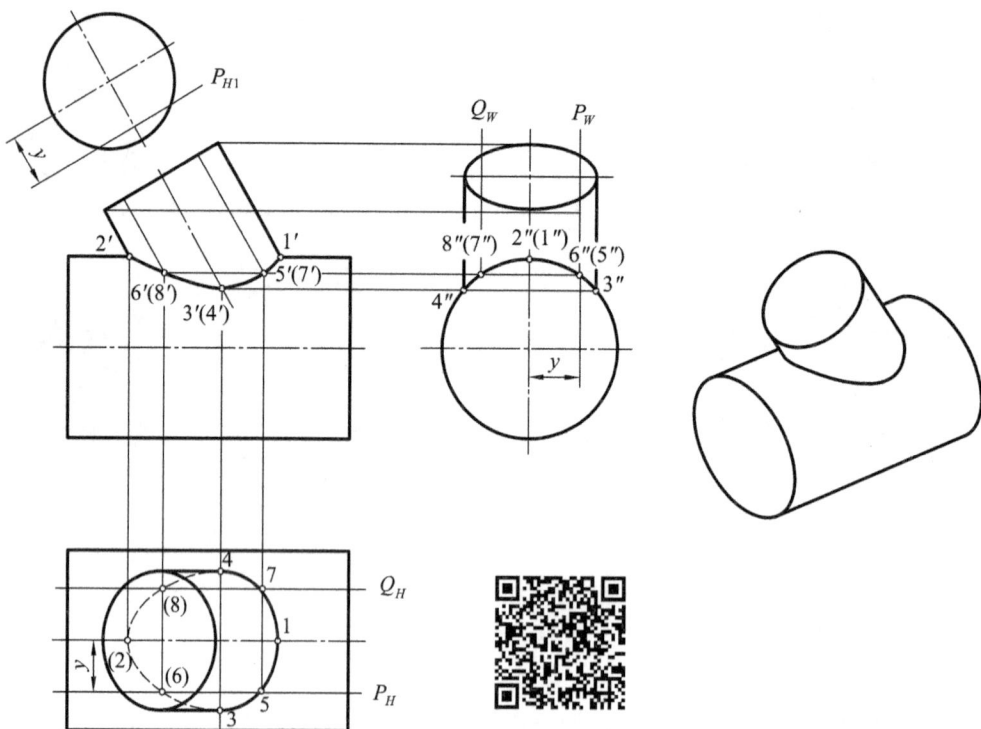

图 6-12 两圆柱轴线斜交

解 (1) 空间及投影分析。两圆柱轴线斜交,具有平行于 V 面的公共对称平面,其相贯线为前后对称的空间曲线。水平圆柱的侧面投影具有积聚性(圆),相贯线的侧面投影重影在该圆的一段圆弧上,故只需求出相贯线的正面投影和水平投影。本例宜选用正平面作为辅助平面。

（2）投影作图。

① 求特殊点 I、II、III、IV。它们的投影可以根据转向轮廓素线的投影对应关系直接求出。其中，I、II 是最高点，也是最左和最右点；III、IV 是最低点，也是最前和最后点。

② 求一般点 V、VI。采用正平面（如图 6-12 平面 P_H）作为辅助平面截切两圆柱，其截交线是两对素线。正面投影中，两对素线的交点 5′、6′ 就是相贯线正面投影上的点，继而求出其水平投影 5、6。按照同样方法可求得一系列的共有点。

为使作图准确，可采用换面法将斜置圆柱进行投影变换，使斜置圆柱的新投影为圆，并具有积聚性。辅助正平面 P 在新投影面上的迹线为 P_{H1}，其位置可以根据 y 坐标确定，这样即可准确求出与斜置圆柱体上相交的素线。

③ 光滑连接并判别可见性。相贯线的正面投影前后对称，因此用粗实线画出可见部分。水平投影中 3、4 为可见性分界点，右半段可见，左半段不可见。

【例 6-9】 求作圆锥台与部分球体相交的相贯线（图 6-13）。

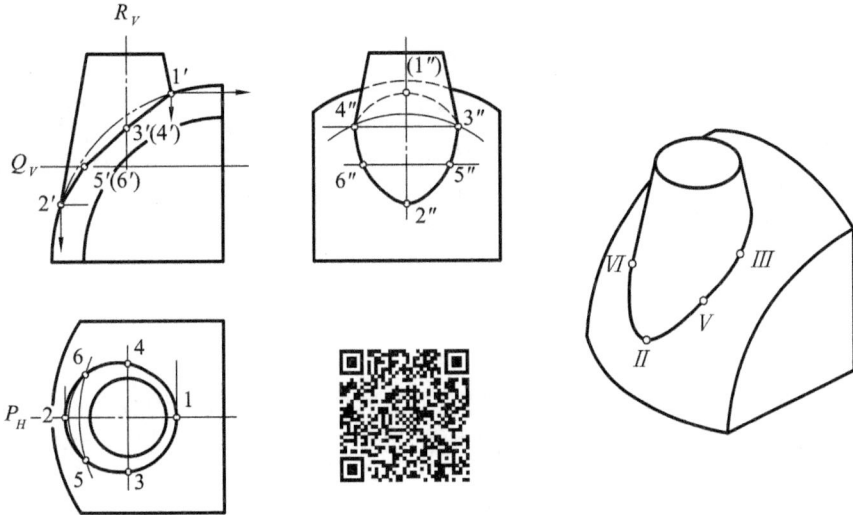

图 6-13 圆锥台与部分半球相交

解 （1）空间及投影分析。部分球体为 1/4 球前后对称地切去两块而成，圆锥台的轴线垂直于水平投影面，其相贯线是前后对称的封闭空间曲线。因为球与圆锥台的各面投影都没有积聚性，故需用辅助平面法来求作相贯线的三面投影。根据辅助平面的选择原则，只有选择水平面以及通过锥台轴线的正平面和侧平面才能使截交线为圆或直线。

（2）投影作图。

① 求特殊点 I、II、III、IV。辅助正平面 P_H 截球体与圆锥台所得交线的交点 I、II，即为相贯线的最高点和最低点，如图 6-13 所示。

辅助侧平面 R_V 截球体与圆锥台所得交线的交点 III、IV，即相贯线的最前点和最后点。截交线的侧面投影反映实形，平面 R_V 与圆锥台的截交线，其侧面投影是圆锥台的左视图转向轮廓素线，平面 R_V 与球体的截交线，其侧面投影是以圆球主视图转向轮廓素线与 R_V 正面投影的交点到其侧垂轴线的距离为半径的圆弧，它们的交点即 3″、4″，然后作出 3、4 及 3′、4′。

② 求一般点。在 I、II 的高度范围内，选取水平面 Q_V 为辅助平面，Q_V 截球体与圆锥台所得截交线分别是在水平投影面上反映实形的两段圆弧，交点是 V、VI。依据此法可求出相贯线上的一系列点。

③ 依次光滑连接各点的同面投影，并判别可见性，完成相贯线的投影。

注意，侧面投影中，圆锥台的左视图转向轮廓素线画至 $3''$、$4''$ 处。球体的左视图转向轮廓素线有一部分被圆锥台遮住，因此有一段圆弧是虚线。

【例 6-10】 求作图 6-14 的圆柱与半球相交的相贯线。

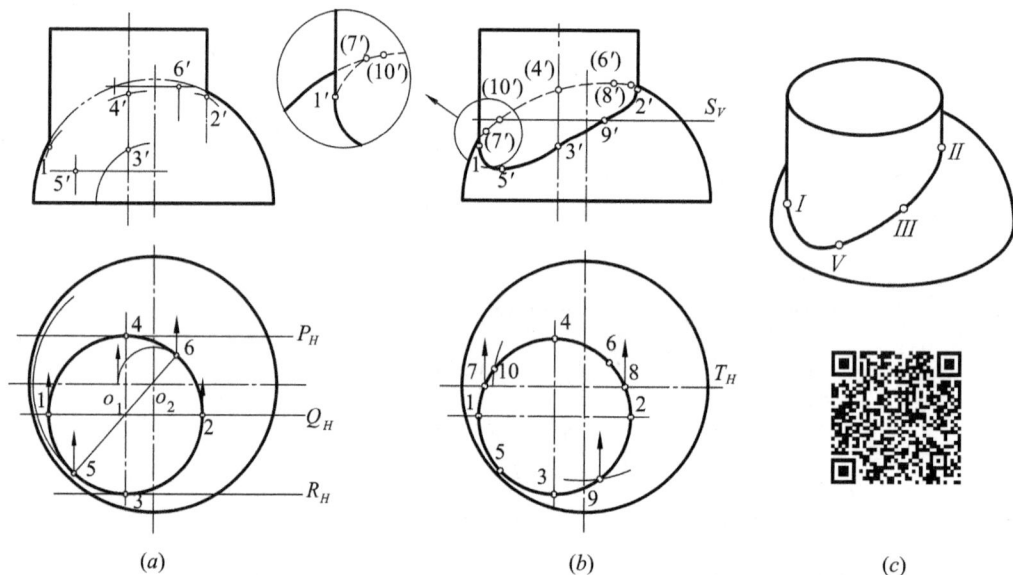

图 6-14 圆柱与半球相交

解 （1）空间及投影分析。该相贯线为空间曲线。由于圆柱的轴线是铅垂线，相贯线的水平投影与圆柱面的水平投影重合，故仅需求作其正面投影。

（2）投影作图。

① 求特殊点。由于相贯线的水平投影已知，故可确定特殊点的位置。如图 6-14(a) 所示，过圆柱轴线作正平面 Q_H，可求得最左点 I（1,1′）及最右点 II（2,2′）；过圆柱的左视图转向轮廓素线作正平面 R_H、P_H，可求得最前点 III（3,3′）和最后点 IV（4,4′）。采用辅助水平面截切圆柱和球，其截交线为两个圆，在一般情况下两圆相交得两点，在特殊情况下两圆相切，切点必为相贯线上的最高点或最低点。作图时可从水平投影入手，根据两圆相切，切点必在连心线上的原理，将点 o_1 和 o_2 连成一直线，此直线与圆柱面的水平投影（圆）交于 5、6，即为最低点 V、最高点 VI 的水平投影，继而可求出其正面投影。为了正确画出相贯线，还要过球心作正平面 T_H，即得半球主视图转向轮廓素线上的两点 VII（7,7′）和 V（8,8′），如图 6-14(b) 所示。

② 求一般点。在最高点和最低点之间的适当位置，作一系列水平面（如平面 S_V），求出一般点 IX（9,9′）、X（10,10′）等。

③ 光滑连接并判别可见性。依次光滑连接各点的正面投影。由于圆柱的轴线位于球心之前，所以圆柱主视转向轮廓素线上的 1′、2′ 点为相贯线在正面投影的可见性分界点。因

此，用粗实线画出两点之前的相贯线的正面投影 1'5'3'9'2'，用虚线画出 2'8'6'4'10'7'1'。

④ 完成立体表面轮廓线。连点时，应注意圆柱与半球主视转向轮廓素线上的连线（参看放大图）。

6.2.3 利用辅助球面法求作相贯线

辅助球面法是利用球面作为辅助面求相贯线上点的方法。其基本原理为：任何回转面与球面相交时，如果球心位于该回转面的轴线上，则其相贯线必为垂直于回转面轴线的圆；若回转面的轴线平行于某一投影面，则该圆在该投影面上的投影是一垂直于轴线的直线段，该线就是球面与回转面转向轮廓素线的交点的连线，如图 6-15 所示。

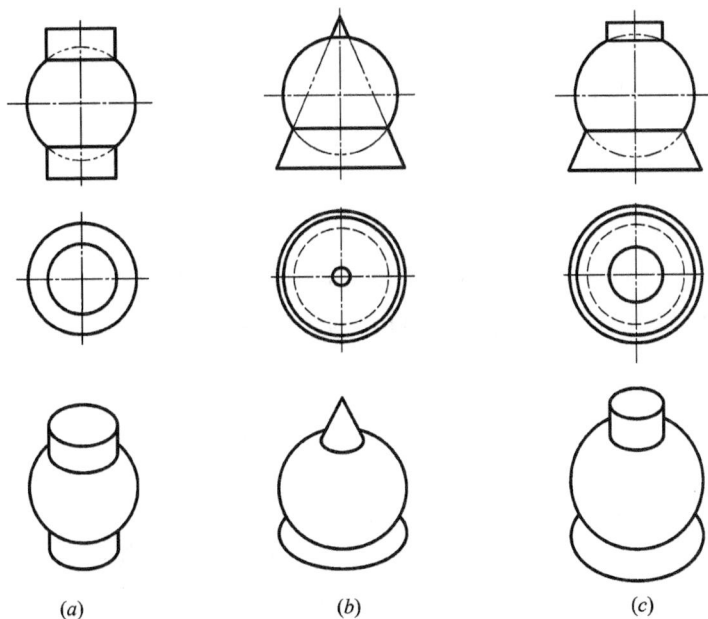

图 6-15　回转体与圆球相交

下面说明利用辅助球面求作两曲面立体相贯线的条件和作图方法。

图 6-16 为轴线斜交且平行于 V 面的两圆柱相交（图中未示出水平投影）。在求它们的相贯线时，可利用两轴线的交点为球心，以适当的长度为半径作一辅助球（图中以 R 为半径的圆是辅助球面的正面投影），该球面与两圆柱面的交线均为圆，且在 V 面上的投影为相交的两直线段，它们的交点 1、2 必为相贯线上点 I 和点 II 的正面投影，若改变辅助球面半径的大小，则可得出相贯线上一系列的点。这种利用球面求作相贯线上点的方法就称为辅助球面法。

通常，凡两个相交的曲面立体符合下列三个条件，即可采用辅助球面法求作相贯线：

(1) 相交的两曲面都是回转面；

(2) 两回转面的轴线相交；

(3) 两回转面的轴线所决定的平面即两曲面立体的公共对称面平行于某一投影面。

由于上述条件，限制了它的应用范围。但在某些场合，用辅助球面法比较简单。应注意的是，辅助球面的半径大小有一个范围。如图 6-16 所示，如果取大于 R_1 或小于 R_2 的半径作球面,都不能求出相贯线上的点,故以 R_1 为半径的球面称为最大半径辅助球面,以 R_2 为半径的球面称为最小半径辅助球面。通常,最大半径辅助球面是经过两曲面转向轮廓素线的交点中距球心最远的一个。在图 6-16 中,两圆柱面主视转向轮廓素线的两个交点中,上面的交点距球心远,利用经过此点的最大半径辅助球面求出 $3'$。最小半径辅助球面应是两回转面的内切球中半径较大的一个,且与直立圆柱面相内切,利用这个辅助球面可求出 $4'$。

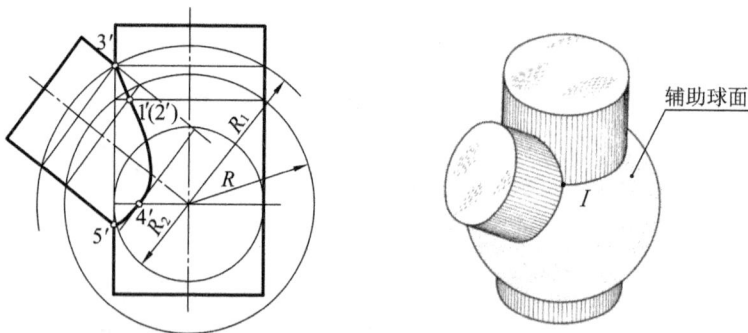

图 6-16 利用辅助球面法求斜交两圆柱的相贯线

【例 6-11】 求作圆柱与圆锥斜交的相贯线(图 6-17)。

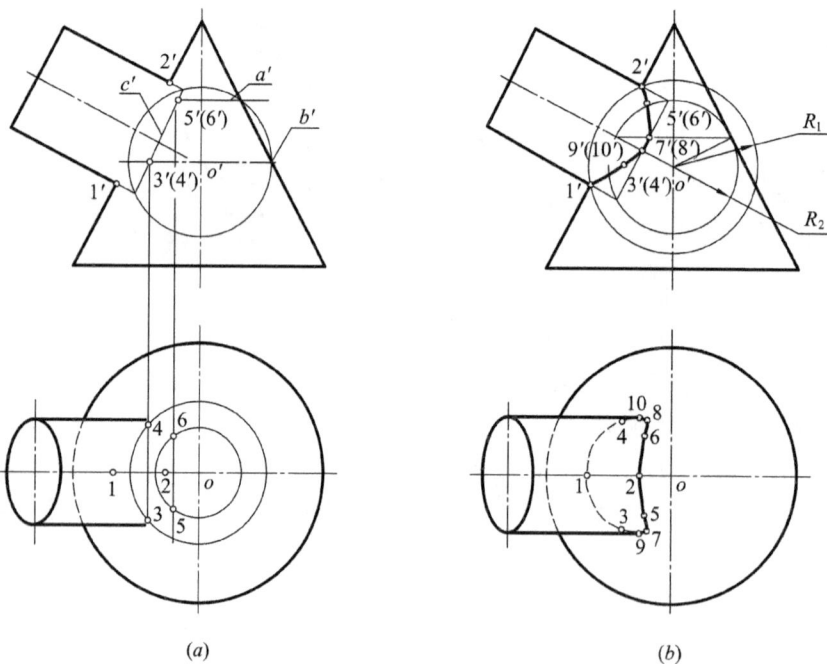

图 6-17 圆柱与圆锥斜交

解 (1)空间分析。由于两个曲面都是回转面,它们的轴线相交且平行于 V 面,所以可采用辅助球面法求其相贯线。

（2）投影作图。

① 圆柱与圆锥主视转向轮廓素线的交点 $2'$、$1'$ 为相贯线上最高和最低点的正面投影。由 $1'$、$2'$ 求得水平投影 1、2（图 6-17(a)）。

② 求最大辅助球半径和最小辅助球半径。由球心投影到两曲面主视转向轮廓素线交点中最远的一点 $2'$ 的距离 R_1 即为球面的最大半径。从球心投影向两曲面主视转向轮廓素线作垂线，垂线段中较长的一个 R_2 就是球面的最小半径，如图 6-17(b) 所示。

③ 求最右点 VII、VIII。以 o' 为圆心、R_2 为半径作圆锥的内切辅助球，即可求得 $7'$（$8'$），再由 $7'$、$8'$ 求出 7、8（图 6-17(b)）。

④ 求一般点。如图 6-17(a) 所示，以轴线交点的正面投影 o' 为圆心，取适当半径 R（$R_2<R<R_1$）作圆。作出辅助球面与圆锥的交线圆 A、B 的正面投影 a'、b' 及辅助球面与圆柱的交线圆 C 的正面投影 c'，则 $5'(6')=a'\cap c'$，$3'(4')=b'\cap c'$，即为两立体表面的共有点 III、IV、V、VI 的正面投影。其水平投影 3、4 及 5、6 可用圆锥面取点的方法求得。

⑤ 可通过圆柱轴线做辅助正垂面，利用前面所学的换面法，求出相贯线上的最前、最后特殊点 IX、X，此处不再赘述。

⑥ 光滑连接各点，并判别可见性。圆柱和圆锥前后对称，相贯线的正面投影前后重合，画粗实线。相贯线的水平投影可见性的分界点为 9、10，右半部分画粗实线，左半部分画虚线。

从上可以看出，辅助球面法的优点是可以直接利用一个投影作图，故作图简便。

6.2.4 特殊情况相贯线

1. 相贯线为平面曲线

（1）两个同轴回转体相交时，其相贯线是圆，该圆垂直于公共轴线；当公共轴线平行于某一投影面时，这个圆在该投影面上的投影变为直线（图 6-15）。

（2）当两个二次曲面同时相切于一球面时，相贯线是椭圆。若椭圆所在平面与投影面垂直，则相贯线在该投影面上的投影为一直线段。如图 6-18 是两个等直径圆柱正交与斜交的相贯线的投影图。图 6-19 是同时切于一球面的圆柱与圆锥正交与斜交的相贯线投影图。

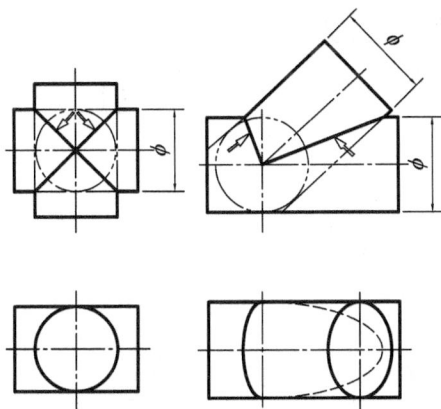

图 6-18 直径相等的两个圆柱相交   图 6-19 切于同一球面的圆柱与圆锥相交

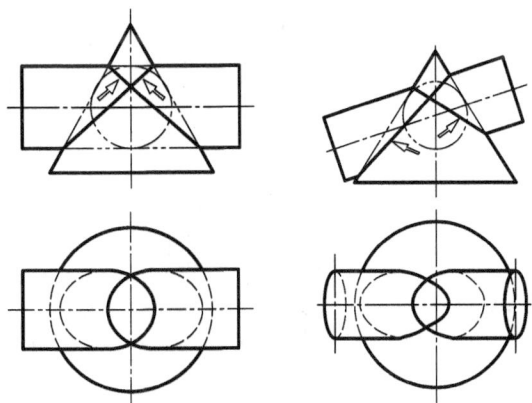

2. 相贯线为直线

（1）轴线平行的两圆柱相交，相贯线是直线（图 6 - 20）。

（2）两共顶的圆锥相交，相贯线是直线（图 6 - 21）。

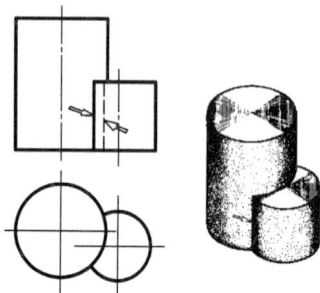

图 6 - 20 相交两圆柱的轴线平行   图 6 - 21 相交两圆锥共顶

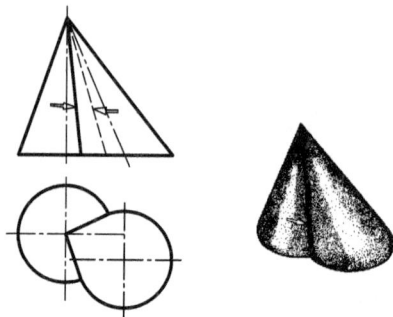

6.2.5 影响相贯线形状的因素

影响相贯线形状的是两曲面立体的形状、大小及其相互位置。而影响相贯线投影的形状的还有它们与投影面的相对位置。表 6 - 1 所示为两立体的形状及相对位置变化时相贯线的形状特征。表 6 - 2 所示为立体的形状和相对位置相同而尺寸不同时相贯线的形状特征。

表 6 - 1 相贯线的形状特征(1)

立体的形状	两立体的相对位置		
	轴线正交	轴线斜交	轴线交叉
圆柱与圆柱相交			
圆柱与圆锥台相交			

表 6-2 相贯线的形状特征(2)

相对位置	立体形状	两立体尺寸变化		
轴线正交	圆柱与圆柱相交			
	圆柱与圆锥相交			

6.3 多个立体相交

前面介绍了两个立体相交时相贯线的投影作图方法。而实际上,零件往往是由多个立体相交而成的。交线相对比较复杂,但其作图方法还是与两个立体相交的相贯线求法基本相同。

求多个立体相交时相贯线的步骤如下:

(1)进行形体分析,弄清楚它们的形状、大小和相对位置关系。

(2)判断哪些立体之间有相贯线,初步分析其相贯线的范围和趋势,并分别作出两两之间的相贯线。

注意:相贯线的各结合点。

【例 6-12】 图 6-22 所示为多个回转体相交的零件,求作其相贯线。

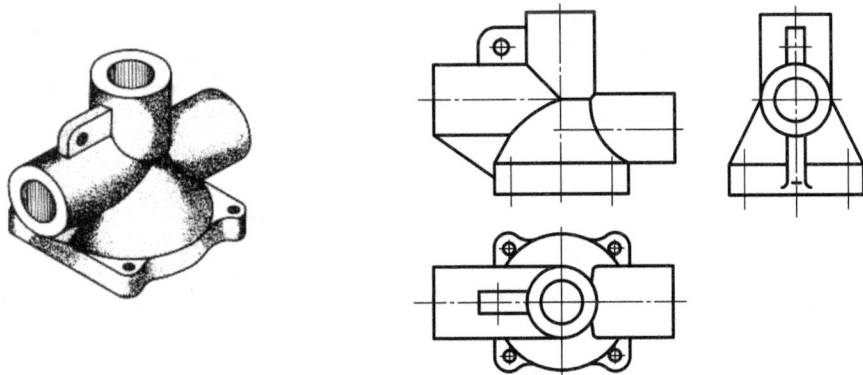

图 6-22 多个立体相交

解 该零件的外表面交线系由三个圆柱和一个圆锥分别相交而成的。将它们分解成两两相交，其相贯线即可按 6.2 节所述的方法分别求得，如图 6-23 所示。然后将图 6-23 中各分图组合在一起，并画出实际存在的部分，即得该零件上相贯线的投影。

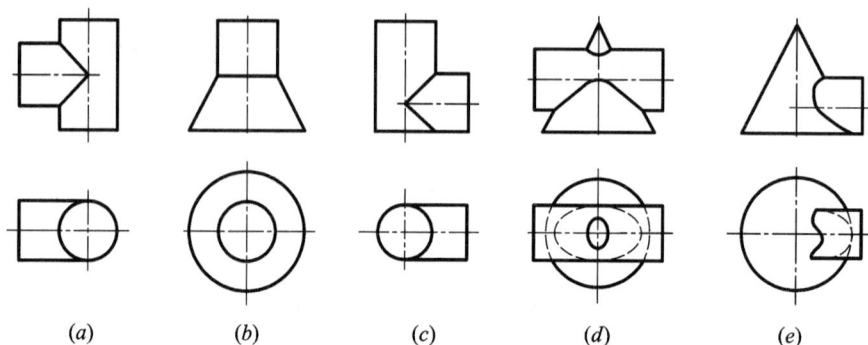

图 6-23　多个立体的分解图

作图方法及步骤如下（图 6-24）：

（1）左方的水平圆柱和直立圆柱直径相等，轴线相交且平行于 V 面，所以相贯线在正面投影上为一直线段。因水平圆柱的轴线位于直立圆柱的底面，即只有上半个水平圆柱与直立圆柱相交，因而这段相贯线的正面投影是从主视转向轮廓素线的交点画至中心线的交点为止的直线段。另外两个投影有积聚性，如图 6-24（a）所示。

（2）左方圆柱的下半部分与圆锥相交，可采用辅助水平面求相贯线的投影。相贯线的正面投影为一段曲线。水平投影为不可见的曲线。侧面投影有积聚性，如图 6-24（b）所示。

（3）右方的水平圆柱与直立圆柱直径相等，它们的轴线相交且平行于 V 面，所以相贯线的正面投影为一段直线，这段直线自主视转向轮廓素线的交点起，至直立圆柱的底圆止，另外两个投影有积聚性，如图 6-24（c）所示。

（4）右方的水平圆柱与圆锥相交，相贯线的正面投影为一段曲线。相贯线的水平投影也是曲线，其中在水平圆柱俯视转向轮廓素线之上的一小段是可见的，之下的部分不可见，侧面投影有积聚性，如图 6-24（d）所示。

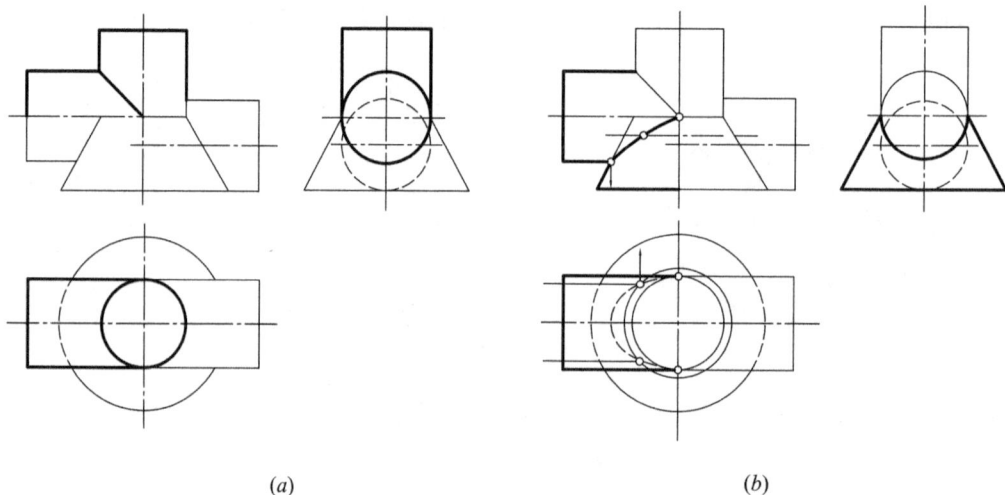

（a）　　　　　　　　　　　　　　　　　　（b）

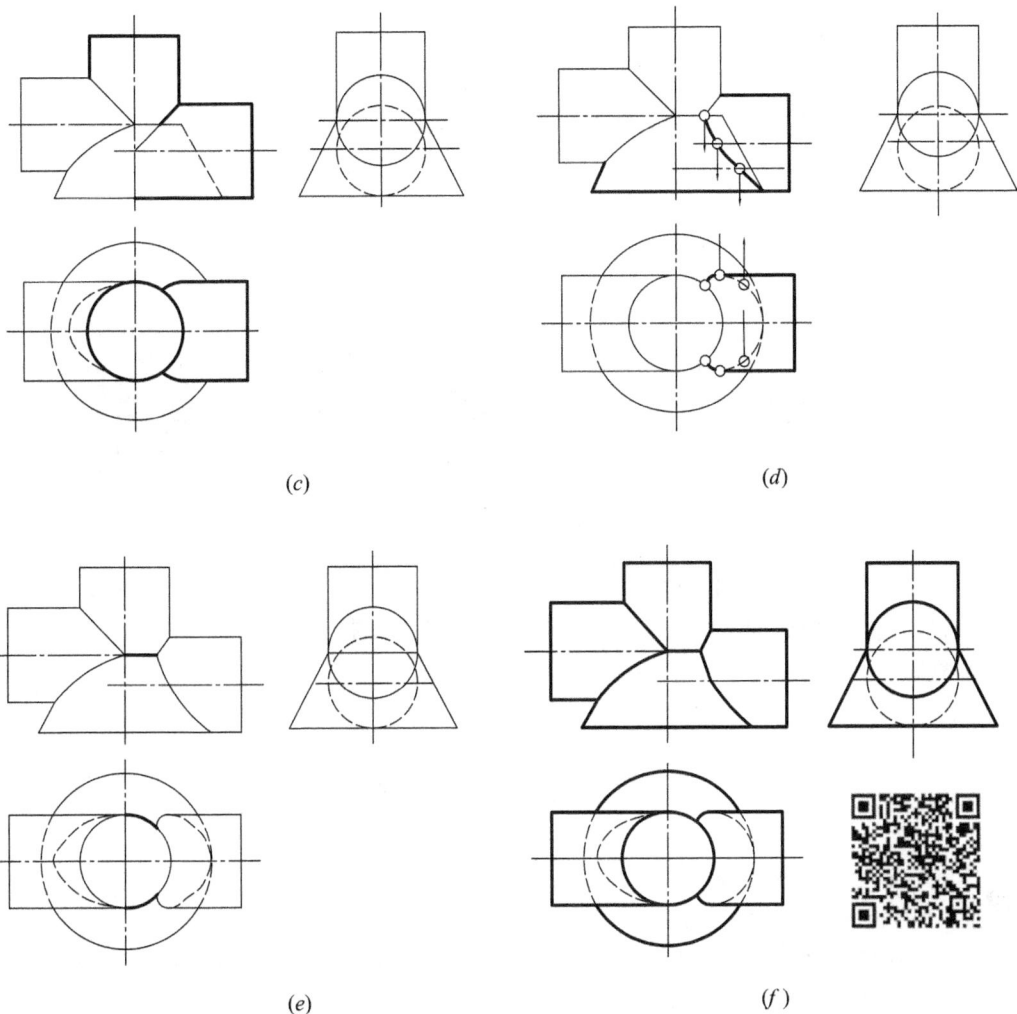

(c)

(d)

(e)

(f)

图 6-24　求多个立体相交的相贯线的方法和步骤

（5）直立圆柱与圆锥同轴线相交，圆柱的底圆也就是圆锥的顶圆。因为左、右都与另一圆柱相贯，所以该圆实际存在的只有一小部分，它的正面投影为一段直线，侧面投影为两段不可见直线(图 6-24(e))。

这样逐段地画出每两个回转体的相贯线之后，就得到该零件上完整的相贯线，如图 6-24(f)所示。

【例 6-13】　分析图 6-25 所示零件的形状及相贯线的投影。

解　该零件由大、小两直立圆柱，水平圆柱，圆柱孔和圆锥孔组成。两直立圆柱同轴，水平圆柱以及圆柱孔和两直立圆柱的轴线相互正交。

相贯线 A、E 是大直立圆柱分别与水平圆柱以及圆柱孔的交线。由图可知，水平圆柱和圆柱孔的直径相等，因此 A、E 为两条相同的空间曲线，其正面投影形状相同，弯曲方向相反，而水平投影重影在大直立圆柱的水平投影上，侧面投影重影在水平圆柱的侧面投影上；B 和 D 是大直立圆柱顶面分别截切水平圆柱和圆柱孔的截交线，其形状为直线；C 和

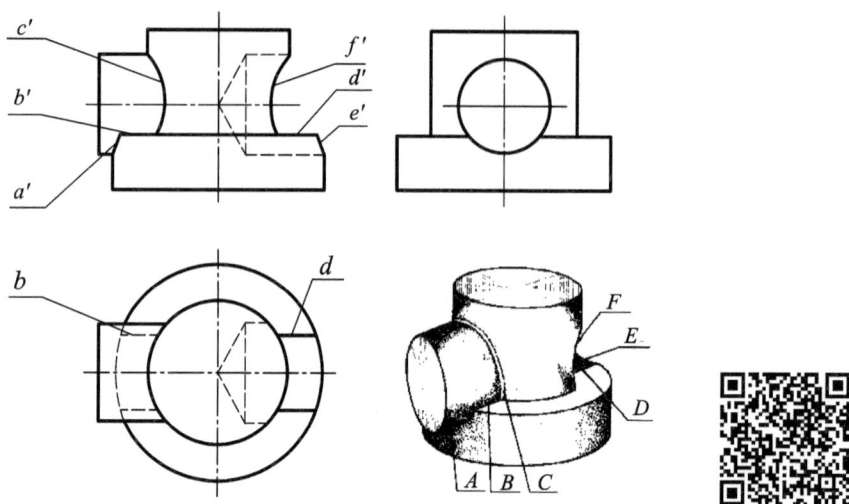

图 6-25 多个立体相交的相贯线

F 为水平圆柱和圆柱孔分别与小直立圆柱的交线，其形状也是相同的两空间曲线，正面投影的形状相同，弯曲方向相反，水平投影与小直立圆柱的投影重影，侧面投影与水平圆柱的投影重影。

本 章 小 结

本章重点介绍了相贯线作图方法。

1. 求作相贯线的一般步骤

（1）分析两立体的形状、大小及相对位置，确定相贯线的大致形状及投影特点。

（2）作出相贯线的特殊点（最高、最低、最前、最后、最左、最右的点及虚实分界点等）。

（3）在特殊点之间求出一定数量的一般点。

（4）依次光滑连接各点的同面投影，并判别可见性。

（5）完成立体的其他轮廓线。

2. 求作相贯线的方法

（1）利用积聚性。该方法主要是针对如圆柱等具有积聚性特点的回转体。因为这些回转体在轴线所垂直的投影面上的投影积聚为圆，所以与其相交的圆柱、圆锥等回转体，其相贯线在该投影面上的投影都在圆柱的积聚投影上，这时可以利用表面取点法求出相贯线在其他投影面的投影。

（2）利用辅助平面法。辅助平面法就是用假想的辅助平面截切相交的两立体，利用所截得的截交线的交点求得相贯线上的点。选择辅助平面时，应使辅助平面截切两立体所得截交线的投影最为简单，如圆或直线。辅助平面法是一种通用的方法。

（3）利用辅助球面法。辅助球面法适用于：① 两相交体表面都是回转面；② 两相交回转体的轴线相交，且同时平行于某一投影面。该方法方便易行，但使用面不广。

第7章 组 合 体

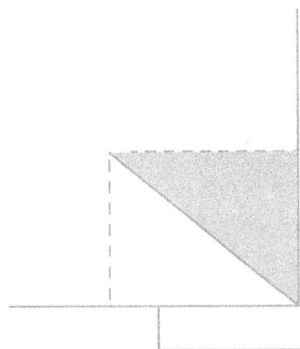

组合体是机器零件在省略了工艺结构后的抽象几何模型，通常绝大部分组合体可以看做是由若干基本立体按照一定方式组合而成的相对复杂的形体。本章在学习立体、立体与立体相交（相贯线）的投影作图基础上，进一步研究组合体的三视图绘制、组合体三视图的阅读以及组合体尺寸标注的基本方法。本章是前面所学知识的综合运用，又是零件图、装配图的重要基础。

7.1 组合体的基本知识

7.1.1 组合体的组成方式

组合体组成方式一般可分为叠加式、切割式和综合式三种类型。

叠加式是指由基本形体叠合或相交组成组合体的方式，如图 7-1(a)所示。切割式是指由一个基本形体切去若干基本形体后形成组合体的方式，如图 7-1(b)所示。综合式是指既有叠加又有切割的方式组成组合体的形式如图 7-1(c)所示。大多数的组合体为综合式的组合体。

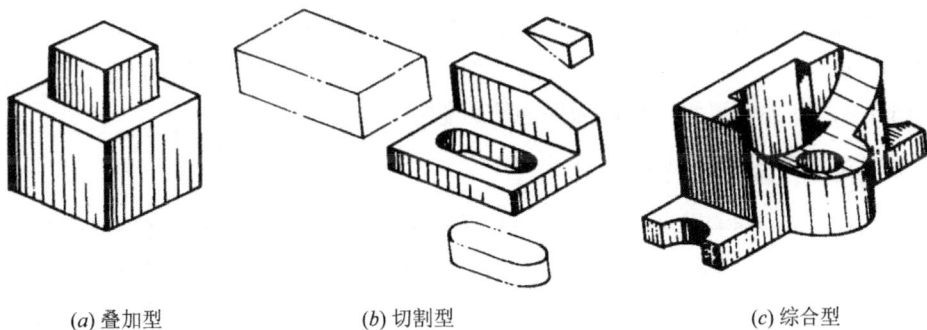

(a) 叠加型   (b) 切割型   (c) 综合型

图 7-1 组合体的组成方式

在许多情况下，组合体的组成方式并无固定模式。同一组合体，如图 7-1(a)所示的组合体既可看成是叠加式，也可看成是切割式，因此分析组合体时，应根据具体情况具体分析。

7.1.2 形体分析法

所谓形体分析法，就是将复杂的组合体抽象地看成是由若干基本形体组合而成，通过分析各个基本形体的形状、相对位置及表面连接关系，从而形成对组合体完整认识的思维方法。形体分析法是解决复杂问题的一种有效方法。

在进行组合体视图的绘制、阅读以及尺寸标注时，采用形体分析法可以将复杂问题简单化，因为针对单个基本形体视图的绘制、阅读和尺寸标注相对简单许多。如图7-2所示的支架，用形体分析法就可以将其分解为支承板I、支承板II、肋板III和底板IV四部分。如图7-3所示的组合体，则可以用形体分析法将其看成是一个四棱柱切去四个基本形体而成。

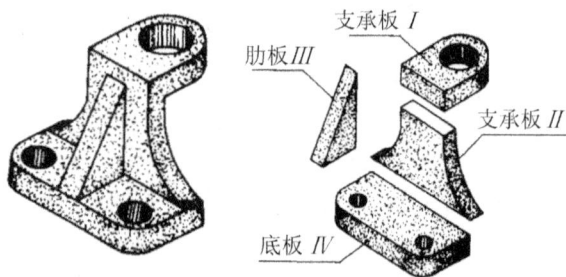

图7-2 叠加型组合体的形体分析

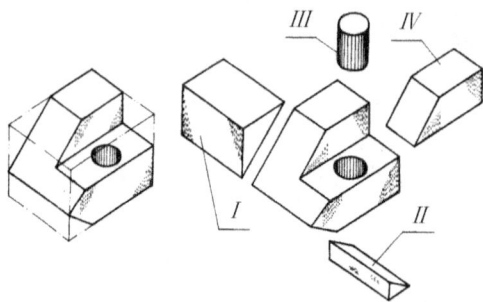

图7-3 切割型组合体的形体分析

需要指出的是，用形体分析法分解组合体时，不必分解到最简单部分，而是只要分解得到的基本形体便于画图、读图和尺寸标注即可。如图7-2中的支承板I是在马蹄形板中开一个圆孔，因此无需再将它分解为四棱柱、半圆柱和圆柱孔。

7.1.3 相对位置及表面连接分析

由基本形体组成组合体时，基本形体上原来的某些表面将由于互相结合或被切割而不复存在，有些表面相切或相交产生交线，因此在用形体分析法对组合体进行分析时，必须特别注意这些表面的位置及连接关系，才能做到在画图时不多画线、不漏画线，读图时能正确理解物体的形状。

组合体表面的相对位置一般可分为相切、相交、平齐三种情况。

1. 相切

相切是指两个基本立体的表面(平面与曲面或曲面与曲面)光滑过渡。如图7-4(a)的组合体可看成是由左、右两部分基本形体组成，但绘制视图时，在该表面相切处不应画所谓的"切线"。

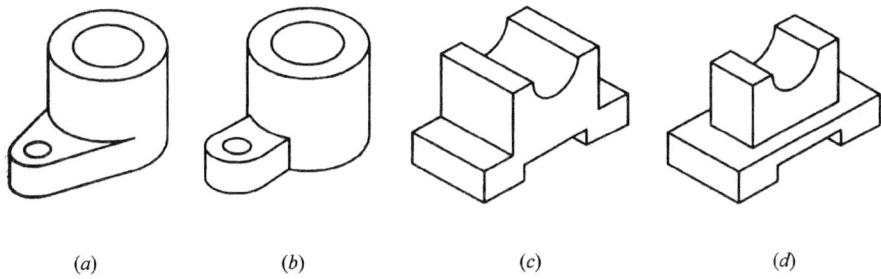

(a) (b) (c) (d)

图 7 - 4   组合体表面的相对位置及表面连接关系

2. 相交

相交是指两个基本立体表面相交，其交线是它们表面的分界线，画图时应正确画出这些交线，如图 7 - 4(b)、(d)所示。

3. 平齐

平齐是指两个表面处于同一平面，画图时不应画出它们之间的分界线。如图 7 - 4(c)所示，该组合体可看成是由上、下两部分组成，但前后表面处于平齐。

下面以图 7 - 5(a)所示的组合体为例，进一步说明用形体分析法绘制视图时应注意的问题。图 7 - 5(a)所示组合体可分解为三个基本形体（Ⅰ、Ⅱ、Ⅲ）。形体 Ⅱ 与形体 Ⅲ 的上表面平齐；形体Ⅰ前、后表面与形体 Ⅱ 的圆柱筒外表面相切，在该表面连接处切记不应画

(a) 立体图及形体分析

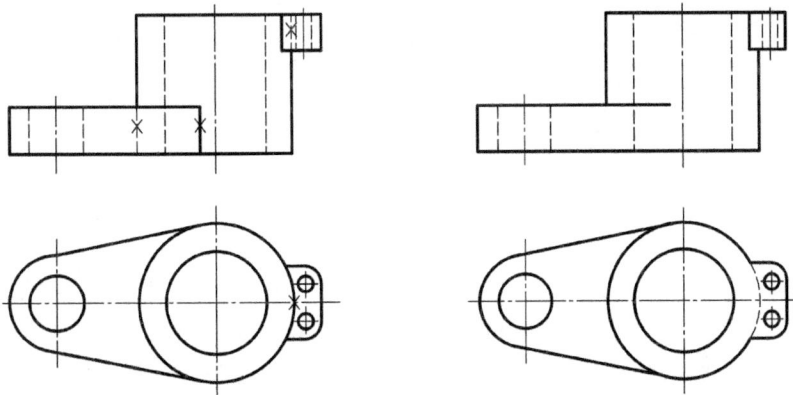

(b) 错误视图 (c) 正确视图

图 7 - 5   组合体表面相对位置分析

线。具体画图时，可先画出相切面有积聚性的视图(俯视图)，确定出直线和圆弧的切点，再根据切点的投影确定出其他的投影；形体Ⅲ的前、后、下表面与形体Ⅱ(圆柱筒)表面相交，形体Ⅰ的上表面与形体Ⅱ表面相交，绘制视图时应正确画出其交线。

需要提醒的是，形体分析法仅仅是一种思维方法，组合体仍是一个不可分割的有机整体，因此除了表面的交线之外，在基本形体内部结合处没有轮廓线，将其称之为融为一体。如图7-5(a)中形体Ⅰ与形体Ⅱ、形体Ⅱ与形体Ⅲ之间，其内部表面结合处融为一体，因此绘制视图时不应画出表面的结合线。

请读者仔细对比图7-5(b)和图7-5(c)，注意其中带"×"的线。

7.2 组合体视图的画法

为了更好更快地绘制组合体视图，下面以图7-6所示的组合体为例说明绘制组合体视图的基本方法和步骤。

1. 形体分析

画组合体视图之前，应对组合体进行形体分析。

如图7-6(a)所示的组合体是轴承座，其作用是用来支承轴。利用形体分析法将该组合体分解成四个基本形体，如图7-6(b)所示：与轴配合的水平空心圆柱体、用来支承的支承板和肋板、安装用的底板。其中，底板的顶面与支承板和肋板的底面互相叠加，支承板与空心圆柱体的外圆柱面相切，空心圆柱体、支承板和底板的后端面平齐。

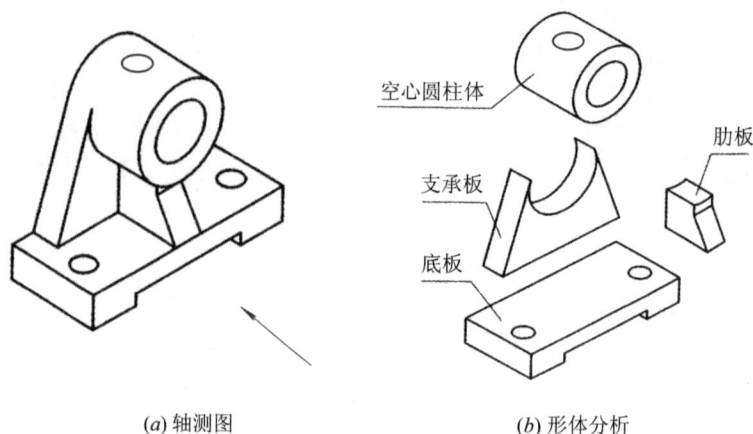

(a) 轴测图   (b) 形体分析

图7-6　组合体(轴承座)

2. 视图选择

画组合体视图时，一般应使组合体处于自然安放位置，然后从前、后、左、右四个方向进行投影分析，把反映组合体各部分形状特征、位置关系相对明显的视图选为主视图的投影方向。图7-6(a)中箭头所示投影方向所得视图，更能反映轴承座各部分的形状特征和位置关系，可作为主视图。其次，主视图选择还要兼顾使俯视图和左视图上的虚线尽可能的少。

主视图确定后，俯视图和左视图也就相应确定。该轴承座的俯视图主要表达底板的形状和安装孔的位置，而左视图表达肋板的形状和相对位置，因此应该选择三个视图表达轴承座的结构形状。

3. 比例与图幅的确定

画图比例是指视图上线段长与实物上对应线段长之比。选定视图后，就要根据实物的大小及其复杂程度选择适当的画图比例。一般尽可能采用1：1的比例，也可以根据情况选择第1章中"国标"推荐的画图比例。

图幅则根据所绘制视图的面积大小来确定，应保证视图均匀布置在图纸中央，并留足标注尺寸和标题栏的位置。

4. 视图的布置

在选定的图纸幅面上，合理布置各视图的位置，即优先画出决定各视图位置的定位线。三视图的布置要做到匀称、美观，不要偏向一方或挤在一起，视图之间应留出足够的空间，以备标注尺寸。

一般对称图形选择对称线（或轴线）、非对称图形选择重要基准线作为视图的定位线。如图7-7(a)所示轴承座，以轴承座的底面、左右对称面的对称线、空心圆柱体的轴线作为主视图的定位线，后端面和左右对称面的对称线作为俯视图的定位线，轴承座的底面、后端面、空心圆柱体的轴线作为左视图的定位线。定位线之间要保证符合投影规律。

5. 底稿的绘制

布置好视图后，将各基本形体的视图用细实线（一般采用H或HB铅笔）逐个画出。画图时必须注意：

（1）先画主要形体，后画次要形体；先画大形体，后画小形体。如图7-7(b)~(e)所示，先画空心圆柱体、底板，后画支承板、肋板。

（2）对每一个基本形体，应从形状特征明显的视图画起，而且要同时将三个视图联系起来画，这样有利于保证投影关系和图形的完整性。如空心圆柱体应先画正面投影，再按照投影关系画出其他投影，同时注意处理好各形体之间的相对位置。例如轴承座各形体在长度方向有公共的对称面；空心圆柱体、支承板、底板后端面共平面；在高度方向上，空心圆柱体在上，支承板和肋板居中，底板在下，为上、中、下叠加。

（3）正确处理各形体之间的表面位置和连接关系。比如在左视图上空心圆柱体与肋板相交处的投影只有前面一小段外形轮廓线（图7-7(e)），因为空心圆柱体与肋板及支承板在内部融为一体。左视图和俯视图上，圆柱体外表面与支撑板相切。

6. 各形体细节部分的补画、整体检查、外形轮廓线加深

补画各基本形体的细节形状，如图7-7(f)中画出了底板的圆柱孔和通槽及圆柱孔上的小孔。逐个完成各基本形体的底稿后，按照组合体是一个不可分割的整体仔细检查，修正错误，擦去多余图线。最后按照规定线型加粗加深外形轮廓线（一般采用HB或B铅笔）。加深时，先加深曲线，再加深直线段，后加深倾斜线段。加深直线段时应按照一个方向平行逐步加深。

最后得到的轴承座三视图如图7-7(f)所示。

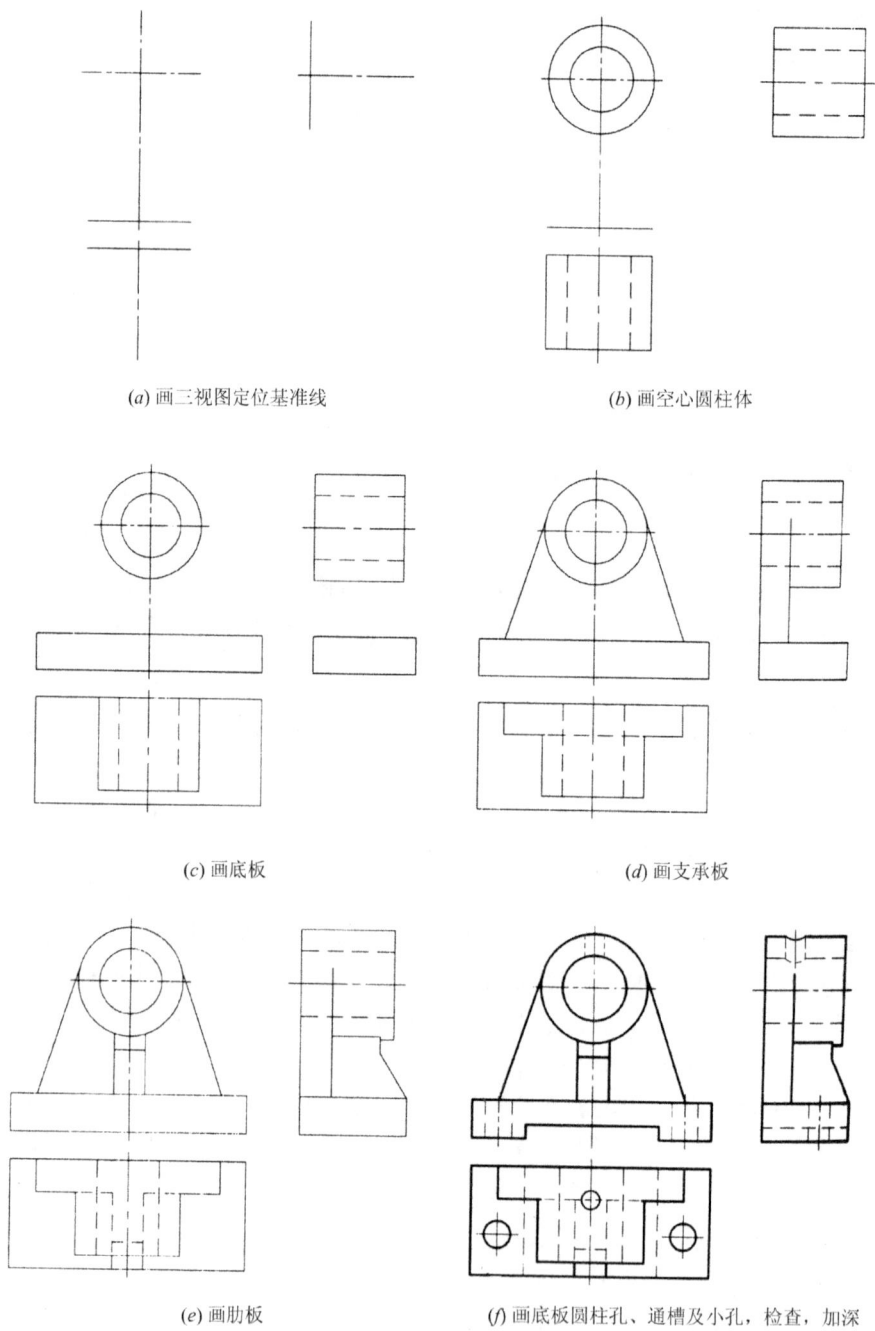

(a) 画三视图定位基准线　　　　　　　　　　　　(b) 画空心圆柱体

(c) 画底板　　　　　　　　　　　　　　　　　　(d) 画支承板

(e) 画肋板　　　　　　　(f) 画底板圆柱孔、通槽及小孔，检查，加深

图 7-7　轴承座三视图画图步骤

7.3　组合体的尺寸标注

组合体三视图仅仅表达了组合体的形状特征，而组合体各部分形体的真实大小及其相对位置，则要通过标注尺寸来确定。本节在第 1 章标注平面图形尺寸的基础上，主要介绍

基本形体和组合体的尺寸标注。

1. 尺寸标注要求

（1）正确：尺寸标注要符合国家标准有关规定（参见第 1 章）；

（2）完整：尺寸必须注写齐全，不遗漏，不重复；

（3）清晰：尺寸的布局要整齐清晰，便于阅读；

（4）合理：尺寸标注要保证设计要求，便于加工和测量（参见第 11 章）。

2. 基本形体的尺寸标注

标注基本形体尺寸时，应结合各个形体的形状特点，标注合适数量的尺寸。

任何基本形体都应包括长、宽、高三个方向的尺寸。长方体、棱柱、棱锥、圆柱、圆锥、球等都是常见的基本形体，图 7-8 表示了这些基本形体的尺寸注法。如长方体应标注长、宽、高三个尺寸；正六棱柱应标注高度及正六边形对边距离（或对角距离）；四棱台应标注上、下底面的长、宽及高度尺寸；圆柱体应标注直径及轴向高度；圆锥台应标注两底圆直径及轴向高度；球只需标注一个直径；圆环应标注两个直径。

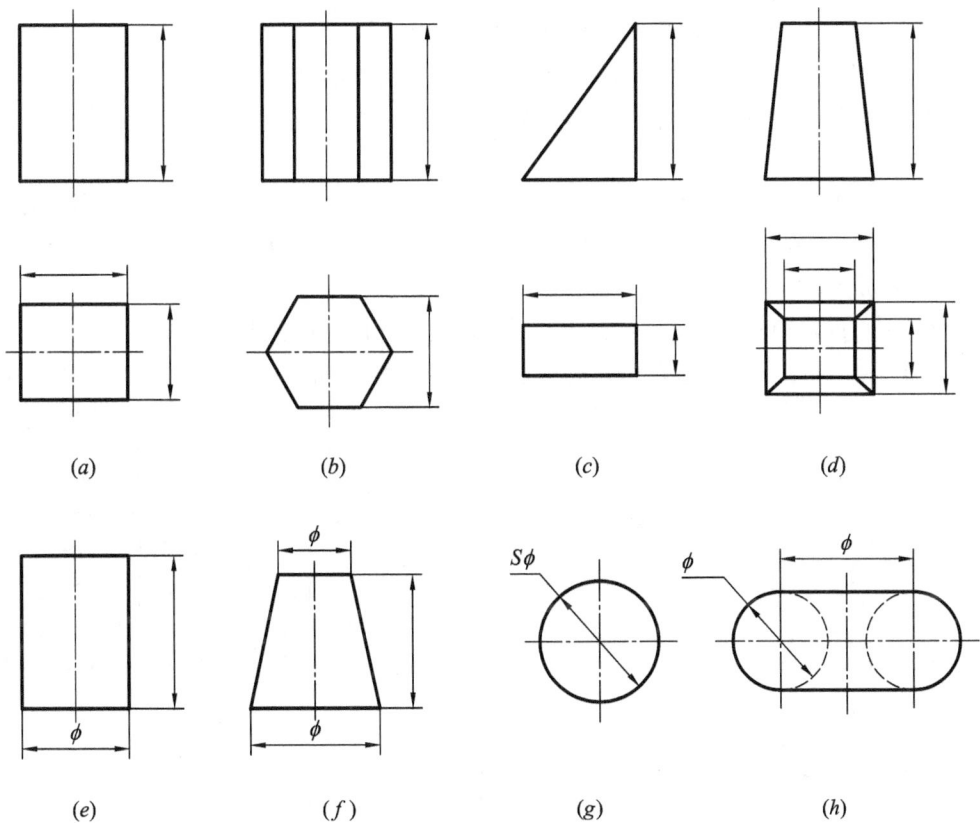

图 7-8 基本形体的尺寸标注（一）

对于图 7-9 所示的视图，可以看成是具有一定厚度的形体，因此在一个视图上标注它们的厚度，另一个视图上按照第 1 章标注平面图形尺寸的方法进行标注。

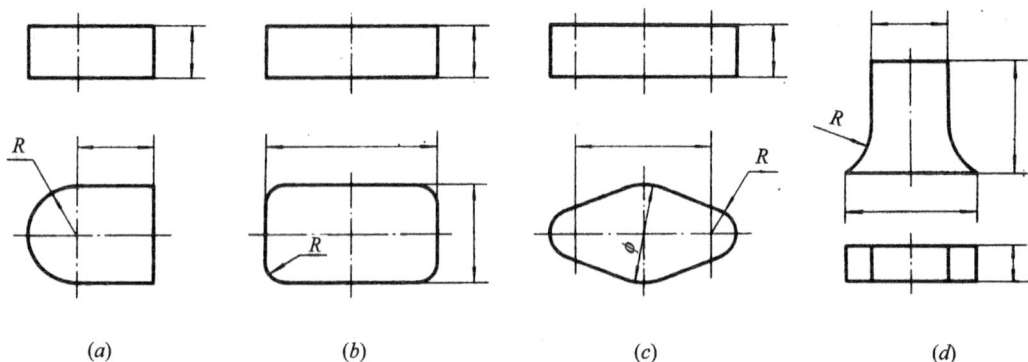

(a)　　　　　　(b)　　　　　　(c)　　　　　　(d)

图 7 - 9　基本形体的尺寸标注(二)

3. 组合体的尺寸标注

1) 组合体尺寸类别

(1) 定形尺寸：表示基本形体形状及大小的尺寸。

(2) 定位尺寸：表示各基本形体在组合体中相对位置的尺寸。

(3) 总体尺寸：表示组合体总长、总宽、总高的尺寸。

2) 尺寸基准

所谓尺寸基准，就是标注尺寸的起点，主要用于确定各基本形体的定位尺寸。在标注定位尺寸时，必须在长、宽、高三个方向上分别选出主要尺寸基准，以便通过尺寸基准来确定各基本形体在组合体中的位置。

通常，尺寸基准可选组合体的底面、重要端面、对称平面以及回转体的轴线等。如图 7 - 10(a)所示，标示出了该组合体在长度方向、高度方向和宽度方向三个主要尺寸基础。

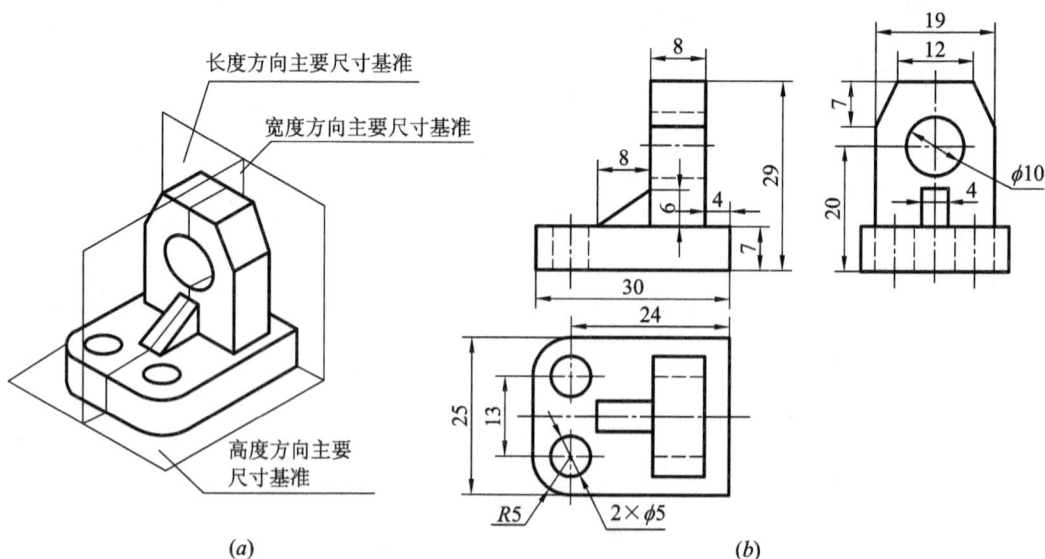

(a)　　　　　　　　　　　　(b)

图 7 - 10　尺寸基准

结合图 7-10(b)，俯视图上的尺寸 24 就是两小孔相对长度方向主要尺寸基准的定位尺寸，尺寸 13 就是两小孔相对宽度方向主要尺寸基准的定位尺寸。主视图上的尺寸 7 就是肋板相对高度方向的定位尺寸。

3）尺寸标注的基本步骤

对组合体进行尺寸标注时，采用形体分析法可以较好地保证尺寸标注的完整性。下面以图 7-11(a)所示的轴承座为例来介绍标注尺寸的基本方法步骤。

① 选择尺寸基准。由于轴承座左右对称，故将其对称面选为长度方向主要尺寸基准，底端面为高度方向主要尺寸基准，后端面为宽度方向的主要尺寸基准，如图 7-11(a)所示。

② 按照形体分析法依次标注各基本形体的定位尺寸、定形尺寸。例如空心圆柱体，其高度定位尺寸为 55，左右、前后的定位尺寸均为 0（不标注），其定形尺寸分别为 $\phi40$、$\phi24$、35；例如肋板，其高度定位尺寸为 14（在底板定形尺寸中确定），前后定位尺寸为 12，左右定位尺寸为 0（不标注），其定形尺寸为 12、16、18，其余定形尺寸在空心圆柱体、底板的尺寸标注中已经确定。图 7-11(b)还标注出了底板、支承板的定位和定形尺寸，请读者自行分析。

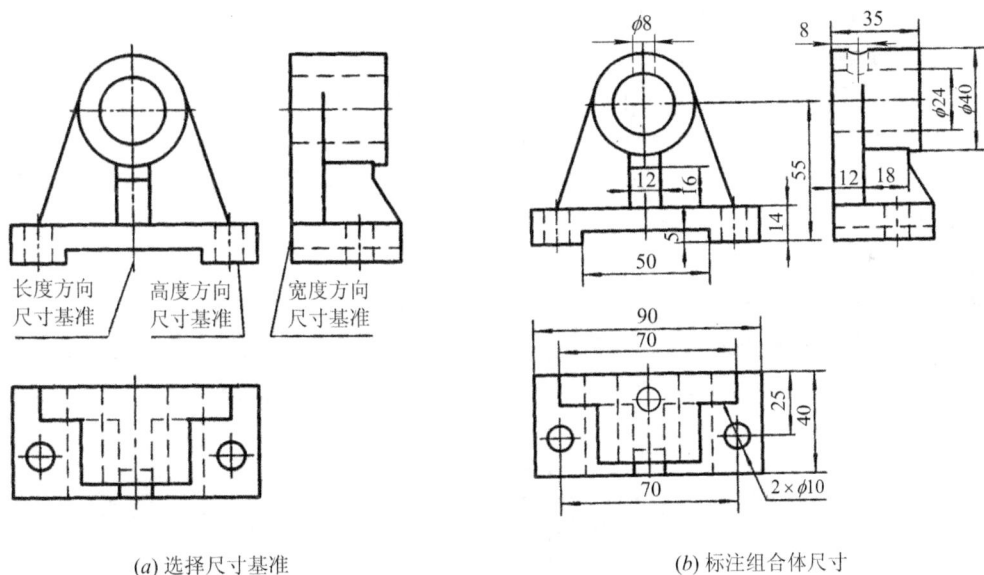

(a) 选择尺寸基准　　　　　　　　　　　(b) 标注组合体尺寸

图 7-11　轴承座的尺寸标注

③ 考虑总体尺寸（总长、总高、总宽），并使尺寸布置清晰。一般情况下，用形体分析法标注，其总体尺寸在第 2 步标注完成后就已经完成。但为了确保完整，应再仔细对照检查总体尺寸。同时为了保证尺寸清晰，应对部分尺寸作适当调整。

4）补充说明

（1）选择形体（或若干个形体）的公共对称面、公共的端面为主要尺寸基准时，此时形体之间在垂直于对称面、公共端面方向的定位尺寸为零。如图 7-11(b)所示，轴承座因左右对称，空心圆柱体、底板等不标注长度方向的定位尺寸，但要标注底板上两个安装孔轴线在长度方向的定位尺寸 70。空心圆柱体、支承板、底板的后端面平齐，后断面选为宽度方向尺寸基准，故不标注这些基本形体的宽度方向定位尺寸，但要标注肋板的定位尺寸12和底板上两安装孔轴线在宽度方向的定位尺寸25，如图7-11(b)所示。

(2) 形体之间某方向的定位尺寸和某个形体的定形尺寸重合时，只标注其中一种。如轴承座肋板在宽度方向的定位尺寸12和支承板的宽度尺寸重合，若再标注肋板宽度方向定位尺寸，就会出现重复尺寸，如图7-11(b)所示。

(3) 以回转面为某方向的外轮廓时，一般不标注该方向的总体尺寸。如轴承座的总高尺寸为75(空心圆柱体高度方向的定位尺寸55加上空心圆柱体的外圆柱面半径20)，在图7-11(b)中不必标注总体尺寸。

4. 标注尺寸应注意的问题

(1) 为了使图形清晰，尺寸应尽量标注在视图外面，并位于两视图之间，如图7-11(b)所示的空心圆柱体和底板尺寸。

(2) 每一形体的尺寸，应尽量集中标注在反映该形体特征的视图上。如图7-11(b)所示底板俯视图中标注了底板的长90、宽40和两个安装孔定形尺寸2×φ10、定位尺寸70和25。

(3) 同轴回转体的尺寸尽量注在非圆视图上。如图7-11(b)所示轴承内外圆柱面的φ24和φ40均标注在左视图上，使尺寸标注显得较为整齐。

(4) 为了避免尺寸零乱，同一方向的几个连续尺寸应尽量标注在同一条尺寸线上。如图7-11(b)所示的左视图中，支承板的宽度12和肋板的尺寸18。

(5) 尺寸应尽可能标注在粗实线上，避免标注在细虚线上。

(6) 避免尺寸线与尺寸线、尺寸界线相交。一组相互平行的尺寸应按小尺寸在内、大尺寸在外排列。如图7-11(b)所示，主视图中的14和55，俯视图中的25和40、70和90等。

(7) 截交线、相贯线上不允许标注尺寸。因为当截平面或者相交两立体的位置尺寸确定后，截交线、相贯线便自然形成，因此只标注产生这些交线的有关形体或截平面的定形尺寸和定位尺寸。请读者注意，图7-12中，带"×"的尺寸不应注出。

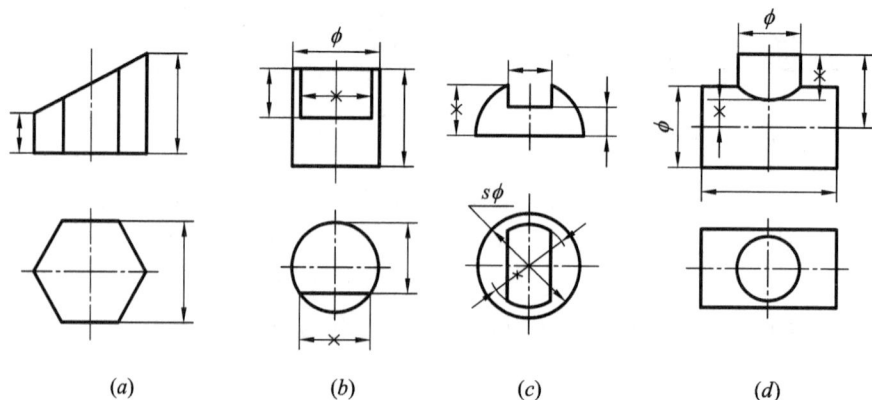

图7-12　截交线、相贯线的尺寸注法

图7-13、图7-14给出两例组合体尺寸标注的优劣对比，请读者自行分析。

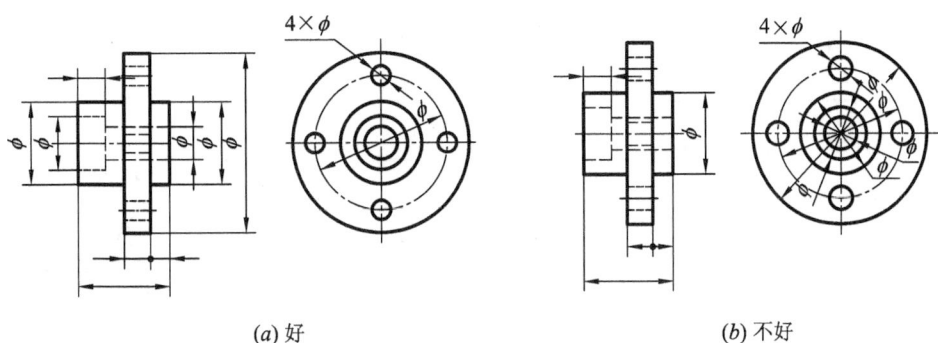

(a) 好   (b) 不好

图 7-13　组合体尺寸注法比较(一)

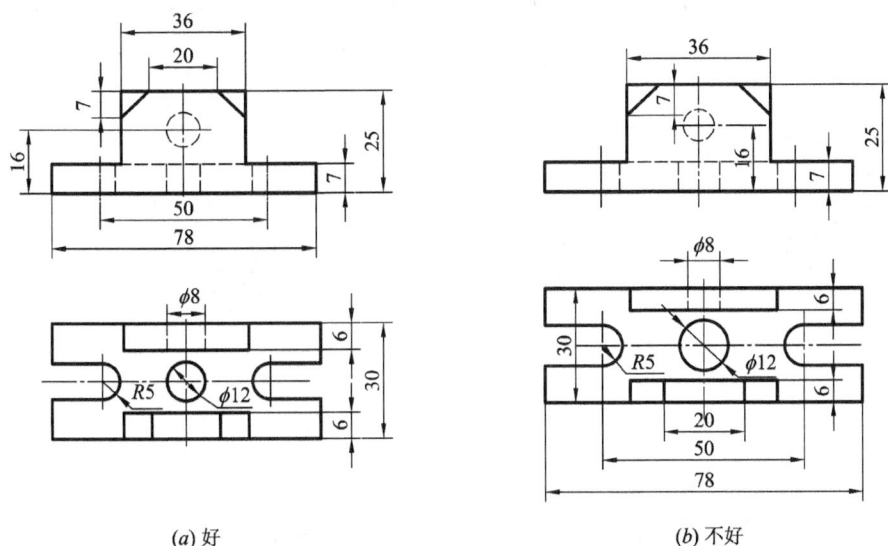

(a) 好   (b) 不好

图 7-14　组合体尺寸注法比较(二)

7.4　读组合体的视图

读组合体视图，就是根据已知视图，运用投影规律，想象出组合体空间形状的过程。读组合体视图，除了采用形体分析法外，有时根据视图的复杂情况还要结合线面分析法综合读图。

7.4.1　读图的基本要领

1．几个视图联系起来综合读图

一般情况下，一个视图不能确定物体的形状。如图 7-15 所示，主视图相同俯视图不同、图 7-16 俯视图相同主视图不同，其对应的形体便不相同；有时两个视图也不能唯一确定物体的形状，如图 7-17 所示，对应相同的主、俯视图，其左视图也有很多，即对应的形体也很多。因此读图时，不能单看一个或两个视图，必须将已知视图联系起来综合分析，这样才能正确想象出立体的形状。

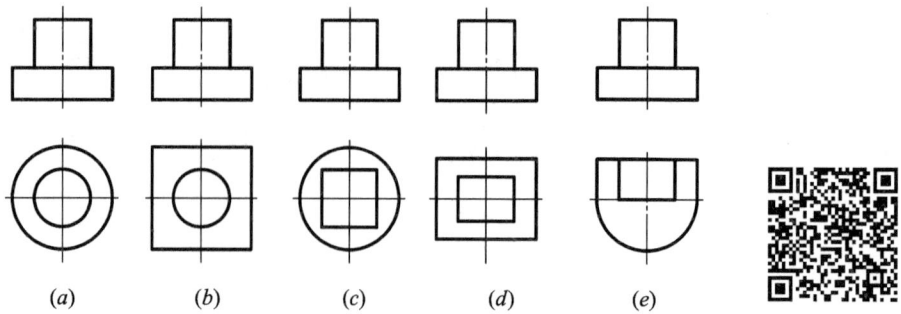

图 7-15　主视图相同，俯视图不同

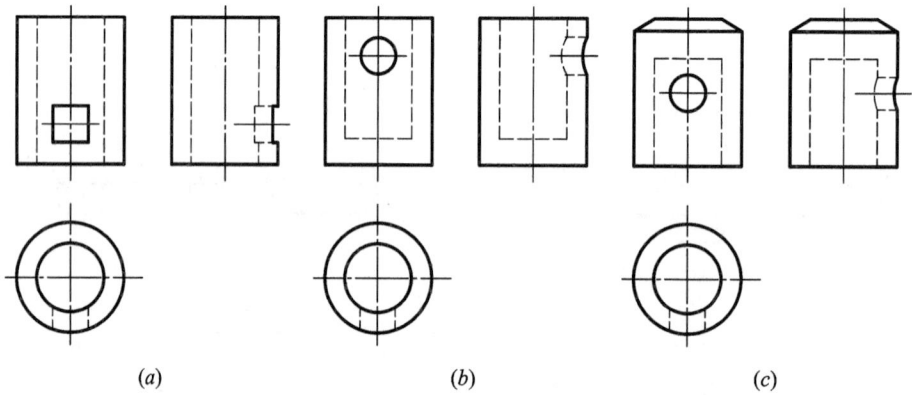

图 7-16　俯视图相同，主视图不同

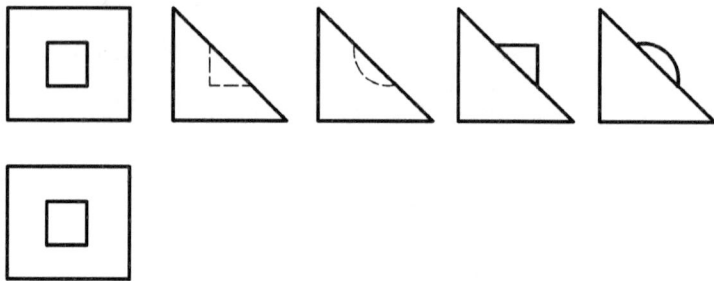

图 7-17　主、俯视图相同

2. 明确视图中线框、线条的含义

1）线框的含义

（1）视图中一个封闭线框必然表示形体上一个表面（平面、曲面、曲面与平面的结合面）的投影，如图 7-18 所示。

（2）相邻的两个封闭线框表示形体上不在一个面上的两个表面的投影。以图 7-18(f)为例，其俯视图中 I 、II 、III 封闭线框它们显然在空间代表的是不在一个面上的三个表面的投影。

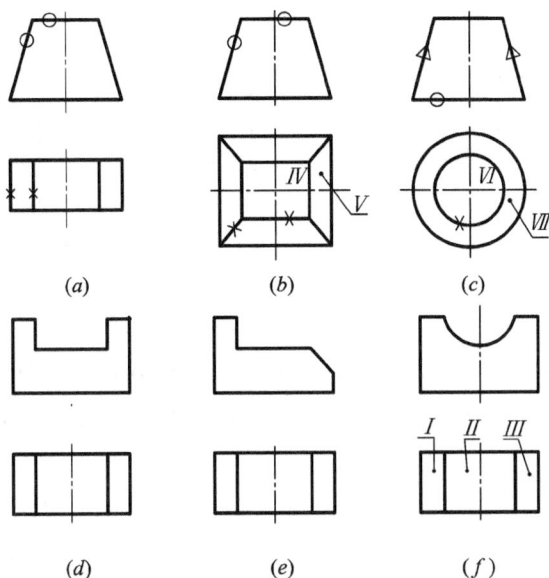

图 7-18 视图中线框、线条的含义分析

（3）在同一个大封闭线框内包含若干小线框，则表示大平面或曲面上凸出或凹下的小平面或曲面。以图 7-18(b)、(c)为例，其俯视图中的封闭线框 V 包含封闭线框 IV，封闭线框 III 中包含封闭线框 VI，对照投影，显然表示矩形和圆形平面上凸出类似的平面。

2）线条的含义

视图上的线条表示以下三种情况的投影：

（1）两个面的交线投影，如图 7-18 中标识"×"者；

（2）具有积聚性的面（平面或曲面）的投影，如图 7-18 中标识"○"者；

（3）回转体的转向轮廓素线投影，如图 7-18 中标识"△"者。

3. 抓住和抓好特征视图

特征视图包括形状特征视图和位置特征视图。形状特征视图是指形状特征明显的视图，如图 7-19 所示，主视图和俯视图相同，左视图表现了相对明显的形状特征，因此左视图称为形状特征视图；位置特征视图是指位置特征明显的视图，如图 7-20 所示，仅靠主视图和俯视图无法确定矩形和圆孔的位置，它们具有二义性，因此左视图表达了矩形凸台和圆孔的位置特征，所以称左视图为位置特征视图。

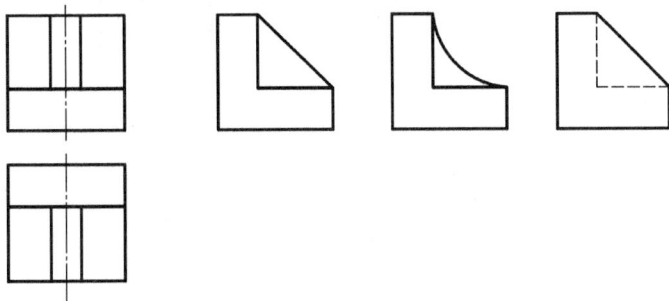

图 7-19　形状特征视图（左视图）

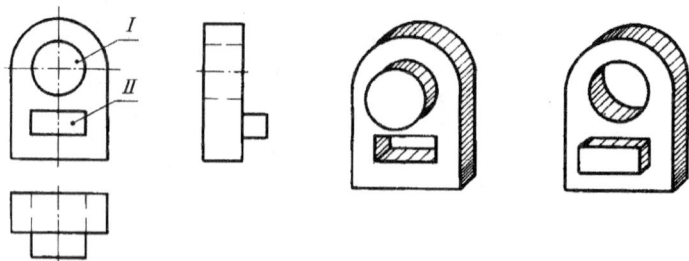

图 7-20　位置特征视图(左视图)

读图时,抓住和抓好特征视图,有助于快速和正确地阅读视图。但须注意,形状特征和位置特征视图有时为同一个视图,有时不统一,读图时应仔细分析。

7.4.2　形体分析法读图

分析组合体视图可以看出,组成组合体的各基本形体,其投影都是封闭线框,因此用形体分析法读图的基本步骤为:

(1)粗略观察,看组合体大致由哪些类型的基本形体并以怎样的方式组成;

(2)分析视图,将组合体的某一视图划分成若干封闭线框;

(3)根据投影关系,在其他视图上逐个找出与这些封闭线框对应的投影,并针对每个封闭线框,想象出对应的基本形体形状;

(4)按照各基本形体之间的相对位置,综合想象出组合体的形状。

下面结合实例说明形体分析法读图的基本方法。

【例 7-1】　根据图 7-21 所示的组合体(支架)三视图,想象其空间形状。

解　(1)观察图 7-21 所示的主视图,可以看出大多为矩形框和圆,再结合俯视图或左视图,根据投影规律,很容易想象出该组合体基本上是由棱柱、圆柱之类的基本形体组成。同时由左视图、俯视图可以看出,该组合体是由前、中、后三部分基本形体叠加而成的。

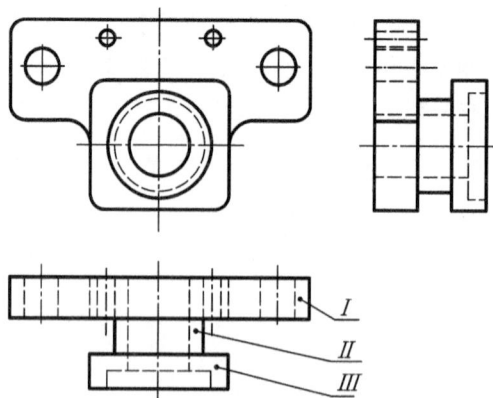

图 7-21　组合体(支架)三视图

（2）分析视图，划分线框。首先，选择特征视图，并在特征视图中划分封闭线框。划分时先划分主要线框，再划次要线框。本例主视图为形状特征视图，俯视图和左视图为位置特征视图。为了读图方便，从俯视图上划分出如图7-21所示的Ⅰ、Ⅱ、Ⅲ三个粗实线封闭线框。

（3）对照投影，想象基本形体。按照投影关系，逐一在主视图、左视图中找到封闭线框对应的投影，各基本形体的三投影如图7-22(a)、(b)、(c)所示，显然，Ⅰ为"T"形板，Ⅱ为圆柱筒，Ⅲ为方形板。

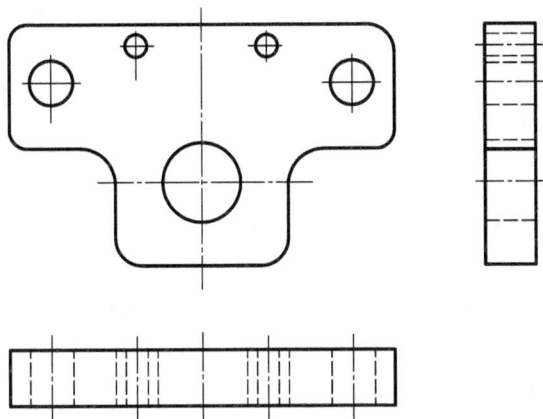

(a) "T"形板三视图

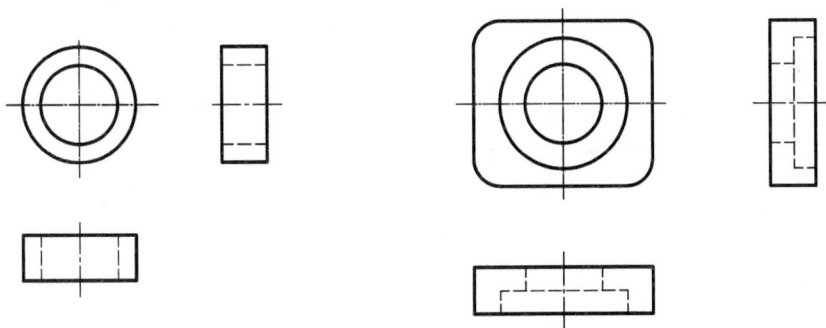

(b) 圆柱筒三视图　　　　　　　　　(c) 方形板三视图

图7-22　形体分析法读图

再看内部结构。从俯视图中虚线部分，可以划分出两个较大的矩形封闭线框，对照投影，便可知是两个阶梯圆柱孔。

（4）结合各基本形体的形状以及相对位置，综合想象出组合体的形状。从图7-21的主视图可以看出基本形体Ⅰ、Ⅱ、Ⅲ以及圆柱阶梯孔的上下和左右相对位置，结合俯视图或左视图可以想象出各形体的前后相对位置，其中阶梯圆柱孔的大圆柱孔在前、小圆柱孔在后，并贯穿到组合体的后端面。另外，在"T"形板上挖有两对直径不同的圆柱孔。

综合以上分析，便可以想象出支架的空间形状，其效果图及分解图如图7-23所示。

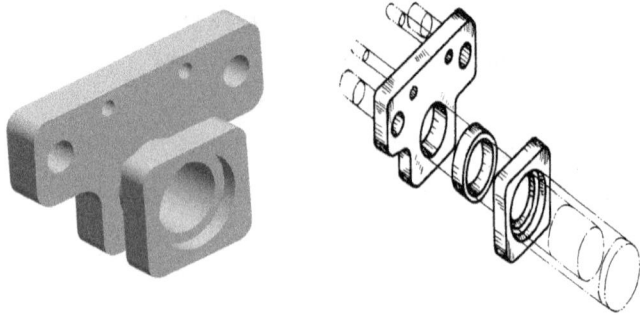

图 7-23　支架效果图及分解图

7.4.3　线面分析法读图

线面分析法读图,就是根据线、面的投影特性,分析组合体视图上线条、线框的空间特征,并结合基本几何体切口、开槽、挖孔的投影特点,从而想象出组合体的空间形状。线面分析法通常是读组合体视图的一种辅助方法,常用来解决读图中的难点,如切口、凹槽部分。读图时,仍以形体分析法为主,辅助线面分析法。下面结合实例说明线面分析法读图的基本方法。

【例 7-2】　读懂图 7-24 所示的组合体(定位块)三视图。

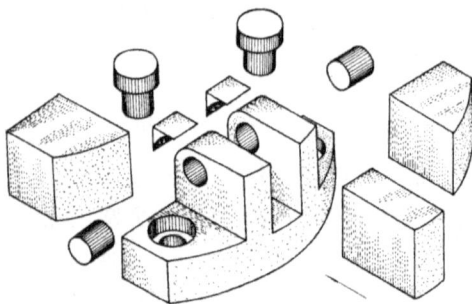

解　(1)形体分析。由图 7-24 的主视图可以看出,整个图形为一粗实线封闭线框,且左右对称。对照俯视图上相应线框,可知该组合体原来是圆柱体的一部分。主视图上的三个切口,就是在圆柱体的正中间切出一个矩形槽,两边又各切去一块,这样就形成了由底板 A 和两块支撑板 B 组成的支架主体形状(图 7-24)。主视图上的虚线框分别是两个光孔和两个阶梯孔,从左视图上还可以看出,两块直立板的后上方倒成了圆弧表面。由以上分析,即可想象出该组合体的大致形状,如图 7-25 所示。

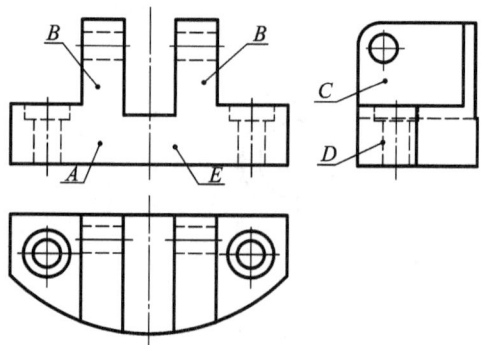

图 7-24　组合体(定位块)三视图

图 7-25　组合体(定位块)轴测图

（2）线面分析。为进一步读懂形体各表面的形状、位置以及每条线段的投影，可采用线面分析法。

在进行线面分析时，一般先从封闭线框开始。如图 7 - 24 所示，主视图上的外形封闭线框 E 必然表示一个面的投影，对照投影，即为俯视图上的一条圆弧线，可以推断出该封闭线框代表轴线垂直 H 面经过切割的圆柱面，如图 7 - 26(a) 所示。左视图最前面对应线条是圆弧面的轮廓素线投影，由于中间上部被切除，故轮廓素线上部出现"退缩"现象，如图 7 - 26(b) 所示。从图 7 - 24 还可以看出左右对称共分布着六个侧平面，其中左视图上的封闭线框 C，对应的是支承板 B 最左、最右两个侧平面的侧面投影（实形）；左视图上的封闭线框 D，对应的是底板 A 最左、最右两个侧平面的侧面投影（实形），如图 7 - 26(c) 所示。其余线、面的投影关系比较容易读懂，请读者自行分析。读图过程可参考图 7 - 26。

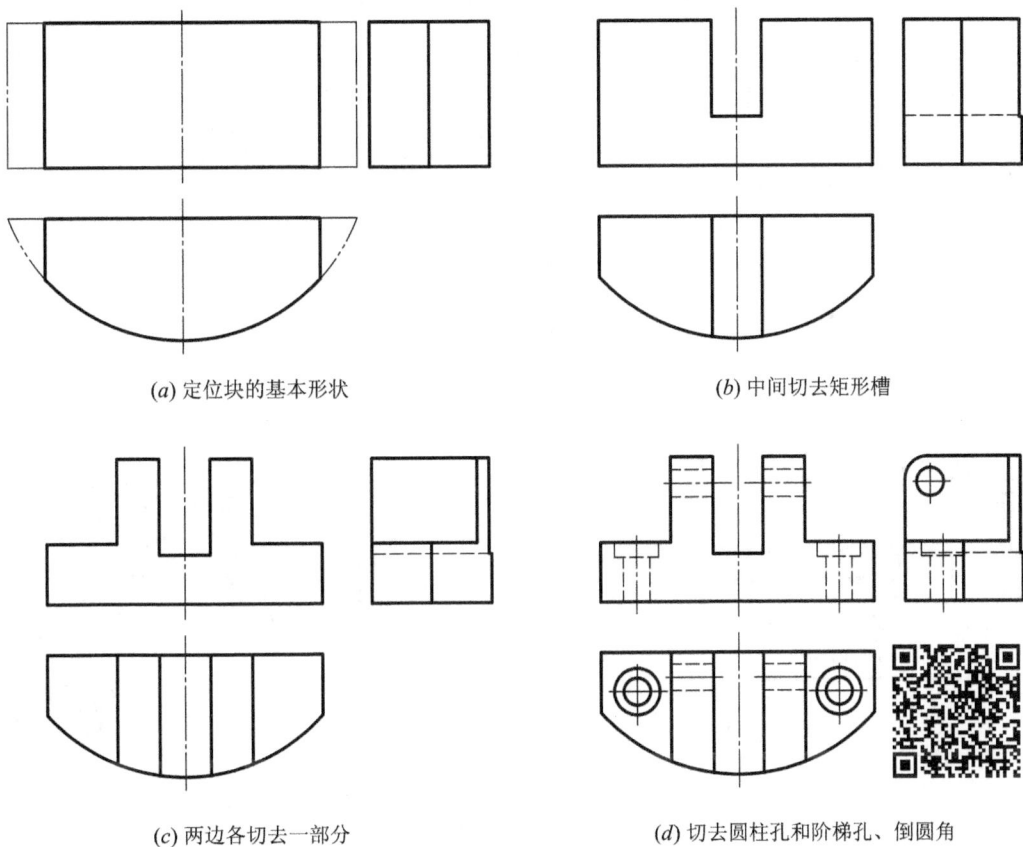

(a) 定位块的基本形状   (b) 中间切去矩形槽

(c) 两边各切去一部分   (d) 切去圆柱孔和阶梯孔、倒圆角

图 7 - 26　线面分析法读组合体（定位块）三视图

通过以上分析不难看出，在形体分析的基础上，再结合线面分析法，可有助于彻底读懂组合体的三视图。

7.4.4　补画第三视图

已知组合体的两视图补画第三视图（简称补画第三视图），就是根据所给的两个视图，首先想象出组合体的空间形状，然后补画出第三视图，它是将读图和画图结合起来提高空间想象能力的一种有效方法。应该指出，有些组合体可以用两个视图完全确定其形状，也只有在这种情况下，才可以补画出唯一的第三视图。

【**例 7 - 3**】 已知图 7 - 27(a)所示组合体的主、俯视图，补画左视图。

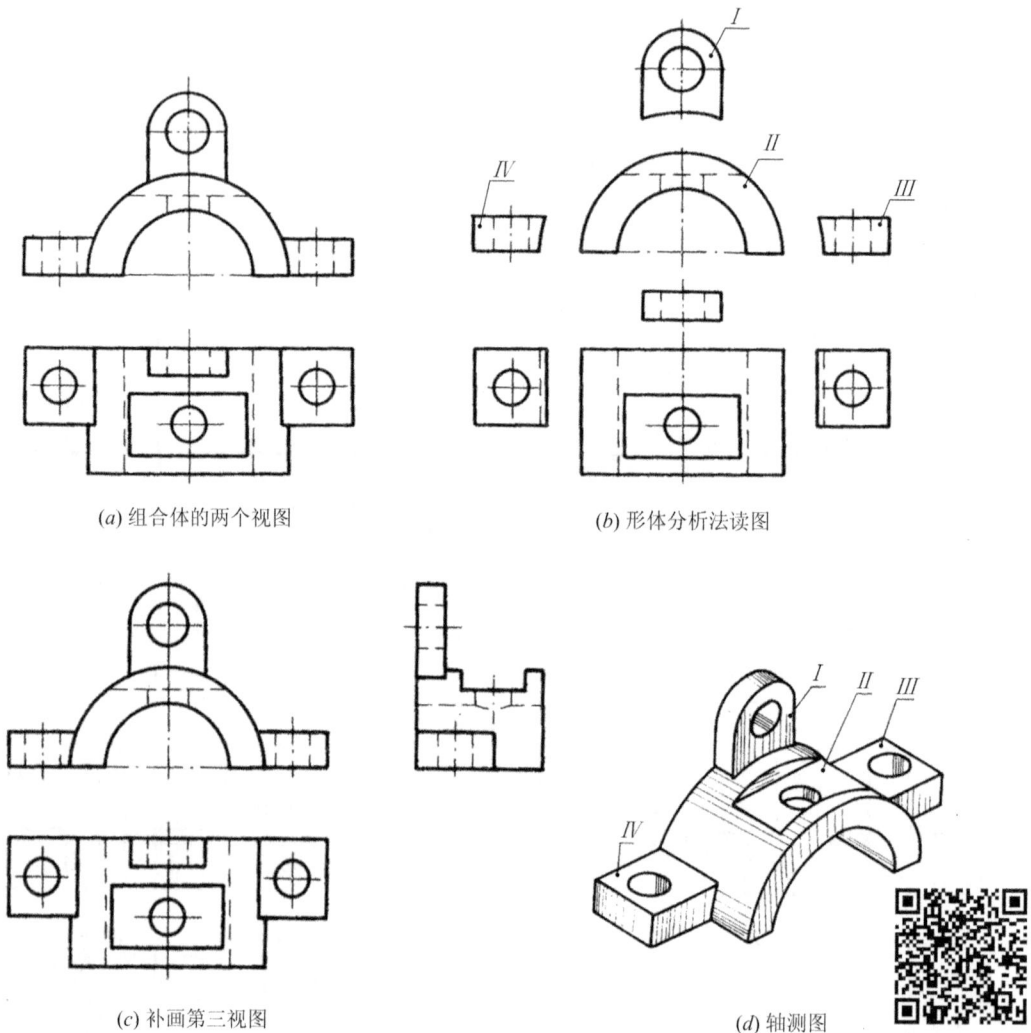

(a) 组合体的两个视图

(b) 形体分析法读图

(c) 补画第三视图

(d) 轴测图

图 7 - 27 由主、俯视图补画左视图

解 (1) 读懂两个视图，想象组合体形状。从图 7 - 27(a)的视图可以看出，该组合体左右对称，主视图是形状和位置都相对明显的视图。因此将主视图分为 I 、II 、III 、IV 四个封闭线框，其中III 、IV 对称。针对每个封闭线框，利用投影关系，在俯视图上找到对应线框，如图 7 - 27(b)所示，并想象出各部分的形状和位置关系。

对于形体II 上虚线部分，用线面分析法进行分析可知，底面为水平面的切槽，且在切槽中央挖一圆柱孔，因而在形体II 上产生有截交线和相贯线。

综合起来，可想象出如图 7 - 27(d)所示组合体形状。

(2) 补画左视图。想象出组合体的形状后，首先用形体分析法依次按照投影关系画出各个基本形体的左视图，然后做出切口部分的截交线和相贯线的投影。经检查无误，加深完成。左视图如图 $7-27(c)$ 所示。

7.4.5 补画图线

补画图线，就是在读懂视图的基础上，补画视图中所缺的图线。

【例 $7-4$】 补全图 $7-28$ 所示压块视图中所缺的图线。

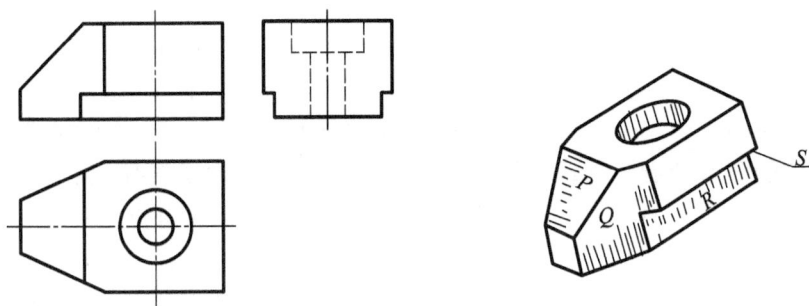

图 $7-28$ 补画视图中所缺图线

解 （1）读懂视图上已知图线，想象整体形状。首先用形体分析法分析可知，该组合体是由一基本立体切割而成的。根据主、俯、左视图的外形轮廓线，可知该基本形体原为一长方体，参与切割的面有正垂面 P、铅垂面 Q、水平面 S、正平面 R，其中 Q、S、R 面各前后对称，并在组合体的正上方挖一圆柱形阶梯孔。

用线面分析法分析每一截切平面与立体表面的交线投影，查找有无漏线。很容易发现，P、Q 与立体的截交线缺少侧面投影；圆柱形阶梯孔缺少正面投影；R、S 与立体的截交线缺少水平投影。至此就可以想象出组合体的整体形状。

（2）结合投影关系，补画所缺漏线。逐一完成 P、Q 截切平面的侧面投影，R、S 截切平面的水平投影，最后完成圆柱形阶梯孔的正面投影。作图过程如图 $7-29$ 所示。

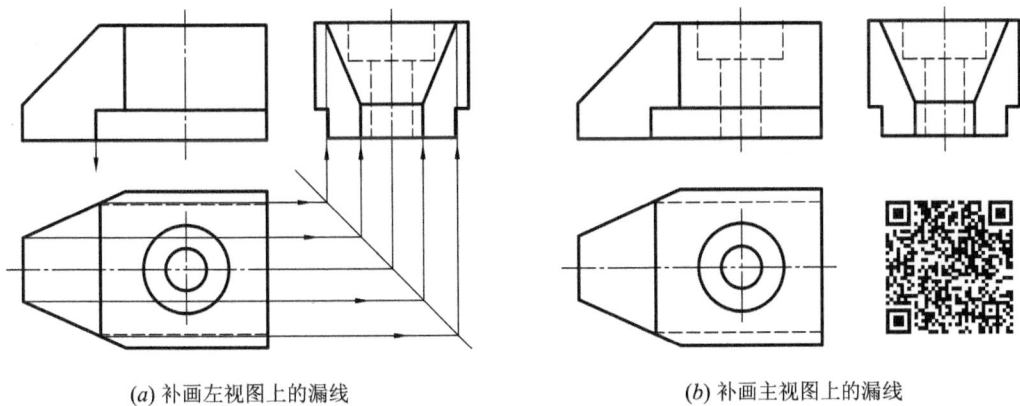

(a) 补画左视图上的漏线   (b) 补画主视图上的漏线

图 $7-29$ 补画视图中所缺图线过程

对于初学制图者来说，组合体读图是相对较难的部分。但是只要正确掌握和灵活运用形体分析法和线面分析法，经过不断练习，读图能力是会逐步提高的。

本章小结

本章重点介绍了组合体画图、读图与尺寸标注的基本方法，它是对于前面章节所述基本知识的综合运用，同时为后面机件的各种表达方法、零件图、装配图的学习奠定基础。因此学习本章时，应紧密结合前面各章节内容。

形体分析法是贯穿本章的一种基本方法。

在组合体画图、读图时，主要以形体分析法为主，只有在形体相对复杂、具有挖切等情况时，才辅以线面分析法，以便确定由于截切或贯穿所产生的各种交线的投影。需特别注意的是，形体分析法仅仅是一种帮助分析组合体形体特征、简化画图和读图过程的一种思维方法，组合体本身是一个不可分割的整体，因此在画图和读图时，对于参与组合的基本形体各表面之间的相对位置（相交、平齐、相切）应有正确的认识和处理。

组合体尺寸标注同样也运用形体分析法。任一组合体都必须标注出各基本形体的定形尺寸、定位尺寸以及组合体总体尺寸。本章介绍的组合体尺寸标注主要针对正确、完整和清晰性，尺寸标注的合理性将在后续章节中介绍。

第8章 轴 测 图

用三视图能够准确表达空间物体的形状、大小,且作图简便,因此在工程中被广泛使用,但缺点是直观性差,没有经过专门训练的人不易看懂。本章介绍的轴测图是一种能同时反映物体长、宽、高三个方向尺度的单面投影图,它直观性好,立体感强,具有一定的度量性,但作图繁琐,因而常被用作辅助性的表达方法。

8.1 轴测图的基本知识

8.1.1 轴测图的形成

如图 8-1 所示,将物体连同其参考直角坐标系(O-XYZ)一起,沿箭头 S 所示方向,用平行投影法投影到一个投影面(如 P)上,则在该投影面上所得到的图形称为轴测图。

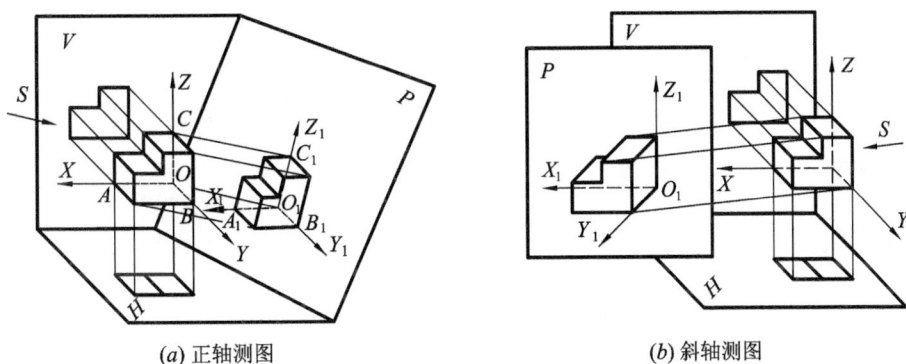

(a) 正轴测图　　　　　　　　　　　　(b) 斜轴测图

图 8-1　轴测图的形成

应注意,投影方向 S 不应与物体的任一坐标平面 XOY、YOZ、ZOX 平行,否则这些平面的投影积聚为直线,得到的图形失去直观性。

按照投影方向 S 与轴测投影面 P 的倾角关系,轴测图分为正轴测图和斜轴测图。投影方向 S 与轴测投影面 P 垂直,得到的为正轴测图,如图 8-1(a)所示;投影方向 S 与轴测投影面 P 倾斜,则得到的为斜轴测图,如图 8-1(b)所示。

8.1.2 轴测轴、轴间角和轴向伸缩系数

1. 轴测轴与轴间角

如图 8-1 所示，其中 O_1X_1、O_1Y_1 和 O_1Z_1 为参考直角坐标系 OX、OY 和 OZ 轴的轴测投影，称为轴测投影轴，简称为轴测轴。而轴测投影轴(O_1X_1、O_1Y_1、O_1Z_1)之间的夹角，即 $\angle X_1O_1Y_1$、$\angle Y_1O_1Z_1$ 和 $\angle Z_1O_1X_1$ 称为轴间角。

2. 轴向伸缩系数

在图 8-1 中，O_1A_1、O_1B_1、O_1C_1 分别为直角坐标轴上线段 OA、OB、OC 的投影，

$$p = \frac{O_1A_1}{OA}, \qquad q = \frac{O_1B_1}{OB}, \qquad r = \frac{O_1C_1}{OC}$$

称 p、q、r 分别为 X、Y、Z 轴方向上的轴向伸缩系数。

8.1.3 轴测图的特性

轴测图是平行投影法得到的，因而必然具备平行投影的特性，即若空间两直线平行，则其轴测投影必平行，且两平行线段具有相同的长度变化率。

该特性有助于轴测图的绘制，即在三面投影图中，凡平行于坐标轴的线段其轴测投影必平行于相应的轴测轴，而且根据轴向伸缩系数的大小，便可确定相应线段的轴测投影长度。轴测图也由此得名。

8.2 正 轴 测 图

8.2.1 正轴测图的分类

在图 8-1(a)所示的正轴测投影图中，如果改变被投影物体(包括其参考直角坐标系)相对轴测投影平面 P 的倾角，便会得到不同种类的正轴测投影图。通常正轴测投影图分为三种：

(1) 正等轴测图($p=q=r$)。

(2) 正二等轴测图($p=r\neq q$)。

(3) 正三轴测图($p\neq q\neq r$)。

通常使用较多的是正等轴测图和正二等轴测图，因为它们不仅作图相对简便，且具有较好的直观性，而 $p\neq q\neq r$ 的正三轴测图由于作图较繁，实际中很少采用。

8.2.2 正等轴测图

1. 轴间角与轴向伸缩系数

如图 8-2 所示，改变被投影物体(包括其参考直角坐标系)相对轴测投影面 P 的夹角，使得直角坐标轴 OX、OY 和 OZ 与轴测投影面 P 的倾角均为 $35°16'$，经过正投影后三个轴间角 $\angle X_1O_1Y_1 = \angle Y_1O_1Z_1 = \angle Z_1O_1X_1 = 120°$，其中 O_1Z_1 与水平方向垂直。X、Y、Z 三

个方向的轴向伸缩系数相等（$p=q=r=\cos35°16'\approx0.82$）。由于三个轴的轴向伸缩系数相等，因而称为正等轴测图。

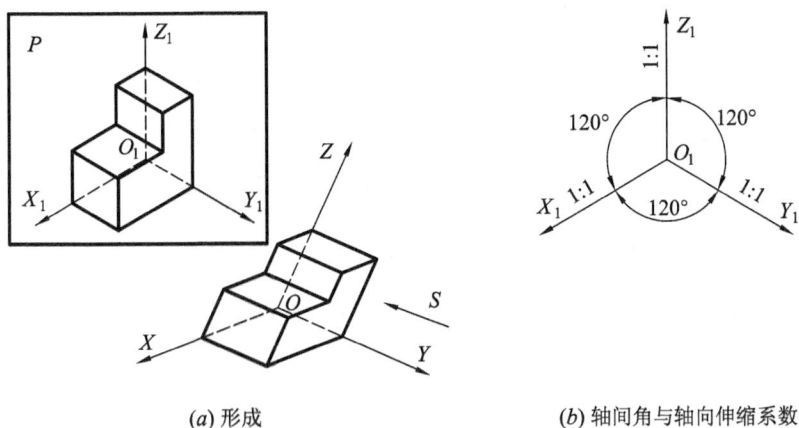

(a) 形成　　　　　　　　　　　(b) 轴间角与轴向伸缩系数

图 8-2　正等轴测图

为方便起见，常采用简化的伸缩系数，即 $p=q=r=1$，这样画出的轴测图沿各轴向的长度均放大为原长的 $1/\cos35°16'\approx1.22$ 倍。

2. 正等轴测图的画法

由三视图绘制正等轴测图时，应按照下列步骤进行：

（1）针对绘制对象的三视图进行形体分析，确定表达方案。

（2）设定其参考直角坐标系原点位置。为了画图简便，若物体对称，一般将坐标原点定在物体的对称线上，同时原点定位在物体的顶面（或底面）、前面（或后面）。

（3）确定轴测图上的点和线。根据轴向伸缩系数，首先确定物体在轴测轴（或平行于轴测轴）上的点和线。不在轴测轴（或不平行于轴测轴）上的点和线，不可直接测量。

（4）连接点和线，完成轴测图。由于投影会造成物体前后、上下、左右的遮挡，因此应从上到下、从前到后、从左到右逐步绘制。不可见部分一般省略不画。对于较复杂物体，应先画物体的主要表面，后画次要表面；先画主体，后画细节。作图时应注意运用平行投影的特性。

3. 平面立体的正等轴测图

绘制平面立体正等轴测图的基本方法是坐标法。实际作图时，还应根据物体的形状特点灵活采用其他作图方法，如叠加法和切割法等。

1）坐标法

坐标法就是根据物体表面各顶点的空间坐标，画出它们的轴测投影，然后依次连接各顶点，即得物体的正等轴测图。

【例 8-1】 画出正六棱柱的正等轴测图（图 8-3）。

解 正六棱柱的顶面和底面是水平位置的正六边形，考虑遮挡关系，将坐标原点放在顶面的中心 O。

（1）在三视图中设定坐标系（图 8-3(a)）；

（2）画轴测轴（图 8-3(b)），分别在 X_1、Y_1 上量取 A、E 和 C、G（图 8-3(c)）；

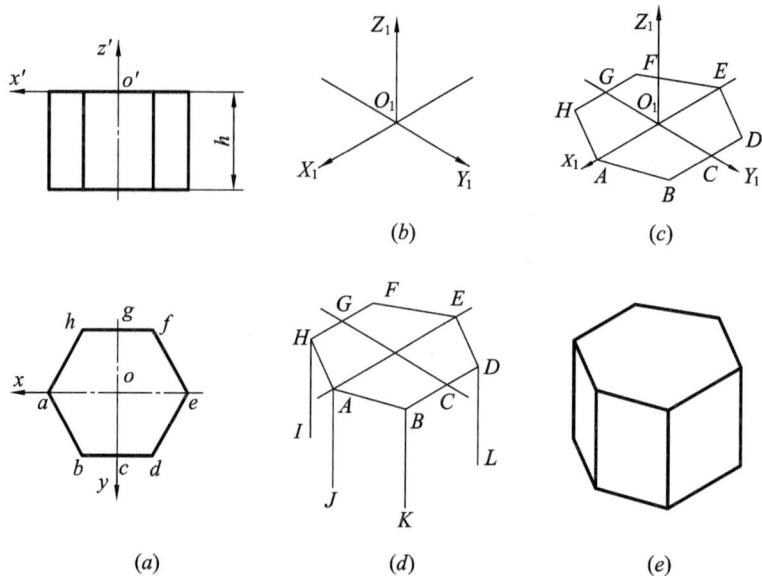

(b)　　　　　　(c)

(a)　　　　　　(d)　　　　　　(e)

图 8 - 3　坐标法画六棱柱的正等轴测图

（3）过 C、G 作 X_1 轴的平行线，量取 B、D、F、H，连线得顶面轴测投影（8 - 3(c)）；

（4）由点 H、A、B、D 沿 Z_1 轴相反方向量取长度 h，得 I、J、K、L（图 8 - 3(d)）；

（5）连接 I、J、K、L，擦去作图过程线并加深，得到轴测图（图 8 - 3(e)）。

2）叠加法

叠加法是将叠加型组合体分解为若干个基本形体，再依次按其相对位置逐个画出各个部分的轴测投影，最后完成组合体的轴测投影。

【例 8 - 2】　画出立体的正等轴测图（图 8 - 4）。

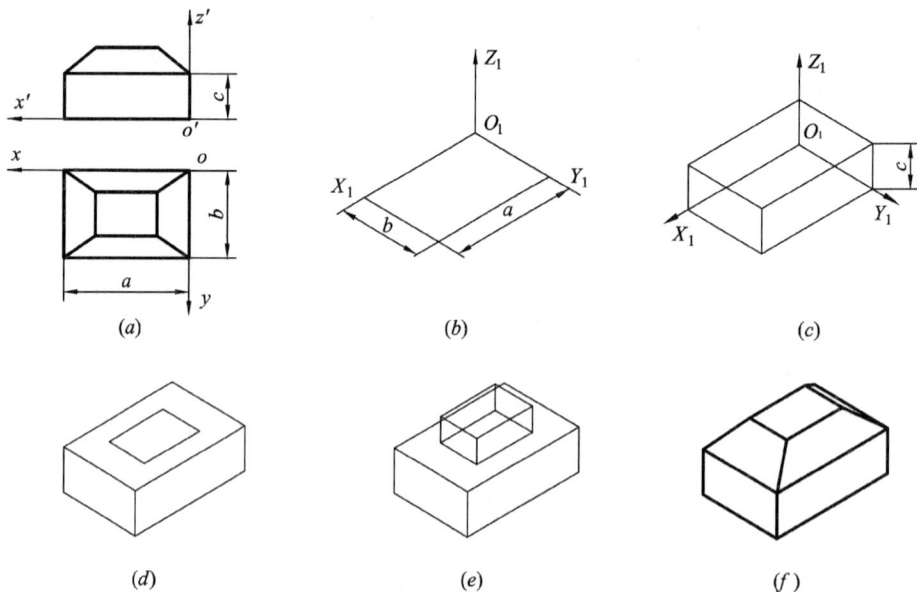

(a)　　　　　　(b)　　　　　　(c)

(d)　　　　　　(e)　　　　　　(f)

图 8 - 4　叠加法画正等轴测图

解 该形体由长方体和棱台组成。可先画长方体，再画棱台。

（1）在三视图中设定坐标系（图 8-4(a)）；

（2）画轴测轴（图 8-4(b)）；

（3）根据图中尺寸 a、b 和 c，作出长方体的正等轴测图（图 8-4(c)）；

（4）在长方体顶面上作棱台上表面的水平投影（图 8-4(d)）；

（5）根据棱台的高度画出棱台上表面（图 8-4(e)）；

（6）连接棱台侧棱，擦去多余图线并加深（图 8-4(f)）。

3）切割法

切割法针对切割式组合体。画这种形体的轴测图，应以坐标法先画出基本形体的轴测图，然后逐步切割得到所需的轴测图。

【**例 8-3**】 画出垫块正等轴测图（图 8-5）。

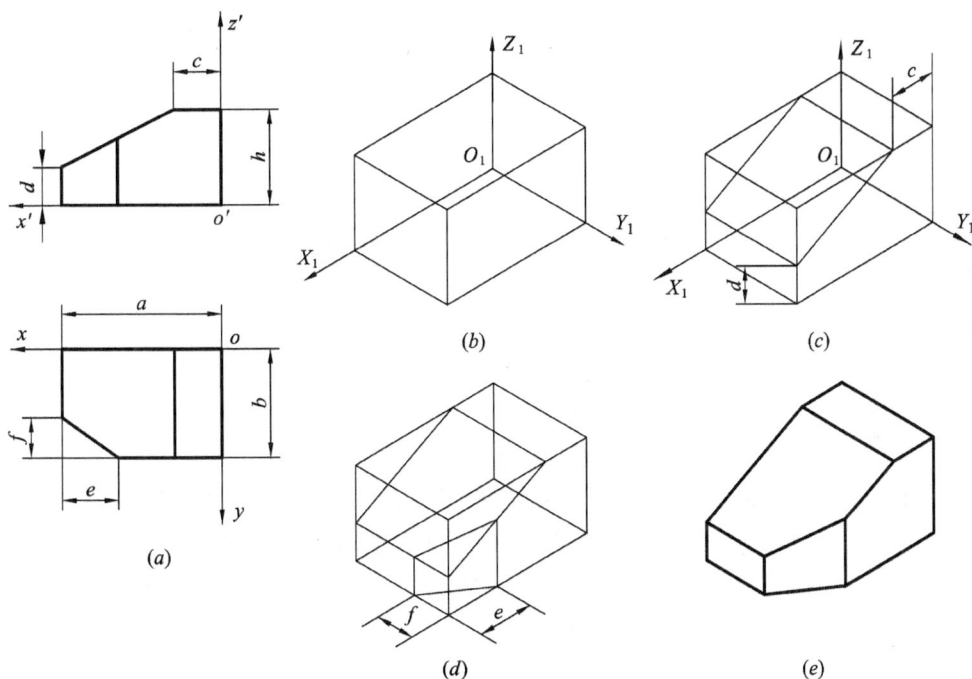

图 8-5 切割法画垫块的正等轴测图

解 把垫块看作长方体，先用正垂面切去左上角，再用铅垂面切去左前角。

（1）在三视图中设定直角坐标系（图 8-5(a)）；

（2）画轴测轴，并按尺寸 a、b、h 画出未切割前的长方体的正等轴测图（图 8-5(b)）；

（3）根据三视图中尺寸 c 和 d，画出长方体左上角被正垂面切去三棱柱后的正等轴测图（图 8-5(c)）；

（4）根据三视图中尺寸 e 和 f，画出左前角被铅垂面切去三棱柱后的垫块的正等轴测图（图 8-5(d)）；

（5）擦去多余图线并加深（图 8-5(e)）。

4. 圆的正等轴测图

在正等轴测图中，平行于坐标面的圆或圆弧，其轴测投影为椭圆或椭圆弧。如图 8-6

所示，直径为 d 的圆，不论它平行于哪个坐标平面，其投影是一种有规律的椭圆：椭圆短轴方向恒与其所在平面的垂线的轴测投影方向一致，长度等于 $0.58d$；椭圆的长轴垂直于短轴，长度等于圆的直径 d，如图 $8-6(a)$、(b) 所示。采用简化轴向伸缩系数后，其长度放大 1.22 倍，即长轴为 $1.22d$，短轴为 $0.7d$（图 $8-6(c)$）。

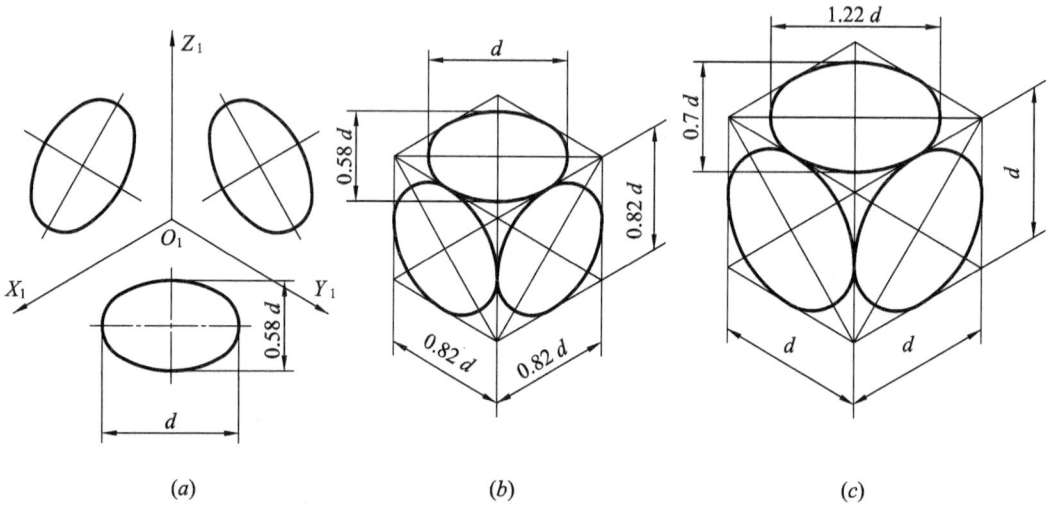

图 $8-6$　平行于坐标面圆的正等轴测图

下面介绍两种常用的画法。

1）平行弦法

用坐标方法作出圆上一系列点的正等测投影，然后光滑连接，即得圆的正等测投影。为了作图方便，这些点选在平行于坐标轴的若干条平行弦上，因此称为平行弦法。用平行弦法画水平圆的正等轴测图的步骤如图 $8-7$ 所示。

（1）画出轴测轴 OX_1、OY_1，并在其上按圆的半径定出 A、G、D、H 四点（图 $8-7(b)$）；

（2）作椭圆上不在轴测轴上的点，如图 $8-7(a)$ 所示，作一系列平行于 OX 轴的平行弦，然后按其坐标，相应地作出这些平行弦上对应点的轴测投影（图 $8-7(b)$）；

（3）依次光滑连接各点，即得椭圆（图 $8-7(c)$）。

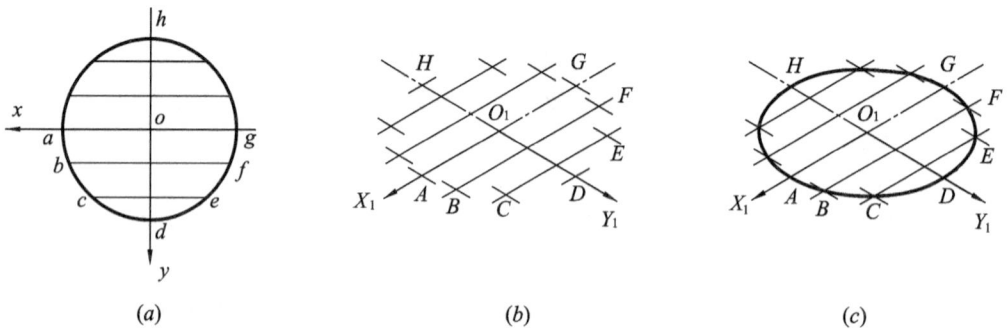

图 $8-7$　平行弦法作圆的正等轴测图

正平圆、侧平圆的正等轴测图画法与此类似。

2）近似画法——菱形法

为了作图简便，通常采用菱形法来近似绘制椭圆。首先根据圆所平行的坐标面确定长短轴的方向，然后按圆的直径作出椭圆的外切菱形并确定四段圆弧的圆心和半径，最后画出四段光滑连接的圆弧，即得近似椭圆。

图8-8为水平圆的正等轴测图的菱形近似画法。可把圆看成是四边平行于坐标轴的正方形的内切圆，而正方形的轴测图是菱形，其内切圆的轴测图为椭圆。作图步骤如下：

(1) 过圆心 O 作坐标轴和圆的外切正方形，切点为 a、b、c、d（图8-8(a)）；

(2) 画轴测轴和切点 A、B、C、D，过 A、C 作 Y_1 轴的平行线，过 B、D 作 X_1 轴的平行线，即得菱形 $EFGH$，并连接菱形对角线 EG、FH（图8-8(b)）；

(3) 连接 FD、FC，与 EG 交于 I、J，则 F、H、I、J 为四段圆弧的圆心（图8-8(c)）；

(4) 分别以 F、H 为圆心，以 $FD(FC、HA、HB)$ 为半径，画大圆弧 DC 和 AB（图8-8(d)）；

(5) 分别以 I、J 为圆心，以 $IA(ID、JB、JC)$ 为半径，画小圆弧 AD 和 BC（图8-8(e)）；

(6) 加深并完成作图（图8-8(f)）。

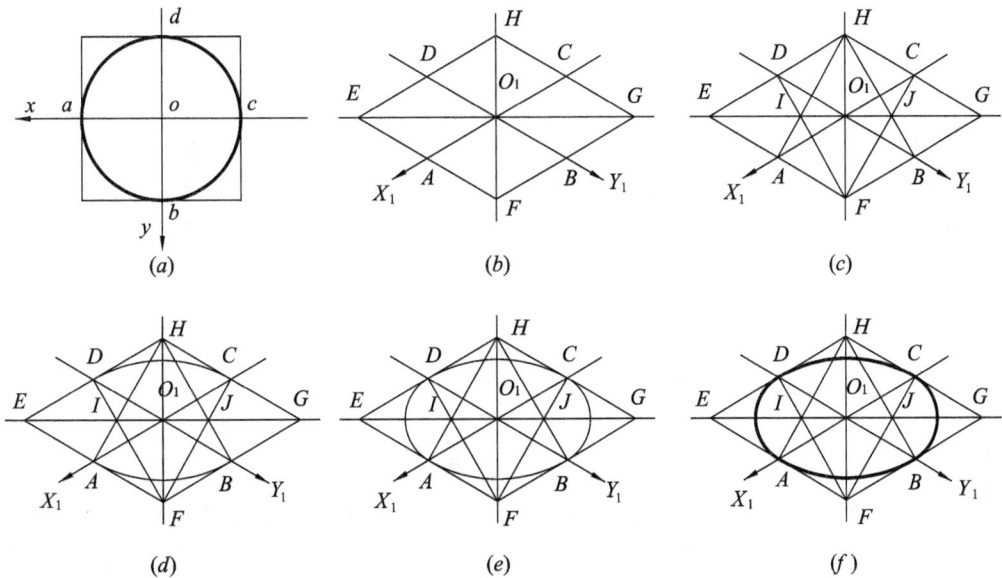

图8-8 水平圆的正等轴测图近似画法（菱形法）

正平圆、侧平圆的画法与上述水平圆画法类似，只是椭圆的长、短轴方向不同而已。应注意菱形的一对对边应分别平行于所在坐标面相应的轴测轴，菱形的长对角线为椭圆的长轴方向，短对角线为短轴方向（图8-9(a)、(b)）。

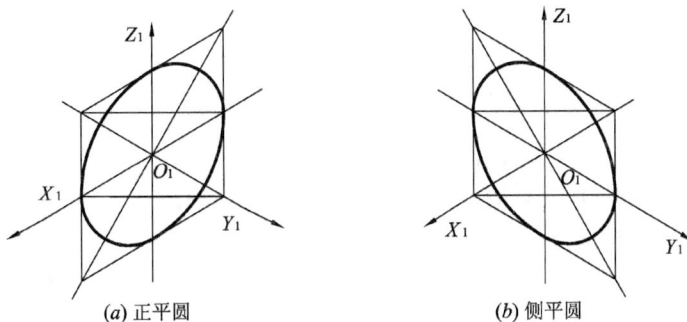

图8-9 正平圆、侧平圆的正等轴测图

5. 回转体的正等轴测图

【例 8-4】 画出开槽圆柱的正等轴测图(图 8-10)。

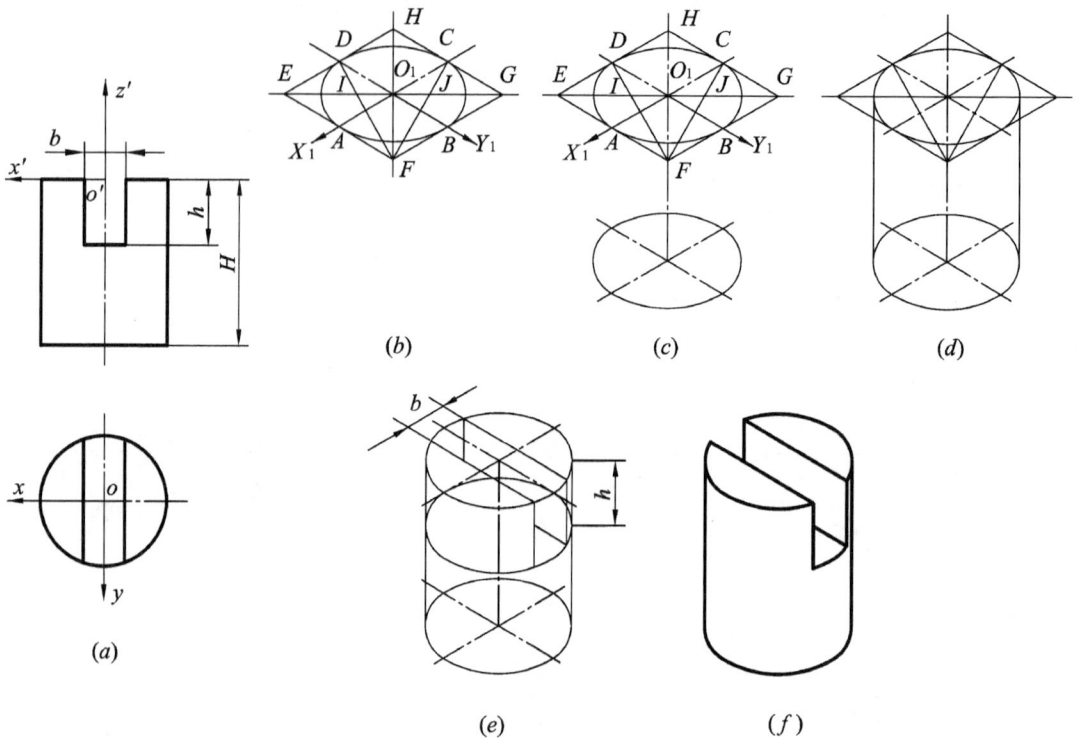

图 8-10 开槽圆柱的正等轴测图

解 该形体由圆柱体切割而成,可先画出切割前圆柱体的轴测投影,然后根据切口宽度 b 和深度 h 画出槽口的轴测投影。为作图方便,减少作图线,作图时选顶圆圆心为坐标原点,先画顶面椭圆,再用移心法画出底面椭圆。图 8-10 为其正等轴测图的画图步骤。

(1) 在三视图中设定直角坐标系(图 8-10(a));

(2) 画顶面椭圆(图 8-10(b));

(3) 用移心法画下底椭圆,即将顶面椭圆的四段圆弧的四个圆心分别沿 Z_1 轴相反方向方向移动圆柱高度 H ,得下底椭圆四段圆弧的圆心,分别作出四段圆弧得下底面椭圆(图 8-10(c));

(4) 作两椭圆公切线,完成圆柱体的正等轴测图(图 8-10(d));

(5) 由 h 定出槽口底面的中心,用移心法画出槽口椭圆的可见部分。注意,此段椭圆由两段圆弧组成。根据宽度 b 画出槽口(图 8-10(e));

(6) 擦去多余图线,加深,即完成开槽圆柱的正等轴测图(图 8-10(f))。

【例 8-5】 画出圆锥台的正等轴测图(图 8-11)。

解 其方法与画圆柱的正等轴测图方法基本相同,只是上、下底圆的直径不同。图 8-11 为圆锥台的正等轴测图的画图步骤。

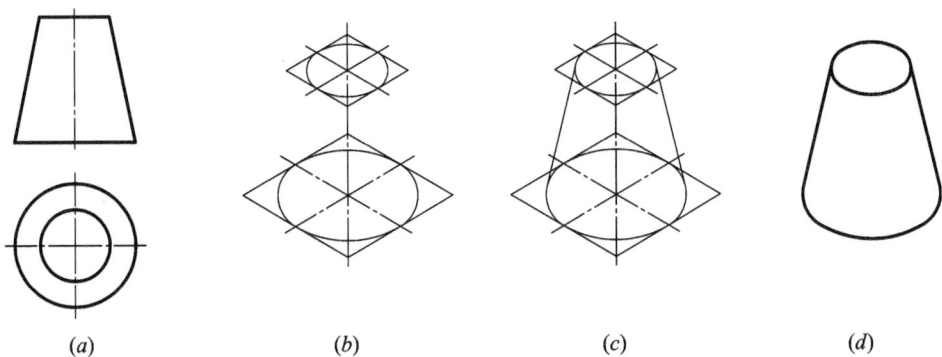

(a)　　　　　　　(b)　　　　　　　(c)　　　　　　　(d)

图 8-11　圆锥台的正等轴测图画法

【例 8-6】 求作球的正等轴测图(图 8-12)。

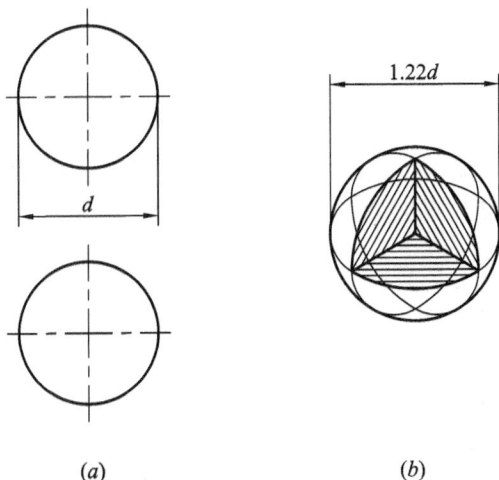

(a)　　　　　　　　　(b)

图 8-12　球的正等轴测图

解　在正等轴测投影中,由于投影方向垂直于轴测投影面,所以球的正等轴测投影是一个圆。当采用简化伸缩系数时,球的正等轴测图的轮廓圆直径为 1.22d。图 8-12(b)所示为球过中心并平行于三个坐标面的平面截去 1/8 后的情形。

6. 圆角的正等轴测图

图 8-13(a)是带 1/4 圆角的长方体底板,其正等轴测图的作图步骤如下:

(1) 作长方体的正等轴测图(图 8-13(b));

(2) 由长方体角顶沿两边分别量取圆角半径 R,得到 A、B 点,过 A、B 两点分别作垂直于圆角两边的直线,两条垂线的交点为 O_1(图 8-13(c));

(3) 以 O_1 为圆心,以 $O_1A(O_1B)$ 为半径画弧 AB,即为半径为 R 的圆角的轴测图,轴测图上锐角处的轴测图作法与钝角处的完全相同,只是半径不一样(图 8-13(d));

(4) 用移心法得底板下表面圆角的两圆心 O_2,以 O_2 为圆心,以 $O_1A(O_1B)$ 为半径画弧与两边相切,即得底板下面圆弧,注意在小圆弧处要作两小圆弧的公切线(图 8-13(e));

(5) 擦去多余图线并加深(图 8-13(f))。

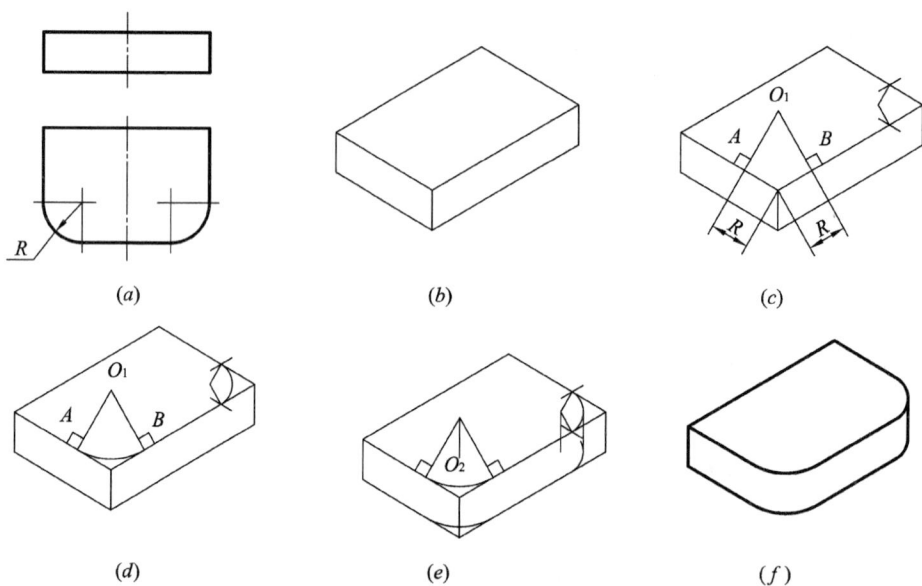

(a) (b) (c)

(d) (e) (f)

图 8-13　圆角的正等轴测图的画法

7. 组合体的正等轴测图

图 8-14(a)是组合体——支架零件的三视图。

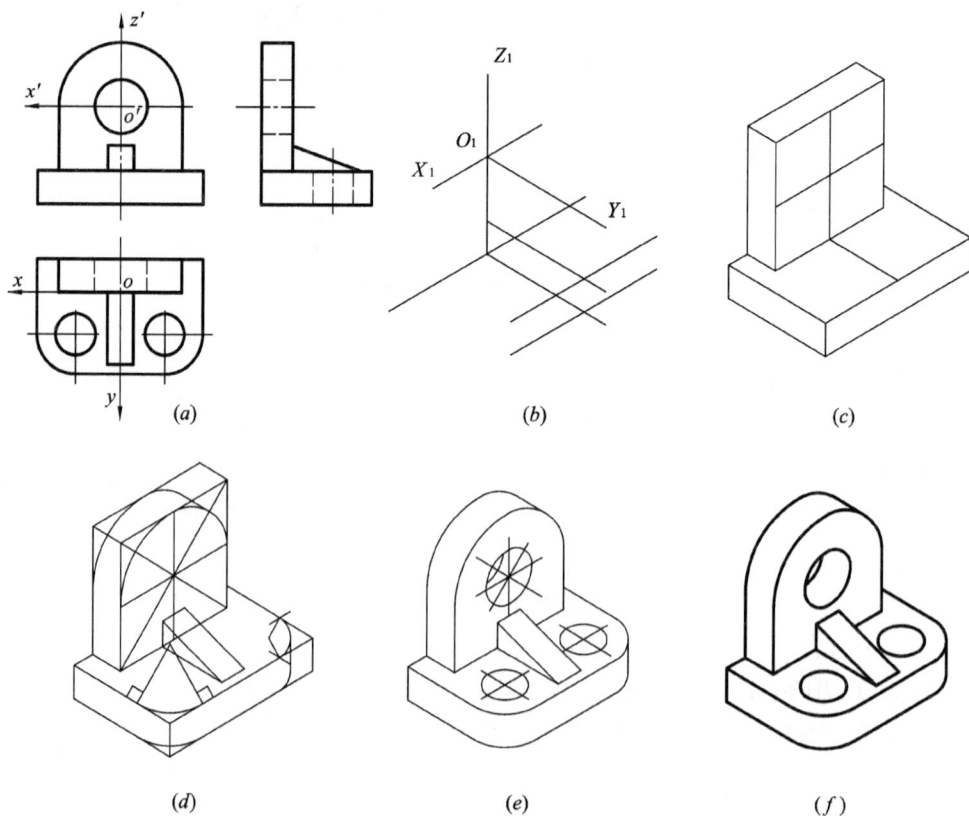

(a) (b) (c)

(d) (e) (f)

图 8-14　支架的正等轴测图

首先根据支架的三视图，进行形体分析，该支架由底板、竖板和肋板叠加而成。可先画出底板的正等轴测图，再依次画出竖板、肋板的正等轴测图。圆孔、圆角待主要形体绘制完成后再逐步画出。作图步骤如下：

(1) 在三视图上设定直角坐标系(图 8 - 14(a))；

(2) 画轴测轴，定出底板和竖板的位置(图 8 - 14(b))；

(3) 画底板、竖板的主要轮廓(图 8 - 14(c))；

(4) 画肋板、圆角(图 8 - 14(d))；

(5) 画圆孔(图 8 - 14(e))；

(6) 擦去作图线并加深(图 8 - 14(f))。

8.2.3　正二等轴测图

1. 轴间角与轴向伸缩系数

正等轴测图由于作图简便而被广泛使用，但由于其三个轴向伸缩系数相同，与人们的视觉习惯有一定差距，故工程上也常采用正二等轴测图。

改变被投影物体及其参考直角坐标系($O-XYZ$)相对轴测投影面 P 的夹角，使得空间坐标轴 OX 和 OZ 对轴测投影面 P 的夹角为 $19°28'$，OY 轴对轴测投影面 P 的夹角为 $61°52'$，经正投影后即可得到正二等轴测图。正二等轴测图的轴间角 $\angle X_1 O_1 Z_1 = 97°10'$，$\angle X_1 O_1 Y_1 = \angle Y_1 O_1 Z_1 = 131°25'$，轴向伸缩系数 $p = r = \cos 19°28' \approx 0.94$，$q = \cos 61°52' \approx 0.47$，如图 8 - 15(a)所示。

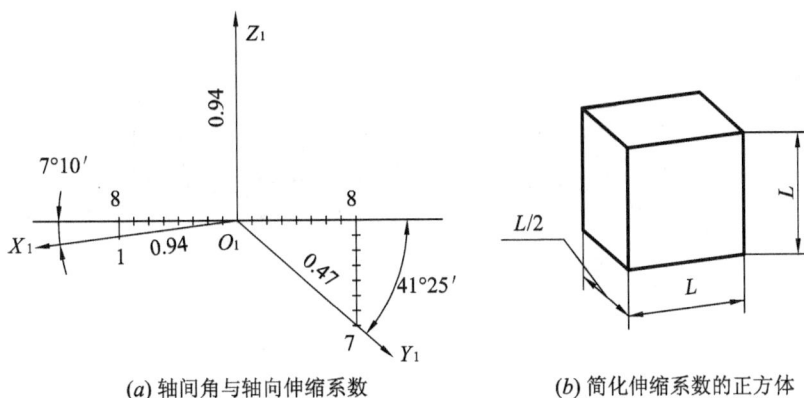

(a) 轴间角与轴向伸缩系数　　　　　(b) 简化伸缩系数的正方体

图 8 - 15　正二等轴测图的轴间角、轴向伸缩系数及度量

由于 Y 轴的轴向伸缩系数约为 X、Z 的一半，即 $p = r \approx 2q$，所得轴测图与观察物体的实际情况接近，因而更富立体感。这种轴测图因为三个轴向伸缩系数中有两个相等，故称为正二等轴测图，简称正二轴测图或正二测。同样，为了画图方便，在正二等轴测图中，也采用简化的伸缩系数，即 $p = r = 1$，$q = 0.5$，这样画出的轴测图为准确图的 $1/\cos 19°28' \approx 1.06$ 倍。图 8 - 15(b)为用简化伸缩系数画出的边长为 L 的正方体。

2. 圆的正二轴测图画法

与坐标面平行的圆的正二轴测图均为椭圆。可以使用平行弦方法绘制这些椭圆(参见圆的正等轴测图中的平行弦画图法），也可以用近似画法绘制，此处介绍近似画法。

三个方向上椭圆长短轴的长度与方向如图 8-16 所示。

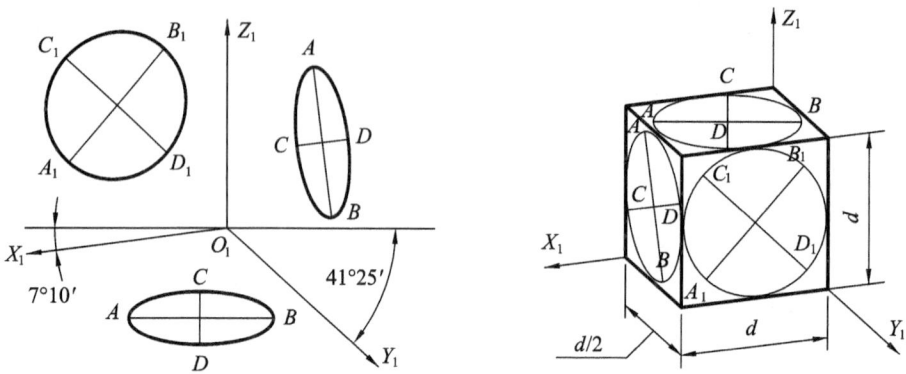

图 8-16　正二轴测投影中椭圆长短轴的长度与方向

水平圆对应的椭圆的长轴 AB 垂直于 O_1Z_1 轴，短轴 CD 平行于 O_1Z_1 轴。

侧平圆对应的椭圆的长轴 AB 垂直于 O_1X_1 轴，短轴 CD 平行于 O_1X_1 轴。

正平圆对应的椭圆的长轴 A_1B_1 垂直于 O_1Y_1 轴，短轴 C_1D_1 平行于 O_1Y_1 轴。

在确定了椭圆的长短轴的长度与方向后，就可用近似画法画椭圆。

采用简化伸缩系数时，各椭圆长轴长度为 $AB = A_1B_1 \approx 1.06d$，各椭圆短轴长度为 $CD \approx 0.35d$，$C_1D_1 \approx 0.94d$，其中 d 为圆的直径。

图 8-17 是平行于坐标面圆的正二等轴测图——椭圆近似画法。

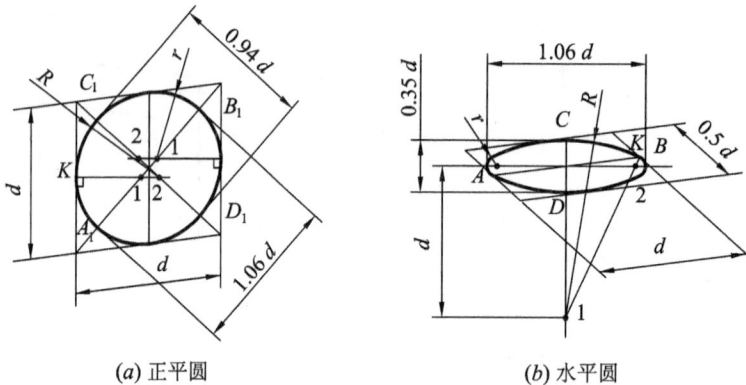

(a) 正平圆　　　　　　　(b) 水平圆

图 8-17　平行于坐标面圆的正二轴测图——椭圆近似画法

（1）正平圆的正二等轴测图（图 8-17(a)）。先作圆的外切正方形的轴测投影（菱形），再过其一边的中点 K 作垂线，与菱形的两个对角线相交于 1、2 点。以 1 为圆心，$r = 1K$ 为半径作圆弧，再以 2 为圆心，$R = 2K$ 为半径作弧，即得所求椭圆。

（2）水平圆的正二等轴测图（图 8-17(b)）。先作圆的外切正方形的轴测投影（平行四边形），并确定椭圆的长短轴方向。从椭圆的中心起在短轴延长线上取一段等于已知圆的直径 d 的距离，得圆心 1。连接点 1 与 K（平行四边形边的中点，见图 8-17(b)），与长轴相交得圆心 2。

以 1 为圆心，$R = 1K$ 为半径作圆弧；再以 2 为圆心，$r = 2K$ 为半径作弧，即得由四段圆弧拼成的近似椭圆。

（3）侧平圆的正二等轴测图。除了长短轴方向不同外，其作法与上相同。

正二等轴测图除了上述这些区别外，其余作图方法与正等轴测图相同。虽然正二等轴测图立体感较好，但作图较正等轴测复杂，尤其是椭圆的画法，所以使用不广。

8.3 斜 轴 测 图

如 8.1 节所述，当投影方向 S 与轴测投影面 P 倾斜时形成斜轴测投影。物体的参考直角坐标面与平面 P 的倾角可以任意变化，因而斜轴测投影可以分为很多种。但为作图方便，一般取轴测投影面 P 与三面投影图中的正面 V 平行，故斜轴测投影也称为正面斜轴测投影。

8.3.1 轴间角与轴向伸缩系数

斜轴测投影的形成见图 8-1(b)。

在正面斜轴测投影中，无论投影方向如何，O_1X_1 轴和 O_1Z_1 轴上的轴向伸缩系数总是为 1，轴间角 $\angle X_1O_1Z_1$ 为 90°，所以与坐标面 XOZ 平行的平面上的图形，其正面斜轴测投影反映实形，这对作图非常有利。但这时，O_1Y_1 轴的轴向伸缩系数及 Y_1 轴与 X_1、Z_1 轴之间的轴间角的大小可以任取，并且两者之间没有固定的内在联系。

参见图 8-18(a)，将坐标系($O-XYZ$)的 OX、OZ 与轴测投影面 P 重合，即与轴测轴 O_1X_1、O_1Z_1 重合。若使 OY 轴的投影 O_1Y_1 与 O_1X_1 轴延长线的夹角 θ 固定不变，可以从不

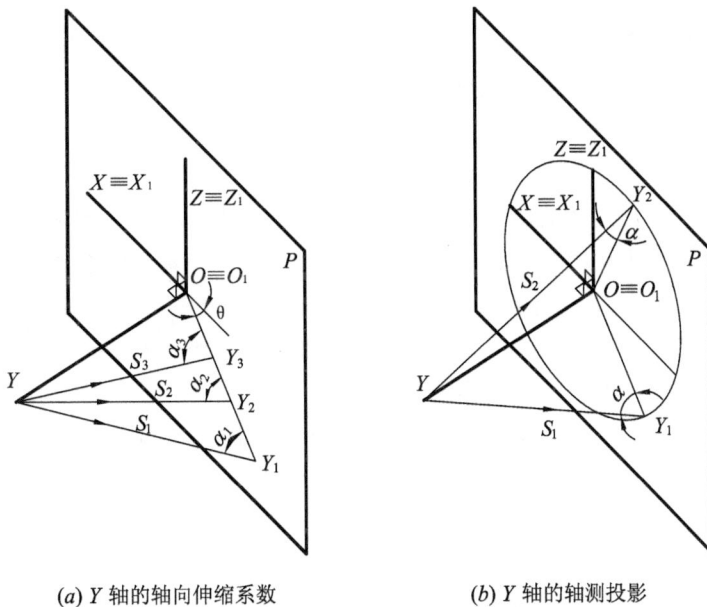

(*a*) *Y* 轴的轴向伸缩系数　　　　　　　　(*b*) *Y* 轴的轴测投影

图 8-18　正面斜轴测投影中 *Y* 轴的投影

同的方向 S_1，S_2，S_3，…进行投影，它们的轴测投影均与 O_1Y_1 重合。但这时投影线与投影面 P 的夹角 α_1，α_2，α_3，…是不相同的。OY 轴的轴测投影 O_1Y_1，O_1Y_2，O_1Y_3，…是不等长的。这就是说，在同一轴间角的情况下，Y 轴的轴向伸缩系数可以任意选取。

再参见图 $8-18(b)$，仍将坐标系 $(O-XYZ)$ 的 OX、OZ 与轴测投影面 P 重合。通过 OY 轴上一点作投影线 S_1 与 P 面成 α 角，可以得到轴测轴 O_1Y_1。当投影线与 P 面之间夹角 α 固定不变时，Y 轴的轴向伸缩系数也保持不变。因此，若以 OY 为旋转轴，以 S_1 为母线作一回转圆锥，则圆锥面上的任一素线都保持这个关系。

通过以上分析可知：在正面斜轴测投影中，Y 轴的轴向伸缩系数可以任意选取；同时轴间角 $\angle X_1O_1Y_1$ 的大小也可以任意选取，且两者之间没有固定的内在联系。

为了作图简便，立体感好，常选 $\angle X_1O_1Z_1 = 90°$、$\angle X_1O_1Y_1 = \angle Y_1O_1Z_1 = 135°$，$X_1$ 轴和 Z_1 轴上的轴向伸缩系数为 1，Y_1 轴的轴向伸缩系数为 0.5，即 $p=r=1$，$q=0.5$，这样画出的轴测图称为斜二等轴测图，如图 $8-19$ 所示。

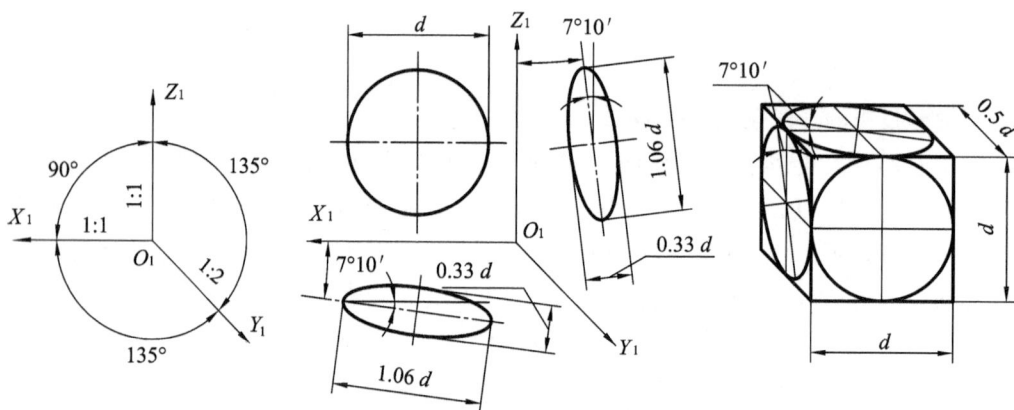

(a) 轴间角与轴向伸缩系数   (b) 与坐标面平行的圆的斜二等轴测图

图 $8-19$　斜二等轴测投影

8.3.2　圆的斜二等轴测图

与三个坐标面平行的圆的斜二等轴测投影如图 $8-19(b)$ 所示。由图可知，正平圆的斜二等轴测投影仍为大小相同的圆，水平圆、侧平圆的斜二等轴测投影为椭圆。椭圆的长短轴与轴测轴有一定夹角：水平面上椭圆的长轴对 X_1 轴偏转 $7°10'$，侧面上椭圆的长轴对 Z_1 轴也偏转 $7°10'$。水平圆、侧平圆对应的椭圆的长轴 $\approx 1.06d$，短轴 $\approx 0.33d$。

由于水平面和侧平面上的椭圆作图繁琐，所以当物体三个坐标面上都有圆时，应避免使用斜轴测投影。斜二等轴测投影一般用来表达一个方向有圆的物体，并将圆放置在正平面位置（平行于 XOZ 坐标面）。

8.3.3　画法举例

斜二等轴测投影的基本作图方法仍是坐标法。

【例 $8-7$】　画出支座的轴测图（图 $8-20$）。

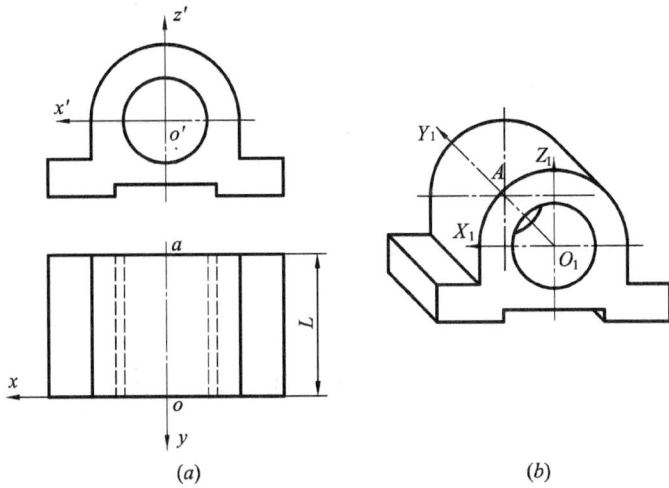

图 8 - 20 支座的斜二等轴测图

解 因为物体的正面有圆,故采用斜二等轴测投影法较好。

(1) 设定直角坐标系,如图 8 - 20(a)所示;

(2) 先画前端面,它和主视图完全相同。再在 Y_1 轴上定 $O_1A=L/2$,画出后面形状(同前面一样);

(3) 半圆柱面轴测投影的轮廓线按两圆弧的公切线画出;

(4) 擦去不可见及作图线并加深(图 8 - 20(b))。

【**例 8 - 8**】 作出组合体的斜二等轴测图(图 8 - 21)。

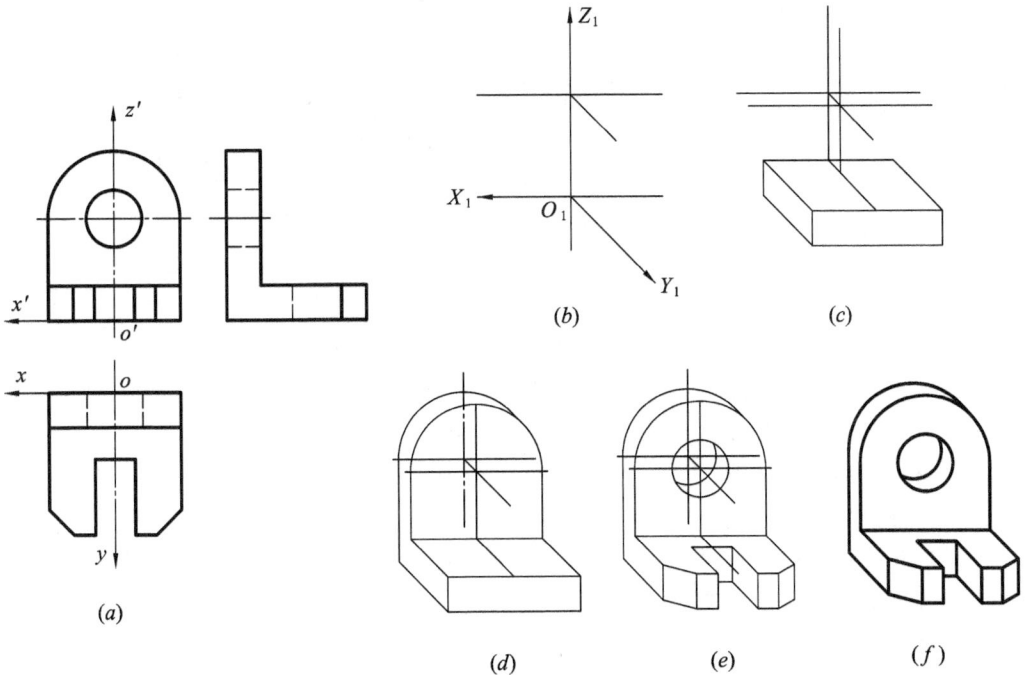

图 8 - 21 组合体的斜二轴测图

解 该组合体由底板和竖板叠加而成。底板可看成由一个长方体切割掉两个三棱柱和一个四棱柱而形成的，竖板可看成四棱柱加半圆柱挖孔。

（1）在三视图上设定直角坐标系，并画出斜二等轴测轴，确定底板和竖板的相对位置（图8-21(b)）；

（2）作出长方体的轴测图（图8-21(c)）；

（3）作出竖板四棱柱加半圆柱的轴测图（图8-21(d)）；

（4）作出长方体底板切去三棱柱和开槽及竖板挖孔的轴测图（图8-21(e)）；

（5）擦去作图线并加深（图8-21(f)）。

8.4 轴测图上的交线与剖切画法

8.4.1 轴测图上交线的画法

物体上的交线有多种，前面已介绍了带切口平面立体的轴测图画法，此处主要介绍回转体上交线的画法。

在三面投影图中，用辅助平面法求零件表面的交线是常用的方法之一，如图8-22(a)所示。同理，轴测图上的交线也可用辅助平面法求得。

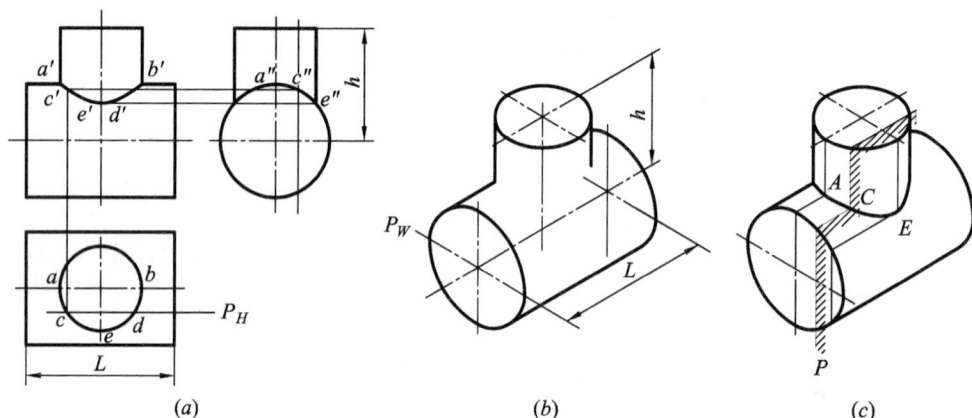

图8-22 轴测图中零件表面交线画法

图8-22(a)所示两圆柱，其相贯线的轴测图作图步骤如下：

（1）画出水平圆柱及垂直圆柱的轴测图（图8-22(b)）。

（2）求交线的轴测投影（图8-22(c)）。

① 由两圆柱的正面轮廓相交处求得 A、B 两点（B 不可见）；

② 按照三面投影图中正平面 P 的位置在轴测图中画平面 P，平面 P 与两个圆柱的交线的公共点 C、D 即为所求交线上的点；

③ 用同样方法作出 E 点；

④ 将求出的各点依次光滑连接，就得到所求相贯线，在图8-22(c)中 D 点不可见，未画出。

8.4.2　轴测图的剖切画法

为了表达物体的内部结构,可假想用剖切平面将物体剖开,作出轴测剖视图。剖切平面一般应平行于坐标面,常用两个或者三个互相垂直的剖切平面去剖切。为了保持外形的清晰,不论零件是否对称,剖视常是切掉物体的1/4。轴测剖视图的画法通常有两种。

1. 先画后剖

先画外形,再作剖视,得到内部结构,如图8-23所示。

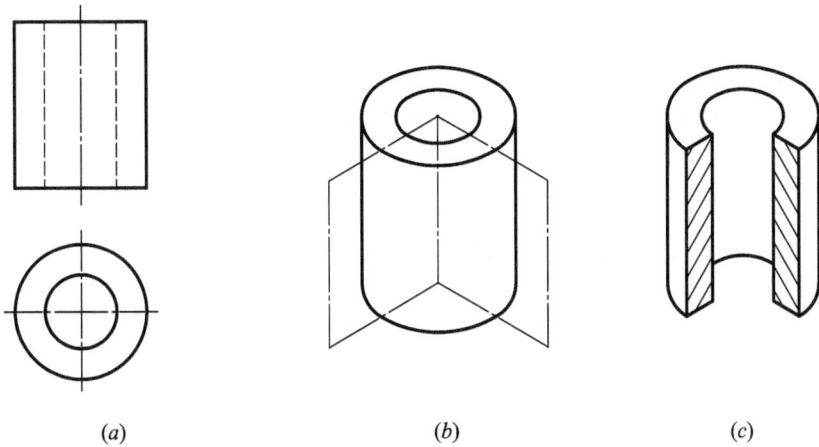

(a)　　　　　　　　　(b)　　　　　　　　　(c)

图8-23　轴测图上剖切的画法——先画后剖

2. 先剖后画

先画剖面形状,后画外形轮廓以及细节,如图8-24所示。

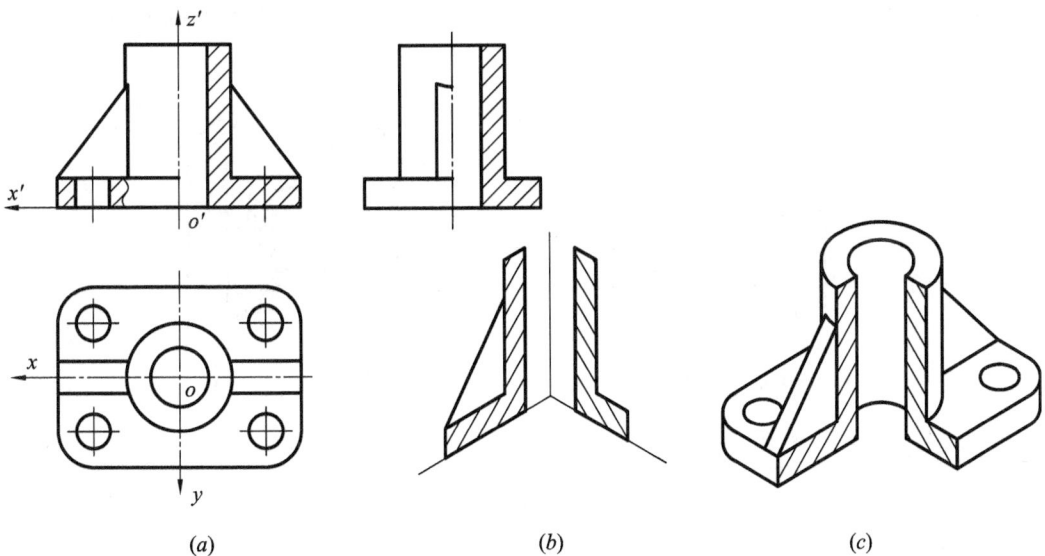

(a)　　　　　　　　　(b)　　　　　　　　　(c)

图8-24　轴测图上剖切的画法——先剖后画

其作图步骤如下：

（1）在三视图上设定直角坐标系（图8－24(a)）；

（2）画出 $X_1O_1Z_1$ 及 $Y_1O_1Z_1$ 的截面形状（图8－24(b)）；

（3）以这两截面为基础，补画出外形的投影（图8－24(c)）。

这种方法的优点是可以少画被切去部分的外形线。

8.4.3　轴测剖视图上的有关规定

1. 剖面线方向

在三视图上，剖面线方向与水平线成45°，在轴测剖视图上仍然要保持这一关系。因为45°角的对边和底边是1∶1的比例关系，因此，可以在轴测轴上，按各轴的轴向伸缩系数取相等长度。例如对于正等轴测图，当用简化系数时，可在 X_1 及 Z_1 轴上各取1个长度单位，得到1、2两点。其连线12，即为 $X_1O_1Z_1$ 平面上剖面线的方向。用同样的方法，可以画出正等轴测图 $Y_1O_1Z_1$ 及 $X_1O_1Y_1$ 两面上的剖面线方向，如图8－25(a)所示。其他两种常用轴测图的剖面线方向如图8－25(b)、图8－25(c)所示。

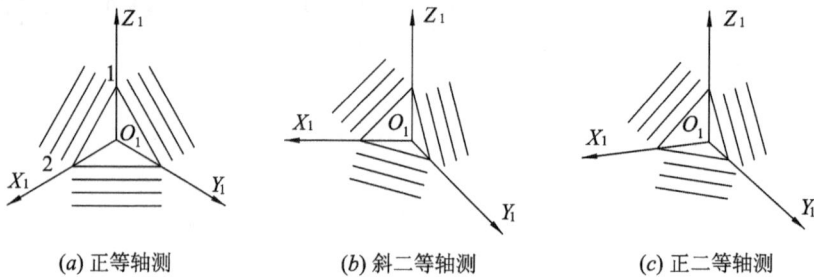

(a) 正等轴测　　　　　　　(b) 斜二等轴测　　　　　　　(c) 正二等轴测

图8－25　各剖切面上的剖面线方向

在轴测装配图中，为了区别不同零件，相邻零件的剖面线方向应相反或间距不同（图8－26(a)）。

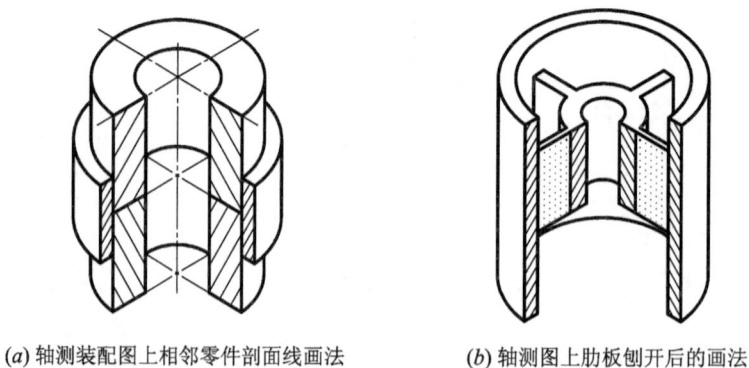

(a) 轴测装配图上相邻零件剖面线画法　　　　　　(b) 轴测图上肋板刨开后的画法

图8－26　轴测图剖面线画法

2. 肋的剖切画法

和零件图一样，肋剖切后不画剖面线（图8－24(c)）。但如果在图中表现不清晰，则也可用细点表示肋的剖切部分(图 8 – 26(*b*))。

本 章 小 结

　　将物体连同其参考坐标系，采用平行投影法向一个投影平面上进行投影而得到的图称为轴测图。本章讲述了轴测图的形成原理，轴测图中十分重要的轴间角、轴向伸缩系数，以及正轴测图、斜轴测图的画法及轴测图中交线与剖切的画法。

　　工程中，轴测图可帮助我们理解和构思设计。正等轴测图是本章的重点，平行于坐标平面圆的轴测图画法是本章的难点。通过本章的学习，应了解各种轴测图的形成原理，熟练掌握工程上广泛使用的正等轴测图的绘制方法。

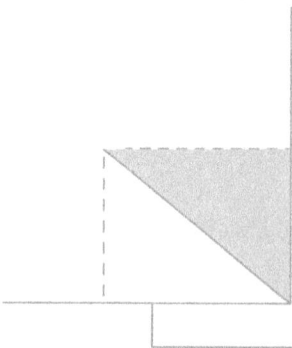

第9章 机件的各种表达方法

组成机器或部件的零件(简称机件),由于所起作用不同,其结构形状也千差万别,仅采用前面介绍的三面视图往往不能将它们的内外结构表达清楚,因此为了完整清楚地表达这些零件,且使绘制的图样清晰易懂,制图简便,国家标准《技术制图》、《机械制图》图样画法中规定了视图、剖视图、断面图和其他的规定画法,本章将重点介绍这些表达方法。绘图时,应根据机件的结构特点适当地选用。

9.1 视 图

视图是用正投影法绘制出物体的图形,它主要用来表达机件的外部结构形状。为了使视图清晰,一般只画出机件的可见部分,必要时才画出其不可见部分。图样画法规定的视图有基本视图、向视图、局部视图和斜视图。

9.1.1 基本视图

图样画法规定,在前面介绍的三个投影面基础上,再增加三个互相垂直的投影面,从而构成一个正六面体的六个侧面,这六个侧面称为基本投影面。将机件放置在正六面体内,分别向六个基本投影面投射所得的视图称为六个基本视图,如图9-1所示。在六个基本视图中,除了前面学过的主视图、俯视图和左视图外,还包括由右向左投射所得的右视图,由下向上投射所得的仰视图,由后向前投射所得的后视图。

各基本投影面的展开方法如图9-1(a)所示,展开后各视图的配置位置如图9-1(b)所示。六个基本视图在同一张图纸内按图9-1(b)配置时,一律不标注视图的名称。

用基本视图表达时应注意:

(1)视图间的投影规律。六个基本视图仍保持"长对正,高平齐,宽相等"的投影规律。如主视图、俯视图、仰视图长对正,主视图、左视图、右视图、后视图高平齐,左视图、右视图、俯视图、仰视图宽相等。

(2)视图间的方位关系。六个基本视图的配置反映了机件的上下、左右和前后的位置关系,如图9-1(b)所示。尤其应注意,左、右视图和俯、仰视图靠近主视图的一侧都反映机件的后面,而远离主视图的一侧都反映机件的前面。

(3)基本视图的选择。在实际应用时,除了主视图之外,其他基本视图的选择,应根据机件的结构特点和复杂程度而定,并不是都要画出六个基本视图。如图9-2所示的机件,

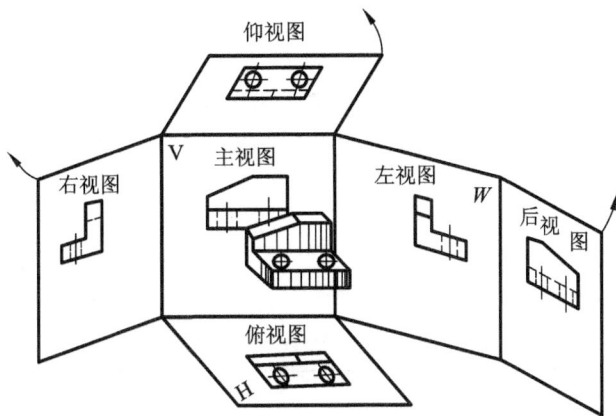

(a)

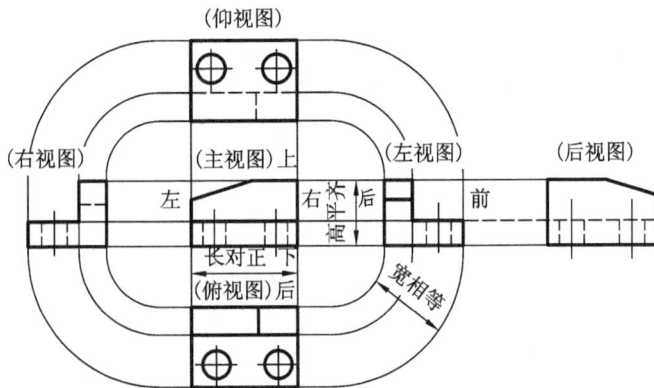

(b)

图 9-1 六个基本视图的展开与配置

就选用了主、左、右三个基本视图来表达，且在右视图中省略了一些不必要的虚线，因为视图中一般只画机件的可见部分。一般情况下，六个基本视图中优先选用主、俯、左三视图。

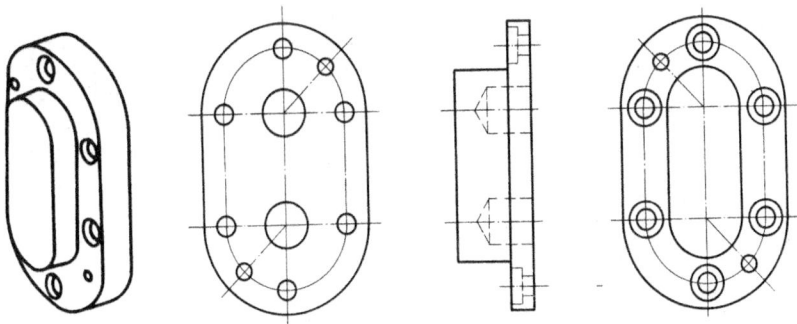

图 9-2 基本视图的选择

9.1.2 向视图

向视图是可以自由配置的视图。比如当基本视图不能按图9-1(b)的形式配置时，可在向视图的上方用大写拉丁字母标注出向视图的名称，如"A"、"B"等，同时在相应的视图的附近用箭头指明投射方向，并注上同样的字母。向视图上的字母以及箭头旁的字母均应与读图方向一致，以便识别。如图9-3中的A向视图、B向视图、C向视图。

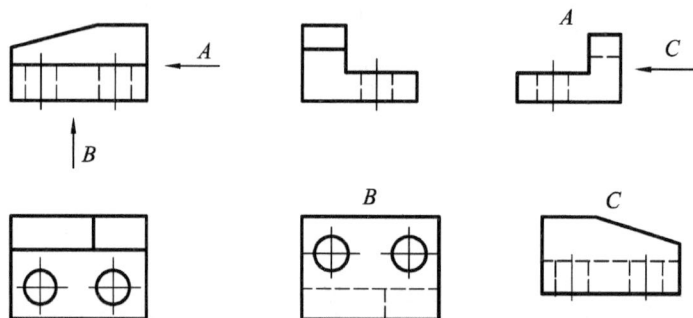

图9-3　向视图

9.1.3 局部视图

局部视图是将机件的某一部分向基本投影面投射所得的视图。当机件的局部结构没有表达清楚，而又没有必要画出完整的基本视图时，可采用局部视图。

如图9-4所示机件左方的凸台，在主视图和俯视图中，都未能清晰地表达出它的形状，如画出整个左视图又没有必要，此时可采用局部视图，这样表达既简单又突出了重点。

局部视图的画法、配置及标注方法如下：

（1）局部视图一般按基本视图形式配置，如图9-4中的A向局部视图，也可以按向视图形式配置在其他适当位置，如图9-5中的A、B向局部视图。当局部视图按投射关系配置而中间又没有其他图形隔开时，可省略标注。如图9-4的局部视图标注就可以省略。

（2）局部视图的断裂边界用波浪线表示，如图9-4中的A向局部视图、图9-5中的B向局部视图。当所表示的局部结构是完整的，且轮廓线又成封闭时，波浪线可省略不画，如图9-5中的A向局部视图。注意波浪线确定了所表达机件表面的断裂范围，故不应超越断裂表面的轮廓线。

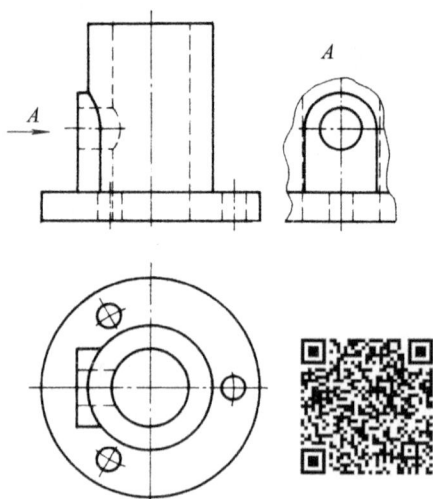

图9-4　局部视图（一）

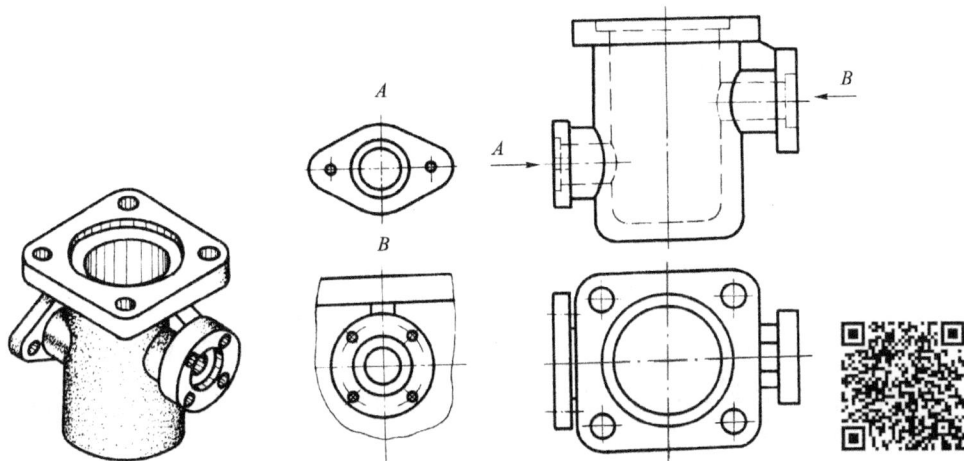

图9-5 局部视图(二)

9.1.4 斜视图

机件向不平行于基本投影面的平面投射所得到的视图,称为斜视图。斜视图被用来表达机件上倾斜部分的真实形状。

如图9-6(a)所示机件,其倾斜部分在俯视图和左视图上都不反映实形,为此可设置一新投影面P垂直于某一基本投影面(图示情况下为V面),且平行于机件的倾斜部分,然后将倾斜部分向P面投射(A向为投射方向),从而得以反映机件倾斜部分的真实形状。斜视图如图9-6(b)所示,需注意,斜视图与主视图间保持"长对正",斜视图与俯视图间保持"宽相等"。

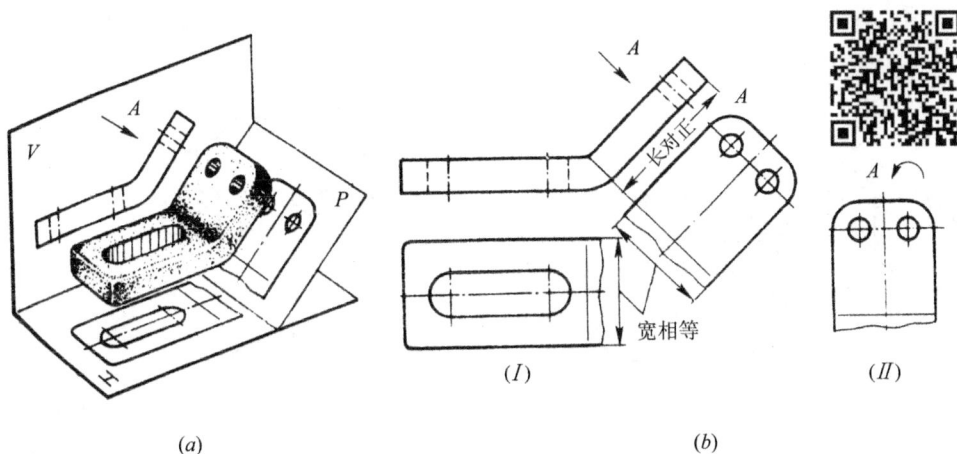

(a)   (b)

图9-6 斜视图

斜视图的画法、配置及标注方法如下:

(1)画斜视图时,必须在相应视图的投射部位附近用箭头指明投射方向,并注上字母,再在斜视图上方标出相应字母,如图9-6(b)所示。

(2)斜视图一般按向视图形式配置。在不致引起误解的情况下,允许将斜视图旋转。旋转符号见图9-7,这时表示该视图名称的大写字母应靠近旋转符号的箭头一侧(图

9-6(b)中的 A 向斜视图(II)。若需要标注旋转角度时,允许将旋转角度写在字母之后(图9-8)。

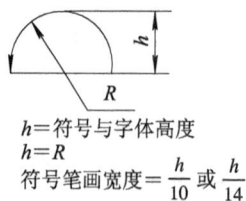

h=符号与字体高度
h=R
符号笔画宽度=$\dfrac{h}{10}$ 或 $\dfrac{h}{14}$

图9-7 旋转符号的画法

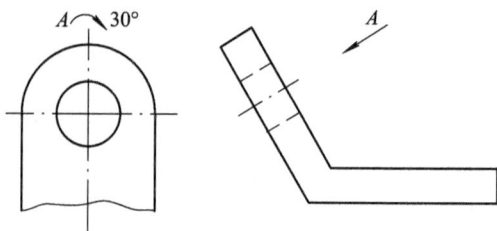

图9-8 旋转符号角度表示

（3）斜视图一般只要求表达出倾斜部分的形状,因此斜视图的断裂边界以波浪线表示,如图9-6(b)所示。

9.2 剖 视 图

当机件内部结构比较复杂时,视图上就会出现较多虚线,有的甚至与外形轮廓线重叠,这既不利于读图,又不利于标注尺寸,因此国家标准规定可采用剖视图来表达机件的内部结构。

9.2.1 剖视图的概念

1. 剖视图的形成

假想用剖切面(平面或柱面,本节仅讲平面剖切)剖开机件,将处在观察者和剖切面之间的部分移去,而将其余部分向投影面投射所得的图形称为剖视图,如图9-9(a)所示。采用剖视后,机件内部的不可见轮廓线变为可见,用粗实线画出,这样视图清晰,便于阅读,如图9-9(b)所示。

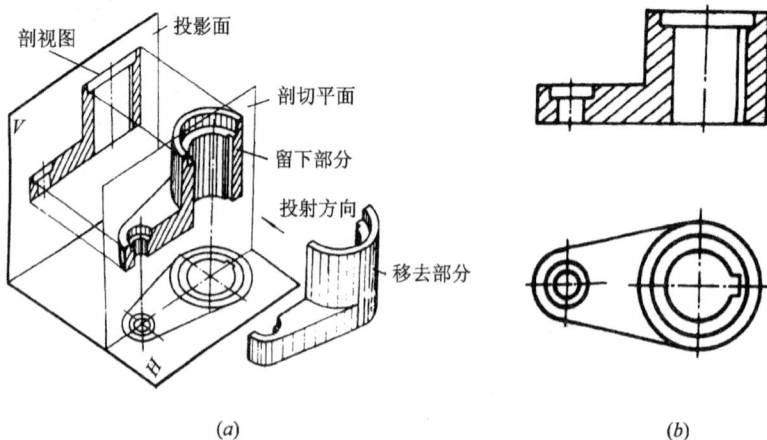

(a)   (b)

图9-9 剖视图的概念

2. 剖视图的画法

（1）确定剖切平面的位置。剖切平面通常应通过机件的对称平面或孔、槽的中心线,

且要平行或垂直于某一投影面，以便反映结构的实形，避免剖出不完整的结构要素。

（2）采用剖视后，剖切平面及其后面的可见结构应全部用粗实线画出。需要注意的是，剖开机件是假想的，因此当一个视图取剖视后，其他视图仍应完整地画出，如图 9 − 10 所示。

（3）剖视图应省略不必要的虚线，如图 9 − 9 所示。对尚未表达清楚的机件结构允许画出细虚线，或者当画出虚线后，既能更清楚地表达机件的结构，又不影响图形清晰，这时也可以画虚线，如图 9 − 11 所示。在其他视图上，不可见轮廓线也遵循此原则。

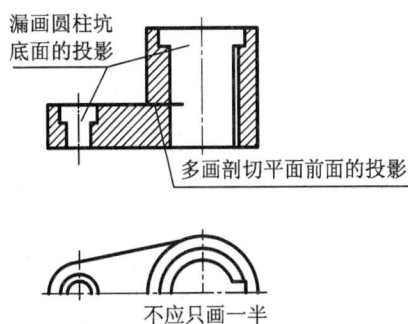

图 9 − 10 剖视图常见错误

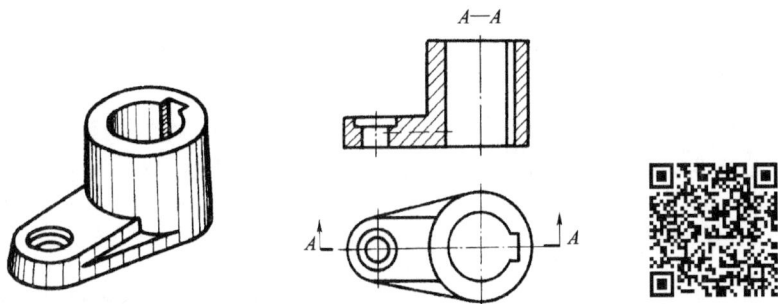

图 9 − 11 剖视图中画细虚线的情况

（4）绘制正确的剖面符号。剖视图中，剖切平面与机件实体相交的截断面称为断面。断面部分规定画出与机件材料相应的剖面符号（见第 1 章表 1 − 5）。

金属材料的剖面符号是一族与水平线成 45°的平行细实线，称为剖面线。同一机件的各剖视图，其剖面线应间距相等，方向相同，如图 9 − 12 所示。当图形的主要轮廓线与水平线成 45°或接近 45°时，该图形的剖面线可画成与水平线成 30°或 60°的平行线，其倾斜的方向仍与其他图形的剖面线一致，如图 9 − 13 所示。

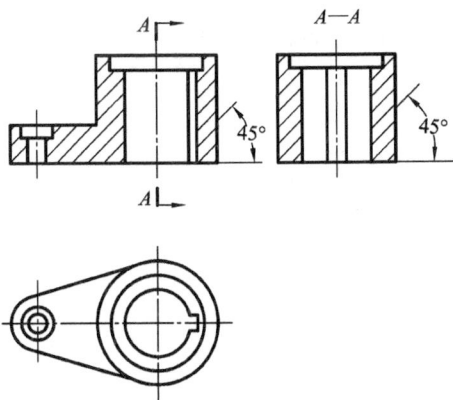

图 9 − 12 剖视图中剖面线画法（一）

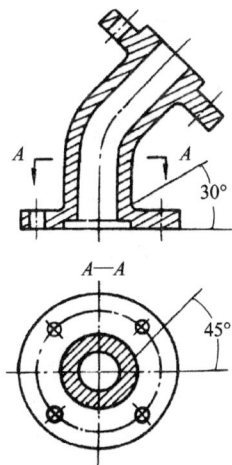

图 9 − 13 剖视图中剖面线画法（二）

（5）当剖切平面经过肋板、薄壁件的对称面（即作纵向剖切）时，这些结构在剖视图上不画剖面符号，只是用粗实线将其与相邻部分分开，如图 9-14 和图 9-20 所示。

3. 剖视图的标注

根据国家标准规定，剖视图的标注包括三部分内容。

（1）剖切符号：表示剖切平面位置。在剖切面起、讫、转折处画上短粗实线（线宽 $1\sim1.5d$，长 $5\sim10$ mm），并尽可能不与图形的轮廓线相交。

（2）箭头：表示投射方向，画在剖切符号的两端。

（3）剖视图名称：在剖视图上方用大写字母标出剖视图的名称"×—×"，并在剖切符号的两端和转折处注上相同字母。若同一张图上同时出现几个剖视，则名称应按字母顺序排列，不能重复。

在下列情况下，剖视图的标注可以简化或省略。

（1）当剖视图按基本视图的投影关系配置，中间又没有其他图形隔开时，可省略箭头。如图 9-14 省略了表示投射方向的箭头。

（2）当单一剖切平面通过机件的对称平面，且剖视图按基本视图的投影关系配置，中间又没有其他图形隔开时，可省略标注，如图 9-9(b)、图 9-14 左视图。

9.2.2 剖视图的种类

剖视图按机件被剖开的范围来分，可分为全剖视图、半剖视图和局部剖视图三种。

1. 全剖视图

用剖切面完全地剖开机件所得的剖视图，称为全剖视图。

全剖视图主要用来表达外形简单、内部结构较复杂的不对称的机件（图 9-14 左视图）。对于一些空心回转体的机件，即使结构对称，但由于外形简单，也常使用全剖视图（图 9-15 主视图）。全剖视图的标注同前所述。

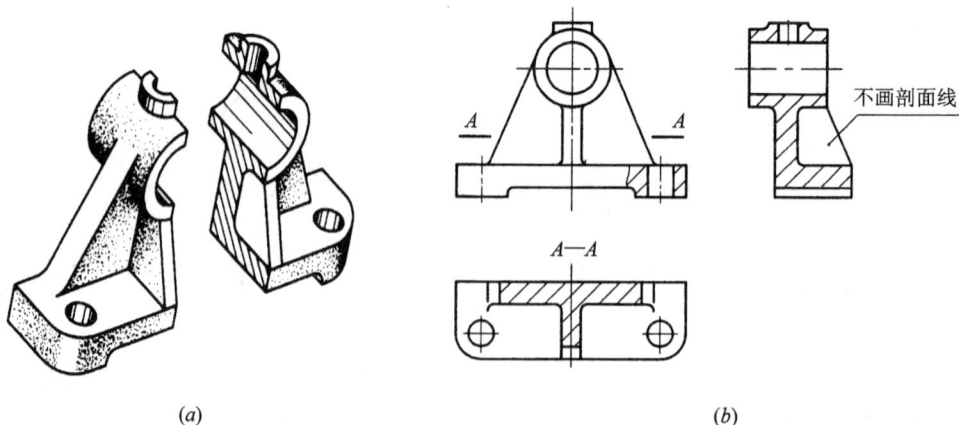

(a)   (b)

图 9-14　全剖视图及肋板的简化画法

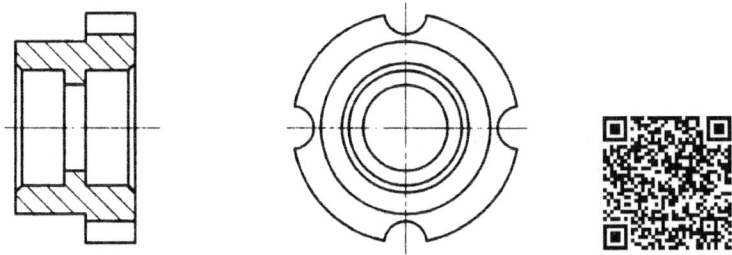

图 9-15 全剖视图

2. 半剖视图

当机件具有对称平面时，在垂直于对称平面的投影面上，以对称中心线为界，一半画成剖视图，另一半画成视图，这样得到的剖视图叫半剖视图。半剖视图主要用于内外形状都需要表达、结构对称的机件。

如图9-16(a)所示的机件，主视图如采用全剖视，凸台的形状和位置在主视图上无法表达，如图9-16(b)所示。此时可根据其结构是左右对称的特点，主视图采用半剖视，这样既表达了内部结构，又表达了凸台、圆孔外形，如图9-17所示。

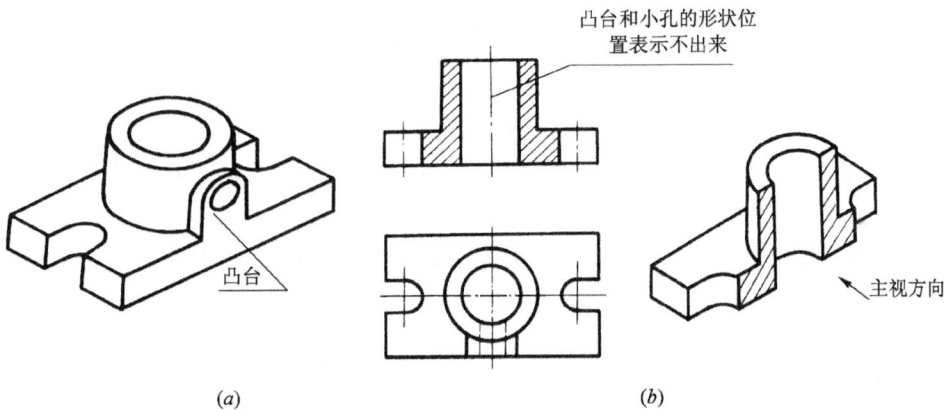

凸台和小孔的形状位置表示不出来

主视方向

凸台

(a)   (b)

图 9-16   不宜作全剖视图的机件

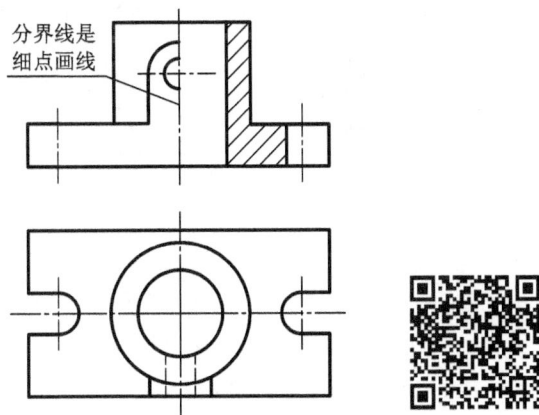

分界线是
细点画线

图 9-17   半剖视图(一)

图9-18所示的机件具有两个对称面(正平面、侧平面),因而在三个视图上都可以作半剖视。

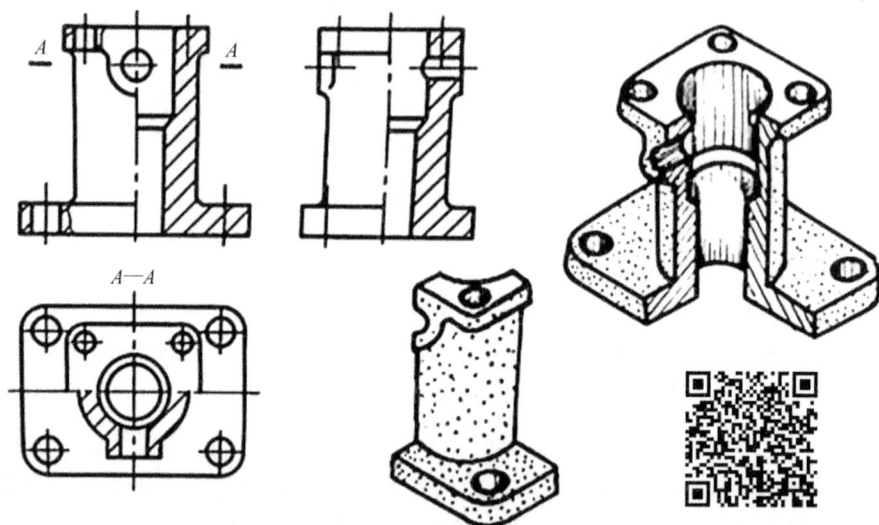

图9-18 半剖视图(二)

画半剖视图时应注意以下几点:

(1) 半剖视图中,剖视图与视图的分界线应是细点画线。

(2) 半剖视图中,机件的内部形状在其半个剖视部分已经表达清楚,因此在另半个不剖的视图中,表达内部结构的虚线应省略不画,如图9-17、图9-18等。

(3) 当机件形状接近于对称,且不对称部分已有视图表达清楚时,也可画成半剖视图,如图9-19、图9-20所示。

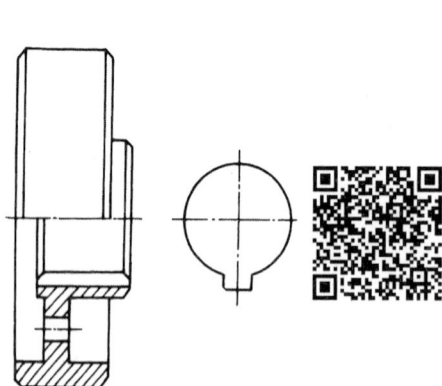

图9-19 半剖视图(三)

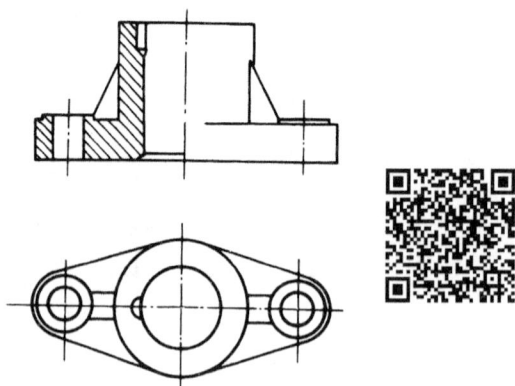

图9-20 半剖视图(四)

(4) 对于某些对称机件,其外形或内形在其对称平面位置上有轮廓线时,不宜作半剖视。如图9-21所示,采用的是后面介绍的局部剖视图。

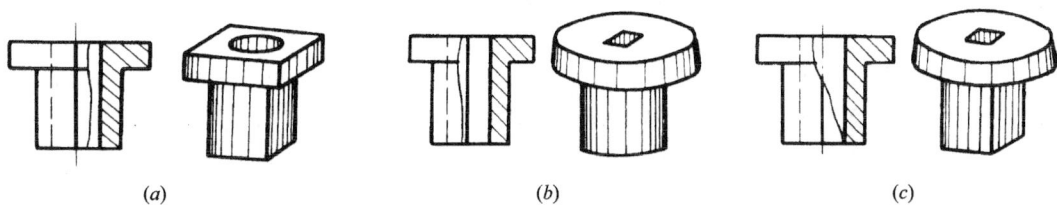

图 9-21　不宜作半剖视图的机件

3. 局部剖视图

用剖切面局部地剖开物体所得的剖视图称为局部剖视图,如图 9-22、图 9-23 所示。局部剖视图应用灵活,使用范围广。通常主要用在:

(1) 机件的内外形状都需表达的不对称机件,如图 9-21 所示。

(2) 虽有对称面,但棱线与对称中心线重合,不宜使用半剖视图的机件,如图 9-21 所示。

(3) 机件底板、凸缘上的小孔等,如图 9-22 所示的小孔。

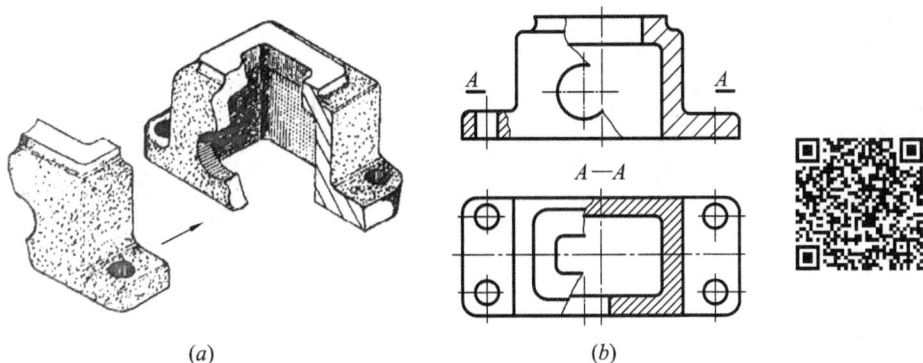

图 9-22　局部剖视(一)

(4) 为了避免在不需剖切的实心部分画过多的剖面线,如图 9-23 所示的机件。

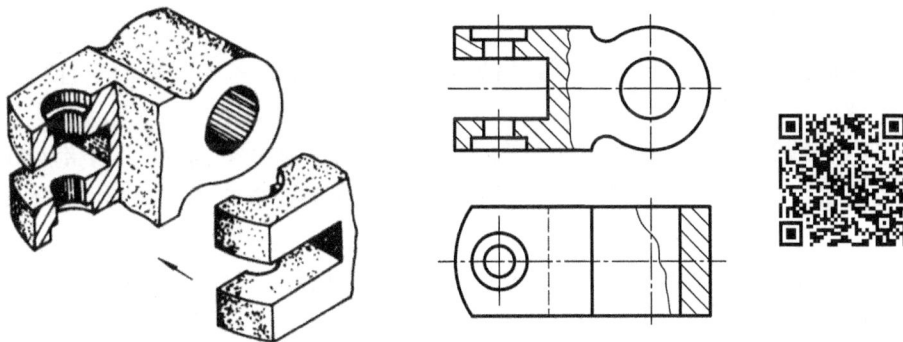

图 9-23　局部剖视(二)

采用局部剖视图时,机件视图与剖视的断裂边界用波浪线表示。绘制波浪线时应注意:

(1) 波浪线只画在机件的实体部分,遇到机件上的孔、槽时应断开,不可穿过空心部分(图 9-24)。

（2）波浪线不能超出被剖切实体的轮廓线（图 9-24）。

（3）波浪线不能与视图上的其他图线（如轮廓线、对称线等）重合（图 9-25）。

局部剖视图的剖切位置和范围大小可根据表达需要来确定，既可独立使用，也可与其他剖视图配合使用（图 9-18 中的主视图上采用半剖视和局部剖视），因而它是一种十分灵活的表达方法。如运用恰当，可使表达重点突出，简明清晰。但应注意，同一机件的表达上局部剖视选用次数不宜过多，否则会显得凌乱。

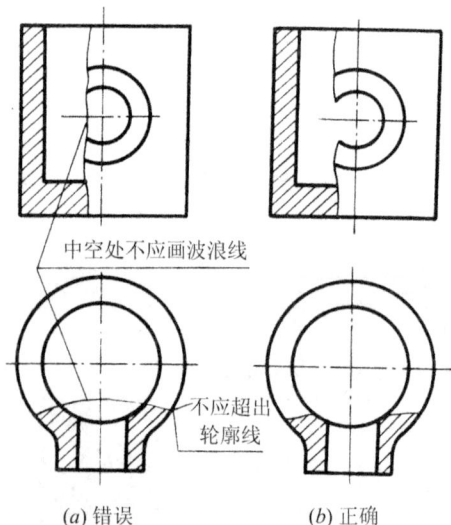

图 9-24　局部剖视波浪线的画法（一）　　　图 9-25　局部剖视波浪线的画法（二）

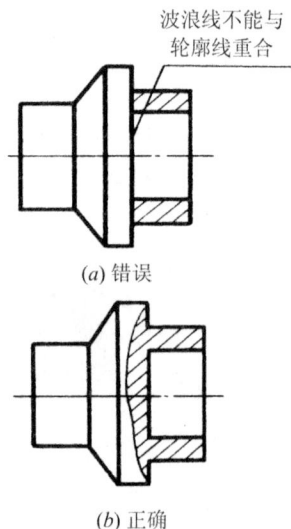

9.2.3　剖切面的种类

国家标准规定，根据机件的结构特点，可以选用以下三种剖切面剖切机件，以获得以上三种剖视图。

1. 单一剖切面

用单一的剖切面剖开机件。当剖切面为平面时，又分为与基本投影面平行和不平行两种剖切方式。

（1）与基本投影面平行的剖切平面剖切。本节前面所述的全剖视图、半剖视图、局部剖视图均是采用与某一基本投影面平行的单一剖切面剖切而得到的剖视图，这是最常用的剖切方法。

（2）不平行于任何基本投影面的剖切平面剖切。如图 9-26(a) 所示的机件，为表达其倾斜部分的内部结构形状，采用了与基本投影面倾斜的剖切平面（斜剖切平面）剖切，然后将此部分投射到与剖切平面平行的辅助投影面上，就得到图 9-26(b) 中的 A—A 剖视图。

用斜剖切平面剖切机件时，必须标注剖切位置、投射方向和剖视图名称。此时，剖视图的配置最好符合投影关系，如图 9-26(b) 中的 A—A 剖视图；也可以平移到适当位置，如图 9-26(d) 所示；在不致引起误解时，允许将剖视图旋转配置，如图 9-26(c) 所示，此时要标注旋转符号。

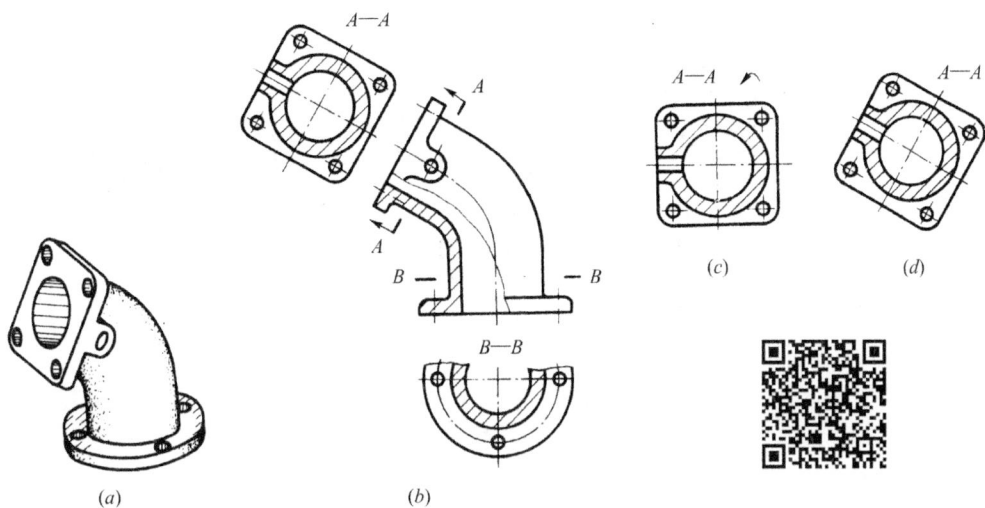

图 9 - 26　不平行于基本投影面的剖切平面

2. 平行剖切面

当机件上具有几种不同结构要素，它们的轴线或中心线又位于几个互相平行的平面内时，可采用几个平行的剖切平面剖切机件。图 9 - 27 所示为采用三个平行的剖切平面剖切得到的全剖视图。

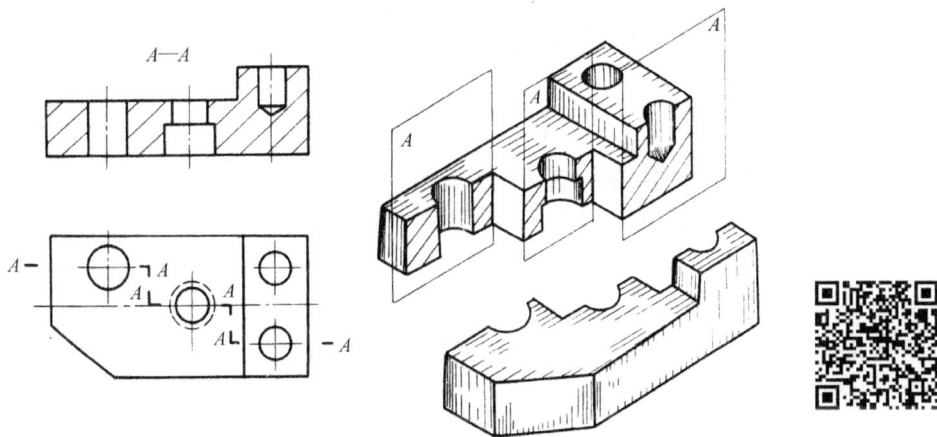

图 9 - 27　几个平行的剖切平面剖切

如图 9 - 27 所示，采用几个平行的剖切平面获得的剖视图，必须加以标注。剖切位置的起、讫和转折处用相同字母和剖切符号表示剖切位置，并注明投射方向和剖视图名称。当剖视图按投影关系配置，中间又没图形隔开时，可以省略箭头。

采用此类剖切方法画剖视图时必须注意以下几点：

（1）在剖切平面的转折处不得画分界线，如图 9 - 28(a)所示。

（2）剖切平面的转折处不应与机件的轮廓线重合，如图 9 - 28(b)所示。

（3）一般情况下，应避免在视图上出现不完整的要素或通过孔中心转折，如图 9 - 29(a)所示。仅当两个要素在图形上具有公共对称中心线或轴线时，可以各画一半，此时应以对

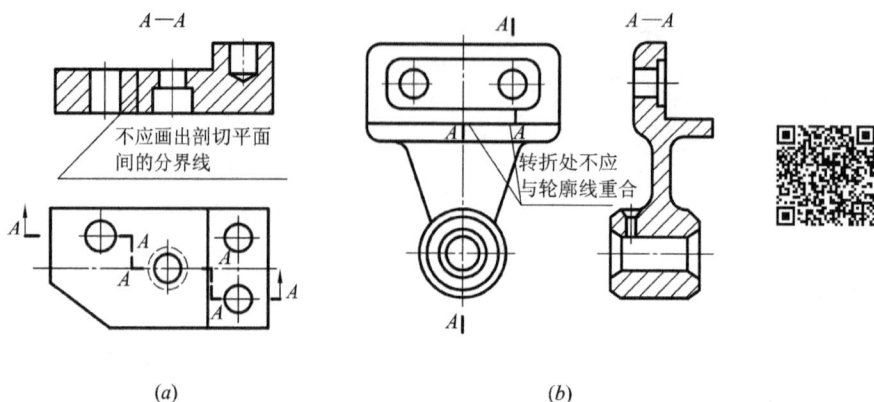

图 9 - 28 平行剖切平面剖切

称中心线或轴线为界(图9 - 29(b))。

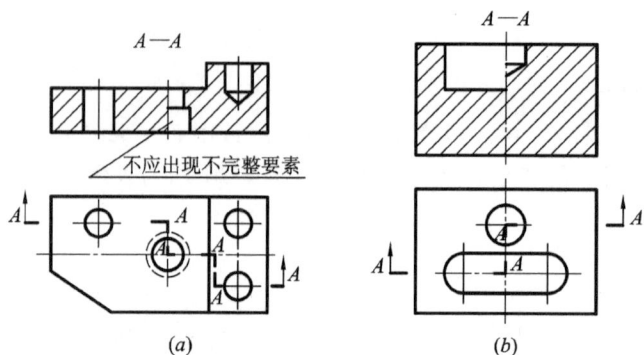

图 9 - 29 平行剖切面剖切的特殊情况

3. 相交剖切面(交线垂直于某一基本投影面)

1)两个相交的剖切平面剖切

用两个相交的剖切平面剖开机件时,其中一个剖切平面与某一基本投影面平行,而另一个剖切平面与基本投影面倾斜。绘制剖视图时,先假想按剖切位置剖开机件,然后将被斜剖切平面剖到的那一部分绕两个剖切平面的交线旋转到与基本投影面平行后再进行投影,如图 9 - 30 所示。

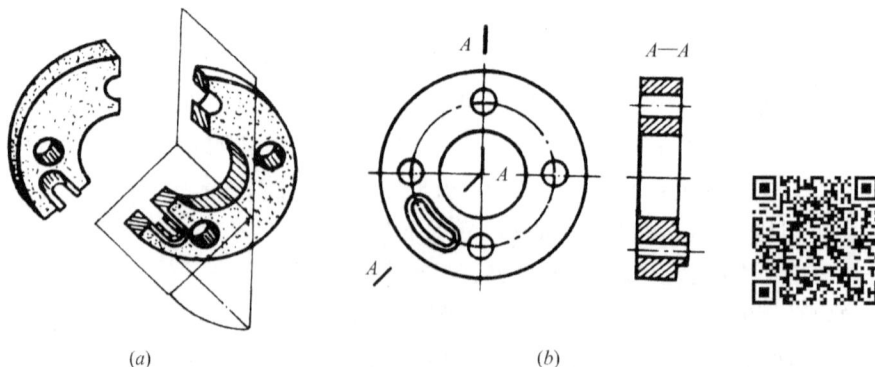

图 9 - 30 两个相交的剖切平面剖切(一)

用相交的剖切平面获得的剖视图，必须加以标注。剖切位置的起、讫和转折处用相同字母和剖切符号表示剖切位置，并注明投射方向和剖视图名称。当转折处地方有限而又不致引起误解时，可省略字母；当剖视图按投影关系配置而中间又没图形隔开时，可以省略箭头，如图9-30(b)所示。

这种剖切方法主要用于表达具有公共回转轴线的机件内形和盘、盖、轮等机件的成辐射状分布的孔、槽等的内部结构。

采用两个相交的剖切平面剖切机件时应注意：

(1) 被倾斜剖切平面剖到的结构旋转到与选定的基本投影面平行后再投影画出，但位于剖切平面后方的其他结构一般仍按原来的位置投影，如图9-31所示。

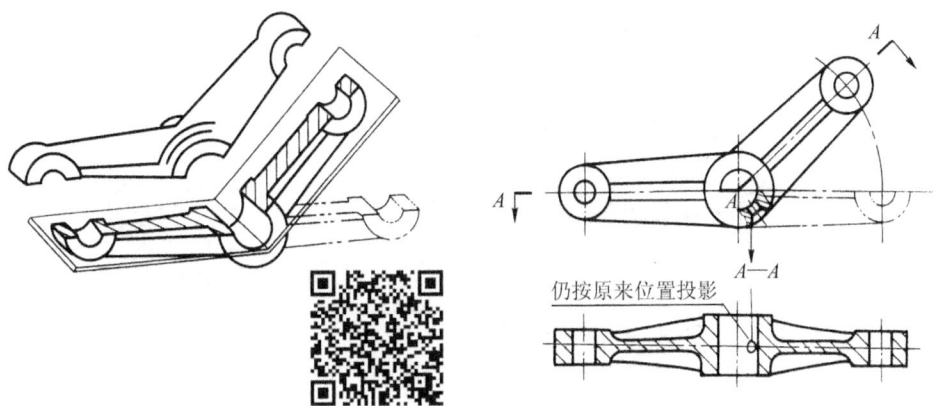

图9-31 两个相交的剖切平面剖切(二)

(2) 当机件被剖切后产生不完整要素时，应将这部分按不剖绘制，如图9-32所示。

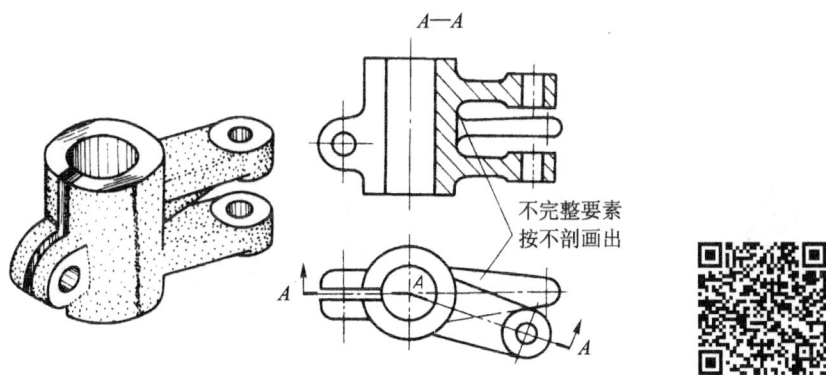

图9-32 两个相交的剖切平面剖切(三)

2) 一组相交的剖切面剖切

如图9-33、图9-34所示的机件，不宜采用前面所述的剖切面剖切，可采用一组相交的剖切面剖切来表达其结构。相交的剖切面可以是几个相交的平面，也可以是几个相交的平面和柱面。

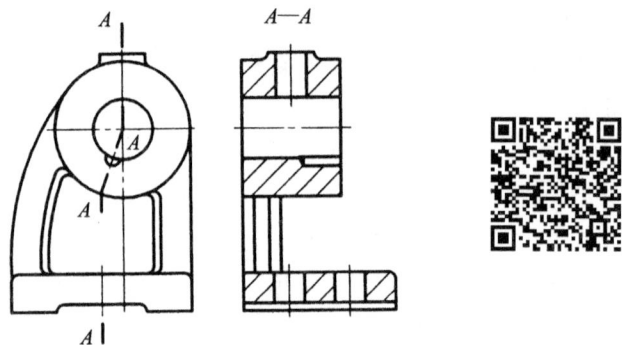

图 9-33 一组相交的剖切平面剖切(一)

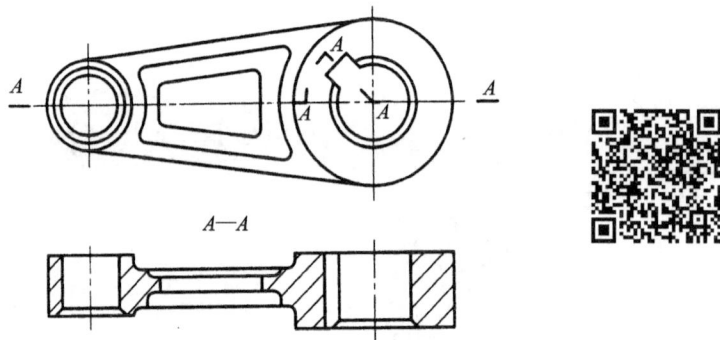

图 9-34 一组相交的剖切平面剖切(二)

采用几个相交的剖切面剖切时,被斜剖切平面剖到的结构应按照"先剖切后旋转"的原则进行绘制,有些部分还要展开绘制。采用展开画法时,在剖视图上方应注出"×—×展开",如图 9-35 所示。

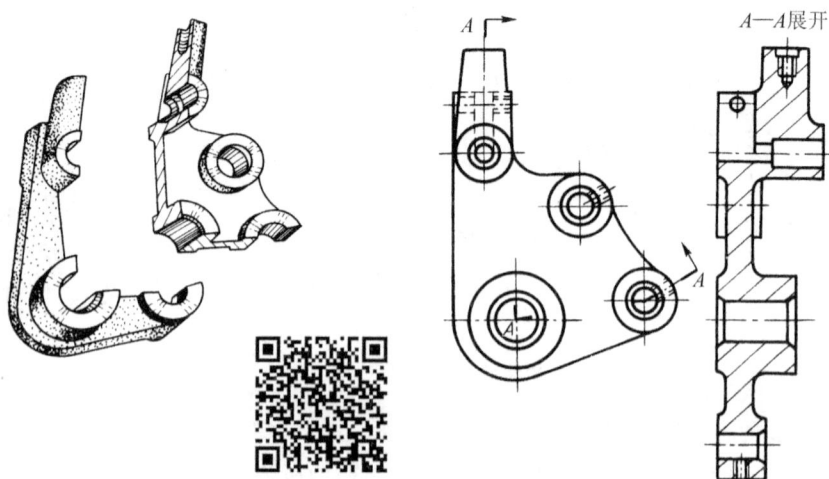

图 9-35 一组相交剖切平面剖切的展开画法

9.3 断 面 图

假想用剖切平面将机件的某处切断,仅画出断面的图形称为断面图,简称断面。

断面图与剖视图的主要区别在于,断面图只画出机件被切到的断面形状,而剖视图除画出断面的形状外,还必须画出剖切平面后面的形状,如图9-36(a)(剖视)、(b)(断面)所示。断面图主要用于表达机件某部位的断面形状,如机件上的肋板、轮辐、键槽、杆件及型材的断面等。恰当地采用断面,可以使图样简单、清晰。

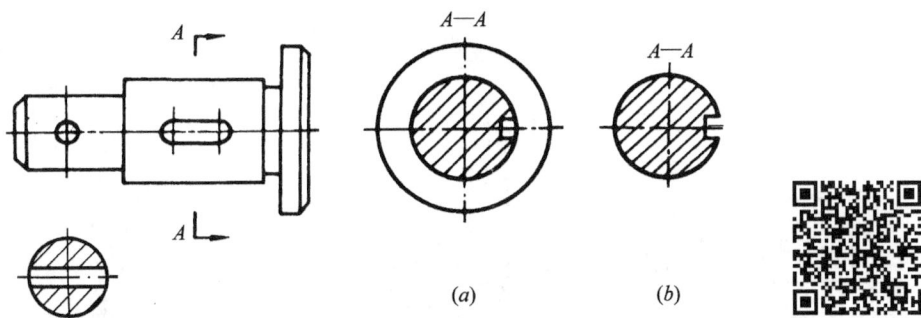

图9-36 断面与剖视的区别

根据断面图配置的位置不同,断面图分为移出断面和重合断面。

9.3.1 移出断面

画在视图之外的断面图称为移出断面。

1. 移出断面的画法

(1)移出断面的轮廓线用粗实线绘制,如图9-37~图9-40所示。

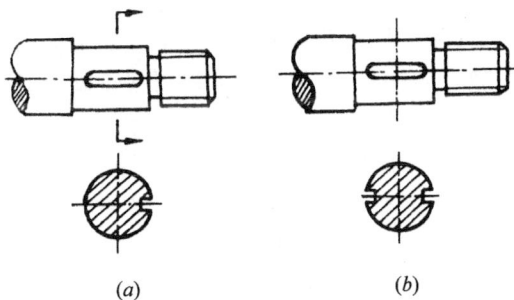

图9-37 移出断面画法(一)

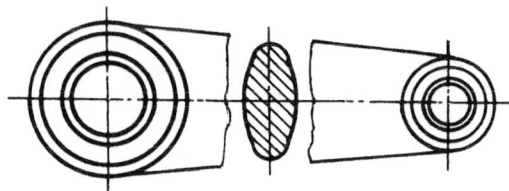

图9-38 移出断面画法(二)

(2)移出断面应尽量配置在剖切线的延长线上,如图9-37所示。必要时也可配置在其他适当的位置,此时必须进行标注。在不引起误解时,允许将图形旋转画出,标注时加"⌒",如图9-39、图9-40(b)所示。

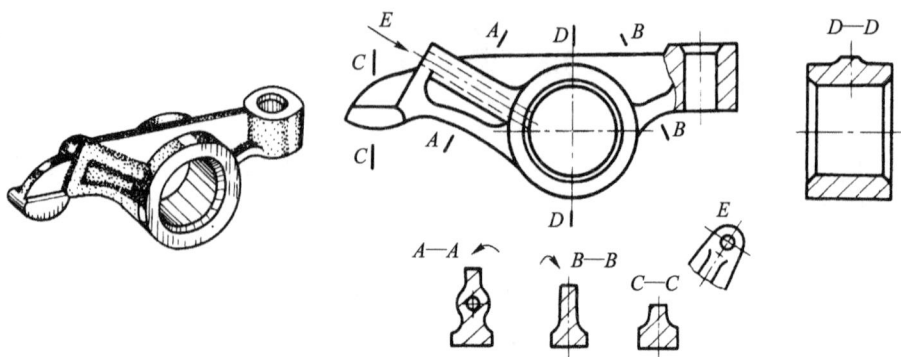

图 9-39 移出断面画法(三)

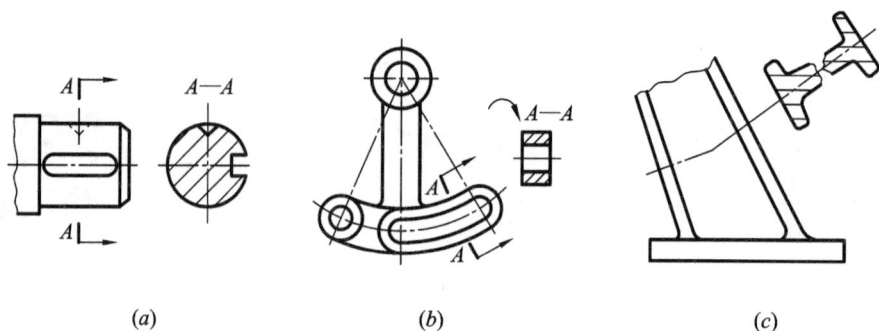

图 9-40 移出断面画法(四)

(3)移出断面的图形对称时,也可画在视图的中断处,如图 9-38 所示。

(4)当剖切平面通过回转面形成的孔或凹坑的轴线时,这些结构按剖视图绘制,如图 9-40(a)所示;当剖切平面通过非回转面而导致出现完全分离的剖面区域时,这些结构也应按剖视图绘制,如图 9-40(b)所示;由两个或多个相交的剖切平面剖切得到的移出断面,中间一般应用波浪线断开,如图 9-40(c)所示。

2. 移出断面的标注

(1)配置在剖切线延长线上的断面,如果不对称,则要用剖切符号表示剖切平面的位置,用箭头表示投射方向,字母省略,如图 9-37(a)所示;如果对称,则用细点画线表示剖切线,其他省略,如图 9-37(b)所示。

(2)配置在图形中断处的断面不加标注,如图 9-38 所示。

(3)配置在其他位置上的断面,如果不对称,则要画出剖切符号来表示剖切平面的位置,用注字母的箭头表示投射方向,并在断面图的上方标注相同的字母"X—X",如图 9-39、图 9-40(a)所示;如果对称,则可不画箭头,如图 9-39 所示。

9.3.2 重合断面

画在视图内的断面图称为重合断面。

1. 重合断面的画法

为了清晰起见,重合断面的轮廓线用细实线画出,如图 9-41 所示。当视图中的轮廓线与重合断面的图形重叠时，视图中的轮廓线仍应连续画出，不可间断，如图 9 - 41(b)所示。

2. 重合断面的标注

对称的重合断面不必标注，如图 9 - 41(c)所示；不对称的重合断面需用箭头表示投射方向，不必标注字母，如图 9 - 41(b)所示。

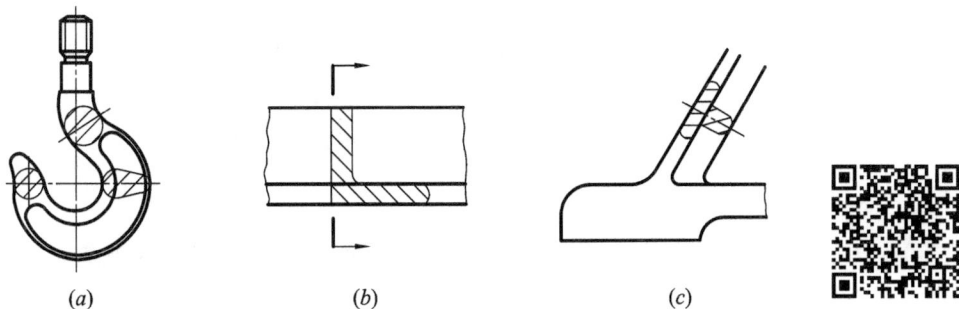

图 9 - 41　重合断面画法

9.4　机件表达方案的选择方法

绘制机件的机械图样时，应在保证完整表达机件各部分结构及相对位置的前提下，力求绘图简便、读图方便，标注尺寸清晰合理，因此在选择机件表达方案时，应根据机件的具体形状、结构特点，合理、灵活地选择视图、剖视、断面等各种表达方法，并进行综合分析、比较，确定出最佳的表达方案。

9.4.1　机件表达方案选择的基本原则

1. 适当数量的视图

在方便读图的前提下，应尽可能减少视图数量。但如果由于视图数量的减少而增加了读图的难度，则应适当补充视图，即选择适当数量的视图。

2. 各种表达方法的合理运用

视图的数量与选用的表达方案有关。因此在确定表达方案时，既要注意使每个视图、剖视图和断面图等具有明确的表达内容，又要注意它们之间的联系及分工，以做到机件的表达完整、清晰。在选择表达方案时，应首先考虑主体结构和整体的表达，然后针对次要结构及细小部位进行修正和补充。

9.4.2　表达方案的优化选择

同一机件往往可以采用多种表达方案。不同视图数量、表达方法和尺寸标注方法可以组成多种不同的表达方案。因此，应针对同一机件的几种表达方案，对比分析其优缺点，最后择优选用。下面以图 9 - 42 所示的支架为例，说明机件表达方案的选择方法。

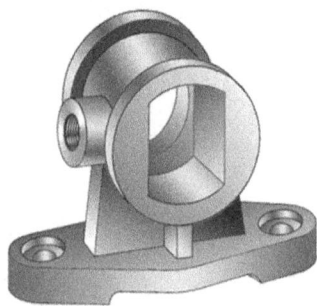

图 9-42 支架

图 9-42 所示的支架，根据形体分析，可大致分成底板、"十"字肋板、圆筒外壳、螺纹孔等四个基本形体，在各基本形体上，又分别具有一些台阶孔、梯形槽等要素。现列出如下三种方案。

1. 方案一

如图 9-43 所示，采用主视图和俯视图，并在俯视图上采用了 $A—A$ 全剖视图表达机件支架的内部结构，"十"字肋板的形状是用虚线表示的。

2. 方案二

如图 9-44 所示，采用了主、俯、左三个视图。主视图上作局部剖视，表达安装孔；左视图采用全剖视，表达支架的内部结构；俯视图采用了 $A—A$ 全剖视，表达了左端圆锥台内的螺孔与中间大孔的关系及底板的形状。为了清楚地表达"十"字肋的形状，增加了一个 $B—B$ 移出断面图。

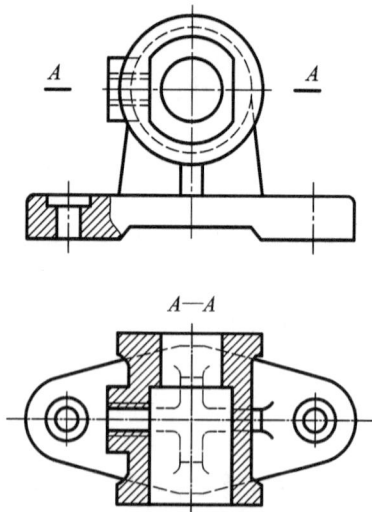

图 9-43 支架表达方案一

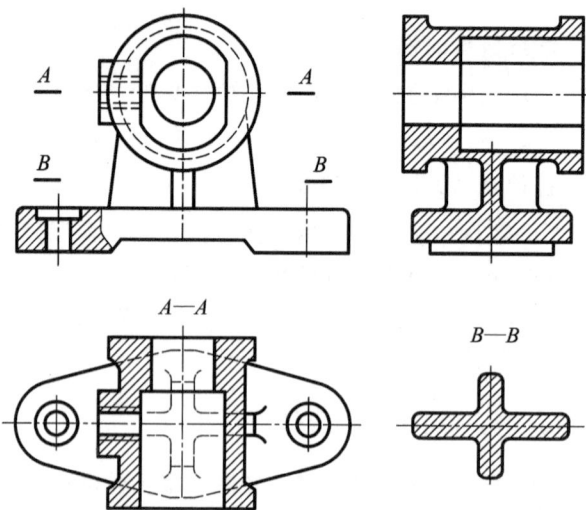

图 9-44 支架表达方案二

3. 方案三

如图 9-45 所示，主视图和左视图作了局部剖视，使支架上部的内、外结构形状表达得比较清楚，俯视图采用了 $B—B$ 全剖视表达"十"字肋板与底板的相对位置及实形。

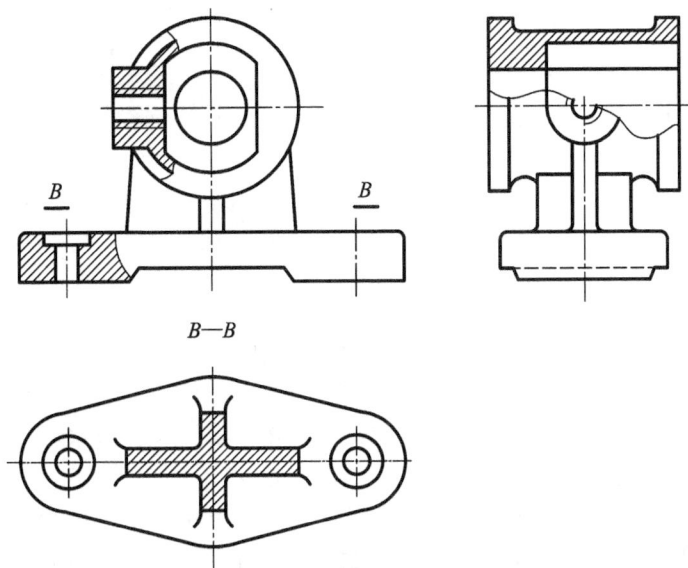

图 9 - 45　支架表达方案三

　　以上三种表达方案中，方案一虽然视图数量较少，但因虚线较多而使图形不够清晰。各部分的相对位置表达不够明显，给读图带来一定困难，所以方案一不可取。

　　方案二和方案三都能完整地表达支架的内外部结构形状。方案二的俯、左视图均为全剖视图，表达支架的内部结构；方案三的主、左视图均为局部剖，不仅把支架的内部结构表达清楚了，而且还保留了部分外部结构，使得外部形状及其相对位置的表达优于方案二。再比较俯视图，两方案对底板的形状均已表达清楚。但因剖切平面的位置不同，方案二的 $A—A$ 剖视仍在表达支架内部结构和螺孔；方案三的 $B—B$ 剖切的是"十"字肋板，使俯视图突出表现了"十"字肋板与底板的形状及两者的位置关系，从而避免重复表达支架的内部结构，并省去一个断面图。

　　综合以上分析，方案三的各视图表达意图清楚，剖切位置选择合理，支架内外形状表达完整，层次清晰，图形数量适当，便于作图和读图。因此方案三是一个相对较好的表达方案。

9.5　其他表达方法

　　为了使图样更加清晰、简洁、易读易画，除了前面学过的机件表达方法之外，国家标准还规定了一些其他的表达方法。

9.5.1　特殊结构的表达方法

1. 局部放大图

　　在视图上，当机件的某些局部结构，用原有的绘图比例不能表达清楚或不方便标注尺寸时，可将该部分结构用大于原图的比例画出，这种图形称为局部放大图，如图 9 - 46 所示。

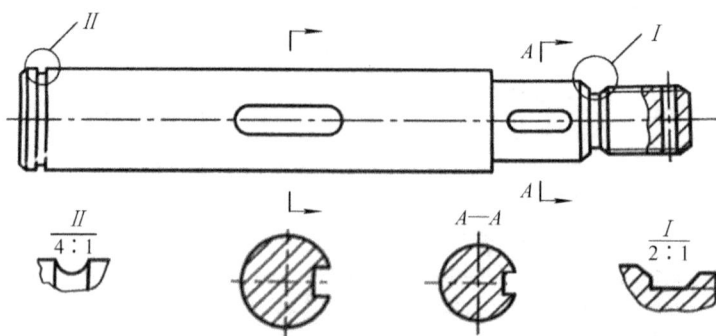

图 9-46 局部放大图

绘制局部放大图时应注意：

（1）局部放大图用细实线圈出被放大的部位，并尽量配置在被放大部位的附近。若局部放大图画成剖视，则剖面线方向和间隔均与原图相同。

（2）当机件上有几个被放大的部位时，用罗马数字依次标明被放大的部位，并在局部放大图上方标注出相应的罗马数字和所采用的比例，如图 9-46 中局部放大图 I、II。当机件上被局部放大的部位仅有一处时，在局部放大图的上方只需注明所采用的比例即可。

（3）局部放大图所注比例是放大图尺寸与实物对应尺寸之比，与原图采用的比例无关。

（4）局部放大图可以采用任何的表达方法，比如视图、剖视、断面。如图 9-46 中放大图 I、II，均采用剖视。

2. 折断画法

较长的机件，如轴、连杆等，沿长度方向形状一致或按一定规律变化时，绘制时可假想断开，使其缩短，但断开部分的尺寸标注应按实际长度标注，如图 9-47 所示。

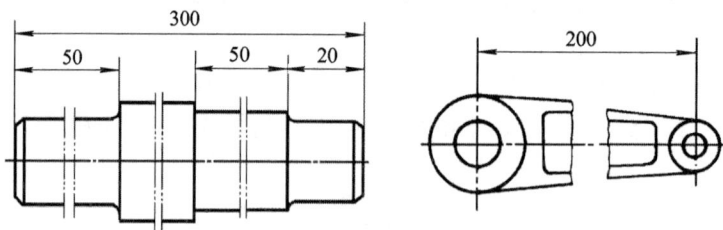

图 9-47 折断画法

3. 平面的表示法

机件上的平面在视图上的相应位置用两条相交的细实线表示，如图 9-48 所示。

4. 过渡线和一些表面交线的表示法

机件上两个表面相交处若是圆滑过渡，从理论上讲不存在交线，但为了直观起见，规定在这些地方画过渡线。过渡线的画法和交线基本相同，只是过渡线的两端与轮廓线不相交而空出一小段距离，如图 9-49 所示。

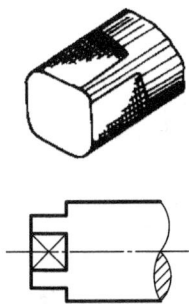

<table>
<tr><td>图 9-48 平面的表示法</td><td>图 9-49 过渡线的画法</td></tr>
</table>

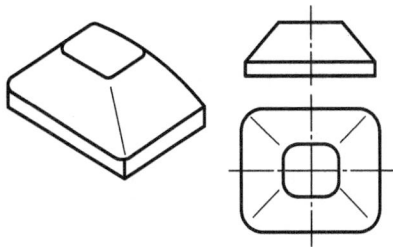

5. 机件上的滚花、网状物或编制物的表达

表达机件上的滚花、网状物或编制物，可在轮廓线的附近用粗实线示意画出，并在尺寸标注或技术要求中注明这些结构的具体要求，如图 9-50 所示。

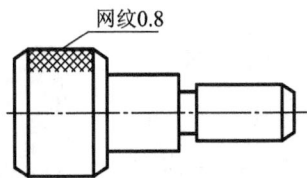

网纹0.8

图 9-50　滚花表示方法

6. 假想投影轮廓的绘制

在需要表达位于剖切平面前面的结构时，为了减小视图数量，这些结构可用双点画线绘制出其假想的投影轮廓，如图 9-51 所示。

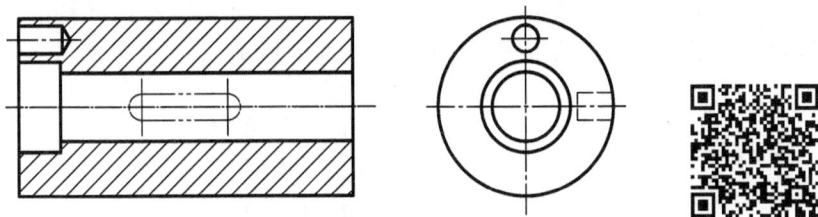

图 9-51　假想投影轮廓的画法

9.5.2　常用的简化画法

1. 剖视中的简化画法

（1）对于机件上的肋板、轮辐及薄壁等结构，当剖切平面沿纵向剖切时，这些结构不画剖面符号，而用粗实线将它与邻接部分分开，如图 9-52 左视图（*A—A* 剖视）中，其肋板采用了简化画法。图 9-53 的右视图（剖视）中，其轮辐也采用了简化画法。但当剖切平面垂直于肋板剖切时，肋板的剖面必须画出剖面线，如图 9-52 的俯视图（*B—B* 剖视）。

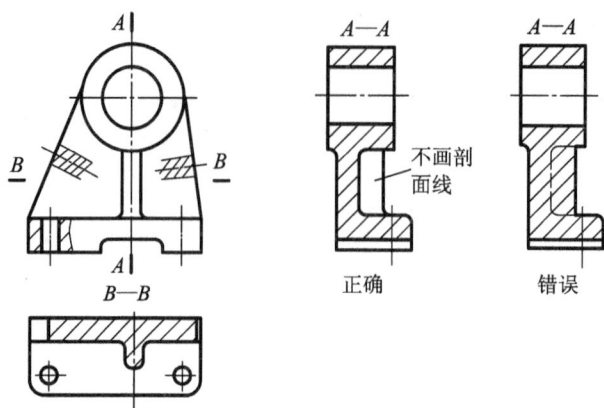

图 9-52　剖视图中肋板的简化画法

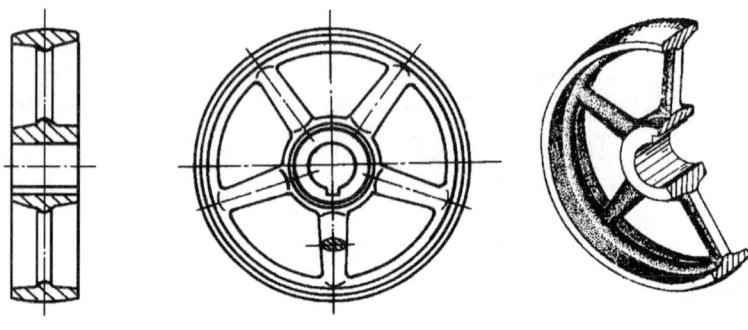

图 9-53　剖视图中轮辐的简化画法

（2）当回转体机件上均布的肋板、轮辐、孔等结构不处于剖切平面上时，可将这些结构假想旋转到剖切平面上画出其剖视图，如图 9-54 中所示。

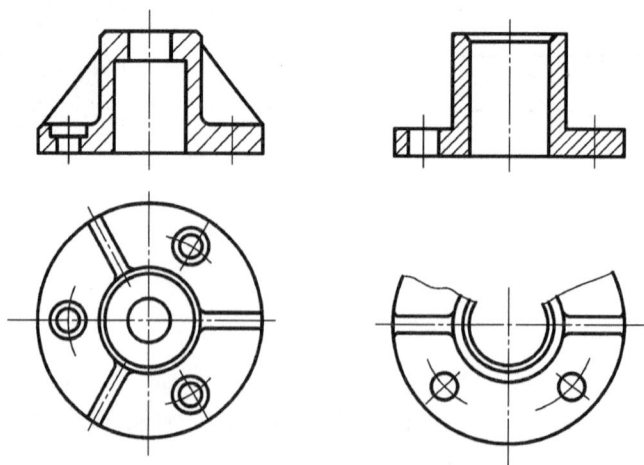

图 9-54　剖视图中均布孔、肋板的简化画法

2. 断面图的简化画法

在不致引起误解时，机件的移出断面可省略剖面符号，而断面的标注仍按规定进行，如图 9-55 中的两个断面图均省略了剖面线。

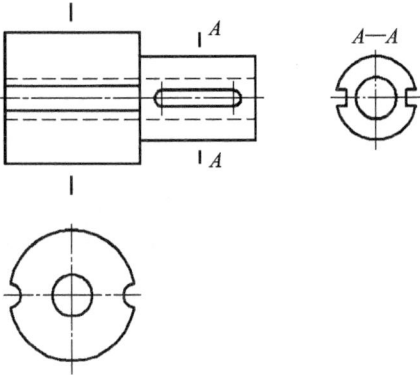

图 9-55　移出断面的简化画法

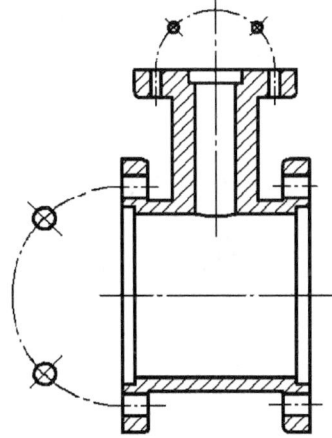

图 9-56　凸缘上均匀分布孔的简化画法

3. 相同结构的简化画法

（1）在机件凸缘圆周上或圆柱体法兰盘等类似结构上，若有均匀分布的直径相同的孔，可按图 9-56 方法绘制。孔的位置按照从机件外向该凸缘端面方向投影所得的位置画出。

（2）当机件具有若干相同结构（如齿、槽等）并按一定规律分布时，只要画出几个完整的结构，其余用细实线连接即可，但在零件图中则必须注明该结构的总数，如图 9-57 所示。

（3）当机件上有若干直径相同且按一定规律分布的孔，则可以只画出一个或几个，其余只需用细点画线或"十"表示其中心位置，如图 9-58 所示。

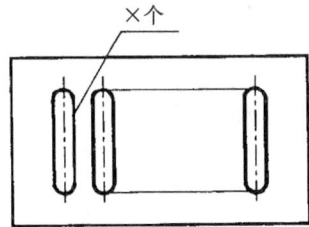

图 9-57　尺寸相同槽的简化画法

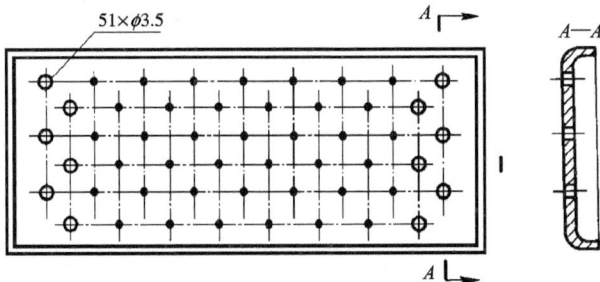

图 9-58　直径相同孔的简化画法

4. 小尺寸结构上的交线简化画法

机件上小尺寸结构上的交线，如果在一个图形中已表示清楚，则其他视图上可简化或省略，如图9-59中的局部剖视中的相贯线。

5. 完全对称视图的简化画法

为了节省绘图时间和图幅，完全对称的零件（一般为轮盘类零件），其视图（端面视图）可以只画一半，并在对称中心线的两端画出两条与其垂直的平行细实线，如图9-60所示。

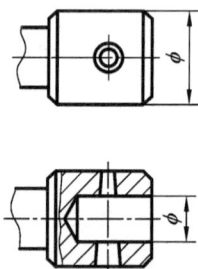

图9-59　小尺寸结构上的交线简化画法

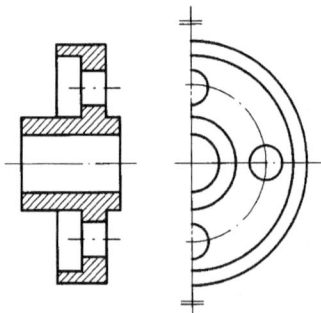

图9-60　完全对称视图的简化画法

6. 与投影面倾斜的圆或圆弧的简化画法

当圆或圆弧与投影面的倾角小于或等于30°时，其投影可用圆或圆弧代替，如图9-61所示。

7. 小斜度结构的简化画法

机件上斜度不大的结构，如在一个图形中已表达清楚，则其他图形可按小端画出，如图9-62所示。

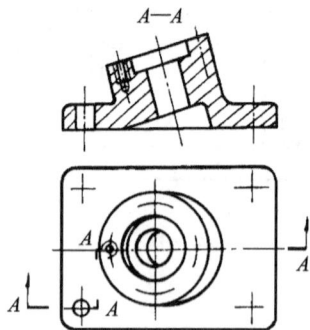

图9-61　倾斜圆或圆弧的投影简化画法

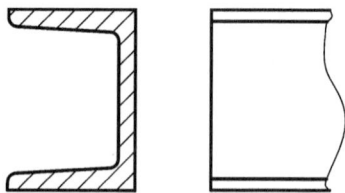

图9-62　小斜度结构的简化画法

9.5.3　尺寸的简化注法

尺寸简化注法的基本要求：

（1）若图样中的尺寸和公差全部相同或某个尺寸和公差占多数时，可在图样空白处做统一说明，如"全部倒角C1.6"、"其余圆角R4"等。这条原则也可适用于表面粗糙度、焊缝等。

（2）对于尺寸相同的重复要素，可仅在一个要素上注出其尺寸和数量。

（3）标注尺寸时，应尽可能使用符号和缩写词。常用的符号和缩写词如表9-1所示。

表 9-1　常用符号和缩写词

名　　称	符号或缩写词	名　　称	符号或缩写词
直径	ϕ	45°倒角	C
半径	R	深度	↓
球直径	$S\phi$	沉孔或锪平	⊔
球半径	SR	埋头孔	∨
厚度	t	均布	EQS
正方形	□		

除了上述基本要求外，为使读者系统地了解和掌握国标中所规定的简化注法，下面将常用的尺寸简化注法按其不同的对象和功用作一介绍。

1. 尺寸要素的简化注法

（1）单边箭头：标注尺寸时，可使用单边箭头，如图9-63所示。绘制这种箭头时，通常按水平尺寸左上右下，垂直尺寸上右下左的原则处理，倾斜尺寸按垂直尺寸对待。

（2）带箭头指引线：标注尺寸时，可采用带箭头的指引线，如图9-64所示。这种标注形式是将尺寸线的双向末端结构省略了一端，通常用在非圆图形较为集中的尺寸标注。

（3）不带箭头指引线：标注尺寸时，也可采用不带箭头的指引线，如图9-65所示。这种尺寸标注形式省略了尺寸末端，对圆形图形的标注较为合适。指引线不要求通过圆形结构的圆心，可以根据具体的情况和需要进行配置。

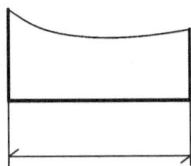

图 9-63　单边箭头标注　　　图 9-64　带箭头指引线标注　　　图 9-65　不带箭头指引线标注

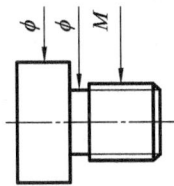

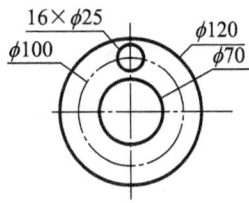

（4）共用尺寸线箭头：一组同心圆弧或圆心位于一条直线上的多个圆弧的尺寸，可用共同的尺寸线箭头依次表示。即仅在一个圆弧处画出尺寸线箭头，如图9-66所示，也可以在每个圆弧处分别画出尺寸线箭头，如图9-67所示。这种方法不仅可以简化标注，而且可以提高图样的清晰度。

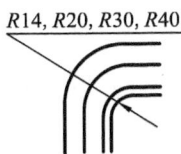

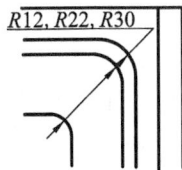

图 9-66　同心圆弧　　　　　　　　图 9-67　圆心共线的圆弧

（5）共用尺寸线：一组同心圆或尺寸较多的台阶孔的尺寸，也可共用尺寸线和箭头依次表示，如图9-68和图9-69所示。这种标注方法与圆弧的注法有所不同，一是每个圆处应画出尺寸箭头，二是尺寸线通常超出圆心（中心线）所在的位置。

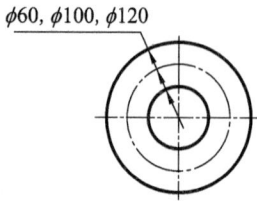

图9-68　同心圆

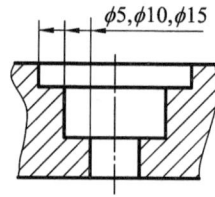

图9-69　台阶孔

2. 规定简化注法

（1）梯式尺寸注法：从同一基准出发的尺寸可简化标注，如图9-70中的直角坐标和图9-71中的极坐标。应注意，尺寸数字通常靠近尺寸箭头，字头向上水平书写，同一基准符号处注写尺寸数字"0"。

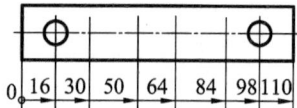

图9-70　直角坐标梯式尺寸

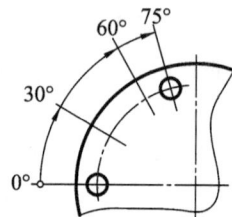

图9-71　极坐标梯式尺寸

（2）链式尺寸注法：间隔相等的链式尺寸可简化标注，如图9-72所示。这种标注方法简化了重复尺寸的标注，括弧中是总体尺寸，作为参考尺寸处理。

（3）真实尺寸注法：在不反映真实大小的投影上，用在尺寸数字下面加画粗实线短画的方法标注其真实尺寸。由于设计修改等因素，不按比例绘制的尺寸也可采用这种方法，如图9-73所示。

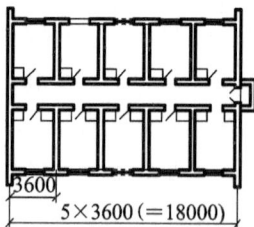

图9-72　链式尺寸注法

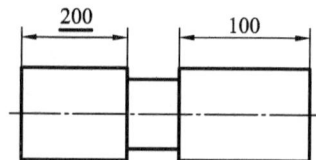

图9-73　真实尺寸注法

（4）形状相同机件注法：两个形状相同但尺寸不同的零件可共用一张零件图表示，但应将另一零件的名称和不相同的尺寸在括号中表示，如图9-74所示。应说明的是，这种简化注法仅用于两个零件，两个以上零件的简化注法可采用表格图注法。

（5）表格图注法：同类型或同系列的零件可采用表格图注法，如图9-75所示。

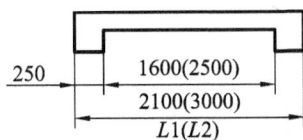

图 9-74 形状相同件注法

（6）对称图形注法：当图形具有对称中心线时，分布在对称中心线两边的相同结构可仅标注其中一边的结构尺寸，如图 9-76 中的 $R64$、$R9$、$R5$ 等。

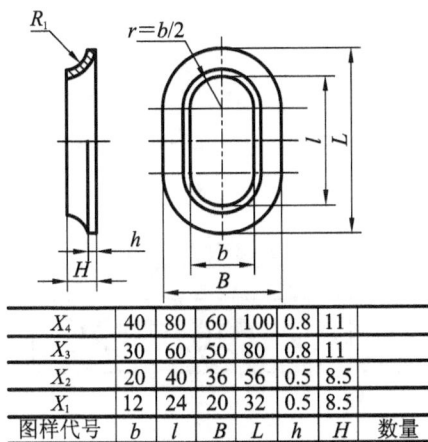

X_4	40	80	60	100	0.8	11	
X_3	30	60	50	80	0.8	11	
X_2	20	40	36	56	0.5	8.5	
X_1	12	24	20	32	0.5	8.5	
图样代号	b	l	B	L	h	H	数量

图 9-75 表格图注法

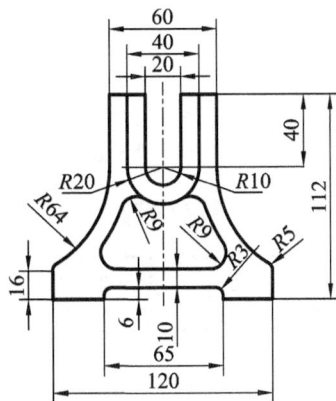

图 9-76 对称图形注法

（7）坐标网格注法：对于印制板类的零件，可直接采用坐标网格法表示尺寸，根据需要也可标注必要的尺寸，如图 9-77 所示。

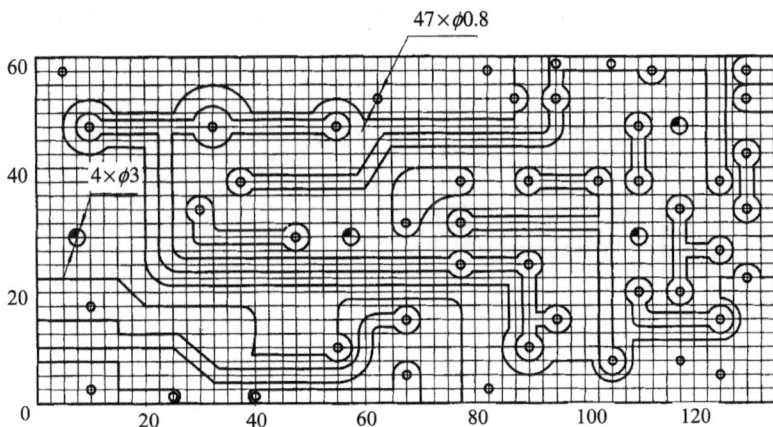

图 9-77 坐标网格注法

3. 重复要素尺寸注法

（1）成组要素尺寸注法：在同一图形中，对于尺寸相同的孔、槽等成组要素，可仅在一个要素上注出其尺寸和数量，均匀分布用缩写词"EQS"（equipartitions）表示，如图 9-78（a）

所示。应当注意,在标注定形尺寸的同时,要标注出定位尺寸。当成组要素的定位和分布情况在图形中已明确时,也可不标注其角度,并省略"EQS",如图9-78(b)所示。

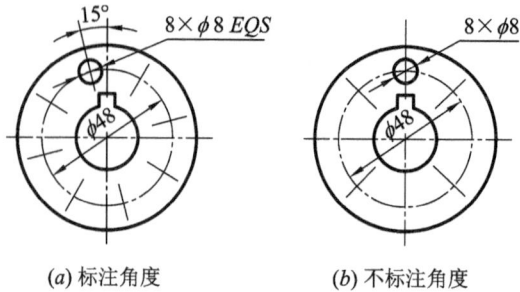

(a) 标注角度   (b) 不标注角度

图9-78   成组要素尺寸注法

（2）标记或字母注法:在同一图形中,如有几种尺寸数值相近而又重复的要素(如孔等),可采用标注字母或标记(如涂色等)的方法来区别,如图9-79所示。

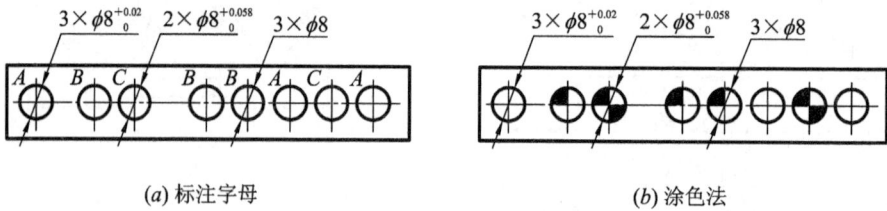

(a) 标注字母   (b) 涂色法

图9-79   标记或字母注法

4. 特定结构或要素注法

（1）正方形注法:标注正方形结构尺寸时,可在正方形边长尺寸数字前加注"□"符号,如图9-80所示。正方形尺寸还可以用"边长×边长"表示,但用符号表示更简单。

（2）倒角注法:在不致引起误解时,零件图中的45°倒角可以省略不画,其尺寸也可简化标注,如图9-81所示。"2×C2"中的第一个"2"表示两端,"C"是45°倒角的符号,其后的"2"是倒角厚度。45°以外的其他角度的倒角应按规定注法进行标注。

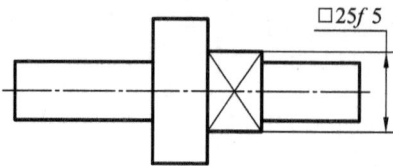

图9-80   正方形注法

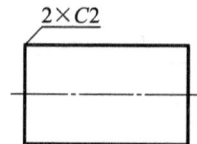

图9-81   倒角注法

（3）孔的旁注法:各类孔可采用旁注和符号相结合的方法标注,如图9-82所示。应注意,指引线应从孔中心引出,其基准线上方注写主孔尺寸,下方注写辅助孔尺寸等内容。

（4）对不连续的同一表面,可用细实线连接后标注一次尺寸,如图9-83中 $\phi 8$ 轴被7个砂轮越程槽分成7部分的标注。这种标注常用于一次装卡成型的不连续表面。

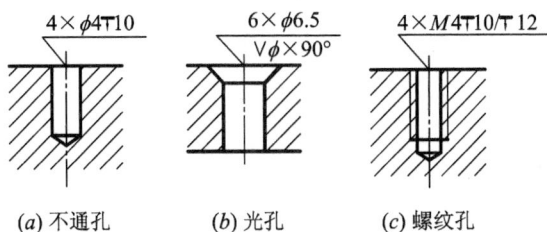

(a) 不通孔   (b) 光孔   (c) 螺纹孔

图 9-82　孔的旁注法

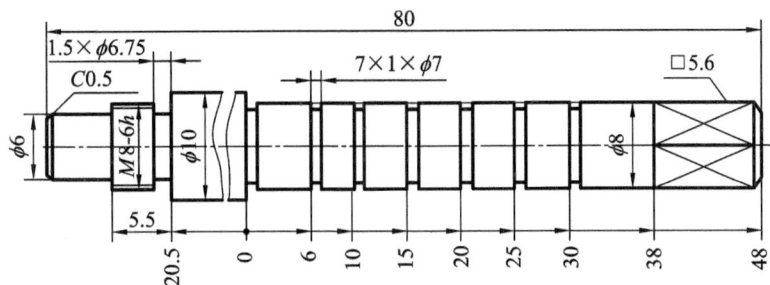

图 9-83　特定表面注法

（5）单线图上，桁架、钢筋、管子等的长度尺寸可直接标注在相应的线段上，角度尺寸数字可直接填写在夹角中的相应部位，如图 9-84 和图 9-85 所示。

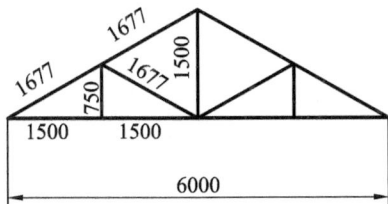

图 9-84　桁架注法

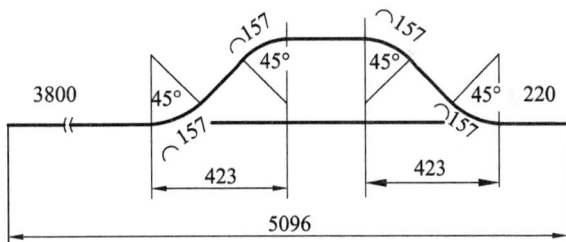

图 9-85　管子注法

![本章小结]

　　因组成机器零部件结构千差万别，仅用三面视图往往不能完整、清晰、简便地表达，故国家标准《技术制图》、《机械制图》图样画法对其规定了一系列的表达方法。本章重点介绍了视图、剖视图、断面图的表达方法，并通过实例说明这些表达方法的综合运用及注意事项。最后还较详细地介绍了其他表达方法以及简化画法。

　　国标中规定，用视图来表达机件的外部结构形状时，一般只画出机件的可见部分；当结构未表达清楚或可以减少视图时，也可以用少量虚线表达其不可见部分；用剖视来表达机件的内部结构形状；对于机件某部位的断面形状，如肋板、轮辐、键槽、杆件及型材的断面，可以用断面图来表达。

根据机件的具体结构和机件表达方案的选择原则，综合运用视图、剖视、断面等各种表达方法，选择更加合理的、最佳的表达方案，是一个需要不断分析、总结、提高的过程。

除此之外，本章还介绍了 GB/T 16675.1～16675.2—2012《技术制图 简化表示法》、GB/T 4458.1—2002《机械制图 图样画法 视图》、GB/T 4458.6—2002《机械制图 图样画法 剖视图和断面图》、GB/T 4458.4—2003《机械制图 尺寸注法》中有关图样简化画法和其他的表达方法，了解并合理运用这些方法，是正确识读和绘制工程图样的重要基础。

下篇　机械制图（二）

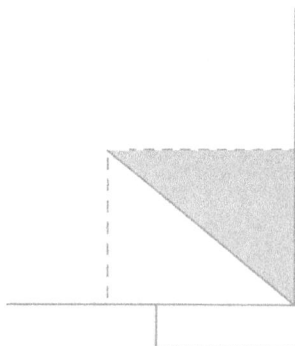

第 10 章 标准件与常用件

在机器或部件中，有许多起连接、定位、传动和支撑作用的零件，如螺钉、螺母、垫圈、键、销、轴承、弹簧、齿轮等。由于这些零件被广泛和频繁地使用，为了设计、制造和使用方便，国家标准规定将其中一些零件如螺钉、螺母、垫圈、键、销和轴承等的结构形状、尺寸、画法和标记完全标准化，称为标准件；有的零件如弹簧、齿轮等进行了部分的标准化，称为常用件。本章将分别介绍这些标准件和常用件。

10.1 螺 纹

10.1.1 螺纹的基本知识

1. 螺纹的形成

刀具在圆柱体或圆锥体工件表面上作螺旋线运动，其运动轨迹所形成的齿槽结构称为螺纹。在圆柱体(或圆锥体)外表面上形成的螺纹称为外螺纹，在圆柱体(或圆锥体)内表面上形成的螺纹称为内螺纹。螺纹凸起的顶端称为牙顶，沟槽的底部称为牙底。内、外螺纹成对使用。

螺纹的加工方法有多种，如车床加工、丝锥加工、滚压、挤制等，其中车床加工是最常见的一种，如图 10-1 所示。将工件卡在与车床主轴相连的卡盘上，使其随主轴作等速旋转，同时使车刀沿轴线方向作等速移动，当刀尖切入工件达到一定深度时，在工件表面上便车制出螺纹。车刀尖的形状不同，车制出的螺纹种类就不同。

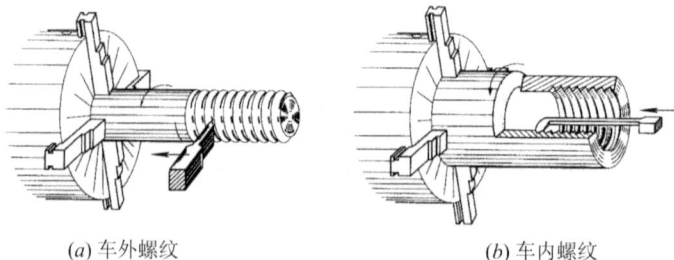

(a) 车外螺纹   (b) 车内螺纹

图 10-1 螺纹的加工

2. 螺纹的结构要素

螺纹有五大结构要素：牙型，直径，线数，螺距和导程，旋向。只有五大结构要素一致的内、外螺纹才能够旋合使用。

1）牙型

通过螺纹轴线剖切所得到的螺纹牙齿断面形状称为牙型。常见的牙型有三角形、梯形、矩形等。牙型代表螺纹种类，不同的牙型其用途不同。表 10-1 是几种常用标准螺纹的分类、牙型、特征代号、标准以及用途。

表 10-1　常用标准螺纹的分类、牙型、特征代号、标准以及用途

种　类			特征代号	标　准	牙型放大图	用　途
连接螺纹	普通螺纹	粗牙	M	GB/T 197—2018	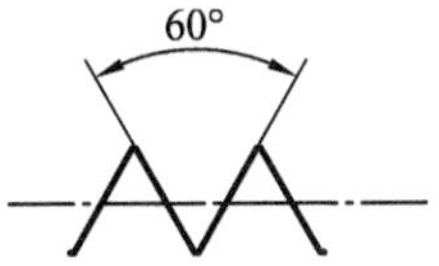	最常用的连接螺纹，一般多用粗牙。螺纹在相同的大径下，细牙螺纹的螺距较粗牙的小，切深较浅，多用于薄壁或紧密连接的零件
		细牙				
	管螺纹	55°密封管螺纹	Rc Rp R₁ R₂	GB/T 7306.1—2000，GB/T 7306.2—2000	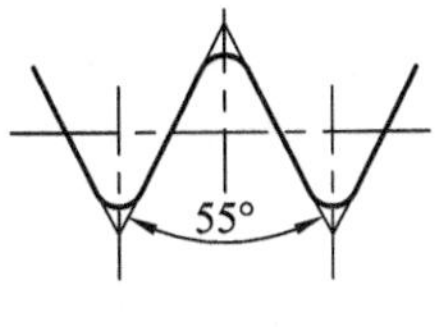	包括圆锥内螺纹(Rc)与圆锥外螺纹(R2)、圆柱内螺纹(Rp)与圆锥外螺纹(R1)两种连接形式，具有密封性，适用于管子、管接头、旋塞、阀门等
		55°非密封管螺纹	G	GB/T 7307—2001	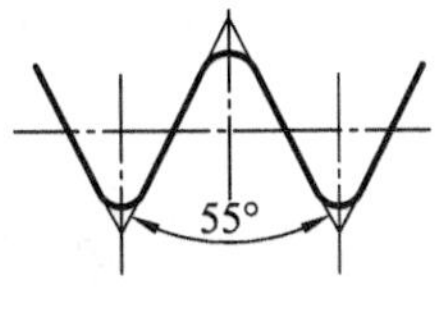	内、外螺纹都是圆柱管螺纹，螺纹本身不具有密封性，适用于管接头、旋塞、阀门等
传动螺纹	梯形螺纹		Tr	GB/T 5796.2—2022	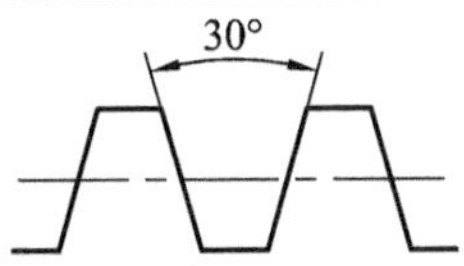	用于传递运动和动力，如机床丝杠、尾架丝杠等
	锯齿形螺纹		B	GB/T 13576.2—2008	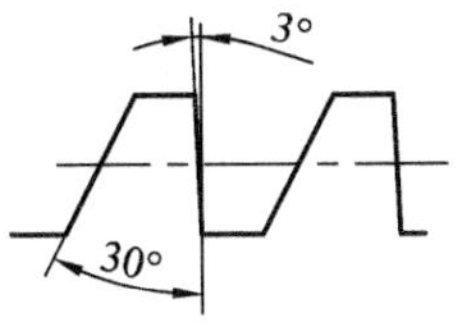	用于传递单向压力，如千斤顶螺杆

2）直径

如图 10-2 所示，螺纹的直径有大径、小径、中径和公称直径几种。

（1）大径：与外螺纹牙顶或内螺纹牙底相切的假想圆柱或圆锥的直径，外螺纹用 d 表

209

示，内螺纹用 D 表示。

（2）小径：与外螺纹牙底或内螺纹牙顶相切的假想圆柱或圆锥的直径，外螺纹用 d_1 表示，内螺纹用 D_1 表示。

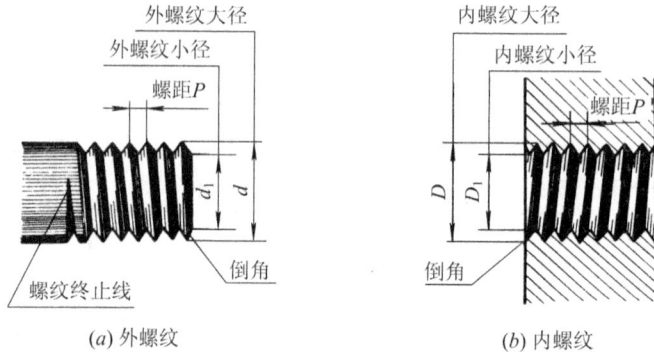

图 10-2　外螺纹直径

（3）中径：通过牙型上沟槽宽度和凸起宽度相等处的假想圆柱的直径，外螺纹用 d_2 表示，内螺纹用 D_2 表示。

（4）公称直径：螺纹的种类不同，公称直径代表的内容不同。普通螺纹的公称直径是指螺纹大径，梯形螺纹的公称直径是指外螺纹大径，管螺纹的公称直径是指内部的通孔直径。

3）线数

螺纹分为单线螺纹和多线螺纹，如图 10-3 所示。单线螺纹是指沿一条螺旋线形成的螺纹。多线螺纹是指沿两条或两条以上的螺旋线形成的螺纹。

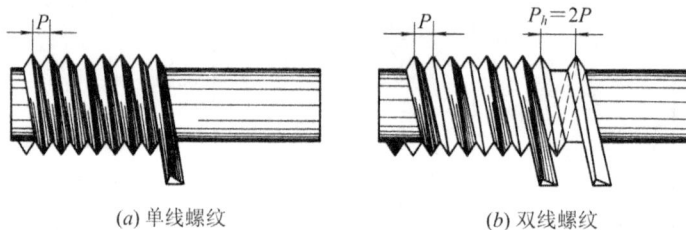

图 10-3　螺纹线数、导程和螺距

4）螺距和导程

螺距是指相邻两牙在中径线上对应两点之间的轴向距离，用 P 表示，如图 10-3 所示。导程是指同一螺旋线上的相邻两牙在中径线上对应两点间的轴向距离，用 P_h 表示，如图 10-3(b) 所示。单线螺纹的导程等于螺距，多线螺纹的导程等于线数乘螺距，如图 10-3(b) 为双线螺纹，其导程 $P_h=2P$。

5）旋向

螺纹分为右旋螺纹和左旋螺纹两种，如图 10-4 所示。内、外螺纹旋合时，顺时针旋入的称为右旋螺纹(用 RH 表示)，逆时针旋入的称为左旋螺纹(用 LH 表示)。工程上经常使用的是右旋螺纹。

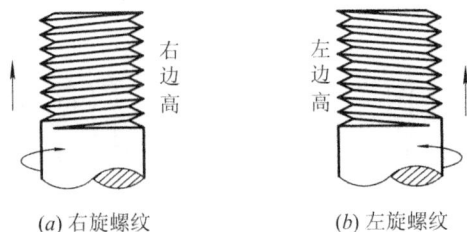

(a) 右旋螺纹　　　　　(b) 左旋螺纹

图 10 - 4　螺纹的旋向

3. 螺纹的工艺结构

1) 螺纹末端

为了方便旋合并防止螺纹端部损坏，通常在螺纹末端车制出倒角或球面形的倒圆，如图 10 - 5 所示。

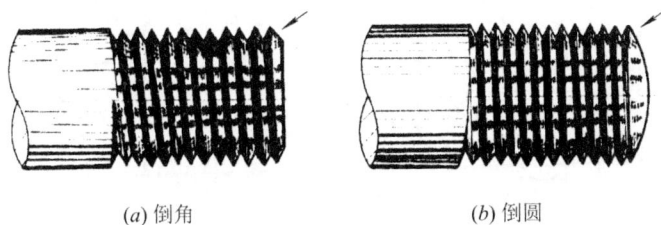

(a) 倒角　　　　　　　　(b) 倒圆

图 10 - 5　倒角和倒圆

2) 螺纹收尾和退刀槽

(1) 螺纹收尾：当快要加工到螺纹终止处时，刀具由深到浅逐渐离开工件，由此所形成的一段不完整牙型的螺纹(图 10 - 6(a))。螺纹收尾属于无效螺纹。

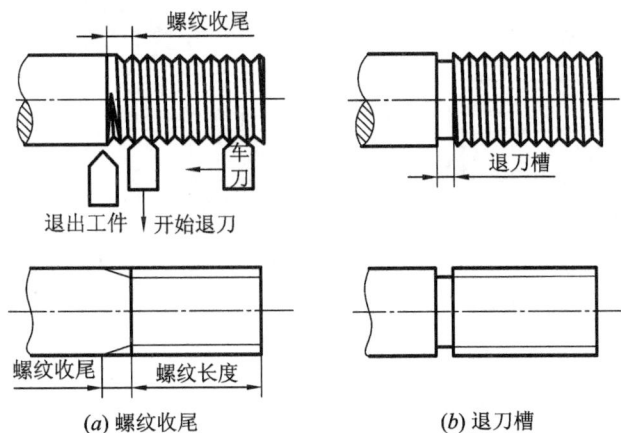

(a) 螺纹收尾　　　　　　(b) 退刀槽

图 10 - 6　螺纹收尾与退刀槽

(2) 退刀槽：为避免出现螺纹收尾，预先在螺纹终止处加工出一个用于刀具退出的槽(图 10 - 6(b))。退刀槽的两个端部通常都要倒圆，以避免应力集中。

以上工艺结构存在于内、外螺纹中，其参数值与螺纹的结构要素有关(表 10 - 2)。

表 10-2 普通螺纹的工艺结构参数值(摘自 GB/T 3—1997) (单位：mm)

螺距 P	外螺纹 收尾 x (max) 一般	外螺纹 收尾 x (max) 短的	肩距 a (max) 一般	肩距 a (max) 长的	肩距 a (max) 短的	退刀槽 g₂ (max)	退刀槽 g₁ (min)	退刀槽 r≈	退刀槽 d_g	内螺纹 收尾 X (max) 一般	内螺纹 收尾 X (max) 短的	肩距 A 一般	肩距 A 长的	退刀槽 G₁ 一般	退刀槽 G₁ 短的	退刀槽 R≈	D_g
0.2	0.5	0.25	0.6	0.8	0.4					0.8	0.4	1.2	1.6				
0.25	0.6	0.3	0.75	1	0.5	0.75	0.4	0.12	$d-0.4$	1	0.5	1.5	2				
0.3	0.75	0.4	0.9	1.2	0.6	0.9	0.5	0.16	$d-0.5$	1.2	0.6	1.8	2.4				
0.35	0.9	0.45	1.05	1.4	0.7	1.05	0.6	0.16	$d-0.6$	1.4	0.7	2.2	2.8				
0.4	1	0.5	1.2	1.6	0.8	1.2	0.6		$d-0.7$	1.6	0.8	2.5	3.2				
0.45	1.1	0.6	1.35	1.8	0.9	1.35	0.7	0.2	$d-0.7$	1.8	0.9	2.8	3.6				$D+0.3$
0.5	1.25	0.7	1.5	2	1	1.5	0.8	0.2	$d-0.8$	2	1	3	4	2	1	0.2	
0.6	1.5	0.75	1.8	2.4	1.2	1.8	0.9	0.4	$d-1$	2.4	1.2	3.2	4.8	2.4	1.2	0.3	
0.7	1.75	0.9	2.1	2.8	1.4	2.1	1.1	0.4	$d-1.1$	2.8	1.4	3.5	5.6	2.8	1.4	0.4	
0.75	1.9	1	2.25	3	1.5	2.25	1.2	0.4	$d-1.2$	3	1.5	3.8	6	3	1.5	0.4	
0.8	2	1	2.4	3.2	1.6	2.4	1.3	0.4	$d-1.3$	3.2	1.6	4	6.4	3.2	1.6	0.4	

螺距 P	外螺纹									内螺纹							
	收尾 x (max)		肩距 a (max)			退刀槽				收尾 X (max)		肩距 A		退刀槽			
						g_2 (max)	g_1 (min)	$r\approx$	d_g					G_1		$R\approx$	D_g
	一般	短的	一般	长的	短的					一般	短的	一般	长的	一般	短的		
1	2.5	1.25	3	4	2	3	1.6	0.6	$d-1.6$	4	2	5	8	4	2	0.5	
1.25	3.2	1.6	4	5	2.5	3.75	2	0.6	$d-2$	5	2.5	6	10	5	2.5	0.6	
1.5	3.8	1.9	4.5	6	3	4.5	2.5	0.8	$d-2.3$	6	3	7	12	6	3	0.8	
1.75	4.3	2.2	5.3	7	3.5	5.25	3	1	$d-2.6$	7	3.5	9	14	7	3.5	0.9	
2	5	2.5	6	8	4	6	3.4	1	$d-3$	8	4	10	16	8	4	1	
2.5	6.3	3.2	7.5	10	5	7.5	4.4	1.2	$d-3.6$	10	5	12	18	10	5	1.2	$D+0.5$
3	7.5	3.8	9	12	6	9	5.2	1.6	$d-4.4$	12	6	14	22	12	6	1.5	
3.5	9	4.5	10.5	14	7	10.5	6.2	1.6	$d-5$	14	7	16	24	14	7	1.8	
4	10	5	12	16	8	12	7	2	$d-5.7$	16	8	18	26	16	8	2	
4.5	11	5.5	13.5	18	9	13.5	8	2.5	$d-6.4$	18	9	21	29	18	9	2.2	
5	12.5	6.3	15	20	10	15		2.5	$d-7$	20	10	23	32	20	10	2.5	
5.5	14	7	16.5	22	11	17.5	11	3.2	$d-7.7$	22	11	25	35	22	11	2.8	
6	15	7.5	18	24	12	18	11	3.2	$d-8.3$	24	12	28	28	24	12	3	

10.1.2 螺纹的种类

螺纹的分类方法较多，最常见的是按照螺纹的用途来分：

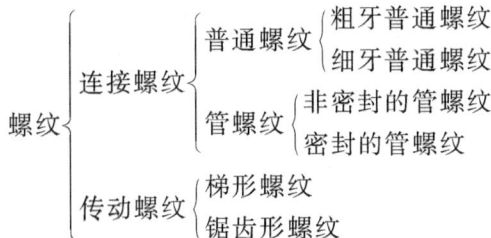

$$
螺纹 \begin{cases} 连接螺纹 \begin{cases} 普通螺纹 \begin{cases} 粗牙普通螺纹 \\ 细牙普通螺纹 \end{cases} \\ 管螺纹 \begin{cases} 非密封的管螺纹 \\ 密封的管螺纹 \end{cases} \end{cases} \\ 传动螺纹 \begin{cases} 梯形螺纹 \\ 锯齿形螺纹 \end{cases} \end{cases}
$$

螺纹也可以按照基本要素的标准化程度分为标准螺纹、特殊螺纹、非标准螺纹。其中：螺纹的牙型、公称直径和螺距都符合标准的称为标准螺纹，如普通螺纹、梯形螺纹、圆柱管螺纹等；牙型符合标准，而大径、螺距不符合标准的称为特殊螺纹；牙型不符合标准的称为非标准螺纹，如矩形螺纹。

无论连接螺纹或传动螺纹，在使用时大多选用标准螺纹。下面介绍几种常用的标准螺纹。

1. 普通螺纹

普通螺纹是常用的连接螺纹，特征代号为 M，其基本尺寸见表 10-3。

同一公称直径的普通螺纹对应多个螺距，其中螺距最大的螺纹称为粗牙螺纹，其余称为细牙螺纹。粗牙螺纹连接强度较好，多用于紧固连接；细牙螺纹的螺距小，有较好的密封性和微调性，多用于细小的精密零件和薄壁零件的连接。标注时，粗牙螺纹不标注螺距，细牙螺纹须注出螺距。

表 10 - 3　普通螺纹的基本尺寸(摘自 GB/T 196—2003)　　　(单位：mm)

公称直径 (大径) D、d	螺距 P	中径 D_2、d_2	小径 D_1、d_1	公称直径 (大径) D、d	螺距 P	中径 D_2、d_2	小径 D_1、d_1
4	0.7	3.545	3.242	16	2	14.701	13.835
	0.5	3.675	3.459		1.5	15.026	14.376
5	0.8	4.480	4.134		1	15.350	14.917
	0.5	4.675	4.459	20	2.5	18.376	17.294
6	1	5.350	4.917		2	18.701	17.835
	0.75	5.513	5.188		1.5	19.026	18.376
8	1.25	7.188	6.647		1	19.350	18.917
	1	7.350	6.917	24	3	22.051	20.752
	0.75	7.513	7.188		2	22.701	21.835
10	1.5	9.026	8.376		1.5	23.026	22.376
	1.25	9.188	8.647		1	23.350	22.917
	1	9.350	8.917	30	3.5	27.727	26.211
	0.75	9.513	9.188		3	28.051	26.752
12	1.75	10.863	10.106		2	28.701	27.835
	1.5	11.026	10.376		1.5	29.026	28.376
	1.25	11.188	10.647		1	29.350	28.917
	1	11.350	10.917				

2. 管螺纹

管螺纹常用于水管、油管、气管等的管道连接中，属英制螺纹。管螺纹有以下两种类型。

1) 非密封的管螺纹

非密封的管螺纹的特征代号为 G,见表 10 - 1。其内、外螺纹均为圆柱螺纹,内、外螺纹旋合后本身无密封能力,常用于电线管等不需要密封的管路系统中。若加上密封结构后,密封性能好,可用于具有高压力的管路系统。55°非密封的管螺纹基本尺寸见表 10 - 4。

2) 密封的管螺纹

密封的管螺纹的特征代号有三种：圆锥内螺纹 Rc,圆锥外螺纹(R_1 和 R_2),圆柱内螺纹 Rp,见表 10 - 1。这种螺纹的连接形式有圆锥外螺纹(R_2)与圆锥内螺纹(Rc)旋合连接,圆柱内螺纹(Rp)与圆锥外螺纹(R_1)旋合连接。此连接在内、外螺纹旋合后具有密封能力,常用于日常生活中的水管、煤气管、润滑油管等的连接。

表 10 - 4　55°非密封的管螺纹基本尺寸(摘自 GB/T 7307—2001)

尺寸代号	每 25.4 mm 内的牙数 n	螺距 P/mm	螺纹直径/mm	
			大径 D, d	小径 D₁, d₁
1/8	28	0.907	9.728	8.566
1/4	19	1.337	13.157	11.445
3/8	19	1.337	16.662	14.950
1/2	14	1.814	20.955	18.631
5/8	14	1.814	22.911	20.587
3/4	14	1.814	26.441	24.117
7/8	14	1.814	30.201	27.877
1	11	2.309	33.249	30.291
1 1/8	11	2.309	37.897	34.939
1 1/4	11	2.309	41.910	38.952
1 1/2	11	2.309	47.803	44.845
1 3/4	11	2.309	53.746	50.788
2	11	2.309	59.614	56.656
2 1/4	11	2.309	65.710	62.752
2 1/2	11	2.309	75.184	72.226
2 3/4	11	2.309	81.534	78.576
3	11	2.309	87.884	84.926

3. 梯形螺纹

梯形螺纹用来传递运动和动力,特征代号为 Tr,见表 10 - 1。

为了保证传动的灵活性,内、外螺纹旋合后应留有一定的径向间隙,因此梯形螺纹中内、外螺纹的中径相同($d_2 = D_2$)。梯形螺纹的基本尺寸见表 10 - 5。

表 10 − 5　梯形螺纹基本尺寸(摘自 GB/T 5796.2—2022 和 GB/T 5796.3—2022)

（单位：mm）

公称直径 d 第1系列	第2系列	螺距 P	中径 $d_2=D_2$	大径 D_4	小径 d_3	小径 D_1	公称直径 d 第1系列	第2系列	螺距 P	中径 $d_2=D_2$	大径 D_4	小径 d_3	小径 D_1
8		1.5	7.25	8.30	6.20	6.50		26	3	24.50	26.50	22.50	23.00
	9	1.5	8.25	9.30	7.20	7.50		26	5	23.50	26.50	20.50	21.00
	9	2	8.00	9.50	6.50	7.00		26	8	22.00	27.00	17.00	18.00
10		1.5	9.25	10.30	8.20	8.50	28		3	26.50	28.50	24.50	25.00
10		2	9.00	10.50	7.50	8.00	28		5	25.50	28.60	22.50	23.00
	11	2	10.00	11.50	8.50	9.00	28		8	24.00	29.00	19.00	20.00
	11	3	9.50	11.50	7.50	8.00	30		3	28.50	30.50	26.50	29.00
12		2	11.00	12.50	9.50	10.00	30		6	27.00	31.00	23.00	24.00
12		3	10.50	12.50	8.50	9.00	30		10	25.00	31.00	19.00	20.00
	14	2	13.00	14.50	11.50	12.00	32		3	30.50	32.50	28.50	29.00
	14	3	12.00	14.50	10.50	11.00	32		6	29.00	33.00	25.00	26.00
16		2	15.00	16.50	13.50	14.00	32		10	27.00	33.00	21.00	22.00
16		4	14.00	16.50	11.50	12.00		34	3	32.50	34.50	30.50	31.00
	18	2	17.00	18.50	15.50	16.00		34	6	31.00	35.00	27.00	28.00
	18	4	16.00	18.50	13.50	14.00		34	10	29.00	35.00	23.00	24.00
20		2	19.00	20.50	17.50	18.00	36		3	34.50	36.50	32.50	33.00
20		4	18.00	20.50	15.50	16.00	36		6	33.00	37.00	29.00	30.00
	22	3	20.50	22.50	18.50	19.00	36		10	31.00	37.00	25.00	26.00
	22	5	19.50	22.50	16.50	17.00		38	3	36.50	38.50	34.50	35.00
	22	8	18.00	23.00	13.00	14.00		38	7	34.50	39.00	30.00	31.00
24		3	22.50	24.50	20.50	21.00		38	10	33.00	39.00	27.00	28.00
24		5	21.50	24.50	18.50	19.00	40		3	38.50	40.05	36.50	37.00
24		8	20.00	25.00	15.00	16.00	40		7	36.50	41.00	32.00	33.00
							40		10	35.00	41.00	29.00	30.00

注：优先选用第 1 系列直径，其次选用第 2 系列直径，第 3 系列直径未列入。

10.1.3　螺纹的规定画法

绘制螺纹的真实投影非常烦琐，也没有实际意义，因此国家标准《机械制图　螺纹及螺纹紧固件表示法》(GB/T 4459.1—1995)对螺纹的画法作了统一规定。

1. 单个螺纹的画法

1) 外螺纹

(1) 在投影为非圆的视图上，螺纹牙顶（大径）画成粗实线；牙底（小径）画成细实线，牙底线即小径的尺寸从螺纹的基本尺寸表中查得，通常按约等于大径的 0.85 倍画出，且牙底线应画入螺纹端部的倒角或倒圆部分；螺纹终止线画成粗实线，如图 10-7(a) 所示。螺纹倒角或倒圆的投影应画出。

在剖视图中，螺纹终止线画成粗实线，只画出牙顶到牙底之间的部分；剖面线应画至粗实线（图 10-7(b)）。

(2) 在垂直于螺纹轴线投影为圆的视图中，牙顶圆画成粗实线，牙底圆只画约 3/4 圈的细实线圆弧，倒角圆省略不画，如图 10-7 所示。

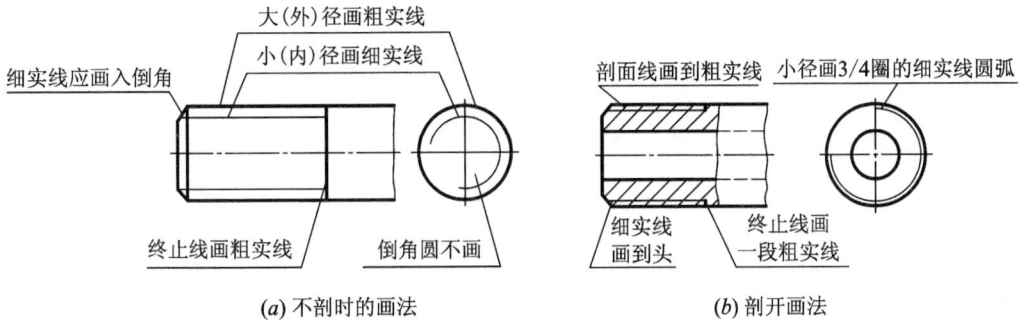

(a) 不剖时的画法　　　　　　　　(b) 剖开画法

图 10-7　外螺纹的规定画法

2）内螺纹

(1) 在剖视图中，投影为非圆的视图上，牙顶线（小径）画成粗实线，牙底线（大径）画成细实线，螺纹终止线画成粗实线，剖面线应画至粗实线，如图 10-8(a) 所示；在未使用剖视的螺纹视图中，所有图线均按细虚线绘制，如图 10-8(b) 所示。

(2) 在垂直于内螺纹轴线投影为圆的视图中，牙顶圆画成粗实线，牙底圆画成 3/4 圈的细实线圆弧，倒角圆省略不画，如图 10-8 所示。

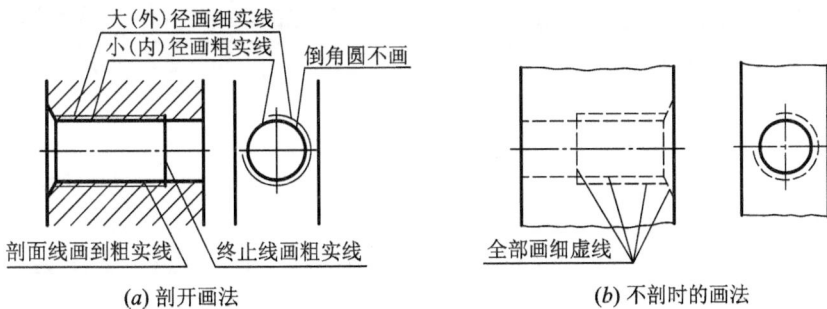

(a) 剖开画法　　　　　　　　(b) 不剖时的画法

图 10-8　内螺纹的规定画法

3）其他规定画法

(1) 螺尾部分一般不必画出，当需要表示螺尾时，该部分用与轴线成 30° 的细实线绘制，如图 10-9 所示。

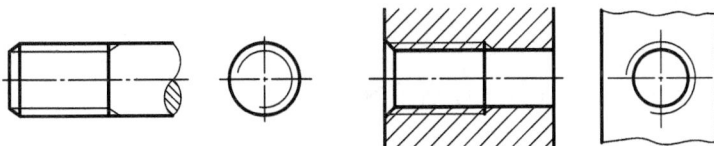

图 10-9　螺尾的画法

（2）螺孔与螺孔、螺纹与孔相交的画法，在钻孔处仍画出相贯线，如图 10 - 10 所示。

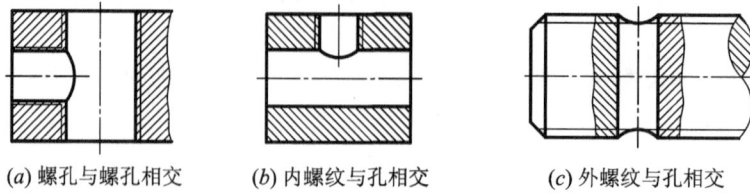

(a) 螺孔与螺孔相交　　(b) 内螺纹与孔相交　　(c) 外螺纹与孔相交

图 10 - 10　螺孔与螺孔、螺纹与孔相交的画法

（3）圆锥的内、外螺纹，在投影为圆的视图上，不可见端的牙底圆省略不画。当牙顶圆的投影为细虚线圆时，也可省略不画。

（4）对于非标准螺纹，如果需要表示牙型，可采用局部放大图的方法，如图 10 - 21 所示。

2. 内、外螺纹旋合画法

绘制内、外螺纹的旋合视图时，应遵循以下规定（图 10 - 11）：

（1）内、外螺纹的旋合部分按外螺纹画，其余部分仍按各自的规定画法画。

（2）内螺纹的牙顶、牙底线与外螺纹的牙底、牙顶线应分别对齐，与外螺纹倒角无关。

（3）在平行于轴线的剖视图中，如果剖切平面是沿对称轴线剖切的，则实心的外螺纹可按不剖画出，如图 10 - 11(a)所示；若内、外螺纹均按剖开绘制，则内、外螺纹的剖面线按相反方向画出，且均画至各自的粗实线，如图 10 - 11(b)所示。

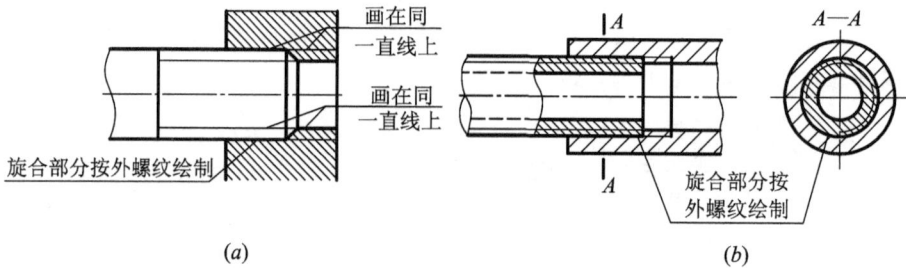

图 10 - 11　螺纹旋合的规定画法

（4）在不剖的视图上，外螺纹的牙顶线、牙底线、螺纹终止线均画成细虚线。

10.1.4　螺纹的规定标记及标注

国标规定了各种螺纹的规定标记，从规定标记可了解该螺纹的种类、公称直径等结构要素以及制造精度等。

1. 螺纹的规定标记

1）普通螺纹

普通螺纹的规定标记由图 10 - 12 所示内容组成。

（1）螺纹代号：由普通螺纹的特征代号 M、公称直径×螺距、旋向代号三部分组成。粗牙普通螺纹不标注螺距。螺纹为右旋时，不标记旋向；为左旋时，标注出"LH"。

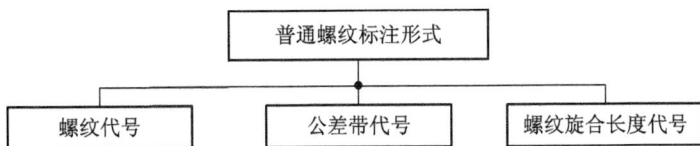

图 10 - 12　普通螺纹的规定标记

(2) 公差带代号：由代表公差等级的数字和代表公差带位置的字母组成，大写字母表示内螺纹，小写字母表示外螺纹。公差带代号是指螺纹的中径公差带和顶径(指外螺纹大径和内螺纹小径)公差带代号。如果中径公差带与顶径公差带代号相同，则标注一个代号。

(3) 螺纹旋合长度代号：分短(S)、中(N)、长(L)三组。中等旋合长度 N 在规定标记中省略不标。

【例 10 - 1】　普通螺纹的规定标记如图 10 - 13 所示。

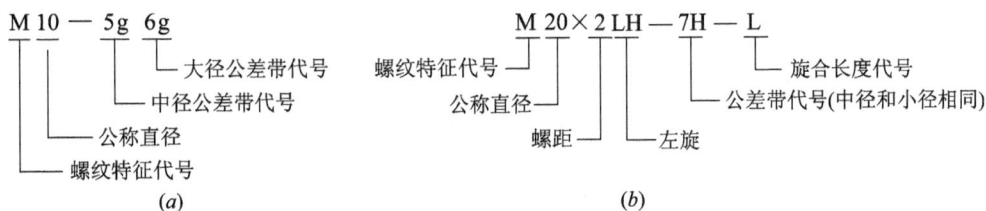

图 10 - 13　普通螺纹的标记

由上述规定标记可知：图 10 - 13(a)表示该螺纹为粗牙普通外螺纹，公称直径为 10 mm，右旋，中径公差带为 5g，大径公差带为 6g，旋合长度为 N 组；图 10 - 13(b)表示螺纹为细牙普通内螺纹，公称直径为 20 mm，螺距为 2 mm，左旋，中径、小径公差带皆为 7H，旋合长度为 L 组。

2) 管螺纹

(1) 非密封的圆柱管螺纹的规定标记由图 10 - 14 所示内容组成。

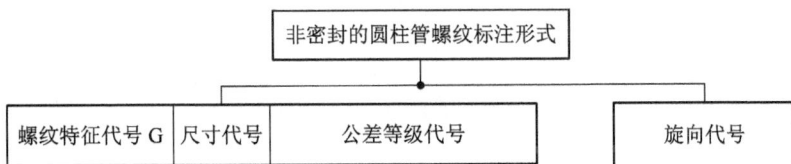

图 10 - 14　非密封的圆柱管螺纹的规定标记

圆柱管螺纹特征代号用字母 G 表示。

尺寸代号指外螺纹管子的孔径，即公称直径。

公差等级因内、外螺纹而不同。其中：外螺纹分 A、B 两级；因内螺纹只有一种，故不标记公差等级。

螺纹为右旋时，省略标记；为左旋时，标注出"LH"。

【例 10 - 2】　管螺纹的规定标记如图 10 - 15 所示。

图 10 - 15(a)表示该螺纹为非密封的圆柱内管螺纹，尺寸代号为 1 英寸，右旋；图 10 - 15(b)表示圆柱外管螺纹，尺寸代号为 1 英寸，公差等级为 A 级，左旋。

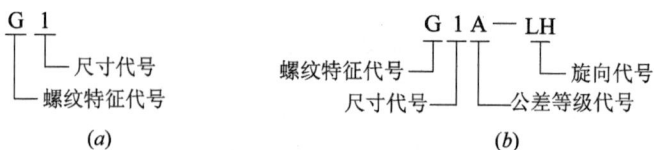

图 10-15 管螺纹的规定标记

(2) 密封的管螺纹的规定标记由螺纹特征代号(圆锥内螺纹 Rc,圆锥外螺纹 R₁ 和 R₂,圆柱内螺纹 Rp)、尺寸代号、旋向代号组成。

【例 10-3】 R₁ 1/2 表示密封的圆锥外管螺纹,尺寸代号为 1/2 英寸,右旋。

Rc 3/4-LH 表示密封的圆锥内管螺纹,尺寸代号为 3/4 英寸,左旋。

3) 梯形螺纹

梯形螺纹的规定标记由图 10-16 所示内容组成。

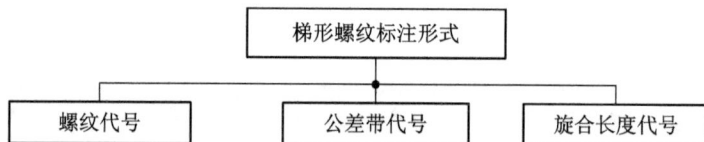

图 10-16 梯形螺纹的规定标记

(1) 螺纹代号:由特征代号 Tr、公称直径(外螺纹大径)×螺距(导程)、旋向代号三部分组成。螺纹为右旋时,省略标记;为左旋时,标注出"LH"。

(2) 公差带代号:代表内、外螺纹的中径公差带代号。

(3) 旋合长度代号:分中(N)、长(L)两组。中(N)旋合长度省略标注。

【例 10-4】 梯形螺纹的规定标记如图 10-17 所示。

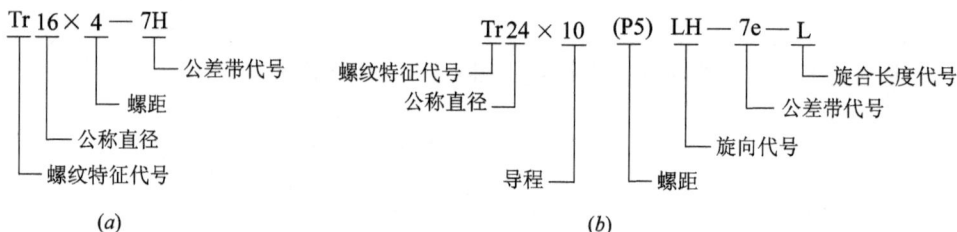

图 10-17 梯形螺纹的规定标记

图 10-17(a)表示该螺纹为单线梯形内螺纹,公称直径为 16 mm,螺距为 4 mm,右旋,中径公差带代号为 7H,旋合长度为 N 组;图 10-17(b)表示螺纹为双线梯形外螺纹,公称直径为 24 mm,导程为 10 mm,螺距为 5 mm,左旋,中径公差带代号为 7e,旋合长度为 L 组。

2. 螺纹在图样中的标注

1) 单个螺纹的标注

(1) 公制螺纹(如普通螺纹、梯形螺纹)是将其规定标记标注在螺纹的大径上,如图 10-18 所示。

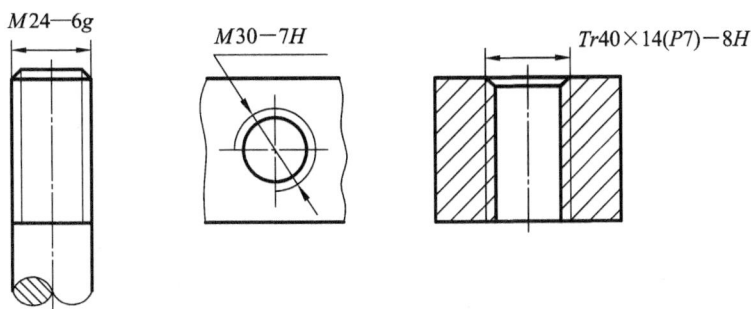

图 10-18　公制螺纹的标注

（2）英制螺纹（密封的管螺纹、非密封的管螺纹）是将其规定标记从螺纹大径上用指引线引出标注，如图 10-19 所示。

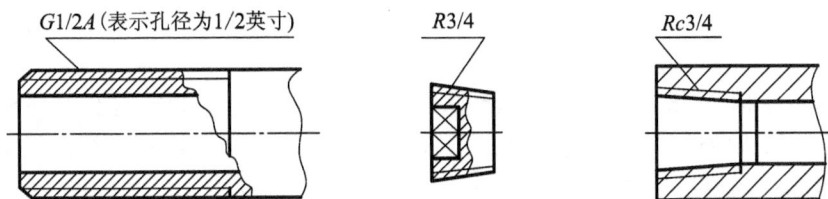

图 10-19　管螺纹的标注

（3）特殊螺纹的标注如图 10-20 所示。非标准螺纹则必须画出牙型，并标注出与结构有关的全部尺寸，如图 10-21 所示。

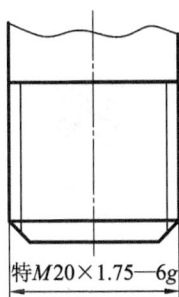

图 10-20　特殊螺纹的标注

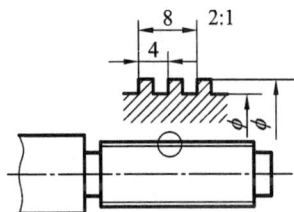

图 10-21　非标准螺纹的标注

2）连接螺纹的标注

（1）公制螺纹（如普通螺纹、梯形螺纹）是将旋合代号标注在内、外螺纹旋合部分的螺纹大径上，如图 10-22 所示。旋合代号（M14—6H/6g）由公称直径，内、外螺纹的公差带代号组成，其中内螺纹在前，外螺纹在后，其间用斜杠隔开。

（2）管螺纹要求将内、外螺纹的标记都注出，且用斜线分开，其中内螺纹在前，外螺纹在后。其标注形式如图 10-23 所示。

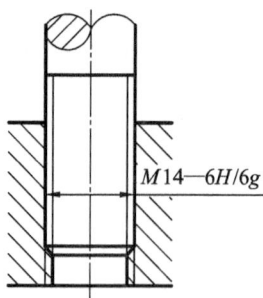

图 10 - 22 旋合螺纹的标注

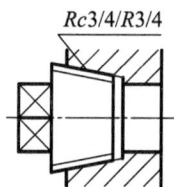

图 10 - 23 旋合管螺纹的标注

10.2 螺纹紧固件及其连接画法

螺纹紧固件是利用螺纹起连接或紧固作用的一类零件，也称为螺纹连接件。螺纹紧固件的种类很多，常用的有螺栓、螺钉、双头螺柱、垫圈、螺母，如图 10 - 24 所示。国家标准对这类零件的结构、型式、尺寸和技术要求等都作了统一规定，因此这类零件被称为标准件。在机器和仪表中选用这些标准件时，不必绘制其零件图，只需写出规定标记。设计中根据螺纹紧固件的规定标记在相应的标准手册中即可查出其相关尺寸。用户根据需要，按照名称、代号等就可直接购买所需螺纹紧固件。

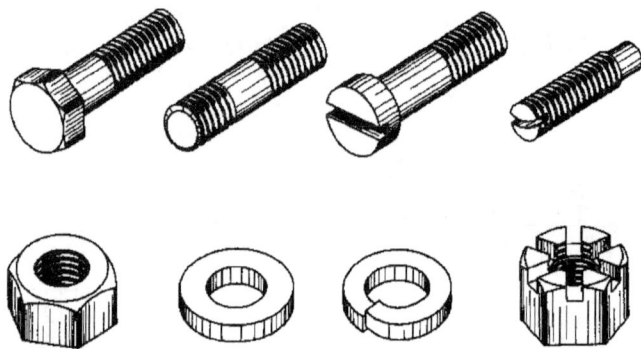

图 10 - 24 螺纹紧固件

10.2.1 螺纹紧固件的规定标记、尺寸及用途

GB/T 1237—2000 规定了螺纹紧固件的标记方法。完整标记的内容及排列顺序如下：

名称 标准编号 螺纹规格或公称尺寸×其他直径或特性(必要时)×公称长度(必要时)×螺纹长度或杆长(必要时)-产品型式(必要时)-性能等级或硬度或材料-产品等级(必要时)-扳拧型式(必要时，如十字槽型式)-表面处理(必要时)

在不致引起误解或混乱的前提下，上述标记可简化。其中，省略年代号的标准应以现行标准为准。

1. 螺栓

螺栓用来连接或固定两个不太厚的零件。螺栓由带有螺纹的圆柱杆和头部组成，按其头部形状可分为六角头螺栓、方头螺栓等，其中六角头螺栓应用最广。根据加工质量，螺栓的产品分为 A、B、C 三个等级，其中 A 级最精确（省略标记），C 级最不精确。

螺栓的规定标记示例：

螺栓 GB/T 5782—2000 M12×55　表示 A 级六角头螺栓，粗牙螺纹，螺纹规格 $d=$M12，公称长度 $l=55$ mm。

常用的六角头螺栓 A 级和 B 级（GB/T 5782—2016）的有关尺寸见表 10-6。

表 10-6　六角头螺栓（摘自 GB/T 5782—2016）　（单位：mm）

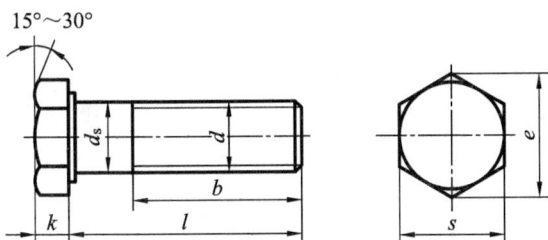

标记示例

螺栓 GB/T 5782—2016 M10×40（螺纹规格 $d=$M10、公称长度 $l=40$ mm、性能等级为 8.8 级、表面氧化、A 级的六角头螺栓）

螺纹规格 d	d_s 公称=max	e A	e B	k 公称	s 公称=max	b 参考 $l\leqslant125$	b 参考 $125\leqslant l\leqslant200$	b 参考 $l>200$	公称长度 l
M3	3	6.01	5.88	2	5.5	12	18	31	20~30
M4	4	7.66	7.50	2.8	7	14	20	33	25~40
M5	5	8.79	8.63	3.5	8	16	22	35	25~50
M6	6	11.04	10.89	4	10	18	24	37	30~60
M8	8	14.38	14.20	5.3	13	22	28	41	40~80
M10	10	17.77	17.59	6.4	16	26	32	45	45~100
M12	12	20.03	19.85	7.5	18	30	36	49	50~120
M16	16	26.75	26.17	10	24	38	44	57	65~160

长度 l 系列：20，25，30，35，40，45，50，55，60，65，70，80，90，100，110，120，130，140，150，160，180，200，…

注：A 级用于 $d\leqslant24$ mm 和 $l\leqslant10d$ 或 $l\leqslant150$ mm 的螺栓；B 级用于 $d>24$ mm 和 $l>10d$ 或 $l>150$ mm 的螺栓。

2. 双头螺柱

双头螺柱用来连接或固定一个较厚、一个相对较薄的两个零件。双头螺柱的圆柱杆部两端都制有螺纹，如表 10-7 所示，其中 b_m 端旋入其中较厚零件的螺孔中，称为旋入端；b 端穿过较薄零件的通孔与螺母旋合，称为紧固端。根据国家标准规定，旋入端的螺纹长度 b_m 由被旋入的零件的材料强度确定，相应标准如下：

当零件材料是钢或青铜时，$b_m=1d$（GB/T 897—1988）；

当零件材料是铸铁时，$b_m=1.25d$（GB/T 898—1988）；

当零件材料强度在铸铁与铝之间时，$b_m=1.5d$（GB/T 899—1988）；

当零件材料是纯铝时，$b_m=2d$（GB/T 900—1988）。

双头螺柱的规定标记示例：

双头螺柱 GB/T 897—1988 M16×80　表示两端均为粗牙普通螺纹的双头螺柱，螺纹规格 $d=M16$，公称长度 $l=80$ mm，B 型，$b_m=1d$。

双头螺柱 GB/T 898—1988-A M10×1×50　表示旋入端为普通粗牙螺纹，紧固端为螺距 $P=1$ mm 的细牙普通螺纹，螺纹规格 $d=M10$，公称长度 $l=50$ mm，A 型，$b_m=1.25d$。

常用的双头螺柱尺寸如表 10-7 所示。

表 10-7　双头螺柱(摘自 GB/T 897—1988～GB/T 900—1988)

（单位：mm）

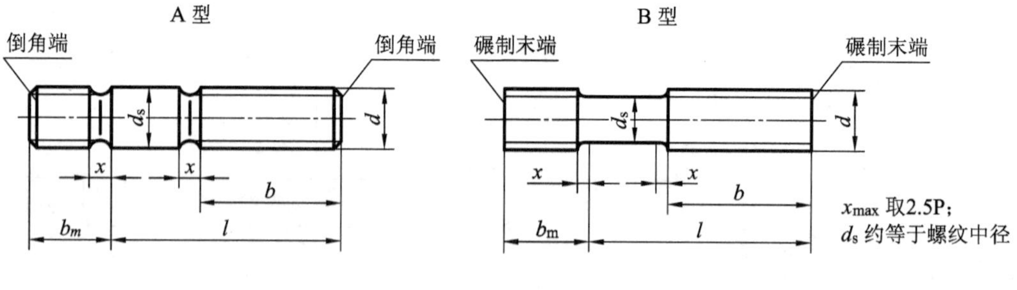

螺纹规格 d	b_m(公称)				l/b
	GB/T 897 $b_m=1d$	GB/T 898 $b_m=1.25d$	GB/T 899 $b_m=1.5d$	GB/T 900 $b_m=2d$	
$M3$			4.5	6	16～20/6，22～40/12
$M4$			6	8	16～22/8，25～40/14
$M5$	5	6	8	10	16～22/10，25～50/16
$M6$	6	8	10	12	20～22/10，25～30/14，32～75/18
$M8$	8	10	12	16	20～22/12，25～30/16，32～90/22
$M10$	10	12	15	20	25～28/14，30～38/16，40～120/26
$M12$	12	15	18	24	25～30/16，32～40/20，45～120/30
$M16$	16	20	24	32	30～38/20，40～55/30，60～120/38
$M20$	20	25	30	40	35～40/25，45～65/35，70～120/46
$M24$	24	30	36	48	45～50/30，55～75/45，80～120/54
长度 l 系列：16，(18)，20，(22)，25，(28)，30，(32)，35，(38)，40，45，50，(55)，60，(65)，70，(75)，80，(85)，90，(95)，100，110，120					

注：尽可能不采用括号内的规格。

3. 螺钉

螺钉按用途分为连接螺钉和紧定螺钉两类。

1）连接螺钉

连接螺钉用来连接两个零件。连接螺钉由制有螺纹的杆部和头部组成，按其头部形状的不同可分为开槽盘头螺钉、开槽圆柱头螺钉、开槽沉头螺钉、内六角头螺钉等。

螺钉的规定标记示例：

螺钉 GB/T 68—2016 M10×35　表示粗牙普通螺纹的开槽沉头螺钉，螺纹规格 d=M10，公称长度 l=35 mm。

螺钉 GB/T 75—2018 M6×12　表示粗牙普通螺纹的开槽圆柱端紧定螺钉，螺纹规格 d=M6，公称长度 l=12 mm。

表 10-8 和表 10-9 分别为常用的开槽圆柱头螺钉、开槽沉头螺钉的部分尺寸列表。

表 10-8　开槽圆柱头螺钉(摘自 GB/T 65—2016)　　　(单位：mm)

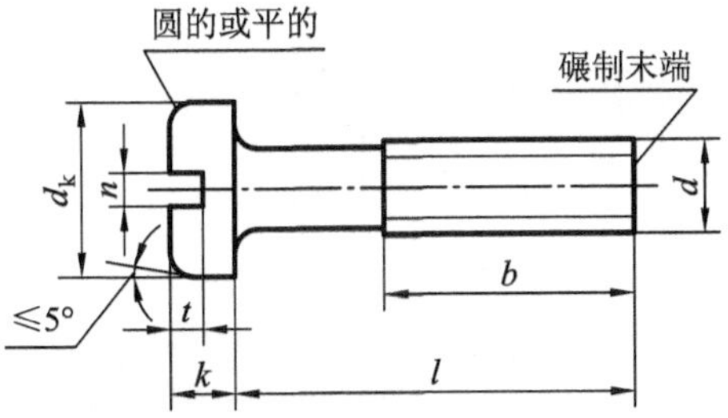

标记示例

螺钉 GB/T 65—2016 $M5$×20(螺纹规格为 $M5$、公称长度为 20、性能等级为 4.8 级、表面不经处理的 A 级开槽圆柱头螺钉)

螺纹规格 d	b(min)	d_k (公称=max)	k (公称=MAX)	n (公称)	t(min)	l
M1.6	25	3.0	1.1	0.4	0.45	2～16
M2	25	3.8	1.4	0.5	0.6	3～20
M2.5	25	4.5	1.8	0.6	0.7	3～25
M3	25	5.5	2	0.8	0.85	4～30
(M3.5)	38	6	2.4	1	1	5～35
M4	38	7	2.6	1.2	1.1	5～40
M5	38	8.5	3.3	1.2	1.3	6～50
M6	38	10	3.9	1.6	1.6	8～60
M8	38	13	5	2	2	10～80
M10	38	16	6	2.5	2.4	12～80

长度 l 系列：5，6，8，10，12，(14)，16，20，25，30，35，40，45，50，(55)，60，(65)，70，(75)，80

注：① 尽可能不采用括号内的规格。

② M1.6～M3 且公称长度在 30 mm 以内的螺钉，制出全螺纹；M4～M10 且公称长度在 40 mm 以内的螺钉，制出全螺纹。

表 10-9 开槽沉头螺钉(摘自 GB/T 68—2016) （单位：mm）

标记示例

螺钉 GB/T 68—2016 M10×50（螺纹规格 d＝M10、公称长度 l＝50 mm、性能等级为 4.8 级、表面不经处理的开槽沉头螺钉）

无螺纹部分杆径≈中径或＝螺纹大径

螺纹规格 d	d_k 理论值 max	k 公称＝max	n 公称	t max	r max	l	b min
M3	6.3	1.65	0.8	0.85	0.8	5～30	
M4	9.4	2.7	1.2	1.3	1	6～40	$l \leq 45$ 时，为全螺纹；$l > 45$ 时，b＝38
M5	10.4	2.7	1.2	1.4	1.3	8～50	
M6	12.6	3.3	1.6	1.6	1.5	8～60	
M8	17.3	4.65	2	2.3	2	10～80	
M10	20	6	2.5	2.6	2.5	12～80	

长度 l 系列：4,5,6,8,10,12,(14),16,20,25,30,35,40,45,50,(55),60,(65),70,(75),80

注：尽可能不采用括号内的规格。

2）紧定螺钉

紧定螺钉是用来固定零件的。如图 10-25 所示，紧定螺钉的端部有锥端、圆柱端、凹端、平端等类型。表 10-10 所示为常用紧定螺钉的部分尺寸。

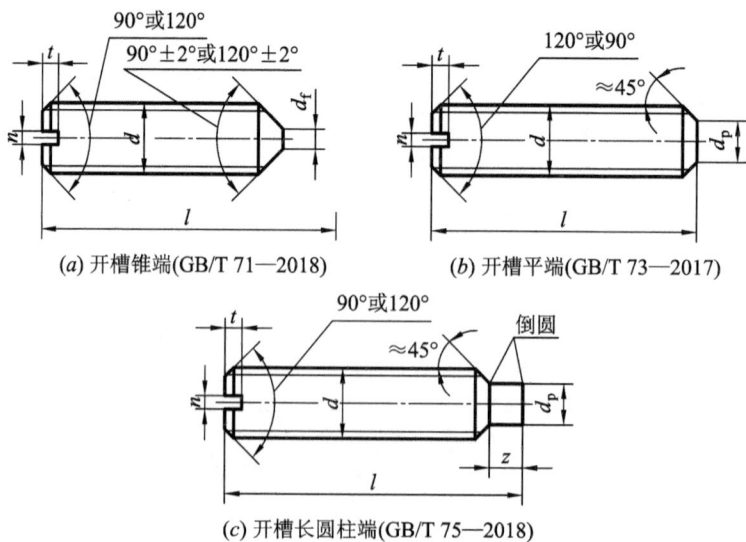

(a) 开槽锥端(GB/T 71—2018)

(b) 开槽平端(GB/T 73—2017)

(c) 开槽长圆柱端(GB/T 75—2018)

图 10-25 紧定螺钉

紧定螺钉的规定标记示例：

螺钉 GB/T 75—2018 M5×12　表示螺纹规格为 M5、公称长度 $l=12$ mm、硬度等级为 14H 级的开槽长圆柱端紧定螺钉。

表 10 - 10　紧定螺钉(摘自 GB/T 71—2018、GB/T 73—2018、GB/T 75—2018)

（单位：mm）

螺纹规格 d		M1.6	M2	M2.5	M3	M4	M5	M6	M8	M10	M12
P(螺距)		0.35	0.4	0.45	0.5	0.7	0.8	1	1.25	1.5	1.75
n(公称)		0.25	0.25	0.4	0.4	0.6	0.8	1	1.2	1.6	2
l(max)		0.74	0.84	0.95	1.05	1.42	1.63	2	2.5	3	3.6
d(max)		0.16	0.2	0.25	0.3	0.4	0.5	1.5	2	2.5	3
d(max)		0.8	1	1.5	2	2.5	3.5	4	5.5	7	8.5
z(max)		1.05	1.25	1.5	1.75	2.25	2.75	3.25	4.3	5.3	6.3
l	GB/T 71—2018	2~8	3~10	3~12	4~16	6~20	8~25	8~30	10~40	12~50	14~60
	GB/T 73—2017	2~8	2~10	2.5~12	3~16	4~20	5~25	6~30	8~40	10~50	12~60
	GB/T 75—2018	2.5~8	3~10	4~12	5~16	6~20	8~25	8~30	10~40	12~50	14~60
长度 l 系列：2,2.5,3,4,5,6,8,10,12,(14),16,20,25,30,35,40,45,50,55,60											

注：括号内的规格尽可能不采用。

4. 螺母

螺母上制有内螺纹，是通过与螺栓、双头螺柱旋合而起连接和固定作用的标准件。

常用的螺母按其形状可分为六角螺母、六角开槽螺母、方螺母、圆螺母等，其中六角螺母应用最广，分 A、B、C 三个等级，分别与相对应精度的螺栓、螺柱及垫圈配合使用。螺母根据高度的不同，还可分为薄型、1 型、2 型、厚型。表 10 - 11 所示为常用的 1 型六角螺母 A 级(GB/T 6170—2015)的有关尺寸。

螺母的规定标记示例：

螺母 GB/T 6170—2015 M10　表示螺纹规格为 M10 的六角螺母。

表 10 - 11　六角螺母(摘自 GB/T 6170—2015)　（单位：mm）

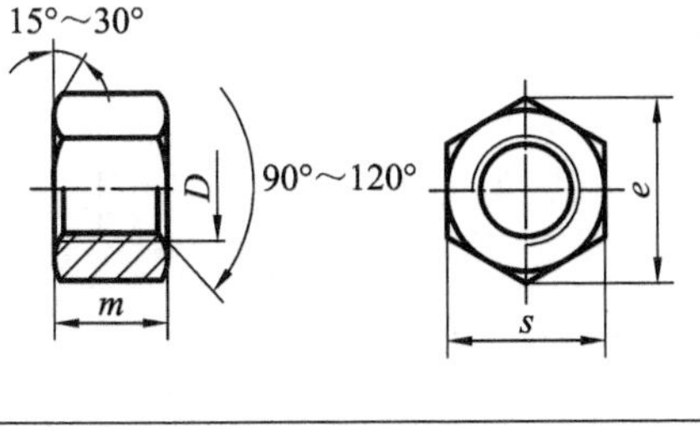

标记示例

螺钉 GB/T 6170—2015 M12(螺纹规格 $D=$M12、性能等级为 10 级、表面不经处理、A 级的 1 型六角螺母)

螺纹规格 D	P（螺距）	e min	s 公称＝max	m max
M3	0.5	6.01	5.5	2.4
M4	0.7	7.66	7	3.2
M5	0.8	8.79	8	4.7
M6	1	11.05	10	5.2
M8	1.25	14.38	13	6.8
M10	1.5	17.77	16	8.4
M12	1.75	20.03	18	10.8
M16	2	26.75	24	14.8

注：A 级用于 $D \leqslant 16$ mm 的螺母；B 级用于 $D > 16$ mm 的螺母。

5. 垫圈

垫圈分为平垫圈、弹簧垫圈两种。垫圈的主要作用是增大支承面积，防止压紧螺母时损伤零件表面。除此之外，弹簧垫圈还具有防松作用。平垫圈有 A、C 两个等级，A 级垫圈主要用于 A 级与 B 级的六角头螺栓、螺钉和螺母；C 级用于 C 级螺栓、螺钉和螺母。

表 10 - 12 为常用的平垫圈 A 级、倒角型平垫圈 A 级的有关尺寸。表 10 - 13 为常用的标准型弹簧垫圈（GB/T 93—1987）和轻型弹簧垫圈（GB/T 859—1987）的有关尺寸。

垫圈的规定标记示例：

垫圈 GB/T 97.1—2002.12　表示规格为 12 的平垫圈。

垫圈 GB/T 93—1987.10　表示规格为 10 的弹簧垫圈。

表 10 - 12　平垫圈（摘自 GB/T 97.1—2002、GB/T 97.2—2002）　（单位：mm）

	标记示例 垫圈 GB/T 97.1—2002 10（规格为 10 mm、性能等级为 140HV 级、表面不经处理的平垫圈）											
公称尺寸	规格（螺纹大径）	3	4	5	6	8	10	12	16	20	24
	内径 d_1(min)	3.2	4.3	5.3	6.4	8.4	10.5	13	17	21	25
	外径 d_2(max)	7	9	10	12	16	20	24	30	37	44
	厚度 h　公称	0.5	0.8	1	1.6	1.6	2	2.5	3	3	4

注：GB/T 97.2—2002 适用于规格为 5～36 mm、A 级和 B 级、标准六角螺栓、螺钉和螺母。

表 10-13 弹簧垫圈(摘自 GB/T 93—1987 和 GB/T 859—1987)

（单位：mm）

标记示例

垫圈 GB/T 93—1987 16(规格 16 mm、材料为 65Mn、表面氧化的标准型弹簧垫圈)

规格(螺纹大径)		3	4	5	6	8	10	12	(14)	16	(18)	20	(22)	24
$d(min)$		3.1	4.1	5.1	6.1	8.1	10.2	12.2	14.2	16.2	18.2	20.2	22.5	24.5
$H(max)$	GB/T 93	2	2.75	3.25	4	5.25	6.5	7.75	9	10.25	11.25	12.5	13.75	15
	GB/T 859	1.5	2	2.75	3.25	4	5	6.25	7.5	8	9	10	11.25	12.5
$S(b)$ 公称	GB/T 93	0.8	1.1	1.3	1.6	2.1	2.6	3.1	3.6	4.1	4.5	5	5.5	6
S 公称	GB/T 859	0.6	0.8	1.1	1.3	1.6	2	2.5	3	3.2	3.6	4	4.5	5
$m\leqslant$	GB/T 93	0.4	0.55	0.65	0.8	1.05	1.3	1.55	1.8	2.05	2.25	2.5	2.75	3
	GB/T 859	0.3	0.4	0.55	0.65	0.8	1	1.25	1.5	1.6	1.8	2	2.25	2.5
b 公称	GB/T 859	1	1.2	1.5	2	2.5	3	3.5	4	4.5	5	5.5	6	7

注：① 垫圈的规格尺寸是指与其连接的螺纹规格尺寸。如平垫圈的规格尺寸 10 是指与其连接的螺栓、螺柱或螺母的大径。

② 尽可能不采用括号内的规格。

10.2.2 被连接件的常见结构

1. 螺纹不通孔

螺纹连接中，通常先在较厚的被连接件上用直径为小径 D_1 的钻头钻出不通孔(盲孔)，再用丝锥攻制出内螺纹(图 10-26)。钻孔的深度 H 等于螺纹有效深度 h 加上肩距 A(即 $H=h+A$)，而螺纹有效深度 h 由外螺纹旋入螺孔的深度 b_m 加上适当余量($3P$)所确定(即 $h=b_m+3P$)。其中 b_m 由被旋入零件的材料来确定，可查阅表 10-7。螺距 P 可由表 10-3 查出，肩距 A 可由表 10-2 查出。

螺纹不通孔的画法和尺寸标注如图 10-27 所示。

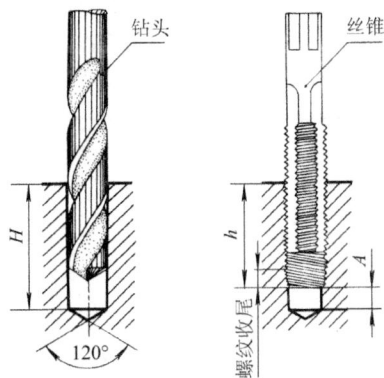

图 10-26 螺纹不通孔的加工

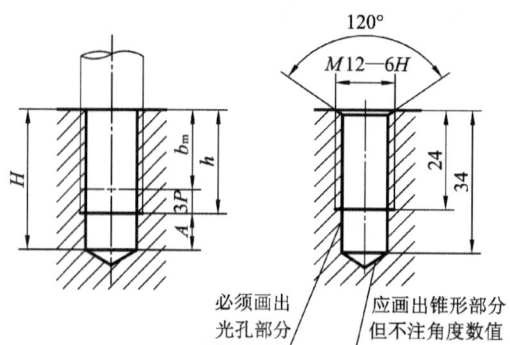

图 10-27 螺纹不通孔的画法和尺寸标注

2. 通孔与沉孔

（1）通孔：指在被连接件上加工出的供螺杆穿过的光孔，其直径 d_h 略大于螺纹大径。尺寸根据装配精度由表 10-14 查得。

表 10-14　通孔、沉孔及锪平孔尺寸　　　　（单位：mm）

螺纹公称直径 d	通孔直径 d_h GB/T 5277—1985			用于带垫圈的锪平孔	用于沉头螺钉的孔		用于圆柱头螺钉的孔	
	精装配	中等装配	粗装配	GB/T 152—1988				
				D	D	$H\approx$	D	H
3	3.2	3.4	3.6	9	6.4	1.6	6	1.9
4	4.3	4.5	4.8	10	9.6	2.7	8	3.2
5	5.3	5.5	5.8	11	10.6	2.7	10	4
6	6.4	6.6	7	13	12.8	3.3	11	4.7
8	8.4	9	10	18	17.6	4.6	15	6
10	10.5	11	12	22	20.3	5	18	7
12	13	13.5	14.5	26	24.4	6	20	8
16	17	17.5	18.6	33	32.4	8	26	9
20	21	22	24	40	40.4	10	33	10.5

（2）沉孔：在螺钉连接中，如果要求螺钉的头部不露出被连接零件表面，则需在零件表面上加工出圆凹坑，即沉孔，其形状和尺寸见表 10-14。

3. 锪平

螺纹连接时，为了使螺栓头、螺钉头、螺母或垫圈与被连接件表面接触平稳，常在被连接件表面加工出与通孔同轴线而大于平垫圈直径的浅凹坑，这种加工称为锪平（图 10-28），其深度不作要求，以将零件表面锪平为止，图纸上不标注深度尺寸。锪平的直径值由表 10-14 查得。

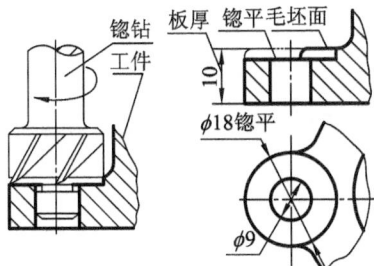

图 10-28　锪平加工及尺寸注法

10.2.3　螺纹紧固件的连接画法

螺纹紧固件的连接形式有螺栓连接、双头螺柱连接和螺钉连接三种。其连接画法应遵守如下规定：

（1）两零件接触表面画一条线，不接触表面画两条线。

（2）为区分相邻零件，相邻两零件的剖面线方向应相反，或者方向一致但间隔不等。各视图上同一零件的剖面线方向和间隔应保持一致。

（3）对于紧固件和实心零件（如螺钉、螺栓、螺母、垫圈、键、销、球、轴等），当剖切平面通过它们的轴线剖切时，这些零件均按不剖绘制；需要时，可采用局部剖视。

（4）螺纹紧固件的连接可采用简化画法，如螺母上的双曲线、倒角、圆角可省略不画；不通孔画至有效深度。

1. 螺栓连接

螺栓连接适用于不太厚的两个零件的连接。连接时，螺栓杆部穿过两个被连接件上的通孔，然后套上垫圈，再旋紧螺母。

螺栓的估算长度（参考图 10-29）按下列公式计算：

$$L_{计}=\delta_1+\delta_2+h+m+a$$

式中，δ_1 和 δ_2 分别为两个被连接件的厚度；h 为垫圈厚度；m 为螺母厚度；a 为螺栓伸出螺母的长度，一般取 $a\approx3P$（P 为螺距）。

螺栓的公称长度 l 可最终从接近估算长度 $L_{计}$ 的螺栓的标准公称长度系列值中选择，须保证 $a\geqslant P$。绘制螺栓按公称长度 l 来画。

画螺栓连接的装配图时，把以上各部分尺寸从有关标准表中查出后逐个画出。各零件的倒角、倒圆、螺尾等工艺结构均可省略不画。如图 10-29 所示，通常主视图采用全剖视图，左视图采用视图，有时可省略不画左视图。

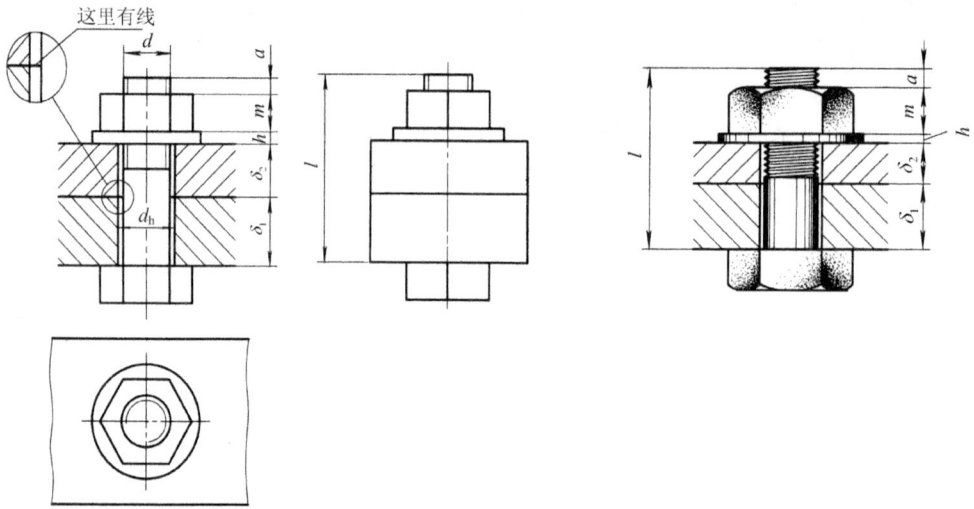

图 10 - 29　螺栓连接

2. 双头螺柱连接

两个被连接件中,其中一个零件较厚,不宜用螺栓连接时,常采用双头螺柱连接。

较厚的零件上制有螺纹不通孔,较薄的零件钻通孔。连接时,将双头螺柱的旋入端 b_m 全部旋入螺纹不通孔中,将紧固端穿过较薄零件的通孔,再套上垫圈,拧紧螺母,如图 10 - 30 所示。此种连接拆卸时只须拧出螺母,取下垫圈,而不必拧出螺柱,因此被连接件

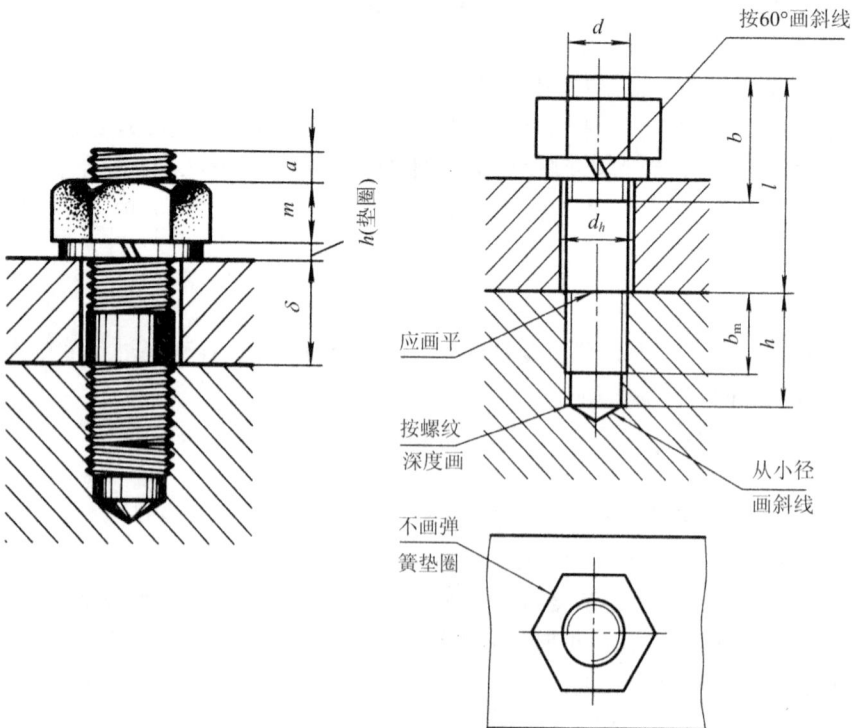

图 10 - 30　双头螺柱连接

的螺纹不通孔不易被损坏，可用于被连接件需要经常拆卸的场合。

双头螺柱的估算长度(参考图 10-30)按下列公式计算：

$$L_计 = \delta + h + m + a$$

式中，δ 为被连接件厚度；h 为垫圈厚度；m 为螺母厚度；a 为螺栓伸出螺母的长度，一般取 $a \approx 3P$(P 为螺距)。

双头螺柱的公称长度 l 可最终从接近估算长度 $L_计$ 的双头螺柱的标准公称长度系列值中选择。

双头螺柱的连接画法如图 10-30 所示，图中采用了弹簧垫圈。

3. 螺钉连接

螺钉连接常用于不经常拆卸、受力不大，且其中一个被连接件较厚的场合。较厚的零件上加工螺纹不通孔，另一个被连接零件上加工通孔。连接时，把螺钉杆部穿过通孔再旋进螺纹不通孔，将两个零件连接起来。

螺钉的估算长度(参考图 10-31)按下列公式计算：

$$L_计 = b_m + \delta$$

式中，b_m 同双头螺柱的 b_m，根据被旋入零件的材料而定；δ 为带通孔的被连接件厚度。

螺钉的公称长度 l 可最终从接近估算长度 $L_计$ 的螺钉的标准公称长度系列值中选择。

螺钉连接装配图如图 10-31 所示，注意俯视图中开槽螺钉的槽口按倾斜 45°画出。其连接部分画法与双头螺柱类似，所不同的是螺钉的螺纹终止线应高于螺孔的端面(有时螺钉为全螺纹)。

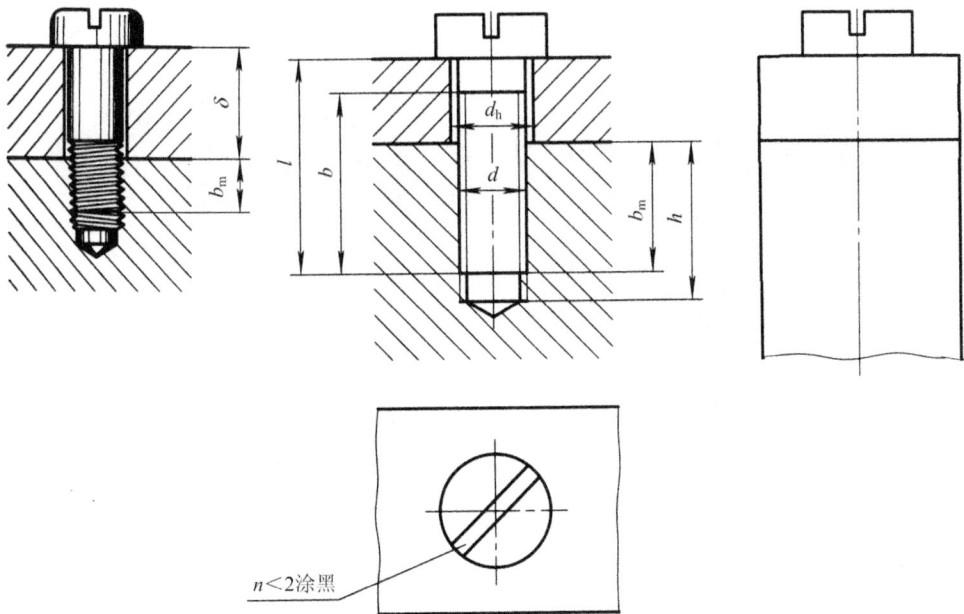

图 10-31　螺钉连接

4. 紧定螺钉连接

柱端紧定螺钉利用其端部小圆柱插入机件小孔，起定位、固定作用，如图 10-32(a)、

(c)所示。平端紧定螺钉依靠其端平面与机件的摩擦力起定位作用，有时也将紧定螺钉"骑缝"旋入，即将两机件装好后加工出螺孔，两机件各有一半螺孔，旋入紧定螺钉起固定作用，此时称为"骑缝螺钉"，如图 10-32(b)所示。

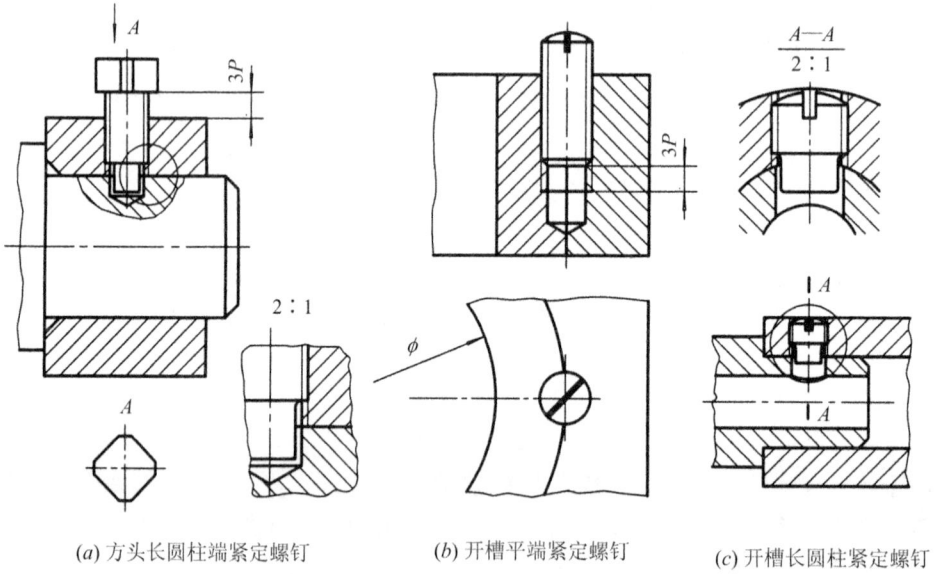

(a) 方头长圆柱端紧定螺钉　　　(b) 开槽平端紧定螺钉　　　(c) 开槽长圆柱紧定螺钉

图 10-32　紧定螺钉

5. 螺纹紧固件连接的简化画法

螺纹紧固件也可采用如图 10-33 所示的比例简化画法。

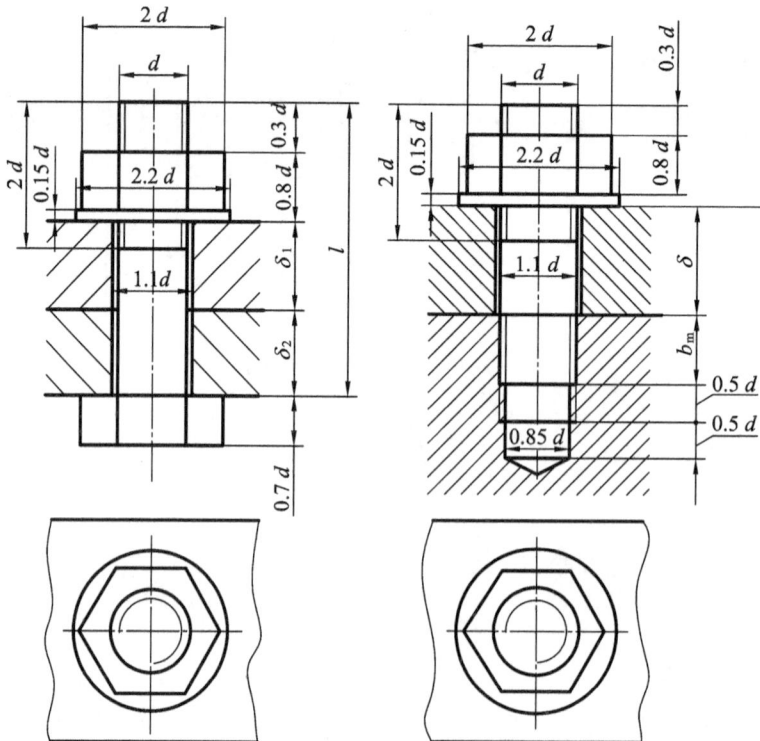

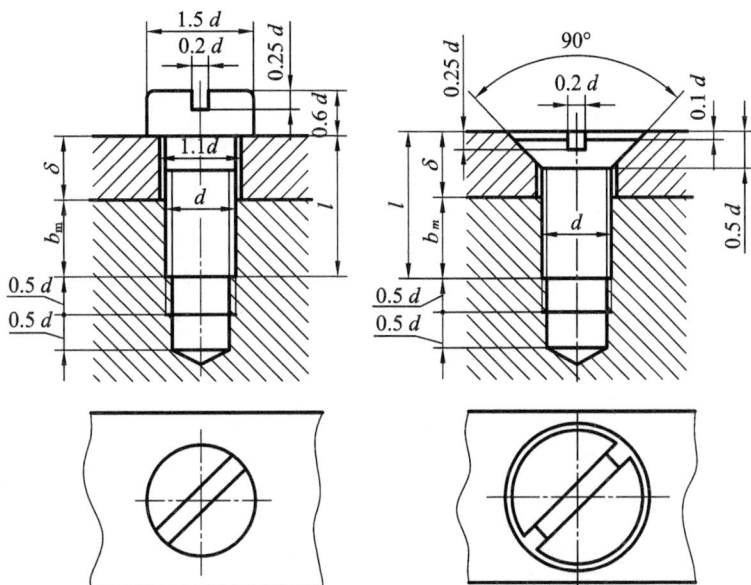

图 10-33　螺纹紧固件连接的简化画法

　　需要说明的是，以上绘制的螺纹紧固件连接结构图属于小的装配结构，为便于说明，标注了尺寸，实际装配图中无需标注尺寸。

10.2.4　螺纹连接的防松结构

　　通常用于连接的标准普通螺纹，其螺旋升角较小，一般都能满足自锁条件，因此在静载荷条件下，不会产生连接松动现象。但在连续冲击、振动的变载荷下，螺纹间的压力会在某一瞬间变小，甚至消失，以至螺纹失去自锁能力，产生自动松脱现象，这样易使机器或部件不能正常使用，甚至发生严重事故，因此在重要场合应采取防松措施，防止螺杆产生相对转动。

　　防松装置可分为两类。一类是靠增加摩擦力的方式，如使用弹簧垫圈、上双螺母等，如图 10-34(a)、(b)所示。另一类是靠机械固定的方法，如用开口销、圆螺母用止动垫圈等，如图 10-34(c)所示。

1. 弹簧垫圈

　　如图 10-34(a)所示，弹簧垫圈的防松原理是拧紧螺母时，弹簧垫圈被压平而产生一定弹力，使摩擦力增大，进而防止螺母自动松脱。同时，垫圈切口处的尖角也有防止螺母松脱的作用，所以切口方向应与螺纹旋向相反。

2. 双螺母

　　如图 10-34(b)所示，双螺母拧紧后，相互间产生轴向作用力，使内、外螺纹之间的摩擦力增大，以防止螺母自动松脱。

3. 圆螺母用止动垫圈

　　如图 10-34(c)所示，圆螺母用止动垫圈与圆螺母配合使用，将垫圈内圆上突起的小片(内翅)插入螺杆(或轴)上的槽内，拧紧螺母，并将垫圈的外翅弯折入螺母的沟槽中，使

| (a) | (b) | (c) |

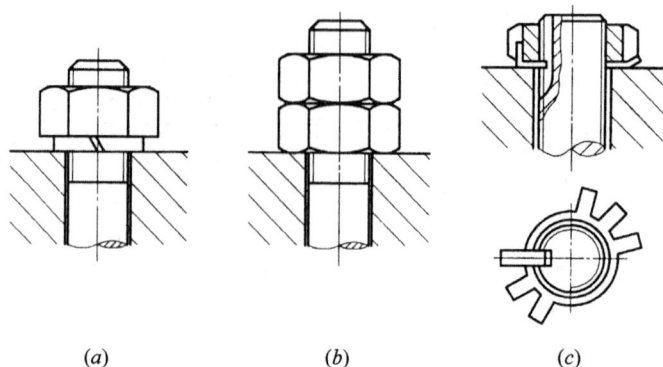

图 10-34　螺纹连接的防松结构

螺母与螺栓不能相对转动,以达到防松目的。圆螺母用止动垫圈的有关尺寸和规定标记如表 10-15 所示。

表 10-15　圆螺母用止动垫圈(摘自 GB/T 858—1988)　　(单位:mm)

标记示例

垫圈 GB/T 858—1988 16
(规格 16 mm、材料为 Q215、经退火、表面氧化的圆螺母用止动垫圈)

规格(螺纹大径)	10	12	14	16	18	20	22	24
d	10.5	12.5	14.5	16.5	18.6	20.5	22.5	24.5
D(参考)	25	28	32	34	35	38	42	45
D_1	16	19	20	22	24	27	30	34
s	1							
h	3				4			
b	3.8				4.8			
a	8	9	11	13	15	17	19	21

10.3 键连接

键是用来连接轴和装在轴上的传动件(如齿轮、带轮),起传递扭矩的作用。键的种类很多,常见的有平键、半圆键、楔键和花键,它们都是标准件,如图 10-35 所示。键连接时,在轴和轮毂上均加工出键槽,键一部分嵌在轴的键槽内,另一部分嵌在轮毂的键槽内,这样可保证轴和传动件一起转动,如图 10-35(d)所示。

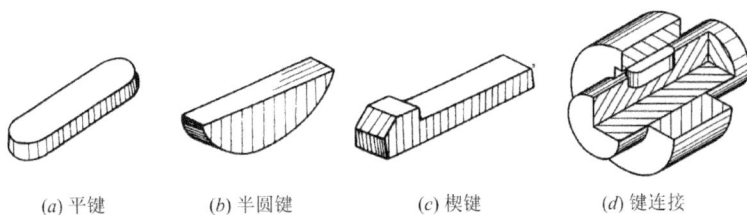

(a) 平键   (b) 半圆键   (c) 楔键   (d) 键连接

图 10-35　键

10.3.1　普通平键

普通平键按轴槽结构分为 A 型(圆头)、B 型(方头)、C 型(单圆头)三种,如图 10-36 所示。

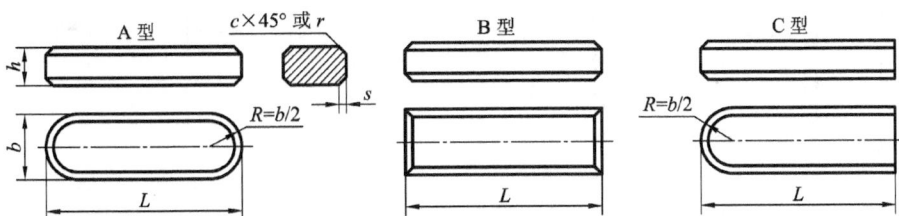

图 10-36　普通平键

普通平键的型式根据传动的情况选择。键的宽度 b 和高度 h 按轴径查表选取,长度 L 可参照轮毂宽度决定,一般选略小于轮毂宽度的一个标准长度。

普通平键的型式、尺寸在 GB 1096—2003 中作了规定(见表 10-16)。

表 10-16　普通平键尺寸(摘自 GB/T 1096—2003)和
键槽尺寸(摘自 GB/T 1095—2003)　　　　　　(单位：mm)

轴	键				键　槽				
公称直径 d	键尺寸 $b \times h$	长度(L) 范围	倒角或 倒圆 s	宽度 b	深度		半径 r	
					轴 t	毂 t_1	最小	最大
自 6~8	2×2	6~20		2	1.2	1.0		
>8~10	3×3	6~36	0.16~0.25	3	1.8	1.4	0.08	0.16
>10~12	4×4	8~45		4	2.5	1.8		
>12~17	5×5	10~56		5	3.0	2.3		
>17~22	6×6	14~70	0.25~0.40	6	3.5	2.8	0.16	0.25
>22~30	8×7	18~90		8	4.0			
>30~38	10×8	22~110		10	5.0	3.3		
>38~44	12×8	28~140		12			0.25	0.40
>44~50	14×9	36~160	0.40~0.60	14	5.5	3.8		
>50~58	16×10	45~180		16	6.0	4.3		
>58~65	18×11	50~200		18	7.0	4.4		
>65~75	20×12	56~220		20	7.5	4.9		
>75~85	22×14	63~250		22	9.0	5.4	0.40	0.60
>85~95	25×14	70~280	0.60~0.80	25				
>95~110	28×16	80~320		28	10.0	6.4		
长度 L 系列：6, 8, 10, 12, 14, 16, 18, 20, 22, 25, 28, 32, 36, 40, 45, 50, 56, 63, 70, 80, 100, 110, 125, 140, 160, 180, 200, 220, 250, 280, 320									

注：本标准公称直径 d 的范围为 6~500 mm,长度 L 的范围为 6~500 mm,本表仅选一部分。

1. 键槽的画法

普通平键连接，需在轴上加工出键槽，轮毂上加工出带槽的轴孔，其画法和尺寸标注如图 10-37 所示。注意，轴上的键槽深应标注 $d-t$ 的尺寸，轮毂上的键槽深则标注 $d+t_1$ 的尺寸。

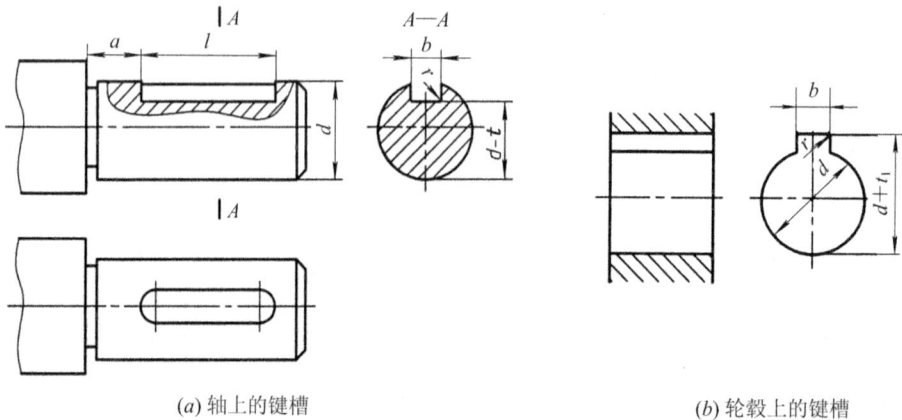

(a) 轴上的键槽   (b) 轮毂上的键槽

图 10-37 普通平键的键槽

2. 普通平键连接的装配画法

普通平键的两个侧面是工作面。装配图中，键的侧面与轴、轮毂之间应画成一条粗实线。键的底面与轴上的键槽底面接触，也画成一条粗实线。而键的顶面与轮毂上的键槽底面不接触，之间有间隙，所以画成两条粗实线（当间隙太小、不足以表达时，可适当夸大画出），如图 10-38 所示。

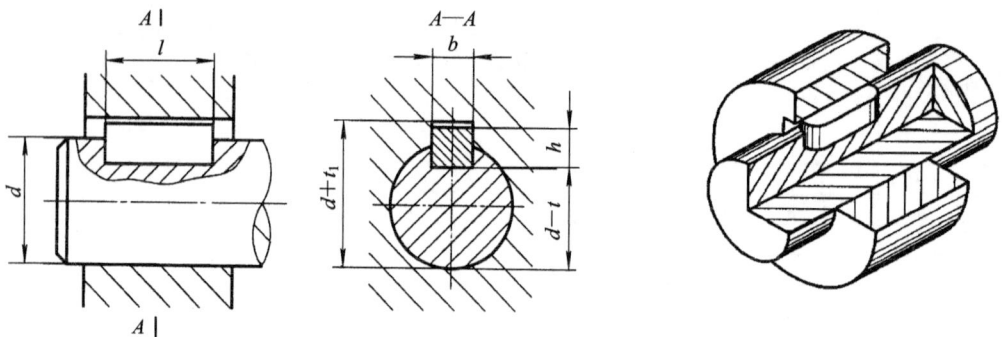

图 10-38 普通平键连接的装配画法

在剖视图中，当剖切平面沿键的纵向剖切时，键按不剖绘制。为了清晰表达轴上的键与键槽的配合结构，在键槽处可作局部剖视，如图 10-38 的主视图；当剖切平面垂直于轴的轴线剖切键时，要画出键的剖面线，如图 10-38 的左视图。

在键联接的装配图中，键的倒角或小圆角等工艺结构都省略不画。

3. 普通平键的标记

普通平键的标记由名称、型式与尺寸、标准编号三部分组成。A 型平键省略标记"A"。

【例 10 - 5】 键 12×50 GB/T 1096—2003 表示 A 型，$b=12$ mm，$h=8$ mm，$L=50$ mm 的普通平键。

键 C18×100 GB/T 1096—2003 表示 C 型，$b=18$ mm，$h=11$ mm，$L=100$ mm 的普通平键。

10.3.2 半圆键

半圆键常用在受力不大的传动上。半圆键的工作情况与普通平键基本相同，因此其连接画法与平键也基本相似。半圆键的型式与尺寸如图 10 - 39(a) 所示。

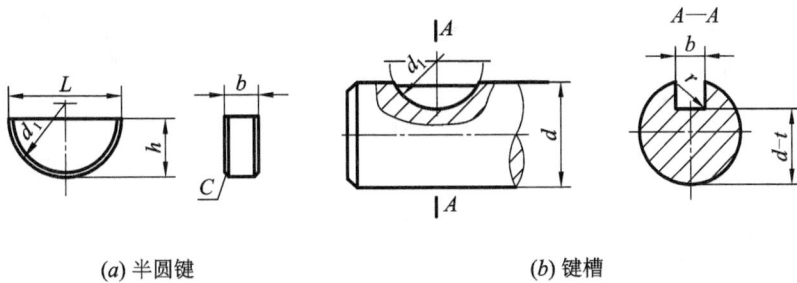

(a) 半圆键   (b) 键槽

图 10 - 39 半圆键及键槽

1. 键槽的画法

键槽的画法和尺寸标注如图 10 - 39(b) 所示。表 10 - 17 列出了国标规定的半圆键及键槽的尺寸。

表 10 - 17 半圆键尺寸（摘自 GB/T 1099—2003）和
键槽尺寸（摘自 GB/T 1098—2003）　　　　　（单位：mm）

轴径 d		键				键　　槽					
键传递扭矩	键定位用	公称尺寸 $b×h×d_1$	$L≈$	C		宽度 d	深度		半径 r		
				最小	最大		轴 t	毂 t_1	最小	最大	
>5~6	>6~8	2×2.6×7	6.8			2	1.8	1			
>6~7	>8~10	2×3.7×10	9.7				2.9		0.08	0.16	
>7~8	>10~12	2.5×3.7×10		0.16	0.25	2.5	2.7	1.2			
>8~10	>12~15	3×5×13	12.7			3	3.8	1.4			
>10~12	>15~18	3×6.5×16	15.7				5.3				
>12~14	>18~20	4×6.5×16				4	5.0	1.8			
>14~16	>20~22	4×7.5×19	18.6				6				
>16~18	>22~25	5×6.5×16	15.7				4.5		0.16	0.25	
>18~20	>25~28	5×7.5×19	18.6	0.25	0.40	5	5.5	2.3			
>20~22	>28~32	5×9×22	21.6				7				
>22~25	>32~36	6×9×22				6	6.5	2.8			
>25~28	>36~40	6×10×25	24.5				7.5				
>28~32	40	8×11×28	27.4	0.40	0.60	8	8	3.3	0.25	0.40	
>32~38	—	10×13×32	31.4			10	10				

注：本标准键用作传递扭矩时，d 为 3~38 mm；用作定位时，d 为 3~40 mm。本表仅选一部分。

2. 半圆键连接的装配画法

半圆键的两侧面为工作面，底面与轴上键槽接触，顶面留有空隙。其装配画法如图
10-40 所示。

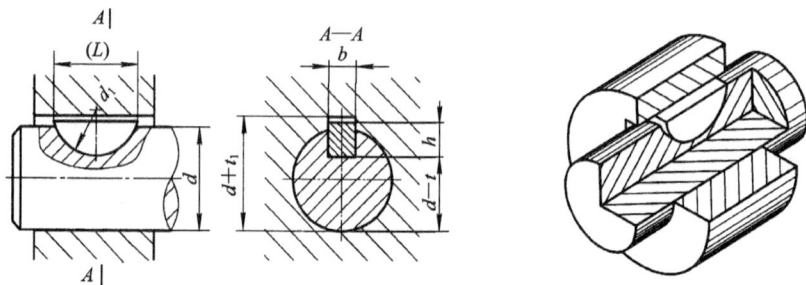

图 10-40　半圆键连接的装配画法

3. 半圆键的标记

半圆键的标记由名称、尺寸和标准编号组成。

【例 10-6】　键 6×25 GB/T 1099—2003　表示 $b = 6$ mm，$h = 10$ mm，$d_1 = 25$ mm，
$L = 24.5$ mm 的半圆键。

10.3.3　楔键

楔键有普通楔键（GB/T 1564—2003）和钩
头楔键（GB/T 1565—2003）两种。普通楔键又
分 A、B、C 三种型号，钩头楔键只有一种。键
槽的尺寸遵守 GB/T 1563—2017 标准。

钩头楔键通常用于精度要求不高、转速较
低时传递较大的、双向或有振动的扭矩，也
用于拆卸时不能从另一端将键打出的场合。钩
头楔键尺寸如图 10-41 所示。

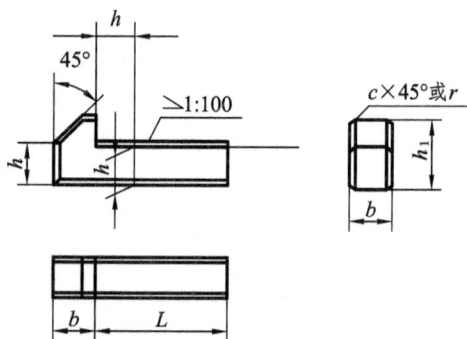

图 10-41　钩头楔键的型式尺寸

钩头楔键的顶面有 1:100 的斜度，联接时将键打入键槽内，依靠键的顶面和底面与轮
毂和轴的挤压工作，故画装配图时，此两处都画成一条粗实线，这是与平键和半圆键的不
同之处。如图 10-42 所示的是钩头楔键连接的装配画法。

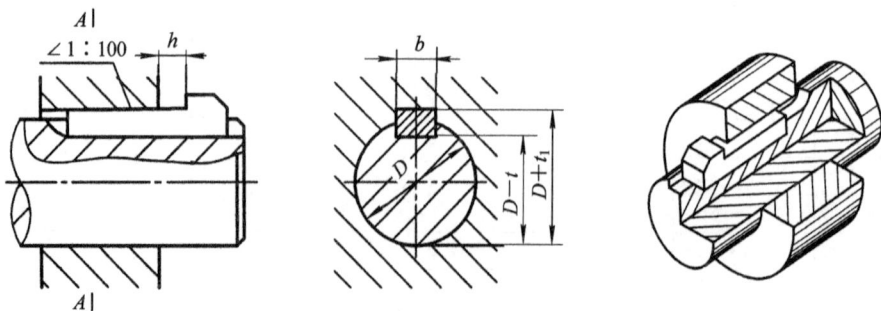

图 10-42　钩头楔键连接的装配画法

楔键的标记与普通平键类似。

【例 10 - 7】 键 C16×100 GB/T 1564—2003 表示 C 型（单圆头），$b=16$ mm，$h=$ 10 mm，$L=100$ mm 的普通楔键。

键 18×100 GB/T 1565—2003 表示 $b=18$ mm，$h=11$ mm，$L=100$ mm 的钩头楔键。

10.3.4 花键

花键的作用与键相同，但不同的是它能传递较大的扭矩，且具有较好的对中性，在汽车和机床中应用广泛。在轴上制出的花键称为外花键，也称花键轴，在孔内称为花键孔，如图 10 - 43 所示。花键按齿廓形状分为矩形花键、渐开线花键、三角形花键和梯形花键，其中以矩形花键用的最多，在此介绍矩形花键的有关画法和标注。

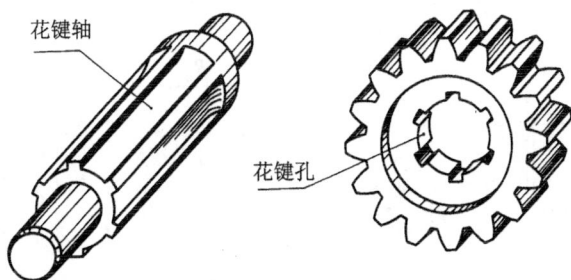

图 10 - 43　内、外花键

1. 矩形花键的画法

1）外花键画法

如图 10 - 44 所示，在平行于花键孔轴线的投影面视图中，大径用粗实线画，小径用细实线画。终端和尾部末端均用细实线画，尾部画成与轴线成 30° 的倾斜细实线，必要时按实际情况绘出；在垂直于花键孔轴线的投影面视图上，大径圆用粗实线画，小径圆用细实线画，倒角圆不画。

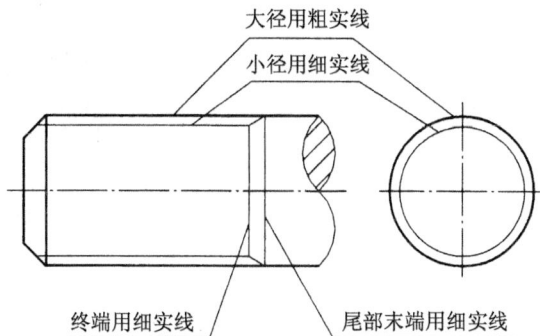

图 10 - 44　外花键的不剖画法

如图 10 - 45 所示，在平行于花键孔轴线的投影面视图中，若用局部剖视，则齿按不剖画，此时小径用粗实线画，剖面线画至小径处；断面图需画出一部分齿形，并注明齿数，或者画出全部齿形。

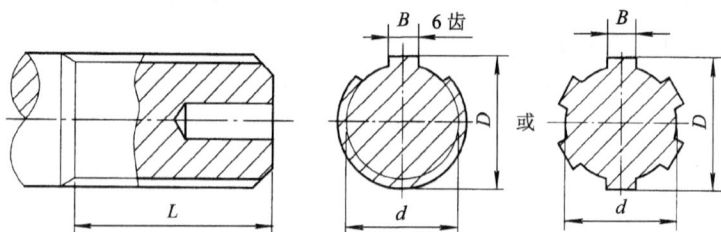

图 10-45　外花键的剖视图、断面图及尺寸的一般注法

2）内花键画法

矩形内花键的画法及尺寸注法如图 10-46 所示。在平行于花键孔轴线的投影面剖视图中，大径、小径均用粗实线绘制，另一视图画出一部分或全部齿形。

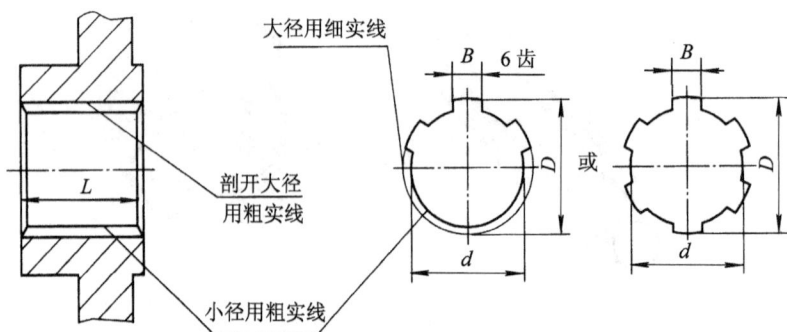

图 10-46　内花键的画法及尺寸的一般注法

2. 花键的连接画法

花键连接一般用剖视图和断面图表示，其联接部分按外花键绘制，其他部分按照各自画法画出，如图 10-47 所示。

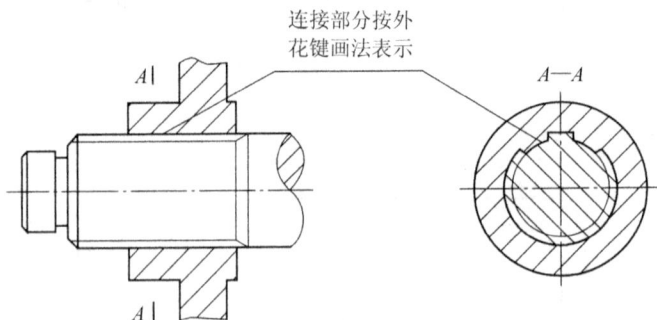

图 10-47　花键连接的画法

3. 花键的尺寸标注及标记

花键在零件图中的尺寸标注有两种。一种是一般尺寸注法，即注出花键的大径 D、小径 d、键宽 B（及齿数）、工作长度 L 等，有时还加注尾部长或全长，如图 10-45 和图 10-46 所示。另一种是标注规定的花键代号。代号指引线用细实线自大径处引出，在图中

注出表明花键的图形符号、花键的标记和工作长度等，如图 10-49 所示。注意，无论采用何种标注形式，花键的工作长度 L 都要直接在图中注出。

矩形花键的标记为：

图形符号 齿数 $N \times$ 小径 $d \times$ 大径 $D \times$ 键宽 B 标准编号

注写时将它们的尺寸和公差带代号、标准编号写在指引线上。

【例 10-8】 齿数 $N=6$，小径 $d=23$ mm，大径 $D=26$ mm，齿宽 $B=6$ mm 的矩形内花键的规定标记如图 10-48 所示。

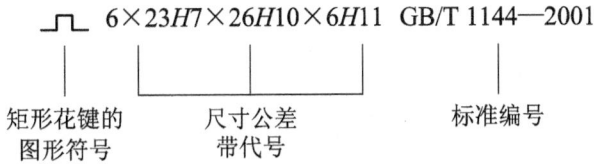

图 10-48   矩形内花键的规定标记示例

花键尺寸的代号注法如图 10-49 所示。

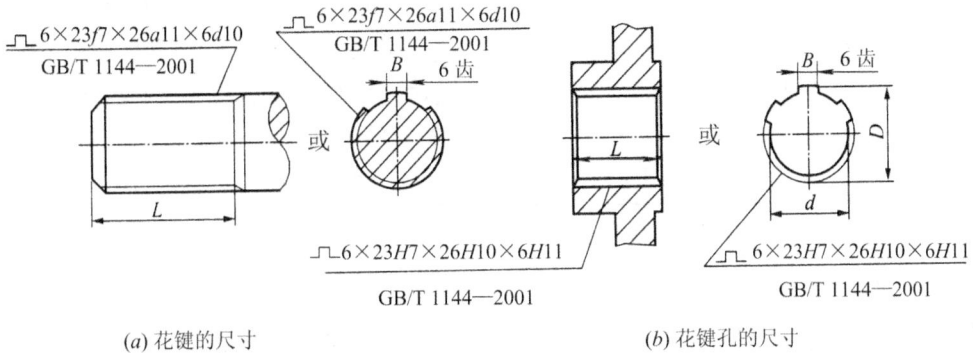

图 10-49   花键尺寸的代号注法

花键连接的尺寸标注采用代号标注，其注法如图 10-50 所示。

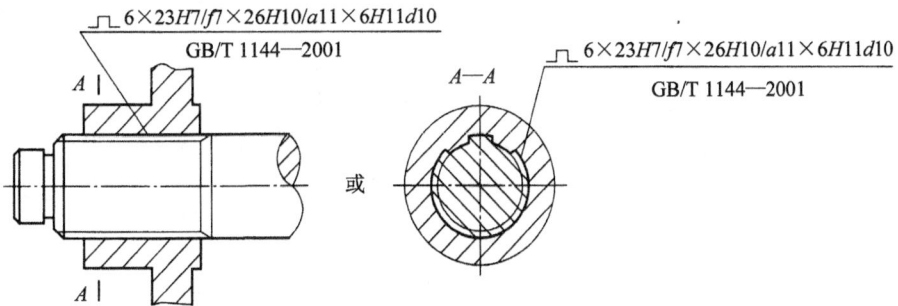

图 10-50   花键连接的尺寸标注

10.4 销 连 接

销是用于定位、传递动力或者用于连接或锁紧的一种标准件。常用的销有圆柱销、圆锥销和开口销，如图 10-51 所示。

(a) 圆柱销   (b) 圆锥销   (c) 开口销

图 10-51 销

10.4.1 圆柱销

圆柱销用于定位或连接时，不宜经常拆装，以免影响其配合精度。常用的圆柱销分为不淬硬钢圆柱销和淬硬钢圆柱销两种。前者的直径公差有 $m6$ 和 $h8$ 两种，后者只有 $m6$ 一种。淬硬钢圆柱销因淬火方式不同分为 A 型（普通淬火）和 B 型（表面淬火）两种。

圆柱销的型式及标记见表 10-18，其尺寸见表 10-19。

表 10-18 销的型式与标记

名称	型 式	标记示例	说 明
圆柱销	$\approx 15°$ c l c d	公称直径 $d=6$ mm，公差为 $m6$，公称长度 $l=30$ mm，材料为钢，不淬火，表面不经处理的圆柱销标记为： 销 GB/T 119.1—2000 6m6 ×30	末端形状由制造者确定，可根据工作条件选用；主要用于定位，也可用于连接
圆锥销	$R_1 \approx d$ $R_2 \approx \dfrac{a}{2}+d-\dfrac{0.021^2}{8a}$ 1:50 d R_1 R_2 a l a	公称直径 $d=10$ mm，公称长度 $l=60$ mm，材料为钢 35，热处理硬度 $28\sim38$HRC，表面氧化的圆锥销标记为： 销 GB/T 117—2000 A10 ×60	A 型：锥面 $Ra=0.8$ μm； B 型：锥面 $Ra=3.2$ μm。 锥度 1:50，有自锁作用，打入后不会自动松脱，用于定位
开口销	b l a a c d	公称直径 $d=5$ mm，长度 $l=50$ mm 的开口销标记为： 销 GB/T 91—2000 5×50	用于锁紧其他零件

表 10 - 19　圆柱销尺寸(摘自 GB/T 119—2000)　　　(单位：mm)

d(公称)	0.6	0.8	1	1.2	1.5	2	2.5	3	4	5
$c\approx$	0.12	0.16	0.20	0.25	0.30	0.35	0.40	0.50	0.63	0.80
l(商品规格范围公称长度)	2～6	2～8	4～10	4～12	4～16	6～20	6～24	8～30	8～40	10～50
d(公称)	6	8	10	12	16	20	25	30	40	50
$c\approx$	1.2	1.6	2.0	2.5	3.0	3.5	4.0	5.0	6.3	8.0
l(商品规格范围公称长度)	12～60	14～80	18～95	22～140	26～180	35～200	50～200	60～200	80～200	95～200
长度 l 系列：2，3，4，5，6，8，10，12，14，16，18，20，22，24，26，28，30，32，35，40，45，50，55，60，65，70，75，80，85，90，95，100，120，140，160，180，200									

注：① GB/T 119.1—2000 适用于不淬硬钢和奥氏体不锈钢，GB/T 119.2—2000 适用于淬硬钢和马氏体不锈钢。其主要差别在规格长度范围上。

② 公差 m6：$Ra\leqslant0.8\ \mu m$；公差 m8：$Ra\leqslant3.2\ \mu m$。

圆柱销连接的装配画法如图 10 - 52 所示。

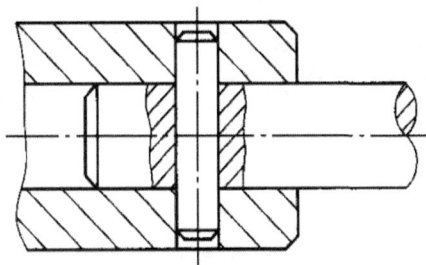

图 10 - 52　圆柱销连接的装配画法

在某些连接要求不高的场合，还可采用拆卸方便的弹性圆柱销，如图 10 - 53 所示。弹性圆柱销由于有弹性，其在销孔中始终保持张力，紧贴孔壁，不宜松动，而且这种销对销孔表面要求不高，应用日益广泛。

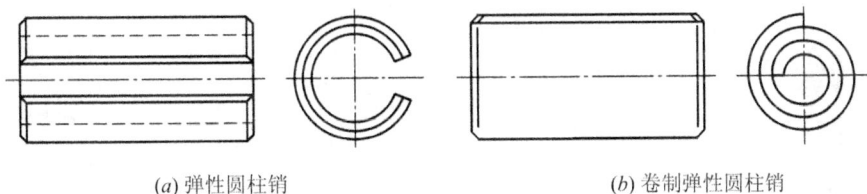

(a) 弹性圆柱销　　　　　　　　　　(b) 卷制弹性圆柱销

图 10 - 53　弹性圆柱销

10.4.2　圆锥销

常用的圆锥销分为 A 型(磨削)和 B 型(切削或冷镦)两种，其公称直径指它的小端直径。圆锥销由于有 1：50 的锥度，所以它的定位精度较高，且可以多次拆装(因为磨损后可用锥销本身的锥度来补偿)。圆锥销的画法与标记如表 10 - 18 所示，尺寸见表 10 - 20。

表 10 - 20　圆锥销尺寸(摘自 GB/T 117—2000)　　　(单位：mm)

d(公称)	0.6	0.8	1	1.2	1.5	2	2.5	3	4	5
$a\approx$	0.08	0.1	0.12	0.16	0.2	0.25	0.3	0.4	0.5	0.63
l(商品规格范围公称长度)	4~8	5~12	6~16	6~20	8~24	10~35	10~35	12~45	14~55	18~60
d(公称)	6	8	10	12	16	20	25	30	40	50
$a\approx$	0.8	1	1.2	1.6	2	2.5	3	4	5	6.3
l(商品规格范围公称长度)	22~90	22~120	26~160	32~180	40~200	45~200	50~200	55~200	60~200	65~200

长度 l 系列：2，3，4，5，6，8，10，12，14，16，18，20，22，24，26，28，30，32，35，40，45，50，55，60，65，70，75，80，85，90，95，100，120，140，160，180，200

圆锥销连接的装配画法如图 10 - 54 所示。

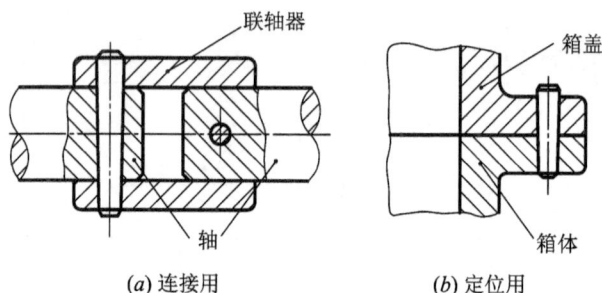

(a) 连接用　　　　　　　(b) 定位用

图 10 - 54　圆锥销连接的装配画法

需要说明的是，用销连接或定位的两个零件需有较高的装配要求，因此销孔往往是在装配时对两个零件同时加工的。加工时，先用钻头钻孔，再同时用铰刀铰孔，如图 10 - 55(a) 所示。其装配图画法及标注如图 10 - 55(b) 所示。相应地，在零件图上应注明"与零件××配作"，如图 10 - 56 所示。另外，圆锥销孔的尺寸应引出标注，其中 $\phi 4$ 为圆锥销的公称直径即小端直径，如图 10 - 56(b) 所示。

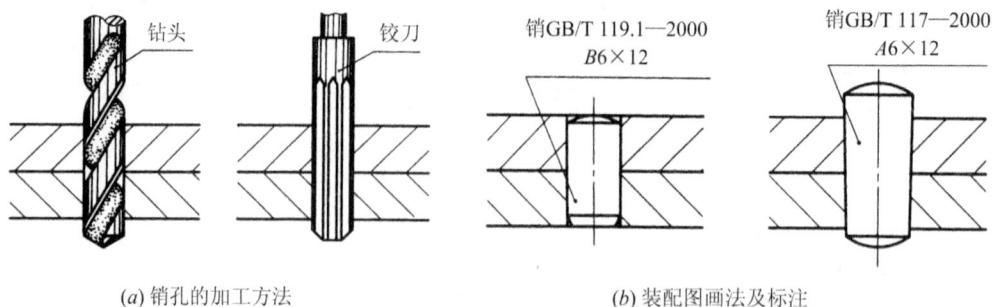

(a) 销孔的加工方法　　　　　　　(b) 装配图画法及标注

图 10 - 55　销孔的尺寸标注

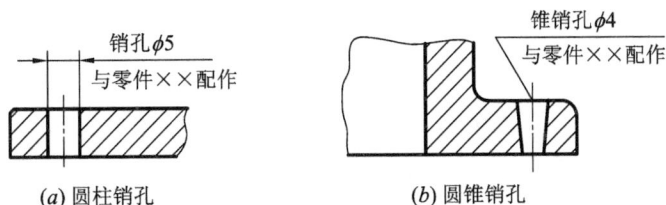

(a) 圆柱销孔   (b) 圆锥销孔

图 10-56 零件图上销孔的尺寸标注

10.4.3 开口销

开口销是由一段半圆形断面的低碳钢丝弯折而成的。在螺栓和螺柱连接中，为防止螺母松动，可采用开口销与六角开槽螺母配合使用。销穿过螺母上凹槽和螺杆上的孔，最后将开口销的长短两尾端扳开，从而固定螺杆和螺母的相对位置，限制螺母转动以起放松作用。其连接画法如图 10-57 所示。

开口销的型式和标记如表 10-18 所示。开

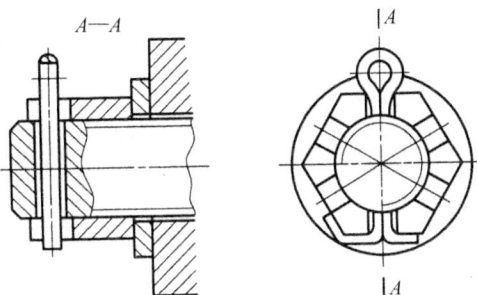

图 10-57 开口销的连接画法

口销的公称直径 d_0 是指与开口销相配的销孔直径，而开口销的实际直径 d 要比公称直径 d_0 小。

10.5 滚 动 轴 承

轴承是机器中常用来支承轴的一种标准件，它分为滑动轴承和滚动轴承。其中，滚动轴承由于摩擦损失小，因此使用更加广泛。本节主要介绍滚动轴承。

滚动轴承一般由以下元件组成（如图 10-58 所示）。

（1）外圈：装在轴承座的孔内，固定不动，其最大直径为轴承的外径。

（2）内圈：装在轴上，随轴转动，其内圈孔径为轴承的内径，也称为公称内径。

（3）滚动体：装在内、外圈之间的滚道中，其形状有圆球、圆柱、圆锥等。

（4）隔离圈：用以将滚动体均匀隔开，有的无隔离圈。

滚动轴承按其受力方向可分为以下三类。

（1）向心轴承：主要承受径向力，如深沟球轴承。

（2）推力轴承：只承受轴向力，如推力球轴承。

（3）向心推力轴承：同时承受径向和轴向力，如圆锥滚子轴承。

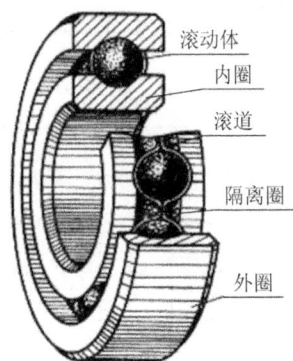

图 10-58 滚动轴承的结构

10.5.1 滚动轴承的代号

滚动轴承的代号由前置代号、基本代号和后置代号构成。其排列顺序如下：

| 前置代号 | 基本代号 | 后置代号 |

1. 基本代号

标注滚动轴承代号时，通常用其基本代号表示。基本代号是轴承代号的基础。基本代号由轴承的类型代号、尺寸系列代号、内径代号构成。

1) 类型代号

类型代号代表轴承类型，用阿拉伯数字或大写拉丁字母表示，如表 10－21 所示。

表 10－21　轴承的类型代号（摘自 GB/T 272—2017）

代号	轴 承 类 型	代号	轴 承 类 型
0	双列角接触球轴承	7	角接触球轴承
1	调心球轴承	8	推力圆柱滚子轴承
2	调心滚子轴承和推力调心滚子轴承	N	圆柱滚子轴承（双列或多列用字母 NN 表示）
3	圆锥滚子轴承	U	外球面球轴承
4	双列深沟球轴承	QJ	四点接触球轴承
5	推力球轴承	C	长弧面滚子轴承（圆环轴承）
6	深沟球轴承		

2) 尺寸系列代号

尺寸系列代号由轴承的宽（高）度系列代号和直径系列代号组合而成，用数字表示。向心轴承、推力轴承的尺寸系列代号如表 10－22 所示。

表 10－22　尺寸系列代号（摘自 GB/T 272—2017）

直径系列代号	向 心 轴 承								推 力 轴 承			
	宽度系列代号								高度系列代号			
	8	0	1	2	3	4	5	6	7	9	1	2
	尺 寸 系 列 代 号											
7	—	—	17	—	37	—	—	—	—	—	—	—
8	—	08	18	28	38	48	58	68	—	—	—	—
9	—	09	19	29	39	49	59	69	—	—	—	—
0	—	00	10	20	30	40	50	60	70	90	10	—
1	—	01	11	21	31	41	51	61	71	91	11	—
2	82	02	12	22	32	42	52	62	72	92	12	22
3	83	03	13	23	33	—	—	—	73	93	13	23
4	—	04	—	24	—	—	—	—	74	94	14	24
5	—	—	—	—	—	—	—	—	—	95	—	—

3) 内径代号

内径代号表示滚动轴承的内圈孔径，即轴承的公称内径。因其与轴配合，所以是一个重要参数。内径代号如表 10 - 23 所示。

表 10 - 23　滚动轴承的内径代号

轴承公称内径/mm		内 径 代 号	示 例
0.6~10 （非整数）		用公称内径毫米数直接表示，在其与尺寸系列代号之间用"/"分开	深沟球轴承 618/2.5，$d=2.5$ mm
1~9 （整数）		用公称内径毫米数直接表示，对深沟及角接触球轴承 7、8、9 直径系列，内径与尺寸系列代号之间用"/"分开	深沟球轴承 625 和 618/5，$d=5$ mm
10~17	10 12 15 17	00 01 02 03	深沟球轴承 6200，$d=$ 10 mm
20~480（22，28，32 除外）		公称内径除以 5 的商数，商数为个位数，需在商数左边加"0"，如 08	调心滚子轴承 23208，$d=$ 40 mm
≥500 以及 22，28，32		用公称内径毫米数直接表示，但在与尺寸系列之间用"/"分开	调心滚子轴承 230/500，$d=500$ mm； 深沟球轴承 62/22，$d=$ 22 mm

下面通过实例说明轴承代号的含义。

【例 10 - 9】　轴承代号实例如图 10 - 59 所示。

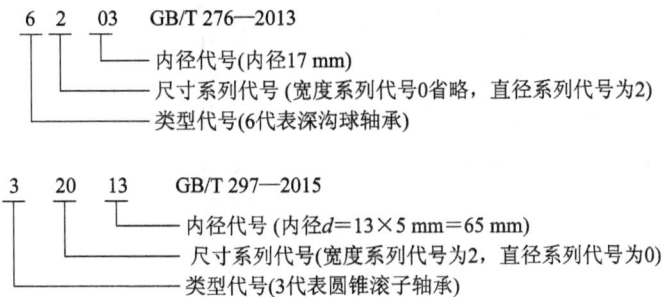

图 10 - 59　轴承代号实例

2. 前置、后置代号

　　前置、后置代号是轴承在结构形状、尺寸、公差、技术要求等有特别要求时，在其基本代号左、右添加的补充代号，一般情况下省略。前置代号用字母表示，后置代号用字母（或加数字）表示。其具体编制规则及含义可查阅国标《滚动轴承　代号方法》（GB/T 272—2017）。

10.5.2 滚动轴承的画法

滚动轴承是标准件，不需要绘制零件图，使用时只需提供其代号。但在装配图中，应按照国标《机械制图 滚动轴承表示法》(GB/T 4459.7—2017)规定的画法表示轴承。表10-24列出了国标规定的三种滚动轴承画法。表中的五种尺寸，除 A 可计算得出外，其余的尺寸可从表10-25、表10-26、表10-27和表10-28得到。

表 10-24　滚动轴承在装配图中的画法

轴承类型及代号	基本尺寸	规定画法	简化画法	
			特征画法	通用画法
深沟球轴承 GB/T 276—2013（60000 型）	D d B	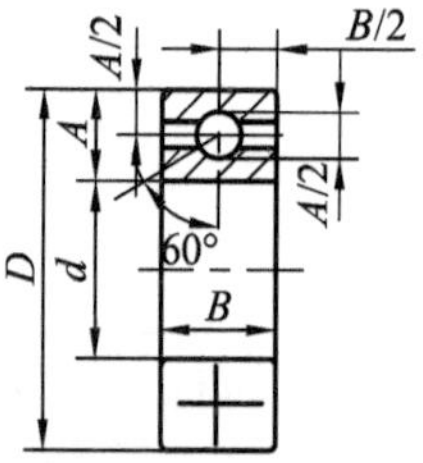	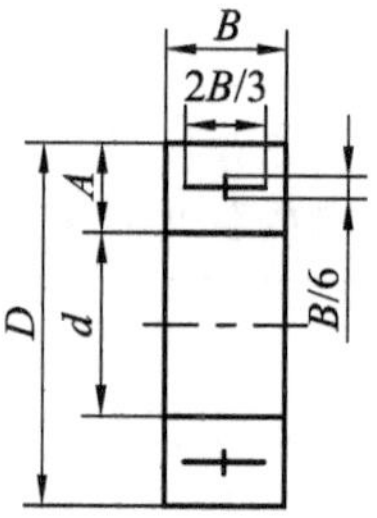	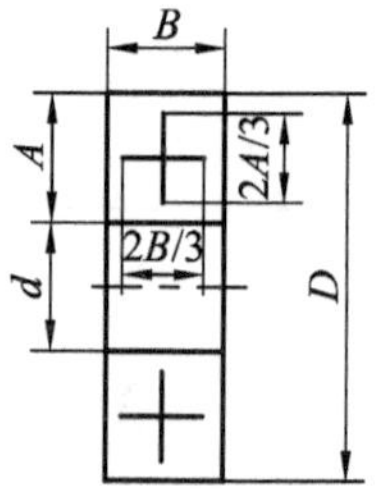
圆柱滚子轴承 GB/T 283—2021（N0000 型）	D d B	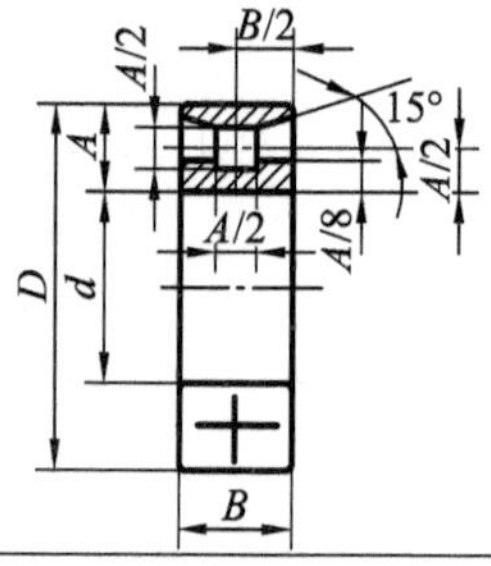		
圆锥滚子轴承 GB/T 297—2015（30000 型）	D d B T C	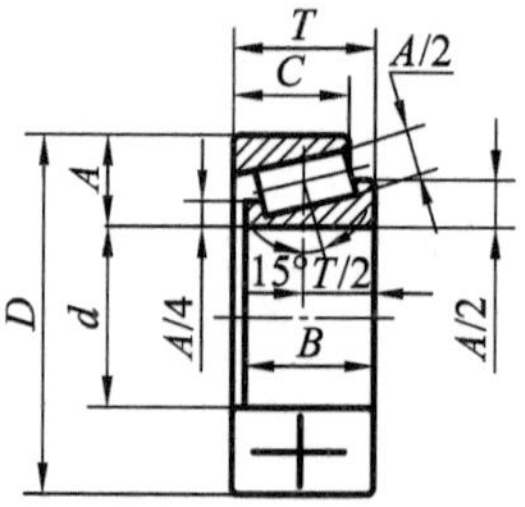	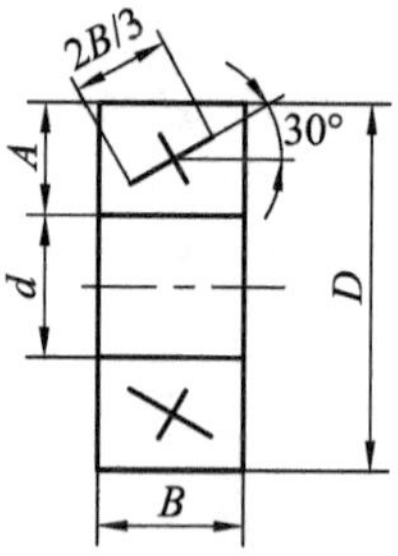	
单向推力球轴承 GB/T 301—2015（51000 型）	D d T	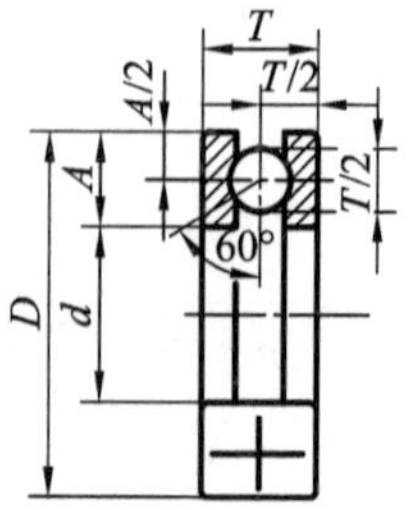	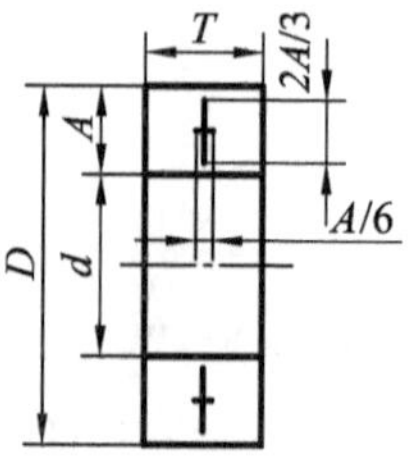	

表 10-25　深沟球轴承（60000 型）（摘自 GB/T 276—2013）

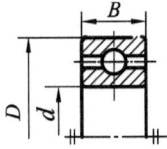

				标记示例				
				滚动轴承 6206 GB/T 276—2013				

轴承型号		尺寸/mm			轴承型号		尺寸/mm		
		d	D	B			d	D	B
10 系列	6004	20	42	12	03 系列	6304	20	52	15
	6005	25	47	12		6305	25	62	17
	6006	30	55	13		6306	30	72	19
	6007	35	62	14		6307	35	80	21
	6008	40	68	15		6308	40	90	23
	6009	45	75	16		6309	45	100	25
	6010	50	80	16		6310	50	110	27
	6011	55	90	18		6311	55	120	29
	6012	60	95	18		6312	60	130	31
	6013	65	100	18		6313	65	140	33
	6014	70	110	20		6314	70	150	35
	6015	75	115	20		6315	75	160	37
	6016	80	125	22		6316	80	170	39
	6017	85	130	22		6317	85	180	41
	6018	90	140	24		6318	90	190	43
	6019	95	145	24		6319	95	200	45
	6020	100	150	24		6320	100	215	47
02 系列	6204	20	47	14	04 系列	6404	20	72	19
	6205	25	52	15		6405	25	80	21
	6206	30	62	16		6406	30	90	23
	6207	35	72	17		6407	35	100	25
	6208	40	80	18		6408	40	110	27
	6209	45	85	19		6409	45	120	29
	6210	50	90	20		6410	50	130	31
	6211	55	100	21		6411	55	140	33
	6212	60	110	22		6412	60	150	35
	6213	65	120	23		6413	65	160	37
	6214	70	125	24		6414	70	180	42
	6215	75	130	25		6415	75	190	45
	6216	80	140	26		6416	80	200	48
	6217	85	150	28		6417	85	210	52
	6218	90	160	30		6418	90	225	54
	6219	95	170	32		6419	95	240	55
	6220	100	180	34		6420	100	250	58

注：本表只摘取部分尺寸。

表 10-26 圆锥滚子轴承(30000 型)(摘自 GB/T 297—2015)

标记示例

滚动轴承 30205 GB/T 297—2015

轴承型号	尺寸/mm					轴承型号	尺寸/mm				
	d	D	T	B	C		d	D	T	B	C
30202	15	35	11.75	11	10	30216	80	140	28.25	26	22
30203	17	40	13.25	12	11	30217	85	150	30.5	28	24
30204	20	47	15.25	14	12	30218	90	160	32.5	30	26
30205	25	52	16.25	15	13	30219	95	170	34.5	32	27
30206	30	62	17.25	16	14	30220	100	180	37	34	29
302/32	32	65	18.25	17	15	30221	105	190	39	36	30
30207	35	72	18.25	17	15	30222	110	200	41	38	32
30208	40	80	19.75	18	16	30224	120	215	43.5	40	34
30209	45	85	20.75	19	16	30226	130	230	43.75	40	34
30210	50	90	21.75	20	17	30228	140	250	43.75	42	36
30211	55	100	22.75	21	18	30230	150	270	49	45	38
30212	60	110	23.75	22	19	30232	160	290	52	48	40
30213	65	120	24.75	23	20	30234	170	310	57	52	43
30214	70	125	26.25	24	21	30236	180	320	57	52	43
30215	75	130	27.25	25	22	30238	190	340	60	55	46

表 10-27 圆柱滚子轴承(N0000 型)02E 尺寸系列(摘自 GB/T 283—2021)

标记示例

滚动轴承 N212E GB/T 283—2021

轴承型号	尺寸/mm			轴承型号	尺寸/mm		
N 型	d	D	B	N 型	d	D	B
N202E	15	35	11	N217E	85	150	28
N203E	17	40	12	N218E	90	160	30
N204E	20	47	14	N219E	95	170	32
N205E	25	52	15	N220E	100	180	34

轴承型号	尺寸/mm			轴承型号	尺寸/mm		
N 型	d	D	B	N 型	d	D	B
N206E	30	62	16	N221E	105	190	36
N207E	35	72	17	N222E	110	200	38
N208E	40	80	18	N224E	120	215	40
N209E	45	85	19	N226E	130	230	40
N210E	50	90	20	N228E	140	250	42
N211E	55	100	21	N230E	150	270	45
N212E	60	110	22	N232E	160	290	48
N213E	65	120	23	N234E	170	310	52
N214E	70	125	24	N236E	180	320	52
N215E	75	130	25	N238E	190	340	55
N216E	80	140	26	N240E	200	360	58

注:后置代号 E 为加强型,即内部结构设计改进,增大轴承承载能力。

表 10 - 28　单向推力球轴承(51000 型)11 系列(摘自 GB/T 301—2015)

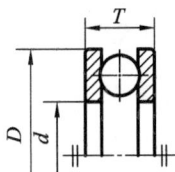

标记示例

滚动轴承 51110 GB/T 301—2015

轴承型号	尺寸/mm			轴承型号	尺寸/mm		
	d	D	T		d	D	T
51100	10	24	9	51115	75	100	19
51101	12	26	9	51116	80	105	19
51102	15	28	9	51117	85	110	19
51103	17	30	9	51118	90	120	22
51104	20	35	10	51120	100	135	25
51105	25	42	11	51122	110	145	25
51106	30	47	11	51124	120	155	25
51107	35	52	12	51126	130	170	30
51108	40	60	13	51128	140	180	31
51109	45	65	14	51130	150	190	31
51110	50	70	14	51132	160	200	31
51111	55	78	16	51134	170	215	34
51112	60	85	17	51136	180	225	34
51113	65	90	18	51138	190	240	37
51114	70	95	18	51140	200	250	37

1. 通用画法

在剖视图中，当不需要确切地表示滚动轴承的外形轮廓、载荷特征及结构特征时，可用矩形线框及位于线框中央正立的"十"字形符号表示，"十"字形符号不应与矩形线框接触。通用画法在轴的两侧以同样方式画出。

2. 特征画法

如需要较形象地表示滚动轴承的结构特征时，可采用在矩形线框内画出其结构要素符号的方法表示。特征画法应绘制在轴的两侧。

3. 规定画法

规定画法能较真实、形象地表达滚动轴承的结构、形状。规定画法一般绘制在轴的一侧，另一侧按通用画法绘制。

另外，绘制滚动轴承还应注意：

（1）三种画法中的各种符号、矩形线框和轮廓线均用粗实线绘制。

（2）矩形线框或外框轮廓的大小应与滚动轴承的外形尺寸（由标准手册中查出）一致，并以所属图样采用同一比例。

（3）在剖视图中，用简化画法（通用画法和特征画法）绘制滚动轴承时，一律不画剖面线。采用规定画法绘制时，轴承的滚动体不画剖面线，其各内、外圈可画成方向和间隔相同的剖面线，如表 10-24 所示，在不致引起误解时也允许省略不画。

（4）在同一图样中轴承应采用相同的画法。

10.6 弹　　簧

弹簧是一种常用来减震、夹紧、存储能量和测力等的常用件，其特点是在去除外力后能立即恢复原状。弹簧的种类很多，如螺旋弹簧（压缩弹簧、拉伸弹簧、扭转弹簧）、蜗卷弹簧等，如图 10-60 所示。

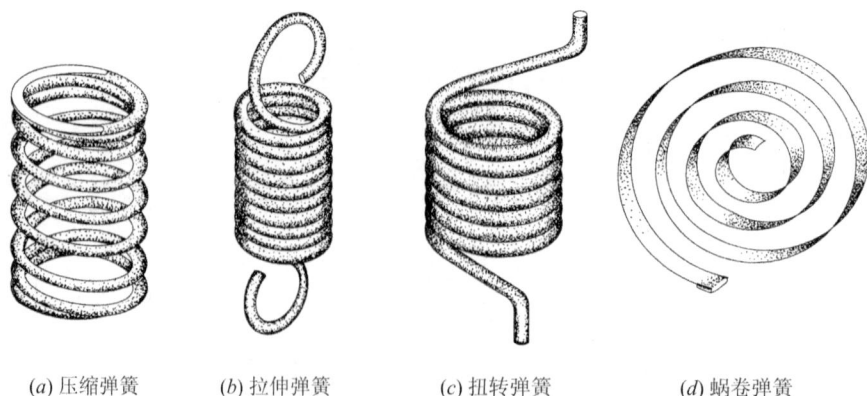

(a) 压缩弹簧　　　　(b) 拉伸弹簧　　　　(c) 扭转弹簧　　　　(d) 蜗卷弹簧

图 10-60　常用弹簧

普通的圆柱螺旋弹簧可分为压缩弹簧、拉伸弹簧和扭转弹簧。本节主要介绍圆柱螺旋压缩弹簧的结构及画法。

10.6.1 圆柱螺旋压缩弹簧各部分的名称及尺寸关系

GB/T 1239.1—2009、GB/T 1239.2—2009、GB/T 1239.3—2009 分别对圆柱螺旋压缩弹簧的型式、端部结构及技术要求作了规定,GB/T 1358—2009 对其尺寸系列作了规定,GB/T 2089—2009 对其尺寸及参数(两端圈并紧且磨平或制扁(锻平))作了规定。

参考图 10-61,普通圆柱螺旋压缩弹簧的参数、代号及相关尺寸计算如下:

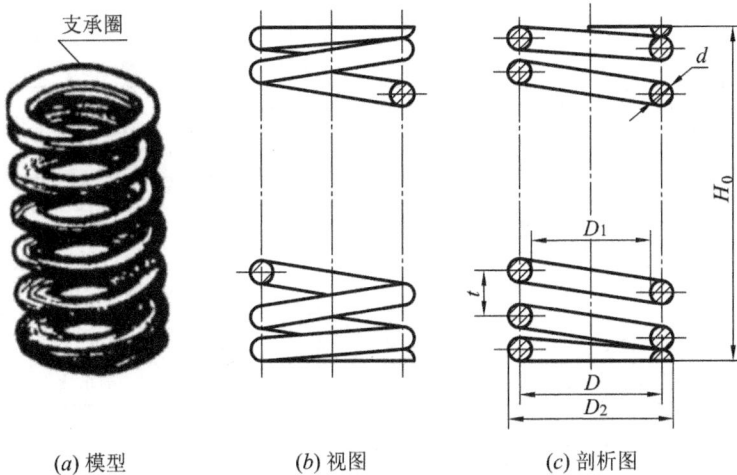

(a) 模型   (b) 视图   (c) 剖析图

图 10-61 圆柱螺旋压缩弹簧的尺寸代号和画法

(1)簧丝直径 d:制造弹簧用的钢丝直径。

(2)弹簧直径:弹簧外径 D_2 和弹簧内径 D_1 分别代表弹簧的最大和最小直径,弹簧中径 D 是弹簧的平均直径,即 $D=(D_1+D_2)/2=D_2-d=D_1+d$。

(3)有效圈数 n、支承圈数 n_2 和总圈数 n_1:为了使压缩弹簧工作时端面受力均匀,要求支承面和轴线垂直,常将弹簧两端并紧且磨平或锻平,这些并紧且磨平或锻平的两部分在工作时仅起支承作用,故称为支承圈。中间节距保持相等的圈数称为有效圈。有效圈数按照标准选取。支承圈数常取 1.5、2、2.5,其中 2.5 圈用得较多,即两端各并紧 1/2 圈,磨平 3/4 圈。总圈数 $n_1=n+n_2$。

(4)节距 t:除支承圈外两相邻有效圈截面中心线的轴向距离。t 按照标准选取,推荐 $0.28D<t<0.5D$。

(5)自由高度 H_0:未受负荷时的弹簧高度。H_0 按照标准选取,计算公式为 $H_0=nt+(n_2-0.5)d$。

(6)工作高度 H:弹簧在工作状态下承受外力时的高度(长度)。$H=nt+(n_2-0.5)d$(其中 t 为弹簧工作时的节距)。

(7)展开长度 L:制造弹簧时所需弹簧材料的长度。计算公式如下:

$$L \approx \frac{\pi D n_1}{\cos\alpha} \quad \text{或} \quad L \approx n_1\sqrt{(\pi D)^2+t^2}$$

其中,α 为螺旋升角,一般为 $5°\sim9°$。

(8)旋向:弹簧也分为右旋和左旋两种,大多数为右旋。

普通圆柱螺旋压缩弹簧的簧丝直径 d、弹簧中径 D、有效圈数 n 和自由高度 H_0 一般应符合 GB/T 1358—2009 的尺寸系列要求。

表 10 - 29　圆柱螺旋压缩弹簧的标准尺寸系列(摘自 GB/T 1358—2009)

名称	尺 寸 系 列									
弹簧材料直径 d(优选第一系列)/mm	第一系列	0.10	0.12	0.14	0.16	0.20	0.25	0.30	0.35	0.40	0.45
		0.50	0.60	0.70	0.80	0.90	1.00	1.20	1.60	2.00	2.50
		3.00	3.50	4.00	4.50	5.00	6.00	8.00	10.0	12.0	15.0
		16.0	20.0	25.0	30.0	35.0	40.0	45.0	50.0	60.0	
	第二系列	0.05	0.06	0.07	0.08	0.09		0.18	0.22	0.28	0.32
		0.55	0.65	1.40	1.80	2.20		2.80	3.20	5.50	6.50
		7.00	9.00	11.0	14.0	18.0		22.0	28.0	32.0	38.0
		42.0	55.0								
弹簧中径 D/mm	0.3	0.4	0.5	0.6	0.7	0.8	0.9	1	1.2	1.4
	1.5	1.8	2	2.2	2.5	2.8	3	3.2	3.5	3.8
	4	4.2	4.5	4.8	5	5.5	6	6.5	7	7.5
	8	8.5	9	10	12	14	16	18	20	22
	25	28	30	32	38	42	45	48	50	52
	55	58	60	65	70	75	80	85	90	95
	100	105	110	115	120	125	130	135	140	145
	150	160	170	180	190	200	210	220	230	240
	250	260	270	280	290	300	320	340	360	380
	400	450	500	550	600					
有效圈数 n/圈	2	2.5	2.5	2.75	3	3.25	3.5	3.75	4	4.25
	4.5	4.75	5	5.5	6	6.5	7	7.5	8	8.5
	9	9.5	10	10.5	11.5	12.5	13.5	14.5	15	16
	18	20	22	25	28	30				
自由高度 H_0/mm	2	3	4	5	6	7	8	9	10	11
	12	13	14	15	16	17	18	19	20	22
	24	26	28	30	32	35	38	40	42	45
	48	50	52	55	58	60	65	70	75	80
	85	90	95	100	105	110	115	120	130	140
	150	160	170	180	190	200	220	240	260	280
	300	320	340	360	380	400	420	450	480	500
	520	550	580	600	620	650	680	700	720	750
	780	800	850	900	950	1000				

10.6.2 圆柱螺旋压缩弹簧的画法

1. 基本规定（GB/T 4459.4—2003）

（1）在平行于轴线的投影视图上，弹簧各圈的转向轮廓素线投影画成直线，如图 10-61 所示。

（2）有效圈数在 4 圈以上的弹簧，两端可画 1～2 圈有效圈，中间可省略。省略后，可适当缩短图形的长度，如图 10-61 所示。

（3）无论左旋或右旋弹簧均可画成右旋。但左旋弹簧一律在图中注出旋向"左"。

（4）在装配图中，被弹簧挡住部分的结构一般不画，可见部分应从弹簧的外轮廓线或从弹簧钢丝剖面的中心线画起，如图 10-62(a) 所示。

（5）在装配图中，当剖切的弹簧钢丝直径等于或小于 2 mm 时，可用涂黑来表示，如图 10-62(b) 所示，也可用示意画法来绘制，如图 10-62(c) 所示。

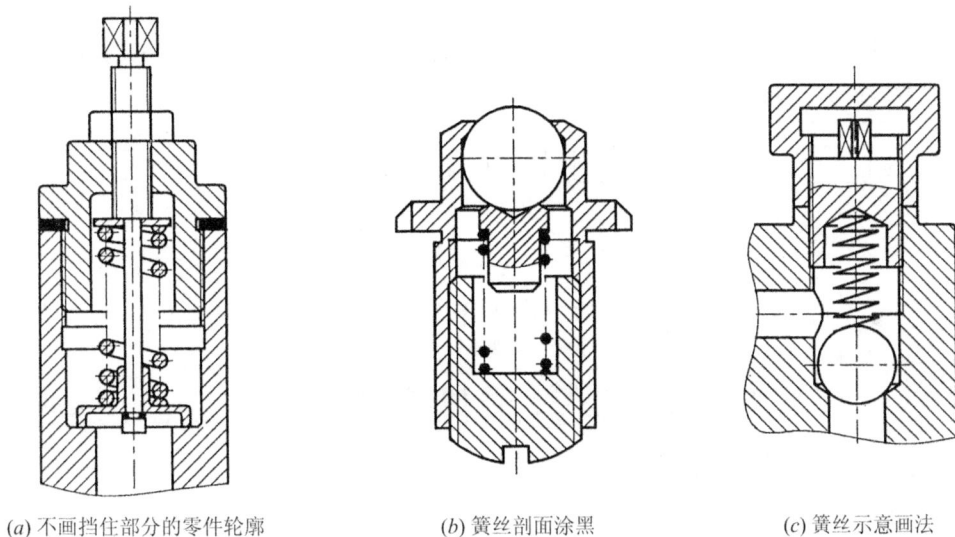

(a) 不画挡住部分的零件轮廓　　　　(b) 簧丝剖面涂黑　　　　(c) 簧丝示意画法

图 10-62　装配图中弹簧的规定画法

2. 弹簧的画法步骤

对于两端并紧、磨平的压缩弹簧，不论其支承圈数多少或并紧情况如何，均按支承圈为 2.5 的形式来画。画法步骤如图 10-63 所示。

（1）根据弹簧中径 D 和自由高度 H_0 用细点画线画如图 10-63(a) 所示的图形。

（2）画出支承圈部分的簧丝剖面轮廓（与簧丝直径相等的圆和半圆），如图 10-63(b) 所示。

（3）根据节距，画出有效圈数上的簧丝剖面轮廓，如图 10-63(c) 所示。

（4）按右旋方向作相应圆的公切线，再画出剖面线、加深，如图 10-63(d) 所示。

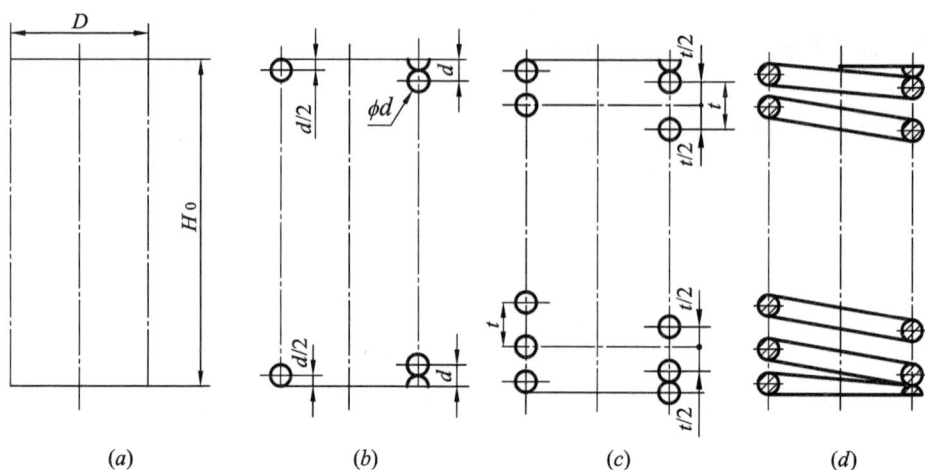

图 10 - 63　弹簧的画法步骤

10.6.3　圆柱螺旋压缩弹簧的标记

GB/T 2089—2009 规定,圆柱螺旋压缩弹簧的标记由类型代号、规格、精度代号、旋向代号和标准号组成,如下所示:

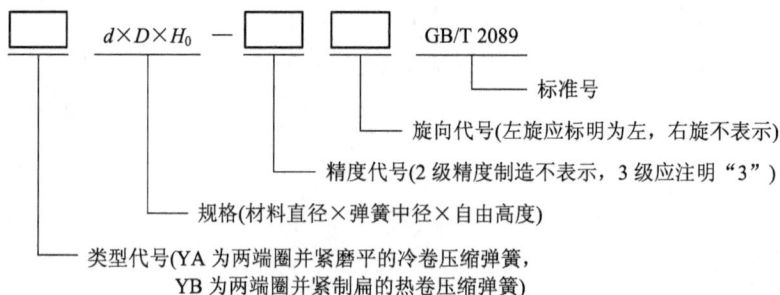

下面给出圆柱螺旋压缩弹簧的标记示例。

【例 10 - 10】　YA 型、材料直径为 1.2 mm、弹簧中径为 8 mm、自由高度为 40 mm、制造精度等级为 2 级、左旋的两端圈并紧磨平的冷卷压缩弹簧,其标记如下:

$$\text{YA } 1.2 \times 8 \times 40 \quad 左 \quad \text{GB/T 2089}$$

【例 10 - 11】　YB 型、材料直径为 30 mm、弹簧中径为 160 mm、自由高度为 200 mm、制造精度等级为 3 级、右旋的两端圈并紧制扁的热卷压缩弹簧,其标记如下:

$$\text{YB } 30 \times 160 \times 200 - 3 \quad \text{GB/T 2089}$$

10.6.4　圆柱螺旋压缩弹簧的零件图

GB/T 23935—2009 中给出了弹簧典型工作图样。圆柱螺旋压缩弹簧零件图示例如图 10 - 64 所示。弹簧的参数应直接标注在图形上,若标注有困难,可在技术要求中说明。若需要,可在零件图上用图解的方式来表达弹簧的负荷与长度之间的变化关系。

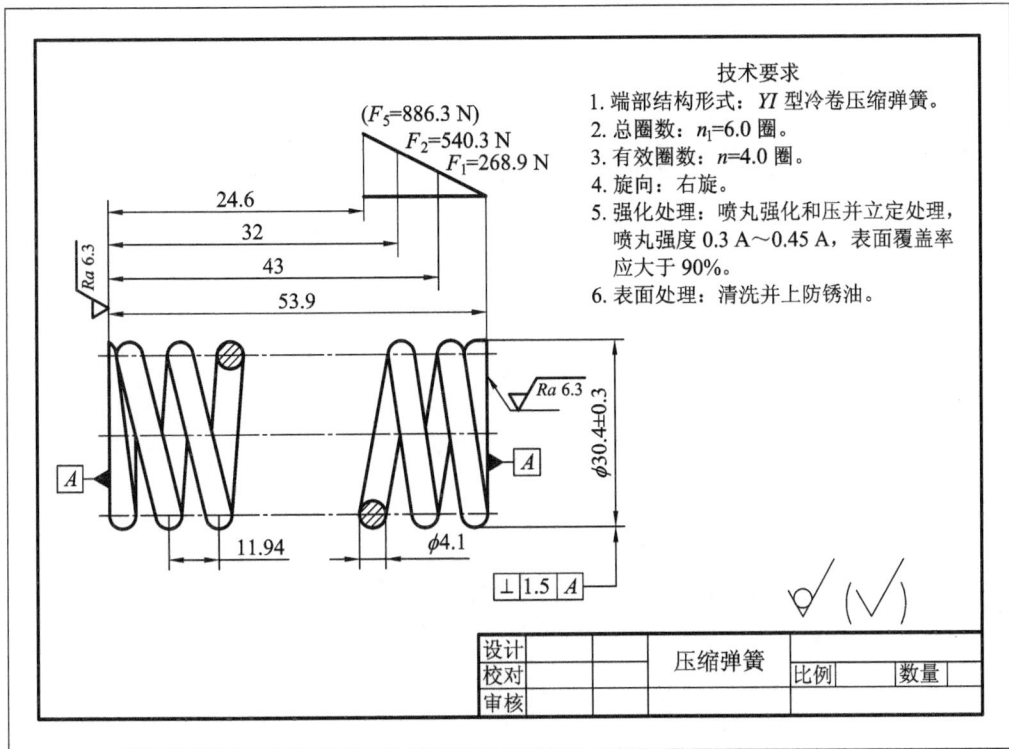

技术要求

1. 端部结构形式：YI 型冷卷压缩弹簧。
2. 总圈数：n_1=6.0 圈。
3. 有效圈数：n=4.0 圈。
4. 旋向：右旋。
5. 强化处理：喷丸强化和压并立定处理，喷丸强度 0.3 A～0.45 A，表面覆盖率应大于 90%。
6. 表面处理：清洗并上防锈油。

设计		压缩弹簧		
校对			比例	数量
审核				

图 10 - 64　圆柱螺旋压缩弹簧零件图示例

10.7　齿　轮

齿轮是用来起传动作用的常用件，它不仅能传递动力，还可改变方向以及转速。齿轮的结构形状比较复杂，在众多齿轮参数中，只有模数、压力角是标准化参数。齿轮一般成对使用，在表达其结构特征时可采用简化画法。

图 10 - 65 表示了三种常见的齿轮传动形式。圆柱齿轮常用于平行轴间的传动，圆锥齿轮常用于相交轴间的传动，蜗轮、蜗杆一般用于交错两轴之间的传动。

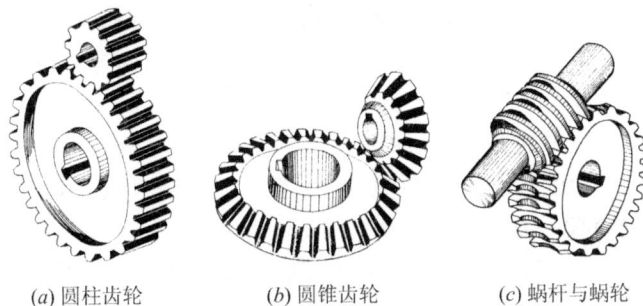

(a) 圆柱齿轮　　　　(b) 圆锥齿轮　　　　(c) 蜗杆与蜗轮

图 10 - 65　常见的齿轮传动形式

10.7.1 圆柱齿轮

圆柱齿轮的轮齿有直齿、斜齿、人字齿等,因此圆柱齿轮可分为直齿圆柱齿轮、斜齿圆柱齿轮、人字齿圆柱齿轮等。下面主要介绍直齿圆柱齿轮的结构、名称及其规定画法。

1. 直齿圆柱齿轮的结构、名称及尺寸关系

直齿圆柱齿轮的齿廓形状及尺寸在两端面上完全相同。轮齿各部分名称及尺寸关系见图 10-66。

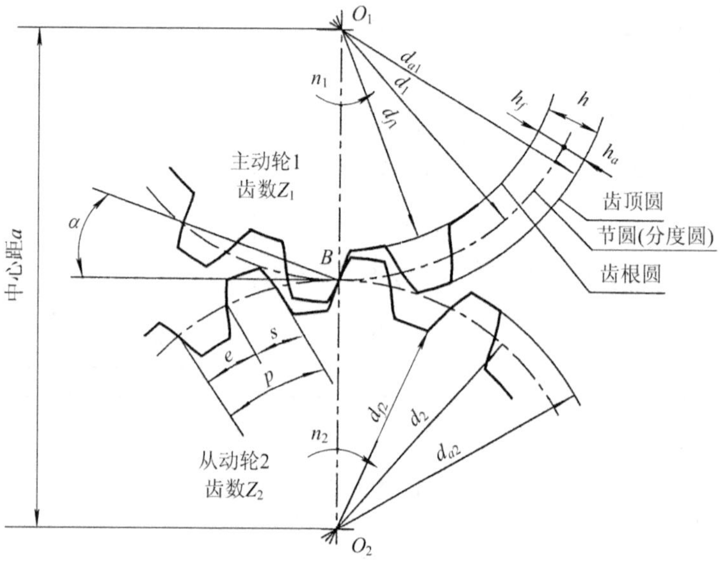

图 10-66　啮合的圆柱齿轮示意图

(1) 分度圆 d:圆柱齿轮上一个假想圆柱面与端平面的交线圆。分度圆上齿厚的弧长与齿槽的弧长相等,其直径以 d 表示。

(2) 齿顶圆 d_a:包含各轮齿顶部的圆柱面与端平面的交线圆。齿顶圆的直径以 d_a 表示。

(3) 齿根圆 d_f:包含各轮齿根部的圆柱面与端平面的交线圆。齿根圆的直径以 d_f 表示。

(4) 齿高 h:齿顶圆与齿根圆之间的径向距离,以 h 表示。分度圆将齿高分为两个不等的部分,齿顶圆与分度圆之间的径向距离称为齿顶高,以 h_a 表示。齿根圆与分度圆之间的径向距离称为齿根高,以 h_f 表示。齿高是齿顶高与齿根高之和,即 $h = h_a + h_f$。

(5) 齿距 p:分度圆上相邻两齿廓对应点之间的弧长。相啮合的两齿轮齿距相等。对于标准齿轮,齿厚 s 和槽宽 e 均为齿距 p 的一半,即 $s = e = p/2$。

(6) 模数 m:齿距 p 与 π 的比值,即 $m = p/\pi$,其单位是毫米(mm)。由于两啮合的齿轮的齿距 p 必须相等,所以它们的模数也相等。模数是齿轮几何参数计算的基础,不同模数的齿轮,要用不同模数的刀具加工。为了便于设计和加工,国家标准《通用机械和重型机械用圆柱齿轮　模数》规定了渐开线圆柱齿轮模数的标准系列值,如表 10-30 所示。一般情况下,模数越大,齿轮的承载能力也越大。

表 10 - 30 齿轮模数系列(摘自 GB/T 1357—2008)　　(单位：mm)

第Ⅰ	1	1.25	1.5	2	2.5	3	4	5	6	8	10	12
系列	16	20	25	32	40	50						
第Ⅱ	1.125		1.375	1.75		2.25	2.75	3.5	4.5	5.5	(6.5)	
系列	7		9		11		14	18	22	28	36	45

注：① 本表适用于渐开线圆柱齿轮。对斜齿轮是指法向模数。

② 选用模数时，应优先选用第Ⅰ系列；其次选用第Ⅱ系列；括号内的模数尽可能不用。

(7) 节圆 d：如图 10 - 66 所示，O_1、O_2 分别为两啮合齿轮的中心，两齿轮的一对齿廓的啮合接触点是在连心线 O_1O_2 上的 B 点(称为节点)。分别以 O_1、O_2 为圆心，以 O_1B 和 O_2B 为半径作圆，齿轮的传动可以假象为这两个圆作无滑动的纯滚动，这两个圆就称为两齿轮的节圆，其直径以 d_1、d_2 表示。一对正确安装的标准齿轮，其节圆与分度圆重合。

(8) 压力角 α：在节点 B 处，两齿廓曲线的共法线(即齿廓的受力方向)与两节圆的内公切线(即节点处的瞬时运动方向)所夹的锐角。我国标准规定的压力角为 20°。相啮合的两齿轮压力角相等。

(9) 齿数：沿齿轮一周轮齿的总数，以 Z 表示。

(10) 传动比 i：主动齿轮的转速 n_1 与从动齿轮的转速 n_2 之比。齿轮的转速与齿数成反比，即

$$i = \frac{n_1}{n_2} = \frac{Z_2}{Z_1}$$

当 $i > 1$ 时，此时啮合齿轮用于减速。

(11) 中心距 a：两圆柱齿轮轴线之间的最短距离，即

$$a = \frac{d_1 + d_2}{2} = \frac{m(Z_1 + Z_2)}{2}$$

在设计齿轮时要先确定模数和齿数，其他各部分尺寸都可由模数和齿数计算出来。标准直齿圆柱齿轮的计算公式如表 10 - 31 所示。

表 10 - 31 标准直齿圆柱齿轮各几何要素的尺寸计算公式

名　　称	代　号	公　　式
齿顶高	h_a	$h_a = m$
齿根高	h_f	$h_f = 1.25m$
齿高	h	$h = 2.25m$
分度圆直径	d	$d = mZ$
齿顶圆直径	d_a	$d_a = m(Z+2)$
齿根圆直径	d_f	$d_f = m(Z-2.5)$
齿距	p	$p = \pi m$
齿厚	s	$s = \frac{1}{2}\pi m$
中心距	a	$a = \frac{d_1 + d_2}{2} = \frac{m(Z_1 + Z_2)}{2}$

2. 单个圆柱齿轮的画法（GB/T 4459.2—2003）

（1）外形视图中，齿顶圆和齿顶线用粗实线表示，分度圆和分度线用细点画线表示，齿根圆和齿根线用细实线表示（一般可省略不画），如图 10 - 67(a)所示。

（2）剖视图中，当剖切平面通过齿轮的轴线时，轮齿部分一律按不剖处理。齿顶线和分度线的画法不变，齿根线用粗实线绘制，如图 10 - 67(b)所示。

（3）当需要表示斜齿与人字齿的形状时，可在非圆的外形视图上用三条与轮齿倾斜方向相同的细实线表示轮齿的方向，如图 10 - 67(c)、(d)所示。

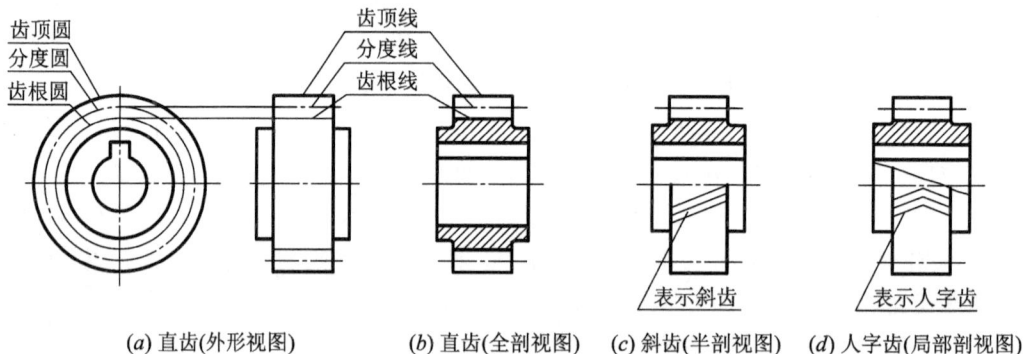

(a) 直齿(外形视图)　　(b) 直齿(全剖视图)　　(c) 斜齿(半剖视图)　　(d) 人字齿(局部剖视图)

图 10 - 67　单个圆柱齿轮的规定画法

3. 圆柱齿轮的啮合画法（GB/T 4459.2—2003）

（1）在垂直于圆柱齿轮轴线的投影面视图中，啮合区内的节圆用细点画线绘制，齿根圆省略不画，齿顶圆用粗实线绘制，也可省略不画，如图 10 - 68(a)、(b)所示。

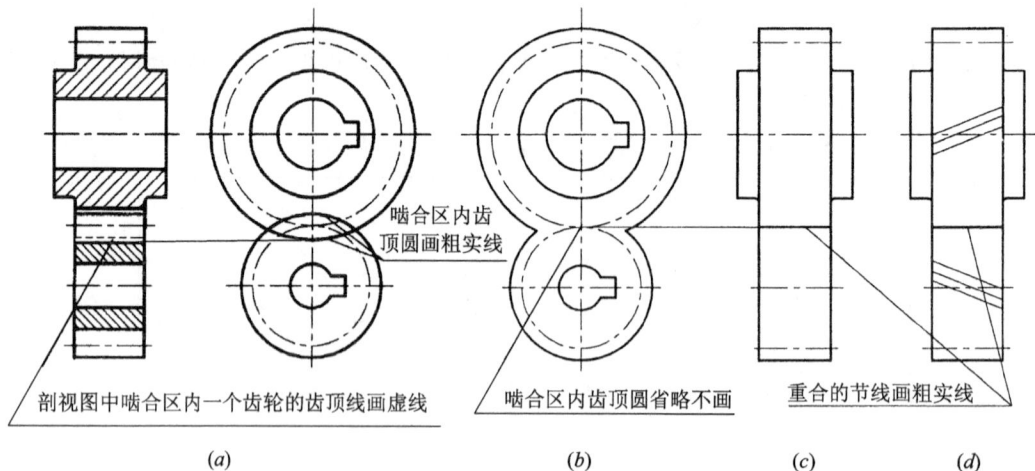

图 10 - 68　圆柱齿轮的啮合画法

（2）在平行于圆柱齿轮轴线的投影面视图中，啮合区内的齿顶线和齿根线不画，节线用粗实线绘制，如图 10 - 68(c)、(d)（图(c)为直齿，图(d)为斜齿）所示；在剖视图中，当剖切平面通过两啮合齿轮的轴线时，齿轮部分仍按不剖切绘制。在啮合区内可设想其中一个齿轮的轮齿被另一个齿轮的轮齿所遮挡，故将一个齿轮的齿顶线用粗实线绘制，另一个齿轮的齿顶线用细虚线绘制，也可省略不画，如图10-68(a)所示。

两圆柱齿轮啮合区的放大图及投影关系，可参见图10-69。

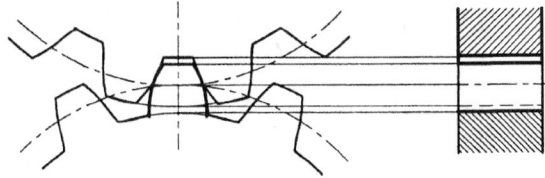

图10-69 圆柱齿轮啮合区的放大图

4. 齿轮零件图的画法

在齿轮零件图上不仅要表示出齿轮的形状、尺寸、技术要求，而且要列出制造齿轮所需要的参数和公差值，如图10-70所示。

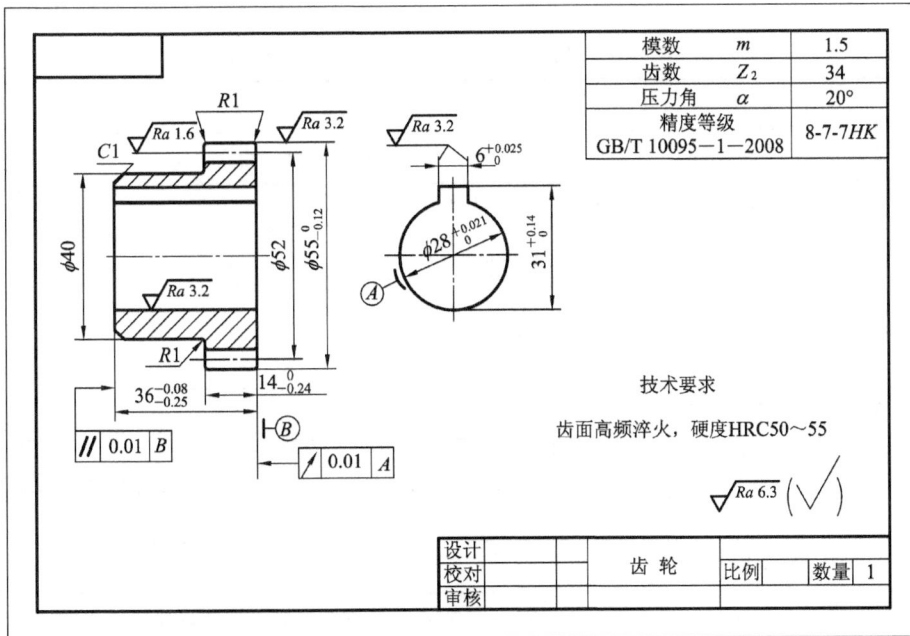

图10-70 圆柱齿轮零件图示例

10.7.2 圆锥齿轮

圆锥齿轮常用于垂直相交的两轴之间的传动，其轮齿可根据需要制成直齿、斜齿等，下面主要介绍直齿圆锥齿轮的尺寸及画法。

1. 直齿圆锥齿轮的尺寸计算

由于圆锥齿轮的轮齿分布在圆锥面上，所以圆锥齿轮的轮齿一端大、一端小，齿厚是逐渐变化的，而大、小两端的分度圆直径和模数也不相同，通常规定以大端的模数和分度圆直径来决定其他各部分的尺寸。

直齿圆锥齿轮各部分名称及尺寸计算公式参见图10-71和表10-32，其中表10-32中的参数是对圆锥齿轮的大端而言的。

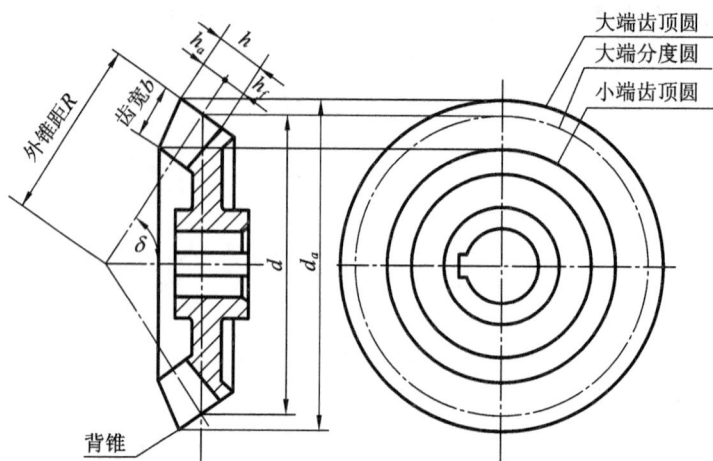

图 10-71 圆锥齿轮各部分几何要素的名称及代号

表 10-32 直齿圆锥齿轮的参数及计算公式

序号	名称	代号	公 式
1	模数	m	以大端模数为标准，由设计给定
2	齿数	Z	由设计给定
3	分度圆直径	d	$d=mZ$
4	分锥角	δ	$\tan\delta_1=Z_1/Z_2$，$\tan\delta_2=Z_2/Z_1$
5	齿顶高	h_a	$h_a=m$
6	齿根高	h_f	$h_f=1.2m$
7	全齿高	h	$h=2.2m$
8	齿顶圆直径	d_a	$d_a=m(Z+2\cos\delta)$
9	齿根圆直径	d_f	$d_f=m(Z-2.4\cos\delta)$
10	外锥距	R	$R=mZ/2\sin\delta$（外锥距指分度圆锥母线的长度）
11	齿形角	α	$\alpha=20°$
12	齿宽	b	$b=(0.2\sim0.35)R$
13	传动比	i	$i=n_1/n_2=Z_2/Z_1$

注：① 本表按照两齿轮轴线的夹角 $\delta=90°$ 计算。

② 角标 1、2 分别代表大、小圆锥齿轮。

2. 单个直齿圆锥齿轮的画法

圆锥齿轮的主视图常采用全剖视图。在投影为圆的视图上规定用粗实线画出大端和小端的齿顶圆，用细点画线画出大端分度圆。齿根圆及小端分度圆均不画出。单个直齿圆锥齿轮的作图步骤如图 10-72 所示。

图 10-73 是圆锥齿轮零件图示例。

(a)   (b)

(c)   (d)

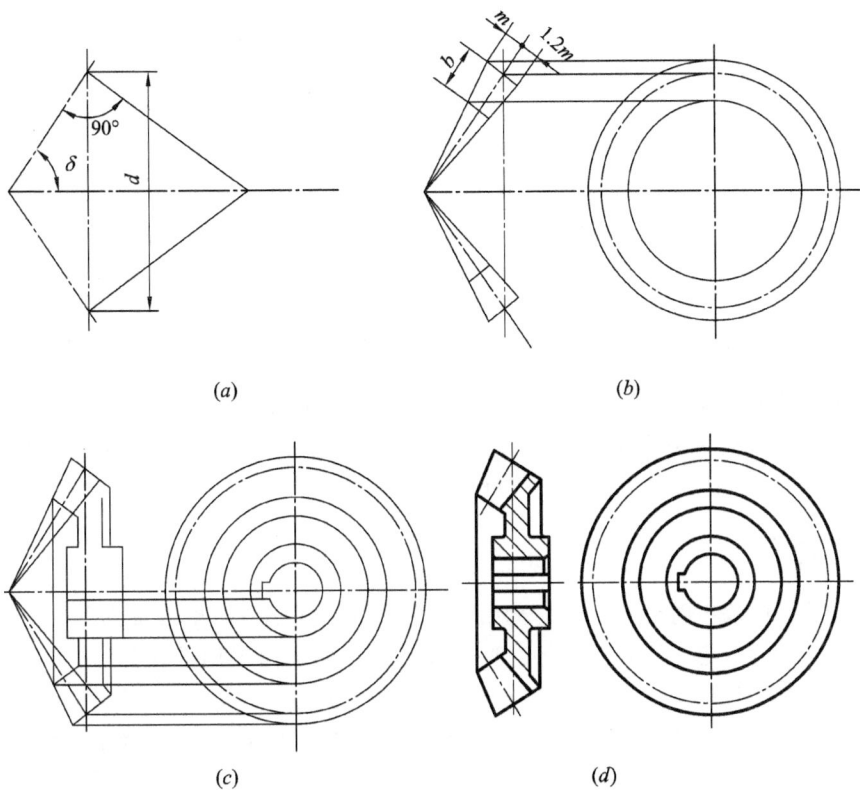

图 10-72　直齿圆锥齿轮的作图步骤

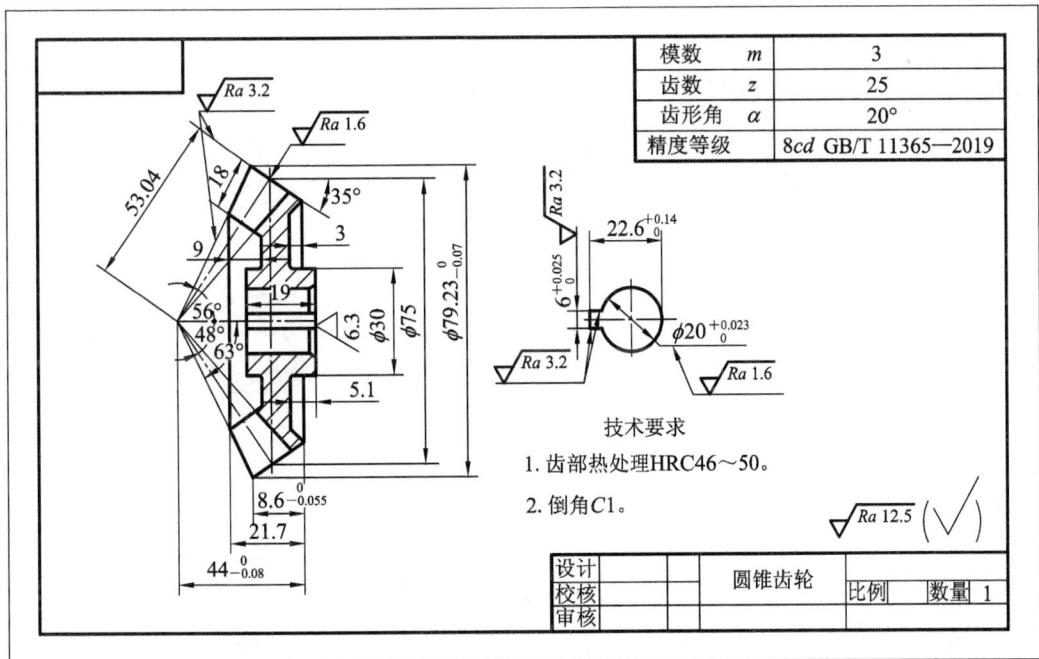

模数	m	3
齿数	z	25
齿形角	α	20°
精度等级		8cd GB/T 11365—2019

技术要求

1. 齿部热处理HRC46～50。

2. 倒角C1。

$\sqrt{Ra\,12.5}\left(\sqrt{\ }\right)$

设计		圆锥齿轮		
校核			比例	数量 1
审核				

图 10-73　圆锥齿轮零件图示例

3. 圆锥齿轮的啮合画法

直齿圆锥齿轮的轮齿部分和啮合区的画法与直齿圆柱齿轮的画法相同,如图 10-68 所示。

10.8 焊 接

焊接是将需要连接的金属零件用电弧或火焰在连接处进行局部加热,同时填充熔化金属或施加压力,使其熔合在一起的加工方法。焊接熔合处称为焊缝。焊接而成的零件和部件统称为焊接件,它是不可拆卸的一个整体。焊接工艺简单,质量可靠,结构重量轻,在现代工业中应用很广。

焊接的结构型式用焊缝符号表示。GB/T 324—2008《焊缝符号的表示法》、GB/T 12212—2012《技术制图对焊缝符号的尺寸、比例及简化表示法》对焊缝的标注进行了详细的规定,在图纸上应按规定的格式及符号标注焊缝。

10.8.1 焊缝符号

焊缝符号是由基本符号和补充符号组成。基本符号表示焊缝的截面形状,表 10-33 为常用的焊缝符号。补充符号是为补充说明焊缝的某些特征而采用的符号。绘图时,焊缝的基本符号和补充符号均用 $2/3 \times d$ 线宽绘制(d 为粗实线宽度)。

表 10-33 常用的焊缝基本符号(摘自 GB/T 324—2008)

名称	焊缝型式	符号	名称	焊缝型式	符号
I 形焊缝		 ‖	带钝边 J 形焊缝		 Ⅴ
V 形焊缝		Ⅴ	封底焊缝		 ⌣
单边 V 形焊缝		Ⅴ	角焊缝		△
带钝边 V 形焊缝		 Ⅴ	点焊缝		○
带钝边单边 V 形焊缝		Ⅴ	塞焊缝或槽焊缝	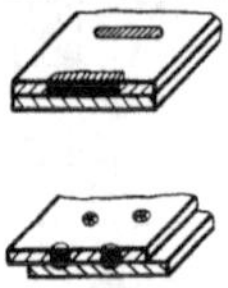	⊓
带钝边 U 形焊缝		Ⅴ	缝焊缝	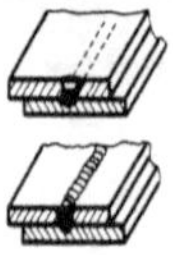	⊖

10.8.2 焊缝指引线及标注

焊缝的指引线由箭头线和两条基准线(一条为细实线,一条为细虚线)两部分组成,如图10-74所示。

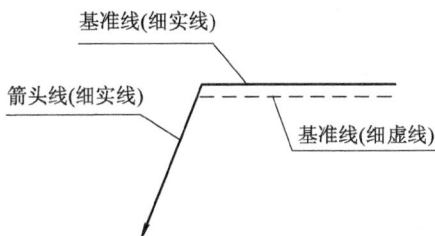

图10-74 指引线

箭头线相对焊缝的位置一般没有特殊要求,但是在标注单边 V 形焊缝、带钝边单边 V 形焊缝、J 形焊缝时,箭头线应指向带有坡口一侧的工件,如图 10-75(b)所示。必要时,允许箭头线弯折一次,如图 10-75(c)所示。基准线一般应与图样的底边平行,但在特殊条件下亦可与底边垂直。基准线的虚线可以画在基准线的实线的上侧或下侧。如果焊缝在接头的箭头侧,则将基本符号标在基准线的实线侧;如果焊缝在接头的非箭头侧,则将基本符号标在基准线的虚线侧;标注对称焊缝及双面焊缝时可不加虚线,如图 10-76 所示。

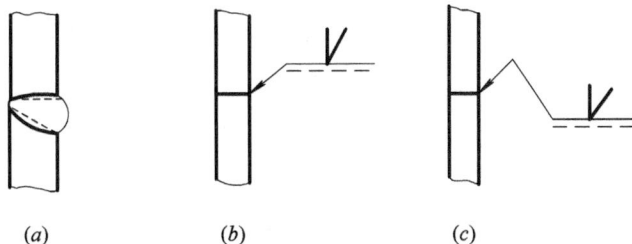

图 10-75 箭头线的位置

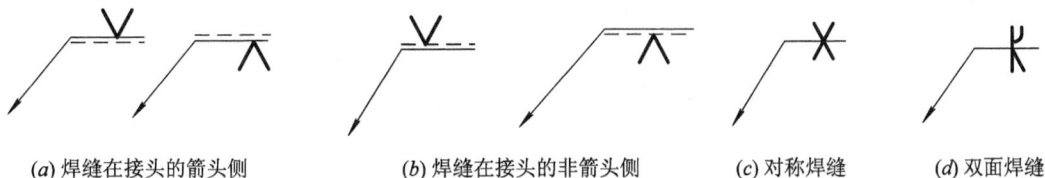

(a) 焊缝在接头的箭头侧   (b) 焊缝在接头的非箭头侧   (c) 对称焊缝   (d) 双面焊缝

图 10-76 基本符号相对基准线的位置

10.8.3 焊接结构图例

焊接结构图实际上是装配图。对于简单的焊接件,一般不单画各组成构件的零件图。在结构图上标出各组成构件的全部尺寸并在备注中说明"无图"。对于复杂的焊接件,应在明细表中注出各构件的名称、代号、材料和数量。图 10-77 和图 10-78 是一些焊缝符号的标注示例。

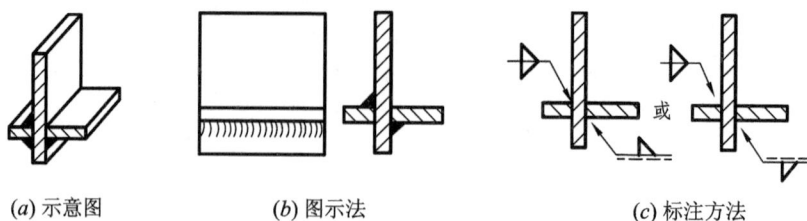

(a) 示意图　　　　　(b) 图示法　　　　　(c) 标注方法

图 10-77　角焊缝标注方法

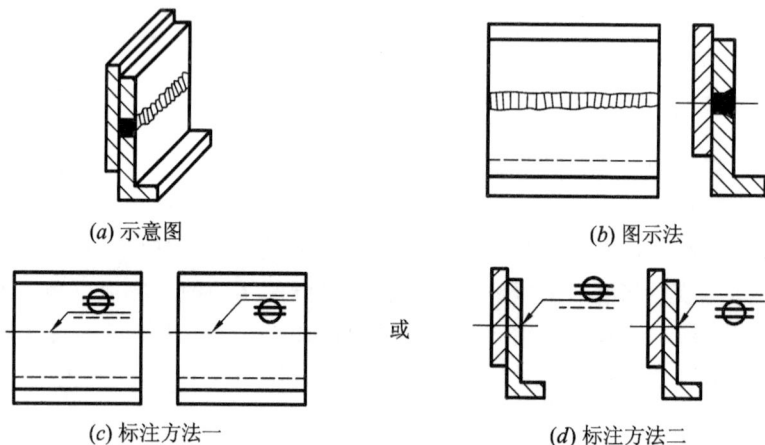

(a) 示意图　　　　　　　　　　　　(b) 图示法

(c) 标注方法一　　　　或　　　　(d) 标注方法二

图 10-78　缝焊缝的标注方法

本 章 小 结

　　本章主要介绍了工程上常用的标准件和常用件的结构、作用、规定标记以及图样表达,并简要介绍了焊接件。

　　对于螺纹部分,要求能熟练掌握单个螺纹(包括外螺纹和内螺纹)以及连接螺纹的规定画法,熟悉螺纹的规定标记代号及在图样上的标注,其中公差部分作一般了解。

　　对于螺纹紧固件,要求熟悉螺纹紧固件的规定标记,能在相应的表中查出各项尺寸,并熟练掌握各种螺纹紧固件连接的装配图画法。

　　对于键连接,要求熟悉键的种类及键的选取,掌握平键、半圆键的键槽及键联接的画法。

　　对于销连接,要求熟悉标记代号,掌握销连接的相关零件图和装配图的画法。

　　对于轴承,要求了解轴承代号的含义,重点掌握滚动轴承的画法。

　　弹簧、齿轮是两种常用件,要求重点掌握这两种零件的零件工作图和装配图的表达。

　　焊接工艺简单,应用广泛,要求了解各种焊缝的类型以及相应的标注形式。

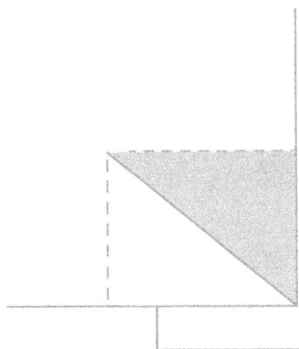

第11章 零 件 图

任何一台机器或部件都是由零件按照一定的装配关系和技术要求装配而成的。表达单个零件的结构形状、尺寸大小和技术要求的图样称为零件图。根据零件在机器或部件中的作用,一般将零件分为三大类。

1. 一般零件

一般零件的结构、尺寸是根据它们在机器或部件中的作用和制造工艺要求而设计的,如箱体、阀盖等。一般零件都要画出零件图以供加工制造。

2. 常用件

常用件是在实际生产中经常使用,且部分结构、尺寸已经标准化的零件,如齿轮、皮带轮、弹簧、蜗轮、蜗杆等,它们在机器或部件中起传递动力和运动的作用。常用件应按国标的规定画法画出零件图。

3. 标准件

标准件的结构、尺寸等全部标准化,如螺纹紧固件、键、销、滚动轴承、密封圈、油杯、螺塞等,它们在机器或部件中主要起连接、支承、密封等作用。这类零件通常不必画出零件图,只根据需要标注出它们的规定标记,按规定标记查阅有关的标准,便能得到相应零件的尺寸、结构和技术要求等。

11.1 零件图的作用和内容

零件图表达了机器或部件对该零件的要求,是制造和检验零件所需的全部资料,也是设计部门提供给生产部门的主要技术文件。因此一张完整的零件图应主要包括 4 项(图11-1)内容。

1. 一组图形

根据有关标准和规定,用视图、剖视图、断面图及其他表达方法,正确、完整、清晰地表达零件的内、外结构形状。

2. 完整的尺寸

零件图应完整、正确、清晰、合理地标注出制造和检验该零件所需要的全部尺寸。

3. 技术要求

用规定的符号、数字、文字等标注说明零件在制造、检验或装配等过程中应达到的各项技术指标和要求，如表面粗糙度、尺寸公差、形状和位置公差、热处理、表面处理等要求。

4. 标题栏、号签

标题栏一般配置在图框的右下角，在标题栏内一般填写零件名称、材料、数量、比例、图号、单位名称以及设计、制图、审核等人员的签名和日期。在图纸的左上角应有长40 mm、高15 mm的号签，号签中填写与标题栏中相同的图号，但注写方向相反。

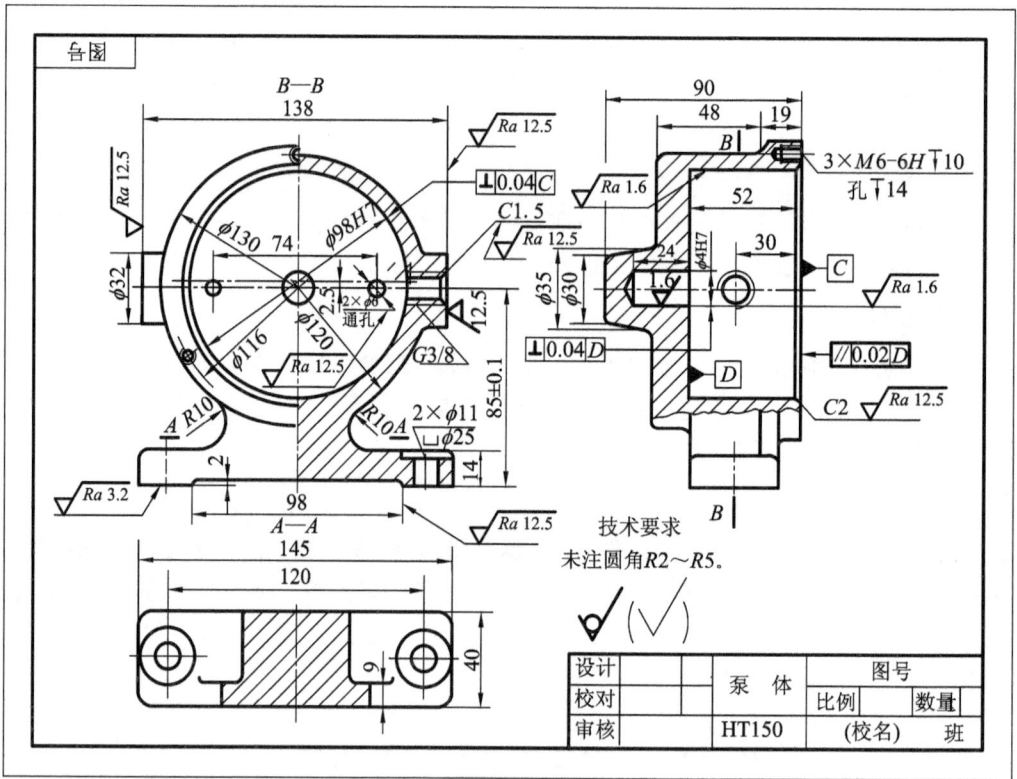

图 11-1 泵体的零件图

11.2 零件图的视图选择

11.2.1 零件图的视图选择原则

零件图的视图选择原则，就是在零件的内、外结构形状表达清楚的基础之上，力求绘图简便、读图方便，并便于零件的加工或装配。

1. 主视图的选择

主视图是表达零件最主要的一个视图。主视图选择是否合理将直接影响零件图的表达效果。通常,在选择主视图时,必须考虑下面两个因素:

1) 零件的安放位置

为了便于零件的加工、装配和检验,零件的安放位置应尽量符合零件的主要加工位置和工作位置。

加工位置就是零件在机床上加工时主要加工工序的装夹位置。主视图与加工位置一致,可以图物对照,以便加工和测量。如图11-2所示的轴类零件,其主要加工工序一般是在车床上完成,装夹时零件轴线水平放置。因此主视图的安放位置一般与加工位置相一致,并将车削加工量较多的一头放在右边。

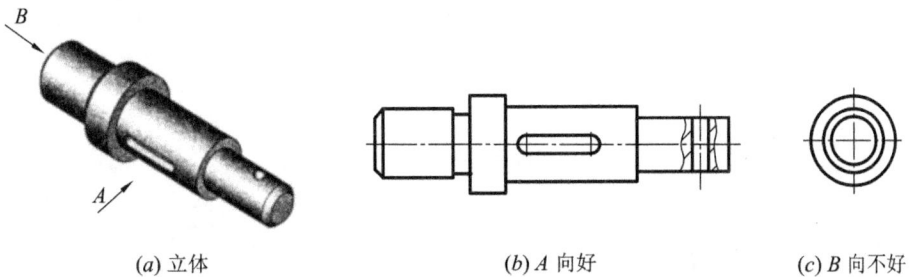

(a) 立体   (b) A 向好   (c) B 向不好

图 11-2 轴的主视图选择

工作位置就是零件安装在机器或部件中工作时的位置。一些相对复杂的零件往往需要在各种不同的机床上加工,且加工面多,加工时的装夹位置又各不相同,所以常选择零件在机器或部件中工作时的位置绘制主视图,如图11-3所示。如果零件的工作位置是倾斜的,或者工作时零件在运动,如手柄,则习惯上将零件摆正,使尽可能多的表面平行或垂直于基本投影面。

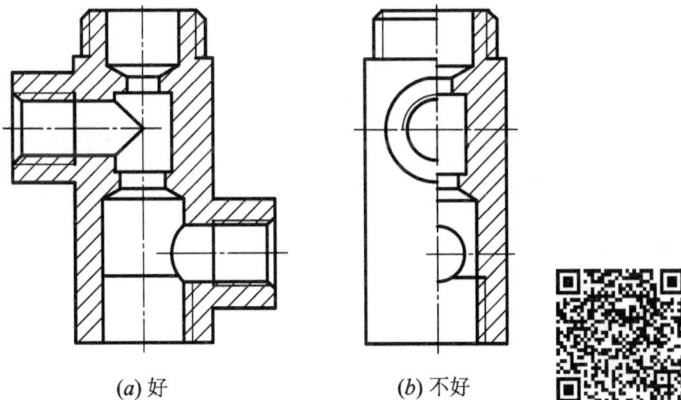

(a) 好   (b) 不好

图 11-3 阀体主视图的选择

2) 主视图的投影方向

主视图应尽量选择能明显反映零件结构形状特征及各形体间相对位置的投影方向,即形体特征原则，同时，还要兼顾使其他视图的虚线少的原则。如图 11-2 所示的轴，以 A 向作为主视图的投射方向，能明显反映轴上的键槽、退刀槽等部位的结构形状；图 11-3 所示的阀体中，图 11-3(a) 作为主视图能清楚地表示两边的管接头；如图 11-4(a) 所示的压板，选择 A 向作为主视图，能较明显地反映压板的弯曲特征和两个小孔分布情况；如图 11-5 所示的支架，图 11-5(a)、(b) 虽然都符合工作位置，但图 11-5(b) 的左视图虚线较多，因此，11-5(a) 选择相对合理。

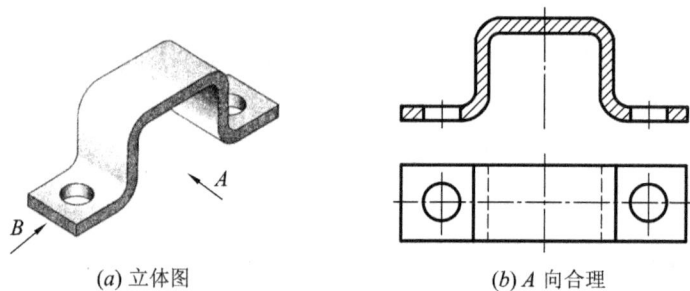

(a) 立体图　　　　　　　　(b) A 向合理

图 11-4　压板

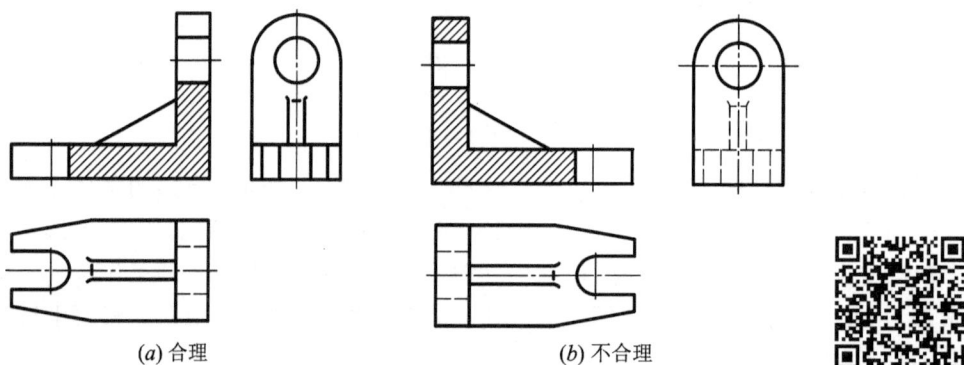

(a) 合理　　　　　　　　(b) 不合理

图 11-5　支架

2. 其他视图的选择

主视图选定之后，一般还要选择其他视图用以补充表达。选择其他视图时应注意：

(1) 根据零件的复杂程度和内、外结构特点，综合考虑所需要的视图，使每个视图都有其表达重点。切忌视图数目过多，表达重复、繁琐、主次不分。

(2) 其他视图一般优先考虑选用基本视图，以及在基本视图上作剖视图和断面图。

(3) 尽量避免使用虚线。当满足以下两种情况时，可少量使用虚线：

① 画虚线不影响视图的清晰，并可以省略另一个视图时；

② 能使零件的某一部分结构形状表示得更完整。如图 11-6 所示俯视图虚线表示行程开关壳体底板底部形状，不影响俯视图的清晰又可省去仰视图；如图 11-7 所示零件，俯视图画出虚线，使零件形状更完整。

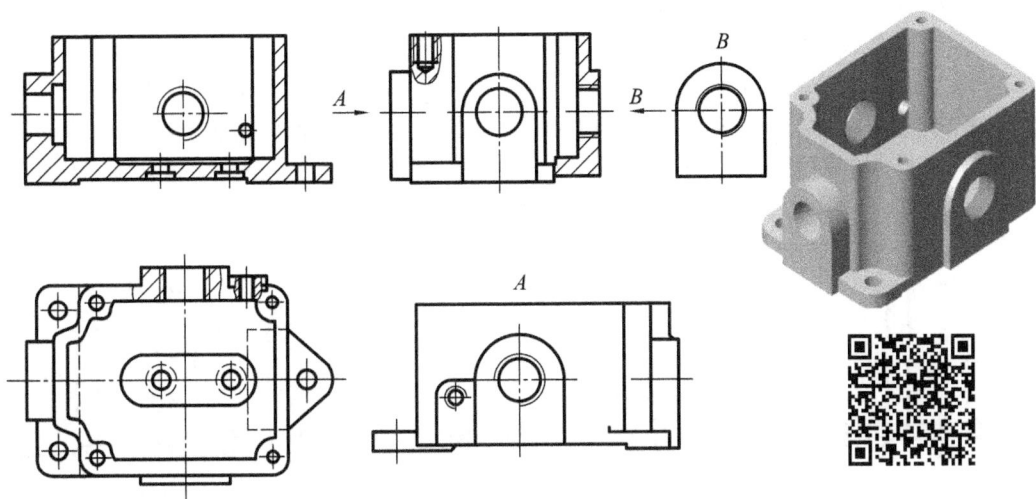

图 11-6 行程开关壳体

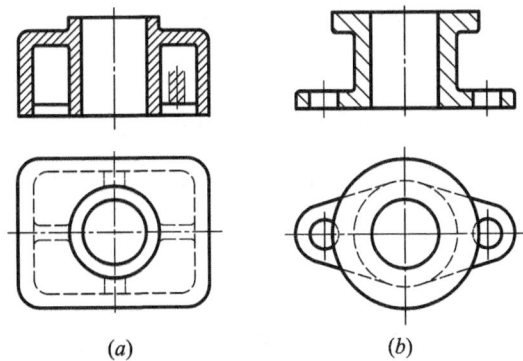

图 11-7 俯视图虚线使零件形状更完整

（4）视图布置不仅要清晰美观，还要有利于图幅的合理利用。

对于结构比较简单的零件，如图 11-8 所示的轴套，各部分都是由回转体所组成的，如果在主视图上加注直径"φ"和足够的尺寸，那么仅用一个视图就能把该零件表达清楚，不必增加其他视图。但是，对于大多数零件来讲，仅用一个主视图是不能完全表达清楚的，

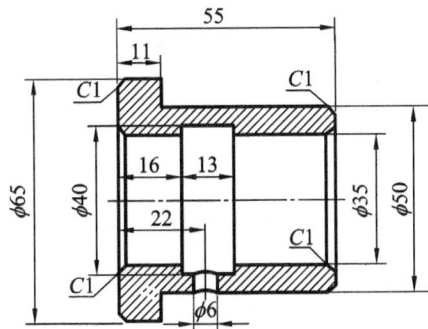

图 11-8 轴套

还需要增加其他视图。

对于结构形状比较复杂的零件，就要根据零件的内、外结构形状，进行多种方案的比较，用最少的视图、最小的绘图量，把零件的内、外结构完整、清晰地表达出来。如图11-9所示支承座的两个表达方案，图11-9(b)方案表达清晰，作图简单，较为合理；而图11-9(a)方案，左视图中除将凸台形状表达清楚外，其他结构均为重复表达，从而增加了绘图量。

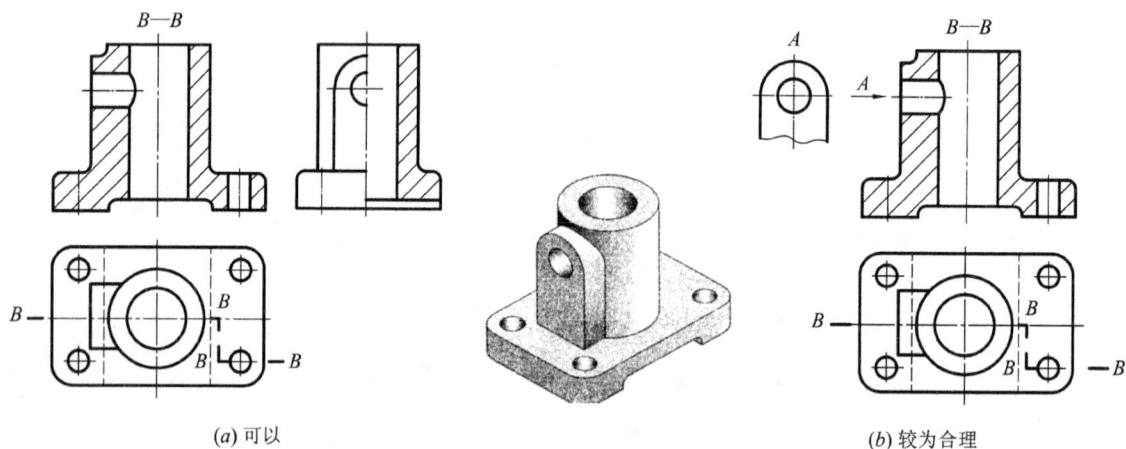

(a) 可以   (b) 较为合理

图 11-9 支承座的视图选择

总之，在选择零件的表达方案时，要合理选用机件的各种表达方法，使零件的视图表达完整、清晰，数量适当，读图和绘图简便。

11.2.2 典型零件的视图选择

如果零件结构形状相近，则其表达方法具有共同特点，因此习惯上将一般零件分为轴套类、盘盖类、叉架类和箱体类等四类典型零件。下面分别介绍这些典型零件的视图选择方法。

1. 轴、套类零件

轴、套类零件通常在机器中起支承和传递动力的作用。

轴、套类零件一般由共轴线的回转体组成，且其轴向尺寸远大于径向尺寸。零件上常见的工艺结构有倒角、倒圆、砂轮越程槽、中心孔等，功能结构有螺纹和螺纹退刀槽、键槽、花键、销孔及结构平面等。这类零件的主要加工工序是在车床或磨床上完成的，装夹时把它的轴线放成水平位置。所以这类零件用一个轴线水平放置的主视图和数量适当的断面图、局部放大图、局部剖视图来表达。如图11-10所示的实心轴，轴上的孔或凹坑等结构，用局部剖视来表达，而轴上的键槽、孔、平面结构等用移出断面图来表达。实心轴一般不剖切。

套类零件一般需要用剖视表达它的内部结构。若外部结构形状比较简单，则主视图可采用全剖视图，如图11-11所示。若外部结构形状较复杂需要表达时，可采用半剖视图。

2. 盘盖类零件

盘盖类零件一般指机器上的端盖、压盖、法兰盘、手轮、皮带轮、齿轮等。这类零件在机器中主要起支承、密封或传递动力等作用。

盘盖类零件的主体结构一般也是由同轴回转体组成的，但其径向尺寸相对轴向尺寸大

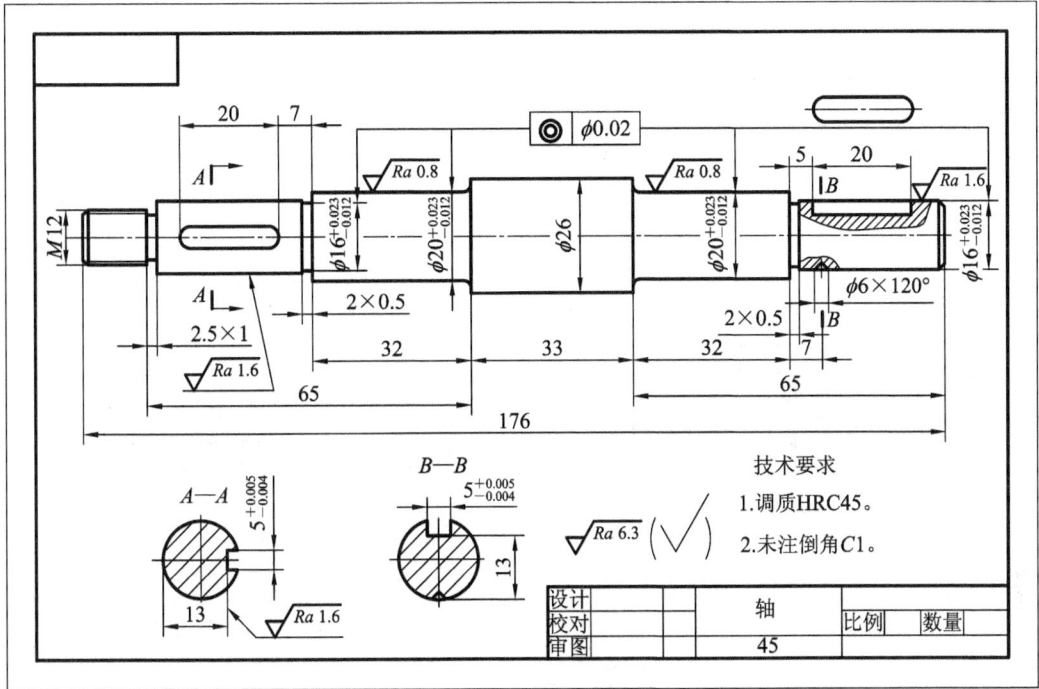

图 11-10 轴

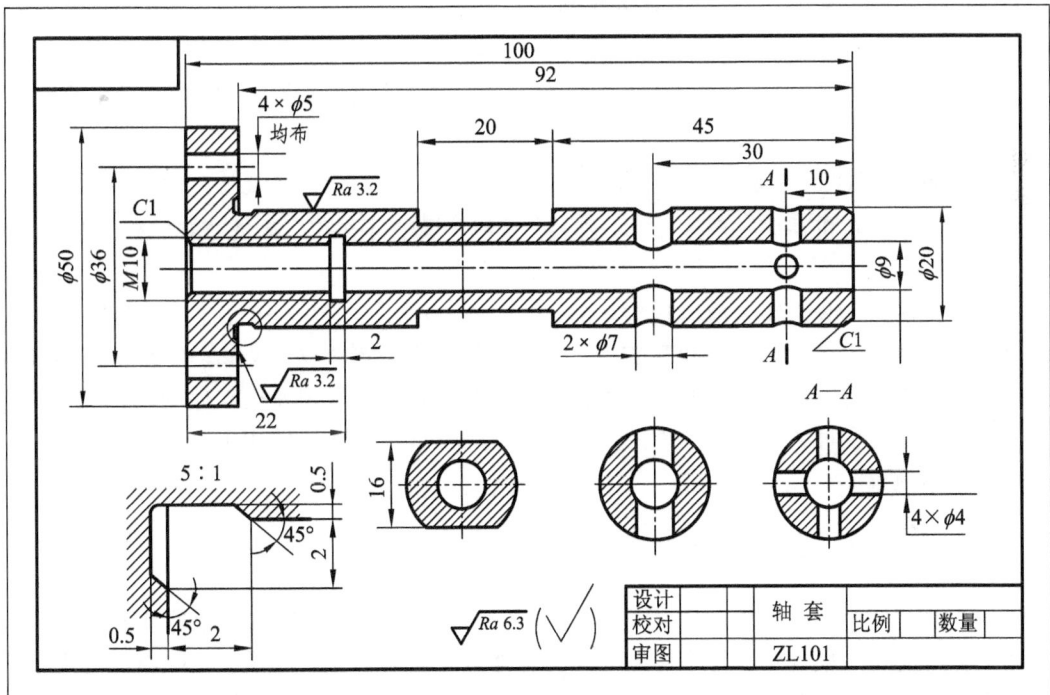

图 11-11 轴套

得多。零件上常有轴孔，沿圆周分布的孔、肋板、轮辐、槽和齿等结构。这类零件的主要加工面是在车床上加工的，加工时将其轴线水平放置。

盘盖类零件通常需要两个基本视图来表达,其主视图通常按加工位置放置,即将其轴线放成水平,且常采用全剖视图,如图 11-12 所示。除主视图外,还需采用左(或右)视图表达孔、槽及轮辐等结构沿圆周的分布情况。视图具有对称面时可采用半剖视图。

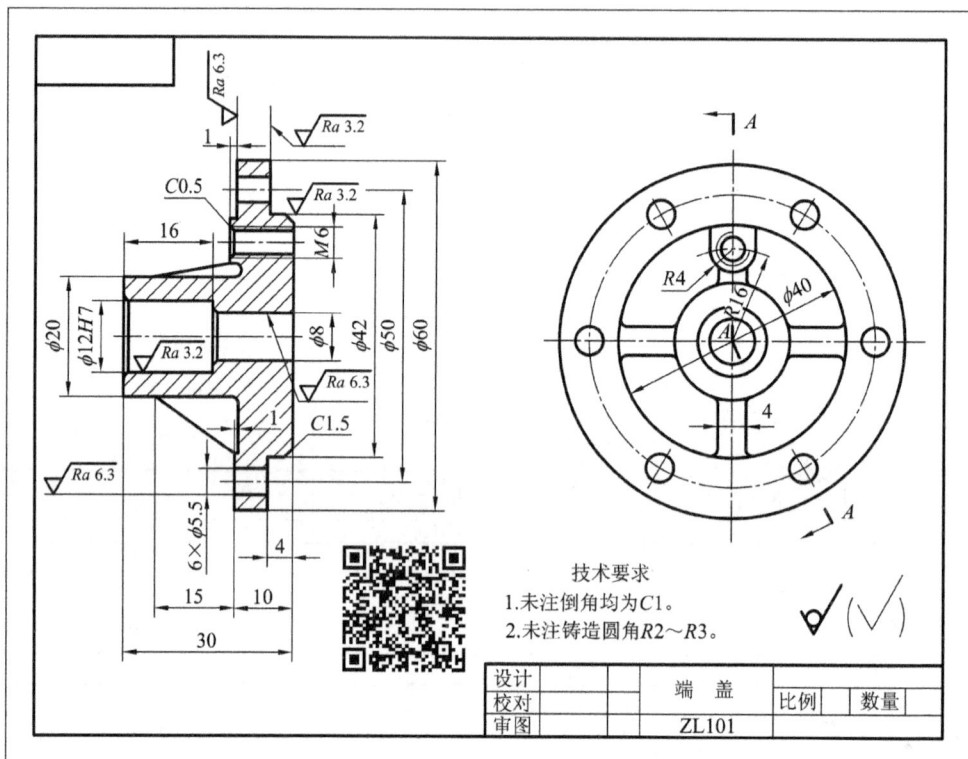

图 11-12 端盖

3. 叉架类零件

叉架类零件在机器中一般起支承、连接、操纵、调节等作用,常见的有连杆、拨叉、支架、摇杆等。

叉架类零件一般是铸造或锻造出来的,结构复杂,加工方法多样,加工位置不止一个,所以主视图选择主要按其工作位置安放,然后选择合理投影方向。叉架类零件通常需要两个以上的基本视图,并且常选用斜视图、局部视图、断面图等来表达零件的细部结构。对某些较小的结构也可采用局部放大图。图 11-13 所示为一连杆的零件图。

4. 箱体类零件

箱体类零件多为铸造件,是组成机器或部件的主要零件,通常起支承、容纳、定位和密封等作用。

箱体类零件的主体结构差异很大,但多是中空壳体,内腔的形状根据箱体所包容零件的形状和运动轨迹来确定。箱体上运动件的支撑部分是轴承孔,在轴承孔的断面有安装端盖的平面和螺孔等局部功能结构。为与基座或部件上其他零件连接,箱体上要构造底板和安装平面,平面上一般有定位销孔和连接螺孔。为加强局部强度,箱体上常有肋板等结构。考虑到运动部件的润滑,箱体上常有加油孔、放油孔及安装游标等结构的平面和孔(如图 11-14 所示)。

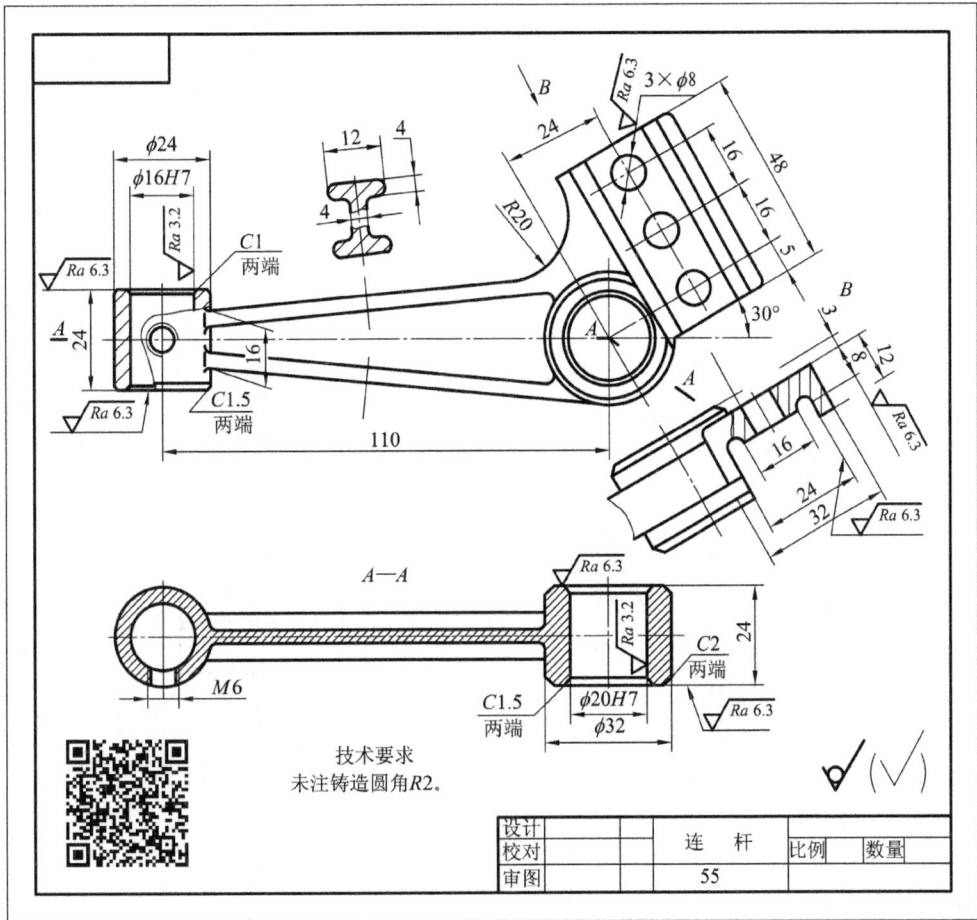

图 11-13 连杆

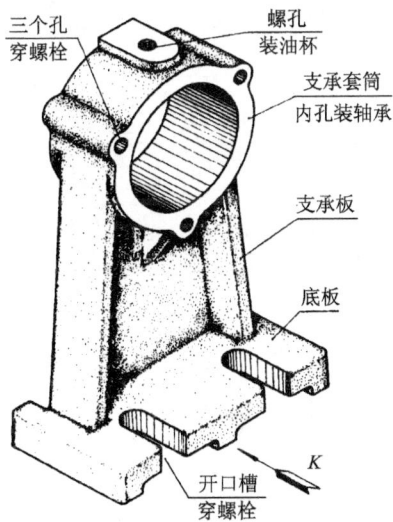

图 11-14 支架轴测图

由于箱体一般结构复杂，需要进行机械加工的部位很多，所以其主视图主要按其工作位置安放，然后选择合理投影方向。箱体类零件一般要采用三个或三个以上的基本视图，并适当运用剖视图、断面图、局部视图等表达。

图 11-15 是支架的零件图。该图选用了三个基本视图和一个 C 向局部视图。主视图主

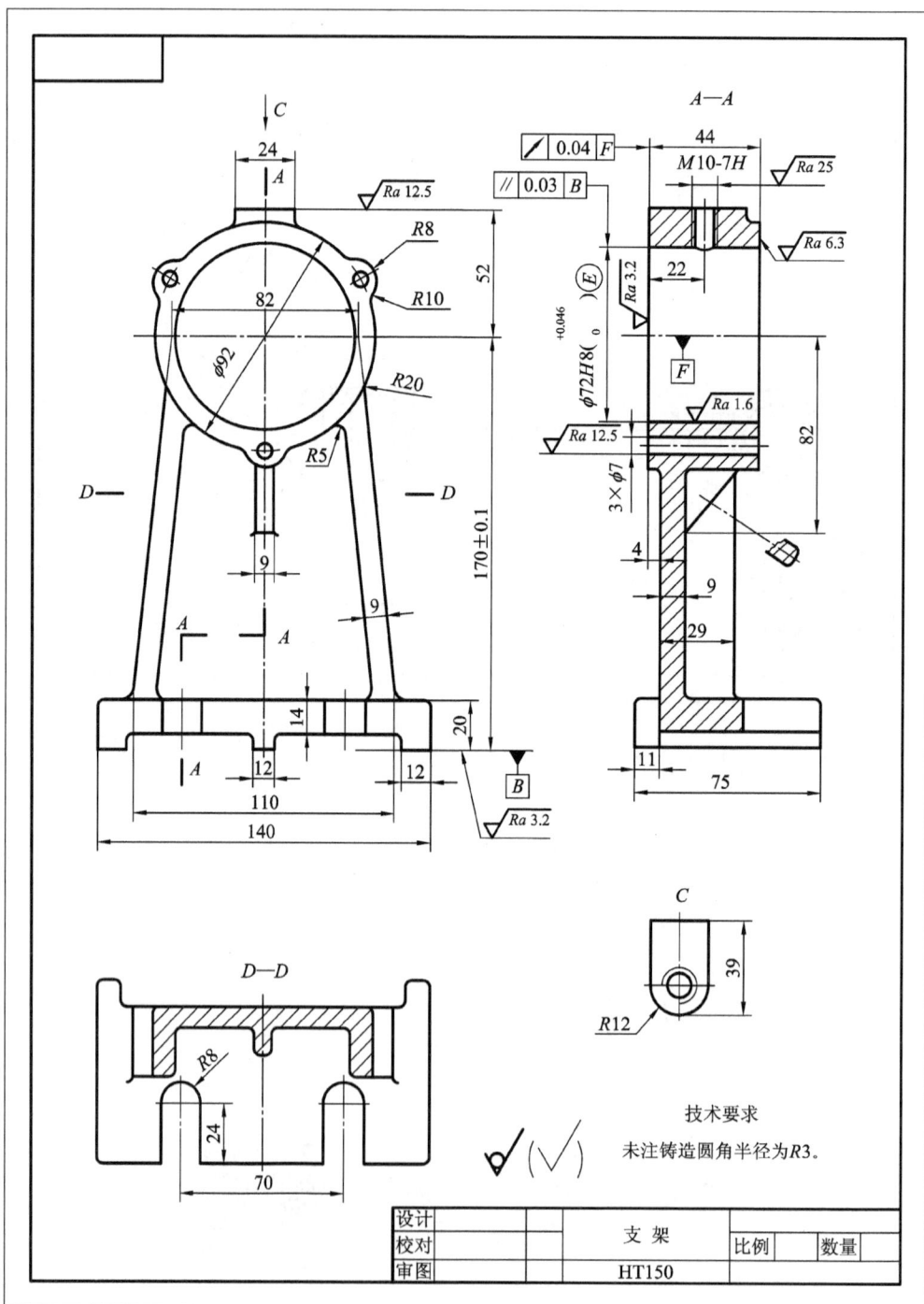

图 11-15 支架零件图

要采用视图表达方法表达零件外部各部分结构形状和相对位置关系；左视图采用全剖视，表达零件内部孔、槽等的穿通情况；俯视图采用单一的全剖视，清楚地表达了底板的形状、螺栓孔的位置及支承板、肋板的形状。顶部凸台用局部视图 C 表达。

11.3　零件上常见的工艺结构及其画法

由于设计与加工工艺的要求，零件上常有一些特定的结构，如倒角、圆角、凸台、退刀槽等，这些结构也往往影响零件的使用性能，是结构设计中必须考虑的问题之一。画零件图时，必须清楚、正确地表达出这些工艺结构。

11.3.1　铸造件工艺结构

盘盖类、叉架类、箱体类零件中大部分都是铸造件。把金属熔液浇注到同毛坯形状相一致的铸型空腔中，冷却凝固后即为铸件。在铸造过程中，为了起模方便和消除缩孔、夹砂、变形等缺陷，在铸件上必须考虑壁厚均匀、起模斜度、铸造圆角等结构。

1. 起模斜度

为便于将模型从砂型中取出，在铸件的内外壁上常设计出起模斜度。起模斜度约为 1∶20（木模常为 $1°\sim3°$，金属模用手工造型时为 $1°\sim2°$、用机械造型时为 $0.5°\sim1°$），如图 11-16(a) 所示。起模斜度在图上可以不予标注，也可不画出，如图 11-16(b) 所示。必要时，可在技术要求中用文字说明。

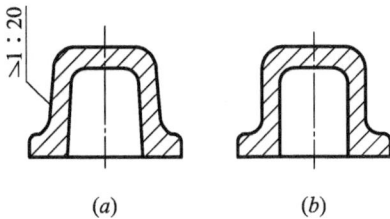

图 11-16　起模斜度

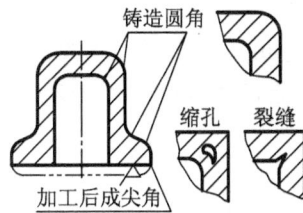

图 11-17　铸造圆角

2. 铸造圆角

在铸件毛坯各表面的相交处都有铸造圆角（图 11-17），这样既便于起模，又能防止在浇铸过程中将砂型转角处冲坏，还可以避免在冷却时产生裂纹或缩孔。铸造圆角在视图中要画出，圆角半径不在视图上标注，而集中注写在技术要求中。

铸、锻圆角实际是一个过渡曲面，由于小圆角的存在，两表面的交线变得不明显。为使图形清晰，分出不同表面，图中仍按无圆角时画出交线，这种交线也叫过渡线。画过渡线时不要与圆角处的轮廓线接触，如图 11-18(a) 所示。理论交线有尖点的地方，过渡线应在尖点处断开，如图 11-18(b) 所示。

图 11-19 为其他形式过渡线的画法。

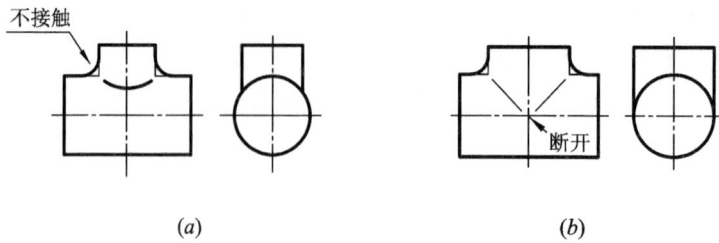

图 11-18　过渡线画法(一)

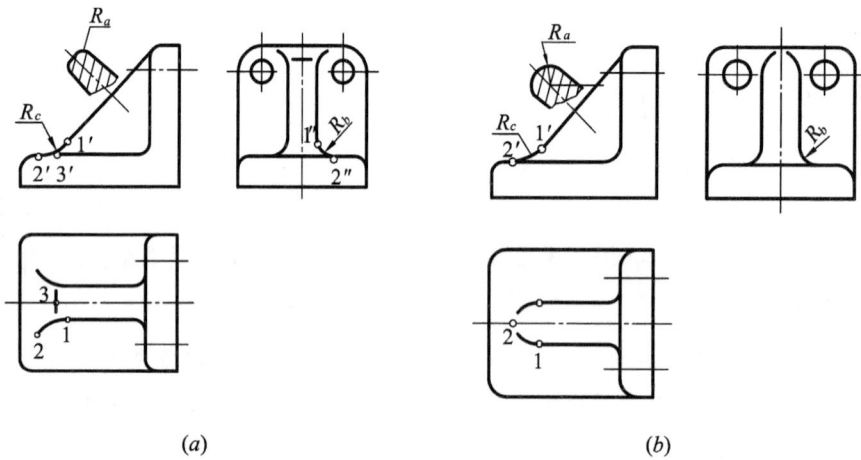

图 11-19　过渡线画法(二)

3. 壁厚均匀

浇铸零件时,为了避免因冷却速度不同而产生缩孔和裂纹,铸件的壁厚应保持大致相等或逐渐变化,如图 11-20 所示。

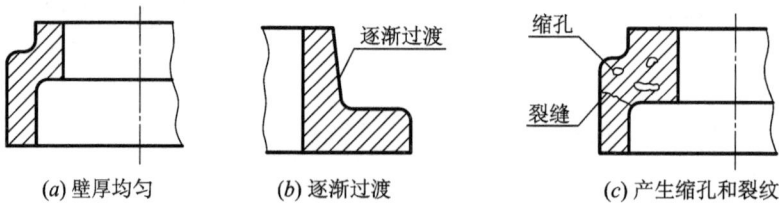

(a) 壁厚均匀　　　(b) 逐渐过渡　　　(c) 产生缩孔和裂纹

图 11-20　铸件壁厚

11.3.2　模锻件工艺结构

模锻件是利用金属的塑性,在外力作用下,使金属在锻模中产生塑性变形而得到一定形状和尺寸的零件毛坯。叉架类零件中的连杆、拨叉等零件一般采用模锻件毛坯。为了便于从锻模中取出锻件和避免应力集中等现象,模锻件上也应有斜度、圆角等结构。

1. 模锻斜度

一般外模锻斜度 α 应小于内模锻斜度 β，如图 11-21 所示。最常用的模锻斜度为 $7°\sim10°$。

2. 模锻圆角

模锻零件表面转角处必须有模锻圆角，如图 11-22 所示，通常 $R>R_1$。一般 $R=3\sim5$，$R_1=1.5\sim3$。

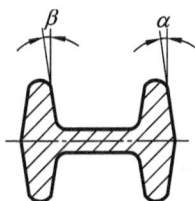

图 11-21　模锻斜度　　　　　　　　图 11-22　模锻圆角

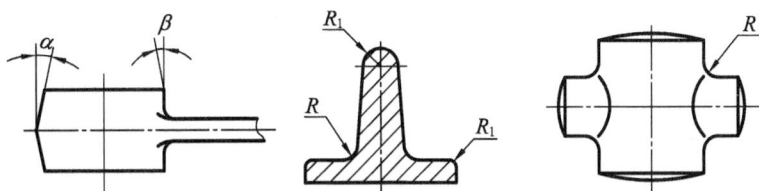

3. 模锻断面

模锻件的断面应避免突然变化(如图 11-23(a)所示)，否则加热的坯料流动慢，不易填满模腔。图 11-23(b)为不正确的形状。

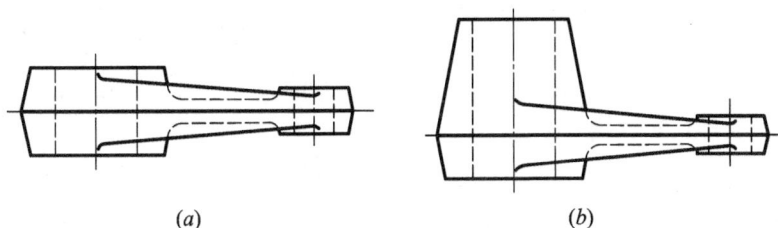

(a)　　　　　　　　　　　　　(b)

图 11-23　模锻断面

11.3.3　机械切削加工件工艺结构

机械切削加工是指利用切削刀具从零件毛坯上去除多余金属，加工制成符合设计要求的零件。常用的加工方法有车、镗、铣、刨、磨、钻等。为了装配方便，避免应力集中和减少加工面，在金属切削件上应制出倒角、倒圆、凸台、退刀槽等结构。

1. 倒角和倒圆

为了去除零件的毛刺、锐边和便于装配，在轴或孔的端部，一般都加工出倒角，如图 11-24 所示。为了避免应力集中而产生裂纹，在阶梯轴的轴肩处往往加工圆角 R(如图 11-24(a)所示)。C 和 R 的尺寸参照表 11-1、表 11-2 和表 11-3。

表 11-1　倒圆、倒角的尺寸系列　　　　　　　(单位：mm)

R 或 C	0.1	0.2	0.3	0.4	0.5	0.6	0.8	1.0	1.2	1.6	2.0	2.5	3.0
R 或 C	4.0	5.0	6.0	8.0	10	12	16	20	25	32	40	50	

注：α 一般采用 $45°$，也可采用 $60°$ 或 $30°$。

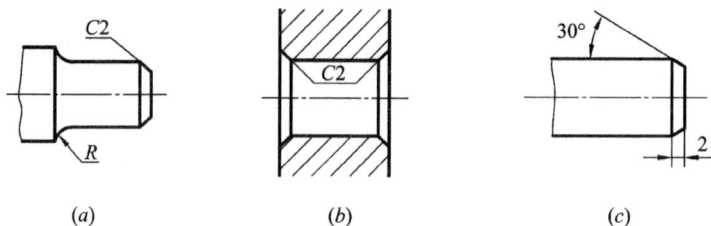

(a)　　　　　　　　(b)　　　　　　　　(c)

图 11-24　倒角和倒圆结构

表 11-2　C 与 R 的关系　　　　　　　　（单位：mm）

R_1	0.1	0.2	0.3	0.4	0.5	0.6	0.8	1.0	1.2	1.6	2.0
C_{max}		0.1	0.1	0.2	0.2	0.3	0.4	0.5	0.6	0.8	1.0
R_1	2.5	3.0	4.0	5.0	6.0	8.0	10	12	16	20	25
C_{max}	1.2	1.6	2.0	2.5	3.0	4.0	5.0	6.0	8.0	10	12

表 11-3　与直径 ϕ 相应的倒角、倒圆　　　　　　　　（单位：mm）

ϕ	~3	>3~6	>6~10	>10~18	>18~30	>30~50	>50~80	>80~120	>120~180
C 或 R	0.3	0.4	0.6	0.8	1.0	1.6	2.0	2.5	3.0
ϕ	>180~250	>250~320	>320~400	>400~500	>500~630	>630~800	>800~1000	>1000~1250	>1250~1600
C 或 R	4.0	5.0	6.0	8.0	10	12	16	20	25

2. 退刀槽和砂轮越程槽

在切削加工中，特别是在车螺纹和磨削时，一方面为了使加工面加工完整，另一方面便于退出刀具或砂轮，常常在待加工面的末端，先车出退刀槽（如图 11-25 所示）或砂轮越程槽（如图 11-26 所示）。

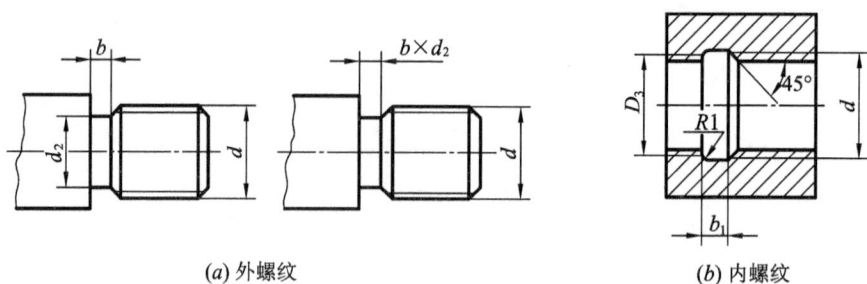

(a) 外螺纹　　　　　　　　(b) 内螺纹

图 11-25　螺纹退刀槽

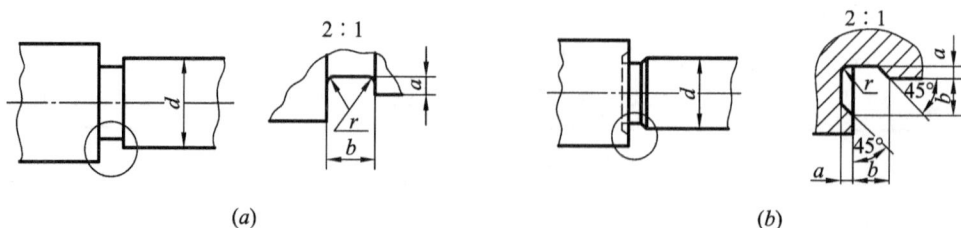

(a)　　　　　　　　(b)

图 11-26　砂轮越程槽

3. 钻孔结构

用钻头钻盲孔时，底部有钻尖的锥坑，它的顶角画成 120°的锥角。钻孔深度是指圆柱部分的深度，不包括锥坑，锥坑部分不标注尺寸，如图 11 - 27(a)所示。在阶梯孔的过渡处也存在锥坑台阶，其锥角也画成 120°，其画法及尺寸注法如图 11 - 27(b)所示。

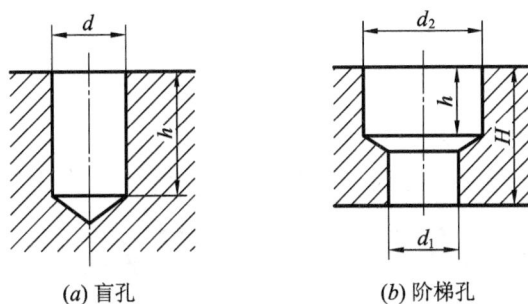

(a) 盲孔   (b) 阶梯孔

图 11 - 27 钻孔结构

用钻头钻孔时，要求钻头轴线尽量垂直于被钻孔的表面(如图 11 - 28(b)所示)，尽量避免钻头沿铸造件斜面或单边进行加工(如图 11 - 28(a)所示)，以保证钻孔位置准确并避免钻头折断。

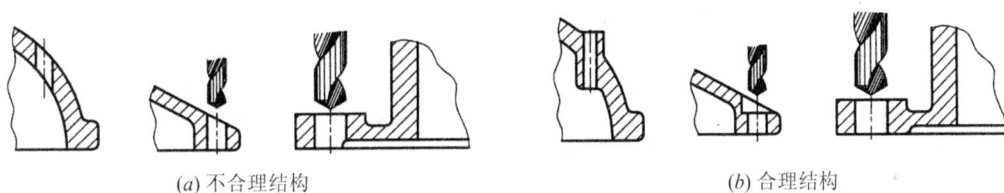

(a) 不合理结构   (b) 合理结构

图 11 - 28 钻孔端面

4. 凸台和凹坑

零件上与其他零件的接触面一般都要加工。为了减少加工面，并保证零件接触面间的装配质量，常常在铸件上制出凸台(如图 11 - 29(a)所示)或凹坑(如图 11 - 29(b)、(c)、(d)所示)。

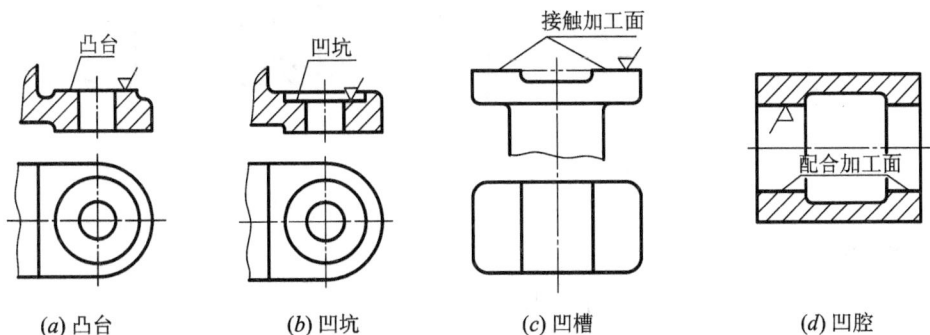

(a) 凸台   (b) 凹坑   (c) 凹槽   (d) 凹腔

图 11 - 29 凸台、凹坑等结构

11.3.4　常用工艺结构的形式和尺寸

1. 倒圆和倒角

倒圆和倒角的形式和尺寸按 GB 6403.4—2008 执行。

1）倒圆、倒角形式

倒圆、倒角的形式如图 11-30 所示，倒圆和倒角的尺寸系列值如表 11-1 所示。

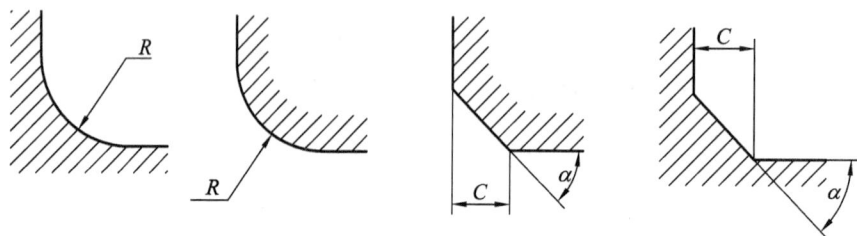

图 11-30　倒圆、倒角的形式

2）内角、外角

图 11-31 所示的分别为倒圆、倒角（倒角为 45°）的四种装配方式。当内角倒角、外角倒圆时，C_{max} 与 R_1 的关系如表 11-2 所示。

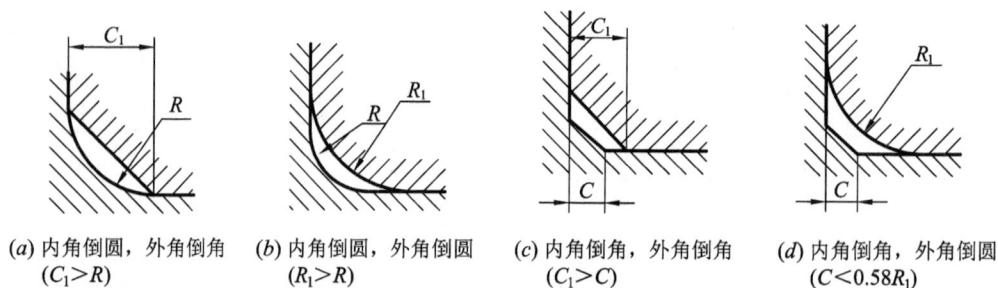

(a) 内角倒圆，外角倒角　(b) 内角倒圆，外角倒圆　(c) 内角倒角，外角倒圆　(d) 内角倒角，外角倒圆
$(C_1 > R)$　　　　　　$(R_1 > R)$　　　　　　$(C_1 > C)$　　　　　　$(C < 0.58R_1)$

图 11-31　倒圆、倒角的装配方式

3）与直径 ϕ 相应的倒角、倒圆

如图 11-32 所示，与直径 ϕ 相应的倒角、倒圆的推荐值如表 11-3 所示。

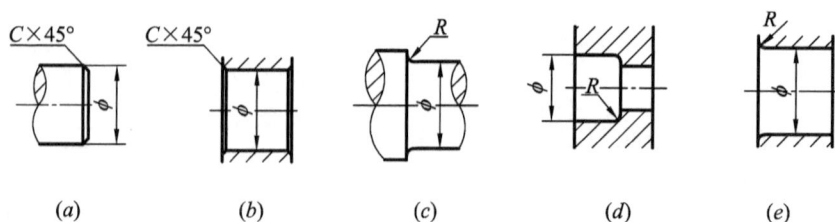

(a)　　　(b)　　　(c)　　　(d)　　　(e)

图 11-32　与直径 ϕ 相应的倒角、倒圆

2. 砂轮越程槽

砂轮越程槽结构的形式和尺寸按 GB 6403.5—2008 执行。

1）回转面及断面砂轮越程槽

回转面及断面砂轮越程槽的形式如图 11-33 所示，其尺寸系列值如表 11-4 所示。

(a) 磨外圆   (b) 磨内圆   (c) 磨外端面

(d) 磨内端面   (e) 磨外圆及端面   (f) 磨内圆及端面

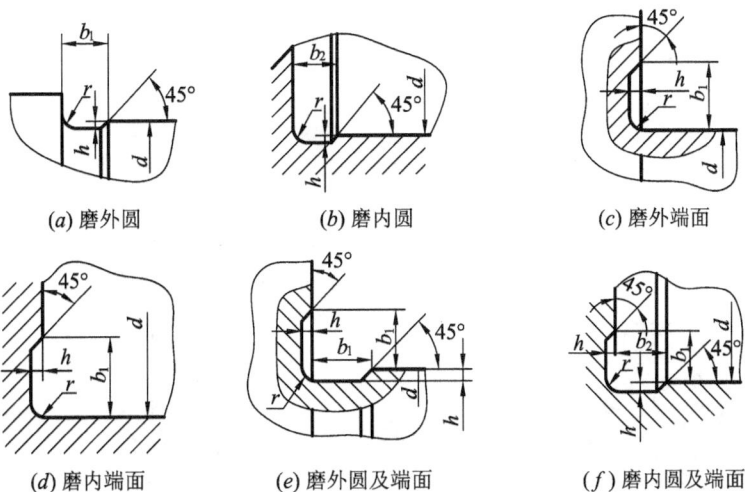

图 11-33　回转面及断面砂轮越程槽的形式

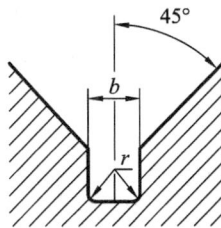

表 11-4　回转面及端面砂轮越程槽尺寸　　　（单位：mm）

b_1	0.6	1.0	1.6	2.0	3.0	4.0	5.0	8.0	10
b_2	2.0	3.0		4.0		5.0		8.0	10
h	0.1	0.2		0.3	0.4		0.6	0.8	1.2
r	0.2	0.5		0.8	1.0		1.6	2.0	3.0
d	～10			>10～50		>50～100		>100	

注：磨削具有数个直径的工件时，可使用统一规格的越程槽；直径 d 大的零件允许选择小规格越程槽。

2）平面砂轮越程槽

平面砂轮越程槽的形式如图 11-34 所示，其尺寸系列值如表 11-5 所示。

表 11-5　平面砂轮越程槽尺寸　　　（单位：mm）

b	2	3	4	5
r	0.5	1.0	1.2	1.6

3）V 形砂轮越程槽

V 形砂轮越程槽的形式如图 11-35 所示，其尺寸系列值如表 11-6 所示。

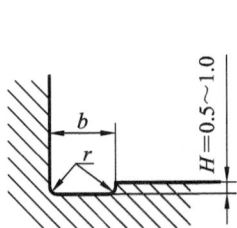

图 11-34　平面砂轮越程槽   图 11-35　V 形砂轮越程槽

表 11 - 6　V 形砂轮越程槽尺寸　　　　　　（单位：mm）

b	2	3	4	5
h	1.6	2.0	2.5	3.0
r	0.5	1.0	1.2	1.6

4）导轨砂轮越程槽

燕尾导航砂轮越程槽的形式如图 11-36 所示，其尺寸系列值如表 11-7 所示。矩形导轨砂轮越程槽的形式如图 11-37 所示，其尺寸系列值如表 11-8 所示。

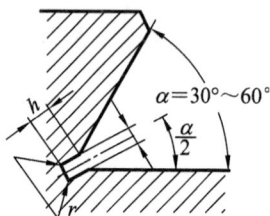

图 11-36　燕尾导轨砂轮越程槽　　　　　　图 11-37　矩形导轨砂轮越程槽

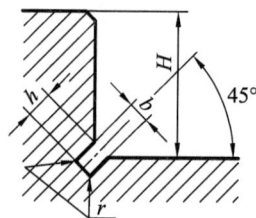

表 11 - 7　燕尾导轨砂轮越程槽尺寸　　　　　（单位：mm）

H	≤5	6	8	10	12	16	20	25	32	40	50	63	80
b	1		2		3			4			5		6
h													
r	0.5		0.5		1.0			1.6			1.6		2.0

表 11 - 8　矩形导轨砂轮越程槽尺寸　　　　　（单位：mm）

H	8	10	12	16	20	25	32	40	50	63	80	100
b	2				3				5		8	
h	1.6				2.0				3.0		5.0	
r	0.5				1.0				1.6		2.0	

11.4　零件图的尺寸标注

零件图是加工、制造和检验零件的重要依据，零件的真实大小及各部分结构的相对位置是通过零件的尺寸标注来确定的。因此零件图上的尺寸标注，除了满足前面提到的正确、完整、清晰之外，还要满足零件加工、检验、测量等要求，这一要求称为尺寸标注的合理性。为了做到尺寸标注合理，需要积累丰富的设计和工艺知识。本节就零件图尺寸标注的清晰性和合理性做重点介绍。

11.4.1　尺寸基准的选择

1. 尺寸基准

零件在设计、制造和检验时，计量尺寸的起点称为尺寸基准。一般零件需要标注长、宽、高三个方向的尺寸，在每个方向上应各有一个主要尺寸基准，有时为了设计、加工、测量的方便，除了主要基准之外，还要附加一些辅助尺寸基准。主要基准和辅助基准之间应有直接的尺寸联系。尺寸基准可以是点、线或面。常用的基准线有零件上回转面的轴线、中心线、坐标轴线等。常用的基准面有零件的对称面、端面、结合面、重要支承面和安装底面等。

2. 合理选择尺寸基准

通过对零件的作用、结构特点和装配关系以及零件的加工、测量方法等诸方面的具体分析，才能合理选择尺寸基准。根据尺寸基准的作用不同，尺寸基准通常分为设计基准和工艺基准两类。

（1）设计基准：根据零件的结构特点和设计要求所选定的基准，目的是反映对零件的设计要求，保证零件在机器中的工作性能。

（2）工艺基准：根据零件在加工、测量和检验等方面的要求所选定的基准，目的是反映对零件的工艺要求，便于零件的加工、制造和测量、检验。

如图 11-38(a)所示阶梯轴，从设计要求方面考虑，各段圆柱面的回转轴线要保证在同一直线上，所以选择轴线为径向设计基准。又由于在加工时，轴的两端用顶尖支承，所以轴线也是工艺基准。为了保证齿轮的正确啮合和轴向定位准确，在轴向选择右轴肩作为轴向尺寸的主要设计基准。另外，考虑测量方便，选择齿轮轴的左端面为辅助工艺基准，如图 11-38(b)所示。

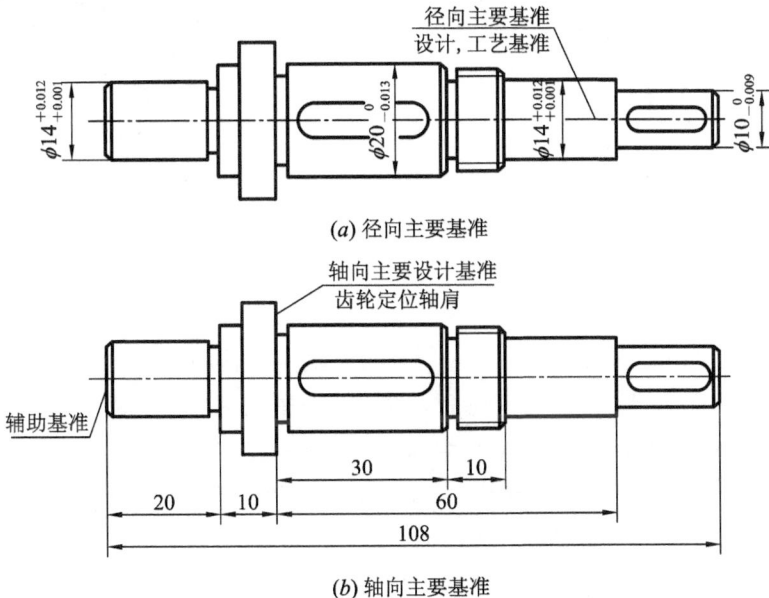

(a) 径向主要基准

(b) 轴向主要基准

图 11-38 尺寸标注基准的选择

合理选择尺寸基准是标注尺寸时应首先考虑的问题之一。一般在选择基准时最好把设计基准和工艺基准统一起来，但在实际的设计和制造过程中，往往很难统一。所以一般从设计基准出发标注主要尺寸，以保证设计要求，而将其他尺寸从工艺基准出发标注，以方便加工和测量。

11.4.2 尺寸标注的清晰性要求

1. 内外分注

内外分注就是将零件的内部结构尺寸和外部形体尺寸尽量分别标注在视图两侧，并且使同一方向连续的几个尺寸尽量放在一条线上，从而使标注整齐、清晰。如图 11-39 所示，零件的轴向尺寸中，凡属于外部形体的尺寸均布置在视图的上方，而属于内部形体的尺寸布置在视图的下方；零件的径向尺寸中，考虑零件的结构特点，将其内、外直径尺寸向两端标注。当然具体标注时还应视具体情况而定，不应绝对化。

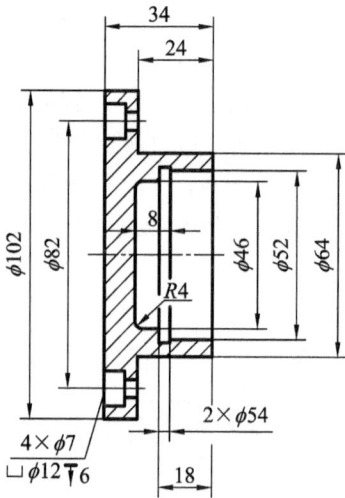

图 11-39 尺寸的内外分注

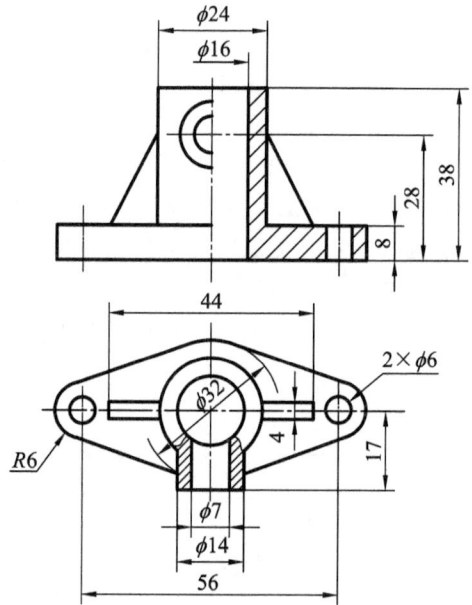

图 11-40 尺寸标注的集中与分散

2. 集中与分散

为了便于加工、检验时查找尺寸，应将零件上同一形体的尺寸尽量集中标注在表达该形体特征最明显的视图上。但有时尺寸过于集中，会影响图面的清晰，这时应视具体情况把不同形体的尺寸适当分散标注，使集中标注与分散标注相结合。

如图 11-40 所示，底板的定形尺寸 $\phi32$、$R6$，孔的定形尺寸 $2\times\phi6$ 与定位尺寸 56 集中在俯视图上标注，既清晰，又便于查找。同理，高度方向的尺寸 8、28 和 38 集中在主视图右侧；圆柱体 $\phi24$ 和圆柱孔 $\phi16$ 放在半剖的主视图中标注，两者的高度尺寸十分清楚；圆柱形凸台 $\phi14$ 和圆柱孔 $\phi7$ 放在局部剖的俯视图中标注，同时给出了定位尺寸 17；而筋板的相关尺寸分散在俯视图和主视图上。

3. 避免尺寸相交

在标注尺寸时，应尽量避免尺寸线与尺寸线、尺寸线或尺寸界线与图形轮廓线相交。通常将同一方向相互平行的尺寸，按大小排序，小尺寸标注在靠近图形的位置，大尺寸放在小尺寸之外，并使尺寸线之间的间距适当。如图 11-41(a)所示的尺寸线相交较少，清晰合理；图 11-41(b)尺寸线相交过多，不合理。

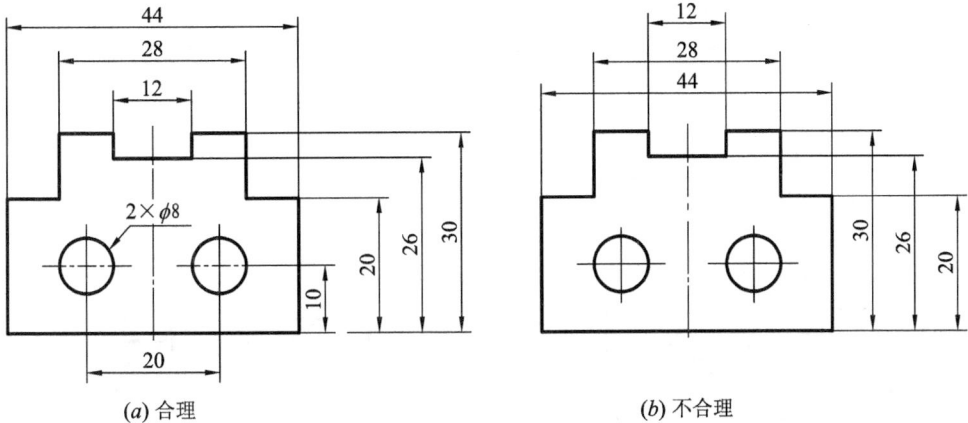

(a) 合理   (b) 不合理

图 11-41　尺寸标注避免尺寸线相交

以上三点主要是为了正确处理尺寸和图形的相互关系，确保尺寸标注的清晰。在实际标注尺寸时，有时会出现不能兼顾以上各项要求的情况，为此必须在尽量保证尺寸完整、清晰的前提下，根据具体情况，合理布置。

11.4.3　尺寸标注的合理性要求

1. 主要尺寸直接注出

保证零件在机器中的正确位置和装配精度的尺寸属于主要尺寸。由于这类尺寸将直接影响机器的工作性能，一般在标注时应直接注出，并在尺寸数字之后注出极限偏差值（见11.5 节），如齿轮轴的中心距尺寸、轴与孔之间的配合尺寸等。

2. 避免尺寸封闭

在零件图中，按同一方向依次连接起来的尺寸标注形式称为尺寸链。而在一个尺寸链中，总是有一个尺寸是在加工到最后自然得到的，这个尺寸称为封闭环，尺寸链中的其他尺寸称为组成环。如果在同一尺寸链中所有的各环都注了尺寸，则会形成一个封闭尺寸链，这种标注形式不能保证主要尺寸的精度要求。所以在实际标注尺寸时，应留有一个不影响工作性能和要求的尺寸段作为封闭环，使零件在加工中的误差集中到该环上。一般正确的标注方法是：将尺寸链中不重要的尺寸段作为封闭环，并且不注出该封闭环的尺寸，以保证主要尺寸的精度要求。

如图 11-42(a)所示，若 A、B、C 作为组成环，且它们的误差分别是 ΔA、ΔB、ΔC，则加工后最后得到的总体尺寸 L 称为封闭环，其中误差 $\Delta L = \Delta A + \Delta B + \Delta C$（即各组成环的误差总和）。可以看出，封闭环的误差将随着组成环的增多而加大，这种累积误差过大，将不能满足设计要求，因此通常将尺寸链中不重要的尺寸作为封闭环，如图 11-42(b)所示。

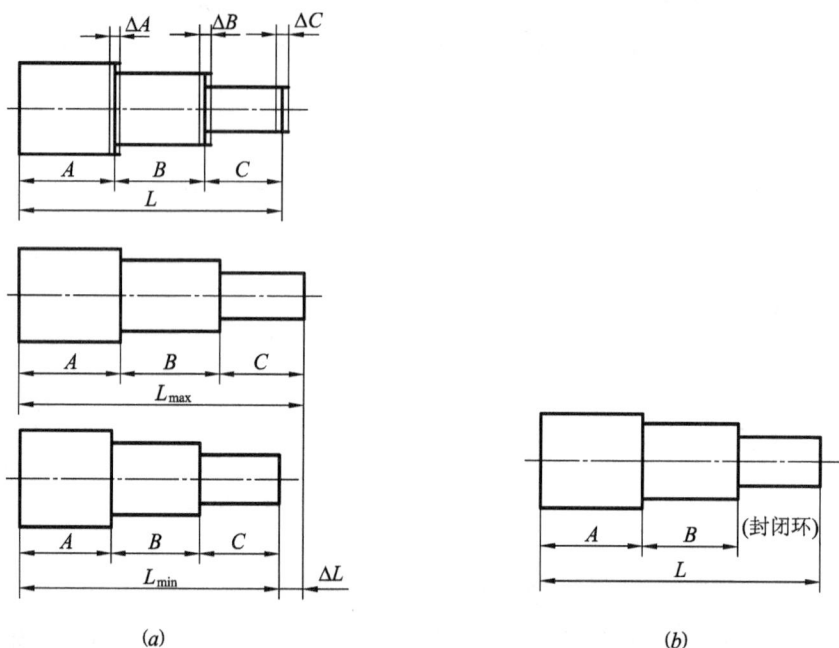

图 11-42　避免尺寸封闭

3. 符合加工顺序

零件中除必须保证的主要尺寸外，凡属切削加工的其余尺寸在标注时应尽量与加工顺序一致，以便加工和测量。

如图 11-43 所示，其中⑤是按①、②、③、④加工顺序而标注的尺寸，而⑥是没有按其加工顺序标注的。

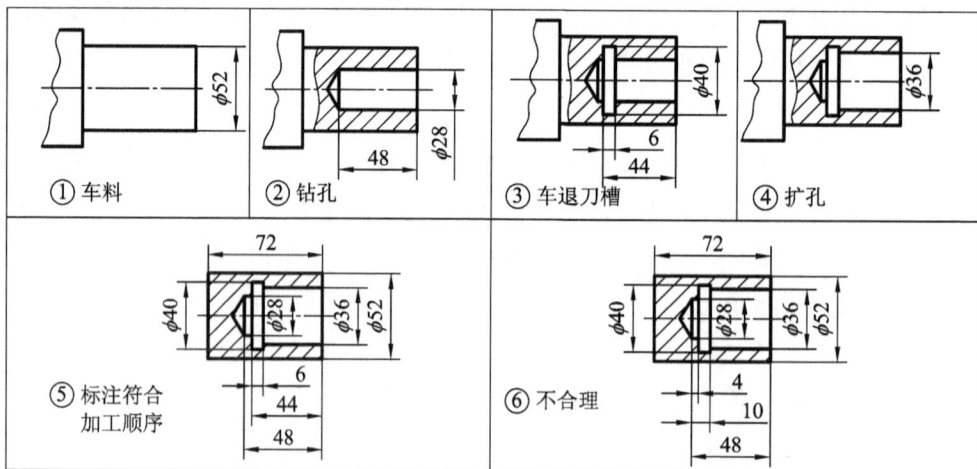

图 11-43　符合加工顺序的标注（①～⑤）及不合理的标注（⑥）

4. 考虑测量方便

标注尺寸时，应考虑零件在实际制造、检验时的测量方便和可行性，尽量做到使用通用量具进行直接测量,减少使用专用工具测量。如图 11-44(a)所示,尺寸 28 和 6 便于加工和测量,图 11-44(b)中尺寸 16 和 10 不便于加工和测量。

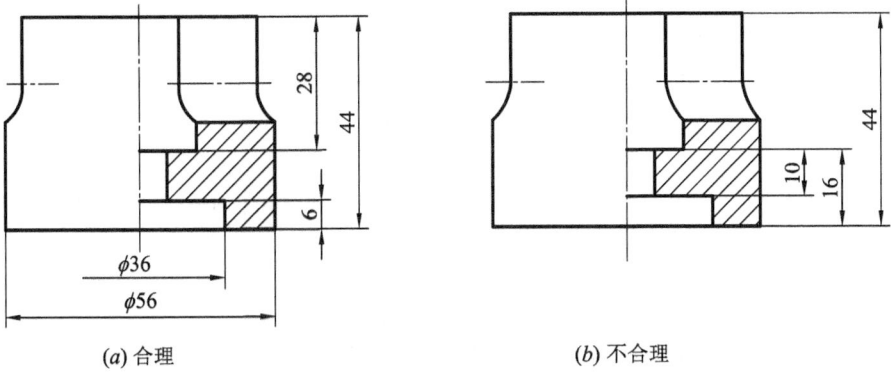

(a) 合理　　　　　　　　　　(b) 不合理

图 11-44　考虑测量方便的标注

5. 毛坯面的尺寸标注

毛坯面之间的尺寸一般应单独标注,因为这种尺寸是在制造毛坯时保证的,如图 11-45(a)中的尺寸 A。而且,应使其中一个毛坯面和某一加工面联系起来标注,如图中的尺寸 B 是在加工面 M 时保证的。图 11-45(b)所示的注法不合理,因为当加工面 M 时,难以同时保证尺寸 B 和 C。

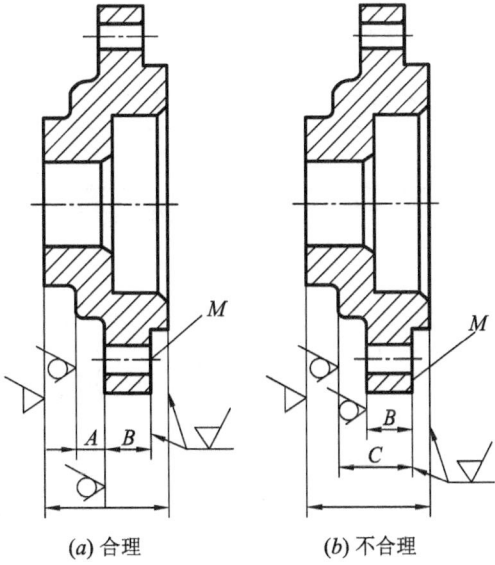

(a) 合理　　　　　　　　　　(b) 不合理

图 11-45　毛坯面的尺寸标注

11.4.4　零件上常见典型结构的注法

(1) 倒角和退刀槽的尺寸注法(表 11-9)。

表 11-9 常见倒角和退刀槽的尺寸注法

结构类型		标 注 方 法	说　　明
倒角	45°倒角	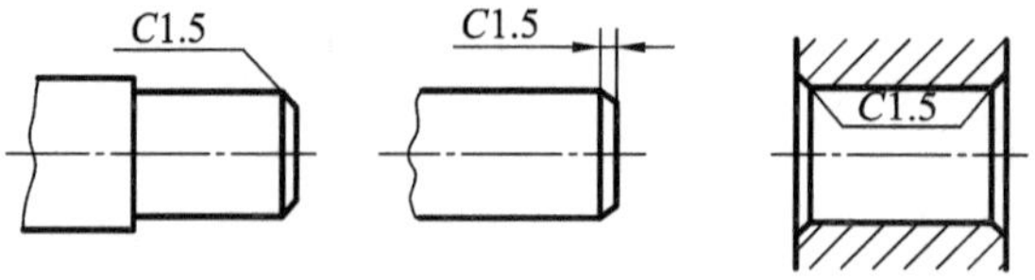	倒角为 45°时，将 C 和轴向尺寸即倒角厚度连起标注，如 C1.5；倒角不是 45°时，分开标注轴向尺寸（倒角厚度）和角度
	30°倒角		
退刀槽			一般退刀槽可按"槽宽×直径"或"槽宽×槽深"的形式标注

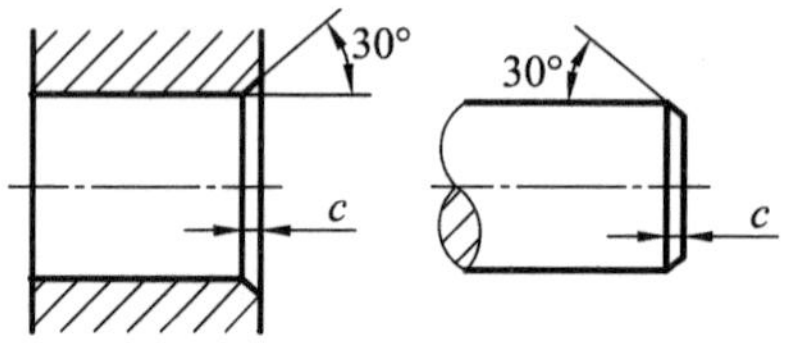

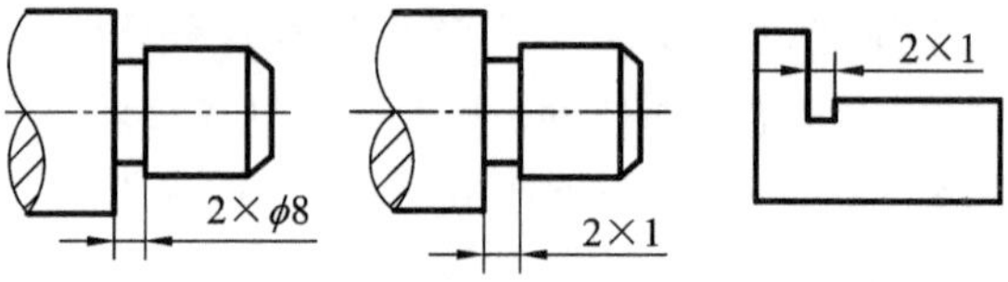

（2）常见孔的尺寸注法（表 11-10）。

表 11-10 常见孔的尺寸注法

孔的类型		标 注 方 法		说　　明
		普通注法	旁 注 法	
通孔	螺孔	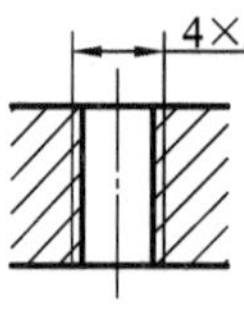	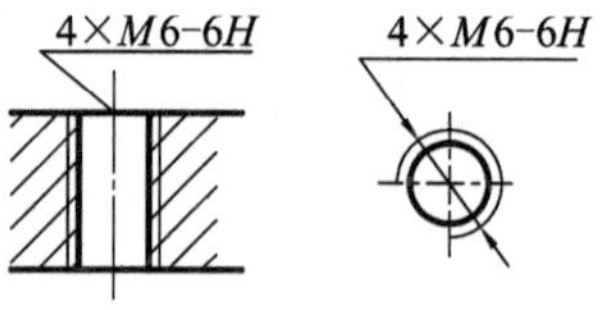	表示大径为 6 的四个螺孔，中径和顶径公差带代号皆为 6H
	锥销孔	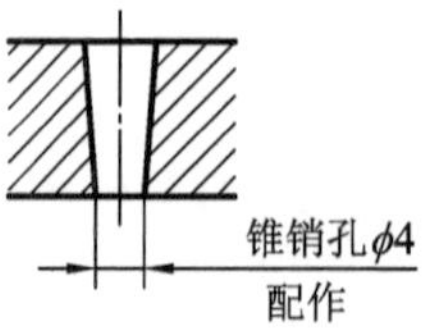	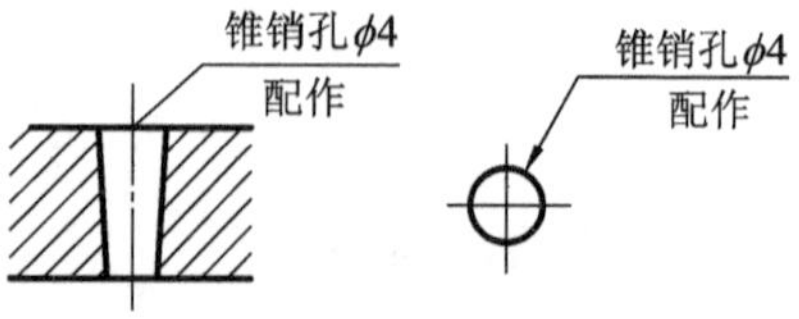	φ4 为与锥销孔相配的圆锥销公称直径

孔的类型		标注方法		说　明
		普通注法	旁　注　法	
不通孔	光孔	$4\times\phi4$	$4\times\phi4\top10$　　$4\times\phi4\top10$	表示直径为4的四个光孔,深度为10
		$4\times\phi4H7$	$4\times\phi4H7\top10$ 孔$\top12$　$4\times\phi4H7\top10$ 孔$\top12$	钻孔深为12,钻孔后需精加工至$\phi4H7$,深度为10
	螺孔	$4\times M6\text{-}6H$	$4\times M6\text{-}6H\top10$　$4\times M6\text{-}6H\top10$	10是指螺纹部分的深度
		$4\times M6\text{-}6H$	$4\times M6\text{-}6H\top10$ 孔$\top12$　$4\times M6\text{-}6H\top10$ 孔$\top12$	要注出钻孔深度时,应明确标出孔深尺寸
沉孔	锥形	$90°$ $\phi13$ $6\times\phi7$	$6\times\phi7$ $\vee\phi13\times90°$　$6\times\phi7$ $\vee\phi13\times90°$	锥形沉孔直径$\phi13$及锥角$90°$均需注出
	柱形	$\phi12$ 4.5 $4\times\phi6.4$	$4\times\phi6.4$ $\sqcup\phi12\top4.5$　$4\times\phi6.4$ $\sqcup\phi12\top4.5$	柱形沉孔直径$\phi12$及深度4.5均需注出
	锪平	$\sqcup\phi20$ $4\times\phi9$	$4\times\phi9$ $\sqcup\phi20$　$4\times\phi9$ $\sqcup\phi20$	锪平$\phi20$的深度不需标注,一般锪平到无毛坯面为止

・293・

11.5 零件图上的技术要求

11.5.1 技术要求内容

零件图上除了有表达零件形状的图形和表达零件大小的尺寸之外，还必须有制造该零件时应达到的技术要求。技术要求主要包括尺寸公差、几何公差表面结构、材料热处理和表面处理、零件的特殊加工要求、检验和实验说明等。零件图上的技术要求如尺寸公差、几何公差、表面结构等应按照国家标准规定的各种代号或符号标注在图形上，无法在图形上标注的内容，可用文字分条注写在图纸下方空白处。

本节主要介绍尺寸的极限与配合(尺寸公差)、几何公差、表面结构等技术要求。

11.5.2 极限与配合

极限与配合是零件图上一项重要的技术要求，也是检验产品质量的重要技术指标。国家标准《极限与配合》涉及到国民经济的各个部门，对机械工业更具有特别重要的意义。

1. 互换性

互换性是指在一批规格相同的零件(或部件)中任取一件，不经过任何修配，就可以顺利地装配成完全符合规定要求的产品。例如，螺栓、螺母、滚动轴承等标准件就具有互换性。互换性不仅有利于装配和维修，而且可以简化设计，满足各生产部门之间的广泛协作，便于采用先进设备和工艺进行高效率的专业化生产。

零件的互换性，除了表面形状和位置公差、表面粗糙度等技术要求之外，零件的尺寸公差是非常重要的技术要求之一。因为在零件实际加工过程中，由于设备条件(如机床、刀具、量具、加工、测量等)诸多因素和技术水平的影响，零件的尺寸不可能也没有必要绝对准确，因此对于相互配合的零件，将零件尺寸控制在某一合理范围，既满足互换性要求，又在制造上经济合理，由此形成了极限与配合的概念。

2. 极限的术语和定义

极限与配合通常是针对孔和轴而言的。但这里孔和轴具有宽泛的含义，其中孔是指工件的圆柱形外表面以及非圆柱形外表面，如由两平行平面或切面形成的包容面。轴是指工件的圆柱形内表面以及非圆柱形内表面，如由两平行平面或切面形成的被包容面。

下面介绍极限与配合的相关术语和定义(参见图 11-46)：

(1) 基本尺寸：根据零件强度、结构和工艺要求，由设计确定的尺寸。

(2) 实际尺寸：零件制成后，实际测量所得的尺寸。

(3) 极限尺寸：允许零件实际尺寸变化的两个极限值。极限尺寸中较大的一个尺寸称为上极限尺寸，较小的一个称为下极限尺寸。实际尺寸应位于其中，也可达到极限尺寸。

(4) 尺寸偏差：某一尺寸减去其基本尺寸所得的代数差。尺寸偏差包括上偏差、下偏差和实际偏差。上偏差和下偏差统称为极限偏差。

① 上偏差：

$$上偏差＝上极限尺寸－基本尺寸$$

② 下偏差：

下偏差＝下小极限尺寸－基本尺寸

③ 实际偏差：

实际偏差＝实际尺寸－基本尺寸

孔和轴的上偏差分别用代号 ES 和 es 表示，孔和轴的下偏差分别用代号 EI 和 ei 表示。

（5）尺寸公差：允许尺寸的变动量。

尺寸公差＝ 上极限尺寸－下极限尺寸 ＝ 上偏差－下偏差

因为上极限尺寸总是大于下极限尺寸，所以尺寸公差恒为正值。

（6）零线：在极限与配合图解中表示基本尺寸的直线，它是确定偏差和公差的基准线。通常零线沿水平方向绘制，正偏差位于其上，负偏差位于其下，如图 11-46 所示。

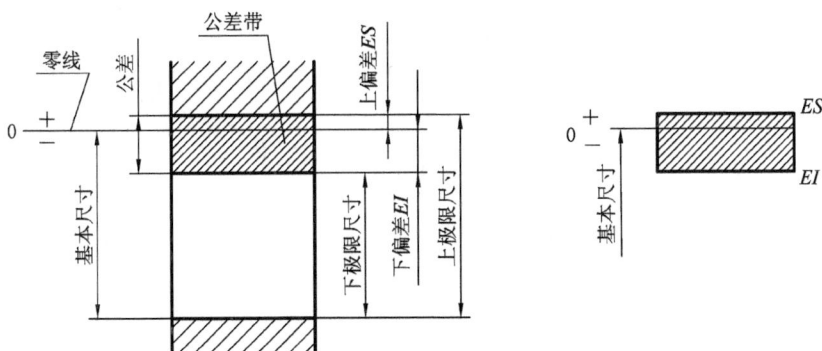

图 11-46　尺寸公差和公差带示意图

（7）公差带：表示公差大小和其相对零线位置的一个区域，一般只画出孔或轴的上、下偏差的两条直线所围成的方框简图，称为公差带图，如图 11-46 所示。

（8）标准公差：是国家标准规定的用以确定公差带大小的标准化数值，它由公差等级和基本尺寸确定（见表 11-11）。标准公差分为 20 个等级，分别用 IT01，IT0，IT1，IT2，…，IT18 表示，其中 IT 表示标准公差，数字表示公差等级。由 IT01 到 IT18，公差数值依次增大，但公差等级依次降低，尺寸的精确程度也依次降低。对同一基本尺寸而言，公差等级越高，标准公差值越小，尺寸的精度越高，反之亦然。同一公差等级因基本尺寸不同其公差值也不相同。

公差等级的高低既影响产品性能，也影响加工的经济性，因此选择公差等级时，应在满足使用要求的前提下，尽可能选用较低的公差等级，以降低生产成本。实际设计中，考虑到孔的加工相对轴的加工要困难一些，通常孔的公差等级选择比轴的低一级。在一般机械中，孔的公差等级选在 IT6～IT18，轴的的公差等级选在 IT5～ IT18。其中精密部位用 IT5、IT6，一般的配合部位用 IT6～IT9，非配合部位用 IT12～IT18。

（9）基本偏差：是国家标准规定的用以确定公差带相对零线位置的最靠近零线的偏差。基本偏差可以是上偏差或下偏差，当公差带在零线上方时基本偏差为下偏差，反之则为上偏差。

孔和轴的基本偏差各有 28 个，它的代号用拉丁字母表示，大写为孔，小写为轴，如图 11-47 所示的为基本偏差系列图。由图可以看出，孔的基本偏差 A～H 为下偏差，J～ZC 为上偏差；轴的基本偏差 a～h 为上偏差，j～zc 为下偏差；JS 和 js 的公差带对称分布于零线两边，孔和轴的上、下偏差分别是＋IT/2、－IT/2。

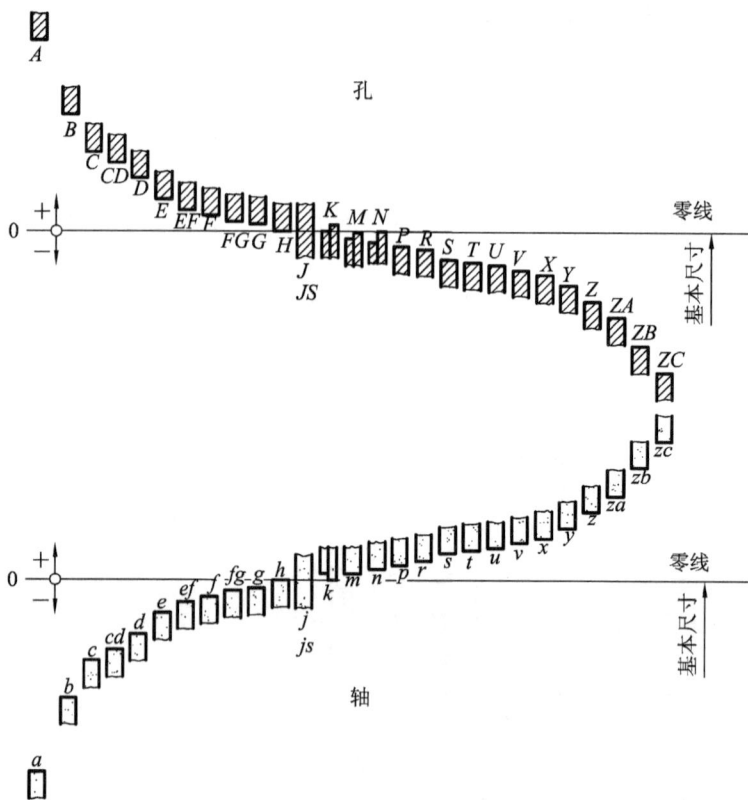

图 11-47　基本偏差系列图

国家标准给出了轴和孔的基本偏差数值，见表 11-12 和表 11-13。

（10）公差带代号：公差带图中，标准公差决定了公差大小，基本偏差决定了公差带的位置，所以孔和轴的公差带代号由基本偏差代号与标准公差等级代号组成。例如：H8、F8、K7、P7 等为孔的公差带代号。对于 H8，其 H 表示孔的基本偏差代号，8 表示 IT8，即标准公差等级。h7、f7、k7、p6 等为轴的公差带代号。对于 f7，其 f 表示轴的基本偏差代号，7 表示 IT7，即标准公差等级。

3. 配合

基本尺寸相同并相互结合的孔和轴称为配合。

1）配合种类

由于零件使用要求的不同，相互结合的孔、轴配合后其松紧程度要求也不一样。国家标准规定配合分为 3 类：

（1）间隙配合：孔和轴配合后具有间隙（包括最小间隙等于零）的配合。此时，孔的公差带在轴的公差带之上（图 11-48）。

（2）过盈配合：孔和轴配合后具有过盈（包括最小过盈等于零）的配合。此时，孔的公差带在轴的公差带之下（图 11-49）。

（3）过渡配合：孔和轴配合后可能具有间隙或过盈的配合。此时，孔与轴的公差带互相交叠（图 11-50）。

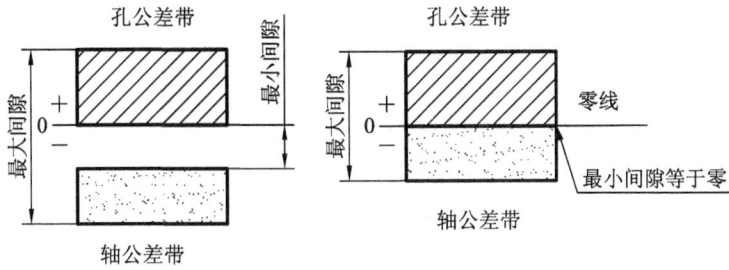

图 11-48 间隙配合

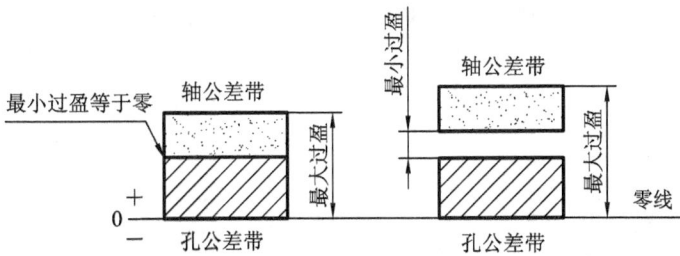

图 11-49 过盈配合

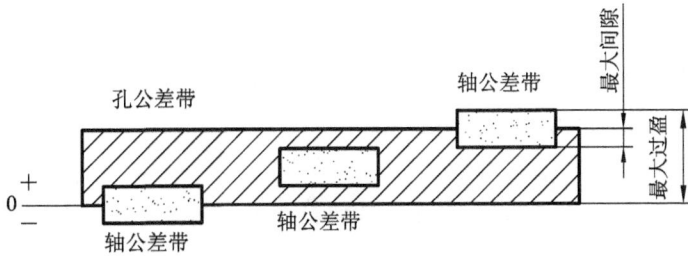

图 11-50 过渡配合

2）配合的基准制

把基本尺寸相同的孔、轴公差带组合起来，可以形成各种不同性质的配合，但为了便于设计制造，实现配合标准化，国家标准规定了两种基准制，即基孔制和基轴制。

（1）基孔制：基本偏差为一定的孔的公差带与不同基本偏差的轴的公差带形成各种配合的一种制度，如图 11-51 所示。基孔制的孔为基准孔，其基本偏差代号为 H，下偏差为零，上偏差为正值。与基准孔配合的轴，其基本偏差 a～h 形成间隙配合，j～zc 形成过渡或过盈配合。

（2）基轴制：基本偏差为一定的轴的公差带与不同基本偏差的孔的公差带形成各种配合的一种制度，如图 11-52 所示。基轴制的轴为基准轴，其基本偏差代号为 h，上偏差为零，下偏差为负值。与基准轴配合的孔，其基本偏差 A～H 形成间隙配合，J～ZC 形成过渡或过盈配合。

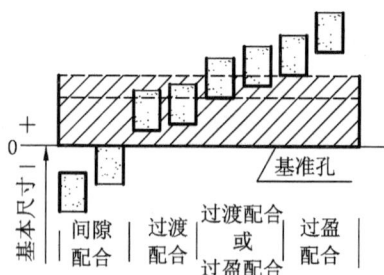

图 11-51 基孔制配合图

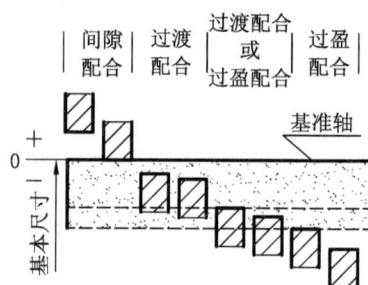

图 11-52 基轴制配合图

（3）基准制的选择：生产中，一般优先选择基孔制配合。因为相同公差等级的孔和轴，孔的加工比轴相对困难，使用的刀具、量具数量和规格也要多。但在一些情况下也可选择基轴制，比如，同一直径的轴上需要装配多种不同性质配合的零件，就必须采用基轴制。再比如，像标准件轴承，与其内圈配合的轴颈需用基孔制配合，而与外圈配合的孔应采用基轴制配合。

3）极限与配合的选用

国家标准根据机械工业产品生产的需要，考虑到刀具、量具规格的统一，规定了优先及常用配合。表 11-14 和表 11-15 为基孔制及基轴制优先、常用配合。设计时应尽量选用这些配合。

4. 极限与配合的标注

1）在装配图上的标注

在相互配合零件的基本尺寸后面标注配合代号。配合代号由孔、轴公差带代号组合表示，写成分数形式，或者用反斜杠隔开。

其标注形式为

$$\text{基本尺寸} \quad \frac{\text{孔的公差带代号}}{\text{轴的公差带代号}}$$

或

$$\text{基本尺寸} \quad \text{孔的公差带代号/轴的公差带代号}$$

配合代号在装配图上的标注如图 11-53 所示。注意的是配合不仅指圆柱形的内、外表面的配合，也包括其他非圆柱形内、外表面的配合。

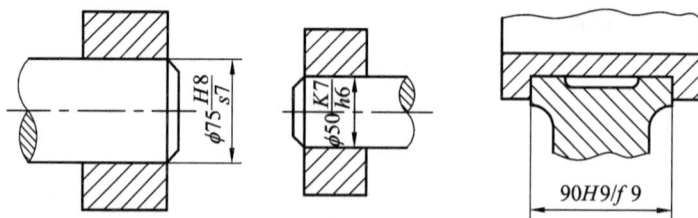

图 11-53 装配图上公差带代号的标注

2）在零件图上的标注

在零件图上标注公差有 3 种形式，如图 11-54 所示。

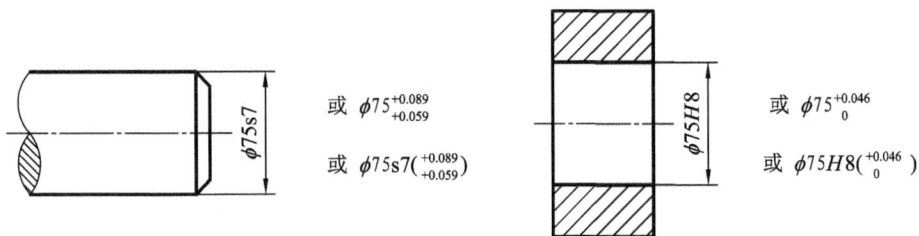

图 11-54　零件图上尺寸公差的标注

（1）在基本尺寸的后面只注公差带代号，代号字体的大小与尺寸数字相同。

（2）在基本尺寸后面注出上、下偏差数值，上偏差注在基本尺寸的右上方，下偏差注在基本尺寸的右下方，单位用毫米（mm）。偏差数值的字体比尺寸数字的小一号。当某偏差为零时，用数字"0"标出。对不为零的偏差，应注出正、负号。上、下偏差的小数点必须对齐，小数点后的位数也必须相同；偏差值为零时，"0"应与另一偏差的个位数对齐。

（3）在基本尺寸后同时注出公差带代号和上、下偏差值，这时应将偏差数值加上括号。

若上、下偏差数值相同而符号相反，则在基本尺寸后面加上"±"号，再填写一个偏差数值，其数字大小与基本尺寸数字的大小相同，如图 11-55 所示。

当同一基本尺寸所确定的表面具有不同的配合要求时，应采用细实线分开，并在各段表面上分别注出其基本尺寸和相应的公差带代号或偏差数值，如图 11-56 所示。

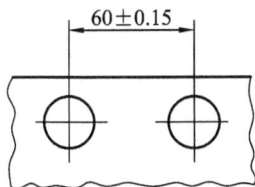

图 11-55　相同偏差值的注写

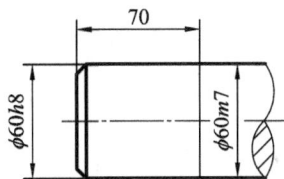

图 11-56　分段标注尺寸公差

5. 查表举例

【例 11-1】　说明 $\phi 17\dfrac{\mathrm{H8}}{\mathrm{f7}}$ 的含义，查表确定孔和轴的极限偏差，绘制孔、轴的公差带图。

解　（1）表示基本尺寸 $\phi 17$ 的基孔制优先间隙配合。孔的公差带代号为 H8（基本偏差代号为 H，标准公差等级为 8 级）；轴的公差带代号为 f7（基本偏差代号为 f，标准公差等级为 7 级）。

（2）基本尺寸 17 mm 属于大于 10～18 mm 的尺寸分段，由表 11-11 查得标准公差值 IT8＝0.027 mm，IT7＝0.018 mm。

（3）基准孔的下偏差 EI＝0，上偏差 ES＝EI ＋IT＝+0.027 mm，写作 $\phi 17^{+0.027}_{0}$。

（4）由表 11-12 查得轴的上偏差 $es =$ －0.016 mm，下偏差 ei＝es－IT＝－0.034 mm，写作 $\phi 17^{-0.016}_{-0.034}$。

（5）$\phi 17\dfrac{\mathrm{H8}}{\mathrm{f7}}$ 的公差带图如图 11-57 所示。

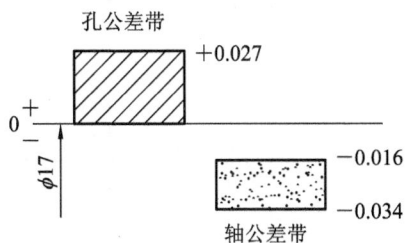

图 11-57　例 11-1 公差带图

【例 11-2】 说明 $\phi 78\dfrac{\text{R7}}{\text{h6}}$ 的含义并查表确定孔和轴的极限偏差,绘制孔、轴公差带图。

解 (1)表示基本尺寸为 $\phi 78$ 的基轴制常用过盈配合。轴的公差带代号为 h6(基本偏差代号为 h,标准公差等级为 6 级);孔的公差带代号为 R7(基本偏差代号为 R,标准公差等级为 7 级)。

(2)基本尺寸 78 mm 属于大于 50~80 mm 的尺寸分段,由表 11-11 查得标准公差值 IT7=0.030 mm,IT6=0.019 mm。

(3)基准轴的上偏差 ES=0,下偏差 EI=ES－IT=－0.019,写作 $\phi 78_{-0.019}^{0}$。

(4)孔的基本尺寸 78 mm 属于大于 65~80 mm 的尺寸分段,由表 11-13 可知上偏差 ES=－0.043+Δ=－0.043+0.011=－0.032 mm,下偏差 EI=ES－IT=－0.062 mm,写作 $\phi 78_{-0.062}^{-0.032}$。

(5)$\phi 78\dfrac{\text{R7}}{\text{h6}}$ 的公差带图如图 11-58 所示。

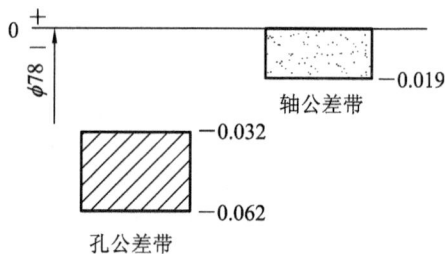

图 11-58 例 11-2 公差带图

表 11-11 标准公差数值(摘自 GB/T 1800.1—2020)

基本尺寸 /mm		公 差 等 级																				
		IT01	IT0	IT1	IT2	IT3	IT4	IT5	IT6	IT7	IT8	IT9	IT10	IT11	IT12	IT13	IT14	IT15	IT16	IT17	IT18
大于	至	μm													mm						
—	3	0.3	0.5	0.8	1.2	2	3	4	6	10	14	25	40	60	0.10	0.14	0.25	0.40	0.60	1.0	1.4
3	6	0.4	0.6	1	1.5	2.5	4	5	8	12	18	30	48	75	0.12	0.18	0.30	0.48	0.75	1.2	1.8
6	10	0.4	0.6	1	1.5	2.5	4	6	9	15	22	36	58	90	0.15	0.22	0.36	0.58	0.90	1.5	2.2
10	18	0.5	0.8	1.2	2	3	5	8	11	18	27	43	70	110	0.18	0.27	0.43	0.70	1.10	1.8	2.7
18	30	0.6	1	1.5	2.5	4	6	9	13	21	33	52	84	130	0.21	0.33	0.52	0.84	1.30	2.1	3.3
30	50	0.6	1	1.5	2.5	4	7	11	16	25	39	62	100	160	0.25	0.39	0.62	1.00	1.60	2.5	3.9
50	80	0.8	1.2	2	3	5	8	13	19	30	46	74	120	190	0.30	0.46	0.74	1.20	1.90	3.0	4.6
80	120	1	1.5	2.5	4	6	10	15	22	35	54	87	140	220	0.35	0.54	0.87	1.40	2.20	3.5	5.4
120	180	1.2	2	3.5	5	8	12	18	25	40	63	100	160	250	0.40	0.63	1.00	1.60	2.50	4.0	6.3
180	250	2	3	4.5	7	10	14	20	29	46	72	115	185	290	0.46	0.72	1.15	1.85	2.90	4.6	7.2
250	315	2.5	4	6	8	12	16	23	32	52	81	130	210	320	0.52	0.81	1.30	2.10	3.20	5.2	8.1
315	400	3	5	7	9	13	18	25	36	57	89	140	230	360	0.57	0.89	1.40	2.30	3.60	5.7	8.9
400	500	4	6	8	10	15	20	27	40	63	97	155	250	400	0.63	0.97	1.55	2.50	4.00	6.3	9.7

注:基本尺寸小于等于 1 mm 时,无 IT14~IT18。

表 11-12　轴的基本偏差数值（摘自 GB/T 1800.1—2020）

（单位：μm）

上偏差 es（a、b、c、cd、d、e、ef、f、fg、g、h、js 为所有标准公差等级）；下偏差 ei（j、k、m、n、p、r、s、t、u、v、x、y、z、za、zb、zc 为所有标准公差等级）

基本尺寸/mm 大于	至	a	b	c	cd	d	e	ef	f	fg	g	h	js	j 5,6	j 7	j 8	k ≤3或>7	k 4~7	m	n	p	r	s	t	u	v	x	y	z	za	zb	zc
—	3	−270	−140	−60	−34	−20	−14	−10	−6	−4	−2	0	±IT/2	−2	−4	−6	0	0	+2	+4	+6	+10	+14	—	+18	—	+20	—	+26	+32	+40	+60
3	6	−270	−140	−70	−46	−30	−20	−14	−10	−6	−4	0	±IT/2	−2	−4	—	0	+1	+4	+8	+12	+15	+19	—	+23	—	+28	—	+35	+42	+50	+80
6	10	−280	−150	−80	−56	−40	−25	−18	−13	−8	−5	0	±IT/2	−2	−5	—	0	+1	+6	+10	+15	+19	+23	—	+28	—	+34	—	+42	+52	+67	+97
10	14	−290	−150	−95	—	−50	−32	—	−16	—	−6	0	±IT/2	−3	−6	—	0	+1	+7	+12	+18	+23	+28	—	+33	—	+40	—	+50	+64	+90	+130
14	18	−290	−150	−95	—	−50	−32	—	−16	—	−6	0	±IT/2	−3	−6	—	0	+1	+7	+12	+18	+23	+28	—	+33	+39	+45	—	+60	+77	+108	+150
18	24	−300	−160	−110	—	−65	−40	—	−20	—	−7	0	±IT/2	−4	−8	—	0	+2	+8	+15	+22	+28	+35	—	+41	+47	+54	+63	+73	+98	+136	+188
24	30	−300	−160	−110	—	−65	−40	—	−20	—	−7	0	±IT/2	−4	−8	—	0	+2	+8	+15	+22	+28	+35	+41	+48	+55	+64	+75	+88	+118	+160	+218
30	40	−310	−170	−120	—	−80	−50	—	−25	—	−9	0	±IT/2	−5	−10	—	0	+2	+9	+17	+26	+34	+43	+48	+60	+68	+80	+94	+112	+148	+200	+274
40	50	−320	−180	−130	—	−80	−50	—	−25	—	−9	0	±IT/2	−5	−10	—	0	+2	+9	+17	+26	+34	+43	+54	+70	+81	+97	+114	+136	+180	+242	+325
50	65	−340	−190	−140	—	−100	−60	—	−30	—	−10	0	±IT/2	−7	−12	—	0	+2	+11	+20	+32	+41	+53	+66	+87	+102	+122	+144	+172	+226	+300	+405
65	80	−360	−200	−150	—	−100	−60	—	−30	—	−10	0	±IT/2	−7	−12	—	0	+2	+11	+20	+32	+43	+59	+75	+102	+120	+146	+174	+210	+274	+360	+480
80	100	−380	−220	−170	—	−120	−72	—	−36	—	−12	0	±IT/2	−9	−15	—	0	+3	+13	+23	+37	+51	+71	+91	+124	+146	+178	+214	+258	+335	+445	+585
100	120	−410	−240	−180	—	−120	−72	—	−36	—	−12	0	±IT/2	−9	−15	—	0	+3	+13	+23	+37	+54	+79	+104	+144	+172	+210	+254	+310	+400	+525	+690
120	140	−460	−260	−200	—	−145	−85	—	−43	—	−14	0	±IT/2	−11	−18	—	0	+3	+15	+27	+43	+63	+92	+122	+170	+202	+248	+300	+365	+470	+620	+800
140	160	−520	−280	−210	—	−145	−85	—	−43	—	−14	0	±IT/2	−11	−18	—	0	+3	+15	+27	+43	+65	+100	+134	+190	+228	+280	+340	+415	+535	+700	+900
160	180	−580	−310	−230	—	−145	−85	—	−43	—	−14	0	±IT/2	−11	−18	—	0	+3	+15	+27	+43	+68	+108	+146	+210	+252	+310	+380	+465	+600	+780	+1000
180	200	−660	−340	−240	—	−170	−100	—	−50	—	−15	0	±IT/2	−13	−21	—	0	+4	+17	+31	+50	+77	+122	+166	+236	+284	+350	+425	+520	+670	+880	+1150
200	225	−740	−380	−260	—	−170	−100	—	−50	—	−15	0	±IT/2	−13	−21	—	0	+4	+17	+31	+50	+80	+130	+180	+258	+310	+385	+470	+575	+740	+960	+1250
225	250	−820	−420	−280	—	−170	−100	—	−50	—	−15	0	±IT/2	−13	−21	—	0	+4	+17	+31	+50	+84	+140	+196	+284	+340	+425	+520	+640	+820	+1050	+1350
250	280	−920	−480	−300	—	−190	−110	—	−56	—	−17	0	±IT/2	−16	−26	—	0	+4	+20	+34	+56	+94	+158	+218	+315	+385	+475	+580	+710	+920	+1200	+1550
280	315	−1050	−540	−330	—	−190	−110	—	−56	—	−17	0	±IT/2	−16	−26	—	0	+4	+20	+34	+56	+98	+170	+240	+350	+425	+525	+650	+790	+1000	+1300	+1700
315	355	−1200	−600	−360	—	−210	−125	—	−62	—	−18	0	±IT/2	−18	−28	—	0	+4	+21	+37	+62	+108	+190	+268	+390	+475	+590	+730	+900	+1150	+1500	+1900
355	400	−1350	−680	−400	—	−210	−125	—	−62	—	−18	0	±IT/2	−18	−28	—	0	+4	+21	+37	+62	+114	+208	+294	+435	+530	+660	+820	+1000	+1300	+1650	+2100
400	450	−1500	−760	−440	—	−230	−135	—	−68	—	−20	0	±IT/2	−20	−32	—	0	+5	+23	+40	+68	+126	+232	+330	+490	+595	+740	+920	+1100	+1450	+1850	+2400
450	500	−1650	−840	−480	—	−230	−135	—	−68	—	−20	0	±IT/2	−20	−32	—	0	+5	+23	+40	+68	+132	+252	+360	+540	+660	+820	+1000	+1250	+1600	+2100	+2600

注：(1) 基本尺寸小于 1 mm 时，各级的 a 和 b 均不采用。

(2) js 的数值：对 IT7～IT11，若 IT 的数值为奇数，则取 $js=\pm\dfrac{IT-1}{2}$。

表 11-13 孔的基本偏差数值（摘自 GB/T 1800.1—2020）

基本偏差/μm

下偏差 EI（A～H，所有标准公差等级）；上偏差 ES（J～ZC）。P~ZC 栏（≤7）：在大于 IT7 级的相应数值上增加一个 Δ 值。JS：偏差等于 ±IT/2。

基本尺寸/mm 大于	至	A	B	C	CD	D	E	EF	F	FG	G	H	JS	J6	J7	J8	K≤8	K>8	M≤8	M>8	N≤8	N>8	P	R	S	T	U	V	X	Y	Z	ZA	ZB	ZC	Δ IT3	IT4	IT5	IT6	IT7	IT8
—	3	+270	+140	+60	+34	+20	+14	+10	+6	+4	+2	0	±IT/2	+2	+4	+6	0	0	−2	−2	−4	−4	−6	−10	−14	—	−18	—	−20	—	−26	−32	−40	−60	0	0	0	0	0	0
3	6	+270	+140	+70	+46	+30	+20	+14	+10	+6	+4	0	±IT/2	+5	+6	+10	−1+Δ	0	−4+Δ	−4	−8+Δ	0	−12	−15	−19	—	−23	—	−28	—	−35	−42	−50	−80	1	1.5	1	3	4	6
6	10	+280	+150	+80	+56	+40	+25	+18	+13	+8	+5	0	±IT/2	+5	+8	+12	−1+Δ	0	−6+Δ	−6	−10+Δ	0	−15	−19	−23	—	−28	—	−34	—	−42	−52	−67	−97	1	1.5	2	3	6	7
10	14	+290	+150	+95	—	+50	+32	—	+16	—	+6	0	±IT/2	+6	+10	+15	−1+Δ	0	−7+Δ	−7	−12+Δ	0	−18	−23	−28	—	−33	—	−40	—	−50	−64	−90	−130	1	2	3	3	7	9
14	18	+290	+150	+95	—	+50	+32	—	+16	—	+6	0	±IT/2	+6	+10	+15	−1+Δ	0	−7+Δ	−7	−12+Δ	0	−18	−23	−28	—	−33	—	−45	—	−60	−77	−108	−150	1	2	3	3	7	9
18	24	+300	+160	+110	—	+65	+40	—	+20	—	+7	0	±IT/2	+8	+12	+20	−2+Δ	0	−8+Δ	−8	−15+Δ	0	−22	−28	−35	—	−41	−39	−54	−63	−73	−98	−136	−188	1.5	2	3	4	8	12
24	30	+300	+160	+110	—	+65	+40	—	+20	—	+7	0	±IT/2	+8	+12	+20	−2+Δ	0	−8+Δ	−8	−15+Δ	0	−22	−28	−35	−41	−48	−47	−64	−75	−88	−118	−160	−218	1.5	2	3	4	8	12
30	40	+310	+170	+120	—	+80	+50	—	+25	—	+9	0	±IT/2	+10	+14	+24	−2+Δ	0	−9+Δ	−9	−17+Δ	0	−26	−34	−43	−48	−60	−55	−80	−94	−112	−148	−200	−274	1.5	3	4	5	9	14
40	50	+320	+180	+130	—	+80	+50	—	+25	—	+9	0	±IT/2	+10	+14	+24	−2+Δ	0	−9+Δ	−9	−17+Δ	0	−26	−34	−43	−54	−70	−68	−97	−114	−136	−180	−242	−325	1.5	3	4	5	9	14
50	65	+340	+190	+140	—	+100	+60	—	+30	—	+10	0	±IT/2	+13	+18	+28	−2+Δ	0	−11+Δ	−11	−20+Δ	0	−32	−41	−53	−66	−87	−81	−122	−144	−172	−226	−300	−405	2	3	5	6	11	16
65	80	+360	+200	+150	—	+100	+60	—	+30	—	+10	0	±IT/2	+13	+18	+28	−2+Δ	0	−11+Δ	−11	−20+Δ	0	−32	−43	−59	−75	−102	−102	−146	−174	−210	−274	−360	−480	2	3	5	6	11	16
80	100	+380	+220	+170	—	+120	+72	—	+36	—	+12	0	±IT/2	+16	+22	+34	−3+Δ	0	−13+Δ	−13	−23+Δ	0	−37	−51	−71	−91	−124	−120	−178	−214	−258	−335	−445	−585	2	4	5	7	13	19
100	120	+410	+240	+180	—	+120	+72	—	+36	—	+12	0	±IT/2	+16	+22	+34	−3+Δ	0	−13+Δ	−13	−23+Δ	0	−37	−54	−79	−104	−144	−146	−210	−254	−310	−400	−525	−690	2	4	5	7	13	19
120	140	+460	+260	+200	—	+145	+85	—	+43	—	+14	0	±IT/2	+18	+26	+41	−3+Δ	0	−15+Δ	−15	−27+Δ	0	−43	−63	−92	−122	−170	−172	−248	−300	−365	−470	−620	−800	3	4	6	7	15	23
140	160	+520	+280	+210	—	+145	+85	—	+43	—	+14	0	±IT/2	+18	+26	+41	−3+Δ	0	−15+Δ	−15	−27+Δ	0	−43	−65	−100	−134	−190	−202	−280	−340	−415	−535	−700	−900	3	4	6	7	15	23
160	180	+580	+310	+230	—	+145	+85	—	+43	—	+14	0	±IT/2	+18	+26	+41	−3+Δ	0	−15+Δ	−15	−27+Δ	0	−43	−68	−108	−146	−210	−228	−310	−380	−465	−600	−780	−1000	3	4	6	7	15	23
180	200	+660	+340	+240	—	+170	+100	—	+50	—	+15	0	±IT/2	+22	+30	+47	−4+Δ	0	−17+Δ	−17	−31+Δ	0	−50	−77	−122	−166	−236	−252	−350	−425	−520	−670	−880	−1150	3	4	6	9	17	26
200	225	+740	+380	+260	—	+170	+100	—	+50	—	+15	0	±IT/2	+22	+30	+47	−4+Δ	0	−17+Δ	−17	−31+Δ	0	−50	−80	−130	−180	−258	−284	−385	−470	−575	−740	−960	−1250	3	4	6	9	17	26
225	250	+820	+420	+280	—	+170	+100	—	+50	—	+15	0	±IT/2	+22	+30	+47	−4+Δ	0	−17+Δ	−17	−31+Δ	0	−50	−84	−140	−196	−284	−310	−425	−520	−640	−820	−1050	−1350	3	4	6	9	17	26
250	280	+920	+480	+300	—	+190	+110	—	+56	—	+17	0	±IT/2	+25	+36	+55	−4+Δ	0	−20+Δ	−20	−34+Δ	0	−56	−94	−158	−218	−315	−340	−475	−580	−710	−920	−1200	−1550	4	4	7	9	20	29
280	315	+1050	+540	+330	—	+190	+110	—	+56	—	+17	0	±IT/2	+25	+36	+55	−4+Δ	0	−20+Δ	−20	−34+Δ	0	−56	−98	−170	−240	−350	−385	−525	−650	−790	−1000	−1300	−1700	4	4	7	9	20	29
315	355	+1200	+600	+360	—	+210	+125	—	+62	—	+18	0	±IT/2	+29	+39	+60	−4+Δ	0	−21+Δ	−21	−37+Δ	0	−62	−108	−190	−268	−390	−425	−590	−730	−900	−1150	−1500	−1900	4	5	7	11	21	32
355	400	+1350	+680	+400	—	+210	+125	—	+62	—	+18	0	±IT/2	+29	+39	+60	−4+Δ	0	−21+Δ	−21	−37+Δ	0	−62	−114	−208	−294	−435	−475	−660	−820	−1000	−1300	−1650	−2100	4	5	7	11	21	32
400	450	+1500	+760	+440	—	+230	+135	—	+68	—	+20	0	±IT/2	+33	+43	+66	−5+Δ	0	−23+Δ	−23	−40+Δ	0	−68	−126	−232	−330	−490	−530	−740	−920	−1100	−1450	−1850	−2400	5	5	7	13	23	34
450	500	+1650	+840	+480	—	+230	+135	—	+68	—	+20	0	±IT/2	+33	+43	+66	−5+Δ	0	−23+Δ	−23	−40+Δ	0	−68	−132	−252	−360	−540	−595	−820	−1000	−1250	−1600	−2100	−2600	5	5	7	13	23	34

注：(1) 基本尺寸小于 1 mm 时，各级的 A 和 B 及大于 IT8 的 N 均不采用。

(2) JS 的数值：对 IT7~IT11，若 IT 的数值为奇数，则取 JS=±(IT−1)/2。

(3) 特殊情况：当基本尺寸大于 250 mm 至 315 mm 时，M6 的 ES 等于 −9（不等于 −11）。

(4) 对小于或等于 IT8 的 K、M、N 和小于或等于 IT7 的 P 至 ZC，所需 Δ 值从表内右侧栏选取。例如：大于 6 mm 至 10 mm 的 P6，Δ=3，所以 ES=−15+3=−12 μm。

表 11 – 14　基孔制优先、常用配合（摘自 GB/T 1800.1—2020）

基准孔	轴																				
	a	b	c	d	e	f	g	h	js	k	m	n	p	r	s	t	u	v	x	y	z
	间隙配合								过渡配合			过盈配合									
H6						H6/f5	H6/g5	H6/h5	H6/js5	H6/k5	H6/m5	H6/n5	H6/p5	H6/r5	H6/s5	H6/t5					
H7						H7/f6	H7/g6	H7/h6	H7/js6	H7/k6	H7/m6	H7/n6	H7/p6	H7/r6	H7/s6	H7/t6	H7/u6	H7/v6	H7/x6	H7/y6	H7/z6
H8					H8/e7	H8/f7	H8/g7	H8/h7	H8/js7	H8/k7	H8/m7	H8/n7	H8/p7	H8/r7	H8/s7	H8/t7	H8/u7				
H8				H8/d8	H8/e8	H8/f8		H8/h8													
H9			H9/c9	H9/d8	H9/e8	H9/f8		H9/h8													
H10		H10/b9	H10/c9	H10/d9	H10/e9			H10/h9													
H11	H11/a11	H11/b11	H11/c11	H11/d10				H11/h10													
H12		H12/b12						H12/h12													

注：(1) H6/n5、H7/p6 在基本尺寸小于或等于 3 mm 和 H8/r7 在小于或等于 100 mm 时，为过渡配合。

(2) 标注 ◤ 的配合为优先配合。

表 11 – 15　基轴制优先、常用配合（摘自 GB/T 1800.1—2020）

基准轴	孔																				
	A	B	C	D	E	F	G	H	JS	K	M	N	P	R	S	T	U	V	X	Y	Z
	间隙配合								过渡配合			过盈配合									
h5						F6/h5	G6/h5	H6/h5	JS6/h5	K6/h5	M6/h5	N6/h5	P6/h5	R6/h5	S6/h5	T6/h5					
h6						F7/h6	G7/h6	H7/h6	JS7/h6	K7/h6	M7/h6	N7/h6	P7/h6	R7/h6	S7/h6	T7/h6	U7/h6				
h7					E8/h7	F8/h7		H8/h7	JS8/h7	K8/h7	M8/h7	N8/h7									
h8				D9/h8	E9/h8	F9/h8		H9/h8													
h9				D9/h9	E9/h9	F8/h9		H8/h9													
h10				D10/h10				H10/h10													
h11	A11/h11	B11/h11	C11/h11	D11/h11				H11/h11													
h12		B12/h12						H12/h12													

注：标注 ◤ 的配合为优先配合。

11.5.3 几何公差

经过加工的零件表面，除了尺寸误差外，还有形状和位置等几何误差，这些误差也会影响零件的使用要求和互换性。

形状误差是指加工后零件表面的实际形状相对理想形状的误差。位置误差是指零件各表面之间、各轴线之间或表面与轴线之间实际位置相对于理想位置的误差。对零件的重要表面或轴线应该规定出形状和位置等几何误差的最大允许值，即几何公差。

1. 几何公差符号

几何公差符号共有 14 项，如表 11-16 所示。

表 11-16　几何公差各项目符号

分　类	项　目	符　号	分　类	项　目	符　号
形状公差	直线度	——	定向	平行度	//
	平面度	▱		垂直度	⊥
	圆度	○		倾斜度	∠
	圆柱度	⌀	定位	同轴度	◎
形状或位置公差	线轮廓度	⌒		对称度	═
	面轮廓度	⌓		位置度	⊕
			跳动	圆跳动	↗
				全跳动	↗↗

2. 几何公差代号

几何公差代号包括几何公差符号、几何公差框格、指引线、几何公差数值以及其他有关符号。几何公差代号用框格和带箭头的指引线标注，如图 11-59(a) 所示。对于位置公差，还应标注基准。基准代号由基准三角形、方格、连线和字母组成，基准三角形为涂黑或空的等腰三角形，如图 11-59(b) 所示。

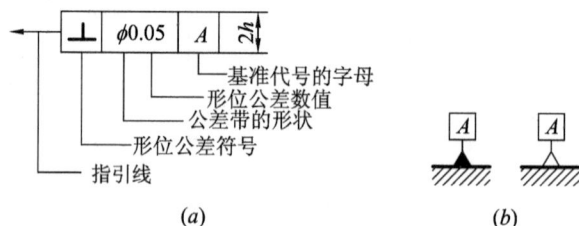

图 11-59　形位公差代号和基准代号

3. 几何公差在图样上的标注

几何公差一般采用代号标注，其标注方法是用带箭头的指引线将被测要素与公差框格的一端相连。

（1）当被测要素为线或表面时，指引线箭头指在该要素的轮廓线或延长线上，并应明显地与尺寸线错开，如图 11-60 所示；当被测要素为轴线、球心或中心平面时，指引线箭头应与该要素的尺寸线对齐，如图 11-61 所示。

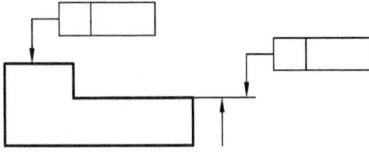

图 11-60 被测要素为线或表面

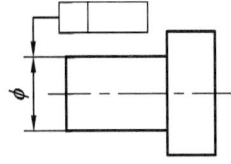

图 11-61 被测要素为中心要素

（2）如果被测要素需要通过基准要素（确定几何位置关系的理想要素，如轴线、直线、平面等）来标注，则需要注意：

① 基准符号用三角形画，三角形上的连线与公差框格的另一端相连，基准三角形的连线必须与基准要素垂直，如图 11-62(a)所示。当基准符号不便与框格相连时，用基准代号表示，并在框格的第三格（或以后各格）内，填写与基准代号相同的字母，如图 11-62(b)所示。

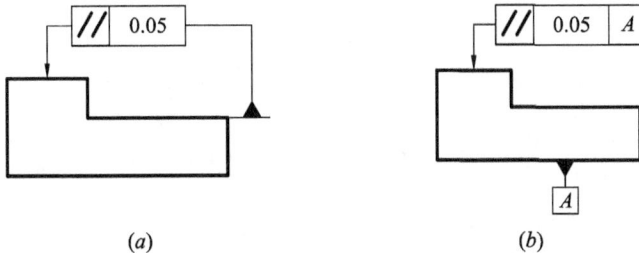

(a)   (b)

图 11-62 基准要素的标注（一）

② 当基准要素为线或表面时，基准符号应在靠近该要素的轮廓线或延长线上标注，并明显地与尺寸线错开，如图 11-63(a)所示；当基准要素为轴线、球心或中心平面时，基准符号应与该要素的尺寸线对齐，如图 11-63(b)所示。

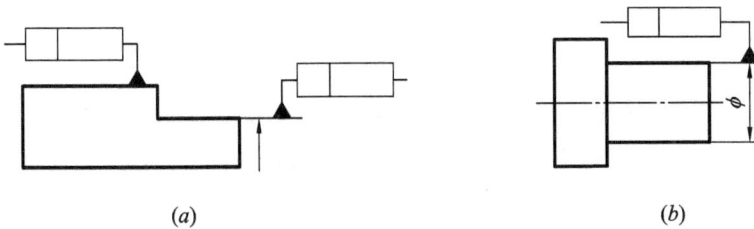

(a)   (b)

图 11-63 基准要素的标注（二）

（3）几何公差的大小由零件的主参数（尺寸大小）和公差等级确定，详见 GB/T 1184—1996。公差值为公差带的宽度或直径。若公差带为圆形或圆柱形，则在公差值前加注符号"ϕ"。若公差带为球形，则在公差值前加注符号"$S\phi$"。

（4）如果图样中所标注的形位公差无附加说明，则在框格中所标注的公差数值适用于整个表面或全长，如图 11-64(a)所示；若被测量要素仅为某一部分，则须用细实线画出范围，并注出有关尺寸，如图 11-64(b)所示；若需标出被测要素某一长度或范围内的公差，则应在框格内的公差值前标出这一段长度值，该值与公差值之间用"："隔开。如图 11-64(c)所示，在全长的每 100 mm 范围内，其直线度公差为 0.02 mm；若不仅要给出某一长度的公差值，还要给出全长的公差值时，应在框格内用一分式表示，其分子表示全长内的公差值，分母表示给定长度内的公差值。如图 11-64(d) 所示，在全长范围内对底面的平行度公差为 0.04 mm，同时在每 200 mm 范围内公差为 0.02 mm。

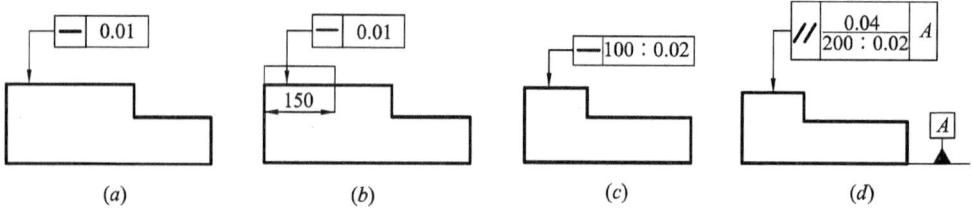

图 11-64　几何公差数值的标注

4. 几何公差标注示例

几何公差的标注示例如图 11-65 所示。

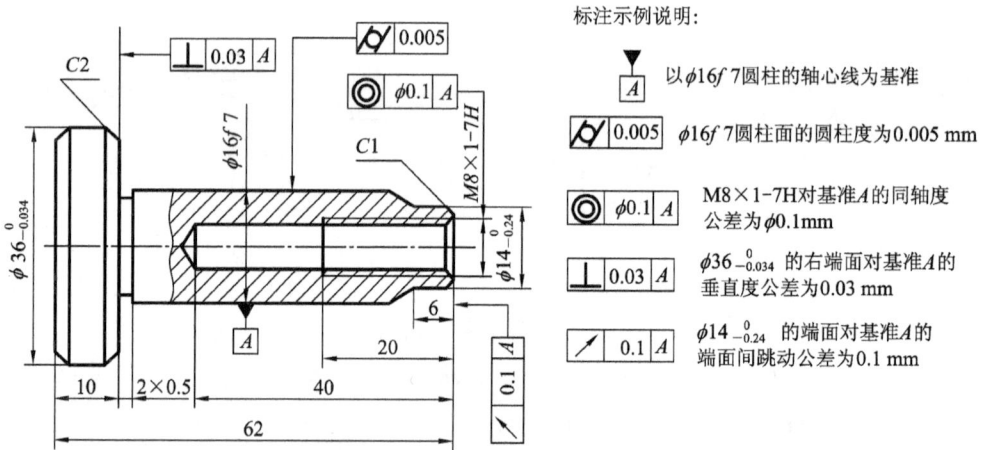

图 11-65　几何公差标注示例

11.5.4　表面结构

零件的表面质量受到表面结构、加工方法、加工纹理方向、加工余量、表面热处理等因素的影响，其中以表面结构为主要影响因素，因此表面结构是评定零件表面质量的重要技术指标之一。

1. 基本概念

表面结构是指零件表面的粗糙程度。机械加工后的零件表面，看起来很光滑，但用显微镜观察，则会清楚地看见表面上具有高低不平的谷峰。这是由于加工过程中，刀具和机床的振动、材料的不均匀以及分离材料时产生的塑性变形等所造成的。零件的表面结构质量对零件的耐磨性、抗疲劳性、抗腐蚀性以及密封性等有很大的影响。一般来说，凡零件上有配合要求或者有相对运动要求的表面，必须具备一定的粗糙度要求。但粗糙度的好坏与加工成本直接相关，设计时应合理选用结构参数。

2. 表面结构参数

国家标准 GB/T 3505—2009 中规定了评定表面结构质量的各种参数，其中较常用的是两种高度参数：轮廓算术平均偏差 Ra 和轮廓最大高度 Rz。

如图 11 - 66 所示，轮廓算术平均偏差 Ra 是指在取样长度 l 内，被测表面轮廓上各点至基准线之间距离绝对值的算术平均值。轮廓最大高度 Rz 是指在取样长度 l 内，最大峰顶线与最大谷底线之间的距离。

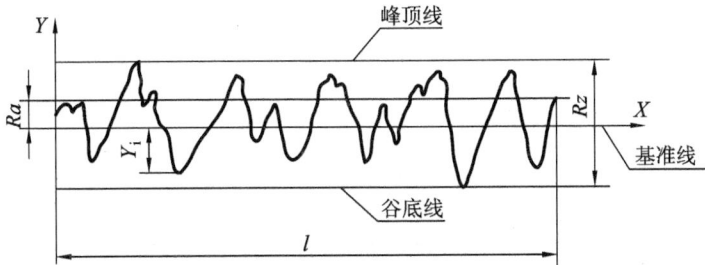

图 11 - 66　表面结构参数示意图

轮廓算术平均差 Ra 可表示为

$$Ra = \frac{1}{l} \int_0^l |Y(X)| \, dX$$

或近似表示为

$$Ra \approx \frac{1}{n} \sum_{i=1}^{n} |Y_i|$$

参数 Ra 能充分反映表面微观几何形状高度方面的特征，并且所用仪器（轮廓仪）的测量方法比较简单，因此推荐选用轮廓算术平均偏差 Ra，表 11 - 17 给出 Ra 的数值。Ra 值越小，表面越光滑；Ra 值越大，表面越粗糙。零件实际测量所得的 Ra 值，不应超过图纸上所给的数值。设计时一般优先选用表中的第一系列。

表 11 - 17　轮廓算术平均偏差 Ra 的数值(摘自 GB/T 1031—2009)　（单位：μm）

第一系列	第二系列	第一系列	第二系列	第一系列	第二系列	第一系列	第二系列
	0.008						
	0.010						
0.012			0.125		1.25	12.5	
	0.016		0.160	1.6			16
	0.020	0.2			2.0		20
0.025			0.25		2.5	25	
	0.032		0.32	3.2			32
	0.040	0.4			4.0		40
0.050			0.50		5.0	50	
	0.063		0.63	6.3			63
	0.080	0.8			8.0		80
0.100			1.00		10.0	100	

注：优先选用第一系列。

3. 表面结构代号

GB/T 131—2006 规定了表面结构代号及其注法。表面结构代号由表面结构图形符号及参数数值组成。

1）表面结构图形符号及画法

表面结构图形符号如表 11-18 所示。表面结构图形符号的画法如图 11-67 所示，其中高度 H_1 为字高 (h) 的 1.4 倍，$H_2 = 2H_1$，d' 为细实线宽度。

表 11-18　表面结构的符号

符号	意　义　及　说　明
	基本符号，表示表面可用任何方法获得。当不加注粗糙度参数值或有关说明（例如表面处理、局部热处理状况等）时，仅适用于简化代号标注
	基本符号加一短画，表示表面是用去除材料的方法获得的，如车、铣、钻、磨、剪切、抛光、腐蚀、电火花加工、气割等
	基本符号加一小圆，表示表面是用不去除材料方法获得的，如铸、锻、冲压变形、热轧、冷轧、粉末冶金等，或者用于保持原供应状况的表面（包括保持上道工序的状况）

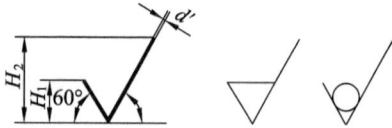

图 11-67　表面结构图形符号的画法　　　　图 11-68　表面结构参数的注写位置

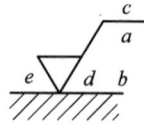

2）表面结构参数的注写

表面结构参数值在其符号中的注写方式如图 11-68 所示，其中位置 a 至 e 分别注写以下内容：

a——注写表面结构的单一要求；

a，b——注写两个或多个表面结构要求；

c——注写加工方法，如表面处理、涂层或其他加工工艺要求；

d——注写表面纹理；

e——注写加工余量（单位 mm）。

表面结构中关于加工方法、取样长度、加工纹理方向的标注示例见表 11-19。

表 11-19　加工方法、加工纹理方向的标注

标注方法示例	说　　明
	当某一表面结构要求由指定的加工方法获得时，可用文字标注在符号长边的横线上面
	镀（涂）覆或其他表面处理的要求可以注写在符号长边的横线上，也可在技术要求中说明
	需要控制表面加工纹理方向时，可在符号的右边加注加工纹理方向符号；如图中符号"⊥"表示纹理垂直于标注代号的视图投影面；符号"＝"表示纹理平行于标注代号的视图投影面

表面结构参数的标注示例见表 11-20。

表 11 - 20　表面结构高度参数的标注示例

代　号	意　义	代　号	意　义
$\sqrt{\ }Ra\,3.2$	用任何方法获得的表面结构，Ra 的上限值为 $3.2\ \mu m$	$\sqrt{\ }Rz\,3.2$	用任何方法获得的表面结构，Rz 的上限值为 $3.2\ \mu m$
$\sqrt{\ }\begin{array}{l}URa\,3.2\\LRa\,1.6\end{array}$	用去除材料方法获得的表面结构，Ra 的上限值为 $3.2\ \mu m$，下限值为 $1.6\ \mu m$	$\sqrt{\ }Rz\,200$	用不去除材料方法获得的表面结构，Rz 的上限值为 $200\ \mu m$

4. 表面结构代号在图样上的标注

（1）表面结构要求一般注在可见轮廓线、尺寸界线、引出线或它们的延长线上。符号的尖端必须从材料外指向表面，如图 11 - 69 所示。表面结构代号中数字及符号的方向必须按图 11 - 70 的规定标注。

在同一图样上，每一表面一般只标注一次表面结构。

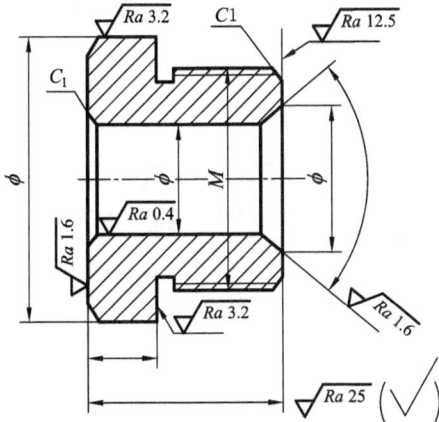

图 11 - 69　表面结构符号的一般标注

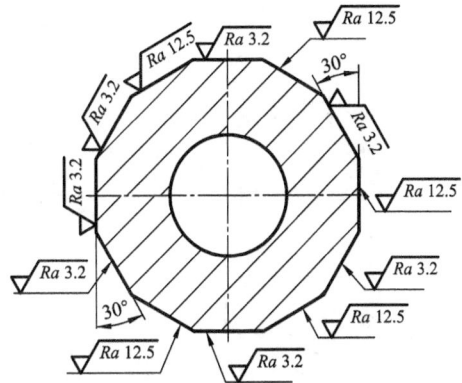

图 11 - 70　表面结构代号中数字及符号的方向

（2）当零件所有表面具有相同的表面结构要求时，可在图样标题栏附近统一注写，如图 11 - 71 所示。当零件大部分表面具有相同的表面结构要求时，对其中使用最多的一种符号、代号可统一标注在图样的标题栏附近，并在图括号内给出无任何其他标注的基本符号，如图 11 - 72 所示。

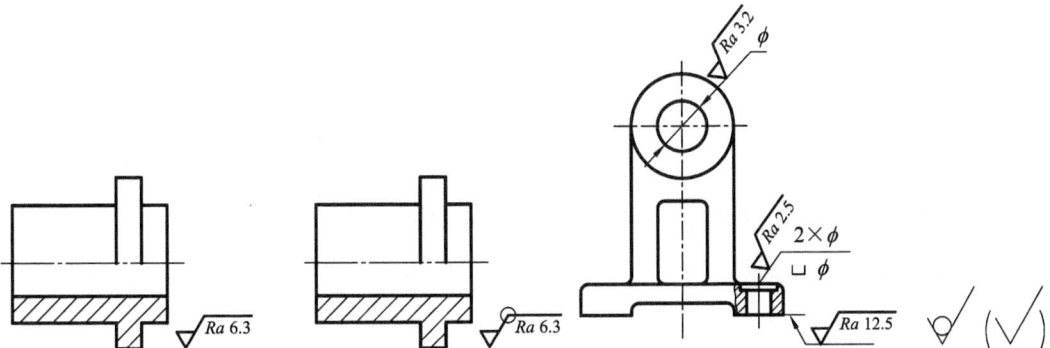

图 11 - 71　所有表面结构要求相同

图 11 - 72　大部分表面结构要求相同

统一标注的代号及文字的高度，应是图形上其他表面所注代号和文字的 1.4 倍。

（3）为了简化标注方法或者标注位置受到限制时，可以标注简化代号，但必须在标题栏附近说明这些简化代号的意义，即图形右侧所写的等式，见图 11-73 所示。

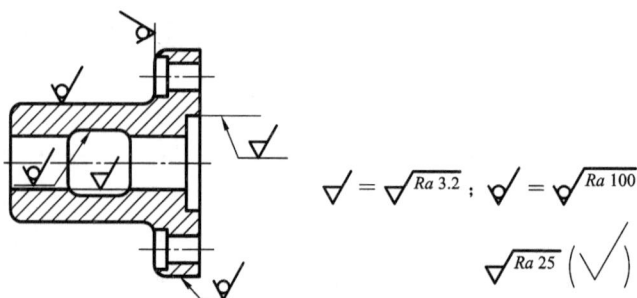

图 11-73　标注简化代号

（4）零件上连续表面及重复要素（孔、槽、齿等）的表面结构代号只标注一次，如图 11-74 所示。

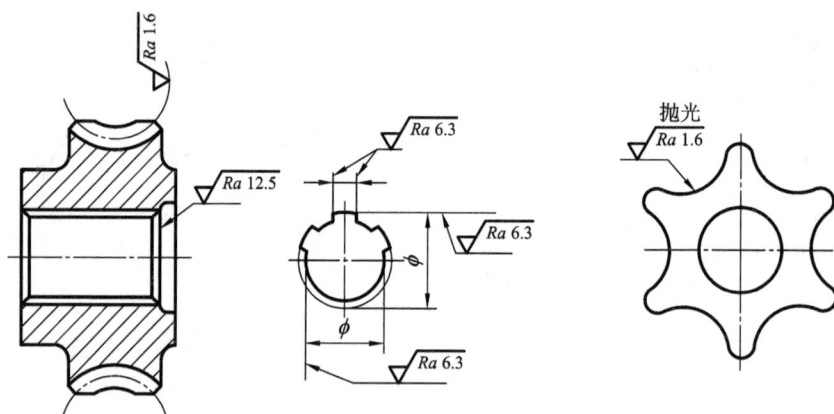

图 11-74　重复要素标注

（5）同一表面有不同的表面结构要求时，须用细实线画出其分界线，并注出相应的表面结构代号和尺寸，如图 11-75 所示。

（6）中心孔、键槽工作面、圆角、倒角的表面结构代号可以简化标注，如图 11-76 所示。

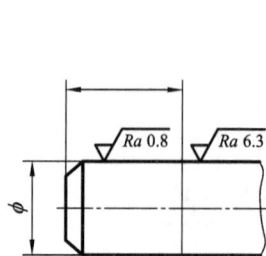

图 11-75　分段标注表面结构

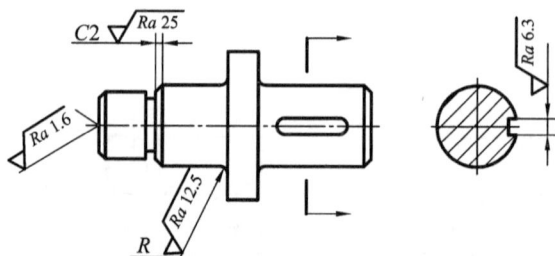

图 11-76　键槽、圆角等表面结构标注

（7）齿轮、螺纹工作表面没有画出齿（牙）形时，其表面结构代号注法如图 11-77 所示。

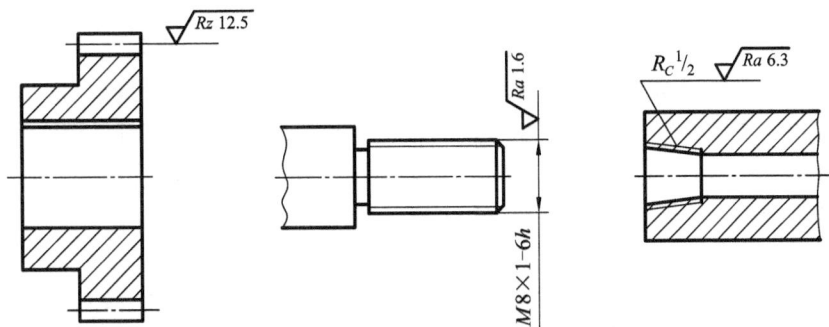

图 11-77　齿轮、螺纹工作表面结构代号标注

（8）零件局部热处理或局部镀（涂）覆时，应用粗点画线画出其范围，并标注相应的尺寸，也可将其要求注写在表面结构符号长边的横线上，如图 11-78 所示。

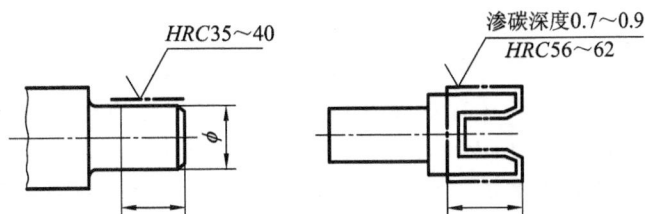

图 11-78　局部热处理或局部镀（涂）覆要求

（9）标注表面镀（涂）覆或其他表面处理后的表面结构要求值时，标注方法如图 11-79(a) 所示。要标注镀（涂）覆前的表面结构要求值时，应另加说明，如图 11-79(b) 所示。若同时标注镀（涂）覆前、后的表面结构要求值，则标注方法如图 11-79(c) 所示。

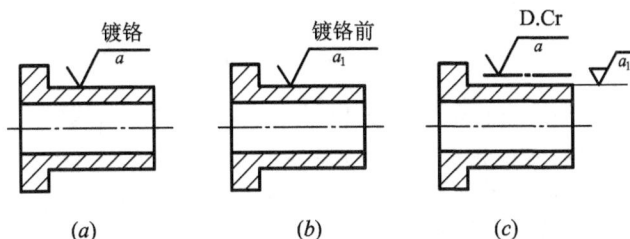

图 11-79　表面镀（涂）覆或其他表面处理要求

11.5.5　其他技术要求

零件图上除了要注出尺寸公差、几何公差及表面结构要求等外，有时还要注出一些其他方面的技术要求。

1. 热处理

热处理就是运用加热、保温和冷却等手段，改变金属或合金的内部组织，从而获得更好的机械性能的一种工艺方法。它一般不改变金属零件的化学成分或形状。常用的热处理方法有：

（1）退火（焖火）：将钢件加热到临界温度以上，保温一段时间，然后随炉缓慢冷却。退火使晶粒细化，组织均匀；消除铸、锻、焊零件的内应力和某些缺陷；降低钢材的硬度，便于切削加工。

（2）正火：将钢件加热到临界温度以上，保温一段时间，然后在空气中冷却。在消除应力和缺陷方面正火与退火相同，但在改善切削性能方面由于正火使材料有较高硬度。正火适用于低碳和中碳结构钢及渗碳零件，使其组织细化，增加强度与韧性。

（3）淬火：钢件经加热、保温后，放入淬火剂（油、水等）中急剧冷却。淬火后可提高零件硬度和耐磨性，但组织很不稳定，性脆，甚至引起零件变形或开裂。所以淬火后必须回火。

（4）回火：将淬火后的零件加热到临界点以下的温度，保温一段时间，然后在空气中或油中冷却。回火用来消除淬火后的脆性和内应力，提高材料的塑性和冲击韧性。

（5）调质：淬火后在 450℃～650℃ 进行高温回火。调质使零件表面获得高硬度，而心部保持一定的韧性，零件有较好的综合机械性能。调质主要用于中碳钢及中碳合金钢零件。

2. 化学热处理

化学热处理是把零件加热到高温状态，再将其他元素渗入其表层，以改变零件表层的化学成分，从而引起表层组织性能变化的一种热处理工艺。常用的化学热处理有：

（1）渗碳：将碳原子渗入低碳（或中碳）钢件的某些工作表面，增高其表层含碳量，再予以淬火处理，就可提高工作表面的硬度和耐磨性，而工件的材料中心层仍保持原有韧性。一些受冲击载荷的零件（如齿轮等）的啮合面，均要求渗碳。

同一零件上不需渗碳的表面，可用余量法、镀铜法或堵塞法等避免渗碳。

（2）渗氮：利用渗氮剂（氨）在 500℃～600℃ 温度下分解时，所产生的活性氮原子渗入零件表层，形成铁氮合金，从而改变表层机械性能和理化性质的一种处理过程。渗氮适用于含有铬、钼、铝等元素的合金钢，因为这些元素的氮化物强度很高，且在高温下也很难分解。渗氮可提高零件的耐磨性、耐蚀性和疲劳强度。

（3）氰化：将碳和氮原子同时渗入工件表层的方法称为氰化。它对钢件的作用和效能与氮化类似。

3. 硬度

硬度是金属材料一项综合性的性能指标。通常用材料表面抵抗硬物压入的能力（即在压头的作用下形成压坑的面积和深浅数值）来表示。根据测试硬度的方法不同，硬度可分为布氏硬度（HB）、洛氏硬度（HRC）和维氏硬度（HV）三种。常用的是前两种。

布氏硬度一般适用于表示低硬度（HB<450）值，常用来表示不淬火钢、铸铁和有色金属等的硬度。布氏硬度符号为 HB，如图纸上注有"HB＝262～286"字样，它表示在 3000 kg 荷重下，将钢球压入金属表面时，所达到的硬度值（压痕直径约为 3.75～3.60 mm）。

洛氏硬度常用于表示经淬火、回火及表面渗碳、渗氮等处理的零件的硬度，洛氏硬度符号为 HRC（或 RC）。硬度机的测头用金钢钻锥体（代替钢球）在 150 kg 荷重条件下，压入金属表面所得到的压痕深度进行度量。例如 HRC＝27～30，此时所表达的硬度与上述 HB＝262～286 时的硬度值相当。

维氏硬度主要用于薄层硬化零件的硬度检验。

4. 金属的表面处理

表面处理是在金属表面增设保护层的工艺方法，它起到防腐蚀、装饰表面和改善表面机械物理性能的作用。

（1）钢零件的保护层。

① 镀锌：镀锌零件在空气中有良好的耐蚀性，且其费用低廉，应用广泛。为了避免钢件直接与铝、镁或铜合金接触，也使用镀锌法保护。锌本色日久变暗，故不作装饰之用。

② 镀镉：镀镉件比镀锌件稳定，在海水及其蒸汽中有很强的耐蚀性。镉层柔软且有弹性对零件贴合封严极为有利，但不耐磨。镉盐有毒且稀少，宜慎用。

③ 镀铬：铬层耐蚀并耐磨，外观美，能耐潮湿大气、碱、硝酸和多种气体的腐蚀作用。镀铬层孔隙大，故单层镀铬可靠性差。因此，镀铬前一般先以镀铜或镀镍作为底层。

④ 镀镍：镍在大气、海水、尤其在碱中有良好抗蚀性。镍层抛光后外表美观。

⑤ 发蓝（发黑）：使钢件表面形成一层氧化膜。发蓝主要用于良好大气条件下工作的零件，涂油可提高其防护性能。氧化膜微薄，对光洁度和尺寸精度影响很小，所以常用于尺寸精确或需黑色表面的零件。

（2）铝、镁合金保护层。铝、镁合金进行表面处理的主要方法是阳极化。即将零件作为直流电路的阳极，进行氧化处理。阳极化可提高铝、镁合金的防蚀和耐磨能力。由于这样处理时，还可将氧化膜染成黄、黑、蓝、红、绿或紫色，所以它也是带有装饰性的处理方法。

（3）铜合金的保护层。铜合金保护层基本上与钢相似，可以镀锌、镉、铬、镍或锡等，还可予以钝化处理，使铜合金表面形成氧化膜。

11.6 零件的材料

零件的材料种类很多，分类方法也各种各样。常见的分类方法是依据材料结合键性质进行分类。按照这种方法，一般将材料分为金属、陶瓷、高分子和复合材料四大类。

金属材料是指金属和以金属为基体的合金。通常按照外观颜色和矿物的颜色，将金属分为黑色金属和有色金属。黑色金属包括铁和以铁为基体的合金。有色金属包括除铁以外的金属及其合金。

陶瓷材料种类较多，按照习惯可分为传统陶瓷和特种陶瓷。传统陶瓷是以粘土、长石、石英等天然原料为主，经粉碎、成型、烧结工艺生产的制品。特种陶瓷是用化工原料制成的具有许多优异性能的陶瓷，包括氧化物、氮化物、碳化物、硅化物等制成的陶瓷。陶瓷材料具有摩擦系数小、热膨胀系数小、耐磨、耐腐蚀等特性，既可作为机械零件，也可作为电子产品零件，应用较广。

高分子材料是指有机合成材料，常称之为聚合物或高聚物，如工程塑料、功能塑料、通用塑料、橡胶等。由于塑料具有质轻、绝缘性好、耐磨、耐腐蚀等特点，故在工程上使用很普遍。

复合材料是用两种或两种以上不同的材料复合在一起的，它的主要组成部分为基体材料和增强材料。基体材料为树脂（如聚乙烯、环氧树脂等），增强材料主要是纤维，包括金属纤维、有机纤维（如人造丝等）和无机纤维（如玻璃等）。复合材料具有单一材料无法达到的优异性能。

不同种类的材料，其性能各不相同。选用时应在保证设计要求的前提下，考虑材料的经济性。表 11-21～表 11-24 列出常用金属材料的名称、牌号和用途，以供设计时参考选用。

表 11-21　常用碳素钢牌号及应用

标准	名称	牌号	特性及应用举例	牌号说明
GB/T 700—2006	碳素结构钢	Q195	金属结构构件中受轻载荷的机件，如垫片、轮、凸轮、管子和受力不大的螺钉、水管、气管、外壳等	"Q"是钢材屈服点"屈"字汉语拼音首字母。对数字部分，如235表示钢材厚度≤16 mm时的屈服点值不低于235 MPa。质量等级符号有A、B、C、D四个级别
		Q215—A	焊制或渗碳机件，如轴、轮、凸轮、用途较广，是一般机器制造中的主要材料，用于制造一般的螺钉等	
		Q235—A Q255—A	有较好的强度、硬度和韧性，用途较广，是一般机器制造中的主要材料，用于制造一般的轮齿和齿轮、轴和齿轮等	
		Q275	强度要求较高的零件，如重要的螺钉、连杆、拉杆、楔、轮轴、轴和齿轮等	
GB/T 699—2015	优质碳素结构钢 普通含锰量钢	10	屈服点和抗拉强度比值较低，塑性和韧性值均高，在冷状态下容易模压成形；一般用于拉杆、卡头、钢管垫片、垫圈、铆钉等；焊接性好，可作焊接零件	牌号中的两位数字表示平均含碳量的万分数，如"15"表示平均碳量为0.15%；较高含锰量的优质碳素钢，在牌号尾部加"Mn"
		15	塑性、韧性、焊接性和冷冲性能均极良好，切性要求较高的零件，紧固件，冲模锻件及不需热处理的低负荷零件，如螺栓、螺钉、拉条、法兰盘及化工贮器、锅炉等	
		20	用于不经受很大应力而要求很大韧性的机械零件，如杠杆、轴套、起重钩等，也用于制造在压力<6 MPa、温度<450℃的非腐蚀介质中使用的零件，如管子、导管等	
		25	性能与20号钢相似，焊接性与冷应变塑性均高，无回火脆性倾向；用于制造焊接零件，以及经锻造、热冲压和机械加工的不承受高应力的零件，如轴、连接器、螺母、垫圈等	
		35	有好的塑性和相当的强度；用于制造锻造的高韧性零件，如曲轴、圆盘、套筒、钩环、螺钉、螺母等；一般不用作焊接	
		45	强度较高，韧性中等，通常在调质或正火状态下使用；用于制造齿轮、齿条、离合器、轴、活塞销、丝杠、键、花键轴、汽轮机的叶轮，压缩机及泵的零件等	
		55	经热处理后有高的表面强度和硬度，具有良好塑性，一般正火或淬火或淬火回火后使用；用于制造齿轮、连杆、轮圈、轮缘、扁弹簧及轧辊等	
		60	强度和弹性相当高，用于制造轧辊、弹簧、弹簧圈、离合器、钢绳等	

标　准	名　称	牌　号	特性及应用举例	牌号说明
GB/T 699 —2015	优质碳素结构钢（较高含锰量钢）	15Mn	高锰低碳渗碳钢，性能与15号钢相似，但其淬透性、强度和塑性比15号钢都高些；可制造凸轮轴、齿轮、联轴器、铰链、拖杆等；焊接性好	牌号中的两位数字表示平均含碳量的万分数，如"45"表示平均含碳量为0.45%；较高含锰量的优质碳素钢，在牌号尾部加"Mn"
		40Mn	钢的切削加工性好，冷变形时的塑性中等，焊接性不良；用以制造承受疲劳负荷的零件，如轴、万向接头、曲轴、连杆及在高压应力下工作的螺栓、螺母等	
		45Mn	用于受磨损的零件，如转轴、心轴、叉、啮合杆及载荷较大的零件，如离合器盘、花键轴、万向接头、曲轴、汽车后轴、双头螺栓、地脚螺柱等；焊接性较差	
		60Mn	强度较高，淬透性好，适于制造螺旋弹簧、弹簧环、板簧、发条和冷拔钢丝等	
		65Mn	强度高，硬度、淬透性均高，脱碳倾向小，但有过热敏感性，易产生淬火裂纹，并有回火脆性；适宜做高强度、高耐磨、高弹性的零件，如机床主轴、弹簧卡头、弹簧垫圈，以及大尺寸的各种扁、圆弹簧，经受摩擦的农机零件，如犁、切刀等	
GB/T 1298 —2008	碳素工具钢	T7 T7A	能承受振动和冲击，硬度适中时有较大韧性；用做錾子、冲击式打眼机钻头、大锤等	"T"是"碳"字汉语拼音的第一个字号，数字表示平均含碳量的千分数，高级优质碳素工具钢，在牌号尾部加"A"
		T8 T8A	有足够的韧性和较高的硬度，用于制造能承受振动并耐磨的工具，如钻中等硬度岩石的钻头、简单模子、冲头、顶尖、夹子等	
		T10 T10A	韧性小，用来制造不受突然和剧烈振动的工具，如车刀、刨刀、钻头、丝锥等，以及要求耐磨性高的精密机床的丝杠、顶尖、套筒等	
GB/T 4357 —2009	碳素弹簧钢丝	B级 C级 D级	有较好的弹性和较高强度，制造在冷状态下卷绕成形而不经淬火的小型螺旋弹簧、供航空工业用的钢丝，表面刮伤深度有严格要求者应在订货合同内注明	B级用于低应力弹簧；C级用于中等应力弹簧；D级用于高应力弹簧

注：普通碳素钢新旧牌号对照：Q195—A1；Q215—A2；Q235—A3；Q255—A4；Q275—A5。

表 11-22 常用合金钢牌号及应用

标　准	名　称	牌　号	特性及应用举例	牌号说明
GB/T 3077 —2015 合金结构钢	锰钢	10Mn2 15Mn2	用于制作钢板、钢管，一般只经正火或调质	钢中加入一定数量的合金元素，能提高钢的机械性能和耐磨性，也提高了钢的淬透性、保证金属在较大截面上获得高机械性能。合金元素用国际化学元素符号表示，元素前面的数字表示平均含碳量的万分数。后面的数字表示平均合金含量的百分数，平均合金含量小于 1.5% 时，一般不予标注。高级优质合金结构钢在牌号尾部加"A"
		20Mn2	对于截面较小的零件，相当于 20Cr 钢，可作渗碳小齿轮、小轴、活塞销、柴油机套筒、气门推杆、钢套等	
		45Mn2	用于制造在较高应力与磨损条件下的零件，在直径≤60 mm 时，与 40Cr 相当，可作万向接头、蜗杆、曲轴等	
	硅锰钢	35SiMn 42SiMn	除要求低温（-20℃）、冲击韧性很高时，可全面代替 40Cr 钢作调质零件，亦可部分代替 40CrNi 钢。此钢耐磨、耐疲劳性均佳，适用于作轴、齿轮及在 430℃以下的重要紧固件。42SiMn 与 35SiMn 相同，但前者适作表面淬火件	
	锰钒钢	20MnV	用于中、高压容器、车辆、桥梁、起重机等	
	铬钢	20Cr	用于要求心部强度较高，承受磨损尺寸较大的渗碳零件，如齿轮、齿轮轴、蜗杆、凸轮、活塞销等，也用于速度较大，受中等冲击的调质零件	
		40Cr	用于承受交变负荷，中等速度、中等负荷、强烈磨损而无大冲击的重要零件，如汽车万向节、连杆、螺栓、进气阀、重要齿轮、轴等	
	铬锰硅钢	25CrMnSi 30CrMnSiA	用于要求表面高硬度、耐磨、心部有较高强度和韧性的零件，如渗碳齿轮、凸轮等；可焊接 是航空制造业中常用的一种调质钢，用于制造重要锻件，机械加工件和焊接件，如起落架零件、天窗盖、冷气瓶、涡轮喷气机、压气机转子的叶片盘等	

表 11-23 常用铸铁、铸钢牌号及应用

标准	名称	牌号	特性及应用举例	牌号说明
GB/T 9439 —2010	灰铸铁	HT100	低强度铸铁；用于盖子、手轮、手把、支架、罩壳、座板等不重要零件	"HT"是"灰铁"二字汉语拼音的第一个字母，后面的数字代表最低抗拉强度（MPa）的平均值
		HT150	中等强度铸铁；用于一般制造的铸件，如机床底座、轴承座、工作台、齿轮箱、皮带轮等	
		HT200 HT250	高强度铸铁，并能保持气密性；用于较重要的铸件，如机床床身、汽缸、齿轮、中等压力的油缸、泵体和阀体等	
		HT300 HT350	高强度、高耐磨铸铁，并能保持高气密性；用于重要铸件，如重型机床床身、齿轮、凸轮、曲轴、汽缸体、缸套、高压油缸、液压筒、泵体、阀体等	
GB/T 1348 —2009	球墨铸铁	QT400—18 QT450—10 QT500—7 QT600—3	这是一种经过石墨球化处理，具有较高强度和塑性、磨性能较好的铸铁，在许多情况下可代替钢来使用；可用于制造曲轴、凸轮轴、水泵轴、齿轮、轧辊、活塞环、摩擦片、中低压阀门、千斤顶顶底座、轴承座等	"QT"是"球铁"二字汉语拼音的第一个字母，后面的数字分别表示最低抗拉强度（MPa）和最低延伸率（%）
GB/T 9440 —2010	可锻铸铁	KTH300—06 KTH300—08 KTZ450—06 KTZ550—04	经过特殊处理后可具有较好的塑性和韧性，用于制作承受冲击、振动及扭转负荷下工作、形状较复杂的薄壁零件，如汽车、拖拉机的后桥、轮毂、转向机构壳体、弹簧钢板支座等，各种机床附件如钩形扳手、螺纹铰板、扳手等，各种管接头、低压阀门等	"KT"是"可铁"二字汉语拼音的第一个字母；"Z"是珠光体、"H"是黑色可锻铸铁，数字分别表示最低抗拉强度（MPa）和最低延伸率（%）
GB/T 11352 —2009	铸钢	ZG230—450	用于负荷不大、韧性较好的零件，如轴承盖、底板、阀体、机座、轧钢机架等	"ZG"是"铸钢"二字汉语拼音的第一个字母，后面的数字分别表示屈服点（MPa）和最低抗拉强度（MPa）
		ZG310—570	用于重负荷零件，如联轴器、轮、汽缸、齿轮、齿轮圈、轴、辊子及机架等	

表 11-24　常用有色金属材料牌号及应用

标　准	名　称	牌　号	特性及应用举例	牌号说明
GB/T 5231—2012	普通黄铜	H62	黄铜为铜锌合金。H62用于散热器、垫圈、弹簧、各种网、螺钉及其它零件	H表示黄铜，数字表示含铜量（%），其余为锌
GB/T 1176—2013	铸造铝黄铜	ZCuZn40Pb2	用于各种化工、造船用零件，如阀门、轴承、垫圈等	"Z"是"铸"字汉语拼音的第一个字母，化学元素符号为主要添加元素，并以此分组，其后数字组为该合金组的成分数字组
	铸造锰黄铜	ZCuZn38Mn2Pb2	强度高、耐磨性及铸造性好；用于制造轴套和其它耐磨零件	
	铸造锡青铜	ZCuSn5Pb5Zn5	切削加工性好，适于成型和离心铸造，用于受中等冲击负荷和在液体或半液体润滑及耐蚀以及1 MPa以下的蒸汽和水配件	
		ZCuSn10Pb1	硬度适中，热稳定性好，适于离心浇铸，如齿圈、蜗轮、耐冲击零件，螺母及主轴承座等	
	铸造铝青铜	ZCuAl10Fe3	制造要求耐磨、硬度高，强度好的零件和蜗轮、螺母、轴套及防锈零件	
		ZCuAl9Mn2	加工和耐磨性好；用于制造电器设备零件、简单铸件和在250℃以下工作的零件	
		ZCuAl9Fe4Ni4Mn2	强度高，减磨性、耐蚀性、受压、铸造性均良好。用于蒸汽和海水条件下工作的零件及受摩擦和腐蚀的零件，如蜗轮、衬套和轧钢机压力螺母等	
GB/T 1174—2022	铸造轴承合金	ZChSnSb11-6	轴承合金为软金属锡和铜、铝等元素的合金，呈白色，有减摩性能，常浇注在轴承和衬套上作为轴承衬。ZChSnSb11-6用于浇注高速度的轴承和轴瓦，如367.5 kW以上透平机，压缩机等；ZChPbSb15-5用于浇注汽油发动机的轴承、各种马力压缩机的外伸轴承，功率100～250 kW的电动机，球磨机等	"ZCh"为"铸轴承"三字汉语拼音第一个字节，并以此分组，第一个字母和音节，第一个化学元素为基元素，第二个元素为主要添加元素，其后数字组为该合金的成分数字组
		ZChPbSb15-5		

续表

<table>
<tr><th>标 准</th><th colspan="2">名 称</th><th>牌 号</th><th colspan="2">特性及应用举例</th><th>牌号说明</th></tr>
<tr><td rowspan="9">GB/T 1173—2013</td><td rowspan="9">铸造铝合金</td><td rowspan="6">铝硅合金</td><td>ZL101
ZL101A</td><td rowspan="6">铸造性好，有足够高的机械性能和抗蚀性，用途广泛</td><td>用于形状复杂，承受中等负荷的飞机和发动机零件，如附件壳体</td><td rowspan="9">“Z”是“铸”字汉语拼音的第一个字母，“L”是“铝”字汉语拼音的第一个字母；后面第一位数字表示类别，第二、第三位数字为顺序号</td></tr>
<tr><td>ZL102</td><td>压铸件、仪表壳及低负荷飞机附件、汽缸、活塞以及高温工作的复杂形状零件</td></tr>
<tr><td>ZL104</td><td></td></tr>
<tr><td>ZL105</td><td>用于高负荷的大型飞机和发动机零件，如传动机匣、汽缸头零件</td></tr>
<tr><td>ZL106</td><td>大尺寸、大负荷、较高温工作所使用的汽缸头、发动机机匣、油泵壳体</td></tr>
<tr></tr>
<tr><td>铝铜合金</td><td>ZL203</td><td colspan="2">热强性好，宜高温用，铸造性差，抗蚀性低；用于在高温下工作并要求较高塑性的零件，中等负荷、形状简单的零件</td></tr>
<tr><td>铝镁合金</td><td>ZL301</td><td colspan="2">抗蚀性高，机械性能高，铸造性差，热强性低；用于高负荷、高耐腐蚀、高温下工作的零件</td></tr>
<tr><td>铝锌合金</td><td>ZL401</td><td colspan="2">铸造工艺性好，比重大，抗蚀性差；用于制造形状复杂的大型薄壁零件以及高温下工作的中等负荷零件</td></tr>
<tr><td>GB/T 3190—2008</td><td colspan="2">硬铝</td><td>2A11</td><td colspan="2">焊接性好，耐蚀性中等，适用于制作中等强度的零件和构件，如冲压的连接部件、空气螺旋桨叶片、铆钉等</td><td></td></tr>
</table>

11.7　零件图的绘制

本节以轴承底座(图 11 - 80)为例,说明零件图的绘制步骤(图 11 - 81(a)~(d))。学习时,注意结合前面学到的组合体视图的绘制方法。

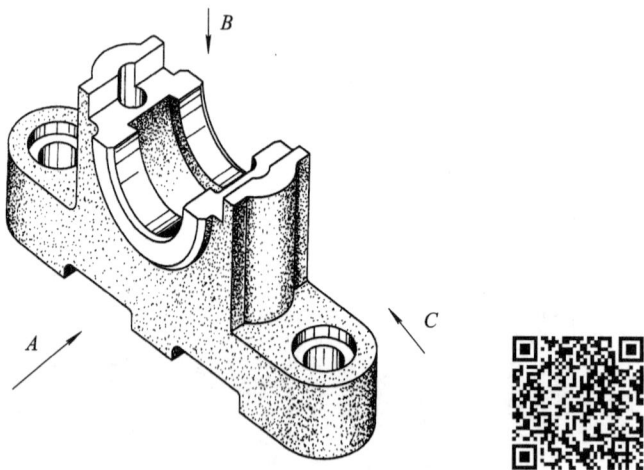

图 11 - 80　轴承底座轴测图

(1)选择视图,确定表达方案。根据零件的用途、结构特点和加工方法等,首先对零件进行形体分析。然后结合前面介绍的零件图视图选择方法,选择主视图和其他视图,最后在若干表达方案中择优选取。如图 11 - 80 所示的轴承底座,它的底面固定在水平安装面上,用以支承其他零件工作。选择主视图时,按工作位置安放,投影方向有 A 向、B 向和 C 向,但 A 向相对更为理想,因为 A 向即能保证工作位置,又能较好地反映其主要形体特征,在 A 向视图上作半剖视,能较好地表达其内、外结构,同时选择全剖左视图和俯视图用以补充表达其他部分结构。

(2)选择比例、图幅。在确定了视图表达方案之后,根据零件的大小及复杂程度,确定出画图比例和所需图幅大小,画出相应的图框和标题栏。

(3)绘制视图的定位线。根据已确定的视图表达方案和比例,合理布置各视图的位置。布置时应注意,视图与图框、各视图之间要留有适当的间隙,以供标注尺寸。通常用视图的中心线、轴线、重要端面线作为各视图的定位线,如图 11 - 81(a)所示。

(4)绘制视图底稿。在已绘制的各视图的定位线上,按照确定的视图表达方案,先由主视图开始打底稿,并根据各视图之间的投影关系,画出其他视图的主要轮廓线底稿,如图 11 - 81(b)所示。

(5)绘制细节。画出各视图上螺钉孔、销孔、倒角、圆角和剖面线等细节部分,如图 11 - 81(c)所示。

(6)标注尺寸和技术要求(尺寸公差、形位公差、表面粗糙度、其他技术要求)。

(7)填写标题栏。

(8)检查、加深。检查各视图的画法是否能准确反映零件的结构,尺寸标注是否合理。

没有错误后，加深完成全图，如图 11-81(d)所示。

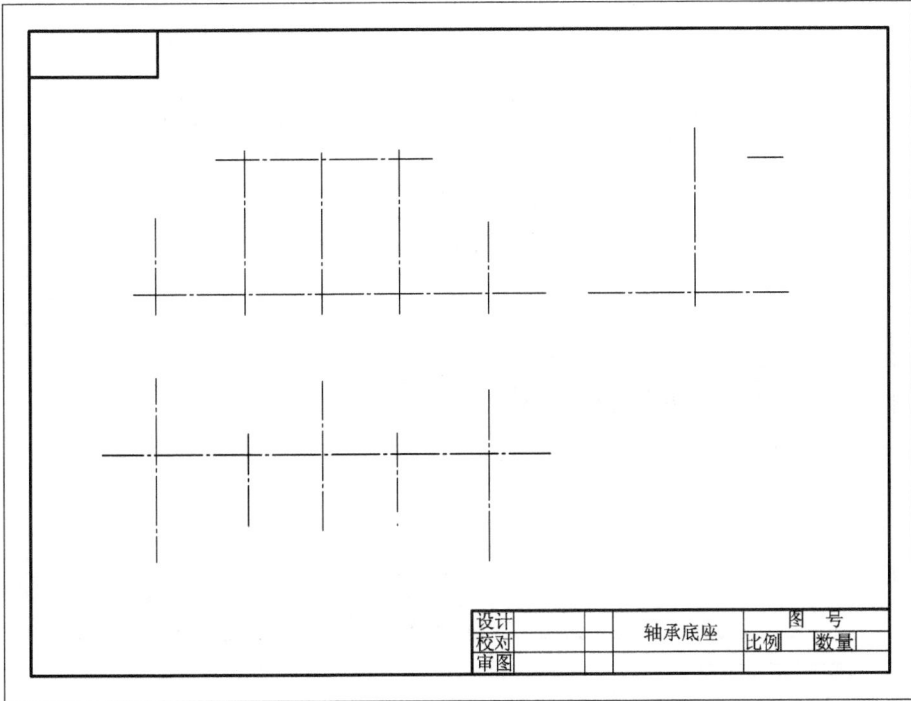

(a) 绘制定位线

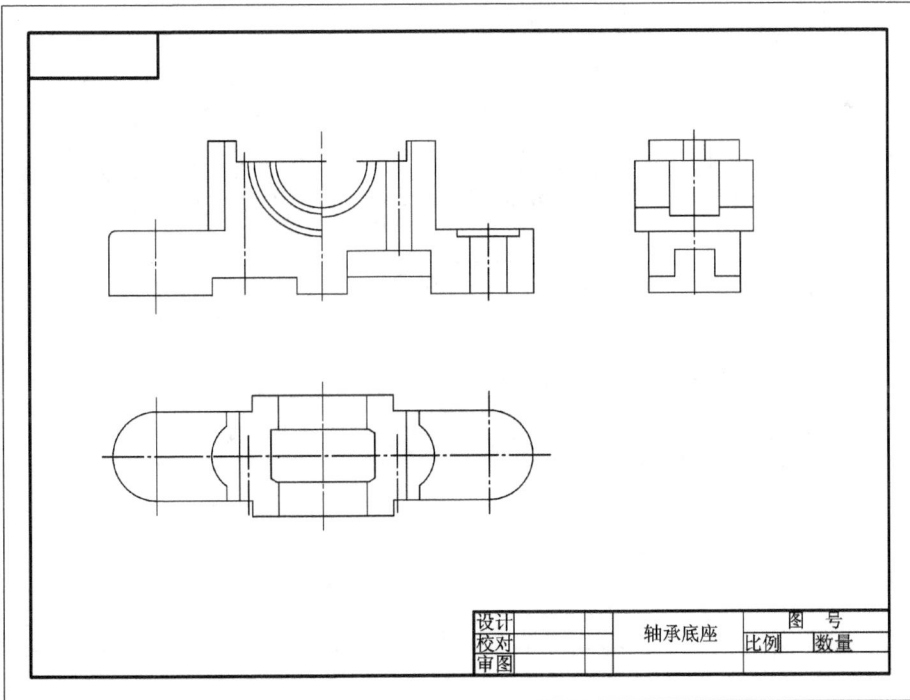

(b) 绘制底稿

图 11-81 轴承底座的绘制步骤

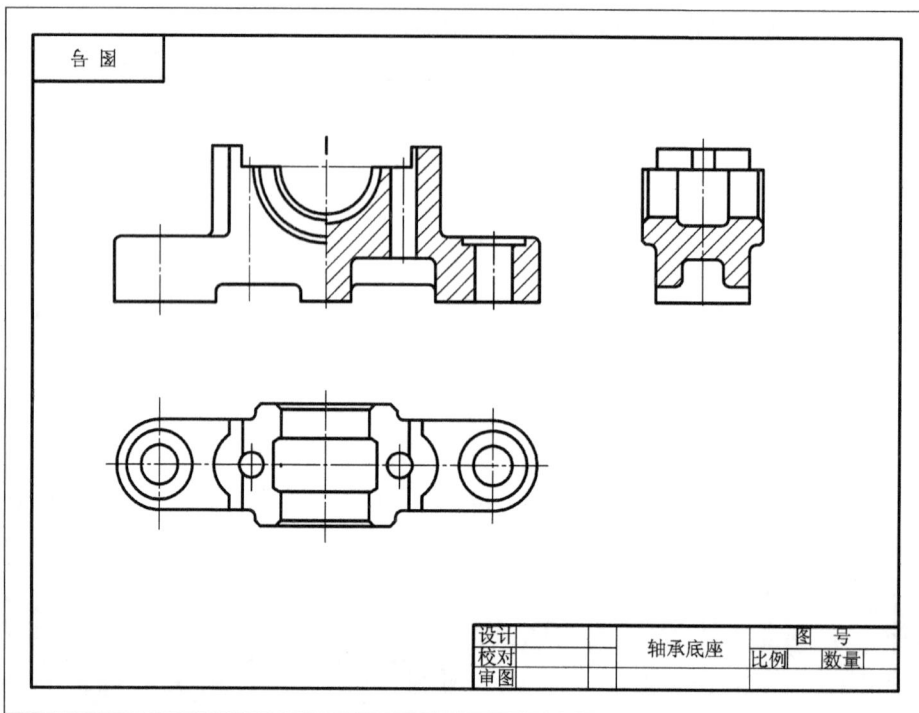

(c) 绘制细节

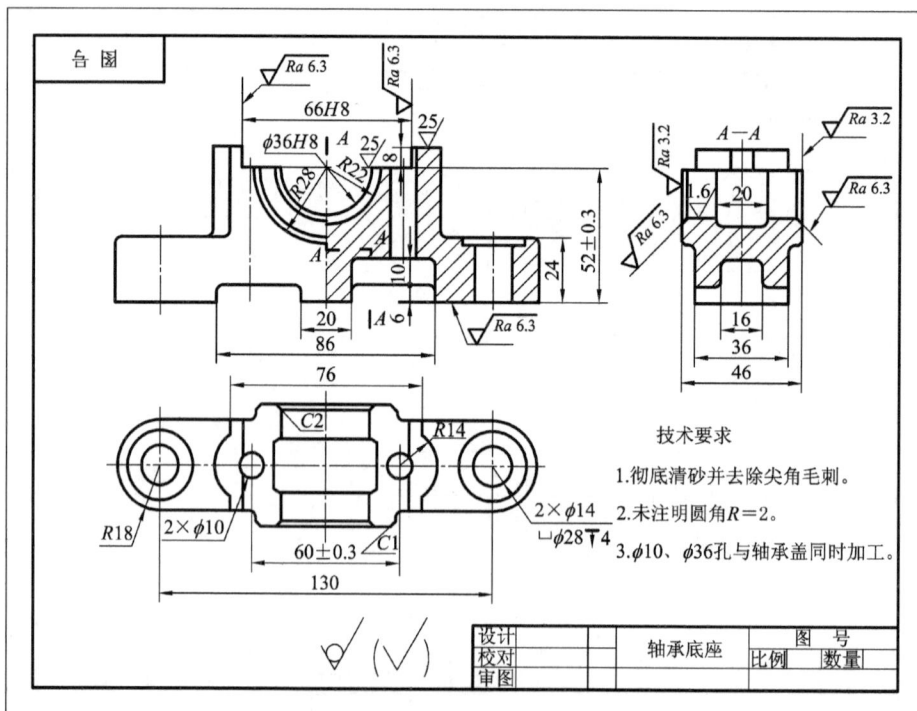

(d) 标注尺寸、技术要求、标题栏、加深

图 11-81 轴承底座的绘制步骤

11.8 读 零 件 图

阅读零件图,就是根据已给零件图,想象出零件图中所示零件的结构形状、零件各部分尺寸大小以及制造、检验零件的技术要求。要较快地读好一张零件图,必须遵循正确的读图方法。

11.8.1 读零件图的方法和步骤

1. 概括了解

先根据标题栏了解零件的名称、材料、图号及图形的比例、大小等。必要时还需要结合装配图或其他设计资料,弄清该零件在机器或部件上的作用。

2. 视图分析

观察视图,找出主视图,确定各视图之间的关系,并找出剖视、断面的剖切位置、投影方向等,然后再研究各视图的表达重点。

3. 形体分析

根据零件的功用和视图特征,对零件进行形体分析,把它分解成若干部分,然后针对每一部分逐一分析。对每一部分,从主视图入手,利用投影规律,结合相关视图、剖视、断面等,分析出其空间形状,然后综合各部分形状及相互位置,确定零件的整体形状。

看图的一般顺序是:先看整体和主要部分的形状,分析零件总体的"外部"由哪些几何体组成,"内部"有哪些结构形状;再看零件次要部分及细节。零件的倒角、圆角、孔、槽等结构细节,不必单独分析。

4. 尺寸分析

根据零件图上尺寸标注的原则来分析尺寸。先找出图上各方向的尺寸基准,了解哪些是重要的设计尺寸,了解各部分的定形、定位及总体尺寸。

5. 了解技术要求

先了解零件的加工精度、极限与配合、表面粗糙度及形位公差,再分析零件图中的其他技术要求和说明。

11.8.2 读零件图举例

下面以图 11 – 82 所示的柱塞泵体零件图来说明读图的方法。

1. 概括了解

从标题栏得知此图是柱塞泵体,材料为灰铸铁 HT20—40,比例为 1∶1(注:由于本书幅面限制,图作了适当缩小)。

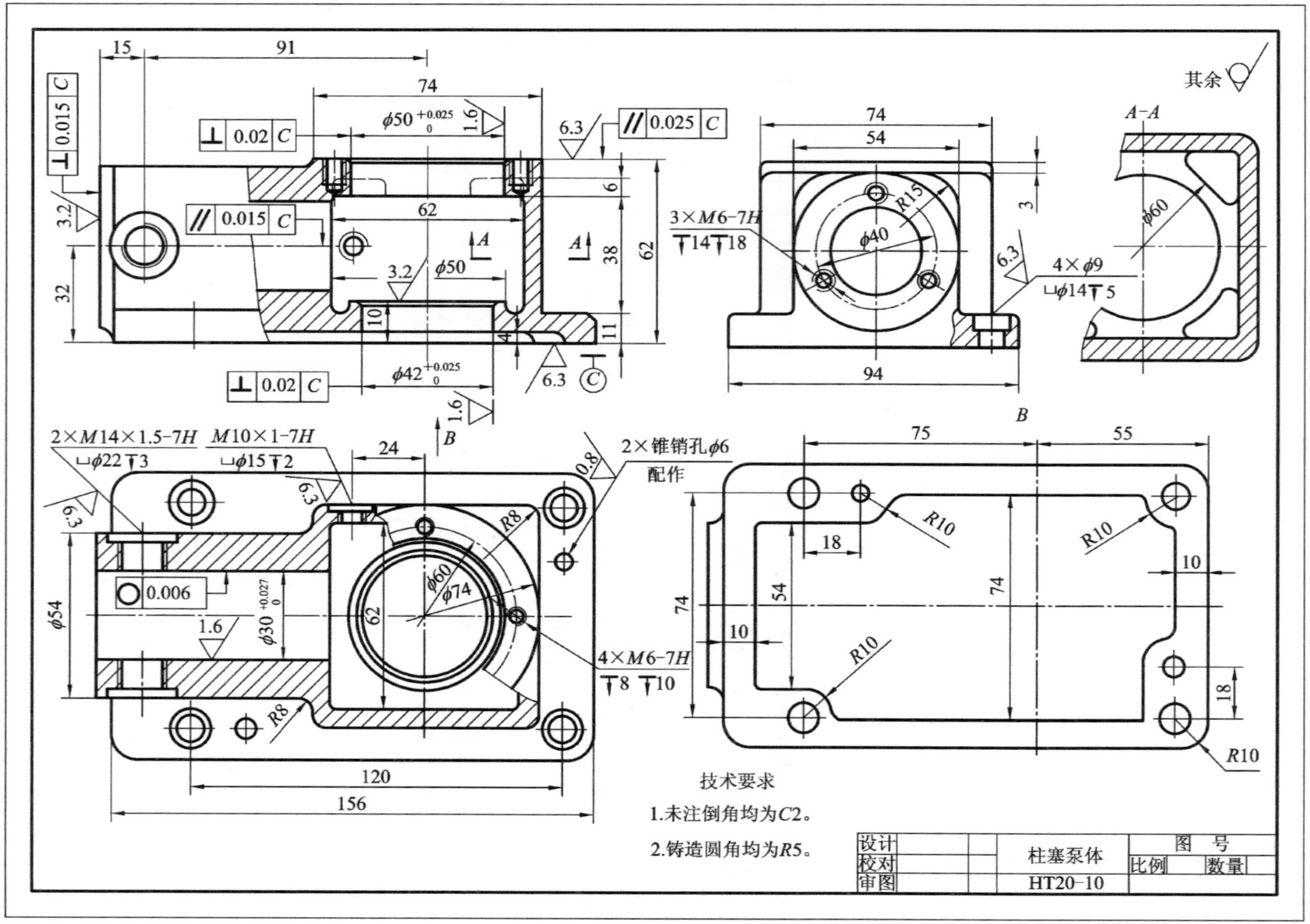

图 11-82 柱塞泵体零件图

技术要求
1. 未注倒角均为C2。
2. 铸造圆角均为R5。

柱塞泵体
HT20-10

2. 视图分析

该零件图采用三个基本视图（主、俯、左视）、一个 B 向视图和一个局部剖视图 $A—A$。

主视图的选择主要考虑零件的形状特征。主视图采用局部剖视，剖切位置通过零件前后对称面，主要表达主体的内部结构形状。在俯视图中已表达了柱塞孔是一个通孔，所以主视图中保留了左边的部分外形，以便清楚表达螺孔和沉孔的位置以及左端 $\phi54$ 的凸台。

俯视图采用局部剖视，剖切位置通过横向柱塞孔的轴线，保留的部分外形主要表达上部的凸台及螺孔。

左视图主要表达零件外形，反映出主体为两个不同的方箱结构和左端凸台上螺纹孔的分布。

B 向视图主要表示了底板的形状及底板上的凹坑、沉孔、锥销孔的情况。

$A—A$ 局部剖视主要表示了轴承盖孔和箱壁间的几个凹坑（主视图中的虚线部分）。

3. 形体分析

通过视图分析可知，泵体由主体和底板两部分组成，它是柱塞泵的主要零件。主体为两个大小不同的方箱，内部结构主要分布在相互垂直的轴线 I、II 上，沿轴线 I 有孔 $\phi42$、$\phi50$ 与柱塞泵衬套相配合；右侧方形腔体上的 M10 螺纹孔用来安装油杯，上方均布 4 个螺孔；沿轴线 II 有柱塞孔 $\phi30$ 与衬套配合，泵体左端凸台上均布 3 个螺孔用螺钉与柱塞连接；左侧方形腔体上的 M14 螺纹孔用来安装单向阀门。底板为带圆角的长方板，板上有定位销、安装连接螺钉的沉孔以及为减少加工面做的凹坑。根据以上分析可以确定泵体的整体结构形状如图 11-83 所示。

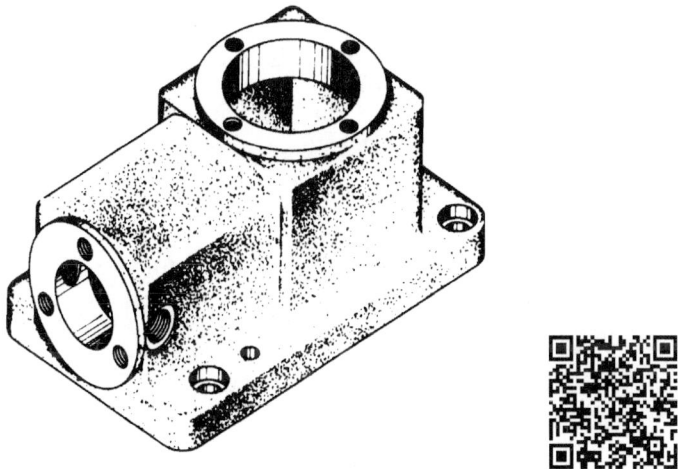

图 11-83　柱塞泵体轴测图

4. 尺寸分析

根据零件图上尺寸标注的原则来分析尺寸。先找出图上各个方向的主要尺寸基准，再了解重要的设计尺寸，了解各结构形状的定位、定形和总体尺寸。

例如，柱塞泵体安装底板的底面 C 是安装基面。所以以 C 面作为高度方向上的主要基准，标注主要尺寸 62、32 等。

长度方向，选择右边装轴承盖的孔 $\phi50$、$\phi42$ 的轴线 I 为主要基准，在主视图、俯视图及 B 视图上注出主要尺寸 91、24、75、55 等。

宽度方向选择零件前后对称平面为主要基准，注出 74、54、94 等尺寸。

5. 了解技术要求

参与配合的柱塞泵轴承孔的配合尺寸 $\phi50H7$ 和 $\phi42H7$。两孔的表面粗糙度 Ra 值选为 1.6。

箱体安装基面为底板的底面 C。左端面对 C 的垂直度误差不大于 0.015；顶面对 C 的平行度误差不大于 0.025；柱塞孔的圆柱度误差不大于 0.006 等。

本 章 小 结

零件图是生产中的主要技术文件，是制造和检验的依据。一张零件图一般包括一组图形、完整的尺寸、技术要求、标题栏和号签等。本章主要介绍了：

（1）零件图的作用和内容、零件图的视图选择原则、零件图表达方案的选择、零件上常见的工艺结构及其画法。

（2）零件图的尺寸标注。重点介绍了尺寸标注的清晰性和合理性要求，尤其对于尺寸标注的合理性，需要积累丰富的制造加工工艺知识。

（3）零件图中的技术要求，包括极限与配合（尺寸公差）、几何公差、表面结构、热处理和表面处理等。对于尺寸公差、几何公差，应重点掌握其在图样中的标注方法以及正确识别其标注；关于表面结构，应着重掌握表面结构的标注方法；其他技术要求（硬度、热处理、表面处理等），大致了解即可。

（4）结合实例介绍了绘制和阅读零件图的方法步骤。阅读和绘制零件图需要综合运用本章知识，遵循画图、读图的基本要领。

第 **12** 章 装 配 图

任何一台机器或者部件，都是由若干零件按照一定的装配关系和技术要求装配而成的。装配图就是用来表示机器或部件的结构特征、装配关系和工作原理的技术图样。装配图是设计部门提交给生产部门的重要技术文件。

12.1 装配图的作用和内容

1. 装配图的作用

（1）设计产品时，通常是先画出装配图，然后按照装配图拆画零件图。

（2）在制造产品时，装配图是制定装配工艺规程，正确进行装配和检验的依据。

（3）在使用和维修产品时，装配图是了解产品结构和进行调试、维修的主要依据。

2. 装配图的内容

图 12-1 所示的是滑动轴承的轴测图，图 12-2 为滑动轴承的装配图。可以看出一张完整的装配图一般应包括以下内容：

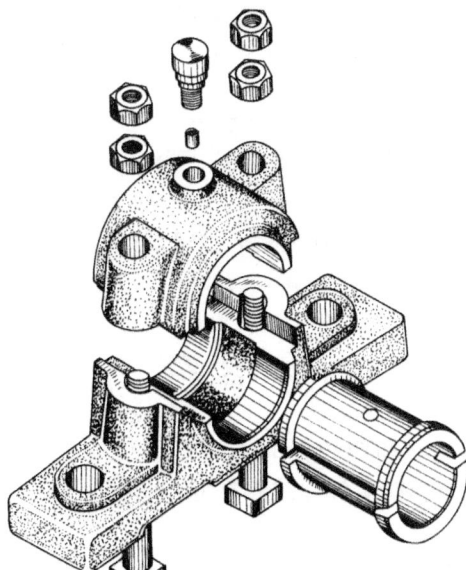

图 12-1　滑动轴承的轴测图

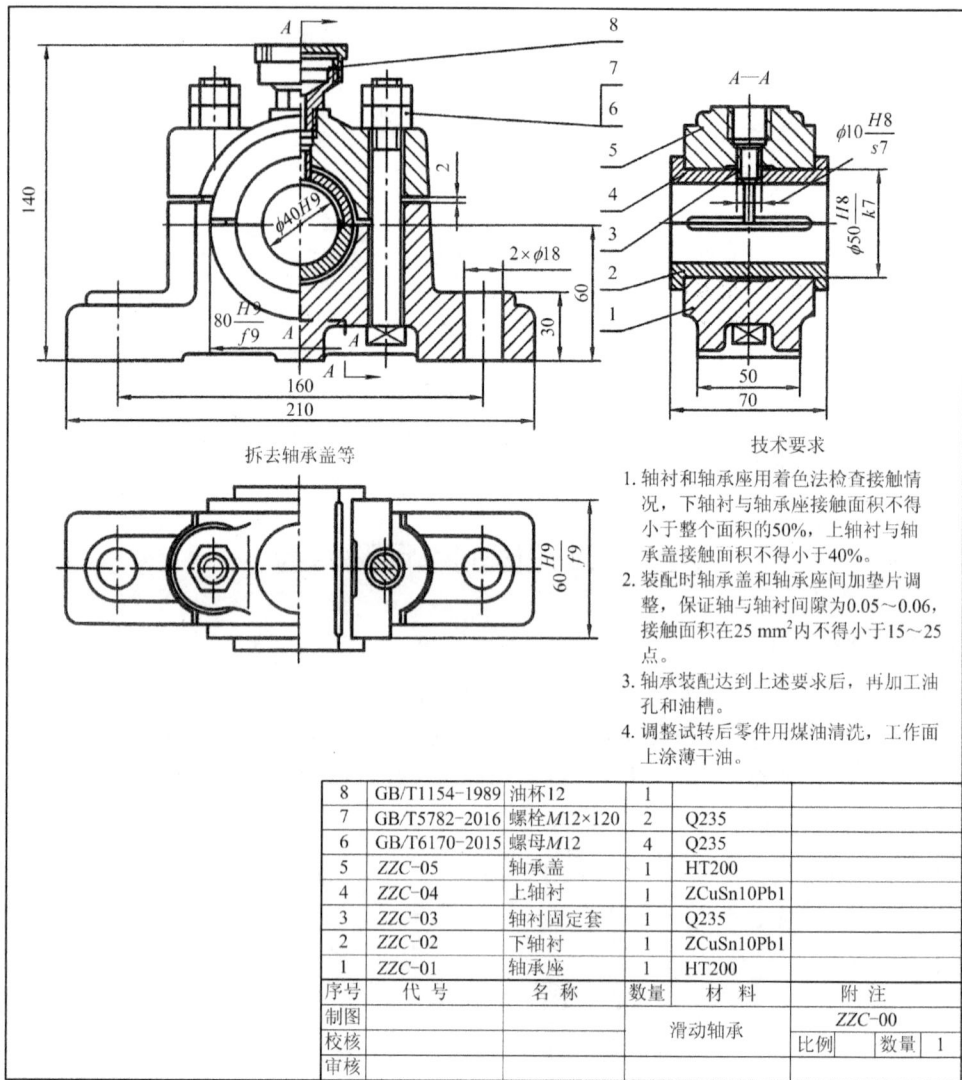

技术要求

1. 轴衬和轴承座用着色法检查接触情况，下轴衬与轴承座接触面积不得小于整个面积的50%，上轴衬与轴承盖接触面积不得小于40%。

2. 装配时轴承盖和轴承座间加垫片调整，保证轴与轴衬间隙为0.05～0.06，接触面积在25 mm²内不得小于15～25点。

3. 轴承装配达到上述要求后，再加工油孔和油槽。

4. 调整试转后零件用煤油清洗，工作面上涂薄干油。

8	GB/T1154-1989	油杯12	1		
7	GB/T5782-2016	螺栓M12×120	2	Q235	
6	GB/T6170-2015	螺母M12	4	Q235	
5	ZZC-05	轴承盖	1	HT200	
4	ZZC-04	上轴衬	1	ZCuSn10Pb1	
3	ZZC-03	轴衬固定套	1	Q235	
2	ZZC-02	下轴衬	1	ZCuSn10Pb1	
1	ZZC-01	轴承座	1	HT200	
序号	代 号	名 称	数量	材 料	附 注
制图					ZZC-00
校核			滑动轴承		比例	数量	1
审核					

图 12-2　滑动轴承的装配图

1）一组视图

用合理的表达方法，正确、完整、清晰、简便地表达机器（或部件）的工作原理、零件之间的装配关系和主要零件的结构形状。

2）必要的尺寸

装配图中一般只标注机器（或部件）的规格、性能、装配、安装和总体尺寸等。

3）技术要求

在装配图的空白处（一般在标题栏和明细栏的上方或左面），用文字或符号注出机器（或部件）在装配、调试、检验、包装和使用等方面的有关要求。

4）标题栏、零件编号和明细栏

说明机器（或部件）及其各组成零件的名称、数量和材料等一般概况，供组织管理生产、备料和存档查阅之用。

12.2 装配图的表达方法

前面所介绍的零件图的表达方法同样适用于装配图,但需要注意的是,装配图的表达对象、要求和作用均不同于零件图,即它们所表达的侧重点不同。装配图的表达对象是机器或部件整体,以表达机器或部件的工作原理、装配关系为主。因此,除了前面介绍的各种表达方法外,在装配图中还有一些规定画法和特殊表达方法。

12.2.1 装配图上的规定画法

装配图中,为了清楚地表达出各零件之间的装配关系,对其画法做了若干规定。

1. 零件接触面和配合面的画法

在装配图中,相邻两零件的接触表面和基本尺寸相同的两配合表面只画一条线,如图 12-3(a)所示。而非接触面和非配合表面,即使间隙很小,也必须画成两条线。

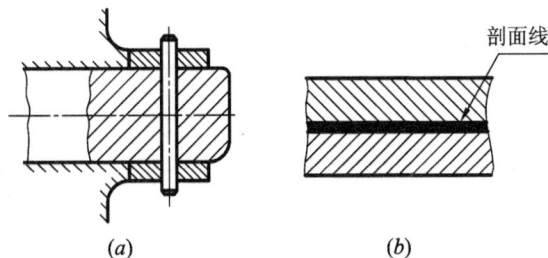

图 12-3　剖面线的画法

2. 剖面线的画法

如图 12-3 所示,在装配图中,同一个零件各视图上的剖面线应方向相同,间隔相等。而相邻两零件为了区分,其剖面线可使方向相反,或间隔不同,或互相错开。

在剖视图或断面图中,当被剖切的图形面积较大时,允许只沿周边轮廓画出剖面线,如图 12-3(a)所示。当剖面宽度在 2 mm 以下时,允许将剖面涂黑以代替剖面线,如图 12-3(b)所示。

3. 实心件和某些标准件的画法

装配图采用剖视表达时,若剖切平面通过实心零件(如轴、杆等)和标准件(如螺栓、螺母、销、键等)的对称轴线时,这些零件按不剖绘制,如图 12-3(a)的销。但当剖切平面垂直于其轴线剖切时,则需画出剖面线。对于轴上的孔、槽等结构可采用局部剖视图表达。

12.2.2 特殊画法

1. 拆卸画法和沿结合面剖切的画法

在装配图中,常有一个或几个零件遮挡住某些内部结构或其他零件的情况,若需要表达这些被遮挡的部分,则可以假想将遮挡零件拆卸后绘制,这种表达方法称为拆卸画法。拆卸画法一般不加标注,如需说明,可以标注"拆去××等",如图 12-2 滑动轴承装配图中的左视图和俯视图。

在装配图中，为了表达机器或部件内腔中零件间的相对位置和结构形状，可以采用沿结合面剖切画法，如图 12-4 转子油泵的右视图就是沿泵盖和泵体的结合面剖切后画出的。

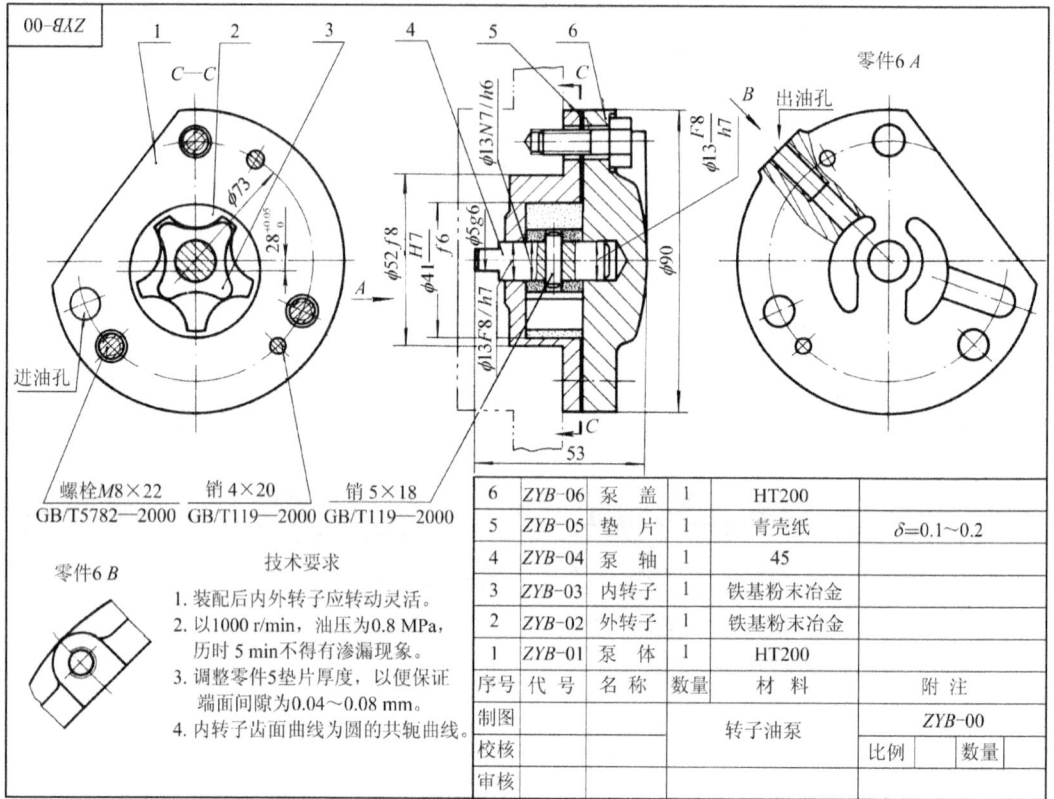

图 12-4　转子油泵装配图

2. 单独表示某个零件

在装配图中，当某个零件的形状需要表达清楚但未能表达清楚，或者对理解装配关系有影响时，可另外单独画出该零件的视图。但必须在所画视图的上方注出该零件的视图名称，在相应视图的附近用箭头指明投影方向，并标注同样的字母，如图 12-4 转子油泵装配图中零件 6(泵盖)的视图。

3. 夸大画法

在装配图中，如绘制直径或厚度小于 2 mm 的孔或薄片以及较小的斜度和锥度等，可不按其实际尺寸作图，而适当地夸大画出。如图 12-4 中垫片 5 的表示。

4. 假想画法

(1) 在装配图中，当需要表示运动零件的运动范围或极限位置时，可以在一个极限位置上画出该零件，而用双点画线表示另一个极限位置。

(2) 在装配图中，为了表明本部件与其他相邻部件或零件的装配关系，可采用假想画法，即用双点画线画出相邻部分的轮廓线。如图 12-4 主视图中的双点画线就表示转子油泵安装的部件。

5. 简化画法

（1）在装配图中，对若干相同的零件组如螺栓、螺钉连接等，可以仅详细地画出一处或几处，其余只需用细点画线表示其位置，如图 12-5 所示。

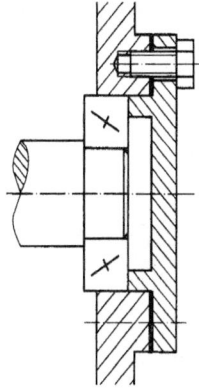

图 12-5 装配图简化画法

（2）装配图中的滚动轴承可以采用国家标准规定的特征画法，如图 12-5 所示。

（3）在装配图中，对于零件上的一些工艺结构，如小圆角、倒角、退刀槽和砂轮越程槽等允许不画。

（4）在装配图中，当剖切平面通过某些标准部件(如油杯、管接头等)的轴线或该部件已由其他图形表达清楚时，该部件可按不剖绘制。

6. 展开画法

为了表示传动机构的传动路线和装配关系，假想按传动顺序沿轴线作剖切，然后依次展开在一个平面上，画出剖视图，这种画法称为展开画法，如图 12-6 所示。

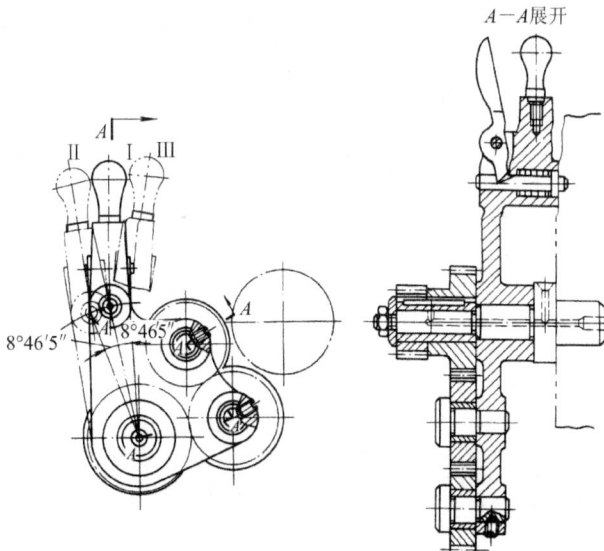

图 12-6 装配图的展开画法

12.3 装配结构简介

绘制装配图时，需要了解装配结构，以便使零件结构设计合理，这样既有利于加工和装配，又能满足设计要求，保证产品质量。

12.3.1 接触面与配合面的结构

1. 接触面的结构

（1）减少接触面的结构：为了使两零件接触可靠，接触面积应合理地减小。因此，在零件上常加工凸台和凹槽结构。

（2）接触面的数量：两零件之间，在同一方向上接触面的数量一般不得多于一对。这样既保证了零件间接触良好，又降低了零件的加工要求，如图 12-7 所示。

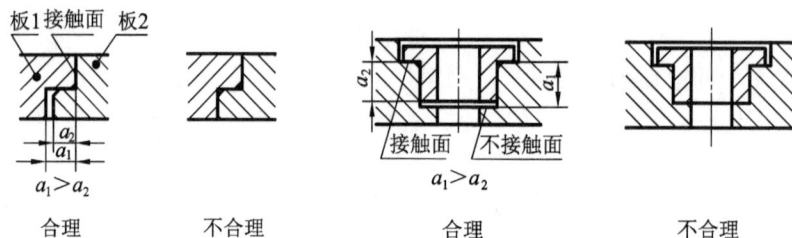

图 12-7 接触面的数量

（3）接触面转角处的结构：两配合零件在转角处不应设计成形状和尺寸相同的倒角、圆角和尖角，否则既影响接触面之间的良好接触，又不易加工，如图 12-8 所示。

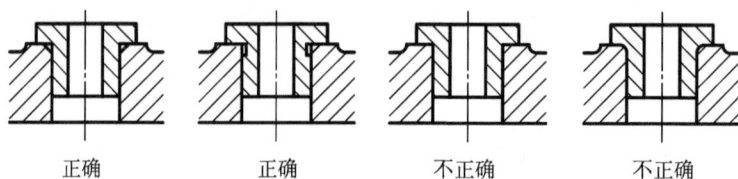

图 12-8 接触面转角处的结构

2. 配合面的结构

（1）对于轴孔配合，同一方向上轴和孔只允许有一对表面相配合，如图 12-9 所示。

（2）两圆锥表面配合时，圆锥体的端面与锥孔底部之间应留有空隙，即 $L_2 > L_1$，如图 12-10 所示。

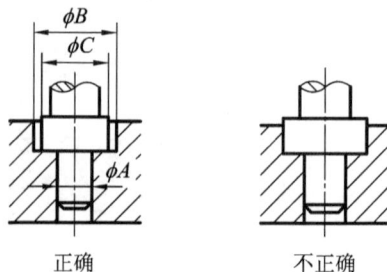

图 12-9 圆柱面的配合

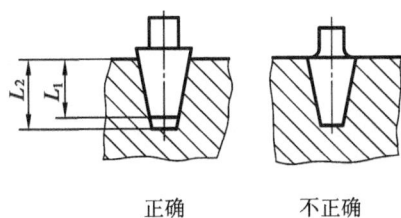

正确　　　　不正确

图 12-10　锥面配合

12.3.2　防漏的结构

在一些部件或机器中，为了防止液体外流或灰尘和杂质的侵入，要采用防漏措施，如图 12-11 所示。用压盖或螺母将填料压紧起到防漏作用，压盖要画在开始压填料的位置，表示填料刚刚加满。

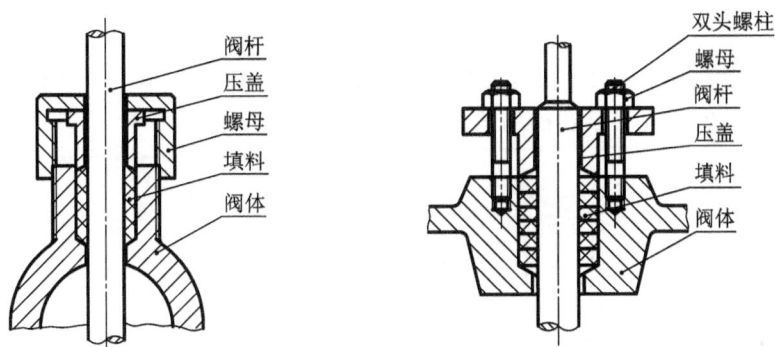

图 12-11　防漏结构

12.3.3　便于装拆的结构

图 12-12 所示的是滚动轴承装在箱体轴承孔及轴上的情形。右边是合理的，若设计成左边将无法拆卸。

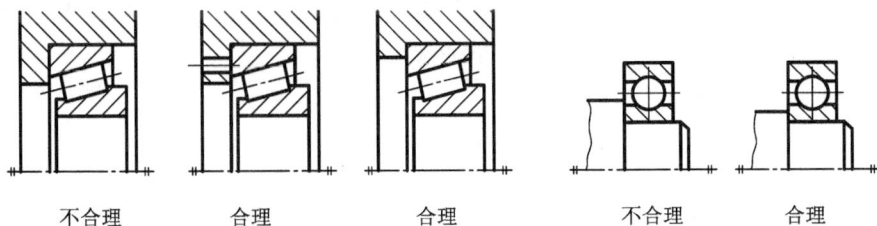

不合理　　　合理　　　　合理　　　　不合理　　　合理

图 12-12　滚动轴承要便于拆卸

图 12-13 所示是在安排螺栓位置时，应考虑扳手的空间活动范围。图 12-13(a)中所留空间太小，扳手无法使用，图 12-13(b)是正确的结构形式。图 12-14(a)结构中，螺栓无法上紧，须加手孔或改用双头螺柱。

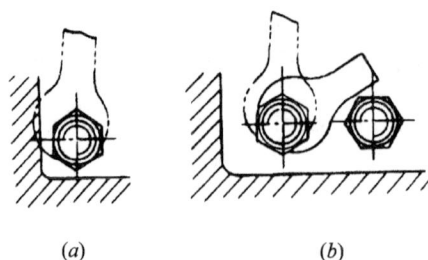

图 12-13 留出扳手活动空间

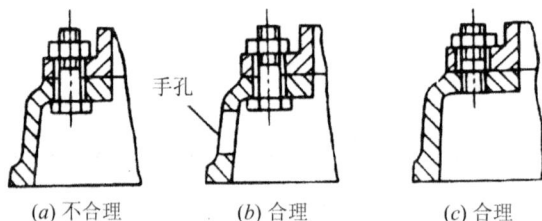

图 12-14 加手孔或改用双头螺柱

图 12-15 所示，应考虑螺钉放入时所需要的空间，图 12-15(b)中所留空间太小，螺钉无法放入，图 12-15(a)是正确的结构形式。

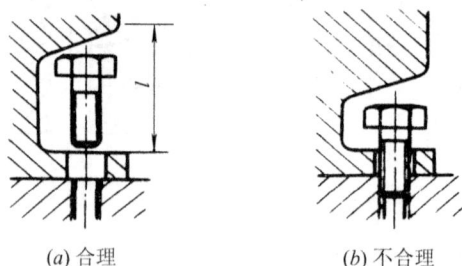

图 12-15 留出螺钉装卸空间

12.4 装配图的尺寸标注

装配图的作用与零件图不同，因此在图上标注尺寸的要求也不同。在装配图上应该按照对装配体的设计或生产使用的要求标注出必要的尺寸。

1. 性能(规格)尺寸

它是表示机器或部件的性能和规格的尺寸，这些尺寸是设计时确定的，是设计和选用机器或部件的主要依据。如轴承部件的轴孔直径或泵体的通道直径等，如图 12-2 中的 $\phi 50H7$。

2. 装配尺寸

它是表示机器或部件中各零件之间装配关系和相对位置的尺寸，是保证装配体装配性能和质量的尺寸。装配尺寸包括以下两种：

(1) 配合尺寸：表示零件间配合性质的尺寸。如图 12-2 中的 $\phi 50H8/k7$、$80H9/f9$ 就是配合尺寸。

（2）装配位置尺寸：表示装配时需要保证的零件间相对位置的尺寸。如图 12-4 中转子油泵装配图中的 $\phi73$ 和 $28^{+0.05}_{0}$。

3. 安装尺寸

安装尺寸是指机器或部件安装到其他装配体上或地基上所需的尺寸。如图 12-2 滑动轴承装配图中的 160 与孔的 $2\times\phi8$ 表示滑动轴承安装孔的位置和大小。

4. 外形尺寸

外形尺寸是表示机器或部件外形的总体尺寸，即总长、总宽、总高。它提供了机器或部件在包装、运输和安装过程中所占的空间尺寸。如图 12-4 转子油泵装配图中的尺寸 53（总长）、$\phi90$（总高和总宽）。

5. 其他重要尺寸

其他重要尺寸是指在机器或部件的设计中确定的而又未包括在上述四类尺寸之中的重要尺寸。如运动件的极限位置尺寸、主体零件的重要设计尺寸等。

需要指出的是，并不是任何一张装配图都要注出上述五类尺寸，而且装配图上有的尺寸往往同时具有多种意义，因此应根据具体情况和要求来标注装配图尺寸。

12.5　装配图中的序号、代号及其明细表

因读图、画图、图样管理和生产工作的需要，应该对装配图中的各组成部分（零件或部件）进行编号，并绘制填写包括各组成部分编号、名称、数量、材料等内容的明细表。

12.5.1　序号和代号

装配图中各组成部分的编号分为序号和代号两种。序号是按组成部分在装配图上的顺序所编排的号码。代号是表明各组成件对产品的从属关系的编号。

1. 序号编排的基本要求

（1）装配图中所有的零、部件均应编号。目前通用的编号方法有两种：

① 装配图中所有零、部件包括标准件在内，按一定顺序编号。

② 装配图中所有标准件的标记注写在图上，而将非标准件按一定顺序编号。

（2）装配图中一个部件可以只编写一个序号，这样既省图又省时间，如要进一步了解该部件的结构及其工作原理等问题，可查看该部件装配图。

（3）装配图中零、部件的序号，应与明细栏（表）中的序号一致。

2. 序号的编排方法

（1）装配图中编写零、部件序号，可在水平的基准线（细实线）上或圆（细实线）内注写序号，也可以在指引线的附近注写序号，序号字号比该装配图中所注尺寸数字的字号大一号或两号，如图 12-16(a)、图 12-16(b)、图 12-16(c)所示。

（2）指引线应自所指部分的可见轮廓内引出，并在末端画一圆点，如图 12-16 所示。若所指部分（很薄的零件或涂黑的剖面）内不便画圆点时，可在指引线的末端画出箭头，并

指向该部分的轮廓，如图 12-16(d) 所示。

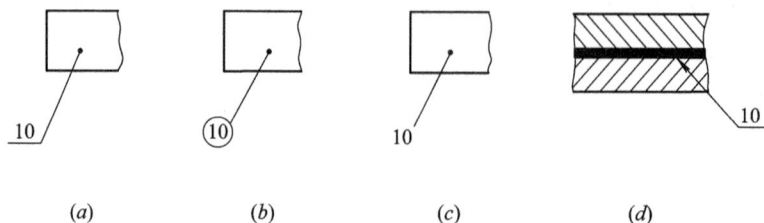

图 12-16　装配图中编注序号的方法

（3）同一装配图中编排序号的形式应一致。

（4）相同的零件、部件用一个序号，一般只标注一次。多处出现的相同的零件、部件，必要时也可重复标注。

（5）指引线相互不能相交。当指引线通过有剖面线的区域时，它不应与剖面线平行。必要时，指引线可以画成折线，但只可曲折一次。一组紧固件以及装配关系清楚的零件组，可以采用公共指引线，如图 12-17 所示。当序号注写在圆圈内时，指引线应直接指向圆圈的圆心。

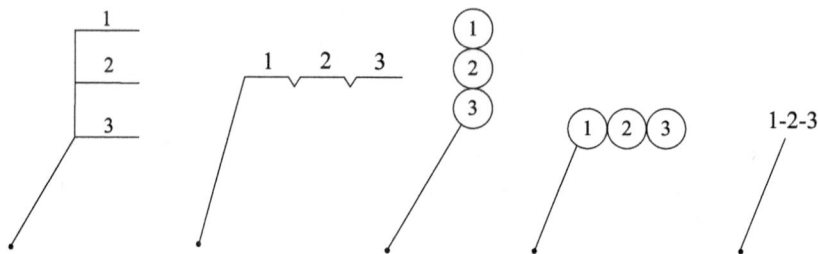

图 12-17　公共指引线的编注形式

（6）装配图中序号应按水平或竖直方向排列整齐。

① 按顺时针或逆时针方向顺序排列，在整个图上无法连续时，可只在每个水平或竖直方向顺次排列。如图 12-21(d) 所示，序号 1～17 是按顺时针方向顺序排列的。

② 按装配图明细表中的序号排列。采用这种方法时，应尽可能在每个水平或竖直方向顺序排列。这通常用于结构复杂的产品的装配图，主要是为了便于查找零部件。因对于结构复杂的产品，其零部件采用分类编号或在明细表中按隶属编号，此时序号的顺序即按明细表中的顺序排列，如要求在装配图上再按照顺时针或逆时针方向连续排列就会有很大困难。

12.5.2　明细表

（1）明细表的内容、格式应按 GB/T 10609.2—2009 执行。绘图时标题栏及明细表可采用第 1 章图 1-6 所示的形式，明细表紧接在标题栏的上方。若明细表在标题栏上方放置不下或因视图布置的关系不宜放在标题栏上方，则可以在左方接着编写，如图 12-18 所示。

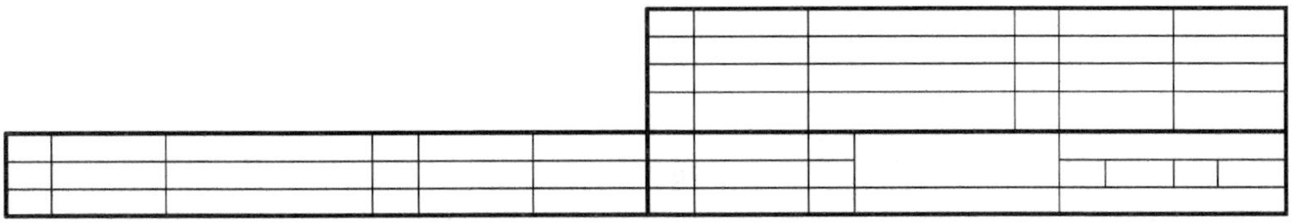

图 12-18 明细栏的位置

(2) 明细表的内容一般包括序号、代号、名称、数量、材料、重量、附注等内容。如有必要，可以在装配图之外，另制明细表。

(3) 明细表中"序号"一栏，应自下而上顺序编写序号，并应与装配图中各组成部分所引出的序号一致，如图 12-21(d)所示。

(4) 明细表中"代号"一栏，应填写各组成部分的代号，对于螺钉、螺母等标准件可填写标准号。如图 12-21(d)所示螺栓 M6×30 的"代号"一栏可填写标准号"GB/T 5782—2016"。

(5) 明细表中"名称"一栏，对于一些标准件和外购件等，除填写名称外，还应填写型号与规格。如图 12-21(d)所示螺栓的"名称"栏应填写"螺栓 M6×30"。

12.6　装配图的技术要求

在装配图中除了视图、尺寸和编号之外，还应注明对部件的性能、装配、验收等方面的技术要求，以保证产品在交付使用之前，能达到设计预期的性能要求和质量指标。

1. 技术要求的一般内容

装配图上一般应注写以下几方面的要求：

(1) 对部件基本性能和质量方面的要求，如对阀的流量和压力的有关规定，对机器的噪音、耐磨性、自动控制等要求。

(2) 对装配工艺方面的要求，如应保证的装配间隙、过盈，特殊的装拆方法和顺序，个别结构要素的特殊要求以及润滑、密封和清洗等方面的有关要求和说明。

(3) 有关试验方面的规定，如对试验条件、项目和方法的规定以及对校准、调整的要求等。

(4) 其他必要的说明和要求，如修饰、油封和装运等方面的要求或注意事项以及有关验收标准和使用说明等。

2. 技术要求的注写

(1) 技术要求的内容，如不能在视图中用数字或代号直接注出时，应在"技术要求"的标题下用文字说明，其位置尽量放在明细表和标题栏的上方或左方，如图 12-21(d)所示。若装配图画在几张图纸上时，技术要求应注写在第一页图纸上。

(2) 技术要求不只一项时，应编写顺序号；仅有一项时，不必编号；项目很多，不便在图上注写时，可另行编写专门技术文件。

(3) 技术要求中列举明细表的零部件时，允许只写序号或代号。

(4) 技术要求中引用各类标准、规范、专用技术条件以及试验方法与接收规则等文件时，应注明引用文件的编号和名称，也可只注明编号。

12.7 装配图的绘制

装配图体现了设计者的设计意图，因此装配图应把机器的结构形状、工作原理及各零件间装配和连接关系等全部完整准确地表达出来。本节以齿轮油泵为例说明装配图的绘制方法。

12.7.1 分析部件的装配关系和工作原理

在画装配图之前，必须对所画的机器（或部件）进行分析，了解机器（或部件）的功用、工作原理、结构特点及零件间的装配连接关系等，对所画的装配体做到心中有数。还可通过查阅有关资料、看总装配图以及现场参观方式进行。

由图 12-19 所示的齿轮油泵轴测装配图和图 12-20 所示的齿轮油泵装配示意图可知，齿轮油泵为输送润滑油的一个部件，共由 17 种零件构成。其中，泵体 6 是齿轮油泵中的主要零件之一，它的内腔可以容纳一对吸油和压油的齿轮。将齿轮轴 2、传动齿轮 3 装入泵体后，两侧由左端盖 1 和右端盖 7 支承一对齿轮轴的旋转运动。用销 4 将端盖与泵体定位后，再用螺钉 15 将端盖与泵体连成整体。为了防止泵体与端盖结合处及传动齿轮轴 3 伸出端漏油，分别用垫片 5 及密封圈 8、轴套 9、压紧螺母 10 密封。

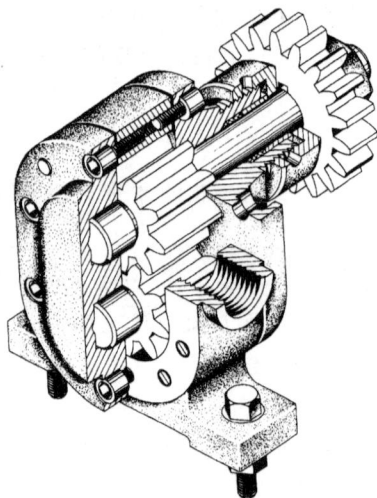

工作动画

装配动画

图 12-19　齿轮油泵轴测装配图

齿轮油泵的工作原理是：齿轮轴 2、传动齿轮轴 3、齿轮 11 是油泵中的运动零件，当齿轮 11 按逆时针方向转动时，通过键 14，将扭矩传递给传动齿轮轴 3，经过齿轮啮合带动齿轮轴 2，从而使后者顺时针方向转动。当一对齿轮在泵体内做啮合运动时，啮合区右边压力降低而产生局部真空，油池内的油在大气压作用下进入油泵低压区内的吸油口，随着齿轮的转动，齿槽中的油不断沿箭头方向被带到左边的压油口把油压出，送至机器中需要润滑的部分。

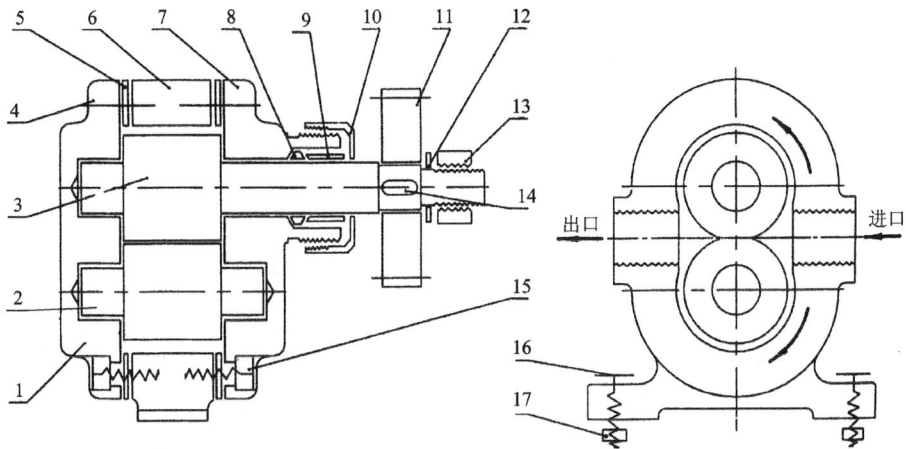

图 12 - 20　齿轮油泵装配示意图

12.7.2　视图选择

对装配图有了充分了解后，就可运用装配图的各种表达方法，选择一组恰当的视图，把机器（或部件）的工作原理、零件间的装配连接关系、结构特征以及主要零件的结构形状表达出来。

1. 主视图选择

选择视图时首先要选择主视图。通常以机器或部件的工作位置，有时也考虑其安装位置，以将能清楚反映部件的主要结构和较多零件间的相对位置，以及装配、连接关系的投影方向选作为主视图的投影方向，并尽量兼顾表达工作原理。如图 12 - 21(d)所示的装配图，它清楚地显示了齿轮油泵各个零件间的装配关系，也对工作原理进行了部分说明。

2. 其他视图选择

主视图确定后，往往还需要选择其他视图来补充主视图还没能表达清楚的内容。在如图 12 - 21(d)所示的主视图中，对齿轮油泵的连接关系、工作原理进行了主要的表达，但对于销子、螺钉在长圆周上的分布，一对齿轮是怎样将油吸入和压出的，还表达得不够清楚，于是选用沿结合面半剖的左视图进行了补充说明。

12.7.3　画装配图的步骤

（1）根据确定的视图表达方案，选取适当比例，在图纸上安排各视图的位置。要注意留有编写零、部件序号，明细表和标题栏，以及注写尺寸和技术要求的位置。

（2）画装配图时，应先画出各视图的主要轴线、对称中心线及作图基准线（某些零件的基面或端面）。由主视图开始，几个视图配合起来进行绘制。画剖视图时，以主要干线为准，由内向外逐个画出各个零件，或视情况由外向内画。

（3）初稿完成后，检查、描深。

（4）标注尺寸，编写零件序号，填写标题栏和明细表及技术要求，完成全图。

图 12 - 21(a)～(d)列出了装配图的画法和步骤。

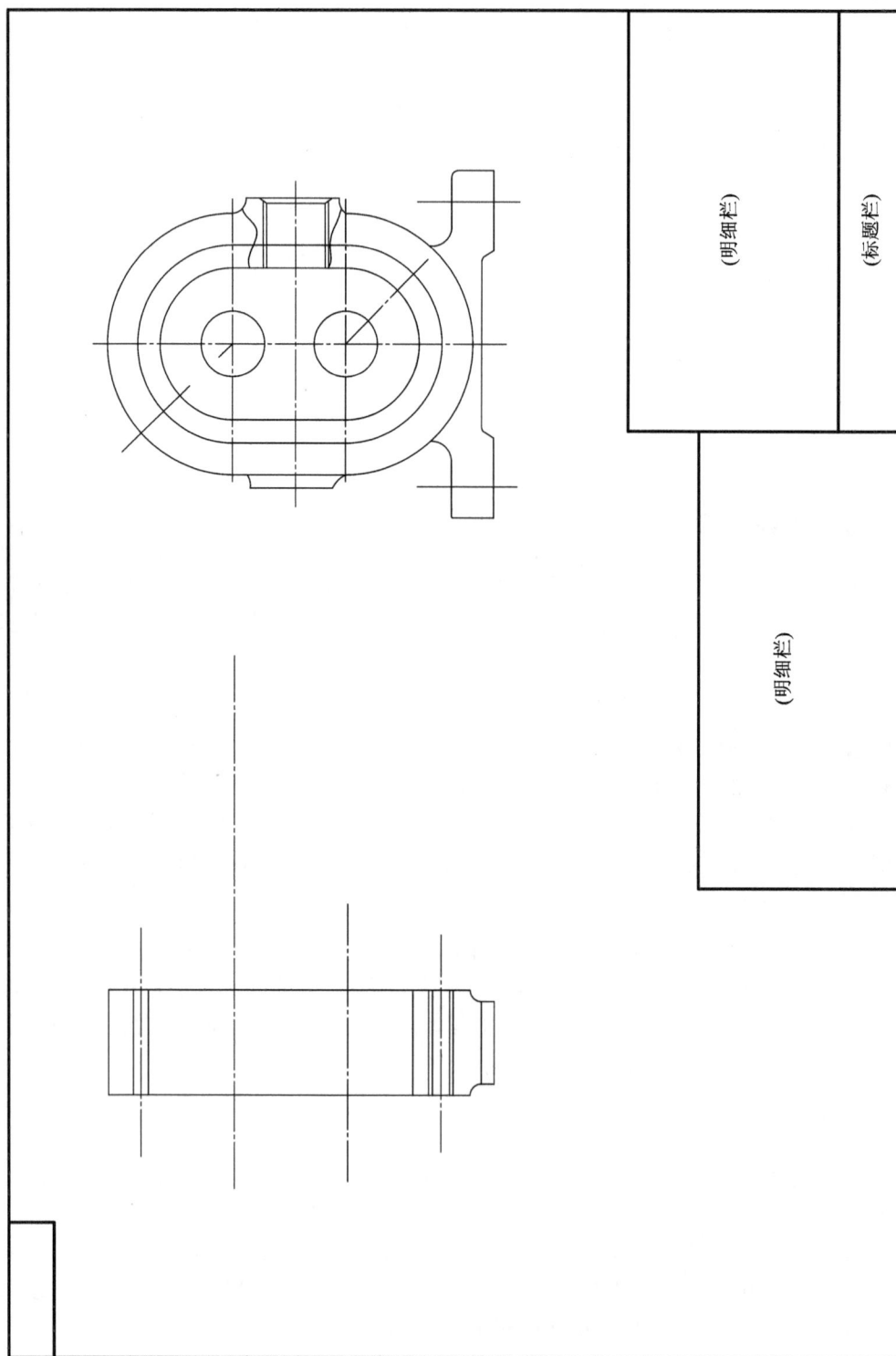

图 12-21(a)　绘制齿轮油泵的主要轴线及泵体零件的主要轮廓

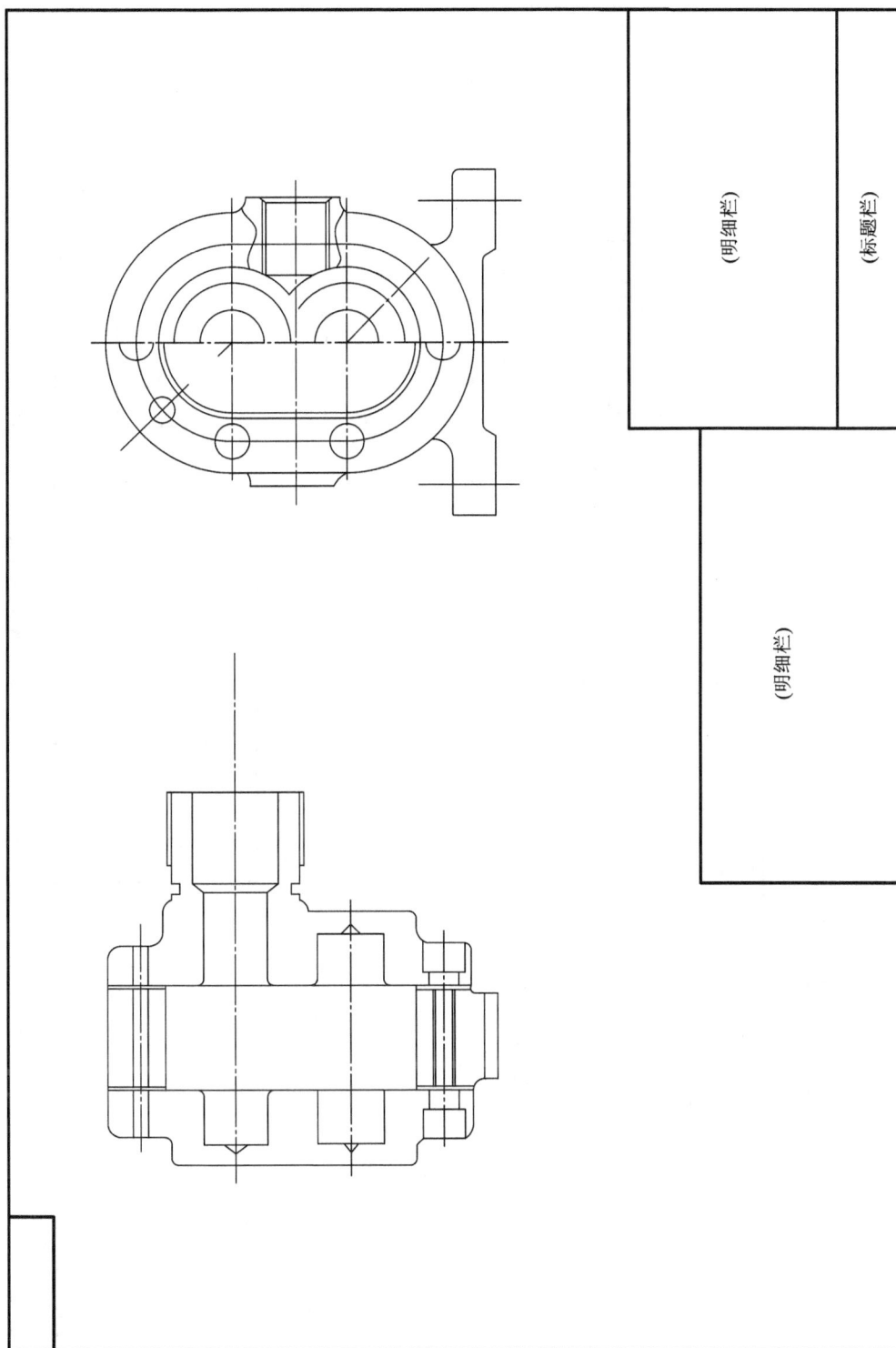

图 12-21(b) 绘制出左端盖和右端盖的主要轮廓

(明细栏)

(明细栏)

(标题栏)

· 341 ·

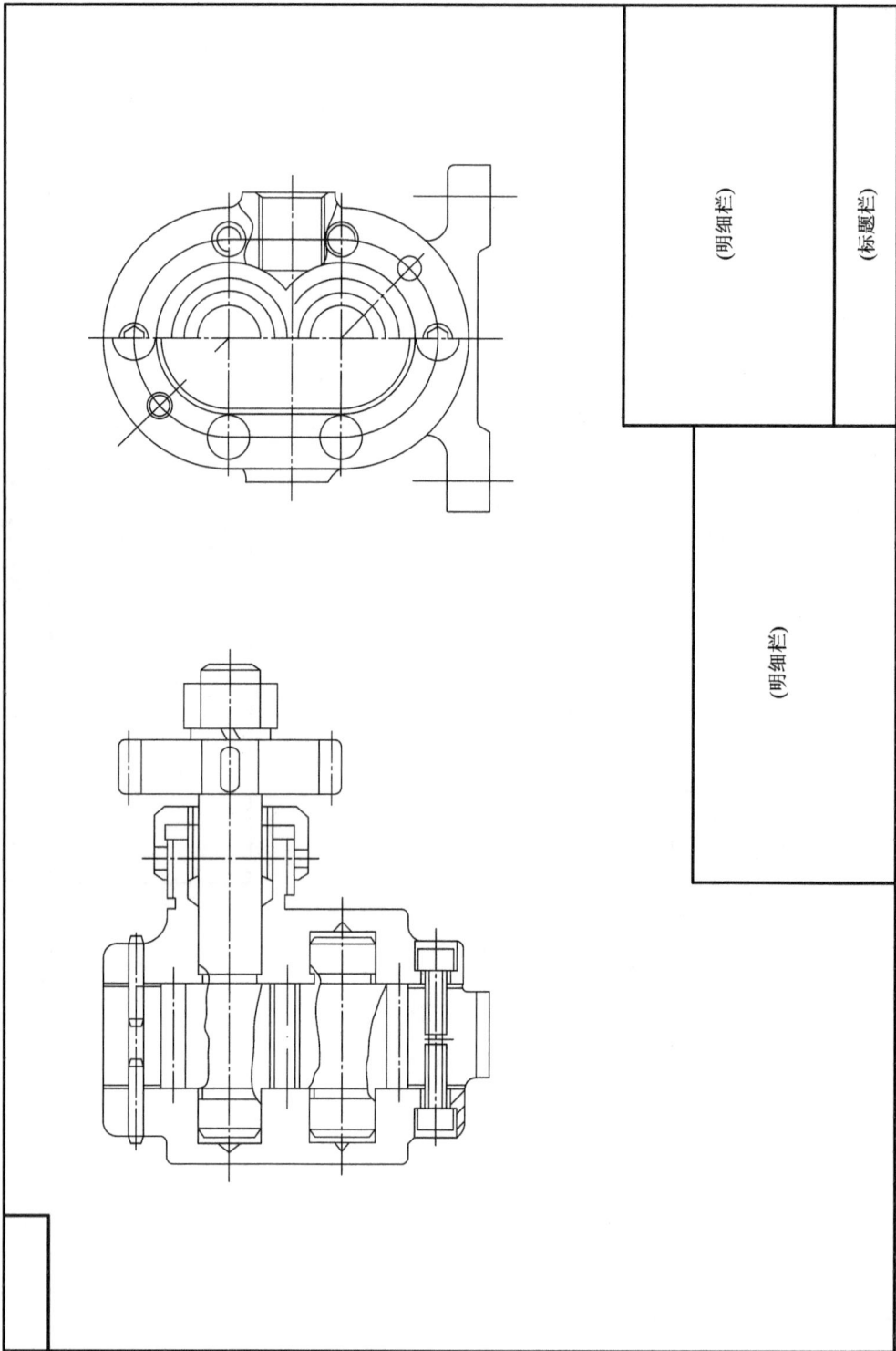

图 12-21(c) 绘制齿轮轴、传动齿轮轴的其余零件的主要轮廓

(明细栏)

(明细栏)

(标题栏)

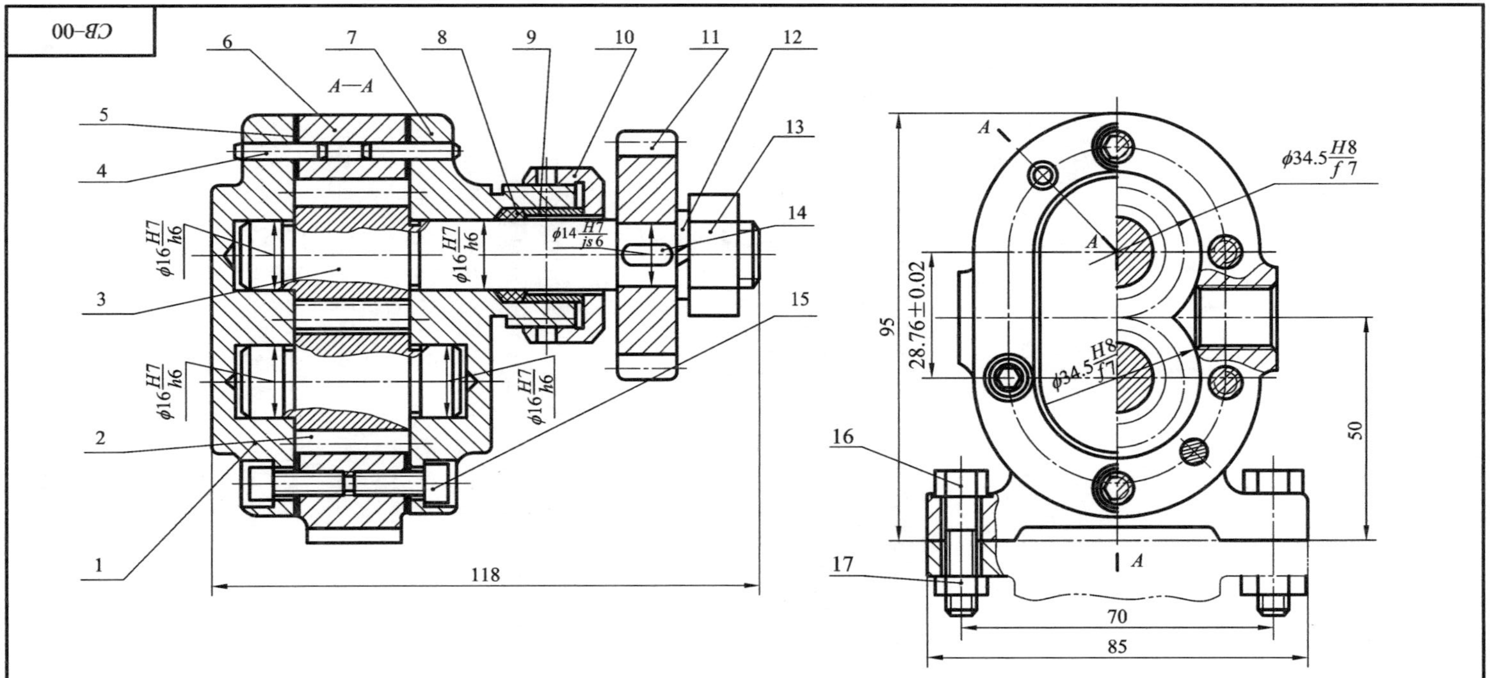

技术要求

1. 齿轮安装后，应转动灵活；
2. 两齿轮轮齿啮合面应占齿长的 3/4 以上；
3. 不应有渗漏现象。

序号	代 号	名 称	数量	材料	附 注
17	GB/T6170-2015	螺母 M6	2		
16	GB/T5782-2016	螺栓M6×30	2		
15	GB/T70.1-2008	螺钉M6×16	12		
14	GB/T1096-2003	键 5×10	1	45	
13	GB6170-2015	螺母M12×1.5	1		
12	GB/T93-1987	垫圈12	1		
11	CB-11	传动齿轮	1	45	$m=3$，$z=18$
10	CB-10	压紧螺母	1	35	
9	CB-09	轴 套	1	35	
8	CB-08	密封圈	1	橡胶	
7	CB-07	右端盖	1	HT200	
6	CB-06	泵 体	1	HT200	
5	CB-05	垫 片	2	纸	
4	GB/T119-2000	销 5×18	4	45	
3	CB-03	传动齿轮轴	1	45	$m=3$，$z=9$
2	CB-02	齿轮轴	1	45	$m=3$，$z=9$
1	CB-01	左端盖	1	HT200	

制图		齿轮油泵	CB-00	
校对			比例	数量
审核				

图 12-21(*d*) 绘制剖面线、注写序号及尺寸、填写标题栏、明细栏等，完成齿轮油泵装配图

12.8 阅读装配图和拆画零件图

阅读装配图就是通过对装配图的视图、尺寸标注、技术要求等的分析，了解机器（或部件）的名称、用途、工作原理、结构特点、零件间的装配连接关系，以及技术要求和操作方法等的过程。在机械设备的设计、制造、装配、使用、维修以及技术交流中，经常要遇到阅读装配图。因此，工程技术人员必须具备熟练地阅读装配图以及由装配图拆画零件图的能力。本节结合图例介绍阅读装配图的方法和步骤，以及如何根据装配图拆画零件图。

12.8.1 读装配图的方法和步骤

1. 概括了解

看装配图时，首先应通过看标题栏、明细表了解机器（或部件）的名称、所有零件的名称、数量、材料以及标准件的规格代号等，并在视图中找出所表示的相应零件及其所在的位置。其次大致浏览一下所有视图、尺寸和技术要求。条件许可时，还可阅读一些有关材料或产品说明书，这样就对机器（或部件）的整体情况有了一个概括的了解。

下面以铣床分度头顶尖架（以下简称顶尖架）为例，说明阅读装配图的方法。图 12-22 所示为顶尖架的轴测分解图。图 12-23 所示为顶尖架的装配图。

从图 12-23 所示装配图的标题栏和明细表可以了解到，它是铣床的一个部件，共由 22 种不同的零、部件构成，其中标准件 10 种。从图中还可以看出，顶尖 2 的轴向移动是靠转动轮 11 来实现的，而整台部件，用两个螺栓 17 固定到铣床工作台上，以便与铣床的另一个部件（分度卡盘）一起共同支承被加工工件。

2. 深入分析视图，了解工作原理

首先分析装配图中采用了哪些视图、剖视等表达方法。对剖视图要找出剖切位置，弄清各视图之间的投影关系及其表达的重点内容。如图 12-23 所示的装配图，除包括 3 种基本视图外，还用阶梯剖（A—A），表达有关各零件的连接情况；俯视图为外形图，并表达了底板的结构。在 B—B 剖视图中，表示出轴承 9 和滑块 4 之间的结合关系，以及螺钉连接的分布情况。

然后从反映工作原理的视图入手（一般为主视图），分析动力或运动是怎样传入的，又是按照怎样的路线传递的，一一弄清装配线上每个零件的作用和形状。分析零件形状时，往往需要涉及有关的相邻零件。因此，看图时不能只孤立地看一个零件，这是读装配图时应注意的问题。

例如顶尖架的装配关系主要是在移动顶尖的一条装配线上，其工作零件是顶尖。这条装配线上各零件的轴测图和名称如图 12-22 所示，结合装配图可以清楚地看出顶尖架的工作情况如下：

(1) 转动手柄 12→手轮 11→丝杆 5→移动螺母 6→带动滑块 4→使顶尖 2 左右移动（伸进或后退）。

(2) 接着再分析这条主要装配线上各主要零件的作用，以及它们的连接情况：

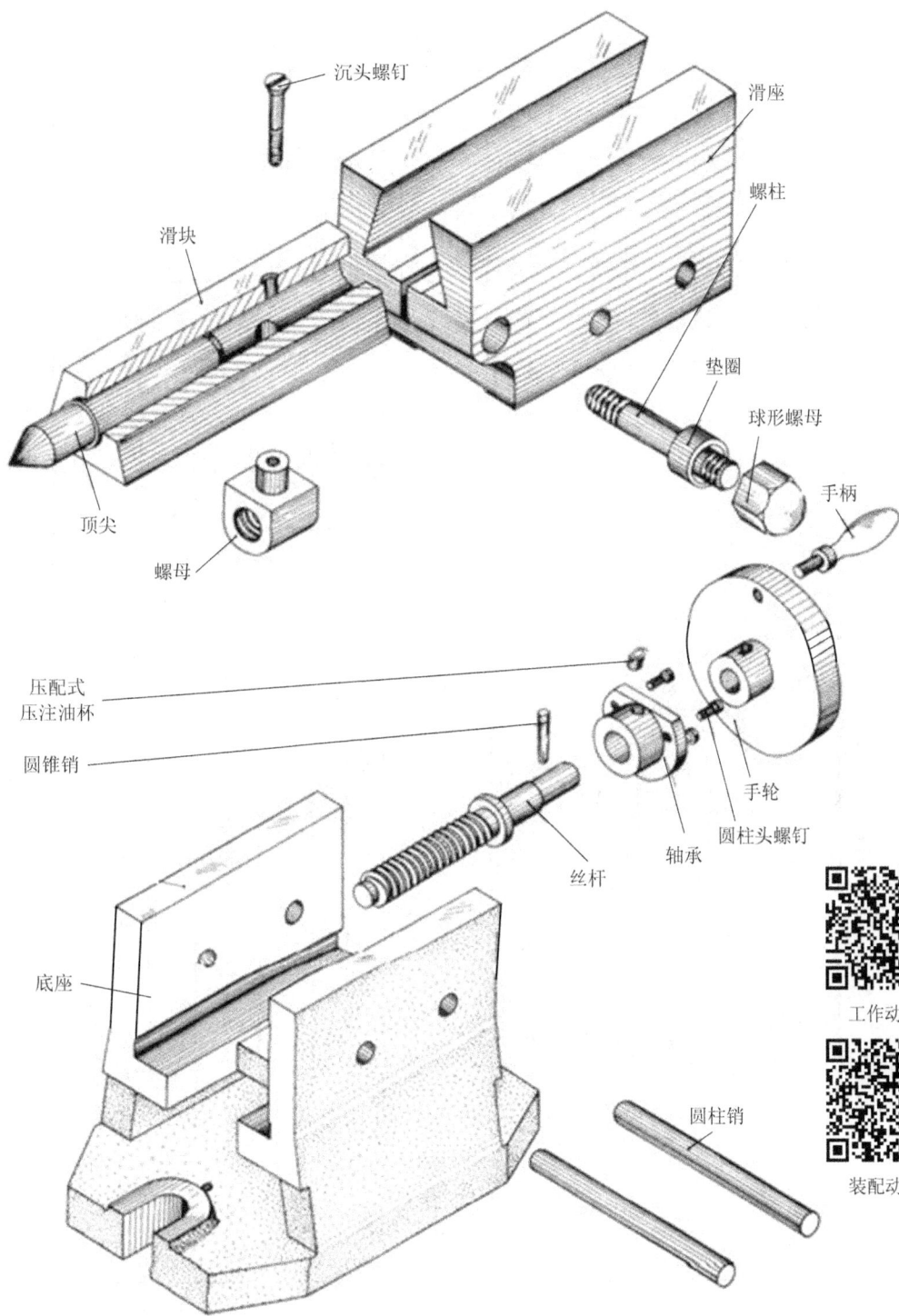

沉头螺钉

滑座

螺柱

滑块

垫圈

球形螺母

手柄

顶尖

螺母

压配式
压注油杯

圆锥销

手轮

圆柱头螺钉

轴承

丝杆

底座

圆柱销

工作动画

装配动画

图 12-22　铣床分度头顶尖架轴测分解图

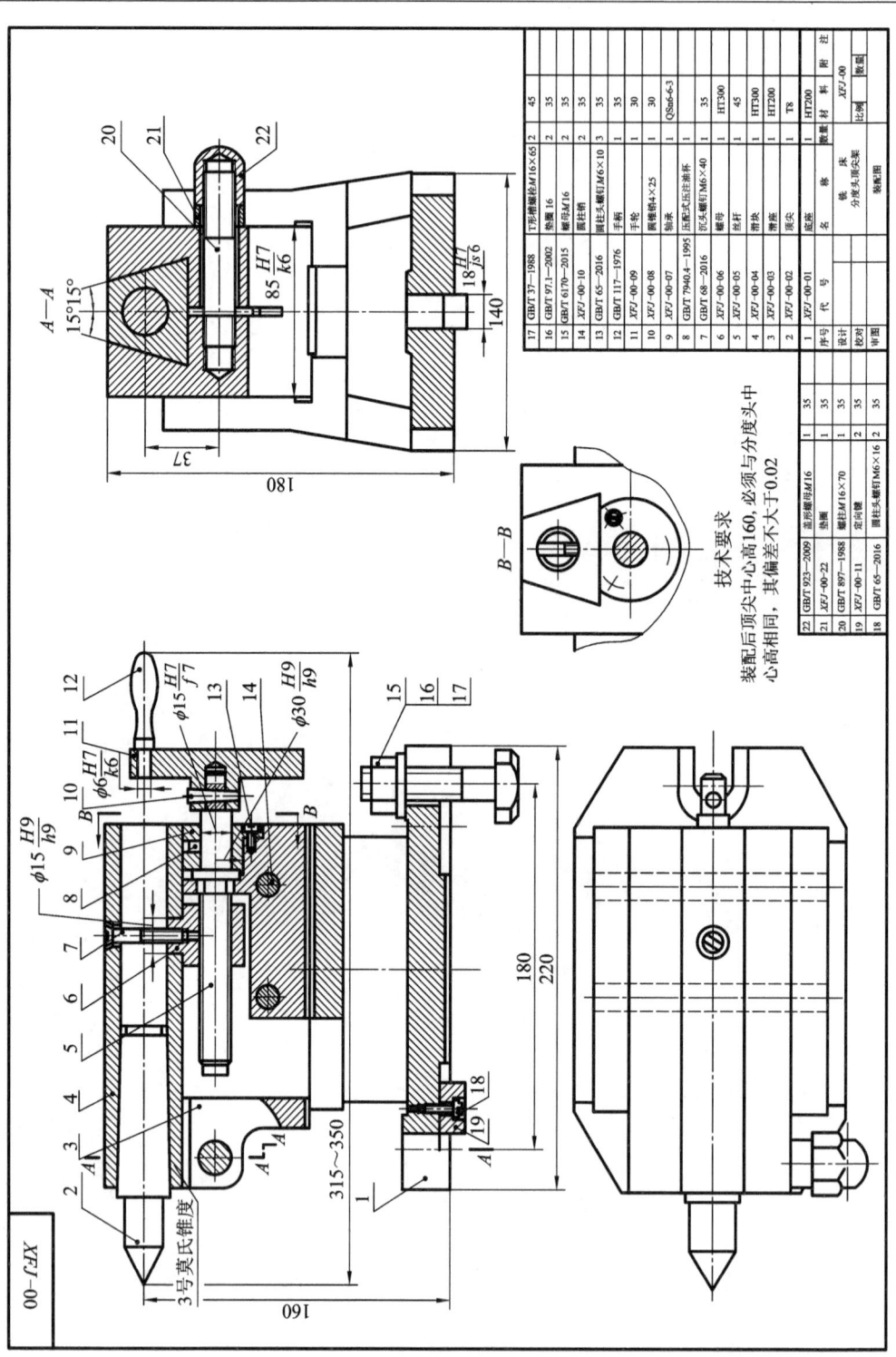

技术要求

装配后顶尖中心高160,必须与分度头中心高相同,其偏差不大于0.02

序号	代号	名称	数量	材料	附注
22	GBT 923—2009	盖形螺母M16	1	35	
21	XFJ-00-22	垫圈	1	35	
20	GBT 897—1988	螺柱M16×70	1	35	
19	XFJ-00-11	定向键	2	35	
18	GBT 65—2016	圆柱头螺钉M6×16	2	35	
17	GBT 37—1988	T形槽螺栓M16×65	2	45	
16	GBT 97.1—2002	垫圈16	2	35	
15	GBT 6170—2015	螺母M16	2	35	
14	XFJ-00-10	圆柱销	2	35	
13	GBT 65—2016	圆柱头螺钉M6×10	3	35	
12	GBT 117—1976	手轮	1	35	
11	XFJ-00-09	手柄	1	30	
10	XFJ-00-08	圆锥销4×25	1	30	
9	XFJ-00-07	轴承	1	QSn6-3	
8	GBT 7940.4—1995	压配式压注油杯	1		
7	GBT 68—2016	沉头螺钉M6×40	1	35	
6	XFJ-00-06	螺母	1	HT300	
5	XFJ-00-05	丝杆	1	45	
4	XFJ-00-04	滑块	1	HT300	
3	XFJ-00-03	滑座	1	HT200	
2	XFJ-00-02	顶尖	1	T8	
1	XFJ-00-01	底座	1	HT200	

铣床 分度头顶尖架 装配图 比例 数量 XFJ-00

设计 校对 审图

3号莫氏锥度

XFJ-00

图12-23 铣床分度头顶尖架装配图

顶尖 2：工作件。通过锥面配合，与滑块 4 连成一体。

滑块 4：移动件。它由螺母 6 带动，使其在滑座 3 内滑动，从而带动顶尖 2。滑块的锁紧（结合阅读 $A-A$ 剖视图）是靠球形螺母 22、垫圈 21 和螺栓 20 来实现的。

螺母 6：移动件。通过螺钉 7 固定在滑块 4 的 $\phi 15$ 孔内。当螺母移动时，必然带动滑块一起移动。

丝杆 5：转动件。其作用是将手轮 11 的旋转运动转化为螺母 6 的直线运动。这种转化的传递是由圆锥销 10 来完成的。丝杆由轴承 9 支撑，并与滑座 3 配合，限制丝杆轴向位置，而该轴承又是用 3 个圆柱头螺钉 13 紧固在滑座上（结合阅读 $B-B$ 剖视图）。

手柄 12：原动件。运动全靠操纵它才能实现。

（3）主要装配关系看懂后，还应弄清图中每个细节的结构和作用。例如，轴承上的压配式压注油杯 8，是用以加注润滑丝杆旋转配合的润滑油。该油杯为标准件，故在图上仅画外形。除此之外，在底座和滑座之间还有两个连接用的圆柱销 14。

当使用这台顶尖架时，可以用底座 1 上的两个 T 形槽螺栓 17（图中只画出一个，省略了重复投影），将其固定到铣床工作台上去，为了保证固定时相对位置的准确性，底座 1 的下方，设有两个定向键 19，以起定向作用。这两个定向键分别用一个螺钉 18 固定在底座上。如果需要调节顶尖架在铣床工作台上的位置，则可以松开 T 形槽螺栓，将此部件推移到所需位置，然后再拧紧即可，这时，定位键又可起导向作用。由此可知，这台顶尖架在铣床工作台上的位置是可以在较大范围内进行调节的。

3. 归纳总结

在分别读懂各部分装配关系之后，可通过总结归纳以下几个问题，以便全面地读懂装配图。

（1）部件的工作原理；

（2）装配图中各视图的作用；

（3）零件间的配合、连接方式及零件的拆装顺序；

（4）装配图上每个尺寸所属的种类；

（5）各主要零件的形状。

12.8.2 根据装配图拆画零件图

在产品设计过程中，可先画出部件装配图，然后根据装配图拆画零件图。下面介绍拆画零件图时应考虑的几个问题。

1. 零件视图的选择

在某种情况下，有些零件的视图与装配图中该零件的视图表达方案基本一致。如图 12-24、图 12-25、图 12-30、图 12-31 所示零件 1（底座）、零件 2（顶尖）、零件 9（轴承）及零件 11（手轮）等就是如此。因此按照装配图（图 12-23 所示的视图表达方案）确定零件图的主视图时，多数零件在装配图上既表现了形状特征，又满足工作位置原则，因而在画这些零件时，只要补足被其零件遮盖的投影线，甚至可以完全照抄零件在装配图上的图形，如图 12-25 所示顶尖的视图。

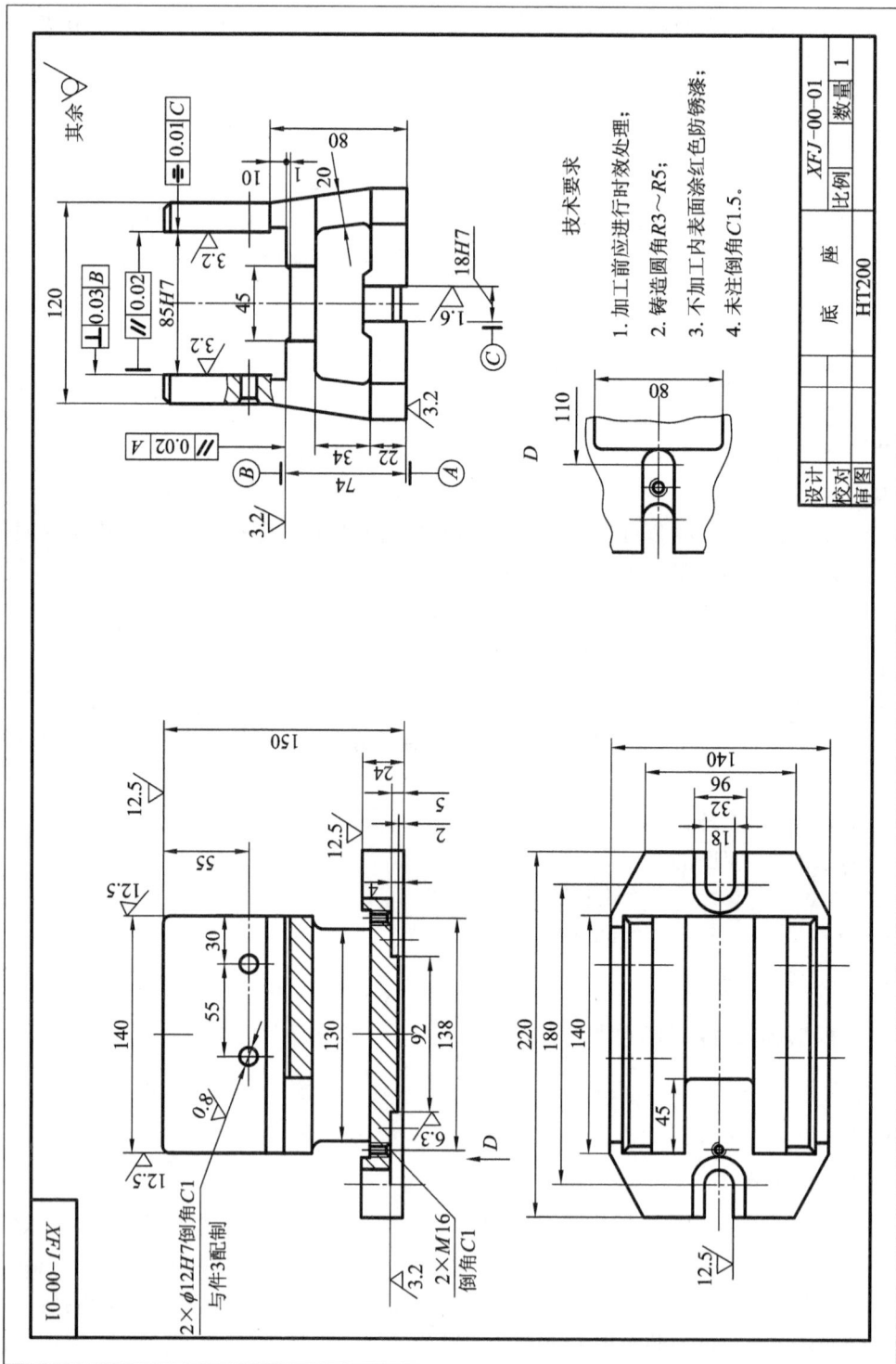

图 12 – 24　底座零件图

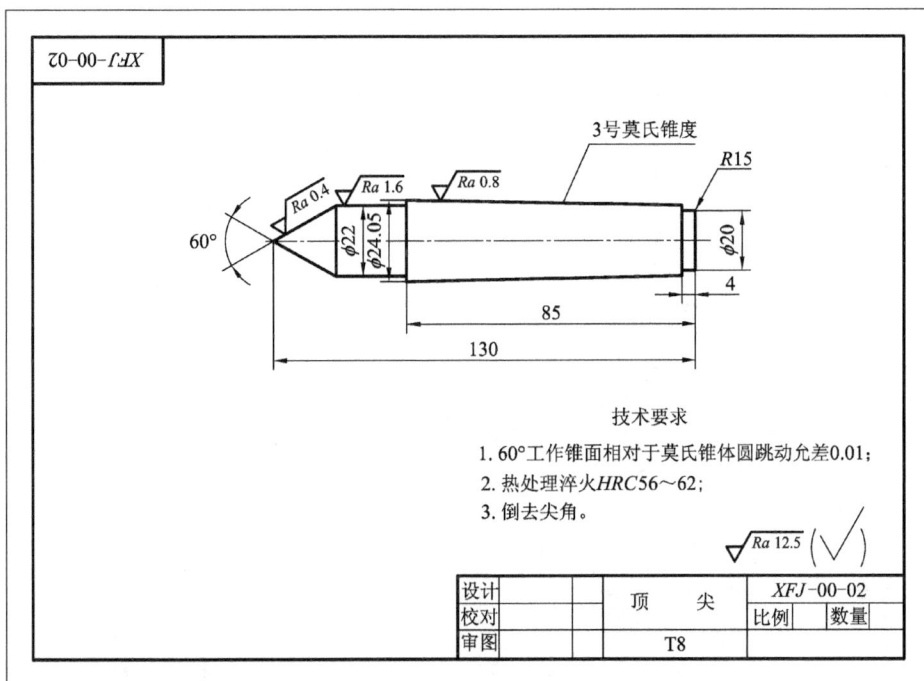

图 12-25 顶尖零件图

有一些零件,如滑块、滑座等,只须参照装配图稍加变动,即可画出零件图。例如,图
12-26 所示滑块的零件图,只是将装配图上的剖切平面 A—A 改为从螺钉通过孔(ϕ7)处剖
切,即可画出零件图。滑座、丝杆、螺母零件图分别如图 12-27、图 12-28、图 12-29 所示。

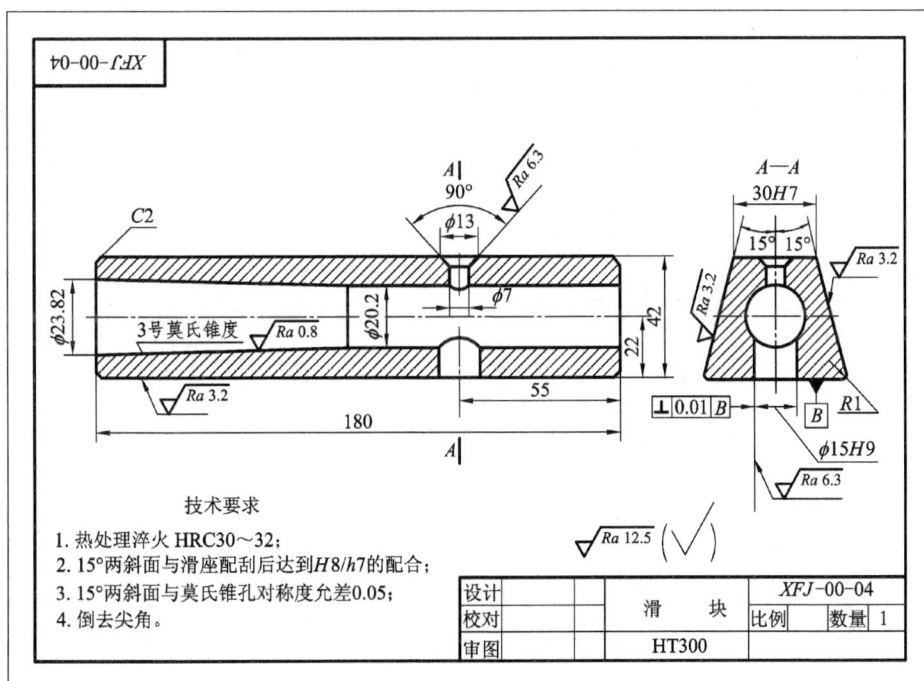

图 12-26 滑块零件图

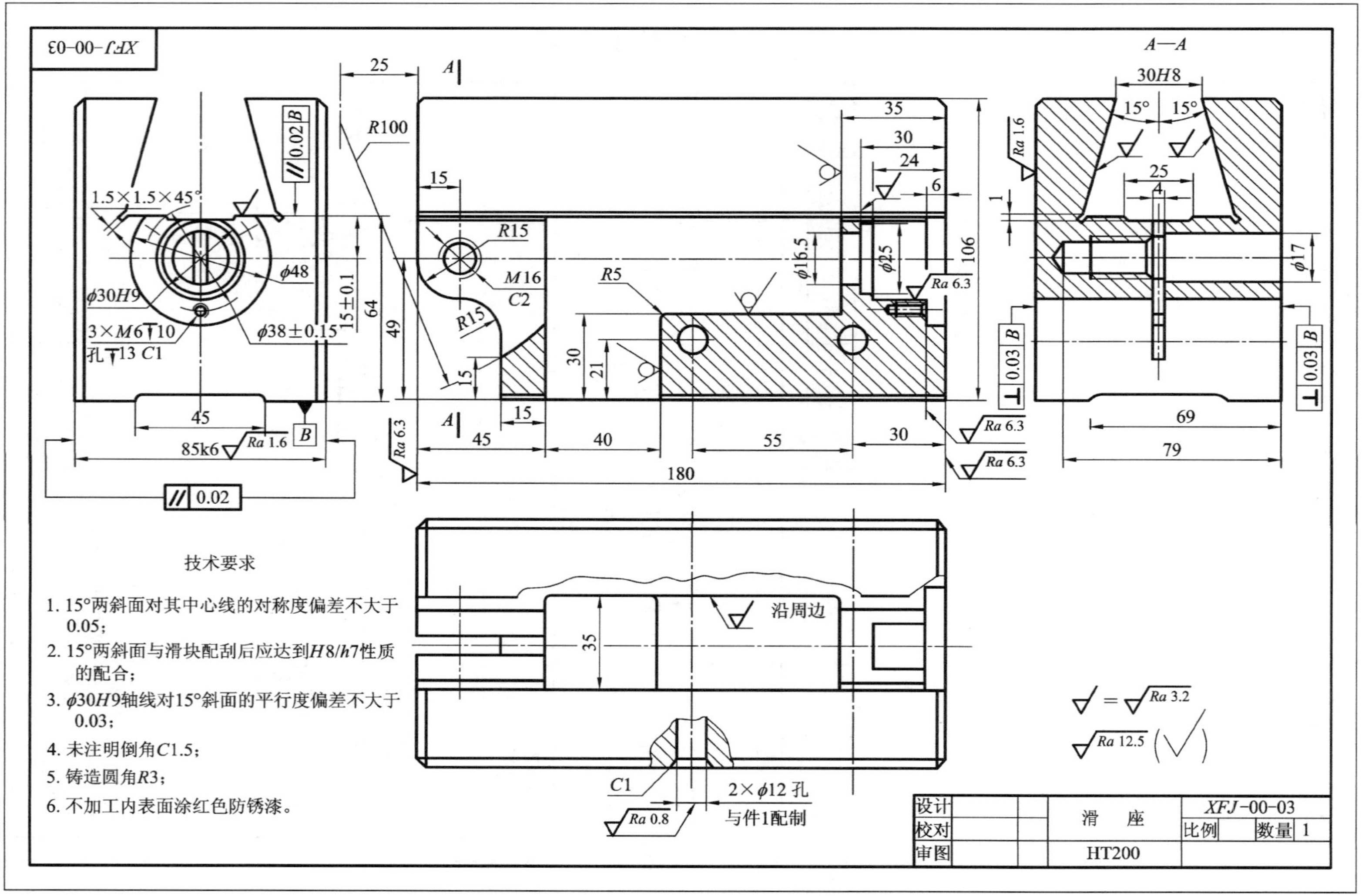
XFJ-00-03
A—A
30H8
15°
15°
25
4
1
ϕ17
Ra 1.6
0.03 B
69
79
35
30
24
6
106
ϕ16.5
ϕ25
Ra 6.3
R100
25
15
R15
M16
C2
R5
R15
15
30
21
49
64
15±0.1
ϕ48
ϕ30H9
ϕ38±0.15
1.5×1.5×45°
3×M6↧10
孔↧13 C1
0.02 B
45
85k6
Ra 1.6
B
0.02
A
45
40
55
30
180
沿周边
C1
2×ϕ12 孔
与件1配制
Ra 0.8
= Ra 3.2
Ra 12.5
技术要求
1. 15°两斜面对其中心线的对称度偏差不大于0.05；
2. 15°两斜面与滑块配刮后应达到H8/h7性质的配合；
3. ϕ30H9轴线对15°斜面的平行度偏差不大于0.03；
4. 未注明倒角C1.5；
5. 铸造圆角R3；
6. 不加工内表面涂红色防锈漆。
设计
校对
审图
滑 座
HT200
XFJ-00-03
比例
数量 1
图 12-27 滑座零件图

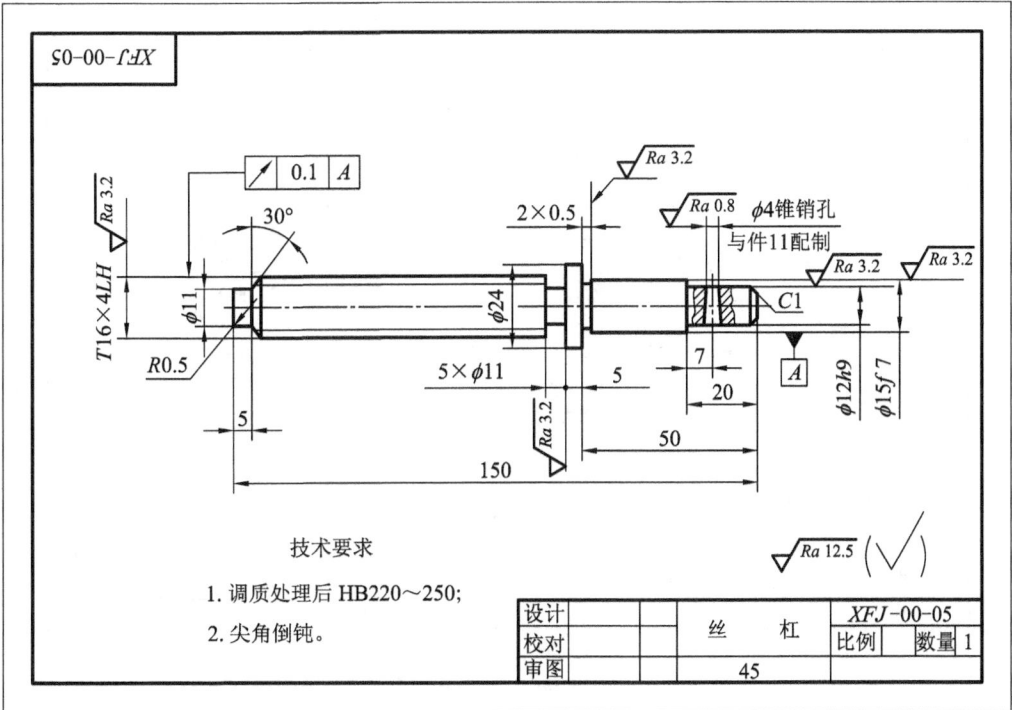

图 12-28 丝杆零件图

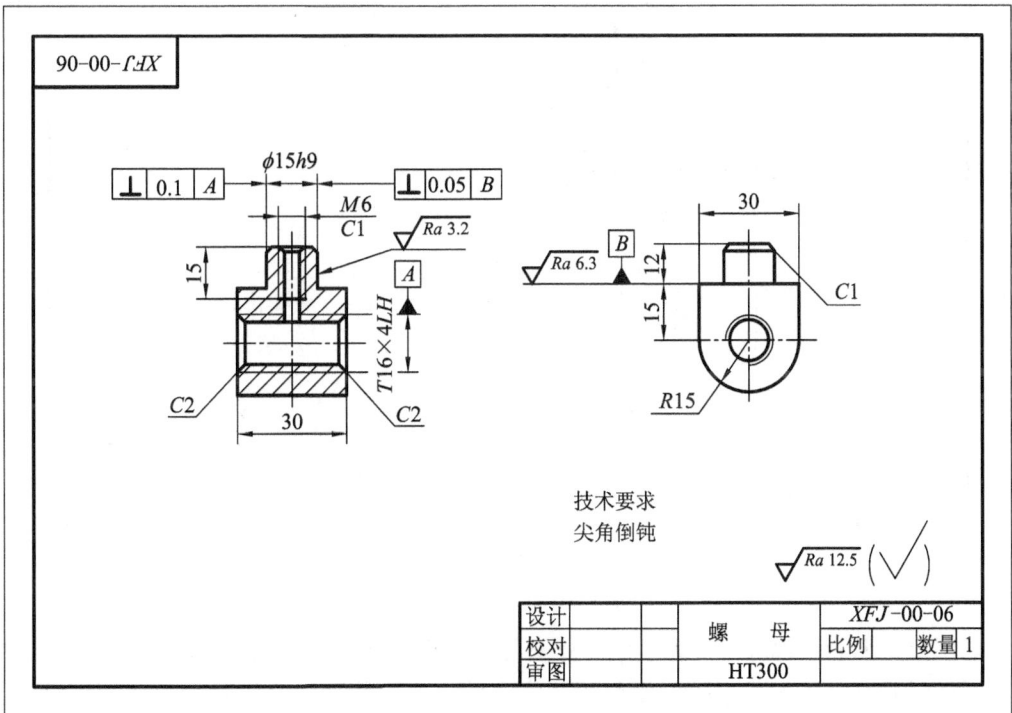

图 12-29 螺母零件图

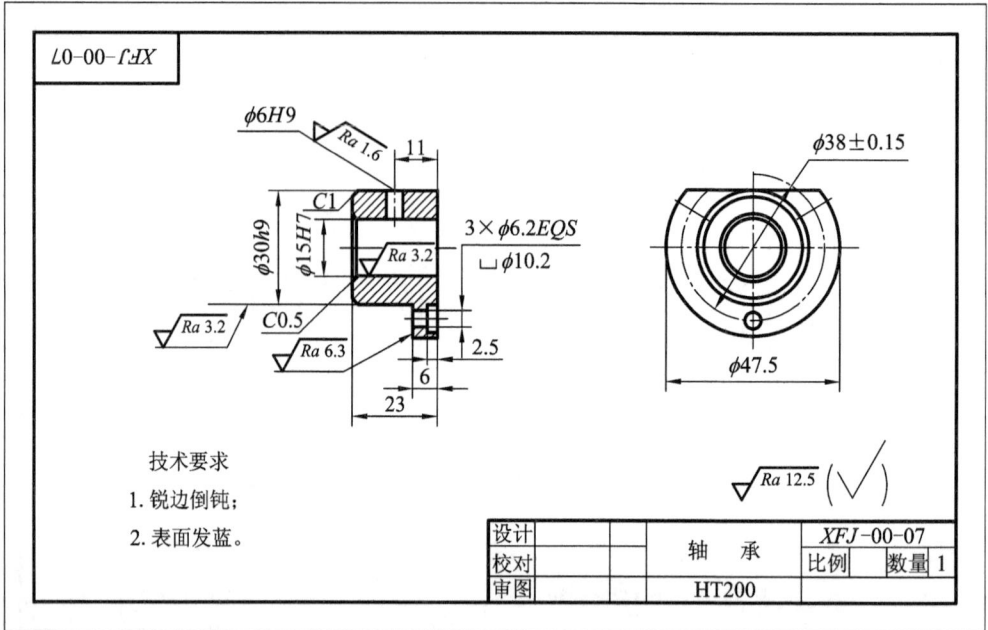

图 12-30 轴承零件图

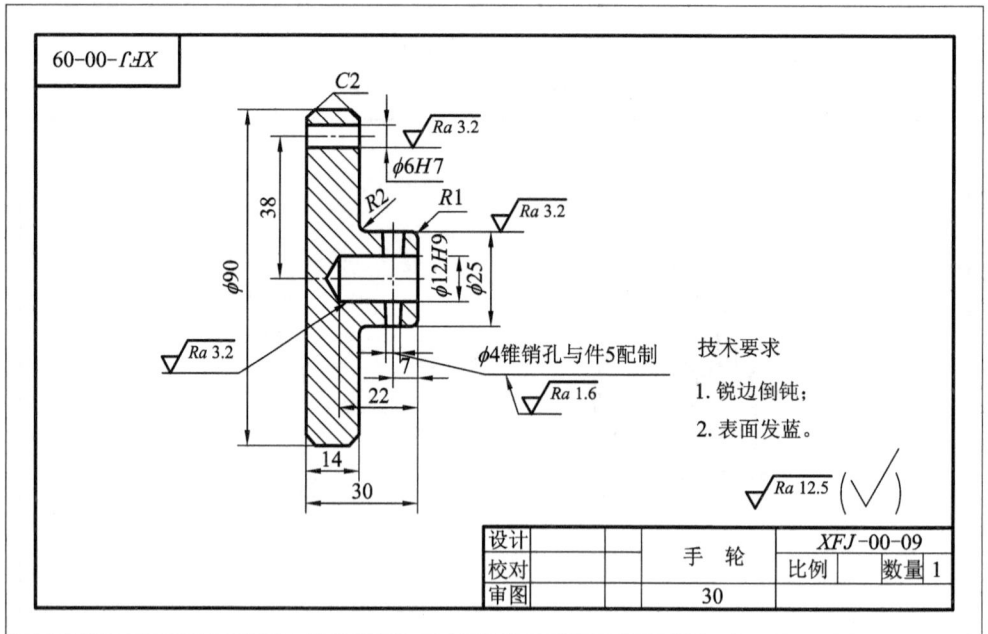

图 12-31 手轮零件图

除了上述两种情况外，有些零件的视图与装配图比较，变动较大，这是因为，装配图的视图选择乃从整体出发，不可能兼顾所有零件，尤其是对于比较复杂的装配图更为突出。因此，在拆画零件图时，对这些零件视图的选择问题，就需要重新考虑。

2. 确定零件的未定形状

在拆画零件图时，有时需要确定零件的未定形状，这一问题具有零件结构设计的性质。下面举例说明一般的考虑方法。

在图 12-23 中，螺母 6 在整个装配图上只有一个视图，因而其外部形状未表达清楚，画零件图时，必须增加视图，以确定其形状。已知螺母材料为铸铁，所以毛坯为铸件，因此，其左视图的外形一般可画成如图 12-32 所示的 3 种形式。但按螺母在部件中的作用，并且考虑加工的方便，以选择第三方案(图 12-32 最右图)较好。

又如图 12-21 所示的定位键(零件 19)，尽管已有两个视图，但表达的形状像一个简单的四棱柱。如果进一步深入分析，就可知道它的下端应与铣床工作台面的 T 形槽相配，所有的配合侧面均应磨削加工，故定位键的视图表面应如图 12-33 所示的形状。

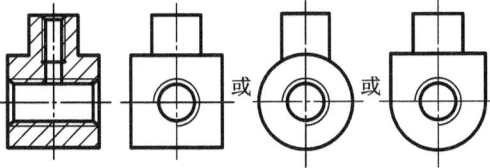

图 12-32　螺母的结构　　　　　　　　图 12-33　定位键的结构

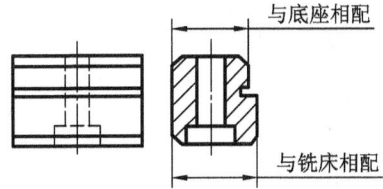

拆画零件图时，除了应确定未表示清楚(不完整)的形状外，还要把画装配图时省略或简化了的一些结构要素(如倒角、倒圆、圆角、退刀槽及锪平结构等)一一画出。如画定位键的零件图，就应详细地补画出倒角和退刀槽。

对于零件上某些特殊的结构要素，如齿型、螺纹牙型(一般是非标准)，还应在零件图上画出局部放大图。

拆画时，如遇到标准件(如顶尖架中的球形螺母、T 形螺栓、双头螺柱等)或标准部件、组件(如压注油杯)时，不必画出零件图，因为标准零、组、部件可根据明细表列出的清单外购或按有关标准生产。

3. 零件尺寸的确定

关于零件的尺寸注法，在前面章节已做过介绍，这里仅介绍根据装配图确定零件尺寸数值的 5 种方法。

1) 由装配图中直接确定

装配图中已注明的尺寸，凡与所拆画的零件有直接关系的，均应按这些尺寸数值画出，不允许作任何改动，如图 12-23 所示，底座与滑座的配合尺寸 $85H7$ 和底座与定位键的配合尺寸 $18H7$ 都应注出。此外，还须指出，装配图上给出的尺寸，往往与两个零件有关，在零件图上标注这些尺寸时，应注意它们之间的协调一致。

2) 根据明细表或相关标准查出

螺栓、螺母、销钉等各种标准件的尺寸，以及一些与标准件结合的有关结构尺寸，如通孔、沉孔、螺孔等的尺寸，一般应从相应的标准中查出。

3) 根据功能需求确定

一些非标准件的有关尺寸，若在明细栏中已有数据，则应以明细栏中注写的数据为准，如有关弹簧的尺寸、垫片厚度等。

4）根据公式计算

对于齿轮分度圆、齿顶圆等尺寸，应按明细栏中所给出的参数(如齿数、模数等)计算确定。

5）根据装配比例测量得到

其余多数尺寸，诸如零件的大小和定位尺寸，除前面已指出的几类外，还可按装配图的比例，用三棱尺直接在该图上量取，经圆整(纳入标准系列或化为整数)后，注在零件图上，不应用圆规、分规或直尺照搬装配图上的大小。

4. 公差配合、形位公差、表面结构及其他技术要求的确定

在彻底读懂装配图及深入了解零件作用的基础上，结合前述有关各项技术要求的规定，恰当地确定并标注尺寸公差、形位公差、表面结构及其他技术要求。

5. 标题栏的填写

根据装配图明细表填写零件图标题栏。

本 章 小 结

绘制和阅读装配图是本课程的重点内容之一。本章重点应掌握：

(1) 装配图的作用和内容。装配图的作用和内容是互相联系的，在学习时要与零件图作对比理解和记忆。

(2) 装配图的画法。本章介绍了装配图规定画法、特殊画法及简化画法。各种画法都是为了清晰表达装配关系和工作原理，并便于读图和画图。特殊画法中，初学者对"拆卸画法"把握不好，有时为简便随意拆去零件不画，致使所画图样无法表达清楚装配关系和工作原理。因此要注意，只有在不影响装配关系和工作原理表达时才采用拆卸画法。

(3) 装配图的绘制。装配图的绘制步骤和方法可以归纳为：先主后次，先内后外，先定位置后画结构形状，画每一条装配线时原则上按装配次序画。

(4) 读装配图和拆画零件图。读装配图的关键是区分零件。拆画零件图步骤可归纳为：

① 分离零件；

② 画零件图；

③ 标注尺寸；

④ 标注形位公差和表面结构；

⑤ 填写技术要求和标题栏。

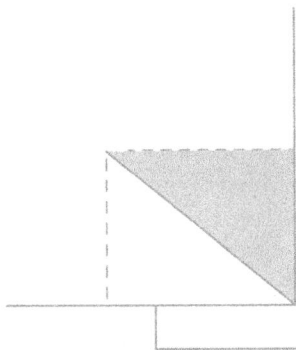

第 13 章 机器测绘

测量机器实物并绘制出机器的零件草图、装配草图的过程称为机器测绘。测绘是先有实物而后有图纸的过程，而设计是一个构思实物，先有图纸后有实物的过程。

13.1 概　　述

13.1.1　机器测绘的分类

机器测绘按照目的不同，主要分为三类。

1. 设计测绘

设计测绘的目的是为了新产品设计。通常在设计新产品时，对有参考价值的设备或产品进行测绘，以作为新设计的参考依据。

2. 维修测绘

维修测绘的目的是为了机器修配。当机器由于零件损坏无法正常工作，同时又无零件图纸时，就需要对损坏了的零件进行测绘，以修复机器。

3. 仿制测绘

仿制测绘的目的是为了仿制。通常为了制造出性能较好的机器，对较先进的设备进行整机测绘，以得到先进设备的全部图纸和技术资料。

机器测绘包括装配测绘和零件测绘两部分。装配测绘是通过机器实物测量确定出各零件间的装配关系，然后绘制出装配草图；零件测绘是通过对组成机器的各零件实物测量确定出各零件的结构、尺寸、公差等技术要求，然后绘制出零件草图。

13.1.2　机器测绘的步骤

装配草图、零件草图是指在测绘现场徒手绘制的装配图和零件图。机器测绘的一般步骤如下：

（1）测绘机器时，首先应了解机器的基本工作原理，绘制出机器的工作原理图。

（2）按照选择好的投影方向，将拆下来的机器零件用简单的线框在对应的位置画出来，并标记装配关系，以确定每一个零件在整机中的位置。

（3）每拆卸一个零件，对它进行标记，同时也在装配草图上做出标记；然后，再对这个零件进行测绘，画出零件草图。如此地逐步完成整机各个零件的测绘。

（4）按照工作原理图和各零件草图，绘制装配草图。对那些简单的机器和部件，也可以直接绘制装配草图。

（5）依据零件草图和装配草图绘制被测绘机器的全部图纸。

13.2　零件草图的绘制

无论是设计测绘、维修测绘还是仿制测绘，零件测绘是机器测绘的基础。零件测绘绝不只是简单地将零件实物转化为零件草图，还要分析机器原理和零件的具体结构，了解设计者的设计意图，充分认识零件的结构特点、作用与要求，以有利于新零件的设计。

13.2.1　零件草图的作用

零件草图是测绘完成后整理零件工作图的主要依据。草图的比例是依靠眼力判断的，草图上的线条是徒手绘制的。因此，只要求草图大致符合比例关系、线条能够反映零件的形状特征即可。但是必须注意草图和正式图的内容、表达方法等是完全相同的，应遵守国家制图标准。

13.2.2　绘制零件草图的步骤

1．分析零件

绘制零件草图前，应分析零件在机器中的位置、作用及与其他零件间的相互关系，分析零件的材料、形体结构以及加工方法与工艺。

2．绘制草图

按照如下步骤完成零件草图绘制。

（1）确定表达方案，尽可能采用简便清晰的表达方法表达出零件的内外结构形状；

（2）画零件中心线、轴线、对称平面等基准线；

（3）先主体、后局部，按照投影规律逐步完成各视图；

（4）测量各个定形、定位尺寸并标注；

（5）确定配合公差、形位公差、各表面结构和零件的材料等；

（6）填写技术要求和标题栏；

（7）校对。

图 13-1 为一零件草图的实例。

绘制零件草图应注意以下几点：

（1）零件上的缺陷和损毁部分不应反映在零件草图上。

（2）配合的零件要注意配合处尺寸一致，根据机器工作情况确定其配合性质。

（3）对于一些重要的尺寸，如啮合齿轮的中心距等，需要通过计算确定。

（4）零件上标准化的结构，如滚动轴承的轴径、螺纹、键槽、退刀槽等可查相关标准确定。

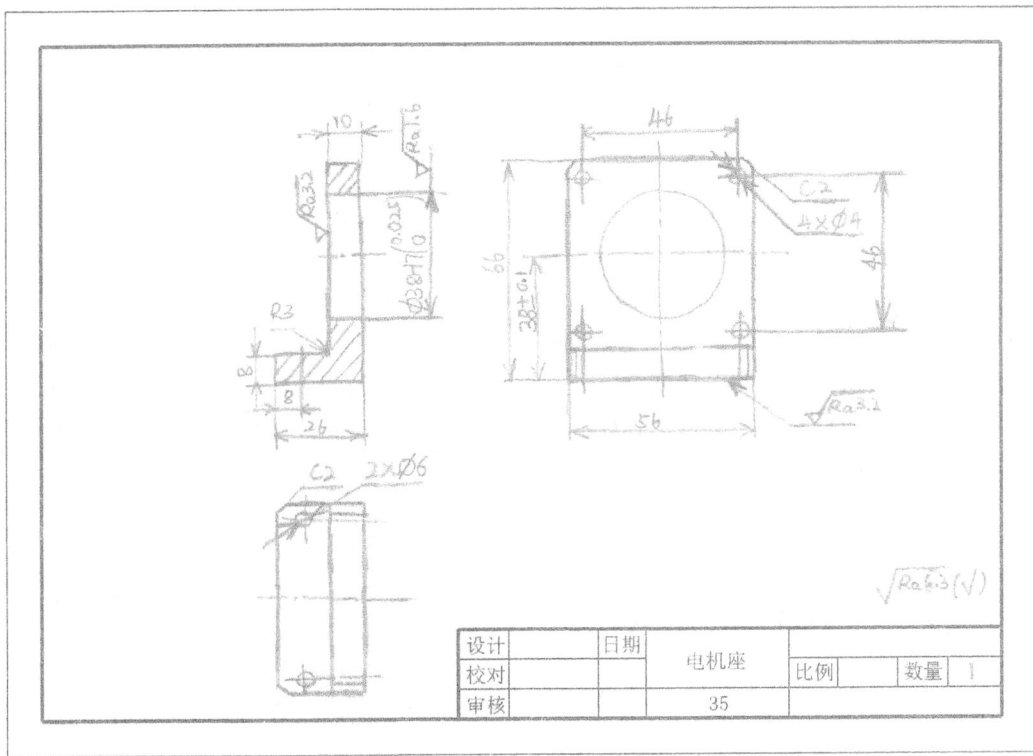

图 13-1　零件草图

13.2.3　绘制草图线条的基本方法

为了画好草图线条，一般可在间距为 5 的方格纸上练习，方格有助于掌握图形的大小、方向以及投影关系。熟练以后，就可画出美观的草图了。

1. 直线的画法

直线是最基本的线条。要求绘制得平直。画短直线时摆动手腕，画长直线时摆动前肘。在两点之间画直线时，眼睛应看着终点。

画水平线时，应从左至右，如图 13-2 所示；画垂直线时，应从上至下，如图 13-3 所示。

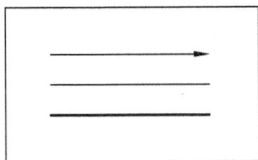

图 13-2　水平线画法

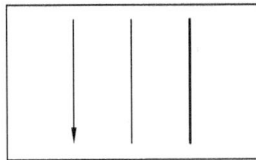

图 13-3　垂直线画法

画斜线时，应从左下角至右上角，如图 13-4(a) 所示；或从左上角至右下角，如图 13-4(b) 所示。

草图纸一般不固定在图板上，因此无论绘哪种直线，为适合手臂的运动，可以调整图纸的方向，以使画线顺畅。

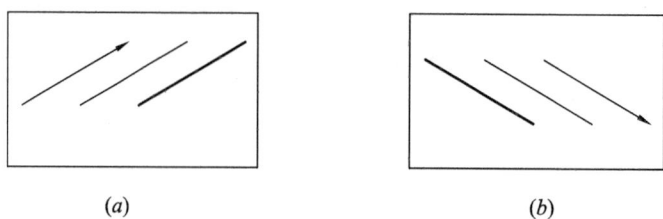

(a)   (b)

图 13 - 4 斜线画法

2. 圆及曲线的画法

画圆时，为确定圆心位置，先画出圆的一对中心线。对于小圆，在中心线上定出四点，用光滑的圆弧连接四点成圆，如图 13 - 5(a)所示；对于直径较大的圆，除定出上述四点外，还应过此四点作正方形，在正方形的对角线上再定出四点，过八点绘圆，这样画圆比较准确。如图 13 - 5(b)所示。

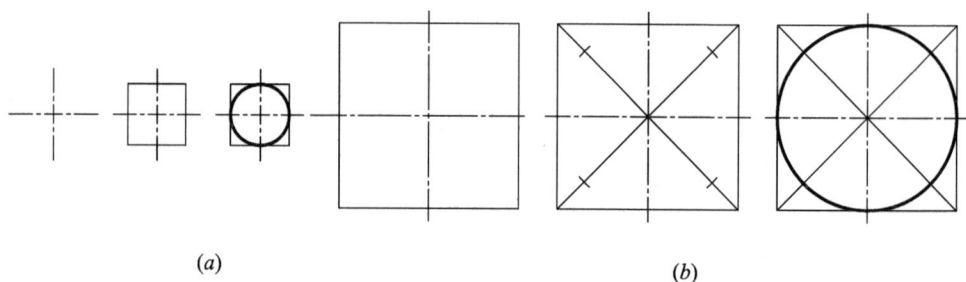

(a)   (b)

图 13 - 5 圆的草绘

对于圆弧和其他曲线，应先定出它们的端点和边界，然后再将各点连接成光滑曲线，如图 13 - 6 所示。

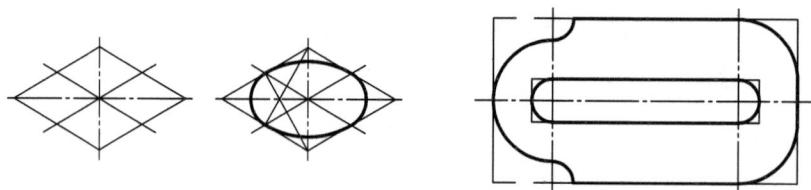

图 13 - 6 圆弧、曲线的画法

3. 角度的画法

角度的画法如图 13 - 7 所示。

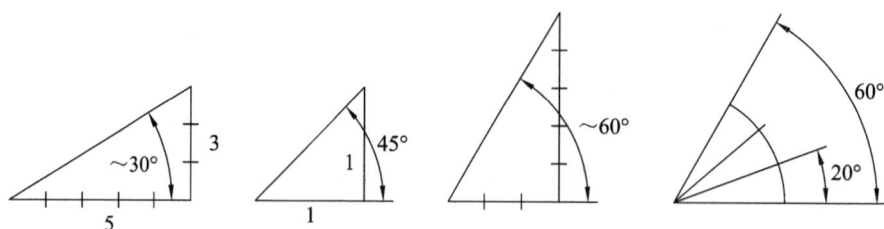

图 13 - 7 角度的画法

对常用的 30°、45°、60°角度，可以根据两直角边的比例关系定出两端点，连接两点再画角度线。对 10°、15°等角度线，可在以上角度基础上等分得到。

13.2.4 草图的审核

草绘一般在现场进行，往往只要求表达清楚。因此在画零件的工作图时，需要对草图再次审核。审核内容包括：

（1）表达方案是否合理、完整、简洁；

（2）尺寸是否完整合理、相互之间是否协调；

（3）提出的技术要求是否合理；

（4）图中与标准相关的内容是否符合标准。

审核修改应在原草图上作标记，以便以后核对。然后根据零件结构的复杂程度和视图，选择适当的画图比例和图纸的幅面，参考零件草图，按照零件图的画法和步骤来绘制零件的工作图。

13.3 尺寸的测量工具及测量方法

13.3.1 测量工具

测量尺寸时，由于测量精度要求不同以及零件结构的差异与限制，需要不同的测量工具。图 13-8 为几种常见的测量工具。

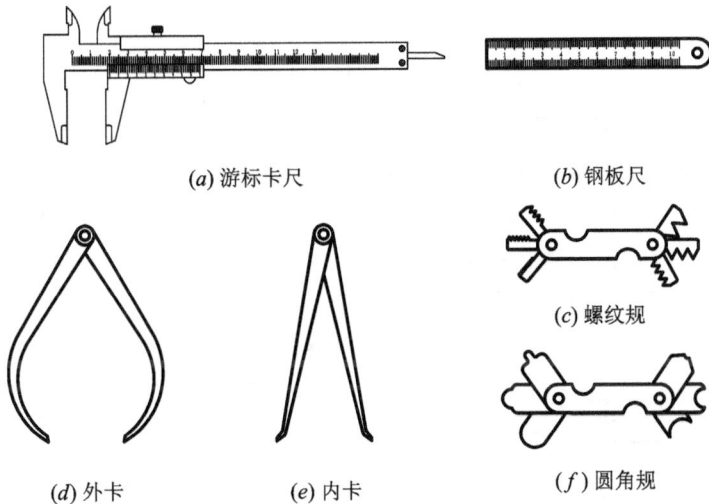

(a) 游标卡尺   (b) 钢板尺

(c) 螺纹规

(d) 外卡   (e) 内卡   (f) 圆角规

图 13-8 常用测量工具

13.3.2 常用的测量方法

零件尺寸测量准确与否，将直接影响仿制产品的质量，对于某些关键零件的重要尺寸更是如此，所以测量工作要特别仔细、认真。

实际工作中的测量方法有多种，这里介绍一些常用的方法。

1. 直线尺寸的测量

常使用钢板尺、游标卡尺直接测量直线尺寸，如图 13 - 9 所示。也可使用各种工具进行组合测量以及借助辅助工具进行测量，如图 13 - 10 所示。

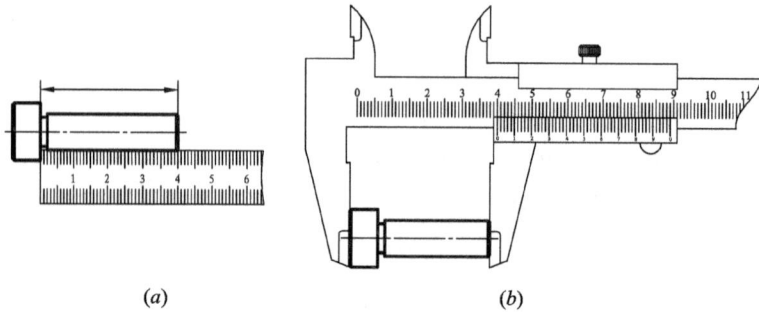

(a)　　　　　　　　　　　　(b)

图 13 - 9　长度尺寸的测量

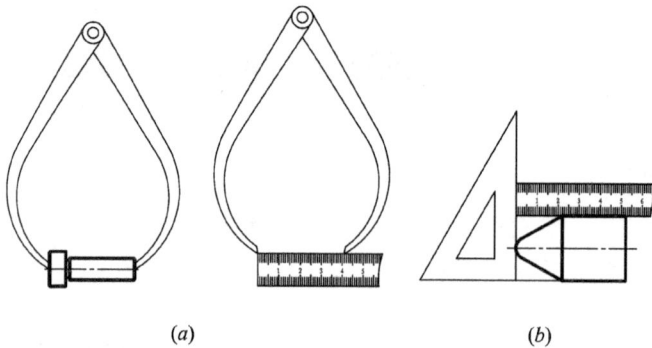

(a)　　　　　　　　　　　　(b)

图 13 - 10　长度尺寸的间接测量

2. 回转体内、外径的测量

回转体内、外径的测量可使用游标卡尺、内卡和外卡完成。

对于精确的表面，使用游标卡尺测量。测量时，要将卡尺脚上下、前后移动，测其最大值，并可直接读出尺寸值。对于一般的内、外径测量，可用内卡和外卡测量，其方法与用游标卡尺相同，测量值可在钢板尺上读出。如图 13 - 11 所示。

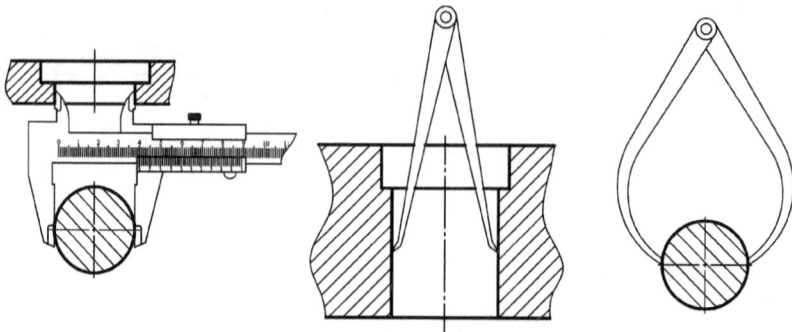

图 13 - 11　回转体内、外径的测量

3. 壁厚的测量

一般可用钢板尺直接测量。也可用游标卡尺与垫块组合，间接测出壁厚，如图 13 - 12(a) 所示；还可用外卡与钢板尺组合，间接测出壁厚，如图 13 - 12(b) 所示。

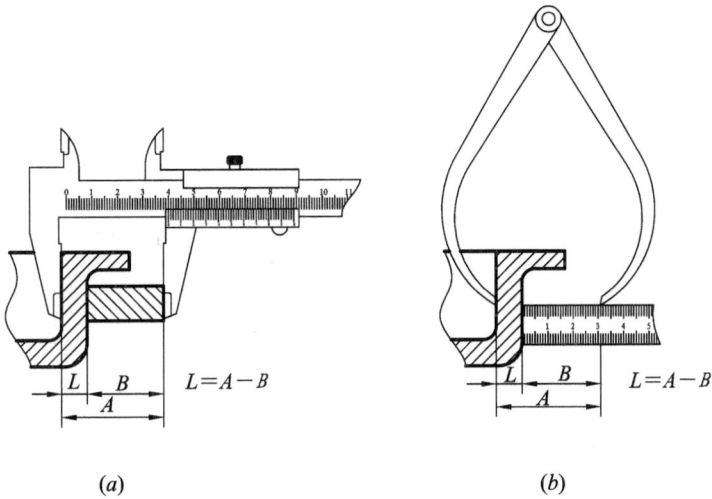

(a)   (b)

图 13 - 12 壁厚的间接测量

4. 深度的测量

一般可用钢板尺直接测量，如图 13 - 13(a) 所示。也可用游标卡尺的尾伸杆直接测量，如图 13 - 13(b) 右端所示；还可用游标卡尺和垫块间接测量，如图 13 - 13(b) 左端所示。

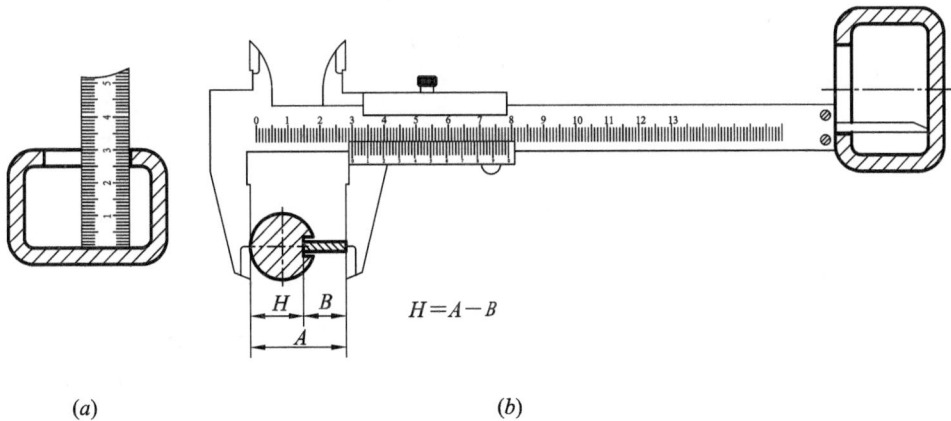

(a)   (b)

图 13 - 13 深度的测量

5. 孔中心距的测量

测量孔中心距时，无论孔的直径相等与否，均可按照图 13 - 14(a) 的方式：使用内外卡或游标卡尺测量 A、B 尺寸，计算得出孔的中心距。孔的直径相等时，也可以用钢板尺直接测得，如图 13 - 14(b) 所示。

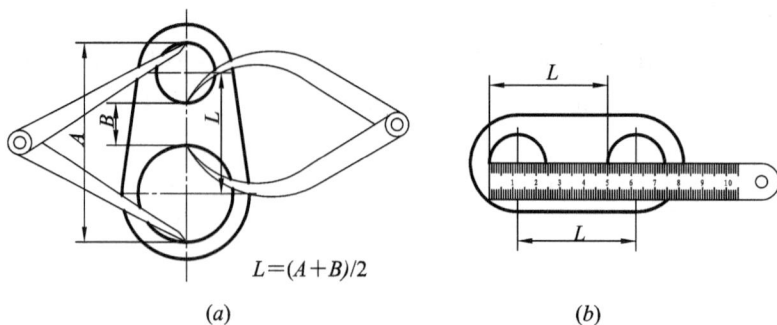

$$L=(A+B)/2$$

图 13-14　孔中心距的测量

6. 中心高的测量

利用钢板尺和内卡可测出孔的中心高,如图 13-15 所示。某些情况下,也可用游标卡尺测量中心高。

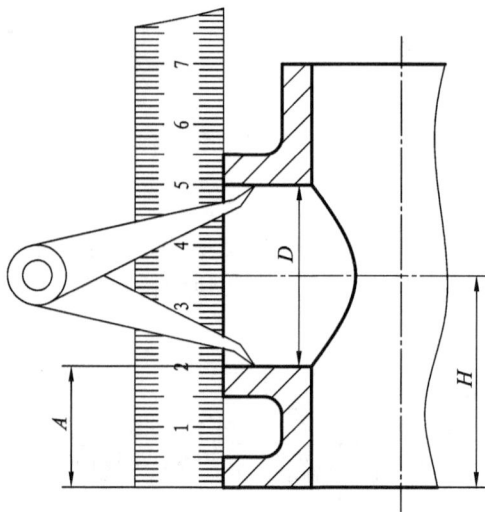

图 13-15　中心高的测量

7. 内外圆角的测量

一般使用圆角规测量。图 13-8(f)是一组圆角规,每组圆角规有很多片,一边用来测量外圆角,另一边用来测量内圆角。测量时,在圆角规中找到与零件被测部分形状完全吻合的一片,就可以从圆角规片上标着的数值得知圆角的半径。

8. 螺纹的测量

螺纹测量需要测出螺纹的直径和螺距。螺纹的旋向和线数可直接观察。螺距用螺纹规测量,螺纹规是由一组带牙的钢片组成,如图 13-8(c)所示。在螺纹规上找到一片与被测螺纹的牙型完全吻合,螺纹规片上的数值即为螺距值。当然,也可将螺纹牙尖拓印,间接测得螺距数值。

9. 轮廓曲线与曲面半径的测量

可用铅丝法和拓印法两种方法实现轮廓曲线与曲面半径的测量。

1）铅丝法

将铅丝弯成与被测的曲线、曲面相吻合的形状，再将铅丝放在纸面上照画曲线，再将曲线分段，求得各段的中心、半径，如图 13 - 16 所示。

2）拓印法

在零件被测绘处，平覆一张纸，将纸与零件压实，用铅笔在纸面上磨擦，可得到曲线形状，如图 13 - 17 所示。

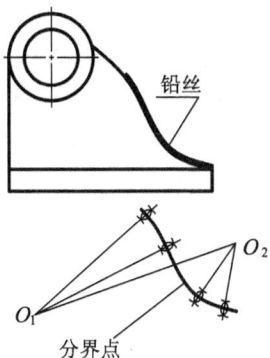

图 13 - 16　铅丝法

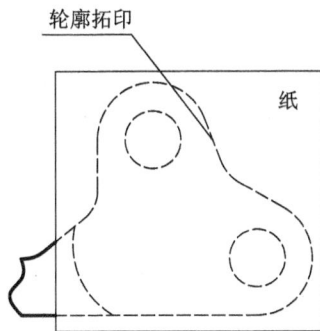

图 13 - 17　拓印法

本 章 小 结

通过测量机器实物而绘制机器草图的过程称为机器测绘。与机器设计先图纸、后实物的过程相反，测绘是先有实物而后有图纸的过程。

通过机器测绘，可以了解设计者的设计意图并深刻认识零件，帮助我们设计好新零件。机器测绘包括装配测绘和零件测绘两部分，零件草图是整机测绘的基础，在机器测绘中具有重要意义。

为了绘制好机器草图，应当掌握徒手绘图的基本技巧。

尺寸测量在机器测绘中同样重要，尺寸测量准确与否，会直接影响到产品质量。因而，常用的测量工具、仪器和测量方法应当熟练掌握，以保证尺寸测量的准确与快速。

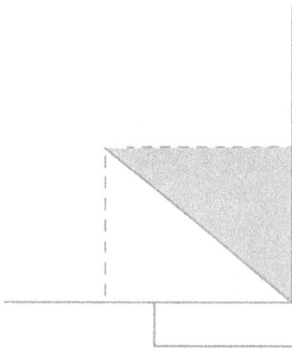

第14章 计算机辅助设计(CAD)

计算机辅助设计(Computer Aided Design，CAD)泛指设计者以计算机为主要工具，对产品进行设计、绘图、工程分析与技术文档编写等工作。CAD技术是一项综合性技术，它可以大大提高设计、计算、制图、制表等工作的效率，降低成本，提高产品质量，同时有助于设计者创造力的发挥。在当前阶段，CAD技术是实现产品全数字化设计与制造、智能制造的基础。

14.1 概　　述

CAD技术主要包括产品概念设计基础上的几何造型分析、几何模型创建、工程分析与计算、设计文档编辑、工程图样输出等。

14.1.1 三维几何建模

三维几何建模就是将物体的几何形状及其属性采用适当的数据结构描述和存储，供计算机进行信息转换与处理。它是实现计算机辅助技术共享、驱动产品生命周期全过程的基础。三维几何建模是数字化设计与制造的核心，目前被应用的基于模型的定义(MBD)就是以三维几何建模为核心，将产品设计信息、制造要求共同定义到数字化模型中，实现高层次的设计与制造一体化，未来还会发展为基于模型的企业。

三维几何模型基于几何体的几何信息和拓扑信息。其中，几何信息是指几何体在欧氏空间中的形状、位置和大小，拓扑信息用于表达几何体各分量间的连接关系。通常几何体在计算机内需用六层的拓扑结构来定义，分别是体、壳、面、环、边、顶点。为了确保几何建模的每一步所产生的中间形体的拓扑关系是正确的，即形体描述的合法性和一致性，需要用欧拉检验公式进行验证。在几何建模中，为了生成复杂的形体，通常还需要用简单几何形体进行布尔运算(交、并、差)来实现。另外，几何模型除包括几何信息和拓扑信息外，还会包括如质量、公差、表面结构等一些非几何信息。

目前几何建模方法有线框建模、表面建模、实体建模和特征建模。线框建模是计算机图形学和CAD领域中应用最早的方法，其数据结构中仅记录点、边间的拓扑关系，因而存储量小，但缺点是容易出现多义性，不能消隐，也不能构成实体。表面建模是在记录点、边信息的基础上，记录面的信息及拓扑关系，因而可以消隐，能够构造复杂的曲面，但仍无面、体间的拓扑关系，无法实现物理特性计算和有限元分析等。实体建模是20世纪80年代发展起来的建模技术，它记录了点、线、面、体间完善的拓扑关系，因而可以准确表达几何体的结构，它是目前三维软件普遍采用的建模方法。特征建模是在实体建模的基础上加入了包含实体的精度信息、材料信息、技术要求和其他相关信息，另外还包含了一些如加工过程、工序尺寸的确定等动态信息，因而可以很好地实现 CAD/CAM/CAE 一体化，具有很好的工程意义。本章介绍的 Creo 10.0 软件采用的就是特征建模技术。

目前可以实现 CAD/CAM/CAE 一体化的软件很多，除美国 PTC 公司的 Creo (Pro/Engineer)外，还有结构动力研究公司(SDRC)的 I－DEAS、Autodesk 公司的 MDT 和 Inventor、EDS 公司的 UniGraphics、达索系统（Dassault Systemes）的 CATIA、SolidWorks 等。

14.1.2　计算机绘制工程图样

在未来的全数字化设计与制造时代，二维工程图样终将被三维几何模型完全取代。但在当前的产品设计与制造过程中，工程图样依然是不可或缺的技术文件。利用计算机绘制工程图样，可以使设计者从繁杂的图纸绘制工作中解放出来，并为图纸的管理、修改、汇总等提供全新的解决方案，极大地节约了人力和物力。

目前用于计算机绘制工程图样的软件很多，如美国 Autodesk 公司的 AutoCAD、CV 公司的 PD、Intergragh 公司的 Microstation、UG 公司的 Solid Edge 等，这些软件具有较强的二、三维绘图功能和良好的二次开发环境，它们既可以直接绘制工程图样，又可作为开发专业的计算机辅助设计(CAD)系统的支撑软件。另外，我国也有自行研发的适合国标要求的绘图软件。

除此之外，一些先进的专业 CAD/CAM/CAE 一体化三维建模软件也都提供了二维工程图样的绘制功能，即将三维几何模型直接转换成二维工程图样，且由此转化的二维工程图样与三维几何模型实现了参数化关联，因此用这种方法实现工程图样的绘制更加简便、高效。但是具有强大的二维绘图和编辑功能的 AutoCAD 软件，依然是目前绘制工程图样的主流平台之一。

14.2　AutoCAD 2023 的功能介绍

AutoCAD 是美国 Autodesk 公司于 20 世纪 80 年代初应用 CAD 技术开发的绘图程序软件包，其经过不断发展完善，现已经成为国际上广为流行的绘图工具。

14.2.1　AutoCAD 2023 的工作界面

AutoCAD 2023 在 64 位的 Windows 操作系统环境下运行。双击桌面上的 AutoCAD 2023 图标或在"开始"→"所有程序"中启动 AutoCAD 2023，即可进入图 14－1 所示的 AutoCAD 2023 工作界面。AutoCAD 2023 的工作界面由标题栏、菜单栏、工具栏、绘图窗口、命令行和状态栏等部分组成。

1. 菜单栏

菜单栏位于标题栏下方，包含默认、插入、视图等 11 个菜单，涵盖了 AutoCAD 全部的功能和命令。用户单击其中任一菜单后，将会出现以下 4 种情况：

（1）当命令后出现"▶"符号时，表示该命令下还有子命令。

（2）当命令后出现"..."符号时，表示该命令可打开相应的对话框，供用户作进一步的选择或设置。

（3）当命令后没有任何符号时，表示该命令将直接进行相应的绘图或其他操作。

（4）当命令呈现灰色时，表示该命令在当前状态下不可使用。

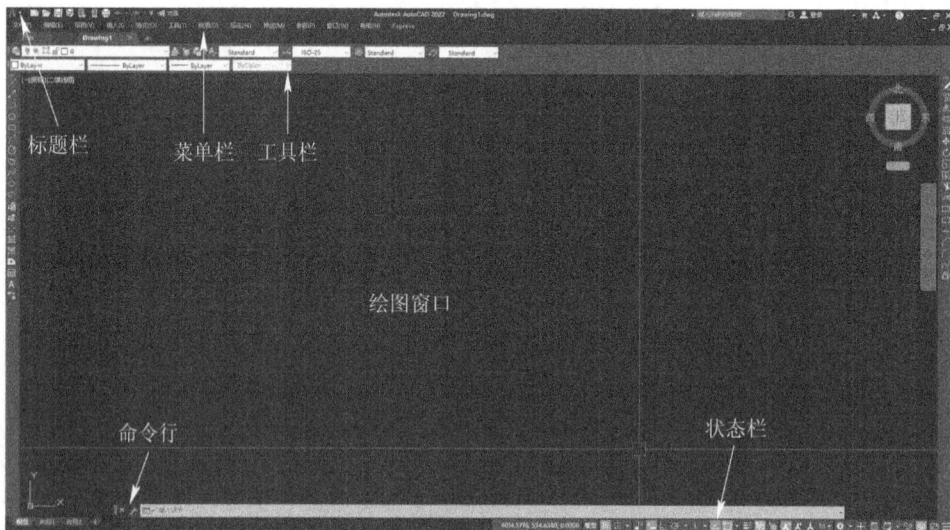

图 14-1　AutoCAD 2023 中文版的工作界面

2.　工具栏

工具栏是应用程序调用命令的另一种方式，包含许多用形象化的图标表示的命令按钮。在 AutoCAD 2023 中，系统共提供了包括绘图、修改、注释、图层、块等 37 个工具栏。当将鼠标移到某个图标按钮上并稍作停留时，系统会显示该按钮图标的名称，同时在状态栏中显示该图标按钮的功能与相应命令的名称。

3.　绘图窗口

绘图窗口是用户绘图的工作区域。在默认情况下，绘图窗口是黑色背景、白色线条。用户可根据需要通过菜单栏中的"工具（T）"下拉菜单修改绘图窗口的颜色。

4.　命令行

命令行用于接收键盘输入命令，并显示 AutoCAD 的提示信息。

5.　状态栏

状态栏用来显示 AutoCAD 当前的状态。当用户在绘图窗口中移动"十"字光标时，状态栏左侧的坐标区中将动态地显示当前的坐标值。状态栏右侧有若干个图形工具按钮，用于指示系统当前的工作状态。通过单击这些按钮，可以在"打开"和"关闭"两种状态之间进行切换。

14.2.2　AutoCAD 命令的使用方法

AutoCAD 中命令是系统的核心，菜单项、工具栏按钮都是与命令对应的。用户执行的所有操作实质上就是执行了相应的命令。AutoCAD 中命令的执行方式有以下 4 种。

1. 菜单项

在菜单栏中选择相应的菜单项，即可启用对应的命令。

2. 工具栏按钮

单击工具栏上的工具按钮，即可启动相应的命令。

3. 键盘输入

当命令行出现"输入命令："提示符时，通过键盘输入命令后按 Enter 键即可执行该命令。输入的英文命令大小写等效。为方便，后续命令均采用该方式。

4. 快捷菜单

在绘图窗口中单击鼠标右键将弹出相应的快捷菜单，从中可以选择需要执行的命令。在命令行窗口中单击鼠标右键将弹出相应的快捷菜单，可以选择最近使用过的 6 个命令。要重复执行上一命令，可以按 Enter 键或空格键。

在命令执行过程中，可以随时按 Esc 键中止执行任何命令。Esc 键是 Windows 程序用于取消操作的标准键。

14.2.3 AutoCAD 的坐标输入

使用 AutoCAD 绘图时，为了正确地输入点的坐标，用户需要在绘图前确定坐标系。AutoCAD 将坐标系分为世界坐标系(WCS)和用户坐标系(UCS)两种。世界坐标系(WCS)采用的是标准的笛卡尔坐标系。系统默认情况下为世界坐标系，其 X 轴水平向右，Y 轴竖直向上，Z 轴垂直屏幕向外。用户坐标系(UCS)是为了辅助绘图通过改变坐标系的原点和方向所建立的坐标系。用户坐标系可以相对于世界坐标系进行平移和旋转。

在 AutoCAD 中绘图时，可以输入点的坐标进行精确定位。输入坐标时，可以输入绝对坐标，也可以输入相对坐标；可以采用直角坐标形式，也可以采用极坐标形式。具体输入方式如下：

(1) 绝对直角坐标：用相对于世界坐标系的 X、Y、Z 直角坐标值来确定点的位置。在二维空间中，Z 坐标值被自动赋为 0，即输入"100,100"就代表三维的 100,100,0。

(2) 相对直角坐标：用相对于上一个输入点的 X、Y、Z 直角坐标值增量来确定点的位置。输入相对坐标时，需使用@符号作为前缀。例如，输入"@ 10,20"，表示将上一个输入点的 X 和 Y 坐标值分别增加 10 和 20 而得到的点。

(3) 绝对极坐标：用相对于坐标系原点的极坐标值来确定点的位置。输入极坐标时，需使用"＜"符号分隔距离和角度。例如，输入"5＜45"，表示此点到原点距离为 5 且与 X 轴成 45°角。默认情况下，角度以逆时针方向旋转为正、顺时针方向旋转为负。

(4) 相对极坐标：用相对于上一个输入点的极坐标值来确定点的位置。输入时也需使用@符号作为前缀。例如，输入"@5＜45"，表示新输入的点到上一个输入点的距离为 5 且与 X 轴成 45°角。

除以上 4 种方法外，输入点时还可以采用移动光标指定方向、键盘输入距离的方法确定点的位置，也可以采用后面介绍的对象捕捉方法。

请注意，在 AutoCAD 中角度以度(°)为单位，因此直接输入度数即可，如 50°直接输入

50 即可。

14.2.4 绘图环境的设置

1. 图形单位

AutoCAD 是以图形单位度量长度的。图形单位无量纲，它可以代表任何实际的物理单位，如毫米、厘米、米和英寸等。在输出图形时需指定具体物理单位。

在 AutoCAD 中，从菜单栏中选择"格式"→"单位"命令，弹出如图 14-2 所示的"图形单位"对话框。在此可设置长度、角度、插入时的缩放单位等属性。其中"插入时的缩放单位"下拉列表框用于设置插入当前图形的块的测量单位，默认单位是毫米。如果块在创建时使用的单位与该选项指定的单位不同，则在插入块时自动按比例（块使用的单位与当前图形使用的单位之比）对其进行缩放。

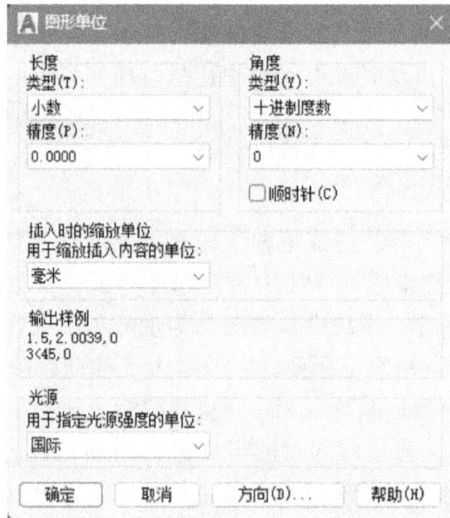

图 14-2 "图形单位"对话框

2. 辅助绘图工具

使用 AutoCAD 绘图时，通过系统提供的正交、对象捕捉和对象追踪等功能，可以在不采用键盘输入坐标值的情况下快速、精确地绘制图形。

1）正交

当需要绘制水平直线和垂直直线时，可启用正交模式。单击状态栏中的正交按钮或输入 ortho 命令即可启用该功能。

2）对象捕捉

绘图过程中，经常需要用到一些如圆心、切点、端点、中点等特殊点，此时可以利用 AutoCAD 中提供的对象捕捉功能快速、准确地捕捉到这些特殊点。单击状态栏中的"对象捕捉"按钮即可启用该功能。对象捕捉模式有近 20 种，可以对其进行设置。设置方法为：在"对象捕捉"按钮上单击鼠标右键，在弹出的快捷菜单中选择"设置"按钮，打开如图 14-3 所示的"草图设置"对话框，在"对象捕捉"模式选项组中选择所需的对象捕捉模式。

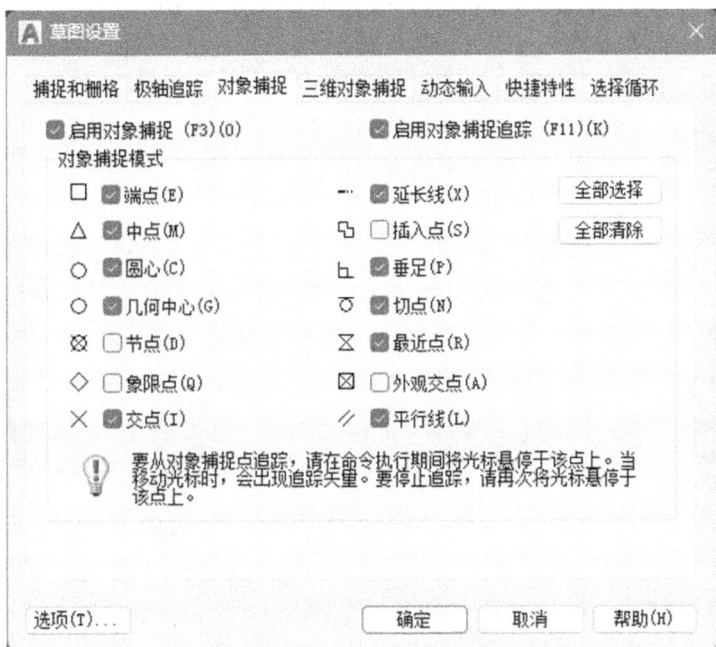

图 14-3　"草图设置"对话框

3）对象追踪

在图 14-3 所示的"草图设置"对话框中，选中"启用对象捕捉追踪"复选框，便可打开自动追踪功能。

3. 图形界限

图形界限是 AutoCAD 绘图空间中一个假想的矩形绘图区域，相当于用户选择的图纸大小。图形界限确定了栅格和缩放的显示区域。在命令行输入 limits 命令可设置图形界限，具体形式如下：

命令：limits↙

指定左下角点或［开(ON)/关(OFF)］<0.000,0.000>

指定右上角点<420.00,297.000>：

根据命令行提示可指定绘图区域的左下角点和右上角点的坐标值。选项"开(ON)"表示绘图边界有效，即使用该选项时在绘图边界以外拾取的点被视为无效；选项"关(OFF)"表示绘图边界无效，即可以在绘图边界以外拾取点。

4. 图层

绘制复杂图形时会出现许多不同类型的图形对象，为了方便区分和管理，AutoCAD引入了图层。在 AutoCAD 中可以创建多个图层，各图层具有相同的坐标系、绘图界限及显示时的缩放比例。

AutoCAD 对图层数以及每一图层上的对象数没有任何限制。一幅图形可指定任意数量的图层，每个图层可以指定不同或相同的线型、线宽、颜色和打印样式。绘图时通常将不同类型对象绘制在不同的图层上，当某图层设置为当前层时，所绘的图形实体都将使用该层指定的线型、线宽、颜色。当然也可以使用命令或实体属性工具条为某些实体单独指定线型、线宽、颜色。

1) 颜色设置

新建图层后，可在图层特性管理器对话框中单击图层的颜色列对应的图标，打开选择颜色对话框以选择所需颜色，否则系统缺省为白色。

2) 线型设置

线型是指图形基本元素中线条的组成和显示方式，如粗实线、细实线、虚线等。在AutoCAD 中既有简单线型，也有由一些特殊符号组成的复杂线型，以满足不同国家或行业标准的使用要求。要改变线型时，可在图层特性管理器对话框中单击线型列对应的图标，打开图 14-4 所示的"线型管理器"对话框。

图 14-4　"线型管理器"对话框

默认情况下，"线型管理器"对话框的列表框中只有 Continuous 一种线型。要使用其他线型，可单击"加载"按钮打开如图 14-5 所示的"加载或重载线型"对话框，然后选择需要

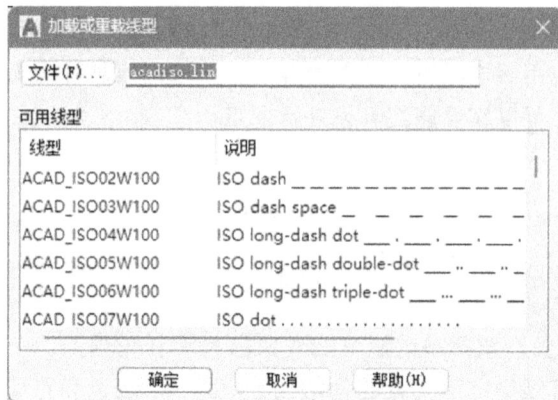

图 14-5　"加载或重载线型"对话框

的线型,并单击"确定"按钮,即可为该层设置新的线型。

3)线宽设置

在 AutoCAD 中可给不同图层设置不同线宽。在图层特性管理器对话框的线宽列中单击该图层对应的线宽,即可打开线宽对话框,然后通过线宽列表框来选择所需线宽。

4)图层状态设置

用户可通过控制图层状态使绘制、编辑工作更加简洁方便。图层状态包括打开与关闭、冻结与解冻、锁定与解锁等。

(1)打开与关闭:在打开状态下,图层上的图形可以显示也可以在输出设备上打印;在关闭状态下,图层上的图形不能显示也不能被打印输出。

(2)冻结与解冻:图层被冻结时,图形对象不能被高亮度显示、编辑修改和打印输出;图层被解冻时,图形对象能够被显示、编辑修改和打印输出。

(3)锁定与解锁:图层在锁定状态下不影响图形对象的显示,可以绘制新图形对象,但不能对该图层上已有的图形对象进行编辑。此外,在锁定的图层上可以使用查询命令和对象捕捉功能。

5. 尺寸标注样式

在 AutoCAD 中,尺寸标注样式可用来控制标注尺寸的格式。为了建立符合国标规定的尺寸标注,需要进行尺寸标注样式的设置。默认情况下使用的是系统提供的"ISO - 25"样式,用户可根据需要新建或修改尺寸标注样式。

在 AutoCAD 中新建图形文件时,系统将根据样板文件来创建一个缺省的标注样式。如使用"acad.dwt"样板时缺省样式为"STANDARD",使用"acadiso.dwg"样板时缺省样式为"ISO - 25"。此外,DIN 和 JIS 系列图形样板分别提供了德国和日本工业标准样式。在AutoCAD 中,用户可通过标注样式管理器(Dimension Style Manager)来创建新的标注样式或对标注样式进行修改和管理。在命令行窗口中输入 dimstyle 命令或选择"格式"→"标注样式",即可打开"标注样式管理器"对话框,如图 14 - 6 所示。

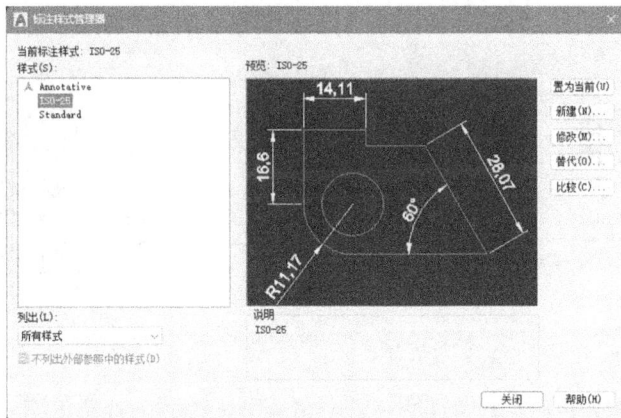

图 14 - 6 "标注样式管理器"对话框

图 14 - 6 中各选项的功能如下:

(1)样式:用于显示已经建立的或者正在使用的标注样式名。

（2）预览：用于显示所选择或所设置的尺寸标注样式的标注效果。

（3）置为当前：用于将样式列表框中选中的样式设置为当前样式。

（4）新建：用于定义一个新的尺寸标注样式。单击该按钮，将弹出"创建新标注样式"对话框。

（5）修改：用于修改一个已存在的尺寸标注样式。单击该按钮，将弹出"修改标注样式"对话框。该对话框中的各选项与"新建标注样式"对话框中的各选项完全相同，用户可在对话框中对已有标注样式进行修改。

（6）替代：用于设置临时覆盖尺寸的标注样式。单击该按钮，将弹出"替代当前样式"对话框。该对话框中的各选项与"新建标注样式"对话框中的各选项完全相同，用户可改变选项的设置来覆盖原来的设置，但这种修改只对指定的尺寸标注起作用，而不影响当前尺寸变量的设置。

（7）比较：用于比较两个尺寸标注样式在参数上的区别或浏览一个尺寸标注样式的参数设置。单击该按钮，将弹出"比较标注样式"对话框，在该对话框中将列出所选择的两种标注样式的区别。

"标注样式"（Dimension Style）对话框，允许用户设置相关尺寸的四要素以及比例、主单位、公差值的格式和精度等。

6. 公差标注与一般引线标注

1）公差标注

在 AutoCAD 中，可以通过特征控制框来显示形位公差信息，如图形的形状、轮廓、方向、位置和跳动的偏差等。当需要标注形位公差时，可以使用公差命令。在命令行窗口中输入 tolerance 命令或通过相应的菜单工具栏按钮（"标注"→"公差"）操作即可打开"形位公差"对话框，如图 14-7 所示，通过此对话框即可完成形位公差的设置。该对话框中各选项的功能如下：

（1）符号：用于选择形位公差的项目符号。在选择项目符号时，单击该列的方框，打开"特征符号"对话框即可选择几何特征符号，如图 14-8 所示。

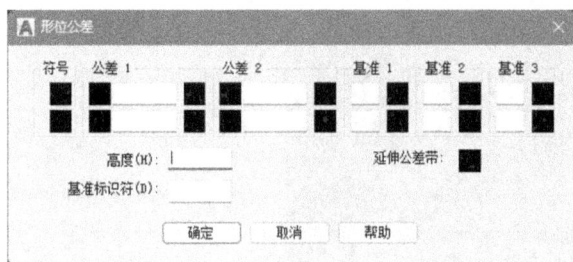

图 14-7 "形位公差"对话框   图 14-8 "特征符号"对话框

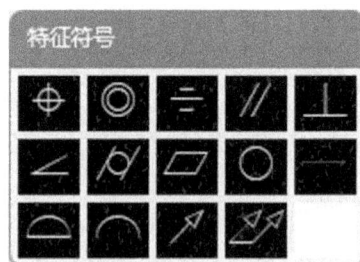

（2）公差 1 和公差 2：用于设置形位公差值。在设置形位公差值时，单击该列前面的方框，将插入直径符号 φ，在其后的文本框中输入公差值；单击该列后面的方框，打开"附加符号"对话框，可为形位公差选择包容条件符号。

（3）基准 1、基准 2 和基准 3：用于设置基准字母与相应的包容条件。

（4）高度：用于设置投影公差带的值。

(5) 延伸公差带：用于在延伸公差带值的后面插入延伸公差带符号。

(6) 基准标识符：用于创建由参照字母组成的基准标识符号。

2) 一般引线标注

当需要以引线形式标注尺寸时，可以使用引线标注，此时在命令行输入 leader 命令，并在命令选项中根据需要设置引线形式，比如为折线或曲线；指引线可带箭头，也可不带箭头；注释文本可以是多行文本，也可以是形位公差或图块。

14.2.5 AutoCAD 基本绘图命令

工程图样可以看成是由简单的直线、曲线、圆或圆弧、文字等组成的，因此只要掌握了 AutoCAD 基本绘图命令，再结合系统提供的丰富的编辑命令等，就可以灵活、高效地绘制工程图样。在 AutoCAD 命令中，所有提示项中用"/"隔开的每项均是允许用户响应的选项。响应选项时，除默认项可直接输入选项值外，其他响应方法是通过输入其对应的大写字母来实现的。

1. 直线（line）

绘制直线的命令为 line。输入命令后，按照系统提示再不断输入需要的点坐标，即可绘制一段或多段直线段。点的坐标值输入采用前面介绍的方法，若需结束 line 命令，按回车键或者输入 Esc 即可。

2. 矩形（rectangle）和正多边形（polygon）

绘制矩形的命令为 rectangle。输入命令后，系统提示如下：

指定第一个角点或[倒角（C）/标高（E）/圆角（F）/厚度（T）/宽度（W）]；

可以指定两个对角点来绘制矩形，也可以指定矩形的面积或者矩形的长宽来绘制矩形。绘制时可以对矩形进行旋转、倒直角、倒圆角和指定线宽等操作，也可以指定矩形的标高或厚度来绘制立体矩形。

绘制正多边形的命令为 polygon。输入命令后，需要指定正多边形的边数、中心点、内接圆/外切圆半径或者边长来绘制正多边形。

3. 圆（circle）

绘制圆的命令为 circle。绘制圆有以下方法：

(1) 指定圆心、半径或直径。

(2) 指定两点。通过指定直径上的两个点来绘制圆。

(3) 指定三点。通过指定圆周上的三个点来绘制圆。

(4) 相切、相切、半径。通过指定与要绘制的圆相切的两个目标对象以及半径来绘制圆。此时可能会有多个符合条件的圆，AutoCAD 将自动绘制以指定的半径、其切点与选定点的距离最近的那个圆。

(5) 相切、相切、相切。通过指定与要绘制的圆相切的三个目标对象来绘制圆。

4. 圆弧（arc）

绘制圆弧的命令为 arc。绘制圆弧有以下方法：

(1) 三点。通过指定圆弧的起点、通过点和终点来绘制圆弧。用该方法可以沿顺时针或逆时针方向绘制圆弧。

（2）起点、圆心、端点。

（3）起点、圆心、角度。

（4）起点、圆心、长度。

（5）起点、端点、角度。

（6）起点、端点、方向。

（7）起点、端点、半径。

（8）圆心、起点、端点。

（9）圆心、起点、角度。

（10）圆心、起点、长度。

同时还可以用连续方式绘制圆弧，即绘制与上一条直线、圆弧或多段线相切的圆弧。

5. 多段线(pline)

绘制多段线的命令为 pline。多段线是由依次相连的若干直线段和圆弧组成的一个组合体。使用该命令时，可根据需要在直线和圆弧之间转换。采用 pline 命令绘制的直线或圆弧是一个对象，即在选取对象时，该多段线被全部选取。另外，多段线可以具有相同的线宽，也可以在需要的长度范围内变线宽。

6. 样条曲线(spline)

绘制样条曲线的命令为 spline。样条曲线是通过或逼近一组指定控制点的光滑曲线。

绘制样条曲线时需要输入一系列的控制点，并设置样条曲线的拟合公差值。拟合公差是指实际样条曲线与输入的控制点之间所允许偏移距离的最大值。当给定拟合公差时，绘出的样条曲线不会全部通过各个控制点，但总是通过起点与终点。若拟合公差为 0，则样条曲线通过拟合点；若拟合公差大于 0，则样条曲线在指定的公差范围内通过拟合点。

7. 文字(text、mtext)

工程图样通常需要书写技术要求等文字。AutoCAD 使用 text 或者 mtext 命令书写文字。输入 mtext 命令后，系统提示用户输入两个对角点确定书写文字的区域，然后输入所需的文字即可。输入 text 命令后，系统提示用户逐行输入文字。用户还可根据系统的提示对文字高度、宽度、对齐方式、文字样式等进行设置。

14.2.6　AutoCAD 的编辑命令

AutoCAD 除有各种绘图命令外，还有非常丰富的编辑命令，如删除(erase)、复制(copy)、阵列(array)、修剪(trim)、断开(break)、平移(move)、多义线编辑(pedit)、倒圆(fillet)、倒角(chamfer)等命令。该部分命令相对容易掌握，读者可参考相关资料练习。

14.2.7　图案填充(bhatch)

在工程图样的剖视图和断面图中，通过剖面线可清楚地表示零部件的结构及装配关系。AutoCAD 提供了图案填充命令 bhatch，输入命令后弹出如图 14-9 所示的对话框。该对话框中各选项的功能如下。

（1）类型和图案：用于设置图案填充的类型和图案。其中"图案"下拉列表框用于设置

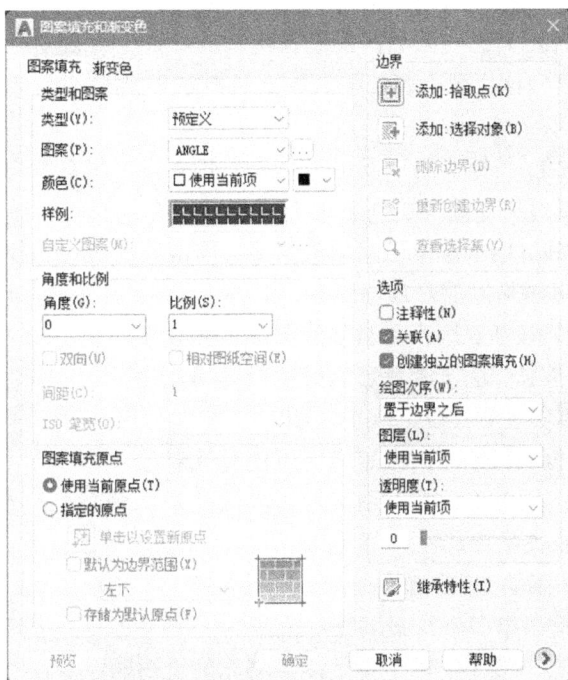

图 14-9 "图案填充和渐变色"对话框

填充的图案。单击下拉列表框右边的按钮,可打开图 14-10 所示的"填充图案选项板"对话框,通过该对话框可以查看并选择填充图案。

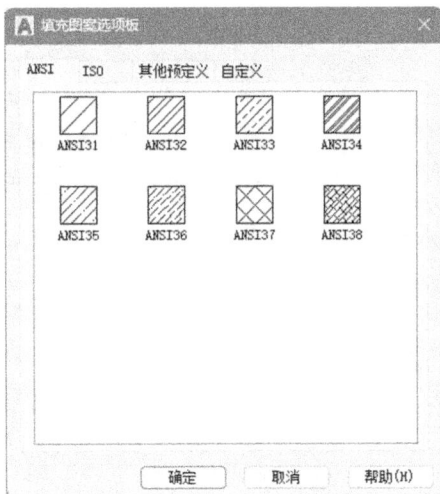

图 14-10 "填充图案选项板"对话框

（2）角度和比例:用于设置填充图案的角度和比例。

（3）图案填充原点:用于控制填充图案生成的起始位置。当某些图案填充(如砖块图案)需要与图案填充边界上的点对齐时,可使用该选项进行设置。

（4）边界:用于选择图案填充边界。在该选项组中有以下五个选项。

①"添加：拾取点"按钮：用于以拾取点方式来指定图案填充边界。单击该按钮将切换到绘图窗口，此时在需要填充的区域内任意指定一点，系统将自动计算出包围该点的封闭填充边界，同时高亮显示该边界。如果在拾取点后系统不能形成封闭的填充边界，则显示错误提示信息。

②"添加：选择对象"按钮：用于以选择对象方式来指定图案填充边界。单击该按钮将切换到绘图窗口，此时可以通过选择对象的方式定义填充区域的边界。

③"删除边界"按钮：用于删除图案填充边界。单击该按钮将切换到绘图窗口，此时可从图案填充边界定义中删除以前添加的对象。

④"重新创建边界"按钮：用于重新创建图案填充边界。

⑤"查看选择集"按钮：用于查看已定义的图案填充边界。

（5）选项：在该选项组中有以下六个选项。

①"注释性"复选框：用于将图案定义为可注释性对象。

②"关联"复选框：用于确定填充图案与边界的关系。若勾选该复选框，则填充的图案与填充边界保持着关联关系。

③"创建独立的图案填充"复选框：用于控制当指定了几个独立的闭合边界时，是创建单个图案填充对象还是创建多个图案填充对象。

④"绘图次序"下拉列表框：用于指定图案填充的绘图顺序。

⑤"图层"下拉列表框：用于指定图案填充的图层，可以使用当前层也可以使用系统的"0"层。

⑥"透明度"下拉列表框：用于指定图案填充的透明度，可以使用当前项、ByLayer、ByBlock，或者指定值。

（6）继承特性：用于将图中已有的填充图案作为当前的填充图案。

14.2.8 图块

在 AutoCAD 中，图块是由一个或多个对象组成的对象集合，常用于绘制复杂、重复的图形。使用图块可以提高绘图速度，节省存储空间，便于修改图形。如果图形中有大量相同或相似的内容，则可以把要重复绘制的图形创建成图块，然后在绘图时直接插入图块，以便提高绘图效率。

1. 图块的创建

1）内部图块的创建（block）

AutoCAD 中，把只能在当前图形文件中使用而不能在其他图形文件中使用的块称为内部图块。创建内部图块的命令为 block。输入该命令后系统弹出如图 14-11 所示的"块定义"对话框。该对话框中各选项的功能如下：

（1）名称。用于为即将创建的图块命名。图块名最长可达 255 个字符，可用字符包括字母 A~Z、数字 0~9、空格以及操作系统或程序未作他用的任何特殊字符。

（2）基点。用于指定图块的插入基点，默认值是(0，0，0)。可以从键盘输入，也可以在屏幕上指定基点。

（3）对象。用于选择要组成图块的对象以及创建图块后如何处理这些对象。

（4）方式。用于设置组成图块的对象的显示方式。

（5）设置。用于设置图块的属性。

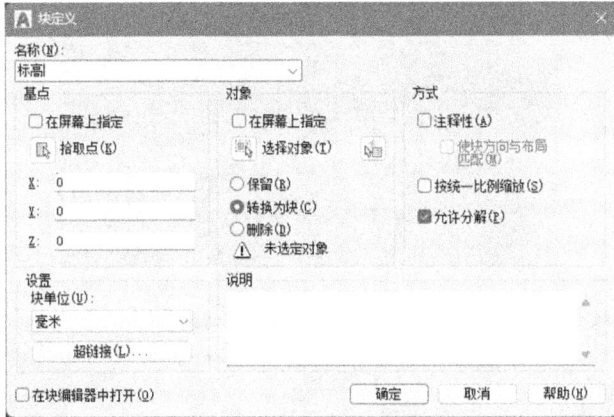

图 14-11 "块定义"对话框

2）外部图块的创建（wblock）

外部图块是指可以在任何图形中使用的图块。外部图块的实质就是将图块对象输出存储成一个独立的图形文件。创建外部图块的命令为 wblock。输入该命令后，系统弹出如图 14-12 所示的"写块"对话框。在该对话框中，"基点"和"对象"选项组的功能与"块定义"对话框中的功能相同；"源"选项组用于设置组成图块的对象来源；"目标"选项组用于设置图块的保存名称和位置。

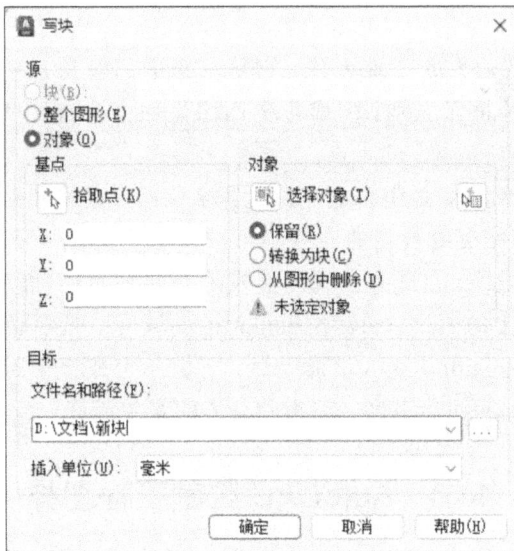

图 14-12 "写块"对话框

2. 插入图块（insert）

将已经定义的图块插入到当前图形中，其命令为 insert。输入该命令后，系统弹出如图 14-13 所示的"插入"对话框。其中，"插入点"选项组用于指定图块的插入点位置，可在绘图区域中用鼠标指定图块的插入点或直接输入插入点的位置。同时，还可指定插入图块时的缩放比例以及是否对图块进行旋转、分解等操作。

图 14-13 "插入"对话框

3. 图块属性

图块属性用于为图块添加文本注释。与图块属性相关的三个要素是属性标记、属性值和属性提示。

（1）属性标记。属性定义的标识符，可用来描述文本尺寸、文字样式和旋转角度。标识符在图块插入前将显示于属性的插入位置处，图块被插入后将不再显示该标记（当块被分解后，属性标记将重新显示）。属性标记中不能包含空格，两个名称相同的属性标记不能出现在同一个图块定义中。

（2）属性值。直接附着于属性上并与图块关联的字符串文本。

（3）属性提示。在插入带有可变的或预置的属性值图块时，系统显示的提示信息。

14.2.9 面域

面域（region）是具有边界的二维区域，它是一个平面对象，内部可以包含孔。从外观看，面域和一般的封闭线框无区别，但实际上面域是一个没有厚度的实体，除边界外，还包括边界内的平面。

要转化为面域的对象必须是闭合的，如闭合多段线、直线和曲线（圆弧、圆、椭圆弧、椭圆和样条曲线）。所有相交或自交的曲线不可被转化为面域。要将选取的对象转换为面域，可先将其转换为多段线、直线和曲线以形成闭合的平面环（面域的外边界和孔）。如果一个端点连接了两个以上的曲线，则转换后得到的面域可能是不确定的。

构造面域的命令为 region。输入该命令后，可将一个或多个封闭图形转换为面域。面域属于实体模型，对面域可进行并集、差集和交集的布尔运算。

14.3 AutoCAD 绘制工程图样

用 AutoCAD 绘制工程图样时，首先要分析图形中的相关要素，然后综合运用前面介绍的各种绘图命令、编辑命令以及一些显示控制命令来完成绘图。

14.3.1 零件图的绘制

下面结合图 14-14，说明用 AutoCAD 绘制零件图的一般步骤。

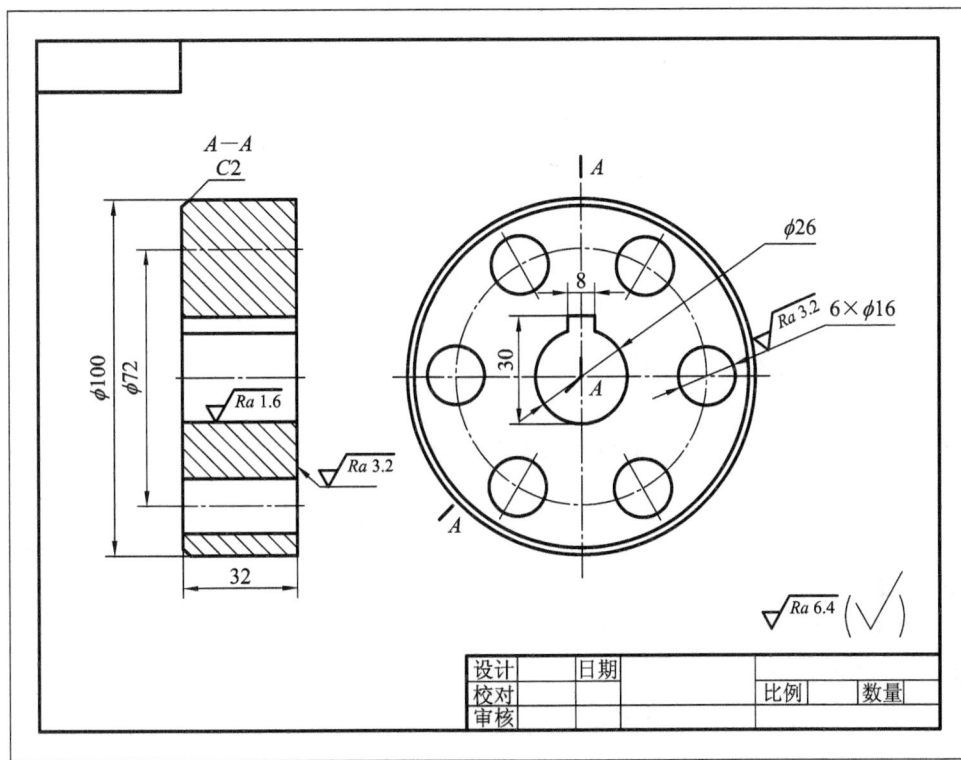

图 14-14　工程图样绘制举例

1. 用 new 命令创建一个新的图形文件

在 AutoCAD 中创建一个新的图形文件时，需要选择样板文件，其中"acad.dwt"为英制，而"acadiso.dwg"为公制。绘制工程图样一般选择"acadiso.dwg"为样板文件。选择样板文件后，利用 14.2.4 节介绍的方法对绘图环境进行设置，重点需设置合适的图层以及尺寸标注环境。然后输入 save 命令，并输入新文件名，将其存储到适当的路径下。以后每次再绘图时，只需打开该文件，就可以在设置好的环境下直接绘图，而无需重新设置绘图环境。

2. 分析图形

从图 14-14 可知，图形是由直线、圆等基本图素构成的，线型有细点画线、粗实线和细实线，另外还有尺寸、表面结构等技术要求。因此，应首先设置好图层。本例至少需要设置点画线、实线两个图层。有时为了管理方便，也可以多设置几个图层，比如本例设置粗实线、点画线、标注尺寸、剖面线（细实线）四个图层。

3. 绘制对称线（圆）、中心线（圆）

首先将点画线设置为当前层，用直线、圆命令分别绘制图 14-14 所示的对称线（圆）、中心线（圆）。注意这些线为细点画线。

4. 绘制可见轮廓线

工程图样可见轮廓线用粗实线绘制。绘制粗实线的方法很多，比如：

（1）可直接设置粗实线层，并将粗实线层设置为当前层，用直线、多段线、圆命令绘制图 14-14 中的可见轮廓线（粗实线）。

（2）在细实线层，用 pline、donut（圆环）等命令完成可见轮廓线（粗实线）的绘制。

（3）先用细实线绘制，再用编辑命令 pedit 加粗线宽。

最后用倒角编辑命令 chamfer 完成倒角结构的绘制。

事实上，第一种是最常用也是相对高效的绘制方法。

5. 填充剖面线

将剖面线层设置为当前层，并关闭点画线层，然后用图案填充命令 bhatch 绘制剖面线，最后打开点画线层使对称线（圆）、中心线（圆）重新显示。

6. 标注尺寸

在标注尺寸层，利用目标捕捉功能完成尺寸标注。

7. 修订完善图形

利用删除、修剪、断开等命令，擦除图中多余的线段。图框和标题栏可以事先用图块命令 block、wblock 创建成不同幅面的图块，然后用 insert 命令插入。表面结构标注可直接绘制或采用图块完成。对技术要求的文字部分，可使用 text 或 mtext 命令书写。

8. 保存图形文件

最后将绘制好的零件图换名保存（save as）到合适的路径下。

14.3.2　装配图的绘制

绘制装配图与绘制零件图的步骤类同。对于装配图，如果其投影方向与零件图的投影方向一致，则可以采用图块方法绘制装配图，即将绘制好的零件图进行适当编辑修改后创建成图块，然后将其插入装配图中。该方法可以较好地提高装配图的绘制效率和准确度。最后绘制剖面线。

在绘制工程图样时，一定要注意视图之间应符合图的投影规律，因此可以借助 AutoCAD 的一些辅助功能，如线段测量、跟踪、正交、捕捉等，以保证工程图样的绘制质量。

14.4　Creo 10.0 功能介绍

Creo 是美国 PTC（Parametric Technology Corporation，参数技术公司）旗下的 CAD/CAM/CAE 一体化三维软件。Pro/Engineer（简称 Pro/E）是美国 PTC 于 1989 年推出的早期产品，其典型版本有 Pro/E 2001、Pro/E 2.0、Pro/E 3.0、Pro/E 4.0、Pro/E 5.0。Creo 是 2011 年推出的新型 CAD 设计软件包，其典型版本有 Creo 2.0（2012）、Creo 3.0（2014）、Creo 5.0（2018）、Creo 8.0（2021）、Creo 10.0（2023）等。（注：也有将 Pro/E 写成 Proe 的）

14.4.1　Creo 10.0 的主要功能模块

PTC 的早期产品 Pro/E 中首次提出了单一数据库、参数化、基于特征、全相关的概念，改变了 CAD/CAM/CAE 的传统观念，建立了 CAD/CAM/CAE 的世界新标准。Creo 整合了 PTC 的 Pro/E 的参数化技术、CoCreate 的直接建模技术和 ProductView 的三维可视化技术三个软件，它利用四项突破性技术，解决了长期以来与 CAD 环境中的可用性、互操作性、技术锁定和装配管理关联的问题，提供了真正的多范型设计平台，使用户能够采用二维、三维直接建模或三维参数建模方式，并能够使用任何 CAD 系统生成的数据，从而实现多 CAD 的设计效率和价值。

Creo 是一个可伸缩的套件，集成了多个可互操作的应用程序，具备互操作性、开放、易用三大特点。Creo 功能覆盖整个产品开发领域，包括柔性建模扩展、高级装配扩展、自由曲面设计、行为建模技术扩展、产品加工扩展、NC 钣金扩展、机构动力学扩展、高级有限元扩展、逆向工程扩展、人机工程分析扩展、ECAD-MCAD 协作扩展等。除用于传统的机械、模具业外，Creo 在工业设计、电子产品、家电业等方面都得到了广泛应用。下面简要介绍 Creo 10.0 的基本功能。

1. 草绘功能

草绘功能用于实现二维平面草图的绘制和编辑。二维草绘是零件建模的重要步骤。在零件建模时，系统会自动切换至草绘环境，用户可利用其各种绘图和编辑工具绘制二维图形，当然也可以直接读取在草绘模块下绘制好并存储的文件。

2. 零件建模

零件建模用于创建零件的三维实体模型。三维建模是参数化实体造型最基本和最核心的功能。利用 Creo 进行三维建模，就是依次创建各种类型的特征。Creo 提供了简单特征（拉伸、旋转、扫描等）、高级特征（螺旋扫描、混合扫描、变截面扫描等）、特征的操作（阵列、倒角、扭曲、抽壳等）等丰富的创建方法。特征之间可以是独立的，也可以存在一定的参考关系。除此之外，还可以使用族表创建零件库。

3. 装配建模

装配建模就是将多个零件按照装配关系虚拟组装成部件或者完整产品的过程。

装配过程中，用户可以给装配体添加新零件，可以编辑修改装配体已有的零件，可以使用"分解"和"取消分解"命令显示零件间的位置关系，可以实时进行干涉检查，可以使用智能装配技术实现产品功能、外观和装配的统一。

4. 曲面建模

曲面建模用于创建各种类型的曲面特征，通常用于实现一些复杂曲面的造型。曲面特征是指没有厚度、质量、密度以及体积等物理属性。有些曲面特征可以通过适当的操作将曲面转化成实体模型。

5. 2D 工程图

2D 工程图模块用于将三维实体模型生成二维工程图。Creo 系统提供了工程制图中常用的视图表达方法（基本视图、剖视图、局部视图、轴测图等）、工程图模板、相关联的明细表和球标序号的自动创建等。由于系统为尺寸驱动的 CAD 系统，因此在实体模型或工程图中作任何修改，其改动结果都会在对应模块中自动同步修改。

除上面的基本功能外，Creo 10.0 还有钣金建模、数字人体建模、机构建模、仿真分析、CN 加工、钢结构设计、动画设计、标准件库管理、照片级渲染、ECAD 设计等功能。

14.4.2　Creo 10.0 的主界面

安装 Creo 10.0 软件后，启动该系统，可以看到如图 14-15 所示的主界面。该界面完全符合 Windows 窗口标准，它包括了主菜单、工具栏菜单、模型树、解释提示区、模型显示区等。

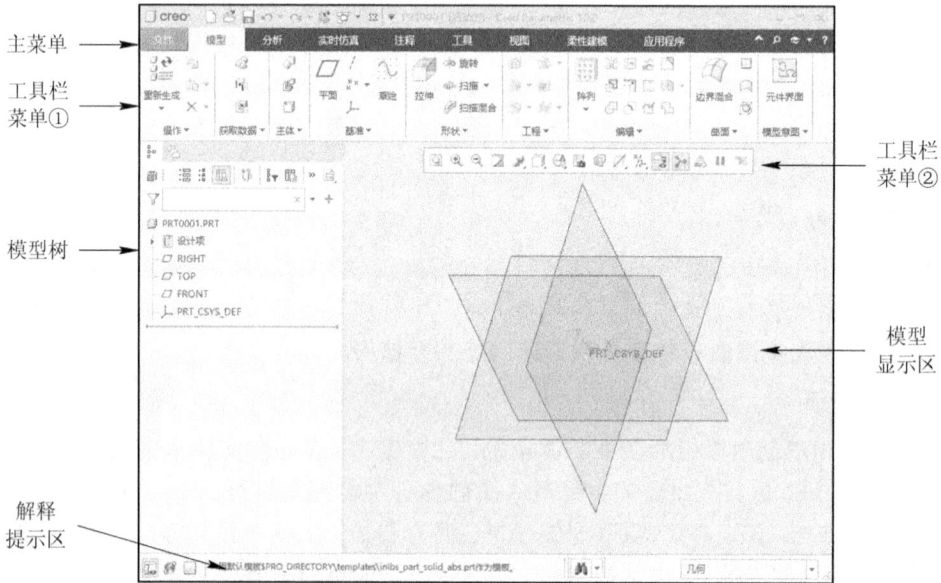

图 14-15　Creo 10.0 主界面

Creo 的基本操作有菜单操作和对话框操作。其中菜单操作主要是主菜单和工具栏菜单操作，其操作方式与一般 Windows 的相同。下面仅对常用的菜单做一简要介绍。

1. 文件

"文件"菜单中包含了常规的文件建立、打开、保存、打印、删除等常规操作，也包含了工作目录设定、备份、多文件管理等多项特殊操作。其中，工作目录设定就是由用户设定一个可以随时将设计文件保存到其中的路径目录，设定方式为"文件"→"管理会话"→"选择工作目录"。

2. 模型

"模型"菜单主要提供零件建模的相关工具，包括获取数据、新建主体、设置基准、插入特征、编辑特征、曲面建模等。其中：插入特征包括插入如拉伸、旋转、扫描等基本特征，也包括混合扫描、螺旋扫描、变截面扫描等高级特征；编辑特征包括阵列、倒角、挖孔、肋板等特征编辑修改功能。

3. 分析

"分析"菜单用于对所建立的草图、工程图、三维模型进行分析，包括距离、角度、质量的分析，曲线曲面分析，尺寸边界分析，配合间隙分析等。

4. 实时仿真

"实时仿真"菜单主要用于静态、动态和热等的仿真分析。在设计过程中，用户可以对零件和装配体进行应力、变形、振动、热的仿真分析，以便辅助判断产品性能和可靠性，并得到仿真动画以及仿真分析报告。

5. 注释

"注释"菜单用于对所建立的零件模型进行注释，包括标注模型的尺寸、几何公差和基准，注释特征，语义查询以及管理注释等，如图 14 - 16 所示。

图 14 - 16　"注释"菜单

6. 视图

"视图"菜单主要用于改变模型和主窗口的显示状态。图 14 - 17 是"视图"菜单对应的常用显示工具栏菜单。其中，"方向"用于控制模型的视图方向、模型的缩放和平移等；"模型显示"用于控制模型的显示样式（如线框模式、隐藏模式、无隐藏模式和阴影模式）、透视图、截面以及管理视图；"显示"用于控制基准面、基准点、基准轴、基准坐标系等的显示与否；"外观"用于设置模型显示的场景和颜色。

图 14 - 17　显示工具栏菜单

另外，建模中常会利用 Creo 提供的快捷组合键快速观察三维模型。

（1）视觉缩放：滚动鼠标的中键滚轮。

（2）旋转：按住中键移动鼠标位置。

7. 柔性建模

"柔性建模"菜单通过编辑参数模型上的现有几何特征实现模型的快速编辑。它不支持创建新几何，不会利用现有的以特征为基础的模型信息。现有的几何特征或元件参考会自动重定向为修改的几何。

8. 应用程序

"应用程序"菜单提供不同应用程序的处理模块，如基本建模、钣金件、模具/铸造、NC 处理、直接建模、afx 钢结构、模流分析等。

14.4.3　基本概念

Creo 是一个基于特征的参数化实体建模器。

1. 特征

特征是指 Creo 中所有的实体或对象，它是构成零件的基本部分。Creo 利用每次独立构造一个块模型的方式来创建整体模型。每一个块模型就是一个特征，因此所有建模操作都围绕特征来完成。

2. 参数化

Creo 是一个参数化系统。所谓参数化，就是模型的所有尺寸定义为参数形式，当修改参数值时，系统在保持拓扑关系不变的情况下，几何大小和相对比例将随着参数的修改而变化。另外，用户还可以定义各参数之间的相互关系，以使特征之间存在依存关系。当修改某一单独特征的参数值时，同时会牵动存在依存关系的特征发生变更，这种关系可叫作"父/子"关系。

3. 关联

由于 Creo 系统采用统一数据库管理，因此不论是零件还是装配体都具有关联特性。所谓关联，就是在任意层面上更改设计，系统就会在所有层面上做相应的改动，而且所有的关联变化是自动进行的。

4. 基准平面

基准平面是一个无限的二维参照平面，它没有质量和体积。基准平面是系统创建模型时常用的参照平面。Creo 系统提供了 RIGHT、TOP、FRONT 三个相互垂直的基准平面。

14.5　Creo 10.0 零部件建模

14.5.1　Creo 零部件建模

1. 零部件建模的基本步骤

利用 Creo 系统进行零部件建模时，首先应明确零部件特征的创建顺序，分析并建立合理的"父/子"关系，尽可能简化模型。具体建模步骤如下：

（1）针对零部件进行特征分析，确定特征的创建顺序；

（2）创建基础特征（选择基准平面，创建基础特征）；

（3）创建第二个特征（选择参考平面，创建第二个特征）；

（4）依次创建若干特征；

（5）编辑特征；

（6）进行必要的尺寸标注和修改、重生模型。

2. Creo 10.0 零部件建模举例

下面以螺杆零件的模型创建为例，说明 Creo 10.0 建模的基本方法与步骤。

1）模型分析

图 14-18 所示的是螺杆。该螺杆的基础特征是一个阶梯状的回转轴。回转轴的一端铣了四个平面特征，并切制有螺纹和倒角特征。阶梯状的回转特征可以通过旋转、扫描或拉伸等加特征的方式实现，平面、螺纹用减特征的方式实现，其中切去螺纹属于高级特征操作。

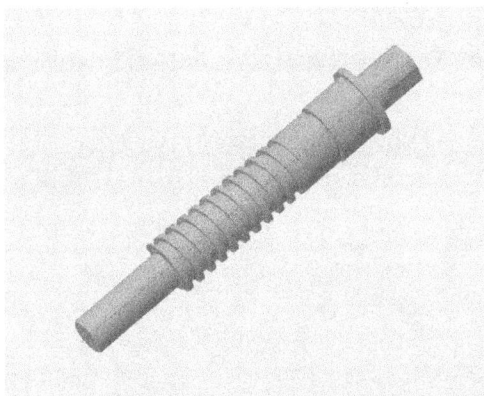

图 14-18 螺杆

2）新建螺杆零件 luogan. prt

在 Creo 10.0 的主界面下，从主菜单选择"文件"→"新建"命令，系统将弹出"新建"对话框，如图 14-19 所示。在"类型"选项组中选中"零件"选项。在"子类型"选项组中选择"实体"选项，然后在"文件名"文本框中输入"luogan"。用户可以选择"使用默认模板"，也可以不采用。需要说明的是，系统的默认模板为英制单位，因此建议用户不采用，而是根据系统提示自行设置模板并选择公制单位。最后单击"确定"按钮。

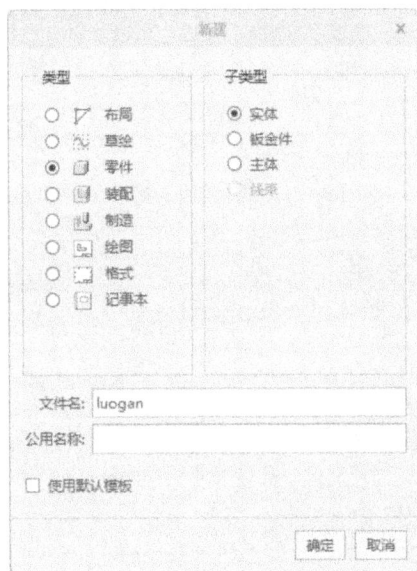

图 14-19 新建文件对话框

3）创建阶梯轴（加特征）

单击"确定"后，系统自动生成默认的基准平面（如图 14-20 所示）。在 Creo 主界面下，单击"模型"菜单下的工具栏菜单中的"旋转"图标按钮，之后在主界面下方弹出如图 14-21 所示的参数对话框，默认是实体旋转，旋转角度为 360°，在该对话框中选择"放置"，在弹出的新对话框中选择"定义"，随后弹出如图 14-22 所示的"草绘"对话框。

在图 14-22 所示的对话框中，选择草绘平面和草绘方向。草绘平面一般可选择三个基

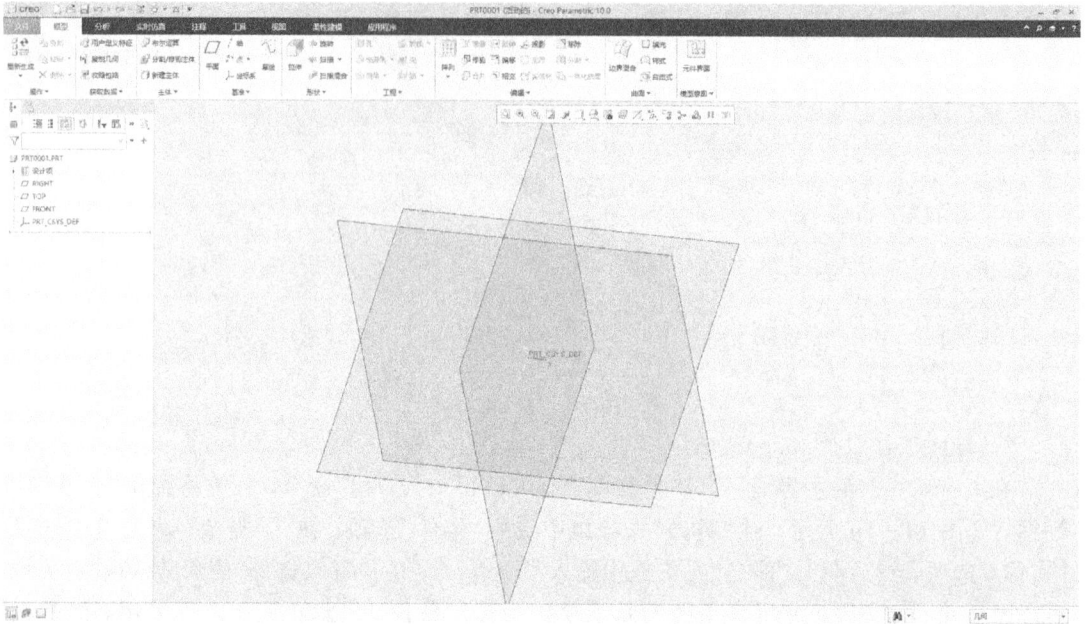

图 14-20　默认基准平面

图 14-21　旋转特征参数对话框

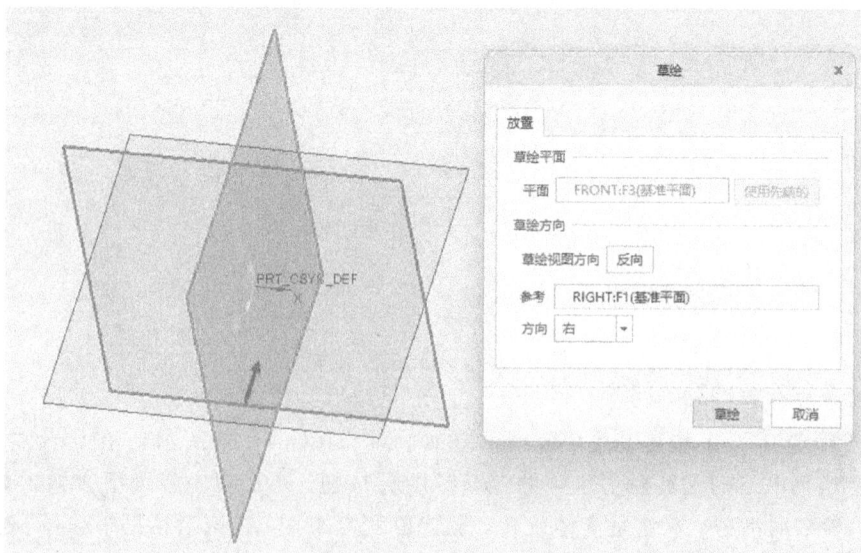

图 14-22　"草绘"对话框

准平面之一。选择时，可直接点击基准平面边界，也可选择基准平面的文字，还可从模型树中选择。草绘方向可采用系统默认方向。最后单击"草绘"按钮，进入草绘环境(图 14 - 23)。

图 14 - 23　草绘环境

在草绘环境中，利用草绘工具绘制旋转轴和旋转截面。旋转截面一定保证封闭且在旋转轴一侧。然后单击"√"按钮退出草绘环境，进入 Creo 主界面，系统会自动采用默认方式显示旋转后的特征，如图 14 - 24 所示。

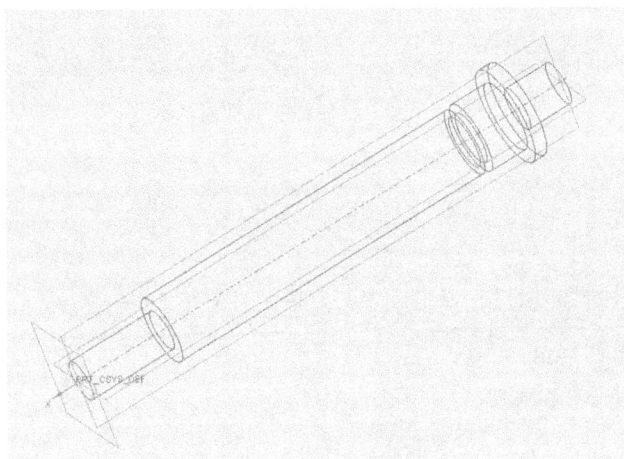

图 14 - 24　默认方式的旋转特征

用户也可以根据界面选项改变参数，比如旋转角度、旋转方向等，可单击"预览"按钮浏览建模效果，最后单击"√"按钮确定，再单击"×"按钮退出系统。图 14 - 25 为最终创建的旋转阶梯轴，它是螺杆的基础特征。

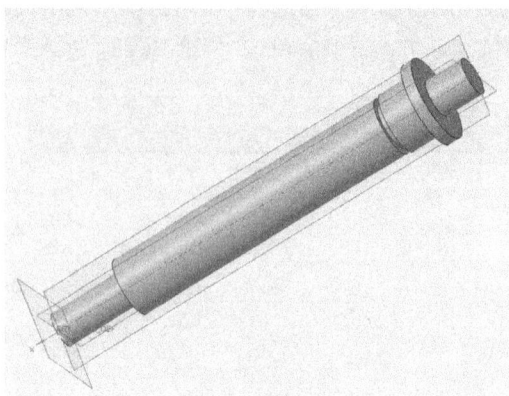

图 14 - 25　旋转阶梯轴

4）铣四个平面（减特征）

在 Creo 主界面下，单击"模型"菜单下的工具栏菜单中的"拉伸"图标按钮，弹出拉伸特征参数对话框，如图 14 - 26 所示。在该对话框中，选择"放置"，在弹出的对话框中选择"定义"，随后弹出如图 14 - 27 所示的"草绘"对话框。草绘平面选择右端面，草绘方向采用默认方向，系统用箭头表示拉伸方向。然后单击"草绘"按钮，进入如图 14 - 28 所示的草绘环境。

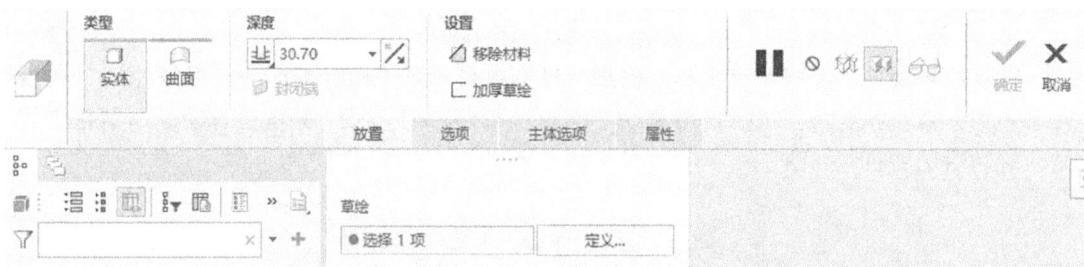

图 14 - 26　拉伸特征参数对话框

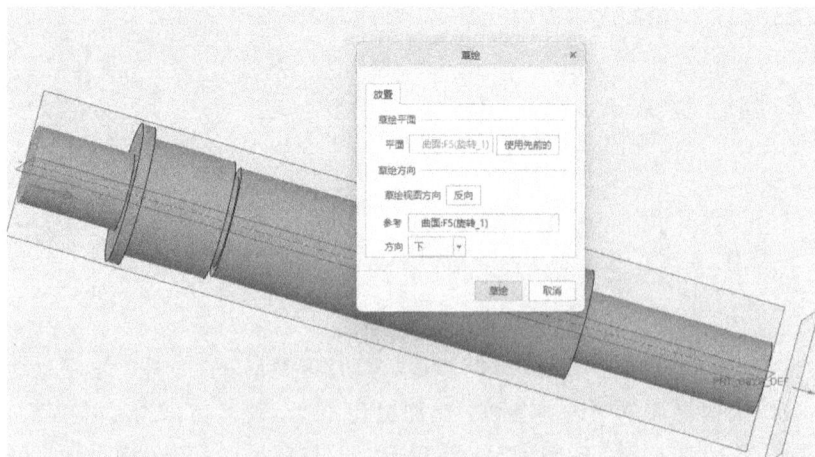

图 14 - 27　草绘平面及草绘方向

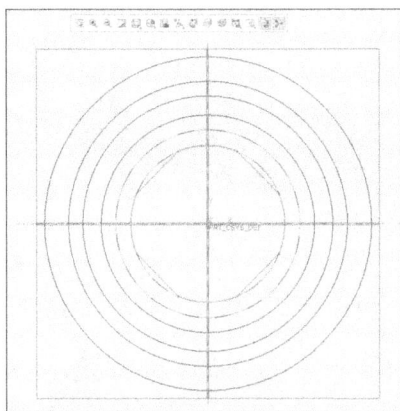

图 14-28 草绘环境

为观察方便，选择隐藏线模式。在草绘环境中，绘制需要剪切的封闭的特征断面，如图 14-28 所示。单击"√"按钮，退出草绘环境，进入 Creo 主界面，如图 14-29 所示。

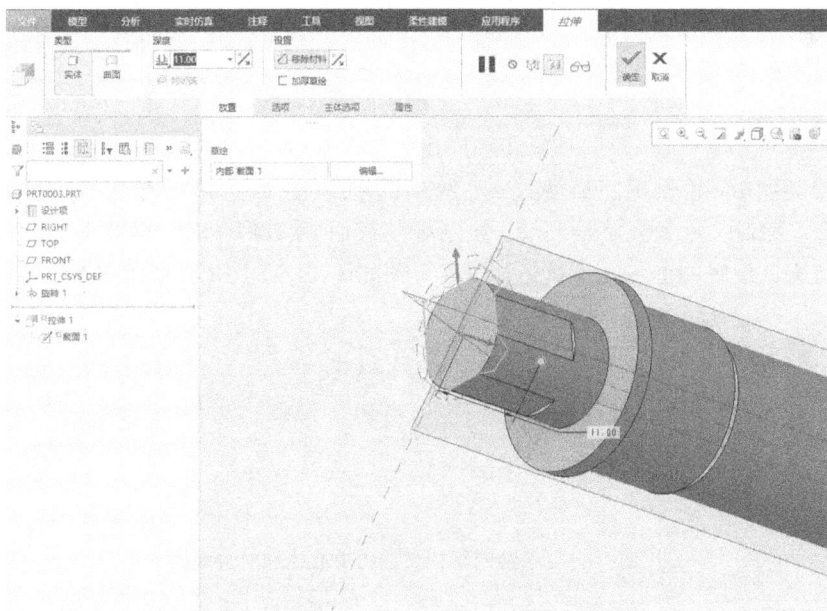

图 14-29 拉伸特征参数

在该参数对话框中输入拉伸长度"15"，并选择"移除材料"按钮，调整拉伸方向，单击"预览"按钮观察模型效果，最后单击"√"按钮确定。图 14-30 为铣去四个平面后的螺杆。

5）切制螺纹（减特征）

在 Creo 主界面下，选择"模型"菜单下的"扫描"→"螺旋扫描"，在弹出的"螺纹属性管理器"对话框（见图 14-31）中，选择"实体/移除材料/常量/穿过螺旋轴/右手定则"选项，完成后弹出设置草绘平面菜单管理器，选择草绘平面（用鼠标点击显示区中的 FRONT 或 RIGHT 基准面），并指定草绘方向（正向或者反向）、草绘视图方向（可选缺省），系统按照设置进入草绘环境。

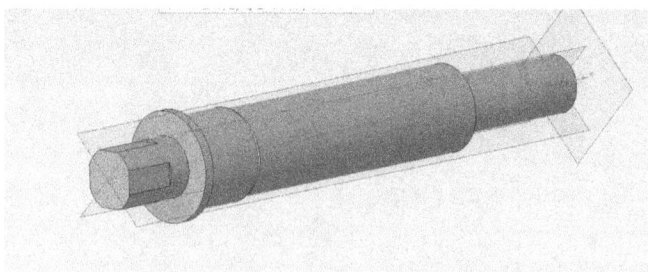

图 14-30　铣去四个平面后的螺杆

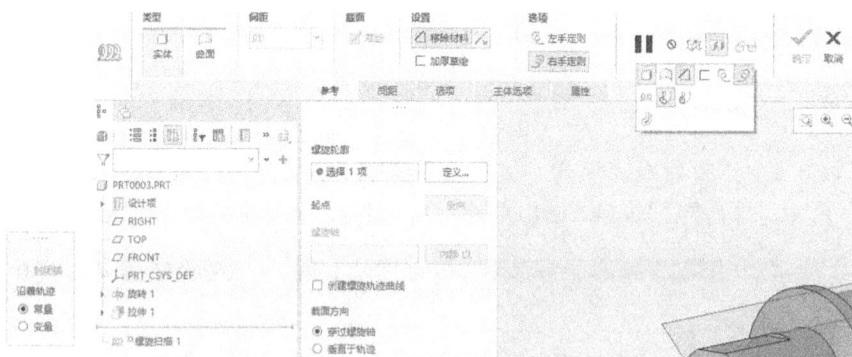

图 14-31　螺纹属性对话框

在草绘环境中,绘制螺旋扫描的中心线和轨迹线(图 14-32),单击"√"按钮,系统提示输入节距,然后又返回到草绘环境,绘制螺纹截面(图 14-33)。再单击"√"按钮,随后选择扫描方向,最后单击"确定"按钮,即可得到如图 14-34 所示的螺杆螺纹特征。

图 14-32　绘制螺旋扫描的中心线和轨迹线

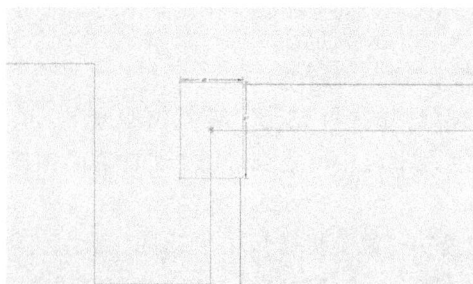

图 14-33　绘制螺纹截面

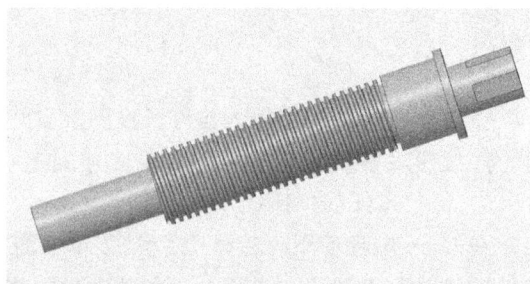

图 14-34　绘制的螺杆螺纹特征

6) 倒角

在 Creo 主界面下,单击"模型"菜单下的工具栏菜单中"倒角"图标按钮,在图 14-35

所示的"倒角参数选择"对话框中，选择倒角的模式，输入倒角长度，并用鼠标选择倒角边，就可以创建出如图 14 - 36 所示的倒角特征。

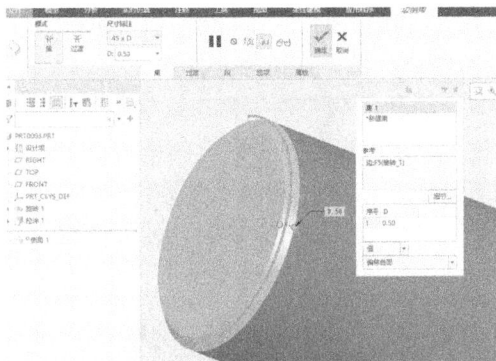

图 14 - 35 "倒角参数选择"对话框

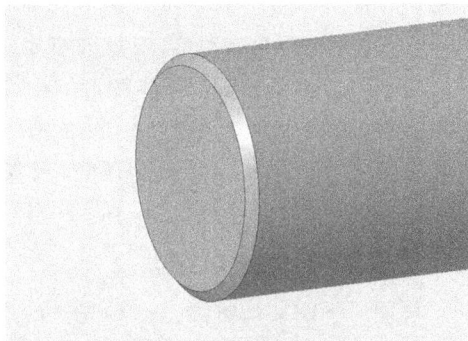

图 14 - 36 创建的倒角特征

至此，通过加特征（旋转）、减特征（拉伸、螺旋扫描）以及特征的操作（倒角）等过程已完成了螺杆零件的模型创建。创建好的模型可以通过编辑或者编辑定义操作进行模型大小和形状的修改，这正是 Creo 参数化建模的优点所在。

除上面介绍的特征外，Creo 还有混合、混合扫描、边界扫描等基本特征和高级特征。另外，它还提供了丰富的特征编辑功能，如倒圆、拔模、挖孔、复制、阵列等。由于 Creo 界面简洁，操作方便，建模过程符合设计思想，因此用户只要熟悉了主菜单的各项功能，按照系统提示就可以方便地实现一些复杂模型的创建。但需注意的是，建模前，用户应参考相关资料，设置好系统环境，这样便于 Creo 创建的模型与其他软件进行数据交换。

14.5.2 Creo 10.0 虚拟装配

利用 Creo 10.0 虚拟装配功能，可方便地创建出工程上需要的虚拟装配体。装配中，基于装配约束，可以采用自底向上或自顶向下的装配方法，也可以混合使用两种方法。

1. 装配约束类型和约束方式

装配约束用于指定新加载的元件相对于装配体指定元件的放置方式，从而确定新加载的元件在装配体中的相对位置。在元件装配过程中，指定元件的相对位置时，通常需要设置多个约束条件。Creo 提供了常用的装配约束类型，包括"配对"、"对齐"、"插入"、"坐标系"、"相切"、"线上点"、"曲面上的点"、"曲面上的边"、"固定"、"缺省"、"自动"。还提供了一些连接装配的约束类型，包括"销"、"圆柱"、"刚性"、"槽"、"球"、"平面"、"焊接"、"轴承"、"常规"、"6DOF"等。

装配约束方式分为两种。一种是基本装配约束方式，就是为元件添加各种固定约束，使元件的位置完全固定，即元件的自由度为 0，这样的装配元件除基础元件外不能进行运动分析，被称为"固定装配"；另一种是连接装配方式，就是为元件添加具有一定自由度的组合约束，如"销"、"圆柱"、"轴承"、"槽"、"球"等。使用这些组合约束装配的元件，因为具有一定自由度（刚体、焊接、常规除外），可以自由移动或者旋转，所以可进行运动分析，被称为"连接装配"。

2. 自底向上的装配方法

进入 Creo 10.0 装配模式后，单击"装配"按钮，在弹出的"打开"对话框中加载元件 1，在操控栏的"约束类型"下拉列表中选择"固定"约束，使其自由度为 0。随后再加载元件 2，同样在操控栏的"约束类型"下拉列表中选择合适的约束类型，直到该元件被完全约束。依次完成所有元件的装配。在装配过程中，元件的装配位置不确定时，移动或旋转的自由度并未完全限制，这叫部分约束。只有元件的装配位置完全确定后叫做完全约束。

该装配方法是从底部元件开始，实际设计时，是取用已有的元件或者部件，因此其设计成本和开发周期较短。但由于是从底层设计开始，所以难以保证整体设计的最佳性。

3. 自顶向下的装配方法

自顶向下的装配方法是一种先进的产品设计方法，它是设计者从产品系统构成的最高层面进行总体设计和功能性设计，可提高产品设计的质量与效率。自顶向下的装配首先需要创建骨架模型，即创建一个装配设计文件，然后在该装配设计文件环境下创建所需骨架模型，并在创建选项对话框中选择合适的零件创建方法。完成骨架模型创建后，用户可根据需要在装配环境下，运用不同建模命令创建零件特征。建立好的骨架模型也可以进行编辑修改，修改后在相应装配文件中选择"再生"命令就可以完成整个产品零件结构的修改，零件结构特征根据骨架模型的相应修改内容进行相应调整。

另外，Creo 10.0 装配模块还提供了装配中的布尔运算、装配体中替换元件、装配体的分解等功能。请用户参考相关资料学习实践。

14.5.3 Creo 10.0 工程图绘制

Creo 10.0 提供了用来表达零部件特征的视图、剖视、断面、放大图等表达方法，而且生成的工程图样全部和三维实体模型实现参数化关联。需要注意的是，若 Creo 没有经过合理设置，由三维实体模型转化的工程图样不能完全符合国家制图标准。一种相对方便可行的解决办法，是选择合适的图形文件类型将转化后的工程图样存储，然后将该文件输出到 AutoCAD 环境中进行完善处理，这样便可以快速生成完全符合国家制图标准的工程图样，尤其对于复杂的零部件，其意义和效果更加明显。请用户参考相关资料学习实践。

本 章 小 结

本章介绍了 CAD 的基本知识，重点介绍了 AutoCAD 2023 软件的环境设置及主要命令的操作方法，并结合实例说明了绘制工程图样的一般步骤。需要注意的是，用计算机辅助绘制工程图样时，应结合前面所学的制图知识，用合适的线型、文字、尺寸绘制出符合国家制图标准的工程图样。

Creo 10.0 是当前先进的 CAD/CAM/CAE 一体化软件，它界面简洁、操作方便，建模过程符合设计思想。用户只要熟悉了主菜单的各项功能，按照系统提示就可以方便地实现模型的创建。本书仅结合实例重点介绍了三维实体建模的基本方法和步骤，抛砖引玉，可使读者了解基于特征的参数化实体建模思想，以便更好地识读和绘制工程图样。

不同的软件系统有其独特的操作环境和操作方法，学习时要善于总结，抓特点、多实践。

参 考 文 献

[1]　焦永和，张彤，张昊. 机械制图手册. 6 版. 北京：机械工业出版社，2022.

[2]　葛艳红，黄海，陈云. 画法几何及机械制图. 北京：清华大学出版社，2019.

[3]　孙根正，王永平. 工程制图基础. 西安：西北工业大学出版社，2006.

[4]　钱可强，何铭新，徐祖茂. 机械制图. 7 版. 北京：高等教育出版社，2015.

[5]　范冬英，刘小年. 机械制图. 3 版. 北京：高等教育出版社，2017.

[6]　王丹虹，王雪飞. 现代机械制图. 2 版. 北京：高等教育出版社，2016.

[7]　叶军，雷蕾，王淑侠. 机械制图. 5 版. 西安：西北工业大学出版社，2022.

[8]　田凌，冯涓. 机械制图（机类、近机类）. 2 版. 北京：清华大学出版社，2013.

[9]　杜淑幸. 计算机图形学基础与 CAD 开发. 西安：西安电子科技大学出版社，2018.